危险化学品的分类分项及法律体系

阎晓琦　编著

南开大学出版社
天　津

图书在版编目(CIP)数据

危险化学品的分类分项及法律体系 / 阎晓琦编著.
—天津：南开大学出版社，2016.2
ISBN 978-7-310-05064-2

Ⅰ.①危… Ⅱ.①阎… Ⅲ.①化工产品－危险品－
分类－中国②化工产品－危险物品管理－法规－中国 Ⅳ.
①TQ086.5②D922.14

中国版本图书馆 CIP 数据核字(2016)第 025041 号

南开大学出版社出版发行
出版人：孙克强
地址：天津市南开区卫津路 94 号　　邮政编码：300071
营销部电话：(022)23508339　23500755
营销部传真：(022)23508542　　邮购部电话：(022)23502200
*
唐山新苑印务有限公司印刷
全国各地新华书店经销
*
2016 年 2 月第 1 版　　2016 年 2 月第 1 次印刷
260×185 毫米　16 开本　32.75 印张　807 千字
定价：78.00 元

如遇图书印装质量问题,请与本社营销部联系调换,电话:(022)23507125

谨以此系列丛书献给那些能从最近发生的（2015年），教训最惨痛的

天津"8·12"危险化学品仓库特别重大火灾爆炸事故

中吸取教训的人们以及所有从事与危险化学品相关工作的各类有关人员

为遇难同胞默哀，向消防救援人员致敬

认知最基本的危险化学品，依法合规执业、执法

前事不忘，后事之师……

序

　　天津"8·12"危险化学品仓库特大火灾爆炸事故举世震惊，也给所有危险化学品从业人员以警醒。

　　痛定思痛，对于危险化学品首先必须做到依法合规，令行禁止。无论是高等院校，还是生产、经营、运输、仓储等单位。这是我校阎晓琦老师编写本书的初衷。本书首次构建起了完整的涉危法律法规体系，从而使得危险化学品从业人员可对相关的法律法规有总体上的掌握。同时，不仅便于分类查询，还细致地增加了各种实用型附录，便于读者实际应用。

　　其次，对于危险化学品也不必谈虎色变。本书面向所有对危险化学品零基础的读者，进行了深入浅出的系统介绍，有助于大家正确认知危险化学品，并"择重归类"进行分类分项。很适合作为涉危人员的入门书。

　　教育大计，百年树人。培养危险化学品领域的人才，特别是那些既有化学专门知识，又懂管理和法律的复合型高端人才，也正是高校应为社会做出的贡献。

南开大学研究生院院长

佟家栋

乙未岁暮于南开园

前　言

　　本书是针对那些从事或准备涉足危险化学品行业的各类人员的入门书。可使对化学零基础的读者迅速掌握危险化学品的概念和分类分项，并在现实工作中有针对性地学习、使用有关危险化学品的法律法规。

　　本书不仅详细介绍了危险化学品的概念、分类分项及主、副标志，还系统地介绍了我国危险化学品的法律体系。为便于广大读者实际应用，所涉及的全部法律法规，均更新到2015年，确保使用的是最新版本。同时还增加了各种实用型附录，如《药品类易制毒化学品生产申请表》《药品类易制毒化学品生产许可批件》《药品类易制毒化学品原料药经营申请表》《药品类易制毒化学品购用证明》《购买药品类易制毒化学品申请表》《购买药品类易制毒化学品申报资料要求》等该领域须涉及的全套资料；并且制作了《放射工作人员证的格式》等便捷的模板样本，方便读者直接使用。

　　本书的应用范围非常宽泛，不仅可作为各高等院校、科研单位针对本科生、研究生的教材与参考书、工具书，还可作为安全监管部门、行业管理部门，以及从事危险化学品生产、经营、运输、储存、使用等的各企事业单位相关人员的工作用书和参考用书。以及用作各级安全监督管理部门组织培训用的教材，专业律师、企业法律顾问等涉及危险化学品的法律工作者用书。

　　以本书的部分底稿作为教材，由作者在南开大学化学学院首届专业硕士（化学工程、材料工程）中进行了讲授，随后作为通选课推广至全院硕士、博士研究生，教学效果良好，甚至还吸引了对危险化学品感兴趣的本科生慕名前来旁听。作为交叉学科的新兴亮点，有利于培养既具备化学专业知识，又懂相关法律法规以及管理的全新复合型人才。

　　欢迎广大读者在使用中提出宝贵意见！

阎晓琦

2015 年 4 月于南开园

目 录

第一章 绪 论

化学品是指各种元素组成的纯净物和混合物，无论是天然的或人造的。

目前，世界上已发现的化学品大约有 1000 万种之多，其中得到使用的约 700 万种，并每年有 1000 多种新化学品问世。世界化学品的年总产值已达 1 万亿美元左右。我国是化学品生产和使用大国，目前主要化学品产量和使用量均居世界前列。目前，全球能够生产十几万种化学品，我国也能生产 4 万多种。化学品存在于我们生活的方方面面，极大地改善了人们的生活质量，是现代文明的基础。

在众多的化学品中，有相当多的一部分属于危险化学品，我国已列入危险化学品编号的有近 3000 种。危险化学品是一类具有易燃、易爆、有毒、有害和腐蚀性特点的特殊化学品。在现代社会中，它在发展生产、改变环境和改善人民生活中发挥着不可替代的积极作用。同时也因其固有的危险性，易引发人员伤亡、环境污染及物质财产损失等事故，且一旦发生事故，后果往往很严重，甚至会造成群死群伤的重特大事故，在全社会或局部地区造成强烈影响。

所以依法加强危险化学品的安全管理就显得尤为重要，这是坚持以人为本，落实科学发展观，建设社会主义和谐社会的必然要求，也是保障国家和人民群众生命与财产安全的现实需要，是实现化学工业可持续发展的必然选择。党和政府历来高度重视。而且必须要做到"有法可依，有法必依，执法必严，违法必究"。

这就需要科学认知危险化学品，对危险化学品进行详细的分类分项，还要充分了解当前我国危险化学品的法律体系，主要包括以《安全生产法》为代表的法律和以《危险化学品安全管理条例》为代表的法规等两大类。

第二章　危险化学品的概念和分类分项

第一节　危险化学品的概念和分类原则

一、危险化学品的概念

化学品中具有易燃、易爆、毒害、放射性和腐蚀等危险特性的化学品，在生产、储存、使用、经营、运输和废弃物处置过程中有可能造成人身伤亡、财产损失和污染环境，这样的化学品称为危险化学品。

在国务院 591 号令《危险化学品安全管理条例》的第 3 条中明确指出：危险化学品，是指具有毒害、腐蚀、爆炸、燃烧、助燃等性质，对人体、设施、环境具有危害的剧毒化学品和其他化学品。

二、危险化学品的分类原则

危险化学品目前常见并用途较广的约有数千种，其性质各不相同，每一种危险化学品往往具有多种危险性。但是在多种危险性中，必有一种主要的即对人类危害最大的危险性。

因此，在对危险化学品分类时，掌握"择重归类"的原则，及根据该化学品的主要危险性来进行分类。

三、危险化学品的分类

最新的分类是国家质量监督检验检疫总局和国家标准化管理委员会于 2009 年发布的国家标准《化学品分类和危险性公示 通则》（GB13690－2009），按理化性质把危险化学品分为了 16 类：

第一类：爆炸物
第二类：易燃气体
第三类：易燃气溶胶
第四类：氧化性气体
第五类：压力下气体
第六类：易燃液体
第七类：易燃固体
第八类：自反应物质或混合物
第九类：自燃液体

第十类：自燃固体

第十一类：自热物质和混合物

第十二类：遇水放出易燃气体的物质或混合物

第十三类：氧化性液体

第十四类：氧化性固体

第十五类：有机过氧化物

第十六类：金属腐蚀剂

然而，新标准与其替代的原 GB13690－1992 相比，虽然类别细化增加了一倍，但未包括有毒品、放射性物品等重要的危险化学品。结合我国当前的具体情况，力求照应学习和使用本书的读者的使用习惯和实际应用的便捷性，本书仍按原国家质量技术监督局于 1992 年发布的《常用危险化学品的分类及标志》（GB13690－1992），按主要危险特性将危险化学品分为8 类：

第一类：爆炸品

第二类：压缩气体和液化气体

第三类：易燃液体

第四类：易燃固体、自燃物品和遇湿易燃物品

第五类：氧化剂和有机过氧化物

第六类：有毒品

第七类：放射性物品

第八类：腐蚀品

第二节　爆炸品

一、爆炸品定义

本类化学品是指在外界作用下（如受热、摩擦、撞击等）能发生剧烈的化学反应，瞬时产生大量的气体和热量，使周围压力急剧上升，发生爆炸，对周围环境造成破坏的物品，也包括无整体爆炸危险，但具有燃烧、抛射及较小爆炸危险的物品，或仅产生热、光、音响或烟雾等种或几种作用的烟火物品。

二、爆炸品分项

1. 按运输危险性（GB12268－1990《危险货物品名表》）分类

（1）整体爆炸物品

整体爆炸物品是指具有整体爆炸危险的物质和物品。

（2）抛射爆炸物品

抛射爆炸物品是指具有抛射危险，但无整体爆炸危险的物质和物品。

（3）燃烧爆炸物品

燃烧爆炸物品是指具有燃烧危险和较小爆炸或较小抛射危险，或两者兼有，但无整体爆

炸危险的物质和物品。

（4）一般爆炸物品

一般爆炸物品是指万一被点燃或引爆，其危险作用大部分局限在包装内部，而对包装外部无重大爆炸危险的物质和物品。

（5）不敏感爆炸物品

不敏感爆炸物品是指比较稳定，在着火试验中不会爆炸的非常不敏感的爆炸物质。

2. 按爆炸品的性质和用途分类

（1）点火器材

点火器材是用来引爆雷管、黑火药的器材。如导火索、火绳等。

（2）起爆器材

起爆器材是用来引爆炸药的器材。如导爆索、雷管等。

（3）炸药和爆炸性药品

炸药和爆炸性药品按敏感度和爆炸威力可再分为：

① 起爆药

起爆药是敏感度极高，用来诱爆其他炸药的药剂。如雷汞、叠氮铅等。其非常敏感，极易通过火花点火和轻微撞击使之爆炸。

② 爆破药

爆破药的爆炸威力强大，是装填炮弹、炸弹或用于各种爆破的烈性炸药。军用的如梯恩梯、黑索金等；民用的有铵油炸药、硝铵炸药等。

③ 火药

火药是能迅速而有规律燃烧的药剂。军用的发射药有硝化纤维火药、硝化甘油火药等；民用的有黑火药等。

（4）其他爆炸物品

其他爆炸物品指含有黑火药的制品。如爆竹、烟花、礼花弹等。

第三节　压缩气体和液化气体

一、压缩气体和液化气体的定义

本类化学品是指压缩、液化或加压溶解的气体，并应符合下述两种情况之一者：

A. 临界温度低于 50℃或在 50℃时，其蒸汽压力大于 294 kPa 的压缩或液化气体。

B. 温度在 21.1℃时，气体的绝对压力大于 275 Pa，或在 54.4℃时，气体的绝对压力大于 715 kPa 的压缩气体；或在 37.8℃时，雷德蒸汽压大于 275 kPa 的液化气体或加压溶解气体。

二、压缩气体和液化气体的分项

根据压缩气体和液化气体的理化性质，分为 3 项：

1. 易燃气体

此类气体极易燃烧，与空气混合能形成爆炸性混合物。如氢气、一氧化碳、甲烷等。

2. 不燃气体

常见的有氮、二氧化碳、氙、氩、氖、氦等。此项还包括助燃气体氧、压缩空气等。

3. 有毒气体

此类气体吸入后能因其人畜中毒，甚至死亡，有些还能燃烧。常见的有氯气、二氧化硫、氨气、氰化氢等。

第四节 易燃液体

一、易燃液体的定义

本类化学品是指易燃液体、液体混合物或含有固体物质的液体，但不包括由于其危险性已列入其他类别的液体。

其闭杯闪点等于或低于61℃。本类物质在常温下易挥发，其蒸气与空气混合能形成爆炸性混合物。

二、易燃液体的分项

按闪点可分为3项：

1. 低闪点液体

低闪点液体是指闪点<-18℃的液体。如汽油、乙醚、乙醛、丙酮、乙硫醇、二乙胺等。

2. 中闪点液体

中闪点液体是指-18℃≤闪点<23℃的液体。如无水乙醇、苯、甲苯、乙苯、乙酸乙酯、乙酰氯、丙烯腈、丙烯酸清烘漆、硝基清漆、磁漆等。

3. 高闪点液体

高闪点液体是指23℃≤闪点<61℃的液体。如正丁醇、氯苯、二甲苯、环己酮、糠醛、松节油、醇酸清漆、环氧清漆等。

第五节 易燃固体、自燃物品和遇湿易燃物品

1. 易燃固体

易燃固体是指燃点低，对热、撞击、摩擦敏感，易被外部火源点燃，燃烧迅速，并可能散发出有毒烟雾或有毒气体的固体，但不包括已列入爆炸品的物品。如红磷、硫磺等。

2. 自燃物品

自燃物品是指自燃点低，在空气中易于发生氧化反应，放出热量，而自行燃烧的物品。如白磷、三乙基铝等。

3. 遇湿易燃物品

遇湿易燃物品是指遇水或受潮时，发生剧烈化学反应，放出大量的易燃气体和热量的物品。有些不需明火，即能燃烧或爆炸，如钠、钾等。

第六节　氧化剂和有机过氧化物

一、氧化剂和有机过氧化物的定义

1. 氧化剂

氧化剂是指处于高氧化态，具有强氧化性，易分解并放出氧和热量的物质。包括含有过氧基的无机物，其本身不一定可燃，但能导致可燃物的燃烧；与粉末状可燃物能组成爆炸性混合物，对热、震动或摩擦较为敏感。如过氧化钠、高锰酸钾等。

2. 有机过氧化物

有机过氧化物是指分子组成中含有过氧键的有机物。其本身易燃易爆、极易分解，对热、振动和摩擦极为敏感，如过氧化苯甲酰、过氧化甲乙酮等。

二、氧化剂和有机过氧化物的分项

氧化剂可分为 7 项：

（1）过氧化物

如过氧化钠、过氧化氢等。

（2）氯的高价含氧酸及其盐

如高氯酸、高氯酸钾、氯酸钾等。

（3）硝酸盐

如硝酸钾、硝酸铵等。

（4）高锰酸盐

如高锰酸钾、高锰酸钠等。

（5）过氧酸盐类

如过硫酸铵、过硼酸钠等。

（6）高价金属盐类

如重铬酸钾。

（7）高价金属氧化物

如三氧化铬、二氧化铅等。

第七节　有毒品

一、有毒品的定义

本类化学品是指进入肌体后，累积达一定量，能与体液和组织发生生物化学作用或生物物理学作用，扰乱或破坏肌体的正常生理功能，引起暂时性或持久性的病理改变，甚至危及生命的物品。

具体指标：

经口：　　　　LC$_{50}$≤500 mg/kg　（固体）

LC$_{50}$≤2000 mg/kg　（液体）

经皮（24h 接触）：　LC$_{50}$≤1000 mg/kg

吸入：　LC$_{50}$≤10 mg/L　（粉尘、烟雾及蒸气等）

二、有毒品分项

1. 剧毒品

剧毒品是指具有非常剧烈毒性危害、食入致死的化学品。包括人工合成的化学品及其混合物（含农药）和天然毒素。

判定界限采用联合国《化学品分类和标签全球协调系统》（GHS）中的二级毒性指标，即：

大鼠实验，经口：LC$_{50}$≤50 mg/kg；

经皮：LC$_{50}$≤200 mg/kg；

吸入：LC$_{50}$≤500 ppm（气体）或

2.0 mg/L（蒸气）或

0.5 mg/L（尘、雾）

2. 毒害品

危险化学品分类第六类有毒品中除剧毒品以外的均为毒害品。

第八节　放射性物品

一、放射性物品的定义

本类化学品是指放射性比活度大于 $7.4×10^4$ Bq/kg 的物品。

二、放射性物品的分项

1. 按其放射性大小分类

（1）一级放射性物品

（2）二级放射性物品

（3）三级放射性物品

2. 按射线类型分类

（1）放出 α、β、γ 射线的放射性物品

（2）放出 α、β 射线的放射性物品

（3）放出 β、γ 射线的放射性物品

（4）放出中子流的放射性物品

第九节　腐蚀品

一、腐蚀品的定义

本类化学品是指能灼伤人体组织并对金属等物品造成损坏的固体或液体。与皮肤接触在4小时内出现可坏死现象，或温度在55℃时，对20号钢的表面均匀年腐蚀率超过6.25 mm/年的固体或液体。

二、腐蚀品的分项

腐蚀品按化学性质分为3项：

1. 酸性腐蚀品

如硫酸、硝酸、盐酸等。

2. 碱性腐蚀品

如氢氧化钠、氢氧化钾、乙醇钠等。

3. 其他腐蚀品

如亚氯酸钠溶液、氯化铜、氯化锌等。

第十节　危险化学品标志

国家标准《常用危险化学品的分类及标志》（GB13690－1992），规定了危险化学品的标志。

常用的危险化学品的标志共有27种标志（主标志16种、副标志11种）。主标志是由表示危险化学品危险特性的图案、文字说明、底色和危险类别号四个部分组成的菱形标志。副标志与主标志的区别在于其菱形标志下端没有危险品类别号。

标志的使用原则是：当一种危险化学品具有一种以上的危险性时，应该用主标志表示主要危险性类别，并用副标志表示重要的其他的危险性类别。

这些图示标志也适用于危险货物的运输包装。

以下为危险化学品的主标志与副标志的图案。

1. 主标志

危险化学品主标志图案及说明如表2-1所示。

表 2-1　危险化学品主标志图案及说明

图标	类别号	标志名	底色	图案	图案颜色	文字颜色
	1	爆炸品	橙红色	爆炸的炸弹	黑色	黑色
	2	易燃气体	正红色	火焰	黑色或白色	黑色或白色
	2	不燃气体	绿色	气瓶	黑色或白色	黑色或白色
	2	有毒气体	白色	骷髅头和交叉骨形	黑色	黑色
	3	易燃液体	红色	火焰	黑色或白色	黑色或白色
	4	易燃固体	红白相间的垂直宽条（红7、白6）	火焰	黑色	黑色
	4	自燃物品	上半部白色，下半部红色	火焰	黑色或白色	黑色

图标	类别号	标志名	底色	图案	图案颜色	文字颜色
	4	遇湿易燃物品	蓝色	火焰	黑色或白色	黑色或白色
	5	氧化剂	柠檬黄色	从圆圈中冒出的火焰	黑色	黑色
	5	有机过氧化物	柠檬黄色	从圆圈中冒出的火焰	黑色	黑色
	6	有毒品	白色	骷髅头和交叉骨形	黑色	黑色
	6	剧毒品	白色	骷髅头和交叉骨形	黑色	黑色
	7	一级放射性物品	上半部黄色，下半部白色	上半部三叶形，下半部一条垂直的宽条（红色）	黑色	黑色
	7	二级放射性物品	上半部黄色，下半部白色	上半部三叶形，下半部两条垂直的宽条（红色）	黑色	黑色

图标	类别号	标志名	底色	图案	图案颜色	文字颜色
三级放射性物品	7	三级放射性物品	上半部黄色，下半部白色	上半部三叶形，下半部三条垂直的宽条（红色）	黑色	黑色
腐蚀品	8	腐蚀品	上半部白色，下半部黑色	上半部两个试管中液体分别向金属板和手上滴落	黑色	白色（下半部）

同一类的分项则采取在危险类别号数字后面再附缀数字的形式。如爆炸品 1.5，表示第 1 类第 5 项的不敏感爆炸物品。

2. 副标志

危险化学品副标志图案及说明如表 2-2 所示。

表 2-2　危险化学品副标志图案及说明

图标	标志名	底色	图案	图案颜色	文字颜色
爆炸品	爆炸品	橙红色	爆炸的炸弹	黑色	黑色
易燃气体	易燃气体	红色	火焰	黑色	黑色或白色
不燃气体	不燃气体	绿色	气瓶	黑色或白色	黑色
有毒气体	有毒气体	白色	骷髅头和交叉骨形	黑色	黑色

图标	标志名	底色	图案	图案颜色	文字颜色
	易燃液体	红色	火焰	黑色	黑色
	易燃固体	红白相间的垂直宽条（红7、白6）	火焰	黑色	黑色
	自燃物品	上半部白色，下半部红色	火焰	黑色	黑色或白色
	遇湿易燃物品	蓝色	火焰	黑色	黑色或白色
	氧化剂	柠檬黄色	从圆圈中冒出的火焰	黑色	黑色
	有毒品	白色	骷髅头和交叉骨形	黑色	黑色
	腐蚀品	上半部白色，下半部黑色	上半部两个试管中液体分别向金属板和手上滴落	黑色	白色（下半部）

副标志因没有危险分类号，所以也就没有分项号。

第三章　危险化学品的法律体系

　　与危险化学品相关的所有现行法律规范所组成的有机统一整体，即构成了我国现行危险化学品的法律体系。

　　我国法律规范的表现形式主要涉有：宪法、法律、行政法规、规章、地方性法规、自治条例和单行条例、特别行政区的法律以及国际条约等。

　　危险化学品相关的法律包括了最根本的《中华人民共和国安全生产法》和其他相关法律。

　　危险化学品相关的法规则涵盖了最核心的《危险化学品安全管理条例》等国务院制定的各行政法规；以及各地方制定的地方性法规、规章；国务院各部门制定的规章等。这些在本书中统称为法规。

　　但为便于全国的读者通用，本书所介绍的法律法规不包括那些仅限于在各属地使用的各地方性法规、自治条例、单行条例和特别行政区的法律法规，以及各地方规章。

第一节　危险化学品的相关法律

一、《中华人民共和国安全生产法》

中华人民共和国主席令
第 十 三 号

　　《全国人民代表大会常务委员会关于修改〈中华人民共和国安全生产法〉的决定》已由中华人民共和国第十二届全国人民代表大会常务委员会第十次会议于 2014 年 8 月 31 日通过，现予公布，自 2014 年 12 月 1 日起施行。

中华人民共和国主席　习近平

2014 年 8 月 31 日

中华人民共和国安全生产法

第一章　总　则

　　第一条　为了加强安全生产工作，防止和减少生产安全事故，保障人民群众生命和财产安全，促进经济社会持续健康发展，制定本法。

　　第二条　在中华人民共和国领域内从事生产经营活动的单位（以下统称生产经营单位）的安全生产，适用本法；有关法律、行政法规对消防安全和道路交通安全、铁路交通安全、水上交通安全、民用航空安全以及核与辐射安全、特种设备安全另有规定的，适用其规定。

第三条　安全生产工作应当以人为本，坚持安全发展，坚持安全第一、预防为主、综合治理的方针，强化和落实生产经营单位的主体责任，建立生产经营单位负责、职工参与、政府监管、行业自律和社会监督的机制。

第四条　生产经营单位必须遵守本法和其他有关安全生产的法律、法规，加强安全生产管理，建立、健全安全生产责任制和安全生产规章制度，改善安全生产条件，推进安全生产标准化建设，提高安全生产水平，确保安全生产。

第五条　生产经营单位的主要负责人对本单位的安全生产工作全面负责。

第六条　生产经营单位的从业人员有依法获得安全生产保障的权利，并应当依法履行安全生产方面的义务。

第七条　工会依法对安全生产工作进行监督。

生产经营单位的工会依法组织职工参加本单位安全生产工作的民主管理和民主监督，维护职工在安全生产方面的合法权益。生产经营单位制定或者修改有关安全生产的规章制度，应当听取工会的意见。

第八条　国务院和县级以上地方各级人民政府应当根据国民经济和社会发展规划制定安全生产规划，并组织实施。安全生产规划应当与城乡规划相衔接。

国务院和县级以上地方各级人民政府应当加强对安全生产工作的领导，支持、督促各有关部门依法履行安全生产监督管理职责，建立健全安全生产工作协调机制，及时协调、解决安全生产监督管理中存在的重大问题。

乡、镇人民政府以及街道办事处、开发区管理机构等地方人民政府的派出机关应当按照职责，加强对本行政区域内生产经营单位安全生产状况的监督检查，协助上级人民政府有关部门依法履行安全生产监督管理职责。

第九条　国务院安全生产监督管理部门依照本法，对全国安全生产工作实施综合监督管理；县级以上地方各级人民政府安全生产监督管理部门依照本法，对本行政区域内安全生产工作实施综合监督管理。

国务院有关部门依照本法和其他有关法律、行政法规的规定，在各自的职责范围内对有关行业、领域的安全生产工作实施监督管理；县级以上地方各级人民政府有关部门依照本法和其他有关法律、法规的规定，在各自的职责范围内对有关行业、领域的安全生产工作实施监督管理。

安全生产监督管理部门和对有关行业、领域的安全生产工作实施监督管理的部门，统称负有安全生产监督管理职责的部门。

第十条　国务院有关部门应当按照保障安全生产的要求，依法及时制定有关的国家标准或者行业标准，并根据科技进步和经济发展适时修订。

生产经营单位必须执行依法制定的保障安全生产的国家标准或者行业标准。

第十一条　各级人民政府及其有关部门应当采取多种形式，加强对有关安全生产的法律、法规和安全生产知识的宣传，增强全社会的安全生产意识。

第十二条　有关协会组织依照法律、行政法规和章程，为生产经营单位提供安全生产方面的信息、培训等服务，发挥自律作用，促进生产经营单位加强安全生产管理。

第十三条　依法设立的为安全生产提供技术、管理服务的机构，依照法律、行政法规和执业准则，接受生产经营单位的委托为其安全生产工作提供技术、管理服务。

生产经营单位委托前款规定的机构提供安全生产技术、管理服务的，保证安全生产的责任仍由本单位负责。

第十四条　国家实行生产安全事故责任追究制度，依照本法和有关法律、法规的规定，追究生产安全事故责任人员的法律责任。

第十五条　国家鼓励和支持安全生产科学技术研究和安全生产先进技术的推广应用，提高安全生产水平。

第十六条　国家对在改善安全生产条件、防止生产安全事故、参加抢险救护等方面取得显著成绩的单位和个人，给予奖励。

<h3 style="text-align:center">第二章　生产经营单位的安全生产保障</h3>

第十七条　生产经营单位应当具备本法和有关法律、行政法规和国家标准或者行业标准规定的安全生产条件；不具备安全生产条件的，不得从事生产经营活动。

第十八条　生产经营单位的主要负责人对本单位安全生产工作负有下列职责：

（一）建立、健全本单位安全生产责任制；

（二）组织制定本单位安全生产规章制度和操作规程；

（三）组织制定并实施本单位安全生产教育和培训计划；

（四）保证本单位安全生产投入的有效实施；

（五）督促、检查本单位的安全生产工作，及时消除生产安全事故隐患；

（六）组织制定并实施本单位的生产安全事故应急救援预案；

（七）及时、如实报告生产安全事故。

第十九条　生产经营单位的安全生产责任制应当明确各岗位的责任人员、责任范围和考核标准等内容。

生产经营单位应当建立相应的机制，加强对安全生产责任制落实情况的监督考核，保证安全生产责任制的落实。

第二十条　生产经营单位应当具备的安全生产条件所必需的资金投入，由生产经营单位的决策机构、主要负责人或者个人经营的投资人予以保证，并对由于安全生产所必需的资金投入不足导致的后果承担责任。

有关生产经营单位应当按照规定提取和使用安全生产费用，专门用于改善安全生产条件。安全生产费用在成本中据实列支。安全生产费用提取、使用和监督管理的具体办法由国务院财政部门会同国务院安全生产监督管理部门征求国务院有关部门意见后制定。

第二十一条　矿山、金属冶炼、建筑施工、道路运输单位和危险物品的生产、经营、储存单位，应当设置安全生产管理机构或者配备专职安全生产管理人员。

前款规定以外的其他生产经营单位，从业人员超过三百人的，应当设置安全生产管理机构或者配备专职安全生产管理人员；从业人员在三百人以下的，应当配备专职或者兼职的安全生产管理人员。

第二十二条　生产经营单位的安全生产管理机构以及安全生产管理人员履行下列职责：

（一）组织或者参与拟订本单位安全生产规章制度、操作规程和生产安全事故应急救援预案；

（二）组织或者参与本单位安全生产教育和培训，如实记录安全生产教育和培训情况；

（三）督促落实本单位重大危险源的安全管理措施；

（四）组织或者参与本单位应急救援演练；

（五）检查本单位的安全生产状况，及时排查生产安全事故隐患，提出改进安全生产管理的建议；

（六）制止和纠正违章指挥、强令冒险作业、违反操作规程的行为；

（七）督促落实本单位安全生产整改措施。

第二十三条　生产经营单位的安全生产管理机构以及安全生产管理人员应当恪尽职守，依法履行职责。

生产经营单位作出涉及安全生产的经营决策，应当听取安全生产管理机构以及安全生产管理人员的意见。

生产经营单位不得因安全生产管理人员依法履行职责而降低其工资、福利等待遇或者解除与其订立的劳动合同。

危险物品的生产、储存单位以及矿山、金属冶炼单位的安全生产管理人员的任免，应当告知主管的负有安全生产监督管理职责的部门。

第二十四条　生产经营单位的主要负责人和安全生产管理人员必须具备与本单位所从事的生产经营活动相应的安全生产知识和管理能力。

危险物品的生产、经营、储存单位以及矿山、金属冶炼、建筑施工、道路运输单位的主要负责人和安全生产管理人员，应当由主管的负有安全生产监督管理职责的部门对其安全生产知识和管理能力考核合格。考核不得收费。

危险物品的生产、储存单位以及矿山、金属冶炼单位应当有注册安全工程师从事安全生产管理工作。鼓励其他生产经营单位聘用注册安全工程师从事安全生产管理工作。注册安全工程师按专业分类管理，具体办法由国务院人力资源和社会保障部门、国务院安全生产监督管理部门会同国务院有关部门制定。

第二十五条　生产经营单位应当对从业人员进行安全生产教育和培训，保证从业人员具备必要的安全生产知识，熟悉有关的安全生产规章制度和安全操作规程，掌握本岗位的安全操作技能，了解事故应急处理措施，知悉自身在安全生产方面的权利和义务。未经安全生产教育和培训合格的从业人员，不得上岗作业。

生产经营单位使用被派遣劳动者的，应当将被派遣劳动者纳入本单位从业人员统一管理，对被派遣劳动者进行岗位安全操作规程和安全操作技能的教育和培训。劳务派遣单位应当对被派遣劳动者进行必要的安全生产教育和培训。

生产经营单位接收中等职业学校、高等学校学生实习的，应当对实习学生进行相应的安全生产教育和培训，提供必要的劳动防护用品。学校应当协助生产经营单位对实习学生进行安全生产教育和培训。

生产经营单位应当建立安全生产教育和培训档案，如实记录安全生产教育和培训的时间、内容、参加人员以及考核结果等情况。

第二十六条　生产经营单位采用新工艺、新技术、新材料或者使用新设备，必须了解、掌握其安全技术特性，采取有效的安全防护措施，并对从业人员进行专门的安全生产教育和培训。

第二十七条　生产经营单位的特种作业人员必须按照国家有关规定经专门的安全作业培训，取得相应资格，方可上岗作业。

特种作业人员的范围由国务院安全生产监督管理部门会同国务院有关部门确定。

第二十八条　生产经营单位新建、改建、扩建工程项目（以下统称建设项目）的安全设施，必须与主体工程同时设计、同时施工、同时投入生产和使用。安全设施投资应当纳入建设项目概算。

第二十九条　矿山、金属冶炼建设项目和用于生产、储存、装卸危险物品的建设项目，应当按照国家有关规定进行安全评价。

第三十条　建设项目安全设施的设计人、设计单位应当对安全设施设计负责。

矿山、金属冶炼建设项目和用于生产、储存、装卸危险物品的建设项目的安全设施设计应当按照国家有关规定报经有关部门审查，审查部门及其负责审查的人员对审查结果负责。

第三十一条　矿山、金属冶炼建设项目和用于生产、储存、装卸危险物品的建设项目的施工单位必须按照批准的安全设施设计施工，并对安全设施的工程质量负责。

矿山、金属冶炼建设项目和用于生产、储存危险物品的建设项目竣工投入生产或者使用前，应当由建设单位负责组织对安全设施进行验收；验收合格后，方可投入生产和使用。安全生产监督管理部门应当加强对建设单位验收活动和验收结果的监督核查。

第三十二条　生产经营单位应当在有较大危险因素的生产经营场所和有关设施、设备上，设置明显的安全警示标志。

第三十三条　安全设备的设计、制造、安装、使用、检测、维修、改造和报废，应当符合国家标准或者行业标准。

生产经营单位必须对安全设备进行经常性维护、保养，并定期检测，保证正常运转。维护、保养、检测应当作好记录，并由有关人员签字。

第三十四条　生产经营单位使用的危险物品的容器、运输工具，以及涉及人身安全、危险性较大的海洋石油开采特种设备和矿山井下特种设备，必须按照国家有关规定，由专业生产单位生产，并经具有专业资质的检测、检验机构检测、检验合格，取得安全使用证或者安全标志，方可投入使用。检测、检验机构对检测、检验结果负责。

第三十五条　国家对严重危及生产安全的工艺、设备实行淘汰制度，具体目录由国务院安全生产监督管理部门会同国务院有关部门制定并公布。法律、行政法规对目录的制定另有规定的，适用其规定。

省、自治区、直辖市人民政府可以根据本地区实际情况制定并公布具体目录，对前款规定以外的危及生产安全的工艺、设备予以淘汰。

生产经营单位不得使用应当淘汰的危及生产安全的工艺、设备。

第三十六条　生产、经营、运输、储存、使用危险物品或者处置废弃危险物品的，由有关主管部门依照有关法律、法规的规定和国家标准或者行业标准审批并实施监督管理。

生产经营单位生产、经营、运输、储存、使用危险物品或者处置废弃危险物品，必须执行有关法律、法规和国家标准或者行业标准，建立专门的安全管理制度，采取可靠的安全措施，接受有关主管部门依法实施的监督管理。

第三十七条　生产经营单位对重大危险源应当登记建档，进行定期检测、评估、监控，并制定应急预案，告知从业人员和相关人员在紧急情况下应当采取的应急措施。

生产经营单位应当按照国家有关规定将本单位重大危险源及有关安全措施、应急措施报有关地方人民政府安全生产监督管理部门和有关部门备案。

第三十八条 生产经营单位应当建立健全生产安全事故隐患排查治理制度，采取技术、管理措施，及时发现并消除事故隐患。事故隐患排查治理情况应当如实记录，并向从业人员通报。

县级以上地方各级人民政府负有安全生产监督管理职责的部门应当建立健全重大事故隐患治理督办制度，督促生产经营单位消除重大事故隐患。

第三十九条 生产、经营、储存、使用危险物品的车间、商店、仓库不得与员工宿舍在同一座建筑物内，并应当与员工宿舍保持安全距离。

生产经营场所和员工宿舍应当设有符合紧急疏散要求、标志明显、保持畅通的出口。禁止锁闭、封堵生产经营场所或者员工宿舍的出口。

第四十条 生产经营单位进行爆破、吊装以及国务院安全生产监督管理部门会同国务院有关部门规定的其他危险作业，应当安排专门人员进行现场安全管理，确保操作规程的遵守和安全措施的落实。

第四十一条 生产经营单位应当教育和督促从业人员严格执行本单位的安全生产规章制度和安全操作规程；并向从业人员如实告知作业场所和工作岗位存在的危险因素、防范措施以及事故应急措施。

第四十二条 生产经营单位必须为从业人员提供符合国家标准或者行业标准的劳动防护用品，并监督、教育从业人员按照使用规则佩戴、使用。

第四十三条 生产经营单位的安全生产管理人员应当根据本单位的生产经营特点，对安全生产状况进行经常性检查；对检查中发现的安全问题，应当立即处理；不能处理的，应当及时报告本单位有关负责人，有关负责人应当及时处理。检查及处理情况应当如实记录在案。

生产经营单位的安全生产管理人员在检查中发现重大事故隐患，依照前款规定向本单位有关负责人报告，有关负责人不及时处理的，安全生产管理人员可以向主管的负有安全生产监督管理职责的部门报告，接到报告的部门应当依法及时处理。

第四十四条 生产经营单位应当安排用于配备劳动防护用品、进行安全生产培训的经费。

第四十五条 两个以上生产经营单位在同一作业区域内进行生产经营活动，可能危及对方生产安全的，应当签订安全生产管理协议，明确各自的安全生产管理职责和应当采取的安全措施，并指定专职安全生产管理人员进行安全检查与协调。

第四十六条 生产经营单位不得将生产经营项目、场所、设备发包或者出租给不具备安全生产条件或者相应资质的单位或者个人。

生产经营项目、场所发包或者出租给其他单位的，生产经营单位应当与承包单位、承租单位签订专门的安全生产管理协议，或者在承包合同、租赁合同中约定各自的安全生产管理职责；生产经营单位对承包单位、承租单位的安全生产工作统一协调、管理，定期进行安全检查，发现安全问题的，应当及时督促整改。

第四十七条 生产经营单位发生生产安全事故时，单位的主要负责人应当立即组织抢救，并不得在事故调查处理期间擅离职守。

第四十八条 生产经营单位必须依法参加工伤保险，为从业人员缴纳保险费。

国家鼓励生产经营单位投保安全生产责任保险。

第三章 从业人员的安全生产权利义务

第四十九条 生产经营单位与从业人员订立的劳动合同，应当载明有关保障从业人员劳动安全、防止职业危害的事项，以及依法为从业人员办理工伤保险的事项。

生产经营单位不得以任何形式与从业人员订立协议，免除或者减轻其对从业人员因生产安全事故伤亡依法应承担的责任。

第五十条 生产经营单位的从业人员有权了解其作业场所和工作岗位存在的危险因素、防范措施及事故应急措施，有权对本单位的安全生产工作提出建议。

第五十一条 从业人员有权对本单位安全生产工作中存在的问题提出批评、检举、控告；有权拒绝违章指挥和强令冒险作业。

生产经营单位不得因从业人员对本单位安全生产工作提出批评、检举、控告或者拒绝违章指挥、强令冒险作业而降低其工资、福利等待遇或者解除与其订立的劳动合同。

第五十二条 从业人员发现直接危及人身安全的紧急情况时，有权停止作业或者在采取可能的应急措施后撤离作业场所。

生产经营单位不得因从业人员在前款紧急情况下停止作业或者采取紧急撤离措施而降低其工资、福利等待遇或者解除与其订立的劳动合同。

第五十三条 因生产安全事故受到损害的从业人员，除依法享有工伤保险外，依照有关民事法律尚有获得赔偿的权利的，有权向本单位提出赔偿要求。

第五十四条 从业人员在作业过程中，应当严格遵守本单位的安全生产规章制度和操作规程，服从管理，正确佩戴和使用劳动防护用品。

第五十五条 从业人员应当接受安全生产教育和培训，掌握本职工作所需的安全生产知识，提高安全生产技能，增强事故预防和应急处理能力。

第五十六条 从业人员发现事故隐患或者其他不安全因素，应当立即向现场安全生产管理人员或者本单位负责人报告；接到报告的人员应当及时予以处理。

第五十七条 工会有权对建设项目的安全设施与主体工程同时设计、同时施工、同时投入生产和使用进行监督，提出意见。

工会对生产经营单位违反安全生产法律、法规，侵犯从业人员合法权益的行为，有权要求纠正；发现生产经营单位违章指挥、强令冒险作业或者发现事故隐患时，有权提出解决的建议，生产经营单位应当及时研究答复；发现危及从业人员生命安全的情况时，有权向生产经营单位建议组织从业人员撤离危险场所，生产经营单位必须立即作出处理。

工会有权依法参加事故调查，向有关部门提出处理意见，并要求追究有关人员的责任。

第五十八条 生产经营单位使用被派遣劳动者的，被派遣劳动者享有本法规定的从业人员的权利，并应当履行本法规定的从业人员的义务。

第四章 安全生产的监督管理

第五十九条 县级以上地方各级人民政府应当根据本行政区域内的安全生产状况，组织有关部门按照职责分工，对本行政区域内容易发生重大生产安全事故的生产经营单位进行严格检查。

安全生产监督管理部门应当按照分类分级监督管理的要求，制定安全生产年度监督检查计划，并按照年度监督检查计划进行监督检查，发现事故隐患，应当及时处理。

第六十条　负有安全生产监督管理职责的部门依照有关法律、法规的规定，对涉及安全生产的事项需要审查批准（包括批准、核准、许可、注册、认证、颁发证照等，下同）或者验收的，必须严格依照有关法律、法规和国家标准或者行业标准规定的安全生产条件和程序进行审查；不符合有关法律、法规和国家标准或者行业标准规定的安全生产条件的，不得批准或者验收通过。对未依法取得批准或者验收合格的单位擅自从事有关活动的，负责行政审批的部门发现或者接到举报后应当立即予以取缔，并依法予以处理。对已经依法取得批准的单位，负责行政审批的部门发现其不再具备安全生产条件的，应当撤销原批准。

第六十一条　负有安全生产监督管理职责的部门对涉及安全生产的事项进行审查、验收，不得收取费用；不得要求接受审查、验收的单位购买其指定品牌或者指定生产、销售单位的安全设备、器材或者其他产品。

第六十二条　安全生产监督管理部门和其他负有安全生产监督管理职责的部门依法开展安全生产行政执法工作，对生产经营单位执行有关安全生产的法律、法规和国家标准或者行业标准的情况进行监督检查，行使以下职权：

（一）进入生产经营单位进行检查，调阅有关资料，向有关单位和人员了解情况；

（二）对检查中发现的安全生产违法行为，当场予以纠正或者要求限期改正；对依法应当给予行政处罚的行为，依照本法和其他有关法律、行政法规的规定作出行政处罚决定；

（三）对检查中发现的事故隐患，应当责令立即排除；重大事故隐患排除前或者排除过程中无法保证安全的，应当责令从危险区域内撤出作业人员，责令暂时停产停业或者停止使用相关设施、设备；重大事故隐患排除后，经审查同意，方可恢复生产经营和使用；

（四）对有根据认为不符合保障安全生产的国家标准或者行业标准的设施、设备、器材以及违法生产、储存、使用、经营、运输的危险物品予以查封或者扣押，对违法生产、储存、使用、经营危险物品的作业场所予以查封，并依法作出处理决定。

监督检查不得影响被检查单位的正常生产经营活动。

第六十三条　生产经营单位对负有安全生产监督管理职责的部门的监督检查人员（以下统称安全生产监督检查人员）依法履行监督检查职责，应当予以配合，不得拒绝、阻挠。

第六十四条　安全生产监督检查人员应当忠于职守，坚持原则，秉公执法。

安全生产监督检查人员执行监督检查任务时，必须出示有效的监督执法证件；对涉及被检查单位的技术秘密和业务秘密，应当为其保密。

第六十五条　安全生产监督检查人员应当将检查的时间、地点、内容、发现的问题及其处理情况，作出书面记录，并由检查人员和被检查单位的负责人签字；被检查单位的负责人拒绝签字的，检查人员应当将情况记录在案，并向负有安全生产监督管理职责的部门报告。

第六十六条　负有安全生产监督管理职责的部门在监督检查中，应当互相配合，实行联合检查；确需分别进行检查的，应当互通情况，发现存在的安全问题应当由其他有关部门进行处理的，应当及时移送其他有关部门并形成记录备查，接受移送的部门应当及时进行处理。

第六十七条　负有安全生产监督管理职责的部门依法对存在重大事故隐患的生产经营单位作出停产停业、停止施工、停止使用相关设施或者设备的决定，生产经营单位应当依法执行，及时消除事故隐患。生产经营单位拒不执行，有发生生产安全事故的现实危险的，在保证安全的前提下，经本部门主要负责人批准，负有安全生产监督管理职责的部门可以采取通知有关单位停止供电、停止供应民用爆炸物品等措施，强制生产经营单位履行决定。通知应当采用书面形式，有关单位应当予以配合。

负有安全生产监督管理职责的部门依照前款规定采取停止供电措施，除有危及生产安全的紧急情形外，应当提前二十四小时通知生产经营单位。生产经营单位依法履行行政决定、采取相应措施消除事故隐患的，负有安全生产监督管理职责的部门应当及时解除前款规定的措施。

第六十八条　监察机关依照行政监察法的规定，对负有安全生产监督管理职责的部门及其工作人员履行安全生产监督管理职责实施监察。

第六十九条　承担安全评价、认证、检测、检验的机构应当具备国家规定的资质条件，并对其作出的安全评价、认证、检测、检验的结果负责。

第七十条　负有安全生产监督管理职责的部门应当建立举报制度，公开举报电话、信箱或者电子邮件地址，受理有关安全生产的举报；受理的举报事项经调查核实后，应当形成书面材料；需要落实整改措施的，报经有关负责人签字并督促落实。

第七十一条　任何单位或者个人对事故隐患或者安全生产违法行为，均有权向负有安全生产监督管理职责的部门报告或者举报。

第七十二条　居民委员会、村民委员会发现其所在区域内的生产经营单位存在事故隐患或者安全生产违法行为时，应当向当地人民政府或者有关部门报告。

第七十三条　县级以上各级人民政府及其有关部门对报告重大事故隐患或者举报安全生产违法行为的有功人员，给予奖励。具体奖励办法由国务院安全生产监督管理部门会同国务院财政部门制定。

第七十四条　新闻、出版、广播、电影、电视等单位有进行安全生产公益宣传教育的义务，有对违反安全生产法律、法规的行为进行舆论监督的权利。

第七十五条　负有安全生产监督管理职责的部门应当建立安全生产违法行为信息库，如实记录生产经营单位的安全生产违法行为信息；对违法行为情节严重的生产经营单位，应当向社会公告，并通报行业主管部门、投资主管部门、国土资源主管部门、证券监督管理机构以及有关金融机构。

第五章　生产安全事故的应急救援与调查处理

第七十六条　国家加强生产安全事故应急能力建设，在重点行业、领域建立应急救援基地和应急救援队伍，鼓励生产经营单位和其他社会力量建立应急救援队伍，配备相应的应急救援装备和物资，提高应急救援的专业化水平。

国务院安全生产监督管理部门建立全国统一的生产安全事故应急救援信息系统，国务院有关部门建立健全相关行业、领域的生产安全事故应急救援信息系统。

第七十七条　县级以上地方各级人民政府应当组织有关部门制定本行政区域内生产安全事故应急救援预案，建立应急救援体系。

第七十八条　生产经营单位应当制定本单位生产安全事故应急救援预案，与所在地县级以上地方人民政府组织制定的生产安全事故应急救援预案相衔接，并定期组织演练。

第七十九条　危险物品的生产、经营、储存单位以及矿山、金属冶炼、城市轨道交通运营、建筑施工单位应当建立应急救援组织；生产经营规模较小的，可以不建立应急救援组织，但应当指定兼职的应急救援人员。

危险物品的生产、经营、储存、运输单位以及矿山、金属冶炼、城市轨道交通运营、建筑施工单位应当配备必要的应急救援器材、设备和物资，并进行经常性维护、保养，保证正常运转。

第八十条   生产经营单位发生生产安全事故后，事故现场有关人员应当立即报告本单位负责人。

单位负责人接到事故报告后，应当迅速采取有效措施，组织抢救，防止事故扩大，减少人员伤亡和财产损失，并按照国家有关规定立即如实报告当地负有安全生产监督管理职责的部门，不得隐瞒不报、谎报或者迟报，不得故意破坏事故现场、毁灭有关证据。

第八十一条   负有安全生产监督管理职责的部门接到事故报告后，应当立即按照国家有关规定上报事故情况。负有安全生产监督管理职责的部门和有关地方人民政府对事故情况不得隐瞒不报、谎报或者迟报。

第八十二条   有关地方人民政府和负有安全生产监督管理职责的部门的负责人接到生产安全事故报告后，应当按照生产安全事故应急救援预案的要求立即赶到事故现场，组织事故抢救。

参与事故抢救的部门和单位应当服从统一指挥，加强协同联动，采取有效的应急救援措施，并根据事故救援的需要采取警戒、疏散等措施，防止事故扩大和次生灾害的发生，减少人员伤亡和财产损失。

事故抢救过程中应当采取必要措施，避免或者减少对环境造成的危害。

任何单位和个人都应当支持、配合事故抢救，并提供一切便利条件。

第八十三条   事故调查处理应当按照科学严谨、依法依规、实事求是、注重实效的原则，及时、准确地查清事故原因，查明事故性质和责任，总结事故教训，提出整改措施，并对事故责任者提出处理意见。事故调查报告应当依法及时向社会公布。事故调查和处理的具体办法由国务院制定。

事故发生单位应当及时全面落实整改措施，负有安全生产监督管理职责的部门应当加强监督检查。

第八十四条   生产经营单位发生生产安全事故，经调查确定为责任事故的，除了应当查明事故单位的责任并依法予以追究外，还应当查明对安全生产的有关事项负有审查批准和监督职责的行政部门的责任，对有失职、渎职行为的，依照本法第八十七条的规定追究法律责任。

第八十五条   任何单位和个人不得阻挠和干涉对事故的依法调查处理。

第八十六条   县级以上地方各级人民政府安全生产监督管理部门应当定期统计分析本行政区域内发生生产安全事故的情况，并定期向社会公布。

第六章   法律责任

第八十七条   负有安全生产监督管理职责的部门的工作人员，有下列行为之一的，给予降级或者撤职的处分；构成犯罪的，依照刑法有关规定追究刑事责任：

（一）对不符合法定安全生产条件的涉及安全生产的事项予以批准或者验收通过的；

（二）发现未依法取得批准、验收的单位擅自从事有关活动或者接到举报后不予取缔或者不依法予以处理的；

（三）对已经依法取得批准的单位不履行监督管理职责，发现其不再具备安全生产条件而不撤销原批准或者发现安全生产违法行为不予查处的；

（四）在监督检查中发现重大事故隐患，不依法及时处理的。

负有安全生产监督管理职责的部门的工作人员有前款规定以外的滥用职权、玩忽职守、徇私舞弊行为的，依法给予处分；构成犯罪的，依照刑法有关规定追究刑事责任。

第八十八条　负有安全生产监督管理职责的部门，要求被审查、验收的单位购买其指定的安全设备、器材或者其他产品的，在对安全生产事项的审查、验收中收取费用的，由其上级机关或者监察机关责令改正，责令退还收取的费用；情节严重的，对直接负责的主管人员和其他直接责任人员依法给予处分。

第八十九条　承担安全评价、认证、检测、检验工作的机构，出具虚假证明的，没收违法所得；违法所得在十万元以上的，并处违法所得二倍以上五倍以下的罚款；没有违法所得或者违法所得不足十万元的，单处或者并处十万元以上二十万元以下的罚款；对其直接负责的主管人员和其他直接责任人员处二万元以上五万元以下的罚款；给他人造成损害的，与生产经营单位承担连带赔偿责任；构成犯罪的，依照刑法有关规定追究刑事责任。

对有前款违法行为的机构，吊销其相应资质。

第九十条　生产经营单位的决策机构、主要负责人或者个人经营的投资人不依照本法规定保证安全生产所必需的资金投入，致使生产经营单位不具备安全生产条件的，责令限期改正，提供必需的资金；逾期未改正的，责令生产经营单位停产停业整顿。

有前款违法行为，导致发生生产安全事故的，对生产经营单位的主要负责人给予撤职处分，对个人经营的投资人处二万元以上二十万元以下的罚款；构成犯罪的，依照刑法有关规定追究刑事责任。

第九十一条　生产经营单位的主要负责人未履行本法规定的安全生产管理职责的，责令限期改正；逾期未改正的，处二万元以上五万元以下的罚款，责令生产经营单位停产停业整顿。

生产经营单位的主要负责人有前款违法行为，导致发生生产安全事故的，给予撤职处分；构成犯罪的，依照刑法有关规定追究刑事责任。

生产经营单位的主要负责人依照前款规定受刑事处罚或者撤职处分的，自刑罚执行完毕或者受处分之日起，五年内不得担任任何生产经营单位的主要负责人；对重大、特别重大生产安全事故负有责任的，终身不得担任本行业生产经营单位的主要负责人。

第九十二条　生产经营单位的主要负责人未履行本法规定的安全生产管理职责，导致发生生产安全事故的，由安全生产监督管理部门依照下列规定处以罚款：

（一）发生一般事故的，处上一年年收入百分之三十的罚款；

（二）发生较大事故的，处上一年年收入百分之四十的罚款；

（三）发生重大事故的，处上一年年收入百分之六十的罚款；

（四）发生特别重大事故的，处上一年年收入百分之八十的罚款。

第九十三条　生产经营单位的安全生产管理人员未履行本法规定的安全生产管理职责的，责令限期改正；导致发生生产安全事故的，暂停或者撤销其与安全生产有关的资格；构成犯罪的，依照刑法有关规定追究刑事责任。

第九十四条　生产经营单位有下列行为之一的，责令限期改正，可以处五万元以下的罚款；逾期未改正的，责令停产停业整顿，并处五万元以上十万元以下的罚款，对其直接负责的主管人员和其他直接责任人员处一万元以上二万元以下的罚款：

（一）未按照规定设置安全生产管理机构或者配备安全生产管理人员的；

（二）危险物品的生产、经营、储存单位以及矿山、金属冶炼、建筑施工、道路运输单位的主要负责人和安全生产管理人员未按照规定经考核合格的；

（三）未按照规定对从业人员、被派遣劳动者、实习学生进行安全生产教育和培训，或者未按照规定如实告知有关的安全生产事项的；

（四）未如实记录安全生产教育和培训情况的；

（五）未将事故隐患排查治理情况如实记录或者未向从业人员通报的；

（六）未按照规定制定生产安全事故应急救援预案或者未定期组织演练的；

（七）特种作业人员未按照规定经专门的安全作业培训并取得相应资格，上岗作业的。

第九十五条 生产经营单位有下列行为之一的，责令停止建设或者停产停业整顿，限期改正；逾期未改正的，处五十万元以上一百万元以下的罚款，对其直接负责的主管人员和其他直接责任人员处二万元以上五万元以下的罚款；构成犯罪的，依照刑法有关规定追究刑事责任：

（一）未按照规定对矿山、金属冶炼建设项目或者用于生产、储存、装卸危险物品的建设项目进行安全评价的；

（二）矿山、金属冶炼建设项目或者用于生产、储存、装卸危险物品的建设项目没有安全设施设计或者安全设施设计未按照规定报经有关部门审查同意的；

（三）矿山、金属冶炼建设项目或者用于生产、储存、装卸危险物品的建设项目的施工单位未按照批准的安全设施设计施工的；

（四）矿山、金属冶炼建设项目或者用于生产、储存危险物品的建设项目竣工投入生产或者使用前，安全设施未经验收合格的。

第九十六条 生产经营单位有下列行为之一的，责令限期改正，可以处五万元以下的罚款；逾期未改正的，处五万元以上二十万元以下的罚款，对其直接负责的主管人员和其他直接责任人员处一万元以上二万元以下的罚款；情节严重的，责令停产停业整顿；构成犯罪的，依照刑法有关规定追究刑事责任：

（一）未在有较大危险因素的生产经营场所和有关设施、设备上设置明显的安全警示标志的；

（二）安全设备的安装、使用、检测、改造和报废不符合国家标准或者行业标准的；

（三）未对安全设备进行经常性维护、保养和定期检测的；

（四）未为从业人员提供符合国家标准或者行业标准的劳动防护用品的；

（五）危险物品的容器、运输工具，以及涉及人身安全、危险性较大的海洋石油开采特种设备和矿山井下特种设备未经具有专业资质的机构检测、检验合格，取得安全使用证或者安全标志，投入使用的；

（六）使用应当淘汰的危及生产安全的工艺、设备的。

第九十七条 未经依法批准，擅自生产、经营、运输、储存、使用危险物品或者处置废弃危险物品的，依照有关危险物品安全管理的法律、行政法规的规定予以处罚；构成犯罪的，依照刑法有关规定追究刑事责任。

第九十八条　生产经营单位有下列行为之一的，责令限期改正，可以处十万元以下的罚款；逾期未改正的，责令停产停业整顿，并处十万元以上二十万元以下的罚款，对其直接负责的主管人员和其他直接责任人员处二万元以上五万元以下的罚款；构成犯罪的，依照刑法有关规定追究刑事责任：

（一）生产、经营、运输、储存、使用危险物品或者处置废弃危险物品，未建立专门安全管理制度、未采取可靠的安全措施的；

（二）对重大危险源未登记建档，或者未进行评估、监控，或者未制定应急预案的；

（三）进行爆破、吊装以及国务院安全生产监督管理部门会同国务院有关部门规定的其他危险作业，未安排专门人员进行现场安全管理的；

（四）未建立事故隐患排查治理制度的。

第九十九条　生产经营单位未采取措施消除事故隐患的，责令立即消除或者限期消除；生产经营单位拒不执行的，责令停产停业整顿，并处十万元以上五十万元以下的罚款，对其直接负责的主管人员和其他直接责任人员处二万元以上五万元以下的罚款。

第一百条　生产经营单位将生产经营项目、场所、设备发包或者出租给不具备安全生产条件或者相应资质的单位或者个人的，责令限期改正，没收违法所得；违法所得十万元以上的，并处违法所得二倍以上五倍以下的罚款；没有违法所得或者违法所得不足十万元的，单处或者并处十万元以上二十万元以下的罚款；对其直接负责的主管人员和其他直接责任人员处一万元以上二万元以下的罚款；导致发生生产安全事故给他人造成损害的，与承包方、承租方承担连带赔偿责任。

生产经营单位未与承包单位、承租单位签订专门的安全生产管理协议或者未在承包合同、租赁合同中明确各自的安全生产管理职责，或者未对承包单位、承租单位的安全生产统一协调、管理的，责令限期改正，可以处五万元以下的罚款，对其直接负责的主管人员和其他直接责任人员可以处一万元以下的罚款；逾期未改正的，责令停产停业整顿。

第一百零一条　两个以上生产经营单位在同一作业区域内进行可能危及对方安全生产的生产经营活动，未签订安全生产管理协议或者未指定专职安全生产管理人员进行安全检查与协调的，责令限期改正，可以处五万元以下的罚款，对其直接负责的主管人员和其他直接责任人员可以处一万元以下的罚款；逾期未改正的，责令停产停业。

第一百零二条　生产经营单位有下列行为之一的，责令限期改正，可以处五万元以下的罚款，对其直接负责的主管人员和其他直接责任人员可以处一万元以下的罚款；逾期未改正的，责令停产停业整顿；构成犯罪的，依照刑法有关规定追究刑事责任：

（一）生产、经营、储存、使用危险物品的车间、商店、仓库与员工宿舍在同一座建筑内，或者与员工宿舍的距离不符合安全要求的；

（二）生产经营场所和员工宿舍未设有符合紧急疏散需要、标志明显、保持畅通的出口，或者锁闭、封堵生产经营场所或者员工宿舍出口的。

第一百零三条　生产经营单位与从业人员订立协议，免除或者减轻其对从业人员因生产安全事故伤亡依法应承担的责任的，该协议无效；对生产经营单位的主要负责人、个人经营的投资人处二万元以上十万元以下的罚款。

第一百零四条　生产经营单位的从业人员不服从管理，违反安全生产规章制度或者操作规程的，由生产经营单位给予批评教育，依照有关规章制度给予处分；构成犯罪的，依照刑法有关规定追究刑事责任。

第一百零五条　违反本法规定，生产经营单位拒绝、阻碍负有安全生产监督管理职责的部门依法实施监督检查的，责令改正；拒不改正的，处二万元以上二十万元以下的罚款；对其直接负责的主管人员和其他直接责任人员处一万元以上二万元以下的罚款；构成犯罪的，依照刑法有关规定追究刑事责任。

第一百零六条　生产经营单位的主要负责人在本单位发生生产安全事故时，不立即组织抢救或者在事故调查处理期间擅离职守或者逃匿的，给予降级、撤职的处分，并由安全生产监督管理部门处上一年年收入百分之六十至百分之一百的罚款；对逃匿的处十五日以下拘留；构成犯罪的，依照刑法有关规定追究刑事责任。

生产经营单位的主要负责人对生产安全事故隐瞒不报、谎报或者迟报的，依照前款规定处罚。

第一百零七条　有关地方人民政府、负有安全生产监督管理职责的部门，对生产安全事故隐瞒不报、谎报或者迟报的，对直接负责的主管人员和其他直接责任人员依法给予处分；构成犯罪的，依照刑法有关规定追究刑事责任。

第一百零八条　生产经营单位不具备本法和其他有关法律、行政法规和国家标准或者行业标准规定的安全生产条件，经停产停业整顿仍不具备安全生产条件的，予以关闭；有关部门应当依法吊销其有关证照。

第一百零九条　发生生产安全事故，对负有责任的生产经营单位除要求其依法承担相应的赔偿等责任外，由安全生产监督管理部门依照下列规定处以罚款：

（一）发生一般事故的，处二十万元以上五十万元以下的罚款；

（二）发生较大事故的，处五十万元以上一百万元以下的罚款；

（三）发生重大事故的，处一百万元以上五百万元以下的罚款；

（四）发生特别重大事故的，处五百万元以上一千万元以下的罚款；情节特别严重的，处一千万元以上二千万元以下的罚款。

第一百一十条　本法规定的行政处罚，由安全生产监督管理部门和其他负有安全生产监督管理职责的部门按照职责分工决定。予以关闭的行政处罚由负有安全生产监督管理职责的部门报请县级以上人民政府按照国务院规定的权限决定；给予拘留的行政处罚由公安机关依照治安管理处罚法的规定决定。

第一百一十一条　生产经营单位发生生产安全事故造成人员伤亡、他人财产损失的，应当依法承担赔偿责任；拒不承担或者其负责人逃匿的，由人民法院依法强制执行。

生产安全事故的责任人未依法承担赔偿责任，经人民法院依法采取执行措施后，仍不能对受害人给予足额赔偿的，应当继续履行赔偿义务；受害人发现责任人有其他财产的，可以随时请求人民法院执行。

第七章　附　则

第一百一十二条　本法下列用语的含义：

危险物品，是指易燃易爆物品、危险化学品、放射性物品等能够危及人身安全和财产安全的物品。

重大危险源，是指长期地或者临时地生产、搬运、使用或者储存危险物品，且危险物品的数量等于或者超过临界量的单元（包括场所和设施）。

第一百一十三条 本法规定的生产安全一般事故、较大事故、重大事故、特别重大事故的划分标准由国务院规定。

国务院安全生产监督管理部门和其他负有安全生产监督管理职责的部门应当根据各自的职责分工，制定相关行业、领域重大事故隐患的判定标准。

第一百一十四条 本法自 2014 年 12 月 1 日起施行。

二、《中华人民共和国突发事件应对法》

中华人民共和国主席令
第 六十九 号

《中华人民共和国突发事件应对法》已由中华人民共和国第十届全国人民代表大会常务委员会第二十九次会议于 2007 年 8 月 30 日通过，现予公布，自 2007 年 11 月 1 日起施行。

中华人民共和国主席　胡锦涛

2007 年 8 月 30 日

中华人民共和国突发事件应对法
（2007 年 8 月 30 日第十届全国人民代表大会常务委员会第二十九次会议通过）

第一章 总 则

第一条 为了预防和减少突发事件的发生，控制、减轻和消除突发事件引起的严重社会危害，规范突发事件应对活动，保护人民生命财产安全，维护国家安全、公共安全、环境安全和社会秩序，制定本法。

第二条 突发事件的预防与应急准备、监测与预警、应急处置与救援、事后恢复与重建等应对活动，适用本法。

第三条 本法所称突发事件，是指突然发生，造成或者可能造成严重社会危害，需要采取应急处置措施予以应对的自然灾害、事故灾难、公共卫生事件和社会安全事件。

按照社会危害程度、影响范围等因素，自然灾害、事故灾难、公共卫生事件分为特别重大、重大、较大和一般四级。法律、行政法规或者国务院另有规定的，从其规定。

突发事件的分级标准由国务院或者国务院确定的部门制定。

第四条 国家建立统一领导、综合协调、分类管理、分级负责、属地管理为主的应急管理体制。

第五条 突发事件应对工作实行预防为主、预防与应急相结合的原则。国家建立重大突发事件风险评估体系，对可能发生的突发事件进行综合性评估，减少重大突发事件的发生，最大限度地减轻重大突发事件的影响。

第六条 国家建立有效的社会动员机制，增强全民的公共安全和防范风险的意识，提高全社会的避险救助能力。

第七条 县级人民政府对本行政区域内突发事件的应对工作负责；涉及两个以上行政区

域的，由有关行政区域共同的上一级人民政府负责，或者由各有关行政区域的上一级人民政府共同负责。

突发事件发生后，发生地县级人民政府应当立即采取措施控制事态发展，组织开展应急救援和处置工作，并立即向上一级人民政府报告，必要时可以越级上报。

突发事件发生地县级人民政府不能消除或者不能有效控制突发事件引起的严重社会危害的，应当及时向上级人民政府报告。上级人民政府应当及时采取措施，统一领导应急处置工作。

法律、行政法规规定由国务院有关部门对突发事件的应对工作负责的，从其规定；地方人民政府应当积极配合并提供必要的支持。

第八条　国务院在总理领导下研究、决定和部署特别重大突发事件的应对工作；根据实际需要，设立国家突发事件应急指挥机构，负责突发事件应对工作；必要时，国务院可以派出工作组指导有关工作。

县级以上地方各级人民政府设立由本级人民政府主要负责人、相关部门负责人、驻当地中国人民解放军和中国人民武装警察部队有关负责人组成的突发事件应急指挥机构，统一领导、协调本级人民政府各有关部门和下级人民政府开展突发事件应对工作；根据实际需要，设立相关类别突发事件应急指挥机构，组织、协调、指挥突发事件应对工作。

上级人民政府主管部门应当在各自职责范围内，指导、协助下级人民政府及其相应部门做好有关突发事件的应对工作。

第九条　国务院和县级以上地方各级人民政府是突发事件应对工作的行政领导机关，其办事机构及具体职责由国务院规定。

第十条　有关人民政府及其部门作出的应对突发事件的决定、命令，应当及时公布。

第十一条　有关人民政府及其部门采取的应对突发事件的措施，应当与突发事件可能造成的社会危害的性质、程度和范围相适应；有多种措施可供选择的，应当选择有利于最大程度地保护公民、法人和其他组织权益的措施。

公民、法人和其他组织有义务参与突发事件应对工作。

第十二条　有关人民政府及其部门为应对突发事件，可以征用单位和个人的财产。被征用的财产在使用完毕或者突发事件应急处置工作结束后，应当及时返还。财产被征用或者征用后毁损、灭失的，应当给予补偿。

第十三条　因采取突发事件应对措施，诉讼、行政复议、仲裁活动不能正常进行的，适用有关时效中止和程序中止的规定，但法律另有规定的除外。

第十四条　中国人民解放军、中国人民武装警察部队和民兵组织依照本法和其他有关法律、行政法规、军事法规的规定以及国务院、中央军事委员会的命令，参加突发事件的应急救援和处置工作。

第十五条　中华人民共和国政府在突发事件的预防、监测与预警、应急处置与救援、事后恢复与重建等方面，同外国政府和有关国际组织开展合作与交流。

第十六条　县级以上人民政府作出应对突发事件的决定、命令，应当报本级人民代表大会常务委员会备案；突发事件应急处置工作结束后，应当向本级人民代表大会常务委员会作出专项工作报告。

第二章 预防与应急准备

第十七条 国家建立健全突发事件应急预案体系。

国务院制定国家突发事件总体应急预案，组织制定国家突发事件专项应急预案；国务院有关部门根据各自的职责和国务院相关应急预案，制定国家突发事件部门应急预案。

地方各级人民政府和县级以上地方各级人民政府有关部门根据有关法律、法规、规章、上级人民政府及其有关部门的应急预案以及本地区的实际情况，制定相应的突发事件应急预案。

应急预案制定机关应当根据实际需要和情势变化，适时修订应急预案。应急预案的制定、修订程序由国务院规定。

第十八条 应急预案应当根据本法和其他有关法律、法规的规定，针对突发事件的性质、特点和可能造成的社会危害，具体规定突发事件应急管理工作的组织指挥体系与职责和突发事件的预防与预警机制、处置程序、应急保障措施以及事后恢复与重建措施等内容。

第十九条 城乡规划应当符合预防、处置突发事件的需要，统筹安排应对突发事件所必需的设备和基础设施建设，合理确定应急避难场所。

第二十条 县级人民政府应当对本行政区域内容易引发自然灾害、事故灾难和公共卫生事件的危险源、危险区域进行调查、登记、风险评估，定期进行检查、监控，并责令有关单位采取安全防范措施。

省级和设区的市级人民政府应当对本行政区域内容易引发特别重大、重大突发事件的危险源、危险区域进行调查、登记、风险评估，组织进行检查、监控，并责令有关单位采取安全防范措施。

县级以上地方各级人民政府按照本法规定登记的危险源、危险区域，应当按照国家规定及时向社会公布。

第二十一条 县级人民政府及其有关部门、乡级人民政府、街道办事处、居民委员会、村民委员会应当及时调解处理可能引发社会安全事件的矛盾纠纷。

第二十二条 所有单位应当建立健全安全管理制度，定期检查本单位各项安全防范措施的落实情况，及时消除事故隐患；掌握并及时处理本单位存在的可能引发社会安全事件的问题，防止矛盾激化和事态扩大；对本单位可能发生的突发事件和采取安全防范措施的情况，应当按照规定及时向所在地人民政府或者人民政府有关部门报告。

第二十三条 矿山、建筑施工单位和易燃易爆物品、危险化学品、放射性物品等危险物品的生产、经营、储运、使用单位，应当制定具体应急预案，并对生产经营场所、有危险物品的建筑物、构筑物及周边环境开展隐患排查，及时采取措施消除隐患，防止发生突发事件。

第二十四条 公共交通工具、公共场所和其他人员密集场所的经营单位或者管理单位应当制定具体应急预案，为交通工具和有关场所配备报警装置和必要的应急救援设备、设施，注明其使用方法，并显著标明安全撤离的通道、路线，保证安全通道、出口的畅通。

有关单位应当定期检测、维护其报警装置和应急救援设备、设施，使其处于良好状态，确保正常使用。

第二十五条 县级以上人民政府应当建立健全突发事件应急管理培训制度，对人民政府及其有关部门负有处置突发事件职责的工作人员定期进行培训。

第二十六条 县级以上人民政府应当整合应急资源，建立或者确定综合性应急救援队伍。人民政府有关部门可以根据实际需要设立专业应急救援队伍。

县级以上人民政府及其有关部门可以建立由成年志愿者组成的应急救援队伍。单位应当建立由本单位职工组成的专职或者兼职应急救援队伍。

县级以上人民政府应当加强专业应急救援队伍与非专业应急救援队伍的合作，联合培训、联合演练，提高合成应急、协同应急的能力。

第二十七条　国务院有关部门、县级以上地方各级人民政府及其有关部门、有关单位应当为专业应急救援人员购买人身意外伤害保险，配备必要的防护装备和器材，减少应急救援人员的人身风险。

第二十八条　中国人民解放军、中国人民武装警察部队和民兵组织应当有计划地组织开展应急救援的专门训练。

第二十九条　县级人民政府及其有关部门、乡级人民政府、街道办事处应当组织开展应急知识的宣传普及活动和必要的应急演练。

居民委员会、村民委员会、企业事业单位应当根据所在地人民政府的要求，结合各自的实际情况，开展有关突发事件应急知识的宣传普及活动和必要的应急演练。

新闻媒体应当无偿开展突发事件预防与应急、自救与互救知识的公益宣传。

第三十条　各级各类学校应当把应急知识教育纳入教学内容，对学生进行应急知识教育，培养学生的安全意识和自救与互救能力。

教育主管部门应当对学校开展应急知识教育进行指导和监督。

第三十一条　国务院和县级以上地方各级人民政府应当采取财政措施，保障突发事件应对工作所需经费。

第三十二条　国家建立健全应急物资储备保障制度，完善重要应急物资的监管、生产、储备、调拨和紧急配送体系。

设区的市级以上人民政府和突发事件易发、多发地区的县级人民政府应当建立应急救援物资、生活必需品和应急处置装备的储备制度。

县级以上地方各级人民政府应当根据本地区的实际情况，与有关企业签订协议，保障应急救援物资、生活必需品和应急处置装备的生产、供给。

第三十三条　国家建立健全应急通信保障体系，完善公用通信网，建立有线与无线相结合、基础电信网络与机动通信系统相配套的应急通信系统，确保突发事件应对工作的通信畅通。

第三十四条　国家鼓励公民、法人和其他组织为人民政府应对突发事件工作提供物资、资金、技术支持和捐赠。

第三十五条　国家发展保险事业，建立国家财政支持的巨灾风险保险体系，并鼓励单位和公民参加保险。

第三十六条　国家鼓励、扶持具备相应条件的教学科研机构培养应急管理专门人才，鼓励、扶持教学科研机构和有关企业研究开发用于突发事件预防、监测、预警、应急处置与救援的新技术、新设备和新工具。

第三章　监测与预警

第三十七条　国务院建立全国统一的突发事件信息系统。

　　县级以上地方各级人民政府应当建立或者确定本地区统一的突发事件信息系统，汇集、储存、分析、传输有关突发事件的信息，并与上级人民政府及其有关部门、下级人民政府及其有关部门、专业机构和监测网点的突发事件信息系统实现互联互通，加强跨部门、跨地区的信息交流与情报合作。

　　第三十八条　县级以上人民政府及其有关部门、专业机构应当通过多种途径收集突发事件信息。

　　县级人民政府应当在居民委员会、村民委员会和有关单位建立专职或者兼职信息报告员制度。

　　获悉突发事件信息的公民、法人或者其他组织，应当立即向所在地人民政府、有关主管部门或者指定的专业机构报告。

　　第三十九条　地方各级人民政府应当按照国家有关规定向上级人民政府报送突发事件信息。县级以上人民政府有关主管部门应当向本级人民政府相关部门通报突发事件信息。专业机构、监测网点和信息报告员应当及时向所在地人民政府及其有关主管部门报告突发事件信息。

　　有关单位和人员报送、报告突发事件信息，应当做到及时、客观、真实，不得迟报、谎报、瞒报、漏报。

　　第四十条　县级以上地方各级人民政府应当及时汇总分析突发事件隐患和预警信息，必要时组织相关部门、专业技术人员、专家学者进行会商，对发生突发事件的可能性及其可能造成的影响进行评估；认为可能发生重大或者特别重大突发事件的，应当立即向上级人民政府报告，并向上级人民政府有关部门、当地驻军和可能受到危害的毗邻或者相关地区的人民政府通报。

　　第四十一条　国家建立健全突发事件监测制度。

　　县级以上人民政府及其有关部门应当根据自然灾害、事故灾难和公共卫生事件的种类和特点，建立健全基础信息数据库，完善监测网络，划分监测区域，确定监测点，明确监测项目，提供必要的设备、设施，配备专职或者兼职人员，对可能发生的突发事件进行监测。

　　第四十二条　国家建立健全突发事件预警制度。

　　可以预警的自然灾害、事故灾难和公共卫生事件的预警级别，按照突发事件发生的紧急程度、发展势态和可能造成的危害程度分为一级、二级、三级和四级，分别用红色、橙色、黄色和蓝色标示，一级为最高级别。

　　预警级别的划分标准由国务院或者国务院确定的部门制定。

　　第四十三条　可以预警的自然灾害、事故灾难或者公共卫生事件即将发生或者发生的可能性增大时，县级以上地方各级人民政府应当根据有关法律、行政法规和国务院规定的权限和程序，发布相应级别的警报，决定并宣布有关地区进入预警期，同时向上一级人民政府报告，必要时可以越级上报，并向当地驻军和可能受到危害的毗邻或者相关地区的人民政府通报。

　　第四十四条　发布三级、四级警报，宣布进入预警期后，县级以上地方各级人民政府应当根据即将发生的突发事件的特点和可能造成的危害，采取下列措施：

　　（一）启动应急预案；

　　（二）责令有关部门、专业机构、监测网点和负有特定职责的人员及时收集、报告有关信息，向社会公布反映突发事件信息的渠道，加强对突发事件发生、发展情况的监测、预报和预警工作；

（三）组织有关部门和机构、专业技术人员、有关专家学者，随时对突发事件信息进行分析评估，预测发生突发事件可能性的大小、影响范围和强度以及可能发生的突发事件的级别；

（四）定时向社会发布与公众有关的突发事件预测信息和分析评估结果，并对相关信息的报道工作进行管理；

（五）及时按照有关规定向社会发布可能受到突发事件危害的警告，宣传避免、减轻危害的常识，公布咨询电话。

第四十五条 发布一级、二级警报，宣布进入预警期后，县级以上地方各级人民政府除采取本法第四十四条规定的措施外，还应当针对即将发生的突发事件的特点和可能造成的危害，采取下列一项或者多项措施：

（一）责令应急救援队伍、负有特定职责的人员进入待命状态，并动员后备人员做好参加应急救援和处置工作的准备；

（二）调集应急救援所需物资、设备、工具，准备应急设施和避难场所，并确保其处于良好状态、随时可以投入正常使用；

（三）加强对重点单位、重要部位和重要基础设施的安全保卫，维护社会治安秩序；

（四）采取必要措施，确保交通、通信、供水、排水、供电、供气、供热等公共设施的安全和正常运行；

（五）及时向社会发布有关采取特定措施避免或者减轻危害的建议、劝告；

（六）转移、疏散或者撤离易受突发事件危害的人员并予以妥善安置，转移重要财产；

（七）关闭或者限制使用易受突发事件危害的场所，控制或者限制容易导致危害扩大的公共场所的活动；

（八）法律、法规、规章规定的其他必要的防范性、保护性措施。

第四十六条 对即将发生或者已经发生的社会安全事件，县级以上地方各级人民政府及其有关主管部门应当按照规定向上一级人民政府及其有关主管部门报告，必要时可以越级上报。

第四十七条 发布突发事件警报的人民政府应当根据事态的发展，按照有关规定适时调整预警级别并重新发布。

有事实证明不可能发生突发事件或者危险已经解除的，发布警报的人民政府应当立即宣布解除警报，终止预警期，并解除已经采取的有关措施。

第四章 应急处置与救援

第四十八条 突发事件发生后，履行统一领导职责或者组织处置突发事件的人民政府应当针对其性质、特点和危害程度，立即组织有关部门，调动应急救援队伍和社会力量，依照本章的规定和有关法律、法规、规章的规定采取应急处置措施。

第四十九条 自然灾害、事故灾难或者公共卫生事件发生后，履行统一领导职责的人民政府可以采取下列一项或者多项应急处置措施：

（一）组织营救和救治受害人员，疏散、撤离并妥善安置受到威胁的人员以及采取其他

救助措施;

（二）迅速控制危险源，标明危险区域，封锁危险场所，划定警戒区，实行交通管制以及其他控制措施;

（三）立即抢修被损坏的交通、通信、供水、排水、供电、供气、供热等公共设施，向受到危害的人员提供避难场所和生活必需品，实施医疗救护和卫生防疫以及其他保障措施;

（四）禁止或者限制使用有关设备、设施，关闭或者限制使用有关场所，中止人员密集的活动或者可能导致危害扩大的生产经营活动以及采取其他保护措施;

（五）启用本级人民政府设置的财政预备费和储备的应急救援物资，必要时调用其他急需物资、设备、设施、工具;

（六）组织公民参加应急救援和处置工作，要求具有特定专长的人员提供服务;

（七）保障食品、饮用水、燃料等基本生活必需品的供应;

（八）依法从严惩处囤积居奇、哄抬物价、制假售假等扰乱市场秩序的行为，稳定市场价格，维护市场秩序;

（九）依法从严惩处哄抢财物、干扰破坏应急处置工作等扰乱社会秩序的行为，维护社会治安;

（十）采取防止发生次生、衍生事件的必要措施。

第五十条　社会安全事件发生后，组织处置工作的人民政府应当立即组织有关部门并由公安机关针对事件的性质和特点，依照有关法律、行政法规和国家其他有关规定，采取下列一项或者多项应急处置措施:

（一）强制隔离使用器械相互对抗或者以暴力行为参与冲突的当事人，妥善解决现场纠纷和争端，控制事态发展;

（二）对特定区域内的建筑物、交通工具、设备、设施以及燃料、燃气、电力、水的供应进行控制;

（三）封锁有关场所、道路，查验现场人员的身份证件，限制有关公共场所内的活动;

（四）加强对易受冲击的核心机关和单位的警卫，在国家机关、军事机关、国家通讯社、广播电台、电视台、外国驻华使领馆等单位附近设置临时警戒线;

（五）法律、行政法规和国务院规定的其他必要措施。

严重危害社会治安秩序的事件发生时，公安机关应当立即依法出动警力，根据现场情况依法采取相应的强制性措施，尽快使社会秩序恢复正常。

第五十一条　发生突发事件，严重影响国民经济正常运行时，国务院或者国务院授权的有关主管部门可以采取保障、控制等必要的应急措施，保障人民群众的基本生活需要，最大限度地减轻突发事件的影响。

第五十二条　履行统一领导职责或者组织处置突发事件的人民政府，必要时可以向单位和个人征用应急救援所需设备、设施、场地、交通工具和其他物资，请求其他地方人民政府提供人力、物力、财力或者技术支援，要求生产、供应生活必需品和应急救援物资的企业组织生产、保证供给，要求提供医疗、交通等公共服务的组织提供相应的服务。

履行统一领导职责或者组织处置突发事件的人民政府，应当组织协调运输经营单位，优先运送处置突发事件所需物资、设备、工具、应急救援人员和受到突发事件危害的人员。

第五十三条　履行统一领导职责或者组织处置突发事件的人民政府，应当按照有关规定统一、准确、及时发布有关突发事件事态发展和应急处置工作的信息。

第五十四条　任何单位和个人不得编造、传播有关突发事件事态发展或者应急处置工作的虚假信息。

第五十五条　突发事件发生地的居民委员会、村民委员会和其他组织应当按照当地人民政府的决定、命令，进行宣传动员，组织群众开展自救和互救，协助维护社会秩序。

第五十六条　受到自然灾害危害或者发生事故灾难、公共卫生事件的单位，应当立即组织本单位应急救援队伍和工作人员营救受害人员，疏散、撤离、安置受到威胁的人员，控制危险源，标明危险区域，封锁危险场所，并采取其他防止危害扩大的必要措施，同时向所在地县级人民政府报告；对因本单位的问题引发的或者主体是本单位人员的社会安全事件，有关单位应当按照规定上报情况，并迅速派出负责人赶赴现场开展劝解、疏导工作。

突发事件发生地的其他单位应当服从人民政府发布的决定、命令，配合人民政府采取的应急处置措施，做好本单位的应急救援工作，并积极组织人员参加所在地的应急救援和处置工作。

第五十七条　突发事件发生地的公民应当服从人民政府、居民委员会、村民委员会或者所属单位的指挥和安排，配合人民政府采取的应急处置措施，积极参加应急救援工作，协助维护社会秩序。

第五章　事后恢复与重建

第五十八条　突发事件的威胁和危害得到控制或者消除后，履行统一领导职责或者组织处置突发事件的人民政府应当停止执行依照本法规定采取的应急处置措施，同时采取或者继续实施必要措施，防止发生自然灾害、事故灾难、公共卫生事件的次生、衍生事件或者重新引发社会安全事件。

第五十九条　突发事件应急处置工作结束后，履行统一领导职责的人民政府应当立即组织对突发事件造成的损失进行评估，组织受影响地区尽快恢复生产、生活、工作和社会秩序，制定恢复重建计划，并向上一级人民政府报告。

受突发事件影响地区的人民政府应当及时组织和协调公安、交通、铁路、民航、邮电、建设等有关部门恢复社会治安秩序，尽快修复被损坏的交通、通信、供水、排水、供电、供气、供热等公共设施。

第六十条　受突发事件影响地区的人民政府开展恢复重建工作需要上一级人民政府支持的，可以向上一级人民政府提出请求。上一级人民政府应当根据受影响地区遭受的损失和实际情况，提供资金、物资支持和技术指导，组织其他地区提供资金、物资和人力支援。

第六十一条　国务院根据受突发事件影响地区遭受损失的情况，制定扶持该地区有关行业发展的优惠政策。

受突发事件影响地区的人民政府应当根据本地区遭受损失的情况，制定救助、补偿、抚慰、抚恤、安置等善后工作计划并组织实施，妥善解决因处置突发事件引发的矛盾和纠纷。

公民参加应急救援工作或者协助维护社会秩序期间，其在本单位的工资待遇和福利不变；表现突出、成绩显著的，由县级以上人民政府给予表彰或者奖励。

县级以上人民政府对在应急救援工作中伤亡的人员依法给予抚恤。

第六十二条　履行统一领导职责的人民政府应当及时查明突发事件的发生经过和原因，

总结突发事件应急处置工作的经验教训，制定改进措施，并向上一级人民政府提出报告。

第六章　法律责任

第六十三条　地方各级人民政府和县级以上各级人民政府有关部门违反本法规定，不履行法定职责的，由其上级行政机关或者监察机关责令改正；有下列情形之一的，根据情节对直接负责的主管人员和其他直接责任人员依法给予处分：

（一）未按规定采取预防措施，导致发生突发事件，或者未采取必要的防范措施，导致发生次生、衍生事件的；

（二）迟报、谎报、瞒报、漏报有关突发事件的信息，或者通报、报送、公布虚假信息，造成后果的；

（三）未按规定及时发布突发事件警报、采取预警期的措施，导致损害发生的；

（四）未按规定及时采取措施处置突发事件或者处置不当，造成后果的；

（五）不服从上级人民政府对突发事件应急处置工作的统一领导、指挥和协调的；

（六）未及时组织开展生产自救、恢复重建等善后工作的；

（七）截留、挪用、私分或者变相私分应急救援资金、物资的；

（八）不及时归还征用的单位和个人的财产，或者对被征用财产的单位和个人不按规定给予补偿的。

第六十四条　有关单位有下列情形之一的，由所在地履行统一领导职责的人民政府责令停产停业，暂扣或者吊销许可证或者营业执照，并处五万元以上二十万元以下的罚款；构成违反治安管理行为的，由公安机关依法给予处罚：

（一）未按规定采取预防措施，导致发生严重突发事件的；

（二）未及时消除已发现的可能引发突发事件的隐患，导致发生严重突发事件的；

（三）未做好应急设备、设施日常维护、检测工作，导致发生严重突发事件或者突发事件危害扩大的；

（四）突发事件发生后，不及时组织开展应急救援工作，造成严重后果的。

前款规定的行为，其他法律、行政法规规定由人民政府有关部门依法决定处罚的，从其规定。

第六十五条　违反本法规定，编造并传播有关突发事件事态发展或者应急处置工作的虚假信息，或者明知是有关突发事件事态发展或者应急处置工作的虚假信息而进行传播的，责令改正，给予警告；造成严重后果的，依法暂停其业务活动或者吊销其执业许可证；负有直接责任的人员是国家工作人员的，还应当对其依法给予处分；构成违反治安管理行为的，由公安机关依法给予处罚。

第六十六条　单位或者个人违反本法规定，不服从所在地人民政府及其有关部门发布的决定、命令或者不配合其依法采取的措施，构成违反治安管理行为的，由公安机关依法给予处罚。

第六十七条　单位或者个人违反本法规定，导致突发事件发生或者危害扩大，给他人人身、财产造成损害的，应当依法承担民事责任。

第六十八条　违反本法规定，构成犯罪的，依法追究刑事责任。

第七章　附　则

第六十九条　发生特别重大突发事件，对人民生命财产安全、国家安全、公共安全、环境安全或者社会秩序构成重大威胁，采取本法和其他有关法律、法规、规章规定的应急处置措施不能消除或者有效控制、减轻其严重社会危害，需要进入紧急状态的，由全国人民代表大会常务委员会或者国务院依照宪法和其他有关法律规定的权限和程序决定。

紧急状态期间采取的非常措施，依照有关法律规定执行或者由全国人民代表大会常务委员会另行规定。

第七十条　本法自 2007 年 11 月 1 日起施行。

三、《中华人民共和国消防法》

中华人民共和国主席令
第 六 号

《中华人民共和国消防法》已由中华人民共和国第十一届全国人民代表大会常务委员会第五次会议于 2008 年 10 月 28 日修订通过，现将修订后的《中华人民共和国消防法》公布，自 2009 年 5 月 1 日起施行。

中华人民共和国主席　胡锦涛
2008 年 10 月 28 日

中华人民共和国消防法

（1998 年 4 月 29 日第九届全国人民代表大会常务委员会第二次会议通过　2008 年 10 月 28 日第十一届全国人民代表大会常务委员会第五次会议修订）

第一章　总　则

第一条　为了预防火灾和减少火灾危害，加强应急救援工作，保护人身、财产安全，维护公共安全，制定本法。

第二条　消防工作贯彻预防为主、防消结合的方针，按照政府统一领导、部门依法监管、单位全面负责、公民积极参与的原则，实行消防安全责任制，建立健全社会化的消防工作网络。

第三条　国务院领导全国的消防工作。地方各级人民政府负责本行政区域内的消防工作。

各级人民政府应当将消防工作纳入国民经济和社会发展计划，保障消防工作与经济社会发展相适应。

第四条　国务院公安部门对全国的消防工作实施监督管理。县级以上地方人民政府公安机关对本行政区域内的消防工作实施监督管理，并由本级人民政府公安机关消防机构负责实施。军事设施的消防工作，由其主管单位监督管理，公安机关消防机构协助；矿井地下部分、核电厂、海上石油天然气设施的消防工作，由其主管单位监督管理。

县级以上人民政府其他有关部门在各自的职责范围内，依照本法和其他相关法律、法规的规定做好消防工作。

法律、行政法规对森林、草原的消防工作另有规定的，从其规定。

第五条　任何单位和个人都有维护消防安全、保护消防设施、预防火灾、报告火警的义务。任何单位和成年人都有参加有组织的灭火工作的义务。

第六条　各级人民政府应当组织开展经常性的消防宣传教育，提高公民的消防安全意识。

机关、团体、企业、事业等单位，应当加强对本单位人员的消防宣传教育。

公安机关及其消防机构应当加强消防法律、法规的宣传，并督促、指导、协助有关单位做好消防宣传教育工作。

教育、人力资源行政主管部门和学校、有关职业培训机构应当将消防知识纳入教育、教学、培训的内容。

新闻、广播、电视等有关单位，应当有针对性地面向社会进行消防宣传教育。

工会、共产主义青年团、妇女联合会等团体应当结合各自工作对象的特点，组织开展消防宣传教育。

村民委员会、居民委员会应当协助人民政府以及公安机关等部门，加强消防宣传教育。

第七条　国家鼓励、支持消防科学研究和技术创新，推广使用先进的消防和应急救援技术、设备；鼓励、支持社会力量开展消防公益活动。

对在消防工作中有突出贡献的单位和个人，应当按照国家有关规定给予表彰和奖励。

第二章　火灾预防

第八条　地方各级人民政府应当将包括消防安全布局、消防站、消防供水、消防通信、消防车通道、消防装备等内容的消防规划纳入城乡规划，并负责组织实施。

城乡消防安全布局不符合消防安全要求的，应当调整、完善；公共消防设施、消防装备不足或者不适应实际需要的，应当增建、改建、配置或者进行技术改造。

第九条　建设工程的消防设计、施工必须符合国家工程建设消防技术标准。建设、设计、施工、工程监理等单位依法对建设工程的消防设计、施工质量负责。

第十条　按照国家工程建设消防技术标准需要进行消防设计的建设工程，除本法第十一条另有规定的外，建设单位应当自依法取得施工许可之日起七个工作日内，将消防设计文件报公安机关消防机构备案，公安机关消防机构应当进行抽查。

第十一条　国务院公安部门规定的大型的人员密集场所和其他特殊建设工程，建设单位应当将消防设计文件报送公安机关消防机构审核。公安机关消防机构依法对审核的结果负责。

第十二条　依法应当经公安机关消防机构进行消防设计审核的建设工程，未经依法审核或者审核不合格的，负责审批该工程施工许可的部门不得给予施工许可，建设单位、施工单位不得施工；其他建设工程取得施工许可后经依法抽查不合格的，应当停止施工。

第十三条　按照国家工程建设消防技术标准需要进行消防设计的建设工程竣工，依照下列规定进行消防验收、备案：

（一）本法第十一条规定的建设工程，建设单位应当向公安机关消防机构申请消防验收；

（二）其他建设工程，建设单位在验收后应当报公安机关消防机构备案，公安机关消防机构应当进行抽查。

依法应当进行消防验收的建设工程，未经消防验收或者消防验收不合格的，禁止投入使用；其他建设工程经依法抽查不合格的，应当停止使用。

第十四条 建设工程消防设计审核、消防验收、备案和抽查的具体办法，由国务院公安部门规定。

第十五条 公众聚集场所在投入使用、营业前，建设单位或者使用单位应当向场所所在地的县级以上地方人民政府公安机关消防机构申请消防安全检查。

公安机关消防机构应当自受理申请之日起十个工作日内，根据消防技术标准和管理规定，对该场所进行消防安全检查。未经消防安全检查或者经检查不符合消防安全要求的，不得投入使用、营业。

第十六条 机关、团体、企业、事业等单位应当履行下列消防安全职责：

（一）落实消防安全责任制，制定本单位的消防安全制度、消防安全操作规程，制定灭火和应急疏散预案；

（二）按照国家标准、行业标准配置消防设施、器材，设置消防安全标志，并定期组织检验、维修，确保完好有效；

（三）对建筑消防设施每年至少进行一次全面检测，确保完好有效，检测记录应当完整准确，存档备查；

（四）保障疏散通道、安全出口、消防车通道畅通，保证防火防烟分区、防火间距符合消防技术标准；

（五）组织防火检查，及时消除火灾隐患；

（六）组织进行有针对性的消防演练；

（七）法律、法规规定的其他消防安全职责。

单位的主要负责人是本单位的消防安全责任人。

第十七条 县级以上地方人民政府公安机关消防机构应当将发生火灾可能性较大以及发生火灾可能造成重大的人身伤亡或者财产损失的单位，确定为本行政区域内的消防安全重点单位，并由公安机关报本级人民政府备案。

消防安全重点单位除应当履行本法第十六条规定的职责外，还应当履行下列消防安全职责：

（一）确定消防安全管理人，组织实施本单位的消防安全管理工作；

（二）建立消防档案，确定消防安全重点部位，设置防火标志，实行严格管理；

（三）实行每日防火巡查，并建立巡查记录；

（四）对职工进行岗前消防安全培训，定期组织消防安全培训和消防演练。

第十八条 同一建筑物由两个以上单位管理或者使用的，应当明确各方的消防安全责任，并确定责任人对共用的疏散通道、安全出口、建筑消防设施和消防车通道进行统一管理。

住宅区的物业服务企业应当对管理区域内的共用消防设施进行维护管理，提供消防安全防范服务。

第十九条 生产、储存、经营易燃易爆危险品的场所不得与居住场所设置在同一建筑物内，并应当与居住场所保持安全距离。

生产、储存、经营其他物品的场所与居住场所设置在同一建筑物内的，应当符合国家工程建设消防技术标准。

第二十条　举办大型群众性活动，承办人应当依法向公安机关申请安全许可，制定灭火和应急疏散预案并组织演练，明确消防安全责任分工，确定消防安全管理人员，保持消防设施和消防器材配置齐全、完好有效，保证疏散通道、安全出口、疏散指示标志、应急照明和消防车通道符合消防技术标准和管理规定。

第二十一条　禁止在具有火灾、爆炸危险的场所吸烟、使用明火。因施工等特殊情况需要使用明火作业的，应当按照规定事先办理审批手续，采取相应的消防安全措施；作业人员应当遵守消防安全规定。

进行电焊、气焊等具有火灾危险作业的人员和自动消防系统的操作人员，必须持证上岗，并遵守消防安全操作规程。

第二十二条　生产、储存、装卸易燃易爆危险品的工厂、仓库和专用车站、码头的设置，应当符合消防技术标准。易燃易爆气体和液体的充装站、供应站、调压站，应当设置在符合消防安全要求的位置，并符合防火防爆要求。

已经设置的生产、储存、装卸易燃易爆危险品的工厂、仓库和专用车站、码头，易燃易爆气体和液体的充装站、供应站、调压站，不再符合前款规定的，地方人民政府应当组织、协调有关部门、单位限期解决，消除安全隐患。

第二十三条　生产、储存、运输、销售、使用、销毁易燃易爆危险品，必须执行消防技术标准和管理规定。

进入生产、储存易燃易爆危险品的场所，必须执行消防安全规定。禁止非法携带易燃易爆危险品进入公共场所或者乘坐公共交通工具。

储存可燃物资仓库的管理，必须执行消防技术标准和管理规定。

第二十四条　消防产品必须符合国家标准；没有国家标准的，必须符合行业标准。禁止生产、销售或者使用不合格的消防产品以及国家明令淘汰的消防产品。

依法实行强制性产品认证的消防产品，由具有法定资质的认证机构按照国家标准、行业标准的强制性要求认证合格后，方可生产、销售、使用。实行强制性产品认证的消防产品目录，由国务院产品质量监督部门会同国务院公安部门制定并公布。

新研制的尚未制定国家标准、行业标准的消防产品，应当按照国务院产品质量监督部门会同国务院公安部门规定的办法，经技术鉴定符合消防安全要求的，方可生产、销售、使用。

依照本条规定经强制性产品认证合格或者技术鉴定合格的消防产品，国务院公安部门消防机构应当予以公布。

第二十五条　产品质量监督部门、工商行政管理部门、公安机关消防机构应当按照各自职责加强对消防产品质量的监督检查。

第二十六条　建筑构件、建筑材料和室内装修、装饰材料的防火性能必须符合国家标准；没有国家标准的，必须符合行业标准。

人员密集场所室内装修、装饰，应当按照消防技术标准的要求，使用不燃、难燃材料。

第二十七条　电器产品、燃气用具的产品标准，应当符合消防安全的要求。

电器产品、燃气用具的安装、使用及其线路、管路的设计、敷设、维护保养、检测，必须符合消防技术标准和管理规定。

第二十八条　任何单位、个人不得损坏、挪用或者擅自拆除、停用消防设施、器材，不得埋压、圈占、遮挡消火栓或者占用防火间距，不得占用、堵塞、封闭疏散通道、安全出口、消防车通道。人员密集场所的门窗不得设置影响逃生和灭火救援的障碍物。

第二十九条 负责公共消防设施维护管理的单位，应当保持消防供水、消防通信、消防车通道等公共消防设施的完好有效。在修建道路以及停电、停水、截断通信线路时有可能影响消防队灭火救援的，有关单位必须事先通知当地公安机关消防机构。

第三十条 地方各级人民政府应当加强对农村消防工作的领导，采取措施加强公共消防设施建设，组织建立和督促落实消防安全责任制。

第三十一条 在农业收获季节、森林和草原防火期间、重大节假日期间以及火灾多发季节，地方各级人民政府应当组织开展有针对性的消防宣传教育，采取防火措施，进行消防安全检查。

第三十二条 乡镇人民政府、城市街道办事处应当指导、支持和帮助村民委员会、居民委员会开展群众性的消防工作。村民委员会、居民委员会应当确定消防安全管理人，组织制定防火安全公约，进行防火安全检查。

第三十三条 国家鼓励、引导公众聚集场所和生产、储存、运输、销售易燃易爆危险品的企业投保火灾公众责任保险；鼓励保险公司承保火灾公众责任保险。

第三十四条 消防产品质量认证、消防设施检测、消防安全监测等消防技术服务机构和执业人员，应当依法获得相应的资质、资格；依照法律、行政法规、国家标准、行业标准和执业准则，接受委托提供消防技术服务，并对服务质量负责。

第三章　消防组织

第三十五条 各级人民政府应当加强消防组织建设，根据经济社会发展的需要，建立多种形式的消防组织，加强消防技术人才培养，增强火灾预防、扑救和应急救援的能力。

第三十六条 县级以上地方人民政府应当按照国家规定建立公安消防队、专职消防队，并按照国家标准配备消防装备，承担火灾扑救工作。

乡镇人民政府应当根据当地经济发展和消防工作的需要，建立专职消防队、志愿消防队，承担火灾扑救工作。

第三十七条 公安消防队、专职消防队按照国家规定承担重大灾害事故和其他以抢救人员生命为主的应急救援工作。

第三十八条 公安消防队、专职消防队应当充分发挥火灾扑救和应急救援专业力量的骨干作用；按照国家规定，组织实施专业技能训练，配备并维护保养装备器材，提高火灾扑救和应急救援的能力。

第三十九条 下列单位应当建立单位专职消防队，承担本单位的火灾扑救工作：

（一）大型核设施单位、大型发电厂、民用机场、主要港口；

（二）生产、储存易燃易爆危险品的大型企业；

（三）储备可燃的重要物资的大型仓库、基地；

（四）第一项、第二项、第三项规定以外的火灾危险性较大、距离公安消防队较远的其他大型企业；

（五）距离公安消防队较远、被列为全国重点文物保护单位的古建筑群的管理单位。

第四十条 专职消防队的建立，应当符合国家有关规定，并报当地公安机关消防机构验收。

专职消防队的队员依法享受社会保险和福利待遇。

第四十一条　机关、团体、企业、事业等单位以及村民委员会、居民委员会根据需要，建立志愿消防队等多种形式的消防组织，开展群众性自防自救工作。

第四十二条　公安机关消防机构应当对专职消防队、志愿消防队等消防组织进行业务指导；根据扑救火灾的需要，可以调动指挥专职消防队参加火灾扑救工作。

第四章　灭火救援

第四十三条　县级以上地方人民政府应当组织有关部门针对本行政区域内的火灾特点制定应急预案，建立应急反应和处置机制，为火灾扑救和应急救援工作提供人员、装备等保障。

第四十四条　任何人发现火灾都应当立即报警。任何单位、个人都应当无偿为报警提供便利，不得阻拦报警。严禁谎报火警。

人员密集场所发生火灾，该场所的现场工作人员应当立即组织、引导在场人员疏散。

任何单位发生火灾，必须立即组织力量扑救。邻近单位应当给予支援。

消防队接到火警，必须立即赶赴火灾现场，救助遇险人员，排除险情，扑灭火灾。

第四十五条　公安机关消防机构统一组织和指挥火灾现场扑救，应当优先保障遇险人员的生命安全。

火灾现场总指挥根据扑救火灾的需要，有权决定下列事项：

（一）使用各种水源；

（二）截断电力、可燃气体和可燃液体的输送，限制用火用电；

（三）划定警戒区，实行局部交通管制；

（四）利用临近建筑物和有关设施；

（五）为了抢救人员和重要物资，防止火势蔓延，拆除或者破损毗邻火灾现场的建筑物、构筑物或者设施等；

（六）调动供水、供电、供气、通信、医疗救护、交通运输、环境保护等有关单位协助灭火救援。

根据扑救火灾的紧急需要，有关地方人民政府应当组织人员、调集所需物资支援灭火。

第四十六条　公安消防队、专职消防队参加火灾以外的其他重大灾害事故的应急救援工作，由县级以上人民政府统一领导。

第四十七条　消防车、消防艇前往执行火灾扑救或者应急救援任务，在确保安全的前提下，不受行驶速度、行驶路线、行驶方向和指挥信号的限制，其他车辆、船舶以及行人应当让行，不得穿插超越；收费公路、桥梁免收车辆通行费。交通管理指挥人员应当保证消防车、消防艇迅速通行。

赶赴火灾现场或者应急救援现场的消防人员和调集的消防装备、物资，需要铁路、水路或者航空运输的，有关单位应当优先运输。

第四十八条　消防车、消防艇以及消防器材、装备和设施，不得用于与消防和应急救援工作无关的事项。

第四十九条　公安消防队、专职消防队扑救火灾、应急救援，不得收取任何费用。

单位专职消防队、志愿消防队参加扑救外单位火灾所损耗的燃料、灭火剂和器材、装备等，由火灾发生地的人民政府给予补偿。

第五十条　对因参加扑救火灾或者应急救援受伤、致残或者死亡的人员，按照国家有关规定给予医疗、抚恤。

第五十一条　公安机关消防机构有权根据需要封闭火灾现场，负责调查火灾原因，统计火灾损失。

火灾扑灭后，发生火灾的单位和相关人员应当按照公安机关消防机构的要求保护现场，接受事故调查，如实提供与火灾有关的情况。

公安机关消防机构根据火灾现场勘验、调查情况和有关的检验、鉴定意见，及时制作火灾事故认定书，作为处理火灾事故的证据。

第五章　监督检查

第五十二条　地方各级人民政府应当落实消防工作责任制，对本级人民政府有关部门履行消防安全职责的情况进行监督检查。

县级以上地方人民政府有关部门应当根据本系统的特点，有针对性地开展消防安全检查，及时督促整改火灾隐患。

第五十三条　公安机关消防机构应当对机关、团体、企业、事业等单位遵守消防法律、法规的情况依法进行监督检查。公安派出所可以负责日常消防监督检查、开展消防宣传教育，具体办法由国务院公安部门规定。

公安机关消防机构、公安派出所的工作人员进行消防监督检查，应当出示证件。

第五十四条　公安机关消防机构在消防监督检查中发现火灾隐患的，应当通知有关单位或者个人立即采取措施消除隐患；不及时消除隐患可能严重威胁公共安全的，公安机关消防机构应当依照规定对危险部位或者场所采取临时查封措施。

第五十五条　公安机关消防机构在消防监督检查中发现城乡消防安全布局、公共消防设施不符合消防安全要求，或者发现本地区存在影响公共安全的重大火灾隐患的，应当由公安机关书面报告本级人民政府。

接到报告的人民政府应当及时核实情况，组织或者责成有关部门、单位采取措施，予以整改。

第五十六条　公安机关消防机构及其工作人员应当按照法定的职权和程序进行消防设计审核、消防验收和消防安全检查，做到公正、严格、文明、高效。

公安机关消防机构及其工作人员进行消防设计审核、消防验收和消防安全检查等，不得收取费用，不得利用消防设计审核、消防验收和消防安全检查谋取利益。公安机关消防机构及其工作人员不得利用职务为用户、建设单位指定或者变相指定消防产品的品牌、销售单位或者消防技术服务机构、消防设施施工单位。

第五十七条　公安机关消防机构及其工作人员执行职务，应当自觉接受社会和公民的监督。

任何单位和个人都有权对公安机关消防机构及其工作人员在执法中的违法行为进行检举、控告。收到检举、控告的机关，应当按照职责及时查处。

第六章　法律责任

第五十八条　违反本法规定，有下列行为之一的，责令停止施工、停止使用或者停产停业，并处三万元以上三十万元以下罚款：

（一）依法应当经公安机关消防机构进行消防设计审核的建设工程，未经依法审核或者审核不合格，擅自施工的；

（二）消防设计经公安机关消防机构依法抽查不合格，不停止施工的；

（三）依法应当进行消防验收的建设工程，未经消防验收或者消防验收不合格，擅自投入使用的；

（四）建设工程投入使用后经公安机关消防机构依法抽查不合格，不停止使用的；

（五）公众聚集场所未经消防安全检查或者经检查不符合消防安全要求，擅自投入使用、营业的。

建设单位未依照本法规定将消防设计文件报公安机关消防机构备案，或者在竣工后未依照本法规定报公安机关消防机构备案的，责令限期改正，处五千元以下罚款。

第五十九条　违反本法规定，有下列行为之一的，责令改正或者停止施工，并处一万元以上十万元以下罚款：

（一）建设单位要求建筑设计单位或者建筑施工企业降低消防技术标准设计、施工的；

（二）建筑设计单位不按照消防技术标准强制性要求进行消防设计的；

（三）建筑施工企业不按照消防设计文件和消防技术标准施工，降低消防施工质量的；

（四）工程监理单位与建设单位或者建筑施工企业串通，弄虚作假，降低消防施工质量的。

第六十条　单位违反本法规定，有下列行为之一的，责令改正，处五千元以上五万元以下罚款：

（一）消防设施、器材或者消防安全标志的配置、设置不符合国家标准、行业标准，或者未保持完好有效的；

（二）损坏、挪用或者擅自拆除、停用消防设施、器材的；

（三）占用、堵塞、封闭疏散通道、安全出口或者有其他妨碍安全疏散行为的；

（四）埋压、圈占、遮挡消火栓或者占用防火间距的；

（五）占用、堵塞、封闭消防车通道，妨碍消防车通行的；

（六）人员密集场所在门窗上设置影响逃生和灭火救援的障碍物的；

（七）对火灾隐患经公安机关消防机构通知后不及时采取措施消除的。

个人有前款第二项、第三项、第四项、第五项行为之一的，处警告或者五百元以下罚款。

有本条第一款第三项、第四项、第五项、第六项行为，经责令改正拒不改正的，强制执行，所需费用由违法行为人承担。

第六十一条　生产、储存、经营易燃易爆危险品的场所与居住场所设置在同一建筑物内，或者未与居住场所保持安全距离的，责令停产停业，并处五千元以上五万元以下罚款。

生产、储存、经营其他物品的场所与居住场所设置在同一建筑物内，不符合消防技术标准的，依照前款规定处罚。

第六十二条　有下列行为之一的，依照《中华人民共和国治安管理处罚法》的规定处罚：

（一）违反有关消防技术标准和管理规定生产、储存、运输、销售、使用、销毁易燃易爆危险品的；

（二）非法携带易燃易爆危险品进入公共场所或者乘坐公共交通工具的；

（三）谎报火警的；

（四）阻碍消防车、消防艇执行任务的；

（五）阻碍公安机关消防机构的工作人员依法执行职务的。

第六十三条 违反本法规定，有下列行为之一的，处警告或者五百元以下罚款；情节严重的，处五日以下拘留：

（一）违反消防安全规定进入生产、储存易燃易爆危险品场所的；

（二）违反规定使用明火作业或者在具有火灾、爆炸危险的场所吸烟、使用明火的。

第六十四条 违反本法规定，有下列行为之一，尚不构成犯罪的，处十日以上十五日以下拘留，可以并处五百元以下罚款；情节较轻的，处警告或者五百元以下罚款：

（一）指使或者强令他人违反消防安全规定，冒险作业的；

（二）过失引起火灾的；

（三）在火灾发生后阻拦报警，或者负有报告职责的人员不及时报警的；

（四）扰乱火灾现场秩序，或者拒不执行火灾现场指挥员指挥，影响灭火救援的；

（五）故意破坏或者伪造火灾现场的；

（六）擅自拆封或者使用被公安机关消防机构查封的场所、部位的。

第六十五条 违反本法规定，生产、销售不合格的消防产品或者国家明令淘汰的消防产品的，由产品质量监督部门或者工商行政管理部门依照《中华人民共和国产品质量法》的规定从重处罚。

人员密集场所使用不合格的消防产品或者国家明令淘汰的消防产品的，责令限期改正；逾期不改正的，处五千元以上五万元以下罚款，并对其直接负责的主管人员和其他直接责任人员处五百元以上二千元以下罚款；情节严重的，责令停产停业。

公安机关消防机构对于本条第二款规定的情形，除依法对使用者予以处罚外，应当将发现不合格的消防产品和国家明令淘汰的消防产品的情况通报产品质量监督部门、工商行政管理部门。产品质量监督部门、工商行政管理部门应当对生产者、销售者依法及时查处。

第六十六条 电器产品、燃气用具的安装、使用及其线路、管路的设计、敷设、维护保养、检测不符合消防技术标准和管理规定的，责令限期改正；逾期不改正的，责令停止使用，可以并处一千元以上五千元以下罚款。

第六十七条 机关、团体、企业、事业等单位违反本法第十六条、第十七条、第十八条、第二十一条第二款规定的，责令限期改正；逾期不改正的，对其直接负责的主管人员和其他直接责任人员依法给予处分或者给予警告处罚。

第六十八条 人员密集场所发生火灾，该场所的现场工作人员不履行组织、引导在场人员疏散的义务，情节严重，尚不构成犯罪的，处五日以上十日以下拘留。

第六十九条 消防产品质量认证、消防设施检测等消防技术服务机构出具虚假文件的，责令改正，处五万元以上十万元以下罚款，并对直接负责的主管人员和其他直接责任人员处一万元以上五万元以下罚款；有违法所得的，并处没收违法所得；给他人造成损失的，依法承担赔偿责任；情节严重的，由原许可机关依法责令停止执业或者吊销相应资质、资格。

前款规定的机构出具失实文件，给他人造成损失的，依法承担赔偿责任；造成重大损失的，由原许可机关依法责令停止执业或者吊销相应资质、资格。

第七十条　本法规定的行政处罚，除本法另有规定的外，由公安机关消防机构决定；其中拘留处罚由县级以上公安机关依照《中华人民共和国治安管理处罚法》的有关规定决定。

公安机关消防机构需要传唤消防安全违法行为人的，依照《中华人民共和国治安管理处罚法》的有关规定执行。

被责令停止施工、停止使用、停产停业的，应当在整改后向公安机关消防机构报告，经公安机关消防机构检查合格，方可恢复施工、使用、生产、经营。

当事人逾期不执行停产停业、停止使用、停止施工决定的，由作出决定的公安机关消防机构强制执行。

责令停产停业，对经济和社会生活影响较大的，由公安机关消防机构提出意见，并由公安机关报请本级人民政府依法决定。本级人民政府组织公安机关等部门实施。

第七十一条　公安机关消防机构的工作人员滥用职权、玩忽职守、徇私舞弊，有下列行为之一，尚不构成犯罪的，依法给予处分：

（一）对不符合消防安全要求的消防设计文件、建设工程、场所准予审核合格、消防验收合格、消防安全检查合格的；

（二）无故拖延消防设计审核、消防验收、消防安全检查，不在法定期限内履行职责的；

（三）发现火灾隐患不及时通知有关单位或者个人整改的；

（四）利用职务为用户、建设单位指定或者变相指定消防产品的品牌、销售单位或者消防技术服务机构、消防设施施工单位的；

（五）将消防车、消防艇以及消防器材、装备和设施用于与消防和应急救援无关的事项的；

（六）其他滥用职权、玩忽职守、徇私舞弊的行为。

建设、产品质量监督、工商行政管理等其他有关行政主管部门的工作人员在消防工作中滥用职权、玩忽职守、徇私舞弊，尚不构成犯罪的，依法给予处分。

第七十二条　违反本法规定，构成犯罪的，依法追究刑事责任。

第七章　附　则

第七十三条　本法下列用语的含义：

（一）消防设施，是指火灾自动报警系统、自动灭火系统、消火栓系统、防烟排烟系统以及应急广播和应急照明、安全疏散设施等。

（二）消防产品，是指专门用于火灾预防、灭火救援和火灾防护、避难、逃生的产品。

（三）公众聚集场所，是指宾馆、饭店、商场、集贸市场、客运车站候车室、客运码头候船厅、民用机场航站楼、体育场馆、会堂以及公共娱乐场所等。

（四）人员密集场所，是指公众聚集场所，医院的门诊楼、病房楼，学校的教学楼、图书馆、食堂和集体宿舍，养老院，福利院，托儿所，幼儿园，公共图书馆的阅览室，公共展览馆、博物馆的展示厅，劳动密集型企业的生产加工车间和员工集体宿舍，旅游、宗教活动场所等。

第七十四条　本法自 2009 年 5 月 1 日起施行。

四、《中华人民共和国禁毒法》

中华人民共和国主席令
第 七十九 号

《中华人民共和国禁毒法》已由中华人民共和国第十届全国人民代表大会常务委员会第三十一次会议于 2007 年 12 月 29 日通过，现予公布，自 2008 年 6 月 1 日起施行。

中华人民共和国主席　胡锦涛

2007 年 12 月 29 日

中华人民共和国禁毒法
（2007 年 12 月 29 日第十届全国人民代表大会常务委员会第三十一次会议通过）

第一章　总　则

第一条　为了预防和惩治毒品违法犯罪行为，保护公民身心健康，维护社会秩序，制定本法。

第二条　本法所称毒品，是指鸦片、海洛因、甲基苯丙胺（冰毒）、吗啡、大麻、可卡因，以及国家规定管制的其他能够使人形成瘾癖的麻醉药品和精神药品。

根据医疗、教学、科研的需要，依法可以生产、经营、使用、储存、运输麻醉药品和精神药品。

第三条　禁毒是全社会的共同责任。国家机关、社会团体、企业事业单位以及其他组织和公民，应当依照本法和有关法律的规定，履行禁毒职责或者义务。

第四条　禁毒工作实行预防为主，综合治理，禁种、禁制、禁贩、禁吸并举的方针。

禁毒工作实行政府统一领导，有关部门各负其责，社会广泛参与的工作机制。

第五条　国务院设立国家禁毒委员会，负责组织、协调、指导全国的禁毒工作。

县级以上地方各级人民政府根据禁毒工作的需要，可以设立禁毒委员会，负责组织、协调、指导本行政区域内的禁毒工作。

第六条　县级以上各级人民政府应当将禁毒工作纳入国民经济和社会发展规划，并将禁毒经费列入本级财政预算。

第七条　国家鼓励对禁毒工作的社会捐赠，并依法给予税收优惠。

第八条　国家鼓励开展禁毒科学技术研究，推广先进的缉毒技术、装备和戒毒方法。

第九条　国家鼓励公民举报毒品违法犯罪行为。各级人民政府和有关部门应当对举报人予以保护，对举报有功人员以及在禁毒工作中有突出贡献的单位和个人，给予表彰和奖励。

第十条　国家鼓励志愿人员参与禁毒宣传教育和戒毒社会服务工作。地方各级人民政府应当对志愿人员进行指导、培训，并提供必要的工作条件。

第二章　禁毒宣传教育

第十一条　国家采取各种形式开展全民禁毒宣传教育，普及毒品预防知识，增强公民的禁毒意识，提高公民自觉抵制毒品的能力。

国家鼓励公民、组织开展公益性的禁毒宣传活动。

第十二条　各级人民政府应当经常组织开展多种形式的禁毒宣传教育。

工会、共产主义青年团、妇女联合会应当结合各自工作对象的特点，组织开展禁毒宣传教育。

第十三条　教育行政部门、学校应当将禁毒知识纳入教育、教学内容，对学生进行禁毒宣传教育。公安机关、司法行政部门和卫生行政部门应当予以协助。

第十四条　新闻、出版、文化、广播、电影、电视等有关单位，应当有针对性地面向社会进行禁毒宣传教育。

第十五条　飞机场、火车站、长途汽车站、码头以及旅店、娱乐场所等公共场所的经营者、管理者，负责本场所的禁毒宣传教育，落实禁毒防范措施，预防毒品违法犯罪行为在本场所内发生。

第十六条　国家机关、社会团体、企业事业单位以及其他组织，应当加强对本单位人员的禁毒宣传教育。

第十七条　居民委员会、村民委员会应当协助人民政府以及公安机关等部门，加强禁毒宣传教育，落实禁毒防范措施。

第十八条　未成年人的父母或者其他监护人应当对未成年人进行毒品危害的教育，防止其吸食、注射毒品或者进行其他毒品违法犯罪活动。

第三章　毒品管制

第十九条　国家对麻醉药品药用原植物种植实行管制。禁止非法种植罂粟、古柯植物、大麻植物以及国家规定管制的可以用于提炼加工毒品的其他原植物。禁止走私或者非法买卖、运输、携带、持有未经灭活的毒品原植物种子或者幼苗。

地方各级人民政府发现非法种植毒品原植物的，应当立即采取措施予以制止、铲除。村民委员会、居民委员会发现非法种植毒品原植物的，应当及时予以制止、铲除，并向当地公安机关报告。

第二十条　国家确定的麻醉药品药用原植物种植企业，必须按照国家有关规定种植麻醉药品药用原植物。

国家确定的麻醉药品药用原植物种植企业的提取加工场所，以及国家设立的麻醉药品储存仓库，列为国家重点警戒目标。

未经许可，擅自进入国家确定的麻醉药品药用原植物种植企业的提取加工场所或者国家设立的麻醉药品储存仓库等警戒区域的，由警戒人员责令其立即离开；拒不离开的，强行带离现场。

第二十一条　国家对麻醉药品和精神药品实行管制，对麻醉药品和精神药品的实验研究、生产、经营、使用、储存、运输实行许可和查验制度。

国家对易制毒化学品的生产、经营、购买、运输实行许可制度。

禁止非法生产、买卖、运输、储存、提供、持有、使用麻醉药品、精神药品和易制毒化学品。

第二十二条　国家对麻醉药品、精神药品和易制毒化学品的进口、出口实行许可制度。国务院有关部门应当按照规定的职责，对进口、出口麻醉药品、精神药品和易制毒化学品依法进行管理。禁止走私麻醉药品、精神药品和易制毒化学品。

第二十三条　发生麻醉药品、精神药品和易制毒化学品被盗、被抢、丢失或者其他流入非法渠道的情形，案发单位应当立即采取必要的控制措施，并立即向公安机关报告，同时依照规定向有关主管部门报告。

公安机关接到报告后，或者有证据证明麻醉药品、精神药品和易制毒化学品可能流入非法渠道的，应当及时开展调查，并可以对相关单位采取必要的控制措施。药品监督管理部门、卫生行政部门以及其他有关部门应当配合公安机关开展工作。

第二十四条　禁止非法传授麻醉药品、精神药品和易制毒化学品的制造方法。公安机关接到举报或者发现非法传授麻醉药品、精神药品和易制毒化学品制造方法的，应当及时依法查处。

第二十五条　麻醉药品、精神药品和易制毒化学品管理的具体办法，由国务院规定。

第二十六条　公安机关根据查缉毒品的需要，可以在边境地区、交通要道、口岸以及飞机场、火车站、长途汽车站、码头对来往人员、物品、货物以及交通工具进行毒品和易制毒化学品检查，民航、铁路、交通部门应当予以配合。

海关应当依法加强对进出口岸的人员、物品、货物和运输工具的检查，防止走私毒品和易制毒化学品。

邮政企业应当依法加强对邮件的检查，防止邮寄毒品和非法邮寄易制毒化学品。

第二十七条　娱乐场所应当建立巡查制度，发现娱乐场所内有毒品违法犯罪活动的，应当立即向公安机关报告。

第二十八条　对依法查获的毒品，吸食、注射毒品的用具，毒品违法犯罪的非法所得及其收益，以及直接用于实施毒品违法犯罪行为的本人所有的工具、设备、资金，应当收缴，依照规定处理。

第二十九条　反洗钱行政主管部门应当依法加强对可疑毒品犯罪资金的监测。反洗钱行政主管部门和其他依法负有反洗钱监督管理职责的部门、机构发现涉嫌毒品犯罪的资金流动情况，应当及时向侦查机关报告，并配合侦查机关做好侦查、调查工作。

第三十条　国家建立健全毒品监测和禁毒信息系统，开展毒品监测和禁毒信息的收集、分析、使用、交流工作。

第四章　戒毒措施

第三十一条　国家采取各种措施帮助吸毒人员戒除毒瘾，教育和挽救吸毒人员。

吸毒成瘾人员应当进行戒毒治疗。

吸毒成瘾的认定办法，由国务院卫生行政部门、药品监督管理部门、公安部门规定。

第三十二条　公安机关可以对涉嫌吸毒的人员进行必要的检测，被检测人员应当予以配合；对拒绝接受检测的，经县级以上人民政府公安机关或者其派出机构负责人批准，可以强制检测。

公安机关应当对吸毒人员进行登记。

第三十三条　对吸毒成瘾人员，公安机关可以责令其接受社区戒毒，同时通知吸毒人员户籍所在地或者现居住地的城市街道办事处、乡镇人民政府。社区戒毒的期限为三年。

戒毒人员应当在户籍所在地接受社区戒毒；在户籍所在地以外的现居住地有固定住所的，

可以在现居住地接受社区戒毒。

第三十四条 城市街道办事处、乡镇人民政府负责社区戒毒工作。城市街道办事处、乡镇人民政府可以指定有关基层组织，根据戒毒人员本人和家庭情况，与戒毒人员签订社区戒毒协议，落实有针对性的社区戒毒措施。公安机关和司法行政、卫生行政、民政等部门应当对社区戒毒工作提供指导和协助。

城市街道办事处、乡镇人民政府，以及县级人民政府劳动行政部门对无职业且缺乏就业能力的戒毒人员，应当提供必要的职业技能培训、就业指导和就业援助。

第三十五条 接受社区戒毒的戒毒人员应当遵守法律、法规，自觉履行社区戒毒协议，并根据公安机关的要求，定期接受检测。

对违反社区戒毒协议的戒毒人员，参与社区戒毒的工作人员应当进行批评、教育；对严重违反社区戒毒协议或者在社区戒毒期间又吸食、注射毒品的，应当及时向公安机关报告。

第三十六条 吸毒人员可以自行到具有戒毒治疗资质的医疗机构接受戒毒治疗。

设置戒毒医疗机构或者医疗机构从事戒毒治疗业务的，应当符合国务院卫生行政部门规定的条件，报所在地的省、自治区、直辖市人民政府卫生行政部门批准，并报同级公安机关备案。戒毒治疗应当遵守国务院卫生行政部门制定的戒毒治疗规范，接受卫生行政部门的监督检查。

戒毒治疗不得以营利为目的。戒毒治疗的药品、医疗器械和治疗方法不得做广告。戒毒治疗收取费用的，应当按照省、自治区、直辖市人民政府价格主管部门会同卫生行政部门制定的收费标准执行。

第三十七条 医疗机构根据戒毒治疗的需要，可以对接受戒毒治疗的戒毒人员进行身体和所携带物品的检查；对在治疗期间有人身危险的，可以采取必要的临时保护性约束措施。

发现接受戒毒治疗的戒毒人员在治疗期间吸食、注射毒品的，医疗机构应当及时向公安机关报告。

第三十八条 吸毒成瘾人员有下列情形之一的，由县级以上人民政府公安机关作出强制隔离戒毒的决定：

（一）拒绝接受社区戒毒的；

（二）在社区戒毒期间吸食、注射毒品的；

（三）严重违反社区戒毒协议的；

（四）经社区戒毒、强制隔离戒毒后再次吸食、注射毒品的。

对于吸毒成瘾严重，通过社区戒毒难以戒除毒瘾的人员，公安机关可以直接作出强制隔离戒毒的决定。

吸毒成瘾人员自愿接受强制隔离戒毒的，经公安机关同意，可以进入强制隔离戒毒场所戒毒。

第三十九条 怀孕或者正在哺乳自己不满一周岁婴儿的妇女吸毒成瘾的，不适用强制隔离戒毒。不满十六周岁的未成年人吸毒成瘾的，可以不适用强制隔离戒毒。

对依照前款规定不适用强制隔离戒毒的吸毒成瘾人员，依照本法规定进行社区戒毒，由负责社区戒毒工作的城市街道办事处、乡镇人民政府加强帮助、教育和监督，督促落实社区戒毒措施。

第四十条 公安机关对吸毒成瘾人员决定予以强制隔离戒毒的，应当制作强制隔离戒毒决定书，在执行强制隔离戒毒前送达被决定人，并在送达后二十四小时以内通知被决定人的家属、所在单位和户籍所在地公安派出所；被决定人不讲真实姓名、住址，身份不明的，公安机关应当自查清其身份后通知。

被决定人对公安机关作出的强制隔离戒毒决定不服的，可以依法申请行政复议或者提起行政诉讼。

第四十一条　对被决定予以强制隔离戒毒的人员，由作出决定的公安机关送强制隔离戒毒场所执行。

强制隔离戒毒场所的设置、管理体制和经费保障，由国务院规定。

第四十二条　戒毒人员进入强制隔离戒毒场所戒毒时，应当接受对其身体和所携带物品的检查。

第四十三条　强制隔离戒毒场所应当根据戒毒人员吸食、注射毒品的种类及成瘾程度等，对戒毒人员进行有针对性的生理、心理治疗和身体康复训练。

根据戒毒的需要，强制隔离戒毒场所可以组织戒毒人员参加必要的生产劳动，对戒毒人员进行职业技能培训。组织戒毒人员参加生产劳动的，应当支付劳动报酬。

第四十四条　强制隔离戒毒场所应当根据戒毒人员的性别、年龄、患病等情况，对戒毒人员实行分别管理。

强制隔离戒毒场所对有严重残疾或者疾病的戒毒人员，应当给予必要的看护和治疗；对患有传染病的戒毒人员，应当依法采取必要的隔离、治疗措施；对可能发生自伤、自残等情形的戒毒人员，可以采取相应的保护性约束措施。

强制隔离戒毒场所管理人员不得体罚、虐待或者侮辱戒毒人员。

第四十五条　强制隔离戒毒场所应当根据戒毒治疗的需要配备执业医师。强制隔离戒毒场所的执业医师具有麻醉药品和精神药品处方权的，可以按照有关技术规范对戒毒人员使用麻醉药品、精神药品。

卫生行政部门应当加强对强制隔离戒毒场所执业医师的业务指导和监督管理。

第四十六条　戒毒人员的亲属和所在单位或者就读学校的工作人员，可以按照有关规定探访戒毒人员。戒毒人员经强制隔离戒毒场所批准，可以外出探视配偶、直系亲属。

强制隔离戒毒场所管理人员应当对强制隔离戒毒场所以外的人员交给戒毒人员的物品和邮件进行检查，防止夹带毒品。在检查邮件时，应当依法保护戒毒人员的通信自由和通信秘密。

第四十七条　强制隔离戒毒的期限为二年。

执行强制隔离戒毒一年后，经诊断评估，对于戒毒情况良好的戒毒人员，强制隔离戒毒场所可以提出提前解除强制隔离戒毒的意见，报强制隔离戒毒的决定机关批准。

强制隔离戒毒期满前，经诊断评估，对于需要延长戒毒期限的戒毒人员，由强制隔离戒毒场所提出延长戒毒期限的意见，报强制隔离戒毒的决定机关批准。强制隔离戒毒的期限最长可以延长一年。

第四十八条　对于被解除强制隔离戒毒的人员，强制隔离戒毒的决定机关可以责令其接受不超过三年的社区康复。

社区康复参照本法关于社区戒毒的规定实施。

第四十九条　县级以上地方各级人民政府根据戒毒工作的需要，可以开办戒毒康复场所；对社会力量依法开办的公益性戒毒康复场所应当给予扶持，提供必要的便利和帮助。

戒毒人员可以自愿在戒毒康复场所生活、劳动。戒毒康复场所组织戒毒人员参加生产劳动的，应当参照国家劳动用工制度的规定支付劳动报酬。

第五十条　公安机关、司法行政部门对被依法拘留、逮捕、收监执行刑罚以及被依法采取强制性教育措施的吸毒人员，应当给予必要的戒毒治疗。

第五十一条　省、自治区、直辖市人民政府卫生行政部门会同公安机关、药品监督管理部门依照国家有关规定，根据巩固戒毒成果的需要和本行政区域艾滋病流行情况，可以组织开展戒毒药物维持治疗工作。

第五十二条　戒毒人员在入学、就业、享受社会保障等方面不受歧视。有关部门、组织和人员应当在入学、就业、享受社会保障等方面对戒毒人员给予必要的指导和帮助。

第五章　禁毒国际合作

第五十三条　中华人民共和国根据缔结或者参加的国际条约或者按照对等原则，开展禁毒国际合作。

第五十四条　国家禁毒委员会根据国务院授权，负责组织开展禁毒国际合作，履行国际禁毒公约义务。

第五十五条　涉及追究毒品犯罪的司法协助，由司法机关依照有关法律的规定办理。

第五十六条　国务院有关部门应当按照各自职责，加强与有关国家或者地区执法机关以及国际组织的禁毒情报信息交流，依法开展禁毒执法合作。

经国务院公安部门批准，边境地区县级以上人民政府公安机关可以与有关国家或者地区的执法机关开展执法合作。

第五十七条　通过禁毒国际合作破获毒品犯罪案件的，中华人民共和国政府可以与有关国家分享查获的非法所得、由非法所得获得的收益以及供毒品犯罪使用的财物或者财物变卖所得的款项。

第五十八条　国务院有关部门根据国务院授权，可以通过对外援助等渠道，支持有关国家实施毒品原植物替代种植、发展替代产业。

第六章　法律责任

第五十九条　有下列行为之一，构成犯罪的，依法追究刑事责任；尚不构成犯罪的，依法给予治安管理处罚：

（一）走私、贩卖、运输、制造毒品的；

（二）非法持有毒品的；

（三）非法种植毒品原植物的；

（四）非法买卖、运输、携带、持有未经灭活的毒品原植物种子或者幼苗的；

（五）非法传授麻醉药品、精神药品或者易制毒化学品制造方法的；

（六）强迫、引诱、教唆、欺骗他人吸食、注射毒品的；

（七）向他人提供毒品的。

第六十条　有下列行为之一，构成犯罪的，依法追究刑事责任；尚不构成犯罪的，依法给予治安管理处罚：

（一）包庇走私、贩卖、运输、制造毒品的犯罪分子，以及为犯罪分子窝藏、转移、隐瞒毒品或者犯罪所得财物的；

（二）在公安机关查处毒品违法犯罪活动时为违法犯罪行为人通风报信的；

（三）阻碍依法进行毒品检查的；

（四）隐藏、转移、变卖或者损毁司法机关、行政执法机关依法扣押、查封、冻结的涉及毒品违法犯罪活动的财物的。

第六十一条　容留他人吸食、注射毒品或者介绍买卖毒品，构成犯罪的，依法追究刑事责任；尚不构成犯罪的，由公安机关处十日以上十五日以下拘留，可以并处三千元以下罚款；情节较轻的，处五日以下拘留或者五百元以下罚款。

第六十二条　吸食、注射毒品的，依法给予治安管理处罚。吸毒人员主动到公安机关登记或者到有资质的医疗机构接受戒毒治疗的，不予处罚。

第六十三条　在麻醉药品、精神药品的实验研究、生产、经营、使用、储存、运输、进口、出口以及麻醉药品药用原植物种植活动中，违反国家规定，致使麻醉药品、精神药品或者麻醉药品药用原植物流入非法渠道，构成犯罪的，依法追究刑事责任；尚不构成犯罪的，依照有关法律、行政法规的规定给予处罚。

第六十四条　在易制毒化学品的生产、经营、购买、运输或者进口、出口活动中，违反国家规定，致使易制毒化学品流入非法渠道，构成犯罪的，依法追究刑事责任；尚不构成犯罪的，依照有关法律、行政法规的规定给予处罚。

第六十五条　娱乐场所及其从业人员实施毒品违法犯罪行为，或者为进入娱乐场所的人员实施毒品违法犯罪行为提供条件，构成犯罪的，依法追究刑事责任；尚不构成犯罪的，依照有关法律、行政法规的规定给予处罚。

娱乐场所经营管理人员明知场所内发生聚众吸食、注射毒品或者贩毒活动，不向公安机关报告的，依照前款的规定给予处罚。

第六十六条　未经批准，擅自从事戒毒治疗业务的，由卫生行政部门责令停止违法业务活动，没收违法所得和使用的药品、医疗器械等物品；构成犯罪的，依法追究刑事责任。

第六十七条　戒毒医疗机构发现接受戒毒治疗的戒毒人员在治疗期间吸食、注射毒品，不向公安机关报告的，由卫生行政部门责令改正；情节严重的，责令停业整顿。

第六十八条　强制隔离戒毒场所、医疗机构、医师违反规定使用麻醉药品、精神药品，构成犯罪的，依法追究刑事责任；尚不构成犯罪的，依照有关法律、行政法规的规定给予处罚。

第六十九条　公安机关、司法行政部门或者其他有关主管部门的工作人员在禁毒工作中有下列行为之一，构成犯罪的，依法追究刑事责任；尚不构成犯罪的，依法给予处分：

（一）包庇、纵容毒品违法犯罪人员的；

（二）对戒毒人员有体罚、虐待、侮辱等行为的；

（三）挪用、截留、克扣禁毒经费的；

（四）擅自处分查获的毒品和扣押、查封、冻结的涉及毒品违法犯罪活动的财物的。

第七十条　有关单位及其工作人员在入学、就业、享受社会保障等方面歧视戒毒人员的，由教育行政部门、劳动行政部门责令改正；给当事人造成损失的，依法承担赔偿责任。

第七章　附　则

第七十一条　本法自 2008 年 6 月 1 日起施行。《全国人民代表大会常务委员会关于禁毒的决定》同时废止。

五、《中华人民共和国放射性污染防治法》

中华人民共和国主席令

第　六　号

《中华人民共和国放射性污染防治法》已由中华人民共和国第十届全国人民代表大会常务委员会第三次会议于 2003 年 6 月 28 日通过，现予公布，自 2003 年 10 月 1 日起施行。

中华人民共和国主席　胡锦涛

2003 年 6 月 28 日

中华人民共和国放射性污染防治法

（2003 年 6 月 28 日第十届全国人民代表大会常务委员会第三次会议通过）

第一章　总　则

第一条　为了防治放射性污染，保护环境，保障人体健康，促进核能、核技术的开发与和平利用，制定本法。

第二条　本法适用于中华人民共和国领域和管辖的其他海域在核设施选址、建造、运行、退役和核技术、铀（钍）矿、伴生放射性矿开发利用过程中发生的放射性污染的防治活动。

第三条　国家对放射性污染的防治，实行预防为主、防治结合、严格管理、安全第一的方针。

第四条　国家鼓励、支持放射性污染防治的科学研究和技术开发利用，推广先进的放射性污染防治技术。

国家支持开展放射性污染防治的国际交流与合作。

第五条　县级以上人民政府应当将放射性污染防治工作纳入环境保护规划。

县级以上人民政府应当组织开展有针对性的放射性污染防治宣传教育，使公众了解放射性污染防治的有关情况和科学知识。

第六条　任何单位和个人有权对造成放射性污染的行为提出检举和控告。

第七条　在放射性污染防治工作中作出显著成绩的单位和个人，由县级以上人民政府给予奖励。

第八条　国务院环境保护行政主管部门对全国放射性污染防治工作依法实施统一监督管理。

国务院卫生行政部门和其他有关部门依据国务院规定的职责，对有关的放射性污染防治工作依法实施监督管理。

第二章 放射性污染防治的监督管理

第九条 国家放射性污染防治标准由国务院环境保护行政主管部门根据环境安全要求、国家经济技术条件制定。国家放射性污染防治标准由国务院环境保护行政主管部门和国务院标准化行政主管部门联合发布。

第十条 国家建立放射性污染监测制度。国务院环境保护行政主管部门会同国务院其他有关部门组织环境监测网络，对放射性污染实施监测管理。

第十一条 国务院环境保护行政主管部门和国务院其他有关部门，按照职责分工，各负其责，互通信息，密切配合，对核设施、铀（钍）矿开发利用中的放射性污染防治进行监督检查。

县级以上地方人民政府环境保护行政主管部门和同级其他有关部门，按照职责分工，各负其责，互通信息，密切配合，对本行政区域内核技术利用、伴生放射性矿开发利用中的放射性污染防治进行监督检查。

监督检查人员进行现场检查时，应当出示证件。被检查的单位必须如实反映情况，提供必要的资料。监督检查人员应当为被检查单位保守技术秘密和业务秘密。对涉及国家秘密的单位和部位进行检查时，应当遵守国家有关保守国家秘密的规定，依法办理有关审批手续。

第十二条 核设施营运单位、核技术利用单位、铀（钍）矿和伴生放射性矿开发利用单位，负责本单位放射性污染的防治，接受环境保护行政主管部门和其他有关部门的监督管理，并依法对其造成的放射性污染承担责任。

第十三条 核设施营运单位、核技术利用单位、铀（钍）矿和伴生放射性矿开发利用单位，必须采取安全与防护措施，预防发生可能导致放射性污染的各类事故，避免放射性污染危害。

核设施营运单位、核技术利用单位、铀（钍）矿和伴生放射性矿开发利用单位，应当对其工作人员进行放射性安全教育、培训，采取有效的防护安全措施。

第十四条 国家对从事放射性污染防治的专业人员实行资格管理制度；对从事放射性污染监测工作的机构实行资质管理制度。

第十五条 运输放射性物质和含放射源的射线装置，应当采取有效措施，防止放射性污染。具体办法由国务院规定。

第十六条 放射性物质和射线装置应当设置明显的放射性标识和中文警示说明。生产、销售、使用、贮存、处置放射性物质和射线装置的场所，以及运输放射性物质和含放射源的射线装置的工具，应当设置明显的放射性标志。

第十七条 含有放射性物质的产品，应当符合国家放射性污染防治标准；不符合国家放射性污染防治标准的，不得出厂和销售。

使用伴生放射性矿渣和含有天然放射性物质的石材做建筑和装修材料，应当符合国家建筑材料放射性核素控制标准。

第三章 核设施的放射性污染防治

第十八条 核设施选址，应当进行科学论证，并按照国家有关规定办理审批手续。在办理核设施选址审批手续前，应当编制环境影响报告书，报国务院环境保护行政主管部门审查批准；未经批准，有关部门不得办理核设施选址批准文件。

第十九条 核设施营运单位在进行核设施建造、装料、运行、退役等活动前，必须按照国务院有关核设施安全监督管理的规定，申请领取核设施建造、运行许可证和办理装料、退役等审批手续。

核设施营运单位领取有关许可证或者批准文件后，方可进行相应的建造、装料、运行、退役等活动。

第二十条 核设施营运单位应当在申请领取核设施建造、运行许可证和办理退役审批手续前编制环境影响报告书，报国务院环境保护行政主管部门审查批准；未经批准，有关部门不得颁发许可证和办理批准文件。

第二十一条 与核设施相配套的放射性污染防治设施，应当与主体工程同时设计、同时施工、同时投入使用。

放射性污染防治设施应当与主体工程同时验收；验收合格的，主体工程方可投入生产或者使用。

第二十二条 进口核设施，应当符合国家放射性污染防治标准；没有相应的国家放射性污染防治标准的，采用国务院环境保护行政主管部门指定的国外有关标准。

第二十三条 核动力厂等重要核设施外围地区应当划定规划限制区。规划限制区的划定和管理办法，由国务院规定。

第二十四条 核设施营运单位应当对核设施周围环境中所含的放射性核素的种类、浓度以及核设施流出物中的放射性核素总量实施监测，并定期向国务院环境保护行政主管部门和所在地省、自治区、直辖市人民政府环境保护行政主管部门报告监测结果。

国务院环境保护行政主管部门负责对核动力厂等重要核设施实施监督性监测，并根据需要对其他核设施的流出物实施监测。监督性监测系统的建设、运行和维护费用由财政预算安排。

第二十五条 核设施营运单位应当建立健全安全保卫制度，加强安全保卫工作，并接受公安部门的监督指导。

核设施营运单位应当按照核设施的规模和性质制定核事故场内应急计划，做好应急准备。

出现核事故应急状态时，核设施营运单位必须立即采取有效的应急措施控制事故，并向核设施主管部门和环境保护行政主管部门、卫生行政部门、公安部门以及其他有关部门报告。

第二十六条 国家建立健全核事故应急制度。

核设施主管部门、环境保护行政主管部门、卫生行政部门、公安部门以及其他有关部门，在本级人民政府的组织领导下，按照各自的职责依法做好核事故应急工作。

中国人民解放军和中国人民武装警察部队按照国务院、中央军事委员会的有关规定在核事故应急中实施有效的支援。

第二十七条 核设施营运单位应当制定核设施退役计划。

核设施的退役费用和放射性废物处置费用应当预提，列入投资概算或者生产成本。核设施的退役费用和放射性废物处置费用的提取和管理办法，由国务院财政部门、价格主管部门会同国务院环境保护行政主管部门、核设施主管部门规定。

第四章　核技术利用的放射性污染防治

第二十八条 生产、销售、使用放射性同位素和射线装置的单位，应当按照国务院有关放射性同位素与射线装置放射防护的规定申请领取许可证，办理登记手续。

转让、进口放射性同位素和射线装置的单位以及装备有放射性同位素的仪表的单位，应当按照国务院有关放射性同位素与射线装置放射防护的规定办理有关手续。

第二十九条　生产、销售、使用放射性同位素和加速器、中子发生器以及含放射源的射线装置的单位，应当在申请领取许可证前编制环境影响评价文件，报省、自治区、直辖市人民政府环境保护行政主管部门审查批准；未经批准，有关部门不得颁发许可证。

国家建立放射性同位素备案制度。具体办法由国务院规定。

第三十条　新建、改建、扩建放射工作场所的放射防护设施，应当与主体工程同时设计、同时施工、同时投入使用。

放射防护设施应当与主体工程同时验收；验收合格的，主体工程方可投入生产或者使用。

第三十一条　放射性同位素应当单独存放，不得与易燃、易爆、腐蚀性物品等一起存放，其贮存场所应当采取有效的防火、防盗、防射线泄漏的安全防护措施，并指定专人负责保管。贮存、领取、使用、归还放射性同位素时，应当进行登记、检查，做到账物相符。

第三十二条　生产、使用放射性同位素和射线装置的单位，应当按照国务院环境保护行政主管部门的规定对其产生的放射性废物进行收集、包装、贮存。

生产放射源的单位，应当按照国务院环境保护行政主管部门的规定回收和利用废旧放射源；使用放射源的单位，应当按照国务院环境保护行政主管部门的规定将废旧放射源交回生产放射源的单位或者送交专门从事放射性固体废物贮存、处置的单位。

第三十三条　生产、销售、使用、贮存放射源的单位，应当建立健全安全保卫制度，指定专人负责，落实安全责任制，制定必要的事故应急措施。发生放射源丢失、被盗和放射性污染事故时，有关单位和个人必须立即采取应急措施，并向公安部门、卫生行政部门和环境保护行政主管部门报告。

公安部门、卫生行政部门和环境保护行政主管部门接到放射源丢失、被盗和放射性污染事故报告后，应当报告本级人民政府，并按照各自的职责立即组织采取有效措施，防止放射性污染蔓延，减少事故损失。当地人民政府应当及时将有关情况告知公众，并做好事故的调查、处理工作。

第五章　铀（钍）矿和伴生放射性矿开发利用的放射性污染防治

第三十四条　开发利用或者关闭铀（钍）矿的单位，应当在申请领取采矿许可证或者办理退役审批手续前编制环境影响报告书，报国务院环境保护行政主管部门审查批准。

开发利用伴生放射性矿的单位，应当在申请领取采矿许可证前编制环境影响报告书，报省级以上人民政府环境保护行政主管部门审查批准。

第三十五条　与铀（钍）矿和伴生放射性矿开发利用建设项目相配套的放射性污染防治设施，应当与主体工程同时设计、同时施工、同时投入使用。

放射性污染防治设施应当与主体工程同时验收；验收合格的，主体工程方可投入生产或者使用。

第三十六条　铀（钍）矿开发利用单位应当对铀（钍）矿的流出物和周围的环境实施监测，并定期向国务院环境保护行政主管部门和所在地省、自治区、直辖市人民政府环境保护行政主管部门报告监测结果。

第三十七条　对铀（钍）矿和伴生放射性矿开发利用过程中产生的尾矿，应当建造尾矿库进行贮存、处置；建造的尾矿库应当符合放射性污染防治的要求。

第三十八条　铀（钍）矿开发利用单位应当制定铀（钍）矿退役计划。铀矿退役费用由国家财政预算安排。

第六章　放射性废物管理

第三十九条　核设施营运单位、核技术利用单位、铀（钍）矿和伴生放射性矿开发利用单位，应当合理选择和利用原材料，采用先进的生产工艺和设备，尽量减少放射性废物的产生量。

第四十条　向环境排放放射性废气、废液，必须符合国家放射性污染防治标准。

第四十一条　产生放射性废气、废液的单位向环境排放符合国家放射性污染防治标准的放射性废气、废液，应当向审批环境影响评价文件的环境保护行政主管部门申请放射性核素排放量，并定期报告排放计量结果。

第四十二条　产生放射性废液的单位，必须按照国家放射性污染防治标准的要求，对不得向环境排放的放射性废液进行处理或者贮存。

产生放射性废液的单位，向环境排放符合国家放射性污染防治标准的放射性废液，必须采用符合国务院环境保护行政主管部门规定的排放方式。

禁止利用渗井、渗坑、天然裂隙、溶洞或者国家禁止的其他方式排放放射性废液。

第四十三条　低、中水平放射性固体废物在符合国家规定的区域实行近地表处置。

高水平放射性固体废物实行集中的深地质处置。

α放射性固体废物依照前款规定处置。

禁止在内河水域和海洋上处置放射性固体废物。

第四十四条　国务院核设施主管部门会同国务院环境保护行政主管部门根据地质条件和放射性固体废物处置的需要，在环境影响评价的基础上编制放射性固体废物处置场所选址规划，报国务院批准后实施。

有关地方人民政府应当根据放射性固体废物处置场所选址规划，提供放射性固体废物处置场所的建设用地，并采取有效措施支持放射性固体废物的处置。

第四十五条　产生放射性固体废物的单位，应当按照国务院环境保护行政主管部门的规定，对其产生的放射性固体废物进行处理后，送交放射性固体废物处置单位处置，并承担处置费用。

放射性固体废物处置费用收取和使用管理办法，由国务院财政部门、价格主管部门会同国务院环境保护行政主管部门规定。

第四十六条　设立专门从事放射性固体废物贮存、处置的单位，必须经国务院环境保护行政主管部门审查批准，取得许可证。具体办法由国务院规定。

禁止未经许可或者不按照许可的有关规定从事贮存和处置放射性固体废物的活动。

禁止将放射性固体废物提供或者委托给无许可证的单位贮存和处置。

第四十七条　禁止将放射性废物和被放射性污染的物品输入中华人民共和国境内或者经中华人民共和国境内转移。

第七章　法律责任

第四十八条　放射性污染防治监督管理人员违反法律规定，利用职务上的便利收受他人财物、谋取其他利益，或者玩忽职守，有下列行为之一的，依法给予行政处分；构成犯罪的，依法追究刑事责任：

（一）对不符合法定条件的单位颁发许可证和办理批准文件的；

（二）不依法履行监督管理职责的；

（三）发现违法行为不予查处的。

第四十九条　违反本法规定，有下列行为之一的，由县级以上人民政府环境保护行政主管部门或者其他有关部门依据职权责令限期改正，可以处二万元以下罚款：

（一）不按照规定报告有关环境监测结果的；

（二）拒绝环境保护行政主管部门和其他有关部门进行现场检查，或者被检查时不如实反映情况和提供必要资料的。

第五十条　违反本法规定，未编制环境影响评价文件，或者环境影响评价文件未经环境保护行政主管部门批准，擅自进行建造、运行、生产和使用等活动的，由审批环境影响评价文件的环境保护行政主管部门责令停止违法行为，限期补办手续或者恢复原状，并处一万元以上二十万元以下罚款。

第五十一条　违反本法规定，未建造放射性污染防治设施、放射防护设施，或者防治防护设施未经验收合格，主体工程即投入生产或者使用的，由审批环境影响评价文件的环境保护行政主管部门责令停止违法行为，限期改正，并处五万元以上二十万元以下罚款。

第五十二条　违反本法规定，未经许可或者批准，核设施营运单位擅自进行核设施的建造、装料、运行、退役等活动的，由国务院环境保护行政主管部门责令停止违法行为，限期改正，并处二十万元以上五十万元以下罚款；构成犯罪的，依法追究刑事责任。

第五十三条　违反本法规定，生产、销售、使用、转让、进口、贮存放射性同位素和射线装置以及装备有放射性同位素的仪表的，由县级以上人民政府环境保护行政主管部门或者其他有关部门依据职权责令停止违法行为，限期改正；逾期不改正的，责令停产停业或者吊销许可证；有违法所得的，没收违法所得；违法所得十万元以上的，并处违法所得一倍以上五倍以下罚款；没有违法所得或者违法所得不足十万元的，并处一万元以上十万元以下罚款；构成犯罪的，依法追究刑事责任。

第五十四条　违反本法规定，有下列行为之一的，由县级以上人民政府环境保护行政主管部门责令停止违法行为，限期改正，处以罚款；构成犯罪的，依法追究刑事责任：

（一）未建造尾矿库或者不按照放射性污染防治的要求建造尾矿库，贮存、处置铀（钍）矿和伴生放射性矿的尾矿的；

（二）向环境排放不得排放的放射性废气、废液的；

（三）不按照规定的方式排放放射性废液，利用渗井、渗坑、天然裂隙、溶洞或者国家禁止的其他方式排放放射性废液的；

（四）不按照规定处理或者贮存不得向环境排放的放射性废液的；

（五）将放射性固体废物提供或者委托给无许可证的单位贮存和处置的。

有前款第（一）项、第（二）项、第（三）项、第（五）项行为之一的，处十万元以上二十万元以下罚款；有前款第（四）项行为的，处一万元以上十万元以下罚款。

第五十五条 违反本法规定，有下列行为之一的，由县级以上人民政府环境保护行政主管部门或者其他有关部门依据职权责令限期改正；逾期不改正的，责令停产停业，并处二万元以上十万元以下罚款；构成犯罪的，依法追究刑事责任：

（一）不按照规定设置放射性标识、标志、中文警示说明的；

（二）不按照规定建立健全安全保卫制度和制定事故应急计划或者应急措施的；

（三）不按照规定报告放射源丢失、被盗情况或者放射性污染事故的。

第五十六条 产生放射性固体废物的单位，不按照本法第四十五条的规定对其产生的放射性固体废物进行处置的，由审批该单位立项环境影响评价文件的环境保护行政主管部门责令停止违法行为，限期改正；逾期不改正的，指定有处置能力的单位代为处置，所需费用由产生放射性固体废物的单位承担，可以并处二十万元以下罚款；构成犯罪的，依法追究刑事责任。

第五十七条 违反本法规定，有下列行为之一的，由省级以上人民政府环境保护行政主管部门责令停产停业或者吊销许可证；有违法所得的，没收违法所得；违法所得十万元以上的，并处违法所得一倍以上五倍以下罚款；没有违法所得或者违法所得不足十万元的，并处五万元以上十万元以下罚款；构成犯罪的，依法追究刑事责任：

（一）未经许可，擅自从事贮存和处置放射性固体废物活动的；

（二）不按照许可的有关规定从事贮存和处置放射性固体废物活动的。

第五十八条 向中华人民共和国境内输入放射性废物和被放射性污染的物品，或者经中华人民共和国境内转移放射性废物和被放射性污染的物品的，由海关责令退运该放射性废物和被放射性污染的物品，并处五十万元以上一百万元以下罚款；构成犯罪的，依法追究刑事责任。

第五十九条 因放射性污染造成他人损害的，应当依法承担民事责任。

第八章 附 则

第六十条 军用设施、装备的放射性污染防治，由国务院和军队的有关主管部门依照本法规定的原则和国务院、中央军事委员会规定的职责实施监督管理。

第六十一条 劳动者在职业活动中接触放射性物质造成的职业病的防治，依照《中华人民共和国职业病防治法》的规定执行。

第六十二条 本法中下列用语的含义：

（一）放射性污染，是指由于人类活动造成物料、人体、场所、环境介质表面或者内部出现超过国家标准的放射性物质或者射线。

（二）核设施，是指核动力厂（核电厂、核热电厂、核供汽供热厂等）和其他反应堆（研究堆、实验堆、临界装置等）；核燃料生产、加工、贮存和后处理设施；放射性废物的处理和处置设施等。

（三）核技术利用，是指密封放射源、非密封放射源和射线装置在医疗、工业、农业、地质调查、科学研究和教学等领域中的使用。

（四）放射性同位素，是指某种发生放射性衰变的元素中具有相同原子序数但质量不同的核素。

（五）放射源，是指除研究堆和动力堆核燃料循环范畴的材料以外，永久密封在容器中或者有严密包层并呈固态的放射性材料。

（六）射线装置，是指 X 线机、加速器、中子发生器以及含放射源的装置。

（七）伴生放射性矿，是指含有较高水平天然放射性核素浓度的非铀矿（如稀土矿和磷酸盐矿等）。

（八）放射性废物，是指含有放射性核素或者被放射性核素污染，其浓度或者比活度大于国家确定的清洁解控水平，预期不再使用的废弃物。

第六十三条　本法自 2003 年 10 月 1 日起施行。

六、《中华人民共和国环境保护法》

中华人民共和国主席令

第 九 号

《中华人民共和国环境保护法》已由中华人民共和国第十二届全国人民代表大会常务委员会第八次会议于 2014 年 4 月 24 日修订通过，现将修订后的《中华人民共和国环境保护法》公布，自 2015 年 1 月 1 日起施行。

中华人民共和国主席　习近平

2014 年 4 月 24 日

中华人民共和国环境保护法

（1989 年 12 月 26 日第七届全国人民代表大会常务委员会第十一次会议通过 2014 年 4 月 24 日第十二届全国人民代表大会常务委员会第八次会议修订）

第一章　总　则

第一条　为保护和改善环境，防治污染和其他公害，保障公众健康，推进生态文明建设，促进经济社会可持续发展，制定本法。

第二条　本法所称环境，是指影响人类生存和发展的各种天然的和经过人工改造的自然因素的总体，包括大气、水、海洋、土地、矿藏、森林、草原、湿地、野生生物、自然遗迹、人文遗迹、自然保护区、风景名胜区、城市和乡村等。

第三条　本法适用于中华人民共和国领域和中华人民共和国管辖的其他海域。

第四条　保护环境是国家的基本国策。

国家采取有利于节约和循环利用资源、保护和改善环境、促进人与自然和谐的经济、技术政策和措施，使经济社会发展与环境保护相协调。

第五条　环境保护坚持保护优先、预防为主、综合治理、公众参与、损害担责的原则。

第六条　一切单位和个人都有保护环境的义务。

地方各级人民政府应当对本行政区域的环境质量负责。

企业事业单位和其他生产经营者应当防止、减少环境污染和生态破坏，对所造成的损害依法承担责任。

公民应当增强环境保护意识，采取低碳、节俭的生活方式，自觉履行环境保护义务。

第七条 国家支持环境保护科学技术研究、开发和应用，鼓励环境保护产业发展，促进环境保护信息化建设，提高环境保护科学技术水平。

第八条 各级人民政府应当加大保护和改善环境、防治污染和其他公害的财政投入，提高财政资金的使用效益。

第九条 各级人民政府应当加强环境保护宣传和普及工作，鼓励基层群众性自治组织、社会组织、环境保护志愿者开展环境保护法律法规和环境保护知识的宣传，营造保护环境的良好风气。

教育行政部门、学校应当将环境保护知识纳入学校教育内容，培养学生的环境保护意识。

新闻媒体应当开展环境保护法律法规和环境保护知识的宣传，对环境违法行为进行舆论监督。

第十条 国务院环境保护主管部门，对全国环境保护工作实施统一监督管理；县级以上地方人民政府环境保护主管部门，对本行政区域环境保护工作实施统一监督管理。

县级以上人民政府有关部门和军队环境保护部门，依照有关法律的规定对资源保护和污染防治等环境保护工作实施监督管理。

第十一条 对保护和改善环境有显著成绩的单位和个人，由人民政府给予奖励。

第十二条 每年6月5日为环境日。

第二章 监督管理

第十三条 县级以上人民政府应当将环境保护工作纳入国民经济和社会发展规划。

国务院环境保护主管部门会同有关部门，根据国民经济和社会发展规划编制国家环境保护规划，报国务院批准并公布实施。

县级以上地方人民政府环境保护主管部门会同有关部门，根据国家环境保护规划的要求，编制本行政区域的环境保护规划，报同级人民政府批准并公布实施。

环境保护规划的内容应当包括生态保护和污染防治的目标、任务、保障措施等，并与主体功能区规划、土地利用总体规划和城乡规划等相衔接。

第十四条 国务院有关部门和省、自治区、直辖市人民政府组织制定经济、技术政策，应当充分考虑对环境的影响，听取有关方面和专家的意见。

第十五条 国务院环境保护主管部门制定国家环境质量标准。

省、自治区、直辖市人民政府对国家环境质量标准中未作规定的项目，可以制定地方环境质量标准；对国家环境质量标准中已作规定的项目，可以制定严于国家环境质量标准的地方环境质量标准。地方环境质量标准应当报国务院环境保护主管部门备案。

国家鼓励开展环境基准研究。

第十六条 国务院环境保护主管部门根据国家环境质量标准和国家经济、技术条件，制定国家污染物排放标准。

省、自治区、直辖市人民政府对国家污染物排放标准中未作规定的项目，可以制定地方污染物排放标准；对国家污染物排放标准中已作规定的项目，可以制定严于国家污染物排放标准的地方污染物排放标准。地方污染物排放标准应当报国务院环境保护主管部门备案。

第十七条 国家建立、健全环境监测制度。国务院环境保护主管部门制定监测规范，会同有关部门组织监测网络，统一规划国家环境质量监测站（点）的设置，建立监测数据共享机制，加强对环境监测的管理。

有关行业、专业等各类环境质量监测站（点）的设置应当符合法律法规规定和监测规范的要求。

监测机构应当使用符合国家标准的监测设备，遵守监测规范。监测机构及其负责人对监测数据的真实性和准确性负责。

第十八条　省级以上人民政府应当组织有关部门或者委托专业机构，对环境状况进行调查、评价，建立环境资源承载能力监测预警机制。

第十九条　编制有关开发利用规划，建设对环境有影响的项目，应当依法进行环境影响评价。

未依法进行环境影响评价的开发利用规划，不得组织实施；未依法进行环境影响评价的建设项目，不得开工建设。

第二十条　国家建立跨行政区域的重点区域、流域环境污染和生态破坏联合防治协调机制，实行统一规划、统一标准、统一监测、统一的防治措施。

前款规定以外的跨行政区域的环境污染和生态破坏的防治，由上级人民政府协调解决，或者由有关地方人民政府协商解决。

第二十一条　国家采取财政、税收、价格、政府采购等方面的政策和措施，鼓励和支持环境保护技术装备、资源综合利用和环境服务等环境保护产业的发展。

第二十二条　企业事业单位和其他生产经营者，在污染物排放符合法定要求的基础上，进一步减少污染物排放的，人民政府应当依法采取财政、税收、价格、政府采购等方面的政策和措施予以鼓励和支持。

第二十三条　企业事业单位和其他生产经营者，为改善环境，依照有关规定转产、搬迁、关闭的，人民政府应当予以支持。

第二十四条　县级以上人民政府环境保护主管部门及其委托的环境监察机构和其他负有环境保护监督管理职责的部门，有权对排放污染物的企业事业单位和其他生产经营者进行现场检查。被检查者应当如实反映情况，提供必要的资料。实施现场检查的部门、机构及其工作人员应当为被检查者保守商业秘密。

第二十五条　企业事业单位和其他生产经营者违反法律法规规定排放污染物，造成或者可能造成严重污染的，县级以上人民政府环境保护主管部门和其他负有环境保护监督管理职责的部门，可以查封、扣押造成污染物排放的设施、设备。

第二十六条　国家实行环境保护目标责任制和考核评价制度。县级以上人民政府应当将环境保护目标完成情况纳入对本级人民政府负有环境保护监督管理职责的部门及其负责人和下级人民政府及其负责人的考核内容，作为对其考核评价的重要依据。考核结果应当向社会公开。

第二十七条　县级以上人民政府应当每年向本级人民代表大会或者人民代表大会常务委员会报告环境状况和环境保护目标完成情况，对发生的重大环境事件应当及时向本级人民代表大会常务委员会报告，依法接受监督。

第三章　保护和改善环境

第二十八条　地方各级人民政府应当根据环境保护目标和治理任务，采取有效措施，改善环境质量。

未达到国家环境质量标准的重点区域、流域的有关地方人民政府，应当制定限期达标规划，并采取措施按期达标。

第二十九条　国家在重点生态功能区、生态环境敏感区和脆弱区等区域划定生态保护红线，实行严格保护。

各级人民政府对具有代表性的各种类型的自然生态系统区域，珍稀、濒危的野生动植物自然分布区域，重要的水源涵养区域，具有重大科学文化价值的地质构造、著名溶洞和化石分布区、冰川、火山、温泉等自然遗迹，以及人文遗迹、古树名木，应当采取措施予以保护，严禁破坏。

第三十条　开发利用自然资源，应当合理开发，保护生物多样性，保障生态安全，依法制定有关生态保护和恢复治理方案并予以实施。

引进外来物种以及研究、开发和利用生物技术，应当采取措施，防止对生物多样性的破坏。

第三十一条　国家建立、健全生态保护补偿制度。

国家加大对生态保护地区的财政转移支付力度。有关地方人民政府应当落实生态保护补偿资金，确保其用于生态保护补偿。

国家指导受益地区和生态保护地区人民政府通过协商或者按照市场规则进行生态保护补偿。

第三十二条　国家加强对大气、水、土壤等的保护，建立和完善相应的调查、监测、评估和修复制度。

第三十三条　各级人民政府应当加强对农业环境的保护，促进农业环境保护新技术的使用，加强对农业污染源的监测预警，统筹有关部门采取措施，防治土壤污染和土地沙化、盐渍化、贫瘠化、石漠化、地面沉降以及防治植被破坏、水土流失、水体富营养化、水源枯竭、种源灭绝等生态失调现象，推广植物病虫害的综合防治。

县级、乡级人民政府应当提高农村环境保护公共服务水平，推动农村环境综合整治。

第三十四条　国务院和沿海地方各级人民政府应当加强对海洋环境的保护。向海洋排放污染物、倾倒废弃物，进行海岸工程和海洋工程建设，应当符合法律法规规定和有关标准，防止和减少对海洋环境的污染损害。

第三十五条　城乡建设应当结合当地自然环境的特点，保护植被、水域和自然景观，加强城市园林、绿地和风景名胜区的建设与管理。

第三十六条　国家鼓励和引导公民、法人和其他组织使用有利于保护环境的产品和再生产品，减少废弃物的产生。

国家机关和使用财政资金的其他组织应当优先采购和使用节能、节水、节材等有利于保护环境的产品、设备和设施。

第三十七条　地方各级人民政府应当采取措施，组织对生活废弃物的分类处置、回收利用。

第三十八条　公民应当遵守环境保护法律法规，配合实施环境保护措施，按照规定对生活废弃物进行分类放置，减少日常生活对环境造成的损害。

第三十九条　国家建立、健全环境与健康监测、调查和风险评估制度；鼓励和组织开展环境质量对公众健康影响的研究，采取措施预防和控制与环境污染有关的疾病。

第四章　防治污染和其他公害

第四十条　国家促进清洁生产和资源循环利用。

国务院有关部门和地方各级人民政府应当采取措施，推广清洁能源的生产和使用。

企业应当优先使用清洁能源，采用资源利用率高、污染物排放量少的工艺、设备以及废弃物综合利用技术和污染物无害化处理技术，减少污染物的产生。

第四十一条　建设项目中防治污染的设施，应当与主体工程同时设计、同时施工、同时投产使用。防治污染的设施应当符合经批准的环境影响评价文件的要求，不得擅自拆除或者闲置。

第四十二条　排放污染物的企业事业单位和其他生产经营者，应当采取措施，防治在生产建设或者其他活动中产生的废气、废水、废渣、医疗废物、粉尘、恶臭气体、放射性物质以及噪声、振动、光辐射、电磁辐射等对环境的污染和危害。

排放污染物的企业事业单位，应当建立环境保护责任制度，明确单位负责人和相关人员的责任。

重点排污单位应当按照国家有关规定和监测规范安装使用监测设备，保证监测设备正常运行，保存原始监测记录。

严禁通过暗管、渗井、渗坑、灌注或者篡改、伪造监测数据，或者不正常运行防治污染设施等逃避监管的方式违法排放污染物。

第四十三条　排放污染物的企业事业单位和其他生产经营者，应当按照国家有关规定缴纳排污费。排污费应当全部专项用于环境污染防治，任何单位和个人不得截留、挤占或者挪作他用。

依照法律规定征收环境保护税的，不再征收排污费。

第四十四条　国家实行重点污染物排放总量控制制度。重点污染物排放总量控制指标由国务院下达，省、自治区、直辖市人民政府分解落实。企业事业单位在执行国家和地方污染物排放标准的同时，应当遵守分解落实到本单位的重点污染物排放总量控制指标。

对超过国家重点污染物排放总量控制指标或者未完成国家确定的环境质量目标的地区，省级以上人民政府环境保护主管部门应当暂停审批其新增重点污染物排放总量的建设项目环境影响评价文件。

第四十五条　国家依照法律规定实行排污许可管理制度。

实行排污许可管理的企业事业单位和其他生产经营者应当按照排污许可证的要求排放污染物；未取得排污许可证的，不得排放污染物。

第四十六条　国家对严重污染环境的工艺、设备和产品实行淘汰制度。任何单位和个人不得生产、销售或者转移、使用严重污染环境的工艺、设备和产品。

禁止引进不符合我国环境保护规定的技术、设备、材料和产品。

第四十七条　各级人民政府及其有关部门和企业事业单位，应当依照《中华人民共和国突发事件应对法》的规定，做好突发环境事件的风险控制、应急准备、应急处置和事后恢复等工作。

县级以上人民政府应当建立环境污染公共监测预警机制，组织制定预警方案；环境受到污染，可能影响公众健康和环境安全时，依法及时公布预警信息，启动应急措施。

企业事业单位应当按照国家有关规定制定突发环境事件应急预案，报环境保护主管部门和有关部门备案。在发生或者可能发生突发环境事件时，企业事业单位应当立即采取措施处理，及时通报可能受到危害的单位和居民，并向环境保护主管部门和有关部门报告。

突发环境事件应急处置工作结束后，有关人民政府应当立即组织评估事件造成的环境影响和损失，并及时将评估结果向社会公布。

第四十八条　生产、储存、运输、销售、使用、处置化学物品和含有放射性物质的物品，应当遵守国家有关规定，防止污染环境。

第四十九条　各级人民政府及其农业等有关部门和机构应当指导农业生产经营者科学种植和养殖，科学合理施用农药、化肥等农业投入品，科学处置农用薄膜、农作物秸秆等农业废弃物，防止农业面源污染。

禁止将不符合农用标准和环境保护标准的固体废物、废水施入农田。施用农药、化肥等农业投入品及进行灌溉，应当采取措施，防止重金属和其他有毒有害物质污染环境。

畜禽养殖场、养殖小区、定点屠宰企业等的选址、建设和管理应当符合有关法律法规规定。从事畜禽养殖和屠宰的单位和个人应采取措施，对畜禽粪便、尸体和污水等废弃物进行科学处置，防止污染环境。

县级人民政府负责组织农村生活废弃物的处置工作。

第五十条　各级人民政府应当在财政预算中安排资金，支持农村饮用水水源地保护、生活污水和其他废弃物处理、畜禽养殖和屠宰污染防治、土壤污染防治和农村工矿污染治理等环境保护工作。

第五十一条　各级人民政府应当统筹城乡建设污水处理设施及配套管网，固体废物的收集、运输和处置等环境卫生设施，危险废物集中处置设施、场所以及其他环境保护公共设施，并保障其正常运行。

第五十二条　国家鼓励投保环境污染责任保险。

第五章　信息公开和公众参与

第五十三条　公民、法人和其他组织依法享有获取环境信息、参与和监督环境保护的权利。

各级人民政府环境保护主管部门和其他负有环境保护监督管理职责的部门，应当依法公开环境信息、完善公众参与程序，为公民、法人和其他组织参与和监督环境保护提供便利。

第五十四条　国务院环境保护主管部门统一发布国家环境质量、重点污染源监测信息及其他重大环境信息。省级以上人民政府环境保护主管部门定期发布环境状况公报。

县级以上人民政府环境保护主管部门和其他负有环境保护监督管理职责的部门，应当依法公开环境质量、环境监测、突发环境事件以及环境行政许可、行政处罚、排污费的征收和使用情况等信息。

县级以上地方人民政府环境保护主管部门和其他负有环境保护监督管理职责的部门，应当将企业事业单位和其他生产经营者的环境违法信息记入社会诚信档案，及时向社会公布违法者名单。

第五十五条　重点排污单位应当如实向社会公开其主要污染物的名称、排放方式、排放浓度和总量、超标排放情况，以及防治污染设施的建设和运行情况，接受社会监督。

第五十六条 对依法应当编制环境影响报告书的建设项目，建设单位应当在编制时向可能受影响的公众说明情况，充分征求意见。

负责审批建设项目环境影响评价文件的部门在收到建设项目环境影响报告书后，除涉及国家秘密和商业秘密的事项外，应当全文公开；发现建设项目未充分征求公众意见的，应当责成建设单位征求公众意见。

第五十七条 公民、法人和其他组织发现任何单位和个人有污染环境和破坏生态行为的，有权向环境保护主管部门或者其他负有环境保护监督管理职责的部门举报。

公民、法人和其他组织发现地方各级人民政府、县级以上人民政府环境保护主管部门和其他负有环境保护监督管理职责的部门不依法履行职责的，有权向其上级机关或者监察机关举报。

接受举报的机关应当对举报人的相关信息予以保密，保护举报人的合法权益。

第五十八条 对污染环境、破坏生态，损害社会公共利益的行为，符合下列条件的社会组织可以向人民法院提起诉讼：

（一）依法在设区的市级以上人民政府民政部门登记；

（二）专门从事环境保护公益活动连续五年以上且无违法记录。

符合前款规定的社会组织向人民法院提起诉讼，人民法院应当依法受理。

提起诉讼的社会组织不得通过诉讼牟取经济利益。

第六章　法律责任

第五十九条 企业事业单位和其他生产经营者违法排放污染物，受到罚款处罚，被责令改正，拒不改正的，依法作出处罚决定的行政机关可以自责令改正之日的次日起，按照原处罚数额按日连续处罚。

前款规定的罚款处罚，依照有关法律法规按照防治污染设施的运行成本、违法行为造成的直接损失或者违法所得等因素确定的规定执行。

地方性法规可以根据环境保护的实际需要，增加第一款规定的按日连续处罚的违法行为的种类。

第六十条 企业事业单位和其他生产经营者超过污染物排放标准或者超过重点污染物排放总量控制指标排放污染物的，县级以上人民政府环境保护主管部门可以责令其采取限制生产、停产整治等措施；情节严重的，报经有批准权的人民政府批准，责令停业、关闭。

第六十一条 建设单位未依法提交建设项目环境影响评价文件或者环境影响评价文件未经批准，擅自开工建设的，由负有环境保护监督管理职责的部门责令停止建设，处以罚款，并可以责令恢复原状。

第六十二条 违反本法规定，重点排污单位不公开或者不如实公开环境信息的，由县级以上地方人民政府环境保护主管部门责令公开，处以罚款，并予以公告。

第六十三条 企业事业单位和其他生产经营者有下列行为之一，尚不构成犯罪的，除依照有关法律法规规定予以处罚外，由县级以上人民政府环境保护主管部门或者其他有关部门将案件移送公安机关，对其直接负责的主管人员和其他直接责任人员，处十日以上十五日以下拘留；情节较轻的，处五日以上十日以下拘留：

（一）建设项目未依法进行环境影响评价，被责令停止建设，拒不执行的；

（二）违反法律规定，未取得排污许可证排放污染物，被责令停止排污，拒不执行的；

（三）通过暗管、渗井、渗坑、灌注或者篡改、伪造监测数据，或者不正常运行防治污染设施等逃避监管的方式违法排放污染物的；

（四）生产、使用国家明令禁止生产、使用的农药，被责令改正，拒不改正的。

第六十四条　因污染环境和破坏生态造成损害的，应当依照《中华人民共和国侵权责任法》的有关规定承担侵权责任。

第六十五条　环境影响评价机构、环境监测机构以及从事环境监测设备和防治污染设施维护、运营的机构，在有关环境服务活动中弄虚作假，对造成的环境污染和生态破坏负有责任的，除依照有关法律法规规定予以处罚外，还应当与造成环境污染和生态破坏的其他责任者承担连带责任。

第六十六条　提起环境损害赔偿诉讼的时效期间为三年，从当事人知道或者应当知道其受到损害时起计算。

第六十七条　上级人民政府及其环境保护主管部门应当加强对下级人民政府及其有关部门环境保护工作的监督。发现有关工作人员有违法行为，依法应当给予处分的，应当向其任免机关或者监察机关提出处分建议。

依法应当给予行政处罚，而有关环境保护主管部门不给予行政处罚的，上级人民政府环境保护主管部门可以直接作出行政处罚的决定。

第六十八条　地方各级人民政府、县级以上人民政府环境保护主管部门和其他负有环境保护监督管理职责的部门有下列行为之一的，对直接负责的主管人员和其他直接责任人员给予记过、记大过或者降级处分；造成严重后果的，给予撤职或者开除处分，其主要负责人应当引咎辞职：

（一）不符合行政许可条件准予行政许可的；

（二）对环境违法行为进行包庇的；

（三）依法应当作出责令停业、关闭的决定而未作出的；

（四）对超标排放污染物、采用逃避监管的方式排放污染物、造成环境事故以及不落实生态保护措施造成生态破坏等行为，发现或者接到举报未及时查处的；

（五）违反本法规定，查封、扣押企业事业单位和其他生产经营者的设施、设备的；

（六）篡改、伪造或者指使篡改、伪造监测数据的；

（七）应当依法公开环境信息而未公开的；

（八）将征收的排污费截留、挤占或者挪作他用的；

（九）法律法规规定的其他违法行为。

第六十九条　违反本法规定，构成犯罪的，依法追究刑事责任。

第七章　附　则

第七十条　本法自 2015 年 1 月 1 日起施行。

七、《中华人民共和国水污染防治法》

中华人民共和国主席令
第 八十七 号

《中华人民共和国水污染防治法》已由中华人民共和国第十届全国人民代表大会常务委员会第三十二次会议于 2008 年 2 月 28 日修订通过，现将修订后的《中华人民共和国水污染防治法》公布，自 2008 年 6 月 1 日起施行。

中华人民共和国主席　胡锦涛

2008 年 2 月 28 日

中华人民共和国水污染防治法

（1984 年 5 月 11 日第六届全国人民代表大会常务委员会第五次会议通过　根据 1996 年 5 月 15 日第八届全国人民代表大会常务委员会第十九次会议《关于修改〈中华人民共和国水污染防治法〉的决定》修正　2008 年 2 月 28 日第十届全国人民代表大会常务委员会第三十二次会议修订）

第一章　总　则

第一条　为了防治水污染，保护和改善环境，保障饮用水安全，促进经济社会全面协调可持续发展，制定本法。

第二条　本法适用于中华人民共和国领域内的江河、湖泊、运河、渠道、水库等地表水体以及地下水体的污染防治。

海洋污染防治适用《中华人民共和国海洋环境保护法》。

第三条　水污染防治应当坚持预防为主、防治结合、综合治理的原则，优先保护饮用水水源，严格控制工业污染、城镇生活污染，防治农业面源污染，积极推进生态治理工程建设，预防、控制和减少水环境污染和生态破坏。

第四条　县级以上人民政府应当将水环境保护工作纳入国民经济和社会发展规划。

县级以上地方人民政府应当采取防治水污染的对策和措施，对本行政区域的水环境质量负责。

第五条　国家实行水环境保护目标责任制和考核评价制度，将水环境保护目标完成情况作为对地方人民政府及其负责人考核评价的内容。

第六条　国家鼓励、支持水污染防治的科学技术研究和先进适用技术的推广应用，加强水环境保护的宣传教育。

第七条　国家通过财政转移支付等方式，建立健全对位于饮用水水源保护区区域和江河、湖泊、水库上游地区的水环境生态保护补偿机制。

第八条　县级以上人民政府环境保护主管部门对水污染防治实施统一监督管理。

交通主管部门的海事管理机构对船舶污染水域的防治实施监督管理。

县级以上人民政府水行政、国土资源、卫生、建设、农业、渔业等部门以及重要江河、湖泊的流域水资源保护机构，在各自的职责范围内，对有关水污染防治实施监督管理。

第九条　排放水污染物，不得超过国家或者地方规定的水污染物排放标准和重点水污染物排放总量控制指标。

第十条　任何单位和个人都有义务保护水环境，并有权对污染损害水环境的行为进行检举。

县级以上人民政府及其有关主管部门对在水污染防治工作中做出显著成绩的单位和个人给予表彰和奖励。

第二章　水污染防治的标准和规划

第十一条　国务院环境保护主管部门制定国家水环境质量标准。

省、自治区、直辖市人民政府可以对国家水环境质量标准中未作规定的项目，制定地方标准，并报国务院环境保护主管部门备案。

第十二条　国务院环境保护主管部门会同国务院水行政主管部门和有关省、自治区、直辖市人民政府，可以根据国家确定的重要江河、湖泊流域水体的使用功能以及有关地区的经济、技术条件，确定该重要江河、湖泊流域的省界水体适用的水环境质量标准，报国务院批准后施行。

第十三条　国务院环境保护主管部门根据国家水环境质量标准和国家经济、技术条件，制定国家水污染物排放标准。

省、自治区、直辖市人民政府对国家水污染物排放标准中未作规定的项目，可以制定地方水污染物排放标准；对国家水污染物排放标准中已作规定的项目，可以制定严于国家水污染物排放标准的地方水污染物排放标准。地方水污染物排放标准须报国务院环境保护主管部门备案。

向已有地方水污染物排放标准的水体排放污染物的，应当执行地方水污染物排放标准。

第十四条　国务院环境保护主管部门和省、自治区、直辖市人民政府，应当根据水污染防治的要求和国家或者地方的经济、技术条件，适时修订水环境质量标准和水污染物排放标准。

第十五条　防治水污染应当按流域或者按区域进行统一规划。国家确定的重要江河、湖泊的流域水污染防治规划，由国务院环境保护主管部门会同国务院经济综合宏观调控、水行政等部门和有关省、自治区、直辖市人民政府编制，报国务院批准。

前款规定外的其他跨省、自治区、直辖市江河、湖泊的流域水污染防治规划，根据国家确定的重要江河、湖泊的流域水污染防治规划和本地实际情况，由有关省、自治区、直辖市人民政府环境保护主管部门会同同级水行政等部门和有关市、县人民政府编制，经有关省、自治区、直辖市人民政府审核，报国务院批准。

省、自治区、直辖市内跨县江河、湖泊的流域水污染防治规划，根据国家确定的重要江河、湖泊的流域水污染防治规划和本地实际情况，由省、自治区、直辖市人民政府环境保护主管部门会同同级水行政等部门编制，报省、自治区、直辖市人民政府批准，并报国务院备案。

经批准的水污染防治规划是防治水污染的基本依据，规划的修订须经原批准机关批准。

县级以上地方人民政府应当根据依法批准的江河、湖泊的流域水污染防治规划，组织制定本行政区域的水污染防治规划。

第十六条　国务院有关部门和县级以上地方人民政府开发、利用和调节、调度水资源时，应当统筹兼顾，维持江河的合理流量和湖泊、水库以及地下水体的合理水位，维护水体的生态功能。

第三章　水污染防治的监督管理

第十七条　新建、改建、扩建直接或者间接向水体排放污染物的建设项目和其他水上设施，应当依法进行环境影响评价。

建设单位在江河、湖泊新建、改建、扩建排污口的，应当取得水行政主管部门或者流域管理机构同意；涉及通航、渔业水域的，环境保护主管部门在审批环境影响评价文件时，应当征求交通、渔业主管部门的意见。

建设项目的水污染防治设施，应当与主体工程同时设计、同时施工、同时投入使用。水污染防治设施应当经过环境保护主管部门验收，验收不合格的，该建设项目不得投入生产或者使用。

第十八条　国家对重点水污染物排放实施总量控制制度。

省、自治区、直辖市人民政府应当按照国务院的规定削减和控制本行政区域的重点水污染物排放总量，并将重点水污染物排放总量控制指标分解落实到市、县人民政府。市、县人民政府根据本行政区域重点水污染物排放总量控制指标的要求，将重点水污染物排放总量控制指标分解落实到排污单位。具体办法和实施步骤由国务院规定。

省、自治区、直辖市人民政府可以根据本行政区域水环境质量状况和水污染防治工作的需要，确定本行政区域实施总量削减和控制的重点水污染物。

对超过重点水污染物排放总量控制指标的地区，有关人民政府环境保护主管部门应当暂停审批新增重点水污染物排放总量的建设项目的环境影响评价文件。

第十九条　国务院环境保护主管部门对未按照要求完成重点水污染物排放总量控制指标的省、自治区、直辖市予以公布。省、自治区、直辖市人民政府环境保护主管部门对未按照要求完成重点水污染物排放总量控制指标的市、县予以公布。

县级以上人民政府环境保护主管部门对违反本法规定、严重污染水环境的企业予以公布。

第二十条　国家实行排污许可制度。

直接或者间接向水体排放工业废水和医疗污水以及其他按照规定应当取得排污许可证方可排放的废水、污水的企业事业单位，应当取得排污许可证；城镇污水集中处理设施的运营单位，也应当取得排污许可证。排污许可的具体办法和实施步骤由国务院规定。

禁止企业事业单位无排污许可证或者违反排污许可证的规定向水体排放前款规定的废水、污水。

第二十一条　直接或者间接向水体排放污染物的企业事业单位和个体工商户，应当按照国务院环境保护主管部门的规定，向县级以上地方人民政府环境保护主管部门申报登记拥有的水污染物排放设施、处理设施和在正常作业条件下排放水污染物的种类、数量和浓度，并提供防治水污染方面的有关技术资料。

企业事业单位和个体工商户排放水污染物的种类、数量和浓度有重大改变的，应当及时申报登记；其水污染物处理设施应当保持正常使用；拆除或者闲置水污染物处理设施的，应当事先报县级以上地方人民政府环境保护主管部门批准。

第二十二条 向水体排放污染物的企业事业单位和个体工商户，应当按照法律、行政法规和国务院环境保护主管部门的规定设置排污口；在江河、湖泊设置排污口的，还应当遵守国务院水行政主管部门的规定。

禁止私设暗管或者采取其他规避监管的方式排放水污染物。

第二十三条 重点排污单位应当安装水污染物排放自动监测设备，与环境保护主管部门的监控设备联网，并保证监测设备正常运行。排放工业废水的企业，应当对其所排放的工业废水进行监测，并保存原始监测记录。具体办法由国务院环境保护主管部门规定。

应当安装水污染物排放自动监测设备的重点排污单位名录，由设区的市级以上地方人民政府环境保护主管部门根据本行政区域的环境容量、重点水污染物排放总量控制指标的要求以及排污单位排放水污染物的种类、数量和浓度等因素，商同级有关部门确定。

第二十四条 直接向水体排放污染物的企业事业单位和个体工商户，应当按照排放水污染物的种类、数量和排污费征收标准缴纳排污费。

排污费应当用于污染的防治，不得挪作他用。

第二十五条 国家建立水环境质量监测和水污染物排放监测制度。国务院环境保护主管部门负责制定水环境监测规范，统一发布国家水环境状况信息，会同国务院水行政等部门组织监测网络。

第二十六条 国家确定的重要江河、湖泊流域的水资源保护工作机构负责监测其所在流域的省界水体的水环境质量状况，并将监测结果及时报国务院环境保护主管部门和国务院水行政主管部门；有经国务院批准成立的流域水资源保护领导机构的，应当将监测结果及时报告流域水资源保护领导机构。

第二十七条 环境保护主管部门和其他依照本法规定行使监督管理权的部门，有权对管辖范围内的排污单位进行现场检查，被检查的单位应当如实反映情况，提供必要的资料。检查机关有义务为被检查的单位保守在检查中获取的商业秘密。

第二十八条 跨行政区域的水污染纠纷，由有关地方人民政府协商解决，或者由其共同的上级人民政府协调解决。

第四章 水污染防治措施

第一节 一般规定

第二十九条 禁止向水体排放油类、酸液、碱液或者剧毒废液。

禁止在水体清洗装贮过油类或者有毒污染物的车辆和容器。

第三十条 禁止向水体排放、倾倒放射性固体废物或者含有高放射性和中放射性物质的废水。

向水体排放含低放射性物质的废水，应当符合国家有关放射性污染防治的规定和标准。

第三十一条 向水体排放含热废水，应当采取措施，保证水体的水温符合水环境质量标准。

第三十二条 含病原体的污水应当经过消毒处理；符合国家有关标准后，方可排放。

第三十三条 禁止向水体排放、倾倒工业废渣、城镇垃圾和其他废弃物。

禁止将含有汞、镉、砷、铬、铅、氰化物、黄磷等的可溶性剧毒废渣向水体排放、倾倒或者直接埋入地下。

存放可溶性剧毒废渣的场所，应当采取防水、防渗漏、防流失的措施。

第三十四条　禁止在江河、湖泊、运河、渠道、水库最高水位线以下的滩地和岸坡堆放、存贮固体废弃物和其他污染物。

第三十五条　禁止利用渗井、渗坑、裂隙和溶洞排放、倾倒含有毒污染物的废水、含病原体的污水和其他废弃物。

第三十六条　禁止利用无防渗漏措施的沟渠、坑塘等输送或者存贮含有毒污染物的废水、含病原体的污水和其他废弃物。

第三十七条　多层地下水的含水层水质差异大的，应当分层开采；对已受污染的潜水和承压水，不得混合开采。

第三十八条　兴建地下工程设施或者进行地下勘探、采矿等活动，应当采取防护性措施，防止地下水污染。

第三十九条　人工回灌补给地下水，不得恶化地下水质。

第二节　工业水污染防治

第四十条　国务院有关部门和县级以上地方人民政府应当合理规划工业布局，要求造成水污染的企业进行技术改造，采取综合防治措施，提高水的重复利用率，减少废水和污染物排放量。

第四十一条　国家对严重污染水环境的落后工艺和设备实行淘汰制度。

国务院经济综合宏观调控部门会同国务院有关部门，公布限期禁止采用的严重污染水环境的工艺名录和限期禁止生产、销售、进口、使用的严重污染水环境的设备名录。

生产者、销售者、进口者或者使用者应当在规定的期限内停止生产、销售、进口或者使用列入前款规定的设备名录中的设备。工艺的采用者应当在规定的期限内停止采用列入前款规定的工艺名录中的工艺。

依照本条第二款、第三款规定被淘汰的设备，不得转让给他人使用。

第四十二条　国家禁止新建不符合国家产业政策的小型造纸、制革、印染、染料、炼焦、炼硫、炼砷、炼汞、炼油、电镀、农药、石棉、水泥、玻璃、钢铁、火电以及其他严重污染水环境的生产项目。

第四十三条　企业应当采用原材料利用效率高、污染物排放量少的清洁工艺，并加强管理，减少水污染物的产生。

第三节　城镇水污染防治

第四十四条　城镇污水应当集中处理。

县级以上地方人民政府应当通过财政预算和其他渠道筹集资金，统筹安排建设城镇污水集中处理设施及配套管网，提高本行政区域城镇污水的收集率和处理率。

国务院建设主管部门应当会同国务院经济综合宏观调控、环境保护主管部门，根据城乡规划和水污染防治规划，组织编制全国城镇污水处理设施建设规划。县级以上地方人民政府组织建设、经济综合宏观调控、环境保护、水行政等部门编制本行政区域的城镇污水处理设施建设规划。县级以上地方人民政府建设主管部门应当按照城镇污水处理设施建设规划，组织建设城镇污水集中处理设施及配套管网，并加强对城镇污水集中处理设施运营的监督管理。

城镇污水集中处理设施的运营单位按照国家规定向排污者提供污水处理的有偿服务，收取污水处理费用，保证污水集中处理设施的正常运行。向城镇污水集中处理设施排放污水、缴纳污水处理费用的，不再缴纳排污费。收取的污水处理费用应当用于城镇污水集中处理设施的建设和运行，不得挪作他用。

城镇污水集中处理设施的污水处理收费、管理以及使用的具体办法，由国务院规定。

第四十五条　向城镇污水集中处理设施排放水污染物，应当符合国家或者地方规定的水污染物排放标准。

城镇污水集中处理设施的出水水质达到国家或者地方规定的水污染物排放标准的，可以按照国家有关规定免缴排污费。

城镇污水集中处理设施的运营单位，应当对城镇污水集中处理设施的出水水质负责。

环境保护主管部门应当对城镇污水集中处理设施的出水水质和水量进行监督检查。

第四十六条　建设生活垃圾填埋场，应当采取防渗漏等措施，防止造成水污染。

第四节　农业和农村水污染防治

第四十七条　使用农药，应当符合国家有关农药安全使用的规定和标准。

运输、存贮农药和处置过期失效农药，应当加强管理，防止造成水污染。

第四十八条　县级以上地方人民政府农业主管部门和其他有关部门，应当采取措施，指导农业生产者科学、合理地施用化肥和农药，控制化肥和农药的过量使用，防止造成水污染。

第四十九条　国家支持畜禽养殖场、养殖小区建设畜禽粪便、废水的综合利用或者无害化处理设施。

畜禽养殖场、养殖小区应当保证其畜禽粪便、废水的综合利用或者无害化处理设施正常运转，保证污水达标排放，防止污染水环境。

第五十条　从事水产养殖应当保护水域生态环境，科学确定养殖密度，合理投饵和使用药物，防止污染水环境。

第五十一条　向农田灌溉渠道排放工业废水和城镇污水，应当保证其下游最近的灌溉取水点的水质符合农田灌溉水质标准。

利用工业废水和城镇污水进行灌溉，应当防止污染土壤、地下水和农产品。

第五节　船舶水污染防治

第五十二条　船舶排放含油污水、生活污水，应当符合船舶污染物排放标准。从事海洋航运的船舶进入内河和港口的，应当遵守内河的船舶污染物排放标准。

船舶的残油、废油应当回收，禁止排入水体。

禁止向水体倾倒船舶垃圾。

船舶装载运输油类或者有毒货物，应当采取防止溢流和渗漏的措施，防止货物落水造成水污染。

第五十三条　船舶应当按照国家有关规定配置相应的防污设备和器材，并持有合法有效的防止水域环境污染的证书与文书。

船舶进行涉及污染物排放的作业，应当严格遵守操作规程，并在相应的记录簿上如实记载。

第五十四条　港口、码头、装卸站和船舶修造厂应当备有足够的船舶污染物、废弃物的接收设施。从事船舶污染物、废弃物接收作业，或者从事装载油类、污染危害性货物船舱清洗作业的单位，应当具备与其运营规模相适应的接收处理能力。

第五十五条　船舶进行下列活动，应当编制作业方案，采取有效的安全和防污染措施，并报作业地海事管理机构批准：

（一）进行残油、含油污水、污染危害性货物残留物的接收作业，或者进行装载油类、污染危害性货物船舱的清洗作业；

（二）进行散装液体污染危害性货物的过驳作业；

（三）进行船舶水上拆解、打捞或者其他水上、水下船舶施工作业。

在渔港水域进行渔业船舶水上拆解活动，应当报作业地渔业主管部门批准。

第五章　饮用水水源和其他特殊水体保护

第五十六条　国家建立饮用水水源保护区制度。饮用水水源保护区分为一级保护区和二级保护区；必要时，可以在饮用水水源保护区外围划定一定的区域作为准保护区。

饮用水水源保护区的划定，由有关市、县人民政府提出划定方案，报省、自治区、直辖市人民政府批准；跨市、县饮用水水源保护区的划定，由有关市、县人民政府协商提出划定方案，报省、自治区、直辖市人民政府批准；协商不成的，由省、自治区、直辖市人民政府环境保护主管部门会同同级水行政、国土资源、卫生、建设等部门提出划定方案，征求同级有关部门的意见后，报省、自治区、直辖市人民政府批准。

跨省、自治区、直辖市的饮用水水源保护区，由有关省、自治区、直辖市人民政府商有关流域管理机构划定；协商不成的，由国务院环境保护主管部门会同同级水行政、国土资源、卫生、建设等部门提出划定方案，征求国务院有关部门的意见后，报国务院批准。

国务院和省、自治区、直辖市人民政府可以根据保护饮用水水源的实际需要，调整饮用水水源保护区的范围，确保饮用水安全。有关地方人民政府应当在饮用水水源保护区的边界设立明确的地理界标和明显的警示标志。

第五十七条　在饮用水水源保护区内，禁止设置排污口。

第五十八条　禁止在饮用水水源一级保护区内新建、改建、扩建与供水设施和保护水源无关的建设项目；已建成的与供水设施和保护水源无关的建设项目，由县级以上人民政府责令拆除或者关闭。

禁止在饮用水水源一级保护区内从事网箱养殖、旅游、游泳、垂钓或者其他可能污染饮用水水体的活动。

第五十九条　禁止在饮用水水源二级保护区内新建、改建、扩建排放污染物的建设项目；已建成的排放污染物的建设项目，由县级以上人民政府责令拆除或者关闭。

在饮用水水源二级保护区内从事网箱养殖、旅游等活动的，应当按照规定采取措施，防止污染饮用水水体。

第六十条　禁止在饮用水水源准保护区内新建、扩建对水体污染严重的建设项目；改建建设项目，不得增加排污量。

第六十一条　县级以上地方人民政府应当根据保护饮用水水源的实际需要，在准保护区内采取工程措施或者建造湿地、水源涵养林等生态保护措施，防止水污染物直接排入饮用水水体，确保饮用水安全。

第六十二条　饮用水水源受到污染可能威胁供水安全的，环境保护主管部门应当责令有关企业事业单位采取停止或者减少排放水污染物等措施。

第六十三条　国务院和省、自治区、直辖市人民政府根据水环境保护的需要，可以规定在饮用水水源保护区内，采取禁止或者限制使用含磷洗涤剂、化肥、农药以及限制种植养殖等措施。

第六十四条　县级以上人民政府可以对风景名胜区水体、重要渔业水体和其他具有特殊经济文化价值的水体划定保护区，并采取措施，保证保护区的水质符合规定用途的水环境质量标准。

第六十五条　在风景名胜区水体、重要渔业水体和其他具有特殊经济文化价值的水体的保护区内，不得新建排污口。在保护区附近新建排污口，应当保证保护区水体不受污染。

第六章　水污染事故处置

第六十六条　各级人民政府及其有关部门，可能发生水污染事故的企业事业单位，应当依照《中华人民共和国突发事件应对法》的规定，做好突发水污染事故的应急准备、应急处置和事后恢复等工作。

第六十七条　可能发生水污染事故的企业事业单位，应当制定有关水污染事故的应急方案，做好应急准备，并定期进行演练。

生产、储存危险化学品的企业事业单位，应当采取措施，防止在处理安全生产事故过程中产生的可能严重污染水体的消防废水、废液直接排入水体。

第六十八条　企业事业单位发生事故或者其他突发性事件，造成或者可能造成水污染事故的，应当立即启动本单位的应急方案，采取应急措施，并向事故发生地的县级以上地方人民政府或者环境保护主管部门报告。环境保护主管部门接到报告后，应当及时向本级人民政府报告，并抄送有关部门。

造成渔业污染事故或者渔业船舶造成水污染事故的，应当向事故发生地的渔业主管部门报告，接受调查处理。其他船舶造成水污染事故的，应当向事故发生地的海事管理机构报告，接受调查处理；给渔业造成损害的，海事管理机构应当通知渔业主管部门参与调查处理。

第七章　法律责任

第六十九条　环境保护主管部门或者其他依照本法规定行使监督管理权的部门，不依法作出行政许可或者办理批准文件的，发现违法行为或者接到对违法行为的举报后不予查处的，或者有其他未依照本法规定履行职责的行为的，对直接负责的主管人员和其他直接责任人员依法给予处分。

第七十条　拒绝环境保护主管部门或者其他依照本法规定行使监督管理权的部门的监督检查，或者在接受监督检查时弄虚作假的，由县级以上人民政府环境保护主管部门或者其他依照本法规定行使监督管理权的部门责令改正，处一万元以上十万元以下的罚款。

第七十一条　违反本法规定，建设项目的水污染防治设施未建成、未经验收或者验收不合格，主体工程即投入生产或者使用的，由县级以上人民政府环境保护主管部门责令停止生产或者使用，直至验收合格，处五万元以上五十万元以下的罚款。

第七十二条　违反本法规定，有下列行为之一的，由县级以上人民政府环境保护主管部门责令限期改正；逾期不改正的，处一万元以上十万元以下的罚款：

（一）拒报或者谎报国务院环境保护主管部门规定的有关水污染物排放申报登记事项的；

（二）未按照规定安装水污染物排放自动监测设备或者未按照规定与环境保护主管部门

的监控设备联网，并保证监测设备正常运行的；

（三）未按照规定对所排放的工业废水进行监测并保存原始监测记录的。

第七十三条 违反本法规定，不正常使用水污染物处理设施，或者未经环境保护主管部门批准拆除、闲置水污染物处理设施的，由县级以上人民政府环境保护主管部门责令限期改正，处应缴纳排污费数额一倍以上三倍以下的罚款。

第七十四条 违反本法规定，排放水污染物超过国家或者地方规定的水污染物排放标准，或者超过重点水污染物排放总量控制指标的，由县级以上人民政府环境保护主管部门按照权限责令限期治理，处应缴纳排污费数额二倍以上五倍以下的罚款。

限期治理期间，由环境保护主管部门责令限制生产、限制排放或者停产整治。限期治理的期限最长不超过一年；逾期未完成治理任务的，报经有批准权的人民政府批准，责令关闭。

第七十五条 在饮用水水源保护区内设置排污口的，由县级以上地方人民政府责令限期拆除，处十万元以上五十万元以下的罚款；逾期不拆除的，强制拆除，所需费用由违法者承担，处五十万元以上一百万元以下的罚款，并可以责令停产整顿。

除前款规定外，违反法律、行政法规和国务院环境保护主管部门的规定设置排污口或者私设暗管的，由县级以上地方人民政府环境保护主管部门责令限期拆除，处二万元以上十万元以下的罚款；逾期不拆除的，强制拆除，所需费用由违法者承担，处十万元以上五十万元以下的罚款；私设暗管或者有其他严重情节的，县级以上地方人民政府环境保护主管部门可以提请县级以上地方人民政府责令停产整顿。

未经水行政主管部门或者流域管理机构同意，在江河、湖泊新建、改建、扩建排污口的，由县级以上人民政府水行政主管部门或者流域管理机构依据职权，依照前款规定采取措施、给予处罚。

第七十六条 有下列行为之一的，由县级以上地方人民政府环境保护主管部门责令停止违法行为，限期采取治理措施，消除污染，处以罚款；逾期不采取治理措施的，环境保护主管部门可以指定有治理能力的单位代为治理，所需费用由违法者承担：

（一）向水体排放油类、酸液、碱液的；

（二）向水体排放剧毒废液，或者将含有汞、镉、砷、铬、铅、氰化物、黄磷等的可溶性剧毒废渣向水体排放、倾倒或者直接埋入地下的；

（三）在水体清洗装贮过油类、有毒污染物的车辆或者容器的；

（四）向水体排放、倾倒工业废渣、城镇垃圾或者其他废弃物，或者在江河、湖泊、运河、渠道、水库最高水位线以下的滩地、岸坡堆放、存贮固体废弃物或者其他污染物的；

（五）向水体排放、倾倒放射性固体废物或者含有高放射性、中放射性物质的废水的；

（六）违反国家有关规定或者标准，向水体排放含低放射性物质的废水、热废水或者含病原体的污水的；

（七）利用渗井、渗坑、裂隙或者溶洞排放、倾倒含有毒污染物的废水、含病原体的污水或者其他废弃物的；

（八）利用无防渗漏措施的沟渠、坑塘等输送或者存贮含有毒污染物的废水、含病原体的污水或者其他废弃物的。

有前款第三项、第六项行为之一的，处一万元以上十万元以下的罚款；有前款第一项、第四项、第八项行为之一的，处二万元以上二十万元以下的罚款；有前款第二项、第五项、第七项行为之一的，处五万元以上五十万元以下的罚款。

第七十七条　违反本法规定，生产、销售、进口或者使用列入禁止生产、销售、进口、使用的严重污染水环境的设备名录中的设备，或者采用列入禁止采用的严重污染水环境的工艺名录中的工艺的，由县级以上人民政府经济综合宏观调控部门责令改正，处五万元以上二十万元以下的罚款；情节严重的，由县级以上人民政府经济综合宏观调控部门提出意见，报请本级人民政府责令停业、关闭。

第七十八条　违反本法规定，建设不符合国家产业政策的小型造纸、制革、印染、染料、炼焦、炼硫、炼砷、炼汞、炼油、电镀、农药、石棉、水泥、玻璃、钢铁、火电以及其他严重污染水环境的生产项目的，由所在地的市、县人民政府责令关闭。

第七十九条　船舶未配置相应的防污染设备和器材，或者未持有合法有效的防止水域环境污染的证书与文书的，由海事管理机构、渔业主管部门按照职责分工责令限期改正，处二千元以上二万元以下的罚款；逾期不改正的，责令船舶临时停航。

船舶进行涉及污染物排放的作业，未遵守操作规程或者未在相应的记录簿上如实记载的，由海事管理机构、渔业主管部门按照职责分工责令改正，处二千元以上二万元以下的罚款。

第八十条　违反本法规定，有下列行为之一的，由海事管理机构、渔业主管部门按照职责分工责令停止违法行为，处以罚款；造成水污染的，责令限期采取治理措施，消除污染；逾期不采取治理措施的，海事管理机构、渔业主管部门按照职责分工可以指定有治理能力的单位代为治理，所需费用由船舶承担：

（一）向水体倾倒船舶垃圾或者排放船舶的残油、废油的；

（二）未经作业地海事管理机构批准，船舶进行残油、含油污水、污染危害性货物残留物的接收作业，或者进行装载油类、污染危害性货物船舱的清洗作业，或者进行散装液体污染危害性货物的过驳作业的；

（三）未经作业地海事管理机构批准，进行船舶水上拆解、打捞或者其他水上、水下船舶施工作业的；

（四）未经作业地渔业主管部门批准，在渔港水域进行渔业船舶水上拆解的。

有前款第一项、第二项、第四项行为之一的，处五千元以上五万元以下的罚款；有前款第三项行为的，处一万元以上十万元以下的罚款。

第八十一条　有下列行为之一的，由县级以上地方人民政府环境保护主管部门责令停止违法行为，处十万元以上五十万元以下的罚款；并报经有批准权的人民政府批准，责令拆除或者关闭：

（一）在饮用水水源一级保护区内新建、改建、扩建与供水设施和保护水源无关的建设项目的；

（二）在饮用水水源二级保护区内新建、改建、扩建排放污染物的建设项目的；

（三）在饮用水水源准保护区内新建、扩建对水体污染严重的建设项目，或者改建建设项目增加排污量的。

在饮用水水源一级保护区内从事网箱养殖或者组织进行旅游、垂钓或者其他可能污染饮用水水体的活动的，由县级以上地方人民政府环境保护主管部门责令停止违法行为，处二万元以上十万元以下的罚款。个人在饮用水水源一级保护区内游泳、垂钓或者从事其他可能污染饮用水水体的活动的，由县级以上地方人民政府环境保护主管部门责令停止违法行为，可以处五百元以下的罚款。

第八十二条 企业事业单位有下列行为之一的，由县级以上人民政府环境保护主管部门责令改正；情节严重的，处二万元以上十万元以下的罚款：

（一）不按照规定制定水污染事故的应急方案的；

（二）水污染事故发生后，未及时启动水污染事故的应急方案，采取有关应急措施的。

第八十三条 企业事业单位违反本法规定，造成水污染事故的，由县级以上人民政府环境保护主管部门依照本条第二款的规定处以罚款，责令限期采取治理措施，消除污染；不按要求采取治理措施或者不具备治理能力的，由环境保护主管部门指定有治理能力的单位代为治理，所需费用由违法者承担；对造成重大或者特大水污染事故的，可以报经有批准权的人民政府批准，责令关闭；对直接负责的主管人员和其他直接责任人员可以处上一年度从本单位取得的收入百分之五十以下的罚款。

对造成一般或者较大水污染事故的，按照水污染事故造成的直接损失的百分之二十计算罚款；对造成重大或者特大水污染事故的，按照水污染事故造成的直接损失的百分之三十计算罚款。

造成渔业污染事故或者渔业船舶造成水污染事故的，由渔业主管部门进行处罚；其他船舶造成水污染事故的，由海事管理机构进行处罚。

第八十四条 当事人对行政处罚决定不服的，可以申请行政复议，也可以在收到通知之日起十五日内向人民法院起诉；期满不申请行政复议或者起诉，又不履行行政处罚决定的，由作出行政处罚决定的机关申请人民法院强制执行。

第八十五条 因水污染受到损害的当事人，有权要求排污方排除危害和赔偿损失。

由于不可抗力造成水污染损害的，排污方不承担赔偿责任；法律另有规定的除外。

水污染损害是由受害人故意造成的，排污方不承担赔偿责任。水污染损害是由受害人重大过失造成的，可以减轻排污方的赔偿责任。

水污染损害是由第三人造成的，排污方承担赔偿责任后，有权向第三人追偿。

第八十六条 因水污染引起的损害赔偿责任和赔偿金额的纠纷，可以根据当事人的请求，由环境保护主管部门或者海事管理机构、渔业主管部门按照职责分工调解处理；调解不成的，当事人可以向人民法院提起诉讼。当事人也可以直接向人民法院提起诉讼。

第八十七条 因水污染引起的损害赔偿诉讼，由排污方就法律规定的免责事由及其行为与损害结果之间不存在因果关系承担举证责任。

第八十八条 因水污染受到损害的当事人人数众多的，可以依法由当事人推选代表人进行共同诉讼。

环境保护主管部门和有关社会团体可以依法支持因水污染受到损害的当事人向人民法院提起诉讼。

国家鼓励法律服务机构和律师为水污染损害诉讼中的受害人提供法律援助。

第八十九条 因水污染引起的损害赔偿责任和赔偿金额的纠纷，当事人可以委托环境监测机构提供监测数据。环境监测机构应当接受委托，如实提供有关监测数据。

第九十条 违反本法规定，构成违反治安管理行为的，依法给予治安管理处罚；构成犯罪的，依法追究刑事责任。

第八章　附　则

第九十一条　本法中下列用语的含义：

（一）水污染，是指水体因某种物质的介入，而导致其化学、物理、生物或者放射性等方面特性的改变，从而影响水的有效利用，危害人体健康或者破坏生态环境，造成水质恶化的现象。

（二）水污染物，是指直接或者间接向水体排放的，能导致水体污染的物质。

（三）有毒污染物，是指那些直接或者间接被生物摄入体内后，可能导致该生物或者其后代发病、行为反常、遗传异变、生理机能失常、机体变形或者死亡的污染物。

（四）渔业水体，是指划定的鱼虾类的产卵场、索饵场、越冬场、洄游通道和鱼虾贝藻类的养殖场的水体。

第九十二条　本法自 2008 年 6 月 1 日起施行。

八、《中华人民共和国海洋环境保护法》

中华人民共和国主席令
第　二十六　号

《中华人民共和国海洋环境保护法》已由中华人民共和国第九届全国人民代表大会常务委员会第十三次会议于 1999 年 12 月 25 日修订通过，现将修订后的《中华人民共和国海洋环境保护法》公布，自 2000 年 4 月 1 日起施行。

中华人民共和国主席　江泽民
1999 年 12 月 25 日

中华人民共和国海洋环境保护法

（1982 年 8 月 23 日第五届全国人民代表大会常务委员会第二十四次会议通过，1999 年 12 月 25 日第九届全国人民代表大会常务委员会第十三次会议修订）

（《全国人民代表大会常务委员会关于修改〈中华人民共和国海洋环境保护法〉等七部法律的决定》已由中华人民共和国第十二届全国人民代表大会常务委员会第六次会议于 2013 年 12 月 28 日通过，自公布之日起施行。）

第一章　总　则

第一条　为了保护和改善海洋环境，保护海洋资源，防治污染损害，维护生态平衡，保障人体健康，促进经济和社会的可持续发展，制定本法。

第二条　本法适用于中华人民共和国内水、领海、毗连区、专属经济区、大陆架以及中华人民共和国管辖的其他海域。

在中华人民共和国管辖海域内从事航行、勘探、开发、生产、旅游、科学研究及其他活动，或者在沿海陆域内从事影响海洋环境活动的任何单位和个人，都必须遵守本法。

在中华人民共和国管辖海域以外，造成中华人民共和国管辖海域污染的，也适用本法。

第三条　国家建立并实施重点海域排污总量控制制度，确定主要污染物排海总量控制指标，并对主要污染源分配排放控制数量。具体办法由国务院制定。

第四条   一切单位和个人都有保护海洋环境的义务，并有权对污染损害海洋环境的单位和个人，以及海洋环境监督管理人员的违法失职行为进行监督和检举。

第五条   国务院环境保护行政主管部门作为对全国环境保护工作统一监督管理的部门，对全国海洋环境保护工作实施指导、协调和监督，并负责全国防治陆源污染物和海岸工程建设项目对海洋污染损害的环境保护工作。

国家海洋行政主管部门负责海洋环境的监督管理，组织海洋环境的调查、监测、监视、评价和科学研究，负责全国防治海洋工程建设项目和海洋倾倒废弃物对海洋污染损害的环境保护工作。

国家海事行政主管部门负责所辖港区水域内非军事船舶和港区水域外非渔业、非军事船舶污染海洋环境的监督管理，并负责污染事故的调查处理；对在中华人民共和国管辖海域航行、停泊和作业的外国籍船舶造成的污染事故登轮检查处理。船舶污染事故给渔业造成损害的，应当吸收渔业行政主管部门参与调查处理。

国家渔业行政主管部门负责渔港水域内非军事船舶和渔港水域外渔业船舶污染海洋环境的监督管理，负责保护渔业水域生态环境工作，并调查处理前款规定的污染事故以外的渔业污染事故。

军队环境保护部门负责军事船舶污染海洋环境的监督管理及污染事故的调查处理。

沿海县级以上地方人民政府行使海洋环境监督管理权的部门的职责，由省、自治区、直辖市人民政府根据本法及国务院有关规定确定。

第二章   环境监督

第六条   国家海洋行政主管部门会同国务院有关部门和沿海省、自治区、直辖市人民政府拟定全国海洋功能区划，报国务院批准。

沿海地方各级人民政府应当根据全国和地方海洋功能区划，科学合理地使用海域。

第七条   国家根据海洋功能区划制定全国海洋环境保护规划和重点海域区域性海洋环境保护规划。

毗邻重点海域的有关沿海省、自治区、直辖市人民政府及行使海洋环境监督管理权的部门，可以建立海洋环境保护区域合作组织，负责实施重点海域区域性海洋环境保护规划、海洋环境污染的防治和海洋生态保护工作。

第八条   跨区域的海洋环境保护工作，由有关沿海地方人民政府协商解决，或者由上级人民政府协调解决。

跨部门的重大海洋环境保护工作，由国务院环境保护行政主管部门协调；协调未能解决的，由国务院作出决定。

第九条   国家根据海洋环境质量状况和国家经济、技术条件，制定国家海洋环境质量标准。

沿海省、自治区、直辖市人民政府对国家海洋环境质量标准中未作规定的项目，可以制定地方海洋环境质量标准。

沿海地方各级人民政府根据国家和地方海洋环境质量标准的规定和本行政区近岸海域环境质量状况，确定海洋环境保护的目标和任务，并纳入人民政府工作计划，按相应的海洋环境质量标准实施管理。

第十条　国家和地方水污染物排放标准的制定，应当将国家和地方海洋环境质量标准作为重要依据之一。在国家建立并实施排污总量控制制度的重点海域，水污染物排放标准的制定，还应当将主要污染物排海总量控制指标作为重要依据。

第十一条　直接向海洋排放污染物的单位和个人，必须按照国家规定缴纳排污费。

向海洋倾倒废弃物，必须按照国家规定缴纳倾倒费。

根据本法规定征收的排污费、倾倒费，必须用于海洋环境污染的整治，不得挪作他用。具体办法由国务院规定。

第十二条　对超过污染物排放标准的，或者在规定的期限内未完成污染物排放削减任务的，或者造成海洋环境严重污染损害的，应当限期治理。

限期治理按照国务院规定的权限决定。

第十三条　国家加强防治海洋环境污染损害的科学技术的研究和开发，对严重污染海洋环境的落后生产工艺和落后设备，实行淘汰制度。

企业应当优先使用清洁能源，采用资源利用率高、污染物排放量少的清洁生产工艺，防止对海洋环境的污染。

第十四条　国家海洋行政主管部门按照国家环境监测、监视规范和标准，管理全国海洋环境的调查、监测、监视，制定具体的实施办法，会同有关部门组织全国海洋环境监测、监视网络，定期评价海洋环境质量，发布海洋巡航监视通报。

依照本法规定行使海洋环境监督管理权的部门分别负责各自所辖水域的监测、监视。

其他有关部门根据全国海洋环境监测网的分工，分别负责对入海河口、主要排污口的监测。

第十五条　国务院有关部门应当向国务院环境保护行政主管部门提供编制全国环境质量公报所必需的海洋环境监测资料。

环境保护行政主管部门应当向有关部门提供与海洋环境监督管理有关的资料。

第十六条　国家海洋行政主管部门按照国家制定的环境监测、监视信息管理制度，负责管理海洋综合信息系统，为海洋环境保护监督管理提供服务。

第十七条　因发生事故或者其他突发性事件，造成或者可能造成海洋环境污染事故的单位和个人，必须立即采取有效措施，及时向可能受到危害者通报，并向依照本法规定行使海洋环境监督管理权的部门报告，接受调查处理。

沿海县级以上地方人民政府在本行政区域近岸海域的环境受到严重污染时，必须采取有效措施，解除或者减轻危害。

第十八条　国家根据防止海洋环境污染的需要，制定国家重大海上污染事故应急计划。

国家海洋行政主管部门负责制定全国海洋石油勘探开发重大海上溢油应急计划，报国务院环境保护行政主管部门备案。

国家海事行政主管部门负责制定全国船舶重大海上溢油污染事故应急计划，报国务院环境保护行政主管部门备案。

沿海可能发生重大海洋环境污染事故的单位，应当依照国家的规定，制定污染事故应急计划，并向当地环境保护行政主管部门、海洋行政主管部门备案。

沿海县级以上地方人民政府及其有关部门在发生重大海上污染事故时，必须按照应急计划解除或者减轻危害。

第十九条　依照本法规定行使海洋环境监督管理权的部门可以在海上实行联合执法，在巡航监视中发现海上污染事故或者违反本法规定的行为时，应当予以制止并调查取证，必要时有权采取有效措施，防止污染事态的扩大，并报告有关主管部门处理。

依照本法规定行使海洋环境监督管理权的部门，有权对管辖范围内排放污染物的单位和个人进行现场检查。被检查者应当如实反映情况，提供必要的资料。

检查机关应当为被检查者保守技术秘密和业务秘密。

第三章　生态保护

第二十条　国务院和沿海地方各级人民政府应当采取有效措施，保护红树林、珊瑚礁、滨海湿地、海岛、海湾、入海河口、重要渔业水域等具有典型性、代表性的海洋生态系统，珍稀、濒危海洋生物的天然集中分布区，具有重要经济价值的海洋生物生存区域及有重大科学文化价值的海洋自然历史遗迹和自然景观。

对具有重要经济、社会价值的已遭到破坏的海洋生态，应当进行整治和恢复。

第二十一条　国务院有关部门和沿海省级人民政府应当根据保护海洋生态的需要，选划、建立海洋自然保护区。

国家级海洋自然保护区的建立，须经国务院批准。

第二十二条　凡具有下列条件之一的，应当建立海洋自然保护区：

（一）典型的海洋自然地理区域、有代表性的自然生态区域，以及遭受破坏但经保护能恢复的海洋自然生态区域；

（二）海洋生物物种高度丰富的区域，或者珍稀、濒危海洋生物物种的天然集中分布区域；

（三）具有特殊保护价值的海域、海岸、岛屿、滨海湿地、入海河口和海湾等；

（四）具有重大科学文化价值的海洋自然遗迹所在区域；

（五）其他需要予以特殊保护的区域。

第二十三条　凡具有特殊地理条件、生态系统、生物与非生物资源及海洋开发利用特殊需要的区域，可以建立海洋特别保护区，采取有效的保护措施和科学的开发方式进行特殊管理。

第二十四条　开发利用海洋资源，应当根据海洋功能区划合理布局，不得造成海洋生态环境破坏。

第二十五条　引进海洋动植物物种，应当进行科学论证，避免对海洋生态系统造成危害。

第二十六条　开发海岛及周围海域的资源，应当采取严格的生态保护措施，不得造成海岛地形、岸滩、植被以及海岛周围海域生态环境的破坏。

第二十七条　沿海地方各级人民政府应当结合当地自然环境的特点，建设海岸防护设施、沿海防护林、沿海城镇园林和绿地，对海岸侵蚀和海水入侵地区进行综合治理。

禁止毁坏海岸防护设施、沿海防护林、沿海城镇园林和绿地。

第二十八条　国家鼓励发展生态渔业建设，推广多种生态渔业生产方式，改善海洋生态状况。

新建、改建、扩建海水养殖场，应当进行环境影响评价。

海水养殖应当科学确定养殖密度，并应当合理投饵、施肥，正确使用药物，防止造成海洋环境的污染。

<h3 style="text-align:center">第四章　防治陆源污染物对海洋环境的污染损害</h3>

第二十九条　向海域排放陆源污染物，必须严格执行国家或者地方规定的标准和有关规定。

第三十条　入海排污口位置的选择，应当根据海洋功能区划、海水动力条件和有关规定，经科学论证后，报设区的市级以上人民政府环境保护行政主管部门审查批准。

环境保护行政主管部门在批准设置入海排污口之前，必须征求海洋、海事、渔业行政主管部门和军队环境保护部门的意见。

在海洋自然保护区、重要渔业水域、海滨风景名胜区和其他需要特别保护的区域，不得新建排污口。

在有条件的地区，应当将排污口深海设置，实行离岸排放。设置陆源污染物深海离岸排放排污口，应当根据海洋功能区划、海水动力条件和海底工程设施的有关情况确定，具体办法由国务院规定。

第三十一条　省、自治区、直辖市人民政府环境保护行政主管部门和水行政主管部门应当按照水污染防治有关法律的规定，加强入海河流管理，防治污染，使入海河口的水质处于良好状态。

第三十二条　排放陆源污染物的单位，必须向环境保护行政主管部门申报拥有的陆源污染物排放设施、处理设施和在正常作业条件下排放陆源污染物的种类、数量和浓度，并提供防治海洋环境污染方面的有关技术和资料。

排放陆源污染物的种类、数量和浓度有重大改变的，必须及时申报。

拆除或者闲置陆源污染物处理设施的，必须事先征得环境保护行政主管部门的同意。

第三十三条　禁止向海域排放油类、酸液、碱液、剧毒废液和高、中水平放射性废水。

严格限制向海域排放低水平放射性废水；确需排放的，必须严格执行国家辐射防护规定。

严格控制向海域排放含有不易降解的有机物和重金属的废水。

第三十四条　含病原体的医疗污水、生活污水和工业废水必须经过处理，符合国家有关排放标准后，方能排入海域。

第三十五条　含有机物和营养物质的工业废水、生活污水，应当严格控制向海湾、半封闭海及其他自净能力较差的海域排放。

第三十六条　向海域排放含热废水，必须采取有效措施，保证邻近渔业水域的水温符合国家海洋环境质量标准，避免热污染对水产资源的危害。

第三十七条　沿海农田、林场施用化学农药，必须执行国家农药安全使用的规定和标准。

沿海农田、林场应当合理使用化肥和植物生长调节剂。

第三十八条　在岸滩弃置、堆放和处理尾矿、矿渣、煤灰渣、垃圾和其他固体废物的，依照《中华人民共和国固体废物污染环境防治法》的有关规定执行。

第三十九条　禁止经中华人民共和国内水、领海转移危险废物。

经中华人民共和国管辖的其他海域转移危险废物的，必须事先取得国务院环境保护行政主管部门的书面同意。

第四十条　沿海城市人民政府应当建设和完善城市排水管网，有计划地建设城市污水处理厂或者其他污水集中处理设施，加强城市污水的综合整治。

建设污水海洋处置工程，必须符合国家有关规定。

第四十一条　国家采取必要措施，防止、减少和控制来自大气层或者通过大气层造成的海洋环境污染损害。

第五章　防治海岸工程建设项目对海洋环境的污染损害

第四十二条　新建、改建、扩建海岸工程建设项目，必须遵守国家有关建设项目环境保护管理的规定，并把防治污染所需资金纳入建设项目投资计划。

在依法划定的海洋自然保护区、海滨风景名胜区、重要渔业水域及其他需要特别保护的区域，不得从事污染环境、破坏景观的海岸工程项目建设或者其他活动。

第四十三条　海岸工程建设项目的单位，必须在建设项目可行性研究阶段，对海洋环境进行科学调查，根据自然条件和社会条件，合理选址，编报环境影响报告书。环境影响报告书报环境保护行政主管部门审查批准。

环境保护行政主管部门在批准环境影响报告书之前，必须征求海洋、海事、渔业行政主管部门和军队环境保护部门的意见。

第四十四条　海岸工程建设项目的环境保护设施，必须与主体工程同时设计、同时施工、同时投产使用。环境保护设施未经环境保护行政主管部门检查批准，建设项目不得试运行；环境保护设施未经环境保护行政主管部门验收，或者经验收不合格的，建设项目不得投入生产或者使用。

第四十五条　禁止在沿海陆域内新建不具备有效治理措施的化学制浆造纸、化工、印染、制革、电镀、酿造、炼油、岸边冲滩拆船以及其他严重污染海洋环境的工业生产项目。

第四十六条　兴建海岸工程建设项目，必须采取有效措施，保护国家和地方重点保护的野生动植物及其生存环境和海洋水产资源。

严格限制在海岸采挖砂石。露天开采海滨砂矿和从岸上打井开采海底矿产资源，必须采取有效措施，防止污染海洋环境。

第六章　防治海洋工程建设项目对海洋环境的污染损害

第四十七条　海洋工程建设项目必须符合海洋功能区划、海洋环境保护规划和国家有关环境保护标准，在可行性研究阶段，编报海洋环境影响报告书，由海洋行政主管部门核准，并报环境保护行政主管部门备案，接受环境保护行政主管部门监督。

海洋行政主管部门在核准海洋环境影响报告书之前，必须征求海事、渔业行政主管部门和军队环境保护部门的意见。

第四十八条　海洋工程建设项目的环境保护设施，必须与主体工程同时设计、同时施工、同时投产使用。环境保护设施未经海洋行政主管部门检查批准，建设项目不得试运行；环境保护设施未经海洋行政主管部门验收，或者经验收不合格的，建设项目不得投入生产或者使用。

拆除或者闲置环境保护设施，必须事先征得海洋行政主管部门的同意。

第四十九条　海洋工程建设项目，不得使用含超标准放射性物质或者易溶出有毒有害物质的材料。

第五十条　海洋工程建设项目需要爆破作业时，必须采取有效措施，保护海洋资源。

海洋石油勘探开发及输油过程中，必须采取有效措施，避免溢油事故的发生。

第五十一条　海洋石油钻井船、钻井平台和采油平台的含油污水和油性混合物，必须经过处理达标后排放；残油、废油必须予以回收，不得排放入海。经回收处理后排放的，其含油量不得超过国家规定的标准。

钻井所使用的油基泥浆和其他有毒复合泥浆不得排放入海。水基泥浆和无毒复合泥浆及钻屑的排放，必须符合国家有关规定。

第五十二条　海洋石油钻井船、钻井平台和采油平台及其有关海上设施，不得向海域处置含油的工业垃圾。处置其他工业垃圾，不得造成海洋环境污染。

第五十三条　海上试油时，应当确保油气充分燃烧，油和油性混合物不得排放入海。

第五十四条　勘探开发海洋石油，必须按有关规定编制溢油应急计划，报国家海洋行政主管部门的海区派出机构备案。

第七章　防治倾倒废弃物对海洋环境的污染损害

第五十五条　任何单位未经国家海洋行政主管部门批准，不得向中华人民共和国管辖海域倾倒任何废弃物。

需要倾倒废弃物的单位，必须向国家海洋行政主管部门提出书面申请，经国家海洋行政主管部门审查批准，发给许可证后，方可倾倒。

禁止中华人民共和国境外的废弃物在中华人民共和国管辖海域倾倒。

第五十六条　国家海洋行政主管部门根据废弃物的毒性、有毒物质含量和对海洋环境影响程度，制定海洋倾倒废弃物评价程序和标准。

向海洋倾倒废弃物，应当按照废弃物的类别和数量实行分级管理。

可以向海洋倾倒的废弃物名录，由国家海洋行政主管部门拟定，经国务院环境保护行政主管部门提出审核意见后，报国务院批准。

第五十七条　国家海洋行政主管部门按照科学、合理、经济、安全的原则选划海洋倾倒区，经国务院环境保护行政主管部门提出审核意见后，报国务院批准。

临时性海洋倾倒区由国家海洋行政主管部门批准，并报国务院环境保护行政主管部门备案。

国家海洋行政主管部门在选划海洋倾倒区和批准临时性海洋倾倒区之前，必须征求国家海事、渔业行政主管部门的意见。

第五十八条　国家海洋行政主管部门监督管理倾倒区的使用，组织倾倒区的环境监测。对经确认不宜继续使用的倾倒区，国家海洋行政主管部门应当予以封闭，终止在该倾倒区的一切倾倒活动，并报国务院备案。

第五十九条　获准倾倒废弃物的单位，必须按照许可证注明的期限及条件，到指定的区域进行倾倒。废弃物装载之后，批准部门应当予以核实。

第六十条　获准倾倒废弃物的单位，应当详细记录倾倒的情况，并在倾倒后向批准部门作出书面报告。倾倒废弃物的船舶必须向驶出港的海事行政主管部门作出书面报告。

第六十一条　禁止在海上焚烧废弃物。

禁止在海上处置放射性废弃物或者其他放射性物质。废弃物中的放射性物质的豁免浓度由国务院制定。

第八章　防治船舶及有关作业活动对海洋环境的污染损害

第六十二条　在中华人民共和国管辖海域，任何船舶及相关作业不得违反本法规定向海洋排放污染物、废弃物和压载水、船舶垃圾及其他有害物质。

从事船舶污染物、废弃物、船舶垃圾接收、船舶清舱、洗舱作业活动的，必须具备相应的接收处理能力。

第六十三条　船舶必须按照有关规定持有防止海洋环境污染的证书与文书，在进行涉及污染物排放及操作时，应当如实记录。

第六十四条　船舶必须配置相应的防污设备和器材。

载运具有污染危害性货物的船舶，其结构与设备应当能够防止或者减轻所载货物对海洋环境的污染。

第六十五条　船舶应当遵守海上交通安全法律、法规的规定，防止因碰撞、触礁、搁浅、火灾或者爆炸等引起的海难事故，造成海洋环境的污染。

第六十六条　国家完善并实施船舶油污损害民事赔偿责任制度；按照船舶油污损害赔偿责任由船东和货主共同承担风险的原则，建立船舶油污保险、油污损害赔偿基金制度。

实施船舶油污保险、油污损害赔偿基金制度的具体办法由国务院规定。

第六十七条　载运具有污染危害性货物进出港口的船舶，其承运人、货物所有人或者代理人，必须事先向海事行政主管部门申报。经批准后，方可进出港口、过境停留或者装卸作业。

第六十八条　交付船舶装运污染危害性货物的单证、包装、标志、数量限制等，必须符合对所装货物的有关规定。

需要船舶装运污染危害性不明的货物，应当按照有关规定事先进行评估。

装卸油类及有毒有害货物的作业，船岸双方必须遵守安全防污操作规程。

第六十九条　港口、码头、装卸站和船舶修造厂必须按照有关规定备有足够的用于处理船舶污染物、废弃物的接收设施，并使该设施处于良好状态。

装卸油类的港口、码头、装卸站和船舶必须编制溢油污染应急计划，并配备相应的溢油污染应急设备和器材。

第七十条　进行下列活动，应当事先按照有关规定报经有关部门批准或者核准：

（一）船舶在港区水域内使用焚烧炉；

（二）船舶在港区水域内进行洗舱、清舱、驱气、排放压载水、残油、含油污水接收、舷外拷铲及油漆等作业；

（三）船舶、码头、设施使用化学消油剂；

（四）船舶冲洗沾有污染物、有毒有害物质的甲板；

（五）船舶进行散装液体污染危害性货物的过驳作业；

（六）从事船舶水上拆解、打捞、修造和其他水上、水下船舶施工作业。

第七十一条　船舶发生海难事故，造成或者可能造成海洋环境重大污染损害的，国家海事行政主管部门有权强制采取避免或者减少污染损害的措施。

对在公海上因发生海难事故，造成中华人民共和国管辖海域重大污染损害后果或者具有污染威胁的船舶、海上设施，国家海事行政主管部门有权采取与实际的或者可能发生的损害相称的必要措施。

第七十二条　所有船舶均有监视海上污染的义务，在发现海上污染事故或者违反本法规定的行为时，必须立即向就近的依照本法规定行使海洋环境监督管理权的部门报告。

民用航空器发现海上排污或者污染事件，必须及时向就近的民用航空空中交通管制单位报告。接到报告的单位，应当立即向依照本法规定行使海洋环境监督管理权的部门通报。

第九章　法律责任

第七十三条　违反本法有关规定，有下列行为之一的，由依照本法规定行使海洋环境监督管理权的部门责令限期改正，并处以罚款：

（一）向海域排放本法禁止排放的污染物或者其他物质的；

（二）不按照本法规定向海洋排放污染物，或者超过标准排放污染物的；

（三）未取得海洋倾倒许可证，向海洋倾倒废弃物的；

（四）因发生事故或者其他突发性事件，造成海洋环境污染事故，不立即采取处理措施的。

有前款第（一）、（三）项行为之一的，处三万元以上二十万元以下的罚款；有前款第（二）、（四）项行为之一的，处二万元以上十万元以下的罚款。

第七十四条　违反本法有关规定，有下列行为之一的，由依照本法规定行使海洋环境监督管理权的部门予以警告，或者处以罚款：

（一）不按照规定申报，甚至拒报污染物排放有关事项，或者在申报时弄虚作假的；

（二）发生事故或者其他突发性事件不按照规定报告的；

（三）不按照规定记录倾倒情况，或者不按照规定提交倾倒报告的；

（四）拒报或者谎报船舶载运污染危害性货物申报事项的。

有前款第（一）、（三）项行为之一的，处二万元以下的罚款；有前款第（二）、（四）项行为之一的，处五万元以下的罚款。

第七十五条　违反本法第十九条第二款的规定，拒绝现场检查，或者在被检查时弄虚作假的，由依照本法规定行使海洋环境监督管理权的部门予以警告，并处二万元以下的罚款。

第七十六条　违反本法规定，造成珊瑚礁、红树林等海洋生态系统及海洋水产资源、海洋保护区破坏的，由依照本法规定行使海洋环境监督管理权的部门责令限期改正和采取补救措施，并处一万元以上十万元以下的罚款；有违法所得的，没收其违法所得。

第七十七条　违反本法第三十条第一款、第三款规定设置入海排污口的，由县级以上地方人民政府环境保护行政主管部门责令其关闭，并处二万元以上十万元以下的罚款。

第七十八条　违反本法第三十二条第三款的规定，擅自拆除、闲置环境保护设施的，由县级以上地方人民政府环境保护行政主管部门责令重新安装使用，并处一万元以上十万元以下的罚款。

第七十九条　违反本法第三十九条第二款的规定，经中华人民共和国管辖海域，转移危险废物的，由国家海事行政主管部门责令非法运输该危险废物的船舶退出中华人民共和国管辖海域，并处五万元以上五十万元以下的罚款。

第八十条　违反本法第四十三条第一款的规定，未持有经批准的环境影响报告书，兴建海岸工程建设项目的，由县级以上地方人民政府环境保护行政主管部门责令其停止违法行为和采取补救措施，并处五万元以上二十万元以下的罚款；或者按照管理权限，由县级以上地方人民政府责令其限期拆除。

第八十一条　违反本法第四十四条的规定，海岸工程建设项目未建成环境保护设施，或者环境保护设施未达到规定要求即投入生产、使用的，由环境保护行政主管部门责令其停止生产或者使用，并处二万元以上十万元以下的罚款。

第八十二条　违反本法第四十五条的规定，新建严重污染海洋环境的工业生产建设项目的，按照管理权限，由县级以上人民政府责令关闭。

第八十三条　违反本法第四十七条第一款、第四十八条的规定，进行海洋工程建设项目，或者海洋工程建设项目未建成环境保护设施、环境保护设施未达到规定要求即投入生产、使用的，由海洋行政主管部门责令其停止施工或者生产、使用，并处五万元以上二十万元以下的罚款。

第八十四条　违反本法第四十九条的规定，使用含超标准放射性物质或者易溶出有毒有害物质材料的，由海洋行政主管部门处五万元以下的罚款，并责令其停止该建设项目的运行，直到消除污染危害。

第八十五条　违反本法规定进行海洋石油勘探开发活动，造成海洋环境污染的，由国家海洋行政主管部门予以警告，并处二万元以上二十万元以下的罚款。

第八十六条　违反本法规定，不按照许可证的规定倾倒，或者向已经封闭的倾倒区倾倒废弃物的，由海洋行政主管部门予以警告，并处三万元以上二十万元以下的罚款；对情节严重的，可以暂扣或者吊销许可证。

第八十七条　违反本法第五十五条第三款的规定，将中华人民共和国境外废弃物运进中华人民共和国管辖海域倾倒的，由国家海洋行政主管部门予以警告，并根据造成或者可能造成的危害后果，处十万元以上一百万元以下的罚款。

第八十八条　违反本法规定，有下列行为之一的，由依照本法规定行使海洋环境监督管理权的部门予以警告，或者处以罚款：

（一）港口、码头、装卸站及船舶未配备防污设施、器材的；

（二）船舶未持有防污证书、防污文书，或者不按照规定记载排污记录的；

（三）从事水上和港区水域拆船、旧船改装、打捞和其他水上、水下施工作业，造成海洋环境污染损害的；

（四）船舶载运的货物不具备防污适运条件的。

有前款第（一）、（四）项行为之一的，处二万元以上十万元以下的罚款；有前款第（二）项行为的，处二万元以下的罚款；有前款第（三）项行为的，处五万元以上二十万元以下的罚款。

第八十九条　违反本法规定，船舶、石油平台和装卸油类的港口、码头、装卸站不编制溢油应急计划的，由依照本法规定行使海洋环境监督管理权的部门予以警告，或者责令限期改正。

第九十条　造成海洋环境污染损害的责任者，应当排除危害，并赔偿损失；完全由于第三者的故意或者过失，造成海洋环境污染损害的，由第三者排除危害，并承担赔偿责任。

对破坏海洋生态、海洋水产资源、海洋保护区，给国家造成重大损失的，由依照本法规定行使海洋环境监督管理权的部门代表国家对责任者提出损害赔偿要求。

第九十一条　对违反本法规定，造成海洋环境污染事故的单位，由依照本法规定行使海洋环境监督管理权的部门根据所造成的危害和损失处以罚款；负有直接责任的主管人员和其他直接责任人员属于国家工作人员的，依法给予行政处分。

前款规定的罚款数额按照直接损失的百分之三十计算，但最高不得超过三十万元。

对造成重大海洋环境污染事故，致使公私财产遭受重大损失或者人身伤亡严重后果的，依法追究刑事责任。

第九十二条　完全属于下列情形之一，经过及时采取合理措施，仍然不能避免对海洋环境造成污染损害的，造成污染损害的有关责任者免予承担责任：

（一）战争；

（二）不可抗拒的自然灾害；

（三）负责灯塔或者其他助航设备的主管部门，在执行职责时的疏忽，或者其他过失行为。

第九十三条　对违反本法第十一条、第十二条有关缴纳排污费、倾倒费和限期治理规定的行政处罚，由国务院规定。

第九十四条　海洋环境监督管理人员滥用职权、玩忽职守、徇私舞弊，造成海洋环境污染损害的，依法给予行政处分；构成犯罪的，依法追究刑事责任。

第十章　附　则

第九十五条　本法中下列用语的含义是：

（一）海洋环境污染损害，是指直接或者间接地把物质或者能量引入海洋环境，产生损害海洋生物资源、危害人体健康、妨害渔业和海上其他合法活动、损害海水使用素质和减损环境质量等有害影响。

（二）内水，是指我国领海基线向内陆一侧的所有海域。

（三）滨海湿地，是指低潮时水深浅于六米的水域及其沿岸浸湿地带，包括水深不超过六米的永久性水域、潮间带（或洪泛地带）和沿海低地等。

（四）海洋功能区划，是指依据海洋自然属性和社会属性，以及自然资源和环境特定条件，界定海洋利用的主导功能和使用范畴。

（五）渔业水域，是指鱼虾类的产卵场、索饵场、越冬场、洄游通道和鱼虾贝藻类的养殖场。

（六）油类，是指任何类型的油及其炼制品。

（七）油性混合物，是指任何含有油份的混合物。

（八）排放，是指把污染物排入海洋的行为，包括泵出、溢出、泄出、喷出和倒出。

（九）陆地污染源（简称陆源），是指从陆地向海域排放污染物，造成或者可能造成海洋环境污染的场所、设施等。

（十）陆源污染物，是指由陆地污染源排放的污染物。

（十一）倾倒，是指通过船舶、航空器、平台或者其他载运工具，向海洋处置废弃物和其他有害物质的行为，包括弃置船舶、航空器、平台及其辅助设施和其他浮动工具的行为。

（十二）沿海陆域，是指与海岸相连，或者通过管道、沟渠、设施，直接或者间接向海洋排放污染物及其相关活动的一带区域。

（十三）海上焚烧，是指以热摧毁为目的，在海上焚烧设施上，故意焚烧废弃物或者其他物质的行为，但船舶、平台或者其他人工构造物正常操作中，所附带发生的行为除外。

第九十六条　涉及海洋环境监督管理的有关部门的具体职权划分，本法未作规定的，由国务院规定。

第九十七条　中华人民共和国缔结或者参加的与海洋环境保护有关的国际条约与本法有不同规定的，适用国际条约的规定；但是，中华人民共和国声明保留的条款除外。

第九十八条　本法自 2000 年 4 月 1 日起施行。

九、《中华人民共和国大气污染防治法》

中华人民共和国主席令

第 三十二 号

《中华人民共和国大气污染防治法》已由中华人民共和国第九届全国人民代表大会常务委员会第十五次会议于 2000 年 4 月 29 日修订通过，现将修订后的《中华人民共和国大气污染防治法》公布，自 2000 年 9 月 1 日起施行。

中华人民共和国主席　江泽民

2000 年 4 月 29 日

中华人民共和国大气污染防治法

（2000 年 4 月 29 日第九届全国人民代表大会常务委员会第十五次会议通过）

第一章　总　则

第一条　为防治大气污染，保护和改善生活环境和生态环境，保障人体健康，促进经济和社会的可持续发展，制定本法。

第二条　国务院和地方各级人民政府，必须将大气环境保护工作纳入国民经济和社会发展计划，合理规划工业布局，加强防治大气污染的科学研究，采取防治大气污染的措施，保护和改善大气环境。

第三条　国家采取措施，有计划地控制或者逐步削减各地方主要大气污染物的排放总量。

地方各级人民政府对本辖区的大气环境质量负责，制定规划，采取措施，使本辖区的大气环境质量达到规定的标准。

第四条　县级以上人民政府环境保护行政主管部门对大气污染防治实施统一监督管理。

各级公安、交通、铁道、渔业管理部门根据各自的职责，对机动车船污染大气实施监督管理。

县级以上人民政府其他有关主管部门在各自职责范围内对大气污染防治实施监督管理。

第五条　任何单位和个人都有保护大气环境的义务，并有权对污染大气环境的单位和个人进行检举和控告。

第六条　国务院环境保护行政主管部门制定国家大气环境质量标准。省、自治区、直辖市人民政府对国家大气环境质量标准中未作规定的项目，可以制定地方标准，并报国务院环境保护行政主管部门备案。

第七条　国务院环境保护行政主管部门根据国家大气环境质量标准和国家经济、技术条件制定国家大气污染物排放标准。

省、自治区、直辖市人民政府对国家大气污染物排放标准中未作规定的项目，可以制定地方排放标准；对国家大气污染物排放标准中已作规定的项目，可以制定严于国家排放标准的地方排放标准。地方排放标准须报国务院环境保护行政主管部门备案。

省、自治区、直辖市人民政府制定机动车船大气污染物地方排放标准严于国家排放标准的，须报经国务院批准。

凡是向已有地方排放标准的区域排放大气污染物的，应当执行地方排放标准。

第八条　国家采取有利于大气污染防治以及相关的综合利用活动的经济、技术政策和措施。

在防治大气污染、保护和改善大气环境方面成绩显著的单位和个人，由各级人民政府给予奖励。

第九条　国家鼓励和支持大气污染防治的科学技术研究，推广先进适用的大气污染防治技术；鼓励和支持开发、利用太阳能、风能、水能等清洁能源。

国家鼓励和支持环境保护产业的发展。

第十条　各级人民政府应当加强植树种草、城乡绿化工作，因地制宜地采取有效措施做好防沙治沙工作，改善大气环境质量。

第二章　大气污染防治的监督管理

第十一条　新建、扩建、改建向大气排放污染物的项目，必须遵守国家有关建设项目环境保护管理的规定。

建设项目的环境影响报告书，必须对建设项目可能产生的大气污染和对生态环境的影响作出评价，规定防治措施，并按照规定的程序报环境保护行政主管部门审查批准。

建设项目投入生产或者使用之前，其大气污染防治设施必须经过环境保护行政主管部门验收，达不到国家有关建设项目环境保护管理规定的要求的建设项目，不得投入生产或者使用。

第十二条　向大气排放污染物的单位，必须按照国务院环境保护行政主管部门的规定向所在地的环境保护行政主管部门申报拥有的污染物排放设施、处理设施和在正常作业条件下排放污染物的种类、数量、浓度，并提供防治大气污染方面的有关技术资料。

前款规定的排污单位排放大气污染物的种类、数量、浓度有重大改变的，应当及时申报；其大气污染物处理设施必须保持正常使用，拆除或者闲置大气污染物处理设施的，必须事先报经所在地的县级以上地方人民政府环境保护行政主管部门批准。

第十三条　向大气排放污染物的，其污染物排放浓度不得超过国家和地方规定的排放标准。

第十四条　国家实行按照向大气排放污染物的种类和数量征收排污费的制度，根据加强大气污染防治的要求和国家的经济、技术条件合理制定排污费的征收标准。

征收排污费必须遵守国家规定的标准，具体办法和实施步骤由国务院规定。

征收的排污费一律上缴财政，按照国务院的规定用于大气污染防治，不得挪作他用，并由审计机关依法实施审计监督。

　　第十五条　国务院和省、自治区、直辖市人民政府对尚未达到规定的大气环境质量标准的区域和国务院批准划定的酸雨控制区、二氧化硫污染控制区，可以划定为主要大气污染物排放总量控制区。主要大气污染物排放总量控制的具体办法由国务院规定。

　　大气污染物总量控制区内有关地方人民政府依照国务院规定的条件和程序，按照公开、公平、公正的原则，核定企业事业单位的主要大气污染物排放总量，核发主要大气污染物排放许可证。

　　有大气污染物总量控制任务的企业事业单位，必须按照核定的主要大气污染物排放总量和许可证规定的排放条件排放污染物。

　　第十六条　在国务院和省、自治区、直辖市人民政府划定的风景名胜区、自然保护区、文物保护单位附近地区和其他需要特别保护的区域内，不得建设污染环境的工业生产设施；建设其他设施，其污染物排放不得超过规定的排放标准。在本法施行前企业事业单位已经建成的设施，其污染物排放超过规定的排放标准的，依照本法第四十八条的规定限期治理。

　　第十七条　国务院按照城市总体规划、环境保护规划目标和城市大气环境质量状况，划定大气污染防治重点城市。

　　直辖市、省会城市、沿海开放城市和重点旅游城市应当列入大气污染防治重点城市。

　　未达到大气环境质量标准的大气污染防治重点城市，应当按照国务院或者国务院环境保护行政主管部门规定的期限，达到大气环境质量标准。该城市人民政府应当制定限期达标规划，并可以根据国务院的授权或者规定，采取更加严格的措施，按期实现达标规划。

　　第十八条　国务院环境保护行政主管部门会同国务院有关部门，根据气象、地形、土壤等自然条件，可以对已经产生、可能产生酸雨的地区或者其他二氧化硫污染严重的地区，经国务院批准后，划定为酸雨控制区或者二氧化硫污染控制区。

　　第十九条　企业应当优先采用能源利用效率高、污染物排放量少的清洁生产工艺，减少大气污染物的产生。

　　国家对严重污染大气环境的落后生产工艺和严重污染大气环境的落后设备实行淘汰制度。

　　国务院经济综合主管部门会同国务院有关部门公布限期禁止采用的严重污染大气环境的工艺名录和限期禁止生产、禁止销售、禁止进口、禁止使用的严重污染大气环境的设备名录。

　　生产者、销售者、进口者或者使用者必须在国务院经济综合主管部门会同国务院有关部门规定的期限内分别停止生产、销售、进口或者使用列入前款规定的名录中的设备。生产工艺的采用者必须在国务院经济综合主管部门会同国务院有关部门规定的期限内停止采用列入前款规定的名录中的工艺。

　　依照前两款规定被淘汰的设备，不得转让给他人使用。

　　第二十条　单位因发生事故或者其他突然性事件，排放和泄漏有毒有害气体和放射性物质，造成或者可能造成大气污染事故、危害人体健康的，必须立即采取防治大气污染危害的应急措施，通报可能受到大气污染危害的单位和居民，并报告当地环境保护行政主管部门，接受调查处理。

　　在大气受到严重污染，危害人体健康和安全的紧急情况下，当地人民政府应当及时向当地居民公告，采取强制性应急措施，包括责令有关排污单位停止排放污染物。

第二十一条 环境保护行政主管部门和其他监督管理部门有权对管辖范围内的排污单位进行现场检查，被检查单位必须如实反映情况，提供必要的资料。检查部门有义务为被检查单位保守技术秘密和业务秘密。

第二十二条 国务院环境保护行政主管部门建立大气污染监测制度，组织监测网络，制定统一的监测方法。

第二十三条 大、中城市人民政府环境保护行政主管部门应当定期发布大气环境质量状况公报，并逐步开展大气环境质量预报工作。

大气环境质量状况公报应当包括城市大气环境污染特征、主要污染物的种类及污染危害程度等内容。

第三章 防治燃煤产生的大气污染

第二十四条 国家推行煤炭洗选加工，降低煤的硫份和灰份，限制高硫份、高灰份煤炭的开采。新建的所采煤炭属于高硫份、高灰份的煤矿，必须建设配套的煤炭洗选设施，使煤炭中的含硫份、含灰份达到规定的标准。

对已建成的所采煤炭属于高硫份、高灰份的煤矿，应当按照国务院批准的规划，限期建成配套的煤炭洗选设施。

禁止开采含放射性和砷等有毒有害物质超过规定标准的煤炭。

第二十五条 国务院有关部门和地方各级人民政府应当采取措施，改进城市能源结构，推广清洁能源的生产和使用。

大气污染防治重点城市人民政府可以在本辖区内划定禁止销售、使用国务院环境保护行政主管部门规定的高污染燃料的区域。该区域内的单位和个人应当在当地人民政府规定的期限内停止燃用高污染燃料，改用天然气、液化石油气、电或者其他清洁能源。

第二十六条 国家采取有利于煤炭清洁利用的经济、技术政策和措施，鼓励和支持使用低硫份、低灰份的优质煤炭，鼓励和支持洁净煤技术的开发和推广。

第二十七条 国务院有关主管部门应当根据国家规定的锅炉大气污染物排放标准，在锅炉产品质量标准中规定相应的要求；达不到规定要求的锅炉，不得制造、销售或者进口。

第二十八条 城市建设应当统筹规划，在燃煤供热地区，统一解决热源，发展集中供热。在集中供热管网覆盖的地区，不得新建燃煤供热锅炉。

第二十九条 大、中城市人民政府应当制定规划，对饮食服务企业限期使用天然气、液化石油气、电或者其他清洁能源。

对未划定为禁止使用高污染燃料区域的大、中城市市区内的其他民用炉灶，限期改用固硫型煤或者使用其他清洁能源。

第三十条 新建、扩建排放二氧化硫的火电厂和其他大中型企业，超过规定的污染物排放标准或者总量控制指标的，必须建设配套脱硫、除尘装置或者采取其他控制二氧化硫排放、除尘的措施。

在酸雨控制区和二氧化硫污染控制区内，属于已建企业超过规定的污染物排放标准排放大气污染物的，依照本法第四十八条的规定限期治理。

国家鼓励企业采用先进的脱硫、除尘技术。

企业应当对燃料燃烧过程中产生的氮氧化物采取控制措施。

第三十一条　在人口集中地区存放煤炭、煤矸石、煤渣、煤灰、砂石、灰土等物料，必须采取防燃、防尘措施，防止污染大气。

第四章　防治机动车船排放污染

第三十二条　机动车船向大气排放污染物不得超过规定的排放标准。

任何单位和个人不得制造、销售或者进口污染物排放超过规定排放标准的机动车船。

第三十三条　在用机动车不符合制造当时的在用机动车污染物排放标准的，不得上路行驶。

省、自治区、直辖市人民政府规定对在用机动车实行新的污染物排放标准并对其进行改造的，须报经国务院批准。

机动车维修单位，应当按照防治大气污染的要求和国家有关技术规范进行维修，使在用机动车达到规定的污染物排放标准。

第三十四条　国家鼓励生产和消费使用清洁能源的机动车船。

国家鼓励和支持生产、使用优质燃料油，采取措施减少燃料油中有害物质对大气环境的污染。单位和个人应当按照国务院规定的期限，停止生产、进口、销售含铅汽油。

第三十五条　省、自治区、直辖市人民政府环境保护行政主管部门可以委托已取得公安机关资质认定的承担机动车年检的单位，按照规范对机动车排气污染进行年度检测。

交通、渔政等有监督管理权的部门可以委托已取得有关主管部门资质认定的承担机动船舶年检的单位，按照规范对机动船舶排气污染进行年度检测。

县级以上地方人民政府环境保护行政主管部门可以在机动车停放地对在用机动车的污染物排放状况进行监督抽测。

第五章　防治废气、尘和恶臭污染

第三十六条　向大气排放粉尘的排污单位，必须采取除尘措施。

严格限制向大气排放含有毒物质的废气和粉尘；确需排放的，必须经过净化处理，不超过规定的排放标准。

第三十七条　工业生产中产生的可燃性气体应当回收利用，不具备回收利用条件而向大气排放的，应当进行防治污染处理。

向大气排放转炉气、电石气、电炉法黄磷尾气、有机烃类尾气的，须报经当地环境保护行政主管部门批准。

可燃性气体回收利用装置不能正常作业的，应当及时修复或者更新。在回收利用装置不能正常作业期间确需排放可燃性气体的，应当将排放的可燃性气体充分燃烧或者采取其他减轻大气污染的措施。

第三十八条　炼制石油、生产合成氨、煤气和燃煤焦化、有色金属冶炼过程中排放含有硫化物气体的，应当配备脱硫装置或者采取其他脱硫措施。

第三十九条　向大气排放含放射性物质的气体和气溶胶，必须符合国家有关放射性防护的规定，不得超过规定的排放标准。

第四十条　向大气排放恶臭气体的排污单位，必须采取措施防止周围居民区受到污染。

第四十一条　在人口集中地区和其他依法需要特殊保护的区域内，禁止焚烧沥青、油毡、橡胶、塑料、皮革、垃圾以及其他产生有毒有害烟尘和恶臭气体的物质。

禁止在人口集中地区、机场周围、交通干线附近以及当地人民政府划定的区域露天焚烧秸秆、落叶等产生烟尘污染的物质。

除前两款外，城市人民政府还可以根据实际情况，采取防治烟尘污染的其他措施。

第四十二条　运输、装卸、贮存能够散发有毒有害气体或者粉尘物质的，必须采取密闭措施或者其他防护措施。

第四十三条　城市人民政府应当采取绿化责任制、加强建设施工管理、扩大地面铺装面积、控制渣土堆放和清洁运输等措施，提高人均占有绿地面积，减少市区裸露地面和地面尘土，防治城市扬尘污染。

在城市市区进行建设施工或者从事其他产生扬尘污染活动的单位，必须按照当地环境保护的规定，采取防治扬尘污染的措施。

国务院有关行政主管部门应当将城市扬尘污染的控制状况作为城市环境综合整治考核的依据之一。

第四十四条　城市饮食服务业的经营者，必须采取措施，防治油烟对附近居民的居住环境造成污染。

第四十五条　国家鼓励、支持消耗臭氧层物质替代品的生产和使用，逐步减少消耗臭氧层物质的产量，直至停止消耗臭氧层物质的生产和使用。

在国家规定的期限内，生产、进口消耗臭氧层物质的单位必须按照国务院有关行政主管部门核定的配额进行生产、进口。

第六章　法律责任

第四十六条　违反本法规定，有下列行为之一的，环境保护行政主管部门或者本法第四条第二款规定的监督管理部门可以根据不同情节，责令停止违法行为，限期改正，给予警告或者处以五万元以下罚款：

（一）拒报或者谎报国务院环境保护行政主管部门规定的有关污染物排放申报事项的；

（二）拒绝环境保护行政主管部门或者其他监督管理部门现场检查或者在被检查时弄虚作假的；

（三）排污单位不正常使用大气污染物处理设施，或者未经环境保护行政主管部门批准，擅自拆除、闲置大气污染物处理设施的；

（四）未采取防燃、防尘措施，在人口集中地区存放煤炭、煤矸石、煤渣、煤灰、砂石、灰土等物料的。

第四十七条　违反本法第十一条规定，建设项目的大气污染防治设施没有建成或者没有达到国家有关建设项目环境保护管理的规定的要求，投入生产或者使用的，由审批该建设项目的环境影响报告书的环境保护行政主管部门责令停止生产或者使用，可以并处一万元以上十万元以下罚款。

第四十八条　违反本法规定，向大气排放污染物超过国家和地方规定排放标准的，应当限期治理，并由所在地县级以上地方人民政府环境保护行政主管部门处一万元以上十万元以下罚款。限期治理的决定权限和违反限期治理要求的行政处罚由国务院规定。

第四十九条　违反本法第十九条规定，生产、销售、进口或者使用禁止生产、销售、进口、使用的设备，或者采用禁止采用的工艺的，由县级以上人民政府经济综合主管部门责令改正；情节严重的，由县级以上人民政府经济综合主管部门提出意见，报请同级人民政府按照国务院规定的权限责令停业、关闭。

将淘汰的设备转让给他人使用的，由转让者所在地县级以上地方人民政府环境保护行政主管部门或者其他依法行使监督管理权的部门没收转让者的违法所得，并处违法所得两倍以下罚款。

第五十条　违反本法第二十四条第三款规定，开采含放射性和砷等有毒有害物质超过规定标准的煤炭的，由县级以上人民政府按照国务院规定的权限责令关闭。

第五十一条　违反本法第二十五条第二款或者第二十九条第一款的规定，在当地人民政府规定的期限届满后继续燃用高污染燃料的，由所在地县级以上地方人民政府环境保护行政主管部门责令拆除或者没收燃用高污染燃料的设施。

第五十二条　违反本法第二十八条规定，在城市集中供热管网覆盖地区新建燃煤供热锅炉的，由县级以上地方人民政府环境保护行政主管部门责令停止违法行为或者限期改正，可以处五万元以下罚款。

第五十三条　违反本法第三十二条规定，制造、销售或者进口超过污染物排放标准的机动车船的，由依法行使监督管理权的部门责令停止违法行为，没收违法所得，可以并处违法所得一倍以下的罚款；对无法达到规定的污染物排放标准的机动车船，没收销毁。

第五十四条　违反本法第三十四条第二款规定，未按照国务院规定的期限停止生产、进口或者销售含铅汽油的，由所在地县级以上地方人民政府环境保护行政主管部门或者其他依法行使监督管理权的部门责令停止违法行为，没收所生产、进口、销售的含铅汽油和违法所得。

第五十五条　违反本法第三十五条第一款或者第二款规定，未取得所在地省、自治区、直辖市人民政府环境保护行政主管部门或者交通、渔政等依法行使监督管理权的部门的委托进行机动车船排气污染检测的，或者在检测中弄虚作假的，由县级以上人民政府环境保护行政主管部门或者交通、渔政等依法行使监督管理权的部门责令停止违法行为，限期改正，可以处五万元以下罚款；情节严重的，由负责资质认定的部门取消承担机动车船年检的资格。

第五十六条　违反本法规定，有下列行为之一的，由县级以上地方人民政府环境保护行政主管部门或者其他依法行使监督管理权的部门责令停止违法行为，限期改正，可以处五万元以下罚款：

（一）未采取有效污染防治措施，向大气排放粉尘、恶臭气体或者其他含有有毒物质气体的；

（二）未经当地环境保护行政主管部门批准，向大气排放转炉气、电石气、电炉法黄磷尾气、有机烃类尾气的；

（三）未采取密闭措施或者其他防护措施，运输、装卸或者贮存能够散发有毒有害气体或者粉尘物质的；

（四）城市饮食服务业的经营者未采取有效污染防治措施，致使排放的油烟对附近居民的居住环境造成污染的。

第五十七条　违反本法第四十一条第一款规定，在人口集中地区和其他依法需要特殊保护的区域内，焚烧沥青、油毡、橡胶、塑料、皮革、垃圾以及其他产生有毒有害烟尘和恶臭气体的物质的，由所在地县级以上地方人民政府环境保护行政主管部门责令停止违法行为，处二万元以下罚款。

违反本法第四十一条第二款规定，在人口集中地区、机场周围、交通干线附近以及当地人民政府划定的区域内露天焚烧秸秆、落叶等产生烟尘污染的物质的，由所在地县级以上地方人民政府环境保护行政主管部门责令停止违法行为；情节严重的，可以处二百元以下罚款。

第五十八条 违反本法第四十三条第二款规定，在城市市区进行建设施工或者从事其他产生扬尘污染的活动，未采取有效扬尘防治措施，致使大气环境受到污染的，限期改正，处二万元以下罚款；对逾期仍未达到当地环境保护规定要求的，可以责令其停工整顿。

前款规定的对因建设施工造成扬尘污染的处罚，由县级以上地方人民政府建设行政主管部门决定；对其他造成扬尘污染的处罚，由县级以上地方人民政府指定的有关主管部门决定。

第五十九条 违反本法第四十五条第二款规定，在国家规定的期限内，生产或者进口消耗臭氧层物质超过国务院有关行政主管部门核定配额的，由所在地省、自治区、直辖市人民政府有关行政主管部门处二万元以上二十万元以下罚款；情节严重的，由国务院有关行政主管部门取消生产、进口配额。

第六十条 违反本法规定，有下列行为之一的，由县级以上人民政府环境保护行政主管部门责令限期建设配套设施，可以处二万元以上二十万元以下罚款：

（一）新建的所采煤炭属于高硫份、高灰份的煤矿，不按照国家有关规定建设配套的煤炭洗选设施的；

（二）排放含有硫化物气体的石油炼制、合成氨生产、煤气和燃煤焦化以及有色金属冶炼的企业，不按照国家有关规定建设配套脱硫装置或者未采取其他脱硫措施的。

第六十一条 对违反本法规定，造成大气污染事故的企业事业单位，由所在地县级以上地方人民政府环境保护行政主管部门根据所造成的危害后果处直接经济损失百分之五十以下罚款，但最高不超过五十万元；情节较重的，对直接负责的主管人员和其他直接责任人员，由所在单位或者上级主管机关依法给予行政处分或者纪律处分；造成重大大气污染事故，导致公私财产重大损失或者人身伤亡的严重后果，构成犯罪的，依法追究刑事责任。

第六十二条 造成大气污染危害的单位，有责任排除危害，并对直接遭受损失的单位或者个人赔偿损失。

赔偿责任和赔偿金额的纠纷，可以根据当事人的请求，由环境保护行政主管部门调解处理；调解不成的，当事人可以向人民法院起诉。当事人也可以直接向人民法院起诉。

第六十三条 完全由于不可抗拒的自然灾害，并经及时采取合理措施，仍然不能避免造成大气污染损失的，免于承担责任。

第六十四条 环境保护行政主管部门或者其他有关部门违反本法第十四条第三款的规定，将征收的排污费挪作他用的，由审计机关或者监察机关责令退回挪用款项或者采取其他措施予以追回，对直接负责的主管人员和其他直接责任人员依法给予行政处分。

第六十五条 环境保护监督管理人员滥用职权、玩忽职守的，给予行政处分；构成犯罪的，依法追究刑事责任。

第七章 附 则

第六十六条 本法自 2000 年 9 月 1 日起施行。

十、《中华人民共和国固体废弃物污染环境防治法》

中华人民共和国主席令

第 三十一 号

《中华人民共和国固体废物污染环境防治法》已由中华人民共和国第十届全国人民代表大会常务委员会第十三次会议于 2004 年 12 月 29 日修订通过，现将修订后的《中华人民共和国固体废物污染环境防治法》公布，自 2005 年 4 月 1 日起施行。

中华人民共和国主席　胡锦涛

2004 年 12 月 29 日

中华人民共和国固体废物污染环境防治法

（1995 年 10 月 30 日第八届全国人民代表大会常务委员会第十六次会议通过，2004 年 12 月 29 日第十届全国人民代表大会常务委员会第十三次会议修订）

第一章　总　则

第一条　为了防治固体废物污染环境，保障人体健康，维护生态安全，促进经济社会可持续发展，制定本法。

第二条　本法适用于中华人民共和国境内固体废物污染环境的防治。

固体废物污染海洋环境的防治和放射性固体废物污染环境的防治不适用本法。

第三条　国家对固体废物污染环境的防治，实行减少固体废物的产生量和危害性、充分合理利用固体废物和无害化处置固体废物的原则，促进清洁生产和循环经济发展。

国家采取有利于固体废物综合利用活动的经济、技术政策和措施，对固体废物实行充分回收和合理利用。

国家鼓励、支持采取有利于保护环境的集中处置固体废物的措施，促进固体废物污染环境防治产业发展。

第四条　县级以上人民政府应当将固体废物污染环境防治工作纳入国民经济和社会发展计划，并采取有利于固体废物污染环境防治的经济、技术政策和措施。

国务院有关部门、县级以上地方人民政府及其有关部门组织编制城乡建设、土地利用、区域开发、产业发展等规划，应当统筹考虑减少固体废物的产生量和危害性、促进固体废物的综合利用和无害化处置。

第五条　国家对固体废物污染环境防治实行污染者依法负责的原则。

产品的生产者、销售者、进口者、使用者对其产生的固体废物依法承担污染防治责任。

第六条　国家鼓励、支持固体废物污染环境防治的科学研究、技术开发、推广先进的防治技术和普及固体废物污染环境防治的科学知识。

各级人民政府应当加强防治固体废物污染环境的宣传教育，倡导有利于环境保护的生产方式和生活方式。

第七条　国家鼓励单位和个人购买、使用再生产品和可重复利用产品。

第八条　各级人民政府对在固体废物污染环境防治工作以及相关的综合利用活动中作

出显著成绩的单位和个人给予奖励。

第九条　任何单位和个人都有保护环境的义务，并有权对造成固体废物污染环境的单位和个人进行检举和控告。

第十条　国务院环境保护行政主管部门对全国固体废物污染环境的防治工作实施统一监督管理。国务院有关部门在各自的职责范围内负责固体废物污染环境防治的监督管理工作。

县级以上地方人民政府环境保护行政主管部门对本行政区域内固体废物污染环境的防治工作实施统一监督管理。县级以上地方人民政府有关部门在各自的职责范围内负责固体废物污染环境防治的监督管理工作。

国务院建设行政主管部门和县级以上地方人民政府环境卫生行政主管部门负责生活垃圾清扫、收集、贮存、运输和处置的监督管理工作。

第二章　固体废物污染环境防治的监督管理

第十一条　国务院环境保护行政主管部门会同国务院有关行政主管部门根据国家环境质量标准和国家经济、技术条件，制定国家固体废物污染环境防治技术标准。

第十二条　国务院环境保护行政主管部门建立固体废物污染环境监测制度，制定统一的监测规范，并会同有关部门组织监测网络。

大、中城市人民政府环境保护行政主管部门应当定期发布固体废物的种类、产生量、处置状况等信息。

第十三条　建设产生固体废物的项目以及建设贮存、利用、处置固体废物的项目，必须依法进行环境影响评价，并遵守国家有关建设项目环境保护管理的规定。

第十四条　建设项目的环境影响评价文件确定需要配套建设的固体废物污染环境防治设施，必须与主体工程同时设计、同时施工、同时投入使用。固体废物污染环境防治设施必须经原审批环境影响评价文件的环境保护行政主管部门验收合格后，该建设项目方可投入生产或者使用。对固体废物污染环境防治设施的验收应当与对主体工程的验收同时进行。

第十五条　县级以上人民政府环境保护行政主管部门和其他固体废物污染环境防治工作的监督管理部门，有权依据各自的职责对管辖范围内与固体废物污染环境防治有关的单位进行现场检查。被检查的单位应当如实反映情况，提供必要的资料。检查机关应当为被检查的单位保守技术秘密和业务秘密。

检查机关进行现场检查时，可以采取现场监测、采集样品、查阅或者复制与固体废物污染环境防治相关的资料等措施。检查人员进行现场检查，应当出示证件。

第三章　固体废物污染环境的防治

第一节　一般规定

第十六条　产生固体废物的单位和个人，应当采取措施，防止或者减少固体废物对环境的污染。

第十七条　收集、贮存、运输、利用、处置固体废物的单位和个人，必须采取防扬散、防流失、防渗漏或者其他防止污染环境的措施；不得擅自倾倒、堆放、丢弃、遗撒固体废物。

禁止任何单位或者个人向江河、湖泊、运河、渠道、水库及其最高水位线以下的滩地和岸坡等法律、法规规定禁止倾倒、堆放废弃物的地点倾倒、堆放固体废物。

第十八条 产品和包装物的设计、制造，应当遵守国家有关清洁生产的规定。国务院标准化行政主管部门应当根据国家经济和技术条件、固体废物污染环境防治状况以及产品的技术要求，组织制定有关标准，防止过度包装造成环境污染。

生产、销售、进口依法被列入强制回收目录的产品和包装物的企业，必须按照国家有关规定对该产品和包装物进行回收。

第十九条 国家鼓励科研、生产单位研究、生产易回收利用、易处置或者在环境中可降解的薄膜覆盖物和商品包装物。

使用农用薄膜的单位和个人，应当采取回收利用等措施，防止或者减少农用薄膜对环境的污染。

第二十条 从事畜禽规模养殖应当按照国家有关规定收集、贮存、利用或者处置养殖过程中产生的畜禽粪便，防止污染环境。

禁止在人口集中地区、机场周围、交通干线附近以及当地人民政府划定的区域露天焚烧秸秆。

第二十一条 对收集、贮存、运输、处置固体废物的设施、设备和场所，应当加强管理和维护，保证其正常运行和使用。

第二十二条 在国务院和国务院有关主管部门及省、自治区、直辖市人民政府划定的自然保护区、风景名胜区、饮用水水源保护区、基本农田保护区和其他需要特别保护的区域内，禁止建设工业固体废物集中贮存、处置的设施、场所和生活垃圾填埋场。

第二十三条 转移固体废物出省、自治区、直辖市行政区域贮存、处置的，应当向固体废物移出地的省、自治区、直辖市人民政府环境保护行政主管部门提出申请。移出地的省、自治区、直辖市人民政府环境保护行政主管部门应当商经接受地的省、自治区、直辖市人民政府环境保护行政主管部门同意后，方可批准转移该固体废物出省、自治区、直辖市行政区域。未经批准的，不得转移。

第二十四条 禁止中华人民共和国境外的固体废物进境倾倒、堆放、处置。

第二十五条 禁止进口不能用作原料或者不能以无害化方式利用的固体废物；对可以用作原料的固体废物实行限制进口和自动许可进口分类管理。

国务院环境保护行政主管部门会同国务院对外贸易主管部门、国务院经济综合宏观调控部门、海关总署、国务院质量监督检验检疫部门制定、调整并公布禁止进口、限制进口和自动许可进口的固体废物目录。

禁止进口列入禁止进口目录的固体废物。进口列入限制进口目录的固体废物，应当经国务院环境保护行政主管部门会同国务院对外贸易主管部门审查许可。进口列入自动许可进口目录的固体废物，应当依法办理自动许可手续。

进口的固体废物必须符合国家环境保护标准，并经质量监督检验检疫部门检验合格。

进口固体废物的具体管理办法，由国务院环境保护行政主管部门会同国务院对外贸易主管部门、国务院经济综合宏观调控部门、海关总署、国务院质量监督检验检疫部门制定。

第二十六条 进口者对海关将其所进口的货物纳入固体废物管理范围不服的，可以依法申请行政复议，也可以向人民法院提起行政诉讼。

第二节　工业固体废物污染环境的防治

第二十七条 国务院环境保护行政主管部门应当会同国务院经济综合宏观调控部门和

其他有关部门对工业固体废物对环境的污染作出界定，制定防治工业固体废物污染环境的技术政策，组织推广先进的防治工业固体废物污染环境的生产工艺和设备。

第二十八条　国务院经济综合宏观调控部门应当会同国务院有关部门组织研究、开发和推广减少工业固体废物产生量和危害性的生产工艺和设备，公布限期淘汰产生严重污染环境的工业固体废物的落后生产工艺、落后设备的名录。

生产者、销售者、进口者、使用者必须在国务院经济综合宏观调控部门会同国务院有关部门规定的期限内分别停止生产、销售、进口或者使用列入前款规定的名录中的设备。生产工艺的采用者必须在国务院经济综合宏观调控部门会同国务院有关部门规定的期限内停止采用列入前款规定的名录中的工艺。

列入限期淘汰名录被淘汰的设备，不得转让给他人使用。

第二十九条　县级以上人民政府有关部门应当制定工业固体废物污染环境防治工作规划，推广能够减少工业固体废物产生量和危害性的先进生产工艺和设备，推动工业固体废物污染环境防治工作。

第三十条　产生工业固体废物的单位应当建立、健全污染环境防治责任制度，采取防治工业固体废物污染环境的措施。

第三十一条　企业事业单位应当合理选择和利用原材料、能源和其他资源，采用先进的生产工艺和设备，减少工业固体废物产生量，降低工业固体废物的危害性。

第三十二条　国家实行工业固体废物申报登记制度。

产生工业固体废物的单位必须按照国务院环境保护行政主管部门的规定，向所在地县级以上地方人民政府环境保护行政主管部门提供工业固体废物的种类、产生量、流向、贮存、处置等有关资料。

前款规定的申报事项有重大改变的，应当及时申报。

第三十三条　企业事业单位应当根据经济、技术条件对其产生的工业固体废物加以利用；对暂时不利用或者不能利用的，必须按照国务院环境保护行政主管部门的规定建设贮存设施、场所，安全分类存放，或者采取无害化处置措施。

建设工业固体废物贮存、处置的设施、场所，必须符合国家环境保护标准。

第三十四条　禁止擅自关闭、闲置或者拆除工业固体废物污染环境防治设施、场所；确有必要关闭、闲置或者拆除的，必须经所在地县级以上地方人民政府环境保护行政主管部门核准，并采取措施，防止污染环境。

第三十五条　产生工业固体废物的单位需要终止的，应当事先对工业固体废物的贮存、处置的设施、场所采取污染防治措施，并对未处置的工业固体废物作出妥善处置，防止污染环境。

产生工业固体废物的单位发生变更的，变更后的单位应当按照国家有关环境保护的规定对未处置的工业固体废物及其贮存、处置的设施、场所进行安全处置或者采取措施保证该设施、场所安全运行。变更前当事人对工业固体废物及其贮存、处置的设施、场所的污染防治责任另有约定的，从其约定；但是，不得免除当事人的污染防治义务。

对本法施行前已经终止的单位未处置的工业固体废物及其贮存、处置的设施、场所进行安全处置的费用，由有关人民政府承担；但是，该单位享有的土地使用权依法转让的，应当由土地使用权受让人承担处置费用。当事人另有约定的，从其约定；但是，不得免除当事人的污染防治义务。

第三十六条　矿山企业应当采取科学的开采方法和选矿工艺，减少尾矿、矸石、废石等矿业固体废物的产生量和贮存量。

尾矿、矸石、废石等矿业固体废物贮存设施停止使用后，矿山企业应当按照国家有关环境保护规定进行封场，防止造成环境污染和生态破坏。

第三十七条　拆解、利用、处置废弃电器产品和废弃机动车船，应当遵守有关法律、法规的规定，采取措施，防止污染环境。

第三节　生活垃圾污染环境的防治

第三十八条　县级以上人民政府应当统筹安排建设城乡生活垃圾收集、运输、处置设施，提高生活垃圾的利用率和无害化处置率，促进生活垃圾收集、处置的产业化发展，逐步建立和完善生活垃圾污染环境防治的社会服务体系。

第三十九条　县级以上地方人民政府环境卫生行政主管部门应当组织对城市生活垃圾进行清扫、收集、运输和处置，可以通过招标等方式选择具备条件的单位从事生活垃圾的清扫、收集、运输和处置。

第四十条　对城市生活垃圾应当按照环境卫生行政主管部门的规定，在指定的地点放置，不得随意倾倒、抛撒或者堆放。

第四十一条　清扫、收集、运输、处置城市生活垃圾，应当遵守国家有关环境保护和环境卫生管理的规定，防止污染环境。

第四十二条　对城市生活垃圾应当及时清运，逐步做到分类收集和运输，并积极开展合理利用和实施无害化处置。

第四十三条　城市人民政府应当有计划地改进燃料结构，发展城市煤气、天然气、液化气和其他清洁能源。

城市人民政府有关部门应当组织净菜进城，减少城市生活垃圾。

城市人民政府有关部门应当统筹规划，合理安排收购网点，促进生活垃圾的回收利用工作。

第四十四条　建设生活垃圾处置的设施、场所，必须符合国务院环境保护行政主管部门和国务院建设行政主管部门规定的环境保护和环境卫生标准。

禁止擅自关闭、闲置或者拆除生活垃圾处置的设施、场所；确有必要关闭、闲置或者拆除的，必须经所在地县级以上地方人民政府环境卫生行政主管部门和环境保护行政主管部门核准，并采取措施，防止污染环境。

第四十五条　从生活垃圾中回收的物质必须按照国家规定的用途或者标准使用，不得用于生产可能危害人体健康的产品。

第四十六条　工程施工单位应当及时清运工程施工过程中产生的固体废物，并按照环境卫生行政主管部门的规定进行利用或者处置。

第四十七条　从事公共交通运输的经营单位，应当按照国家有关规定，清扫、收集运输过程中产生的生活垃圾。

第四十八条　从事城市新区开发、旧区改建和住宅小区开发建设的单位，以及机场、码头、车站、公园、商店等公共设施、场所的经营管理单位，应当按照国家有关环境卫生的规定，配套建设生活垃圾收集设施。

第四十九条　农村生活垃圾污染环境防治的具体办法，由地方性法规规定。

第四章　危险废物污染环境防治的特别规定

第五十条　危险废物污染环境的防治，适用本章规定；本章未作规定的，适用本法其他有关规定。

第五十一条　国务院环境保护行政主管部门应当会同国务院有关部门制定国家危险废物名录，规定统一的危险废物鉴别标准、鉴别方法和识别标志。

第五十二条　对危险废物的容器和包装物以及收集、贮存、运输、处置危险废物的设施、场所，必须设置危险废物识别标志。

第五十三条　产生危险废物的单位，必须按照国家有关规定制定危险废物管理计划，并向所在地县级以上地方人民政府环境保护行政主管部门申报危险废物的种类、产生量、流向、贮存、处置等有关资料。

前款所称危险废物管理计划应当包括减少危险废物产生量和危害性的措施以及危险废物贮存、利用、处置措施。危险废物管理计划应当报产生危险废物的单位所在地县级以上地方人民政府环境保护行政主管部门备案。

本条规定的申报事项或者危险废物管理计划内容有重大改变的，应当及时申报。

第五十四条　国务院环境保护行政主管部门会同国务院经济综合宏观调控部门组织编制危险废物集中处置设施、场所的建设规划，报国务院批准后实施。

县级以上地方人民政府应当依据危险废物集中处置设施、场所的建设规划组织建设危险废物集中处置设施、场所。

第五十五条　产生危险废物的单位，必须按照国家有关规定处置危险废物，不得擅自倾倒、堆放；不处置的，由所在地县级以上地方人民政府环境保护行政主管部门责令限期改正；逾期不处置或者处置不符合国家有关规定的，由所在地县级以上地方人民政府环境保护行政主管部门指定单位按照国家有关规定代为处置，处置费用由产生危险废物的单位承担。

第五十六条　以填埋方式处置危险废物不符合国务院环境保护行政主管部门规定的，应当缴纳危险废物排污费。危险废物排污费征收的具体办法由国务院规定。

危险废物排污费用于污染环境的防治，不得挪作他用。

第五十七条　从事收集、贮存、处置危险废物经营活动的单位，必须向县级以上人民政府环境保护行政主管部门申请领取经营许可证；从事利用危险废物经营活动的单位，必须向国务院环境保护行政主管部门或者省、自治区、直辖市人民政府环境保护行政主管部门申请领取经营许可证。具体管理办法由国务院规定。

禁止无经营许可证或者不按照经营许可证规定从事危险废物收集、贮存、利用、处置的经营活动。

禁止将危险废物提供或者委托给无经营许可证的单位从事收集、贮存、利用、处置的经营活动。

第五十八条　收集、贮存危险废物，必须按照危险废物特性分类进行。禁止混合收集、贮存、运输、处置性质不相容而未经安全性处置的危险废物。

贮存危险废物必须采取符合国家环境保护标准的防护措施，并不得超过一年；确需延长期限的，必须报经原批准经营许可证的环境保护行政主管部门批准；法律、行政法规另有规定的除外。

禁止将危险废物混入非危险废物中贮存。

第五十九条　转移危险废物的，必须按照国家有关规定填写危险废物转移联单，并向危险废物移出地设区的市级以上地方人民政府环境保护行政主管部门提出申请。移出地设区的市级以上地方人民政府环境保护行政主管部门应当商经接受地设区的市级以上地方人民政府环境保护行政主管部门同意后，方可批准转移该危险废物。未经批准的，不得转移。

转移危险废物途经移出地、接受地以外行政区域的，危险废物移出地设区的市级以上地方人民政府环境保护行政主管部门应当及时通知沿途经过的设区的市级以上地方人民政府环境保护行政主管部门。

第六十条　运输危险废物，必须采取防止污染环境的措施，并遵守国家有关危险货物运输管理的规定。

禁止将危险废物与旅客在同一运输工具上载运。

第六十一条　收集、贮存、运输、处置危险废物的场所、设施、设备和容器、包装物及其他物品转作他用时，必须经过消除污染的处理，方可使用。

第六十二条　产生、收集、贮存、运输、利用、处置危险废物的单位，应当制定意外事故的防范措施和应急预案，并向所在地县级以上地方人民政府环境保护行政主管部门备案；环境保护行政主管部门应当进行检查。

第六十三条　因发生事故或者其他突发性事件，造成危险废物严重污染环境的单位，必须立即采取措施消除或者减轻对环境的污染危害，及时通报可能受到污染危害的单位和居民，并向所在地县级以上地方人民政府环境保护行政主管部门和有关部门报告，接受调查处理。

第六十四条　在发生或者有证据证明可能发生危险废物严重污染环境、威胁居民生命财产安全时，县级以上地方人民政府环境保护行政主管部门或者其他固体废物污染环境防治工作的监督管理部门必须立即向本级人民政府和上一级人民政府有关行政主管部门报告，由人民政府采取防止或者减轻危害的有效措施。有关人民政府可以根据需要责令停止导致或者可能导致环境污染事故的作业。

第六十五条　重点危险废物集中处置设施、场所的退役费用应当预提，列入投资概算或者经营成本。具体提取和管理办法，由国务院财政部门、价格主管部门会同国务院环境保护行政主管部门规定。

第六十六条　禁止经中华人民共和国过境转移危险废物。

第五章　法律责任

第六十七条　县级以上人民政府环境保护行政主管部门或者其他固体废物污染环境防治工作的监督管理部门违反本法规定，有下列行为之一的，由本级人民政府或者上级人民政府有关行政主管部门责令改正，对负有责任的主管人员和其他直接责任人员依法给予行政处分；构成犯罪的，依法追究刑事责任：

（一）不依法作出行政许可或者办理批准文件的；

（二）发现违法行为或者接到对违法行为的举报后不予查处的；

（三）有不依法履行监督管理职责的其他行为的。

第六十八条　违反本法规定，有下列行为之一的，由县级以上人民政府环境保护行政主管部门责令停止违法行为，限期改正，处以罚款：

（一）不按照国家规定申报登记工业固体废物，或者在申报登记时弄虚作假的；

（二）对暂时不利用或者不能利用的工业固体废物未建设贮存的设施、场所安全分类存放，或者未采取无害化处置措施的；

（三）将列入限期淘汰名录被淘汰的设备转让给他人使用的；

（四）擅自关闭、闲置或者拆除工业固体废物污染环境防治设施、场所的；

（五）在自然保护区、风景名胜区、饮用水水源保护区、基本农田保护区和其他需要特别保护的区域内，建设工业固体废物集中贮存、处置的设施、场所和生活垃圾填埋场的；

（六）擅自转移固体废物出省、自治区、直辖市行政区域贮存、处置的；

（七）未采取相应防范措施，造成工业固体废物扬散、流失、渗漏或者造成其他环境污染的；

（八）在运输过程中沿途丢弃、遗撒工业固体废物的。

有前款第一项、第八项行为之一的，处五千元以上五万元以下的罚款；有前款第二项、第三项、第四项、第五项、第六项、第七项行为之一的，处一万元以上十万元以下的罚款。

第六十九条　违反本法规定，建设项目需要配套建设的固体废物污染环境防治设施未建成、未经验收或者验收不合格，主体工程即投入生产或者使用的，由审批该建设项目环境影响评价文件的环境保护行政主管部门责令停止生产或者使用，可以并处十万元以下的罚款。

第七十条　违反本法规定，拒绝县级以上人民政府环境保护行政主管部门或者其他固体废物污染环境防治工作的监督管理部门现场检查的，由执行现场检查的部门责令限期改正；拒不改正或者在检查时弄虚作假的，处二千元以上二万元以下的罚款。

第七十一条　从事畜禽规模养殖未按照国家有关规定收集、贮存、处置畜禽粪便，造成环境污染的，由县级以上地方人民政府环境保护行政主管部门责令限期改正，可以处五万元以下的罚款。

第七十二条　违反本法规定，生产、销售、进口或者使用淘汰的设备，或者采用淘汰的生产工艺的，由县级以上人民政府经济综合宏观调控部门责令改正；情节严重的，由县级以上人民政府经济综合宏观调控部门提出意见，报请同级人民政府按照国务院规定的权限决定停业或者关闭。

第七十三条　尾矿、矸石、废石等矿业固体废物贮存设施停止使用后，未按照国家有关环境保护规定进行封场的，由县级以上地方人民政府环境保护行政主管部门责令限期改正，可以处五万元以上二十万元以下的罚款。

第七十四条　违反本法有关城市生活垃圾污染环境防治的规定，有下列行为之一的，由县级以上地方人民政府环境卫生行政主管部门责令停止违法行为，限期改正，处以罚款：

（一）随意倾倒、抛撒或者堆放生活垃圾的；

（二）擅自关闭、闲置或者拆除生活垃圾处置设施、场所的；

（三）工程施工单位不及时清运施工过程中产生的固体废物，造成环境污染的；

（四）工程施工单位不按照环境卫生行政主管部门的规定对施工过程中产生的固体废物进行利用或者处置的；

（五）在运输过程中沿途丢弃、遗撒生活垃圾的。

单位有前款第一项、第三项、第五项行为之一的，处五千元以上五万元以下的罚款；有前款第二项、第四项行为之一的，处一万元以上十万元以下的罚款。个人有前款第一项、第五项行为之一的，处二百元以下的罚款。

第七十五条 违反本法有关危险废物污染环境防治的规定，有下列行为之一的，由县级以上人民政府环境保护行政主管部门责令停止违法行为，限期改正，处以罚款：

（一）不设置危险废物识别标志的；

（二）不按照国家规定申报登记危险废物，或者在申报登记时弄虚作假的；

（三）擅自关闭、闲置或者拆除危险废物集中处置设施、场所的；

（四）不按照国家规定缴纳危险废物排污费的；

（五）将危险废物提供或者委托给无经营许可证的单位从事经营活动的；

（六）不按照国家规定填写危险废物转移联单或者未经批准擅自转移危险废物的；

（七）将危险废物混入非危险废物中贮存的；

（八）未经安全性处置，混合收集、贮存、运输、处置具有不相容性质的危险废物的；

（九）将危险废物与旅客在同一运输工具上载运的；

（十）未经消除污染的处理将收集、贮存、运输、处置危险废物的场所、设施、设备和容器、包装物及其他物品转作他用的；

（十一）未采取相应防范措施，造成危险废物扬散、流失、渗漏或者造成其他环境污染的；

（十二）在运输过程中沿途丢弃、遗撒危险废物的；

（十三）未制定危险废物意外事故防范措施和应急预案的。

有前款第一项、第二项、第七项、第八项、第九项、第十项、第十一项、第十二项、第十三项行为之一的，处一万元以上十万元以下的罚款；有前款第三项、第五项、第六项行为之一的，处二万元以上二十万元以下的罚款；有前款第四项行为的，限期缴纳，逾期不缴纳的，处应缴纳危险废物排污费金额一倍以上三倍以下的罚款。

第七十六条 违反本法规定，危险废物产生者不处置其产生的危险废物又不承担依法应当承担的处置费用的，由县级以上地方人民政府环境保护行政主管部门责令限期改正，处代为处置费用一倍以上三倍以下的罚款。

第七十七条 无经营许可证或者不按照经营许可证规定从事收集、贮存、利用、处置危险废物经营活动的，由县级以上人民政府环境保护行政主管部门责令停止违法行为，没收违法所得，可以并处违法所得三倍以下的罚款。

不按照经营许可证规定从事前款活动的，还可以由发证机关吊销经营许可证。

第七十八条 违反本法规定，将中华人民共和国境外的固体废物进境倾倒、堆放、处置的，进口属于禁止进口的固体废物或者未经许可擅自进口属于限制进口的固体废物用作原料的，由海关责令退运该固体废物，可以并处十万元以上一百万元以下的罚款；构成犯罪的，依法追究刑事责任。进口者不明的，由承运人承担退运该固体废物的责任，或者承担该固体废物的处置费用。

逃避海关监管将中华人民共和国境外的固体废物运输进境，构成犯罪的，依法追究刑事责任。

第七十九条 违反本法规定，经中华人民共和国过境转移危险废物的，由海关责令退运该危险废物，可以并处五万元以上五十万元以下的罚款。

第八十条 对已经非法入境的固体废物，由省级以上人民政府环境保护行政主管部门依法向海关提出处理意见，海关应当依照本法第七十八条的规定作出处罚决定；已经造成环境污染的，由省级以上人民政府环境保护行政主管部门责令进口者消除污染。

第八十一条　违反本法规定，造成固体废物严重污染环境的，由县级以上人民政府环境保护行政主管部门按照国务院规定的权限决定限期治理；逾期未完成治理任务的，由本级人民政府决定停业或者关闭。

第八十二条　违反本法规定，造成固体废物污染环境事故的，由县级以上人民政府环境保护行政主管部门处二万元以上二十万元以下的罚款；造成重大损失的，按照直接损失的百分之三十计算罚款，但是最高不超过一百万元，对负有责任的主管人员和其他直接责任人员，依法给予行政处分；造成固体废物污染环境重大事故的，并由县级以上人民政府按照国务院规定的权限决定停业或者关闭。

第八十三条　违反本法规定，收集、贮存、利用、处置危险废物，造成重大环境污染事故，构成犯罪的，依法追究刑事责任。

第八十四条　受到固体废物污染损害的单位和个人，有权要求依法赔偿损失。

赔偿责任和赔偿金额的纠纷，可以根据当事人的请求，由环境保护行政主管部门或者其他固体废物污染环境防治工作的监督管理部门调解处理；调解不成的，当事人可以向人民法院提起诉讼。当事人也可以直接向人民法院提起诉讼。

国家鼓励法律服务机构对固体废物污染环境诉讼中的受害人提供法律援助。

第八十五条　造成固体废物污染环境的，应当排除危害，依法赔偿损失，并采取措施恢复环境原状。

第八十六条　因固体废物污染环境引起的损害赔偿诉讼，由加害人就法律规定的免责事由及其行为与损害结果之间不存在因果关系承担举证责任。

第八十七条　固体废物污染环境的损害赔偿责任和赔偿金额的纠纷，当事人可以委托环境监测机构提供监测数据。环境监测机构应当接受委托，如实提供有关监测数据。

第六章　附　则

第八十八条　本法下列用语的含义：

（一）固体废物，是指在生产、生活和其他活动中产生的丧失原有利用价值或者虽未丧失利用价值但被抛弃或者放弃的固态、半固态和置于容器中的气态的物品、物质以及法律、行政法规规定纳入固体废物管理的物品、物质。

（二）工业固体废物，是指在工业生产活动中产生的固体废物。

（三）生活垃圾，是指在日常生活中或者为日常生活提供服务的活动中产生的固体废物以及法律、行政法规规定视为生活垃圾的固体废物。

（四）危险废物，是指列入国家危险废物名录或者根据国家规定的危险废物鉴别标准和鉴别方法认定的具有危险特性的固体废物。

（五）贮存，是指将固体废物临时置于特定设施或者场所中的活动。

（六）处置，是指将固体废物焚烧和用其他改变固体废物的物理、化学、生物特性的方法，达到减少已产生的固体废物数量、缩小固体废物体积、减少或者消除其危险成分的活动，或者将固体废物最终置于符合环境保护规定要求的填埋场的活动。

（七）利用，是指从固体废物中提取物质作为原材料或者燃料的活动。

第八十九条   液态废物的污染防治，适用本法；但是，排入水体的废水的污染防治适用有关法律，不适用本法。

第九十条   中华人民共和国缔结或者参加的与固体废物污染环境防治有关的国际条约与本法有不同规定的，适用国际条约的规定；但是，中华人民共和国声明保留的条款除外。

第九十一条   本法自 2005 年 4 月 1 日起施行。

十一、《中华人民共和国劳动法》

中华人民共和国主席令
第 二十八 号

《中华人民共和国劳动法》已由中华人民共和国第八届全国人民代表大会常务委员会第八次会议于 1994 年 7 月 5 日通过，现予公布，自 1995 年 1 月 1 日起施行。

中华人民共和国主席　江泽民
1994 年 7 月 5 日

中华人民共和国劳动法
（1994 年 7 月 5 日第八届全国人民代表大会常务委员会第八次会议通过）

第一章　总　则

第一条   为了保护劳动者的合法权益，调整劳动关系，建立和维护适应社会主义市场经济的劳动制度，促进经济发展和社会进步，根据宪法，制定本法。

第二条   在中华人民共和国境内的企业、个体经济组织（以下统称用人单位）和与之形成劳动关系的劳动者，适用本法。

国家机关、事业组织、社会团体和与之建立劳动合同关系的劳动者，依照本法执行。

第三条   劳动者享有平等就业和选择职业的权利、取得劳动报酬的权利、休息休假的权利、获得劳动安全卫生保护的权利、接受职业技能培训的权利、享受社会保险和福利的权利、提请劳动争议处理的权利以及法律规定的其他劳动权利。

劳动者应当完成劳动任务，提高职业技能，执行劳动安全卫生规程，遵守劳动纪律和职业道德。

第四条   用人单位应当依法建立和完善规章制度，保障劳动者享有劳动权利和履行劳动义务。

第五条   国家采取各种措施，促进劳动就业，发展职业教育，制定劳动标准，调节社会收入，完善社会保险，协调劳动关系，逐步提高劳动者的生活水平。

第六条   国家提倡劳动者参加社会义务劳动，开展劳动竞赛和合理化建议活动，鼓励和保护劳动者进行科学研究、技术革新和发明创造，表彰和奖励劳动模范和先进工作者。

第七条   劳动者有权依法参加和组织工会。

工会代表和维护劳动者的合法权益，依法独立自主地开展活动。

第八条   劳动者依照法律规定，通过职工大会、职工代表大会或者其他形式，参与民主管理或者就保护劳动者合法权益与用人单位进行平等协商。

第九条　国务院劳动行政部门主管全国劳动工作。

县级以上地方人民政府劳动行政部门主管本行政区域内的劳动工作。

第二章　促进就业

第十条　国家通过促进经济和社会发展，创造就业条件，扩大就业机会。

国家鼓励企业、事业组织、社会团体在法律、行政法规规定的范围内兴办产业或者拓展经营，增加就业。国家支持劳动者自愿组织起来就业和从事个体经营实现就业。

第十一条　地方各级人民政府应当采取措施，发展多种类型的职业介绍机构，提供就业服务。

第十二条　劳动者就业，不因民族、种族、性别、宗教信仰不同而受歧视。

第十三条　妇女享有与男子平等的就业权利。在录用职工时，除国家规定的不适合妇女的工种或者岗位外，不得以性别为由拒绝录用妇女或者提高对妇女的录用标准。

第十四条　残疾人、少数民族人员、退出现役的军人的就业，法律、法规有特别规定的，从其规定。

第十五条　禁止用人单位招用未满十六周岁的未成年人。

文艺、体育和特种工艺单位招用未满十六周岁的未成年人，必须依照国家有关规定，履行审批手续，并保障其接受义务教育的权利。

第三章　劳动合同和集体合同

第十六条　劳动合同是劳动者与用人单位确立劳动关系、明确双方权利和义务的协议。

建立劳动关系应当订立劳动合同。

第十七条　订立和变更劳动合同，应当遵循平等自愿、协商一致的原则，不得违反法律、行政法规的规定。

劳动合同依法订立即具有法律约束力，当事人必须履行劳动合同规定的义务。

第十八条　下列劳动合同无效：

（一）违反法律、行政法规的劳动合同；

（二）采取欺诈、威胁等手段订立的劳动合同。

无效的劳动合同，从订立的时候起，就没有法律约束力。确认劳动合同部分无效的，如果不影响其余部分的效力，其余部分仍然有效。

劳动合同的无效，由劳动争议仲裁委员会或者人民法院确认。

第十九条　劳动合同应当以书面形式订立，并具备以下条款：

（一）劳动合同期限；

（二）工作内容；

（三）劳动保护和劳动条件；

（四）劳动报酬；

（五）劳动纪律；

（六）劳动合同终止的条件；

（七）违反劳动合同的责任。

劳动合同除前款规定的必备条款外，当事人可以协商约定其他内容。

第二十条　劳动合同的期限分为有固定期限、无固定期限和以完成一定的工作为期限。

劳动者在同一用人单位连续工作满十年以上，当事人双方同意续延劳动合同的，如果劳动者提出订立无固定期限的劳动合同，应当订立无固定期限的劳动合同。

第二十一条　劳动合同可以约定试用期。试用期最长不得超过六个月。

第二十二条　劳动合同当事人可以在劳动合同中约定保守用人单位商业秘密的有关事项。

第二十三条　劳动合同期满或者当事人约定的劳动合同终止条件出现，劳动合同即行终止。

第二十四条　经劳动合同当事人协商一致，劳动合同可以解除。

第二十五条　劳动者有下列情形之一的，用人单位可以解除劳动合同：

（一）在试用期间被证明不符合录用条件的；

（二）严重违反劳动纪律或者用人单位规章制度的；

（三）严重失职，营私舞弊，对用人单位利益造成重大损害的；

（四）被依法追究刑事责任的。

第二十六条　有下列情形之一的，用人单位可以解除劳动合同，但是应当提前三十日以书面形式通知劳动者本人：

（一）劳动者患病或者非因工负伤，医疗期满后，不能从事原工作也不能从事由用人单位另行安排的工作的；

（二）劳动者不能胜任工作，经过培训或者调整工作岗位，仍不能胜任工作的；

（三）劳动合同订立时所依据的客观情况发生重大变化，致使原劳动合同无法履行，经当事人协商不能就变更劳动合同达成协议的。

第二十七条　用人单位濒临破产进行法定整顿期间或者生产经营状况发生严重困难，确需裁减人员的，应当提前三十日向工会或者全体职工说明情况，听取工会或者职工的意见，经向劳动行政部门报告后，可以裁减人员。

用人单位依据本条规定裁减人员，在六个月内录用人员的，应当优先录用被裁减的人员。

第二十八条　用人单位依据本法第二十四条、第二十六条、第二十七条的规定解除劳动合同的，应当依照国家有关规定给予经济补偿。

第二十九条　劳动者有下列情形之一的，用人单位不得依据本法第二十六条、第二十七条的规定解除劳动合同：

（一）患职业病或者因工负伤并被确认丧失或者部分丧失劳动能力的；

（二）患病或者负伤，在规定的医疗期内的；

（三）女职工在孕期、产期、哺乳期内的；

（四）法律、行政法规规定的其他情形。

第三十条　用人单位解除劳动合同，工会认为不适当的，有权提出意见。如果用人单位违反法律、法规或者劳动合同，工会有权要求重新处理；劳动者申请仲裁或者提起诉讼的，工会应当依法给予支持和帮助。

第三十一条　劳动者解除劳动合同，应当提前三十日以书面形式通知用人单位。

第三十二条　有下列情形之一的，劳动者可以随时通知用人单位解除劳动合同：

（一）在试用期内的；

（二）用人单位以暴力、威胁或者非法限制人身自由的手段强迫劳动的；

（三）用人单位未按照劳动合同约定支付劳动报酬或者提供劳动条件的。

第三十三条　企业职工一方与企业可以就劳动报酬、工作时间、休息休假、劳动安全卫生、保险福利等事项，签订集体合同。集体合同草案应当提交职工代表大会或者全体职工讨论通过。

集体合同由工会代表职工与企业签订；没有建立工会的企业，由职工推举的代表与企业签订。

第三十四条　集体合同签订后应当报送劳动行政部门；劳动行政部门自收到集体合同文本之日起十五日内未提出异议的，集体合同即行生效。

第三十五条　依法签订的集体合同对企业和企业全体职工具有约束力。职工个人与企业订立的劳动合同中劳动条件和劳动报酬等标准不得低于集体合同的规定。

第四章　工作时间和休息休假

第三十六条　国家实行劳动者每日工作时间不超过八小时、平均每周工作时间不超过四十四小时的工时制度。

第三十七条　对实行计件工作的劳动者，用人单位应当根据本法第三十六条规定的工作制度合理确定其劳动定额和计件报酬标准。

第三十八条　用人单位应当保证劳动者每周至少休息一日。

第三十九条　企业因生产特点不能实行本法第三十六条、第三十八条规定的，经劳动行政部门批准，可以实行其他工作和休息办法。

第四十条　用人单位在下列节日期间应当依法安排劳动者休假：

（一）元旦；

（二）春节；

（三）国际劳动节；

（四）国庆节；

（五）法律、法规规定的其他休假节日。

第四十一条　用人单位由于生产经营需要，经与工会和劳动者协商后可以延长工作时间，一般每日不得超过一小时；因特殊原因需要延长工作时间的，在保障劳动者身体健康的条件下延长工作时间每日不得超过三小时，但是每月不得超过三十六小时。

第四十二条　有下列情形之一的，延长工作时间不受本法第四十一条规定的限制：

（一）发生自然灾害、事故或者因其他原因，威胁劳动者生命健康和财产安全，需要紧急处理的；

（二）生产设备、交通运输线路、公共设施发生故障，影响生产和公众利益，必须及时抢修的；

（三）法律、行政法规规定的其他情形。

第四十三条　用人单位不得违反本法规定延长劳动者的工作时间。

第四十四条　有下列情形之一的，用人单位应当按照下列标准支付高于劳动者正常工作时间工资的工资报酬：

（一）安排劳动者延长工作时间的，支付不低于工资的百分之一百五十的工资报酬；

（二）休息日安排劳动者工作又不能安排补休的，支付不低于工资的百分之二百的工资报酬；

（三）法定休假日安排劳动者工作的，支付不低于工资的百分之三百的工资报酬。

第四十五条　国家实行带薪年休假制度。

劳动者连续工作一年以上的，享受带薪年休假。具体办法由国务院规定。

第五章　工　资

第四十六条　工资分配应当遵循按劳分配原则，实行同工同酬。

工资水平在经济发展的基础上逐步提高。国家对工资总量实行宏观调控。

第四十七条　用人单位根据本单位的生产经营特点和经济效益，依法自主确定本单位的工资分配方式和工资水平。

第四十八条　国家实行最低工资保障制度。最低工资的具体标准由省、自治区、直辖市人民政府规定，报国务院备案。

用人单位支付劳动者的工资不得低于当地最低工资标准。

第四十九条　确定和调整最低工资标准应当综合参考下列因素：

（一）劳动者本人及平均赡养人口的最低生活费用；

（二）社会平均工资水平；

（三）劳动生产率；

（四）就业状况；

（五）地区之间经济发展水平的差异。

第五十条　工资应当以货币形式按月支付给劳动者本人。不得克扣或者无故拖欠劳动者的工资。

第五十一条　劳动者在法定休假日和婚丧假期间以及依法参加社会活动期间，用人单位应当依法支付工资。

第六章　劳动安全卫生

第五十二条　用人单位必须建立、健全劳动安全卫生制度，严格执行国家劳动安全卫生规程和标准，对劳动者进行劳动安全卫生教育，防止劳动过程中的事故，减少职业危害。

第五十三条　劳动安全卫生设施必须符合国家规定的标准。

新建、改建、扩建工程的劳动安全卫生设施必须与主体工程同时设计、同时施工、同时投入生产和使用。

第五十四条　用人单位必须为劳动者提供符合国家规定的劳动安全卫生条件和必要的劳动防护用品，对从事有职业危害作业的劳动者应当定期进行健康检查。

第五十五条　从事特种作业的劳动者必须经过专门培训并取得特种作业资格。

第五十六条　劳动者在劳动过程中必须严格遵守安全操作规程。

劳动者对用人单位管理人员违章指挥、强令冒险作业，有权拒绝执行；对危害生命安全和身体健康的行为，有权提出批评、检举和控告。

第五十七条　国家建立伤亡事故和职业病统计报告和处理制度。县级以上各级人民政府劳动行政部门、有关部门和用人单位应当依法对劳动者在劳动过程中发生的伤亡事故和劳动者的职业病状况，进行统计、报告和处理。

第七章　女职工和未成年工特殊保护

第五十八条　国家对女职工和未成年工实行特殊劳动保护。

未成年工是指年满十六周岁未满十八周岁的劳动者。

第五十九条　禁止安排女职工从事矿山井下、国家规定的第四级体力劳动强度的劳动和其他禁忌从事的劳动。

第六十条　不得安排女职工在经期从事高处、低温、冷水作业和国家规定的第三级体力劳动强度的劳动。

第六十一条　不得安排女职工在怀孕期间从事国家规定的第三级体力劳动强度的劳动和孕期禁忌从事的劳动。对怀孕七个月以上的女职工，不得安排其延长工作时间和夜班劳动。

第六十二条　女职工生育享受不少于九十天的产假。

第六十三条　不得安排女职工在哺乳未满一周岁的婴儿期间从事国家规定的第三级体力劳动强度的劳动和哺乳期禁忌从事的其他劳动，不得安排其延长工作时间和夜班劳动。

第六十四条　不得安排未成年工从事矿山井下、有毒有害、国家规定的第四级体力劳动强度的劳动和其他禁忌从事的劳动。

第六十五条　用人单位应当对未成年工定期进行健康检查。

第八章　职业培训

第六十六条　国家通过各种途径，采取各种措施，发展职业培训事业，开发劳动者的职业技能，提高劳动者素质，增强劳动者的就业能力和工作能力。

第六十七条　各级人民政府应当把发展职业培训纳入社会经济发展的规划，鼓励和支持有条件的企业、事业组织、社会团体和个人进行各种形式的职业培训。

第六十八条　用人单位应当建立职业培训制度，按照国家规定提取和使用职业培训经费，根据本单位实际，有计划地对劳动者进行职业培训。

从事技术工种的劳动者，上岗前必须经过培训。

第六十九条　国家确定职业分类，对规定的职业制定职业技能标准，实行职业资格证书制度，由经过政府批准的考核鉴定机构负责对劳动者实施职业技能考核鉴定。

第九章　社会保险和福利

第七十条　国家发展社会保险事业，建立社会保险制度，设立社会保险基金，使劳动者在年老、患病、工伤、失业、生育等情况下获得帮助和补偿。

第七十一条　社会保险水平应当与社会经济发展水平和社会承受能力相适应。

第七十二条　社会保险基金按照保险类型确定资金来源，逐步实行社会统筹。用人单位和劳动者必须依法参加社会保险，缴纳社会保险费。

第七十三条　劳动者在下列情形下，依法享受社会保险待遇：

（一）退休；

（二）患病、负伤；

（三）因工伤残或者患职业病；

（四）失业；

（五）生育。

劳动者死亡后，其遗属依法享受遗属津贴。

劳动者享受社会保险待遇的条件和标准由法律、法规规定。

劳动者享受的社会保险金必须按时足额支付。

第七十四条　社会保险基金经办机构依照法律规定收支、管理和运营社会保险基金，并负有使社会保险基金保值增值的责任。

社会保险基金监督机构依照法律规定，对社会保险基金的收支、管理和运营实施监督。

社会保险基金经办机构和社会保险基金监督机构的设立和职能由法律规定。

任何组织和个人不得挪用社会保险基金。

第七十五条　国家鼓励用人单位根据本单位实际情况为劳动者建立补充保险。

国家提倡劳动者个人进行储蓄性保险。

第七十六条　国家发展社会福利事业，兴建公共福利设施，为劳动者休息、休养和疗养提供条件。

用人单位应当创造条件，改善集体福利，提高劳动者的福利待遇。

第十章　劳动争议

第七十七条　用人单位与劳动者发生劳动争议，当事人可以依法申请调解、仲裁、提起诉讼，也可以协商解决。

调解原则适用于仲裁和诉讼程序。

第七十八条　解决劳动争议，应当根据合法、公正、及时处理的原则，依法维护劳动争议当事人的合法权益。

第七十九条　劳动争议发生后，当事人可以向本单位劳动争议调解委员会申请调解；调解不成，当事人一方要求仲裁的，可以向劳动争议仲裁委员会申请仲裁。当事人一方也可以直接向劳动争议仲裁委员会申请仲裁。对仲裁裁决不服的，可以向人民法院提起诉讼。

第八十条　在用人单位内，可以设立劳动争议调解委员会。劳动争议调解委员会由职工代表、用人单位代表和工会代表组成。劳动争议调解委员会主任由工会代表担任。

劳动争议经调解达成协议的，当事人应当履行。

第八十一条　劳动争议仲裁委员会由劳动行政部门代表、同级工会代表、用人单位方面的代表组成。劳动争议仲裁委员会主任由劳动行政部门代表担任。

第八十二条　提出仲裁要求的一方应当自劳动争议发生之日起六十日内向劳动争议仲裁委员会提出书面申请。仲裁裁决一般应在收到仲裁申请的六十日内作出。对仲裁裁决无异议的，当事人必须履行。

第八十三条　劳动争议当事人对仲裁裁决不服的，可以自收到仲裁裁决书之日起十五日内向人民法院提起诉讼。一方当事人在法定期限内不起诉又不履行仲裁裁决的，另一方当事人可以申请人民法院强制执行。

第八十四条　因签订集体合同发生争议，当事人协商解决不成的，当地人民政府劳动行政部门可以组织有关各方协调处理。

因履行集体合同发生争议，当事人协商解决不成的，可以向劳动争议仲裁委员会申请仲裁；对仲裁裁决不服的，可以自收到仲裁裁决书之日起十五日内向人民法院提起诉讼。

第十一章　监督检查

第八十五条　县级以上各级人民政府劳动行政部门依法对用人单位遵守劳动法律、法规的情况进行监督检查，对违反劳动法律、法规的行为有权制止，并责令改正。

第八十六条　县级以上各级人民政府劳动行政部门监督检查人员执行公务，有权进入用人单位了解执行劳动法律、法规的情况，查阅必要的资料，并对劳动场所进行检查。

县级以上各级人民政府劳动行政部门监督检查人员执行公务，必须出示证件，秉公执法并遵守有关规定。

第八十七条　县级以上各级人民政府有关部门在各自职责范围内，对用人单位遵守劳动法律、法规的情况进行监督。

第八十八条　各级工会依法维护劳动者的合法权益，对用人单位遵守劳动法律、法规的情况进行监督。

任何组织和个人对于违反劳动法律、法规的行为有权检举和控告。

第十二章　法律责任

第八十九条　用人单位制定的劳动规章制度违反法律、法规规定的，由劳动行政部门给予警告，责令改正；对劳动者造成损害的，应当承担赔偿责任。

第九十条　用人单位违反本法规定，延长劳动者工作时间的，由劳动行政部门给予警告，责令改正，并可以处以罚款。

第九十一条　用人单位有下列侵害劳动者合法权益情形之一的，由劳动行政部门责令支付劳动者的工资报酬、经济补偿，并可以责令支付赔偿金：

（一）克扣或者无故拖欠劳动者工资的；

（二）拒不支付劳动者延长工作时间工资报酬的；

（三）低于当地最低工资标准支付劳动者工资的；

（四）解除劳动合同后，未依照本法规定给予劳动者经济补偿的。

第九十二条　用人单位的劳动安全设施和劳动卫生条件不符合国家规定或者未向劳动者提供必要的劳动防护用品和劳动保护设施的，由劳动行政部门或者有关部门责令改正，可以处以罚款；情节严重的，提请县级以上人民政府决定责令停产整顿；对事故隐患不采取措施，致使发生重大事故，造成劳动者生命和财产损失的，对责任人员比照刑法第一百八十七条的规定追究刑事责任。

第九十三条　用人单位强令劳动者违章冒险作业，发生重大伤亡事故，造成严重后果的，对责任人员依法追究刑事责任。

第九十四条　用人单位非法招用未满十六周岁的未成年人的，由劳动行政部门责令改正，处以罚款；情节严重的，由工商行政管理部门吊销营业执照。

第九十五条　用人单位违反本法对女职工和未成年工的保护规定，侵害其合法权益的，由劳动行政部门责令改正，处以罚款；对女职工或者未成年工造成损害的，应当承担赔偿责任。

第九十六条　用人单位有下列行为之一，由公安机关对责任人员处以十五日以下拘留、罚款或者警告；构成犯罪的，对责任人员依法追究刑事责任：

（一）以暴力、威胁或者非法限制人身自由的手段强迫劳动的；

（二）侮辱、体罚、殴打、非法搜查和拘禁劳动者的。

第九十七条　由于用人单位的原因订立的无效合同，对劳动者造成损害的，应当承担赔偿责任。

第九十八条　用人单位违反本法规定的条件解除劳动合同或者故意拖延不订立劳动合同的，由劳动行政部门责令改正；对劳动者造成损害的，应当承担赔偿责任。

第九十九条　用人单位招用尚未解除劳动合同的劳动者，对原用人单位造成经济损失的，该用人单位应当依法承担连带赔偿责任。

第一百条　用人单位无故不缴纳社会保险费的，由劳动行政部门责令其限期缴纳；逾期不缴的，可以加收滞纳金。

第一百零一条　用人单位无理阻挠劳动行政部门、有关部门及其工作人员行使监督检查权，打击报复举报人员的，由劳动行政部门或者有关部门处以罚款；构成犯罪的，对责任人员依法追究刑事责任。

第一百零二条　劳动者违反本法规定的条件解除劳动合同或者违反劳动合同中约定的保密事项，对用人单位造成经济损失的，应当依法承担赔偿责任。

第一百零三条　劳动行政部门或者有关部门的工作人员滥用职权、玩忽职守、徇私舞弊，构成犯罪的，依法追究刑事责任；不构成犯罪的，给予行政处分。

第一百零四条　国家工作人员和社会保险基金经办机构的工作人员挪用社会保险基金，构成犯罪的，依法追究刑事责任。

第一百零五条　违反本法规定侵害劳动者合法权益，其他法律、行政法规已规定处罚的，依照该法律、行政法规的规定处罚。

第十三章　附　则

第一百零六条　省、自治区、直辖市人民政府根据本法和本地区的实际情况，规定劳动合同制度的实施步骤，报国务院备案。

第一百零七条　本法自 1995 年 1 月 1 日起施行。

十二、《中华人民共和国职业病防治法》

中华人民共和国主席令
第 五十二 号

《全国人民代表大会常务委员会关于修改〈中华人民共和国职业病防治法〉的决定》已由中华人民共和国第十一届全国人民代表大会常务委员会第二十四次会议于 2011 年 12 月 31 日通过，现予公布，自公布之日起施行。

中华人民共和国主席　胡锦涛

2011 年 12 月 31 日

中华人民共和国职业病防治法

（2001年10月27日第九届全国人民代表大会常务委员会第二十四次会议通过，根据2011年12月31日第十一届全国人民代表大会常务委员会第二十四次会议《关于修改〈中华人民共和国职业病防治法〉的决定》修正）

第一章 总 则

第一条 为了预防、控制和消除职业病危害，防治职业病，保护劳动者健康及其相关权益，促进经济社会发展，根据宪法，制定本法。

第二条 本法适用于中华人民共和国领域内的职业病防治活动。

本法所称职业病，是指企业、事业单位和个体经济组织等用人单位的劳动者在职业活动中，因接触粉尘、放射性物质和其他有毒、有害因素而引起的疾病。

职业病的分类和目录由国务院卫生行政部门会同国务院安全生产监督管理部门、劳动保障行政部门制定、调整并公布。

第三条 职业病防治工作坚持预防为主、防治结合的方针，建立用人单位负责、行政机关监管、行业自律、职工参与和社会监督的机制，实行分类管理、综合治理。

第四条 劳动者依法享有职业卫生保护的权利。

用人单位应当为劳动者创造符合国家职业卫生标准和卫生要求的工作环境和条件，并采取措施保障劳动者获得职业卫生保护。

工会组织依法对职业病防治工作进行监督，维护劳动者的合法权益。用人单位制定或者修改有关职业病防治的规章制度，应当听取工会组织的意见。

第五条 用人单位应当建立、健全职业病防治责任制，加强对职业病防治的管理，提高职业病防治水平，对本单位产生的职业病危害承担责任。

第六条 用人单位的主要负责人对本单位的职业病防治工作全面负责。

第七条 用人单位必须依法参加工伤保险。

国务院和县级以上地方人民政府劳动保障行政部门应当加强对工伤保险的监督管理，确保劳动者依法享受工伤保险待遇。

第八条 国家鼓励和支持研制、开发、推广、应用有利于职业病防治和保护劳动者健康的新技术、新工艺、新设备、新材料，加强对职业病的机理和发生规律的基础研究，提高职业病防治科学技术水平；积极采用有效的职业病防治技术、工艺、设备、材料；限制使用或者淘汰职业病危害严重的技术、工艺、设备、材料。

国家鼓励和支持职业病医疗康复机构的建设。

第九条 国家实行职业卫生监督制度。

国务院安全生产监督管理部门、卫生行政部门、劳动保障行政部门依照本法和国务院确定的职责，负责全国职业病防治的监督管理工作。国务院有关部门在各自的职责范围内负责职业病防治的有关监督管理工作。

县级以上地方人民政府安全生产监督管理部门、卫生行政部门、劳动保障行政部门依据各自职责，负责本行政区域内职业病防治的监督管理工作。县级以上地方人民政府有关部门在各自的职责范围内负责职业病防治的有关监督管理工作。

县级以上人民政府安全生产监督管理部门、卫生行政部门、劳动保障行政部门（以下统称职业卫生监督管理部门）应当加强沟通，密切配合，按照各自职责分工，依法行使职权，承担责任。

第十条　国务院和县级以上地方人民政府应当制定职业病防治规划，将其纳入国民经济和社会发展计划，并组织实施。

县级以上地方人民政府统一负责、领导、组织、协调本行政区域的职业病防治工作，建立健全职业病防治工作体制、机制，统一领导、指挥职业卫生突发事件应对工作；加强职业病防治能力建设和服务体系建设，完善、落实职业病防治工作责任制。

乡、民族乡、镇的人民政府应当认真执行本法，支持职业卫生监督管理部门依法履行职责。

第十一条　县级以上人民政府职业卫生监督管理部门应当加强对职业病防治的宣传教育，普及职业病防治的知识，增强用人单位的职业病防治观念，提高劳动者的职业健康意识、自我保护意识和行使职业卫生保护权利的能力。

第十二条　有关防治职业病的国家职业卫生标准，由国务院卫生行政部门组织制定并公布。

国务院卫生行政部门应当组织开展重点职业病监测和专项调查，对职业健康风险进行评估，为制定职业卫生标准和职业病防治政策提供科学依据。

县级以上地方人民政府卫生行政部门应当定期对本行政区域的职业病防治情况进行统计和调查分析。

第十三条　任何单位和个人有权对违反本法的行为进行检举和控告。有关部门收到相关的检举和控告后，应当及时处理。

对防治职业病成绩显著的单位和个人，给予奖励。

第二章　前期预防

第十四条　用人单位应当依照法律、法规要求，严格遵守国家职业卫生标准，落实职业病预防措施，从源头上控制和消除职业病危害。

第十五条　产生职业病危害的用人单位的设立除应当符合法律、行政法规规定的设立条件外，其工作场所还应当符合下列职业卫生要求：

（一）职业病危害因素的强度或者浓度符合国家职业卫生标准；

（二）有与职业病危害防护相适应的设施；

（三）生产布局合理，符合有害与无害作业分开的原则；

（四）有配套的更衣间、洗浴间、孕妇休息间等卫生设施；

（五）设备、工具、用具等设施符合保护劳动者生理、心理健康的要求；

（六）法律、行政法规和国务院卫生行政部门、安全生产监督管理部门关于保护劳动者健康的其他要求。

第十六条　国家建立职业病危害项目申报制度。

用人单位工作场所存在职业病目录所列职业病的危害因素的，应当及时、如实向所在地安全生产监督管理部门申报危害项目，接受监督。

职业病危害因素分类目录由国务院卫生行政部门会同国务院安全生产监督管理部门制定、调整并公布。职业病危害项目申报的具体办法由国务院安全生产监督管理部门制定。

第十七条　新建、扩建、改建建设项目和技术改造、技术引进项目（以下统称建设项目）可能产生职业病危害的，建设单位在可行性论证阶段应当向安全生产监督管理部门提交职业病危害预评价报告。安全生产监督管理部门应当自收到职业病危害预评价报告之日起三十日内，作出审核决定并书面通知建设单位。未提交预评价报告或者预评价报告未经安全生产监督管理部门审核同意的，有关部门不得批准该建设项目。

职业病危害预评价报告应当对建设项目可能产生的职业病危害因素及其对工作场所和劳动者健康的影响作出评价，确定危害类别和职业病防护措施。

建设项目职业病危害分类管理办法由国务院安全生产监督管理部门制定。

第十八条　建设项目的职业病防护设施所需费用应当纳入建设项目工程预算，并与主体工程同时设计，同时施工，同时投入生产和使用。

职业病危害严重的建设项目的防护设施设计，应当经安全生产监督管理部门审查，符合国家职业卫生标准和卫生要求的，方可施工。

建设项目在竣工验收前，建设单位应当进行职业病危害控制效果评价。建设项目竣工验收时，其职业病防护设施经安全生产监督管理部门验收合格后，方可投入正式生产和使用。

第十九条　职业病危害预评价、职业病危害控制效果评价由依法设立的取得国务院安全生产监督管理部门或者设区的市级以上地方人民政府安全生产监督管理部门按照职责分工给予资质认可的职业卫生技术服务机构进行。职业卫生技术服务机构所作评价应当客观、真实。

第二十条　国家对从事放射性、高毒、高危粉尘等作业实行特殊管理。具体管理办法由国务院制定。

第三章　劳动过程中的防护与管理

第二十一条　用人单位应当采取下列职业病防治管理措施：

（一）设置或者指定职业卫生管理机构或者组织，配备专职或者兼职的职业卫生管理人员，负责本单位的职业病防治工作；

（二）制定职业病防治计划和实施方案；

（三）建立、健全职业卫生管理制度和操作规程；

（四）建立、健全职业卫生档案和劳动者健康监护档案；

（五）建立、健全工作场所职业病危害因素监测及评价制度；

（六）建立、健全职业病危害事故应急救援预案。

第二十二条　用人单位应当保障职业病防治所需的资金投入，不得挤占、挪用，并对因资金投入不足导致的后果承担责任。

第二十三条　用人单位必须采用有效的职业病防护设施，并为劳动者提供个人使用的职业病防护用品。

用人单位为劳动者个人提供的职业病防护用品必须符合防治职业病的要求；不符合要求的，不得使用。

第二十四条　用人单位应当优先采用有利于防治职业病和保护劳动者健康的新技术、新工艺、新设备、新材料，逐步替代职业病危害严重的技术、工艺、设备、材料。

第二十五条　产生职业病危害的用人单位，应当在醒目位置设置公告栏，公布有关职业病防治的规章制度、操作规程、职业病危害事故应急救援措施和工作场所职业病危害因素检测结果。

对产生严重职业病危害的作业岗位，应当在其醒目位置，设置警示标识和中文警示说明。警示说明应当载明产生职业病危害的种类、后果、预防以及应急救治措施等内容。

第二十六条　对可能发生急性职业损伤的有毒、有害工作场所，用人单位应当设置报警装置，配置现场急救用品、冲洗设备、应急撤离通道和必要的泄险区。

对放射工作场所和放射性同位素的运输、贮存，用人单位必须配置防护设备和报警装置，保证接触放射线的工作人员佩戴个人剂量计。

对职业病防护设备、应急救援设施和个人使用的职业病防护用品，用人单位应当进行经常性的维护、检修，定期检测其性能和效果，确保其处于正常状态，不得擅自拆除或者停止使用。

第二十七条　用人单位应当实施由专人负责的职业病危害因素日常监测，并确保监测系统处于正常运行状态。

用人单位应当按照国务院安全生产监督管理部门的规定，定期对工作场所进行职业病危害因素检测、评价。检测、评价结果存入用人单位职业卫生档案，定期向所在地安全生产监督管理部门报告并向劳动者公布。

职业病危害因素检测、评价由依法设立的取得国务院安全生产监督管理部门或者设区的市级以上地方人民政府安全生产监督管理部门按照职责分工给予资质认可的职业卫生技术服务机构进行。职业卫生技术服务机构所作检测、评价应当客观、真实。

发现工作场所职业病危害因素不符合国家职业卫生标准和卫生要求时，用人单位应当立即采取相应治理措施，仍然达不到国家职业卫生标准和卫生要求的，必须停止存在职业病危害因素的作业；职业病危害因素经治理后，符合国家职业卫生标准和卫生要求的，方可重新作业。

第二十八条　职业卫生技术服务机构依法从事职业病危害因素检测、评价工作，接受安全生产监督管理部门的监督检查。安全生产监督管理部门应当依法履行监督职责。

第二十九条　向用人单位提供可能产生职业病危害的设备的，应当提供中文说明书，并在设备的醒目位置设置警示标识和中文警示说明。警示说明应当载明设备性能、可能产生的职业病危害、安全操作和维护注意事项、职业病防护以及应急救治措施等内容。

第三十条　向用人单位提供可能产生职业病危害的化学品、放射性同位素和含有放射性物质的材料的，应当提供中文说明书。说明书应当载明产品特性、主要成分、存在的有害因素、可能产生的危害后果、安全使用注意事项、职业病防护以及应急救治措施等内容。产品包装应当有醒目的警示标识和中文警示说明。贮存上述材料的场所应当在规定的部位设置危险物品标识或者放射性警示标识。

国内首次使用或者首次进口与职业病危害有关的化学材料，使用单位或者进口单位按照国家规定经国务院有关部门批准后，应当向国务院卫生行政部门、安全生产监督管理部门报送该化学材料的毒性鉴定以及经有关部门登记注册或者批准进口的文件等资料。

进口放射性同位素、射线装置和含有放射性物质的物品的，按照国家有关规定办理。

第三十一条　任何单位和个人不得生产、经营、进口和使用国家明令禁止使用的可能产生职业病危害的设备或者材料。

第三十二条　任何单位和个人不得将产生职业病危害的作业转移给不具备职业病防护

条件的单位和个人。不具备职业病防护条件的单位和个人不得接受产生职业病危害的作业。

第三十三条 用人单位对采用的技术、工艺、设备、材料，应当知悉其产生的职业病危害，对有职业病危害的技术、工艺、设备、材料隐瞒其危害而采用的，对所造成的职业病危害后果承担责任。

第三十四条 用人单位与劳动者订立劳动合同（含聘用合同，下同）时，应当将工作过程中可能产生的职业病危害及其后果、职业病防护措施和待遇等如实告知劳动者，并在劳动合同中写明，不得隐瞒或者欺骗。

劳动者在已订立劳动合同期间因工作岗位或者工作内容变更，从事与所订立劳动合同中未告知的存在职业病危害的作业时，用人单位应当依照前款规定，向劳动者履行如实告知的义务，并协商变更原劳动合同相关条款。

用人单位违反前两款规定的，劳动者有权拒绝从事存在职业病危害的作业，用人单位不得因此解除与劳动者所订立的劳动合同。

第三十五条 用人单位的主要负责人和职业卫生管理人员应当接受职业卫生培训，遵守职业病防治法律、法规，依法组织本单位的职业病防治工作。

用人单位应当对劳动者进行上岗前的职业卫生培训和在岗期间的定期职业卫生培训，普及职业卫生知识，督促劳动者遵守职业病防治法律、法规、规章和操作规程，指导劳动者正确使用职业病防护设备和个人使用的职业病防护用品。

劳动者应当学习和掌握相关的职业卫生知识，增强职业病防范意识，遵守职业病防治法律、法规、规章和操作规程，正确使用、维护职业病防护设备和个人使用的职业病防护用品，发现职业病危害事故隐患应当及时报告。

劳动者不履行前款规定义务的，用人单位应当对其进行教育。

第三十六条 对从事接触职业病危害的作业的劳动者，用人单位应当按照国务院安全生产监督管理部门、卫生行政部门的规定组织上岗前、在岗期间和离岗时的职业健康检查，并将检查结果书面告知劳动者。职业健康检查费用由用人单位承担。

用人单位不得安排未经上岗前职业健康检查的劳动者从事接触职业病危害的作业；不得安排有职业禁忌的劳动者从事其所禁忌的作业；对在职业健康检查中发现有与所从事的职业相关的健康损害的劳动者，应当调离原工作岗位，并妥善安置；对未进行离岗前职业健康检查的劳动者不得解除或者终止与其订立的劳动合同。

职业健康检查应当由省级以上人民政府卫生行政部门批准的医疗卫生机构承担。

第三十七条 用人单位应当为劳动者建立职业健康监护档案，并按照规定的期限妥善保存。

职业健康监护档案应当包括劳动者的职业史、职业病危害接触史、职业健康检查结果和职业病诊疗等有关个人健康资料。

劳动者离开用人单位时，有权索取本人职业健康监护档案复印件，用人单位应当如实、无偿提供，并在所提供的复印件上签章。

第三十八条 发生或者可能发生急性职业病危害事故时，用人单位应当立即采取应急救援和控制措施，并及时报告所在地安全生产监督管理部门和有关部门。安全生产监督管理部门接到报告后，应当及时会同有关部门组织调查处理；必要时，可以采取临时控制措施。卫生行政部门应当组织做好医疗救治工作。

对遭受或者可能遭受急性职业病危害的劳动者，用人单位应当及时组织救治、进行健康检查和医学观察，所需费用由用人单位承担。

第三十九条　用人单位不得安排未成年工从事接触职业病危害的作业；不得安排孕期、哺乳期的女职工从事对本人和胎儿、婴儿有危害的作业。

第四十条　劳动者享有下列职业卫生保护权利：

（一）获得职业卫生教育、培训；

（二）获得职业健康检查、职业病诊疗、康复等职业病防治服务；

（三）了解工作场所产生或者可能产生的职业病危害因素、危害后果和应当采取的职业病防护措施；

（四）要求用人单位提供符合防治职业病要求的职业病防护设施和个人使用的职业病防护用品，改善工作条件；

（五）对违反职业病防治法律、法规以及危及生命健康的行为提出批评、检举和控告；

（六）拒绝违章指挥和强令进行没有职业病防护措施的作业；

（七）参与用人单位职业卫生工作的民主管理，对职业病防治工作提出意见和建议。

用人单位应当保障劳动者行使前款所列权利。因劳动者依法行使正当权利而降低其工资、福利等待遇或者解除、终止与其订立的劳动合同的，其行为无效。

第四十一条　工会组织应当督促并协助用人单位开展职业卫生宣传教育和培训，有权对用人单位的职业病防治工作提出意见和建议，依法代表劳动者与用人单位签订劳动安全卫生专项集体合同，与用人单位就劳动者反映的有关职业病防治的问题进行协调并督促解决。

工会组织对用人单位违反职业病防治法律、法规，侵犯劳动者合法权益的行为，有权要求纠正；产生严重职业病危害时，有权要求采取防护措施，或者向政府有关部门建议采取强制性措施；发生职业病危害事故时，有权参与事故调查处理；发现危及劳动者生命健康的情形时，有权向用人单位建议组织劳动者撤离危险现场，用人单位应当立即作出处理。

第四十二条　用人单位按照职业病防治要求，用于预防和治理职业病危害、工作场所卫生检测、健康监护和职业卫生培训等费用，按照国家有关规定，在生产成本中据实列支。

第四十三条　职业卫生监督管理部门应当按照职责分工，加强对用人单位落实职业病防护管理措施情况的监督检查，依法行使职权，承担责任。

第四章　职业病诊断与职业病病人保障

第四十四条　医疗卫生机构承担职业病诊断，应当经省、自治区、直辖市人民政府卫生行政部门批准。省、自治区、直辖市人民政府卫生行政部门应当向社会公布本行政区域内承担职业病诊断的医疗卫生机构的名单。

承担职业病诊断的医疗卫生机构应当具备下列条件：

（一）持有《医疗机构执业许可证》；

（二）具有与开展职业病诊断相适应的医疗卫生技术人员；

（三）具有与开展职业病诊断相适应的仪器、设备；

（四）具有健全的职业病诊断质量管理制度。

承担职业病诊断的医疗卫生机构不得拒绝劳动者进行职业病诊断的要求。

第四十五条　劳动者可以在用人单位所在地、本人户籍所在地或者经常居住地依法承担职业病诊断的医疗卫生机构进行职业病诊断。

第四十六条　职业病诊断标准和职业病诊断、鉴定办法由国务院卫生行政部门制定。职业病伤残等级的鉴定办法由国务院劳动保障行政部门会同国务院卫生行政部门制定。

第四十七条　职业病诊断，应当综合分析下列因素：

（一）病人的职业史；

（二）职业病危害接触史和工作场所职业病危害因素情况；

（三）临床表现以及辅助检查结果等。

没有证据否定职业病危害因素与病人临床表现之间的必然联系的，应当诊断为职业病。

承担职业病诊断的医疗卫生机构在进行职业病诊断时，应当组织三名以上取得职业病诊断资格的执业医师集体诊断。

职业病诊断证明书应当由参与诊断的医师共同签署，并经承担职业病诊断的医疗卫生机构审核盖章。

第四十八条　用人单位应当如实提供职业病诊断、鉴定所需的劳动者职业史和职业病危害接触史、工作场所职业病危害因素检测结果等资料；安全生产监督管理部门应当监督检查和督促用人单位提供上述资料；劳动者和有关机构也应当提供与职业病诊断、鉴定有关的资料。

职业病诊断、鉴定机构需要了解工作场所职业病危害因素情况时，可以对工作场所进行现场调查，也可以向安全生产监督管理部门提出，安全生产监督管理部门应当在十日内组织现场调查。用人单位不得拒绝、阻挠。

第四十九条　职业病诊断、鉴定过程中，用人单位不提供工作场所职业病危害因素检测结果等资料的，诊断、鉴定机构应当结合劳动者的临床表现、辅助检查结果和劳动者的职业史、职业病危害接触史，并参考劳动者的自述、安全生产监督管理部门提供的日常监督检查信息等，作出职业病诊断、鉴定结论。

劳动者对用人单位提供的工作场所职业病危害因素检测结果等资料有异议，或者因劳动者的用人单位解散、破产，无用人单位提供上述资料的，诊断、鉴定机构应当提请安全生产监督管理部门进行调查，安全生产监督管理部门应当自接到申请之日起三十日内对存在异议的资料或者工作场所职业病危害因素情况作出判定；有关部门应当配合。

第五十条　职业病诊断、鉴定过程中，在确认劳动者职业史、职业病危害接触史时，当事人对劳动关系、工种、工作岗位或者在岗时间有争议的，可以向当地的劳动人事争议仲裁委员会申请仲裁；接到申请的劳动人事争议仲裁委员会应当受理，并在三十日内作出裁决。

当事人在仲裁过程中对自己提出的主张，有责任提供证据。劳动者无法提供由用人单位掌握管理的与仲裁主张有关的证据的，仲裁庭应当要求用人单位在指定期限内提供；用人单位在指定期限内不提供的，应当承担不利后果。

劳动者对仲裁裁决不服的，可以依法向人民法院提起诉讼。

用人单位对仲裁裁决不服的，可以在职业病诊断、鉴定程序结束之日起十五日内依法向人民法院提起诉讼；诉讼期间，劳动者的治疗费用按照职业病待遇规定的途径支付。

第五十一条　用人单位和医疗卫生机构发现职业病病人或者疑似职业病病人时，应当及时向所在地卫生行政部门和安全生产监督管理部门报告。确诊为职业病的，用人单位还应当向所在地劳动保障行政部门报告。接到报告的部门应当依法作出处理。

第五十二条　县级以上地方人民政府卫生行政部门负责本行政区域内的职业病统计报告的管理工作，并按照规定上报。

第五十三条　当事人对职业病诊断有异议的，可以向作出诊断的医疗卫生机构所在地地方人民政府卫生行政部门申请鉴定。

职业病诊断争议由设区的市级以上地方人民政府卫生行政部门根据当事人的申请，组织职业病诊断鉴定委员会进行鉴定。

当事人对设区的市级职业病诊断鉴定委员会的鉴定结论不服的，可以向省、自治区、直辖市人民政府卫生行政部门申请再鉴定。

第五十四条　职业病诊断鉴定委员会由相关专业的专家组成。

省、自治区、直辖市人民政府卫生行政部门应当设立相关的专家库，需要对职业病争议作出诊断鉴定时，由当事人或者当事人委托有关卫生行政部门从专家库中以随机抽取的方式确定参加诊断鉴定委员会的专家。

职业病诊断鉴定委员会应当按照国务院卫生行政部门颁布的职业病诊断标准和职业病诊断、鉴定办法进行职业病诊断鉴定，向当事人出具职业病诊断鉴定书。职业病诊断、鉴定费用由用人单位承担。

第五十五条　职业病诊断鉴定委员会组成人员应当遵守职业道德，客观、公正地进行诊断鉴定，并承担相应的责任。职业病诊断鉴定委员会组成人员不得私下接触当事人，不得收受当事人的财物或者其他好处，与当事人有利害关系的，应当回避。

人民法院受理有关案件需要进行职业病鉴定时，应当从省、自治区、直辖市人民政府卫生行政部门依法设立的相关的专家库中选取参加鉴定的专家。

第五十六条　医疗卫生机构发现疑似职业病病人时，应当告知劳动者本人并及时通知用人单位。

用人单位应当及时安排对疑似职业病病人进行诊断；在疑似职业病病人诊断或者医学观察期间，不得解除或者终止与其订立的劳动合同。

疑似职业病病人在诊断、医学观察期间的费用，由用人单位承担。

第五十七条　用人单位应当保障职业病病人依法享受国家规定的职业病待遇。

用人单位应当按照国家有关规定，安排职业病病人进行治疗、康复和定期检查。

用人单位对不适宜继续从事原工作的职业病病人，应当调离原岗位，并妥善安置。

用人单位对从事接触职业病危害的作业的劳动者，应当给予适当岗位津贴。

第五十八条　职业病病人的诊疗、康复费用，伤残以及丧失劳动能力的职业病病人的社会保障，按照国家有关工伤保险的规定执行。

第五十九条　职业病病人除依法享有工伤保险外，依照有关民事法律，尚有获得赔偿的权利的，有权向用人单位提出赔偿要求。

第六十条　劳动者被诊断患有职业病，但用人单位没有依法参加工伤保险的，其医疗和生活保障由该用人单位承担。

第六十一条　职业病病人变动工作单位，其依法享有的待遇不变。

用人单位在发生分立、合并、解散、破产等情形时，应当对从事接触职业病危害的作业的劳动者进行健康检查，并按照国家有关规定妥善安置职业病病人。

第六十二条　用人单位已经不存在或者无法确认劳动关系的职业病病人，可以向地方人民政府民政部门申请医疗救助和生活等方面的救助。

地方各级人民政府应当根据本地区的实际情况，采取其他措施，使前款规定的职业病病人获得医疗救治。

第五章　监督检查

第六十三条　县级以上人民政府职业卫生监督管理部门依照职业病防治法律、法规、国家职业卫生标准和卫生要求，依据职责划分，对职业病防治工作进行监督检查。

第六十四条　安全生产监督管理部门履行监督检查职责时，有权采取下列措施：

（一）进入被检查单位和职业病危害现场，了解情况，调查取证；

（二）查阅或者复制与违反职业病防治法律、法规的行为有关的资料和采集样品；

（三）责令违反职业病防治法律、法规的单位和个人停止违法行为。

第六十五条　发生职业病危害事故或者有证据证明危害状态可能导致职业病危害事故发生时，安全生产监督管理部门可以采取下列临时控制措施：

（一）责令暂停导致职业病危害事故的作业；

（二）封存造成职业病危害事故或者可能导致职业病危害事故发生的材料和设备；

（三）组织控制职业病危害事故现场。

在职业病危害事故或者危害状态得到有效控制后，安全生产监督管理部门应当及时解除控制措施。

第六十六条　职业卫生监督执法人员依法执行职务时，应当出示监督执法证件。

职业卫生监督执法人员应当忠于职守，秉公执法，严格遵守执法规范；涉及用人单位的秘密的，应当为其保密。

第六十七条　职业卫生监督执法人员依法执行职务时，被检查单位应当接受检查并予以支持配合，不得拒绝和阻碍。

第六十八条　安全生产监督管理部门及其职业卫生监督执法人员履行职责时，不得有下列行为：

（一）对不符合法定条件的，发给建设项目有关证明文件、资质证明文件或者予以批准；

（二）对已经取得有关证明文件的，不履行监督检查职责；

（三）发现用人单位存在职业病危害的，可能造成职业病危害事故，不及时依法采取控制措施；

（四）其他违反本法的行为。

第六十九条　职业卫生监督执法人员应当依法经过资格认定。

职业卫生监督管理部门应当加强队伍建设，提高职业卫生监督执法人员的政治、业务素质，依照本法和其他有关法律、法规的规定，建立、健全内部监督制度，对其工作人员执行法律、法规和遵守纪律的情况，进行监督检查。

第六章　法律责任

第七十条　建设单位违反本法规定，有下列行为之一的，由安全生产监督管理部门给予警告，责令限期改正；逾期不改正的，处十万元以上五十万元以下的罚款；情节严重的，责令停止产生职业病危害的作业，或者提请有关人民政府按照国务院规定的权限责令停建、关闭：

（一）未按照规定进行职业病危害预评价或者未提交职业病危害预评价报告，或者职业病危害预评价报告未经安全生产监督管理部门审核同意，开工建设的；

（二）建设项目的职业病防护设施未按照规定与主体工程同时投入生产和使用的；

（三）职业病危害严重的建设项目，其职业病防护设施设计未经安全生产监督管理部门审查，或者不符合国家职业卫生标准和卫生要求施工的；

（四）未按照规定对职业病防护设施进行职业病危害控制效果评价、未经安全生产监督管理部门验收或者验收不合格，擅自投入使用的。

第七十一条 违反本法规定，有下列行为之一的，由安全生产监督管理部门给予警告，责令限期改正；逾期不改正的，处十万元以下的罚款：

（一）工作场所职业病危害因素检测、评价结果没有存档、上报、公布的；

（二）未采取本法第二十一条规定的职业病防治管理措施的；

（三）未按照规定公布有关职业病防治的规章制度、操作规程、职业病危害事故应急救援措施的；

（四）未按照规定组织劳动者进行职业卫生培训，或者未对劳动者个人职业病防护采取指导、督促措施的；

（五）国内首次使用或者首次进口与职业病危害有关的化学材料，未按照规定报送毒性鉴定资料以及经有关部门登记注册或者批准进口的文件的。

第七十二条 用人单位违反本法规定，有下列行为之一的，由安全生产监督管理部门责令限期改正，给予警告，可以并处五万元以上十万元以下的罚款：

（一）未按照规定及时、如实向安全生产监督管理部门申报产生职业病危害的项目的；

（二）未实施由专人负责的职业病危害因素日常监测，或者监测系统不能正常监测的；

（三）订立或者变更劳动合同时，未告知劳动者职业病危害真实情况的；

（四）未按照规定组织职业健康检查、建立职业健康监护档案或者未将检查结果书面告知劳动者的；

（五）未依照本法规定在劳动者离开用人单位时提供职业健康监护档案复印件的。

第七十三条 用人单位违反本法规定，有下列行为之一的，由安全生产监督管理部门给予警告，责令限期改正，逾期不改正的，处五万元以上二十万元以下的罚款；情节严重的，责令停止产生职业病危害的作业，或者提请有关人民政府按照国务院规定的权限责令关闭：

（一）工作场所职业病危害因素的强度或者浓度超过国家职业卫生标准的；

（二）未提供职业病防护设施和个人使用的职业病防护用品，或者提供的职业病防护设施和个人使用的职业病防护用品不符合国家职业卫生标准和卫生要求的；

（三）对职业病防护设备、应急救援设施和个人使用的职业病防护用品未按照规定进行维护、检修、检测，或者不能保持正常运行、使用状态的；

（四）未按照规定对工作场所职业病危害因素进行检测、评价的；

（五）工作场所职业病危害因素经治理仍然达不到国家职业卫生标准和卫生要求时，未停止存在职业病危害因素的作业的；

（六）未按照规定安排职业病病人、疑似职业病病人进行诊治的；

（七）发生或者可能发生急性职业病危害事故时，未立即采取应急救援和控制措施或者未按照规定及时报告的；

（八）未按照规定在产生严重职业病危害的作业岗位醒目位置设置警示标识和中文警示说明的；

（九）拒绝职业卫生监督管理部门监督检查的；

（十）隐瞒、伪造、篡改、毁损职业健康监护档案、工作场所职业病危害因素检测评价结果等相关资料，或者拒不提供职业病诊断、鉴定所需资料的；

（十一）未按照规定承担职业病诊断、鉴定费用和职业病病人的医疗、生活保障费用的。

第七十四条　向用人单位提供可能产生职业病危害的设备、材料，未按照规定提供中文说明书或者设置警示标识和中文警示说明的，由安全生产监督管理部门责令限期改正，给予警告，并处五万元以上二十万元以下的罚款。

第七十五条　用人单位和医疗卫生机构未按照规定报告职业病、疑似职业病的，由有关主管部门依据职责分工责令限期改正，给予警告，可以并处一万元以下的罚款；弄虚作假的，并处二万元以上五万元以下的罚款；对直接负责的主管人员和其他直接责任人员，可以依法给予降级或者撤职的处分。

第七十六条　违反本法规定，有下列情形之一的，由安全生产监督管理部门责令限期治理，并处五万元以上三十万元以下的罚款；情节严重的，责令停止产生职业病危害的作业，或者提请有关人民政府按照国务院规定的权限责令关闭：

（一）隐瞒技术、工艺、设备、材料所产生的职业病危害而采用的；

（二）隐瞒本单位职业卫生真实情况的；

（三）可能发生急性职业损伤的有毒、有害工作场所、放射工作场所或者放射性同位素的运输、贮存不符合本法第二十六条规定的；

（四）使用国家明令禁止使用的可能产生职业病危害的设备或者材料的；

（五）将产生职业病危害的作业转移给没有职业病防护条件的单位和个人，或者没有职业病防护条件的单位和个人接受产生职业病危害的作业的；

（六）擅自拆除、停止使用职业病防护设备或者应急救援设施的；

（七）安排未经职业健康检查的劳动者、有职业禁忌的劳动者、未成年工或者孕期、哺乳期女职工从事接触职业病危害的作业或者禁忌作业的；

（八）违章指挥和强令劳动者进行没有职业病防护措施的作业的。

第七十七条　生产、经营或者进口国家明令禁止使用的可能产生职业病危害的设备或者材料的，依照有关法律、行政法规的规定给予处罚。

第七十八条　用人单位违反本法规定，已经对劳动者生命健康造成严重损害的，由安全生产监督管理部门责令停止产生职业病危害的作业，或者提请有关人民政府按照国务院规定的权限责令关闭，并处十万元以上五十万元以下的罚款。

第七十九条　用人单位违反本法规定，造成重大职业病危害事故或者其他严重后果，构成犯罪的，对直接负责的主管人员和其他直接责任人员，依法追究刑事责任。

第八十条　未取得职业卫生技术服务资质认可擅自从事职业卫生技术服务的，或者医疗卫生机构未经批准擅自从事职业健康检查、职业病诊断的，由安全生产监督管理部门和卫生行政部门依据职责分工责令立即停止违法行为，没收违法所得；违法所得五千元以上的，并处违法所得二倍以上十倍以下的罚款；没有违法所得或者违法所得不足五千元的，并处五千元以上五万元以下的罚款；情节严重的，对直接负责的主管人员和其他直接责任人员，依法给予降级、撤职或者开除的处分。

第八十一条　从事职业卫生技术服务的机构和承担职业健康检查、职业病诊断的医疗卫生机构违反本法规定，有下列行为之一的，由安全生产监督管理部门和卫生行政部门依据职责分工责令立即停止违法行为，给予警告，没收违法所得；违法所得五千元以上的，并处违法所得二倍以上五倍以下的罚款；没有违法所得或者违法所得不足五千元的，并处五千元以上二万元以下的罚款；情节严重的，由原认可或者批准机关取消其相应的资格；对直接负责的主管人员和其他直接责任人员，依法给予降级、撤职或者开除的处分；构成犯罪的，依法追究刑事责任：

（一）超出资质认可或者批准范围从事职业卫生技术服务或者职业健康检查、职业病诊断的；

（二）不按照本法规定履行法定职责的；

（三）出具虚假证明文件的。

第八十二条　职业病诊断鉴定委员会组成人员收受职业病诊断争议当事人的财物或者其他好处的，给予警告，没收收受的财物，可以并处三千元以上五万元以下的罚款，取消其担任职业病诊断鉴定委员会组成人员的资格，并从省、自治区、直辖市人民政府卫生行政部门设立的专家库中予以除名。

第八十三条　卫生行政部门、安全生产监督管理部门不按照规定报告职业病和职业病危害事故的，由上一级行政部门责令改正，通报批评，给予警告；虚报、瞒报的，对单位负责人、直接负责的主管人员和其他直接责任人员依法给予降级、撤职或者开除的处分。

第八十四条　违反本法第十七条、第十八条规定，有关部门擅自批准建设项目或者发放施工许可的，对该部门直接负责的主管人员和其他直接责任人员，由监察机关或者上级机关依法给予记过直至开除的处分。

第八十五条　县级以上地方人民政府在职业病防治工作中未依照本法履行职责，本行政区域出现重大职业病危害事故、造成严重社会影响的，依法对直接负责的主管人员和其他直接责任人员给予记大过直至开除的处分。

县级以上人民政府职业卫生监督管理部门不履行本法规定的职责，滥用职权、玩忽职守、徇私舞弊，依法对直接负责的主管人员和其他直接责任人员给予记大过或者降级的处分；造成职业病危害事故或者其他严重后果的，依法给予撤职或者开除的处分。

第八十六条　违反本法规定，构成犯罪的，依法追究刑事责任。

第七章　附　则

第八十七条　本法下列用语的含义：

职业病危害，是指对从事职业活动的劳动者可能导致职业病的各种危害。职业病危害因素包括：职业活动中存在的各种有害的化学、物理、生物因素以及在作业过程中产生的其他职业有害因素。

职业禁忌，是指劳动者从事特定职业或者接触特定职业病危害因素时，比一般职业人群更易于遭受职业病危害和罹患职业病或者可能导致原有自身疾病病情加重，或者在从事作业过程中诱发可能导致对他人生命健康构成危险的疾病的个人特殊生理或者病理状态。

第八十八条 本法第二条规定的用人单位以外的单位，产生职业病危害的，其职业病防治活动可以参照本法执行。

劳务派遣用工单位应当履行本法规定的用人单位的义务。

中国人民解放军参照执行本法的办法，由国务院、中央军事委员会制定。

第八十九条 对医疗机构放射性职业病危害控制的监督管理，由卫生行政部门依照本法的规定实施。

第九十条 本法自 2002 年 5 月 1 日起施行。

第二节 危险化学品的相关法规

一、安全生产的相关法规

1.《安全生产许可证条例》

中华人民共和国国务院令
第 397 号

《安全生产许可证条例》已经 2004 年 1 月 7 日国务院第 34 次常务会议通过，现予发布，自公布之日起施行。

总　理　温家宝
二〇〇四年一月十三日

安全生产许可证条例

第一条 为了严格规范安全生产条件，进一步加强安全生产监督管理，防止和减少生产安全事故，根据《中华人民共和国安全生产法》的有关规定，制定本条例。

第二条 国家对矿山企业、建筑施工企业和危险化学品、烟花爆竹、民用爆破器材生产企业（以下统称企业）实行安全生产许可制度。

企业未取得安全生产许可证的，不得从事生产活动。

第三条 国务院安全生产监督管理部门负责中央管理的非煤矿矿山企业和危险化学品、烟花爆竹生产企业安全生产许可证的颁发和管理。

省、自治区、直辖市人民政府安全生产监督管理部门负责前款规定以外的非煤矿矿山企业和危险化学品、烟花爆竹生产企业安全生产许可证的颁发和管理，并接受国务院安全生产监督管理部门的指导和监督。

国家煤矿安全监察机构负责中央管理的煤矿企业安全生产许可证的颁发和管理。

在省、自治区、直辖市设立的煤矿安全监察机构负责前款规定以外的其他煤矿企业安全生产许可证的颁发和管理，并接受国家煤矿安全监察机构的指导和监督。

第四条 国务院建设主管部门负责中央管理的建筑施工企业安全生产许可证的颁发和

管理。

省、自治区、直辖市人民政府建设主管部门负责前款规定以外的建筑施工企业安全生产许可证的颁发和管理，并接受国务院建设主管部门的指导和监督。

第五条　国务院国防科技工业主管部门负责民用爆破器材生产企业安全生产许可证的颁发和管理。

第六条　企业取得安全生产许可证，应当具备下列安全生产条件：

（一）建立、健全安全生产责任制，制定完备的安全生产规章制度和操作规程；

（二）安全投入符合安全生产要求；

（三）设置安全生产管理机构，配备专职安全生产管理人员；

（四）主要负责人和安全生产管理人员经考核合格；

（五）特种作业人员经有关业务主管部门考核合格，取得特种作业操作资格证书；

（六）从业人员经安全生产教育和培训合格；

（七）依法参加工伤保险，为从业人员缴纳保险费；

（八）厂房、作业场所和安全设施、设备、工艺符合有关安全生产法律、法规、标准和规程的要求；

（九）有职业危害防治措施，并为从业人员配备符合国家标准或者行业标准的劳动防护用品；

（十）依法进行安全评价；

（十一）有重大危险源检测、评估、监控措施和应急预案；

（十二）有生产安全事故应急救援预案、应急救援组织或者应急救援人员，配备必要的应急救援器材、设备；

（十三）法律、法规规定的其他条件。

第七条　企业进行生产前，应当依照本条例的规定向安全生产许可证颁发管理机关申请领取安全生产许可证，并提供本条例第六条规定的相关文件、资料。安全生产许可证颁发管理机关应当自收到申请之日起45日内审查完毕，经审查符合本条例规定的安全生产条件的，颁发安全生产许可证；不符合本条例规定的安全生产条件的，不予颁发安全生产许可证，书面通知企业并说明理由。

煤矿企业应当以矿（井）为单位，在申请领取煤炭生产许可证前，依照本条例的规定取得安全生产许可证。

第八条　安全生产许可证由国务院安全生产监督管理部门规定统一的式样。

第九条　安全生产许可证的有效期为3年。安全生产许可证有效期满需要延期的，企业应当于期满前3个月向原安全生产许可证颁发管理机关办理延期手续。

企业在安全生产许可证有效期内，严格遵守有关安全生产的法律法规，未发生死亡事故的，安全生产许可证有效期届满时，经原安全生产许可证颁发管理机关同意，不再审查，安全生产许可证有效期延期3年。

第十条　安全生产许可证颁发管理机关应当建立、健全安全生产许可证档案管理制度，并定期向社会公布企业取得安全生产许可证的情况。

第十一条　煤矿企业安全生产许可证颁发管理机关、建筑施工企业安全生产许可证颁发管理机关、民用爆破器材生产企业安全生产许可证颁发管理机关，应当每年向同级安全生产监督管理部门通报其安全生产许可证颁发和管理情况。

第十二条 国务院安全生产监督管理部门和省、自治区、直辖市人民政府安全生产监督管理部门对建筑施工企业、民用爆破器材生产企业、煤矿企业取得安全生产许可证的情况进行监督。

第十三条 企业不得转让、冒用安全生产许可证或者使用伪造的安全生产许可证。

第十四条 企业取得安全生产许可证后，不得降低安全生产条件，并应当加强日常安全生产管理，接受安全生产许可证颁发管理机关的监督检查。

安全生产许可证颁发管理机关应当加强对取得安全生产许可证的企业的监督检查，发现其不再具备本条例规定的安全生产条件的，应当暂扣或者吊销安全生产许可证。

第十五条 安全生产许可证颁发管理机关工作人员在安全生产许可证颁发、管理和监督检查工作中，不得索取或者接受企业的财物，不得谋取其他利益。

第十六条 监察机关依照《中华人民共和国行政监察法》的规定，对安全生产许可证颁发管理机关及其工作人员履行本条例规定的职责实施监察。

第十七条 任何单位或者个人对违反本条例规定的行为，有权向安全生产许可证颁发管理机关或者监察机关等有关部门举报。

第十八条 安全生产许可证颁发管理机关工作人员有下列行为之一的，给予降级或者撤职的行政处分；构成犯罪的，依法追究刑事责任：

（一）向不符合本条例规定的安全生产条件的企业颁发安全生产许可证的；

（二）发现企业未依法取得安全生产许可证擅自从事生产活动，不依法处理的；

（三）发现取得安全生产许可证的企业不再具备本条例规定的安全生产条件，不依法处理的；

（四）接到对违反本条例规定行为的举报后，不及时处理的；

（五）在安全生产许可证颁发、管理和监督检查工作中，索取或者接受企业的财物，或者谋取其他利益的。

第十九条 违反本条例规定，未取得安全生产许可证擅自进行生产的，责令停止生产，没收违法所得，并处 10 万元以上 50 万元以下的罚款；造成重大事故或者其他严重后果，构成犯罪的，依法追究刑事责任。

第二十条 违反本条例规定，安全生产许可证有效期满未办理延期手续，继续进行生产的，责令停止生产，限期补办延期手续，没收违法所得，并处 5 万元以上 10 万元以下的罚款；逾期仍不办理延期手续，继续进行生产的，依照本条例第十九条的规定处罚。

第二十一条 违反本条例规定，转让安全生产许可证的，没收违法所得，处 10 万元以上 50 万元以下的罚款，并吊销其安全生产许可证；构成犯罪的，依法追究刑事责任；接受转让的，依照本条例第十九条的规定处罚。

冒用安全生产许可证或者使用伪造的安全生产许可证的，依照本条例第十九条的规定处罚。

第二十二条 本条例施行前已经进行生产的企业，应当自本条例施行之日起 1 年内，依照本条例的规定向安全生产许可证颁发管理机关申请办理安全生产许可证；逾期不办理安全生产许可证，或者经审查不符合本条例规定的安全生产条件，未取得安全生产许可证，继续进行生产的，依照本条例第十九条的规定处罚。

第二十三条　本条例规定的行政处罚，由安全生产许可证颁发管理机关决定。

第二十四条　本条例自公布之日起施行。

2.《安全生产违法行为行政处罚办法》

国家安全生产监督管理总局令

第 77 号

《国家安全监管总局关于修改〈生产安全事故报告和调查处理条例〉罚款处罚暂行规定等四部规章的决定》已经 2015 年 1 月 16 日国家安全生产监督管理总局局长办公会议审议通过，现予公布，自 2015 年 5 月 1 日起施行。

国家安全生产监督管理总局局长　杨栋梁

2015 年 4 月 2 日

安全生产违法行为行政处罚办法

第一章　总　则

第一条　为了制裁安全生产违法行为，规范安全生产行政处罚工作，依照行政处罚法、安全生产法及其他有关法律、行政法规的规定，制定本办法。

第二条　县级以上人民政府安全生产监督管理部门对生产经营单位及其有关人员在生产经营活动中违反有关安全生产的法律、行政法规、部门规章、国家标准、行业标准和规程的违法行为（以下统称安全生产违法行为）实施行政处罚，适用本办法。

煤矿安全监察机构依照本办法和煤矿安全监察行政处罚办法，对煤矿、煤矿安全生产中介机构等生产经营单位及其有关人员的安全生产违法行为实施行政处罚。

有关法律、行政法规对安全生产违法行为行政处罚的种类、幅度或者决定机关另有规定的，依照其规定。

第三条　对安全生产违法行为实施行政处罚，应当遵循公平、公正、公开的原则。

安全生产监督管理部门或者煤矿安全监察机构（以下统称安全监管监察部门）及其行政执法人员实施行政处罚，必须以事实为依据。行政处罚应当与安全生产违法行为的事实、性质、情节以及社会危害程度相当。

第四条　生产经营单位及其有关人员对安全监管监察部门给予的行政处罚，依法享有陈述权、申辩权和听证权；对行政处罚不服的，有权依法申请行政复议或者提起行政诉讼；因违法给予行政处罚受到损害的，有权依法申请国家赔偿。

第二章　行政处罚的种类、管辖

第五条　安全生产违法行为行政处罚的种类：

（一）警告；

（二）罚款；

（三）没收违法所得、没收非法开采的煤炭产品、采掘设备；

（四）责令停产停业整顿、责令停产停业、责令停止建设、责令停止施工；

（五）暂扣或者吊销有关许可证，暂停或者撤销有关执业资格、岗位证书；

（六）关闭；

（七）拘留；

（八）安全生产法律、行政法规规定的其他行政处罚。

第六条　县级以上安全监管监察部门应当按照本章的规定，在各自的职责范围内对安全生产违法行为行政处罚行使管辖权。

安全生产违法行为的行政处罚，由安全生产违法行为发生地的县级以上安全监管监察部门管辖。中央企业及其所属企业、有关人员的安全生产违法行为的行政处罚，由安全生产违法行为发生地的设区的市级以上安全监管监察部门管辖。

暂扣、吊销有关许可证和暂停、撤销有关执业资格、岗位证书的行政处罚，由发证机关决定。其中，暂扣有关许可证和暂停有关执业资格、岗位证书的期限一般不得超过 6 个月；法律、行政法规另有规定的，依照其规定。

给予关闭的行政处罚，由县级以上安全监管监察部门报请县级以上人民政府按照国务院规定的权限决定。

给予拘留的行政处罚，由县级以上安全监管监察部门建议公安机关依照治安管理处罚法的规定决定。

第七条　两个以上安全监管监察部门因行政处罚管辖权发生争议的，由其共同的上一级安全监管监察部门指定管辖。

第八条　对报告或者举报的安全生产违法行为，安全监管监察部门应当受理；发现不属于自己管辖的，应当及时移送有管辖权的部门。

受移送的安全监管监察部门对管辖权有异议的，应当报请共同的上一级安全监管监察部门指定管辖。

第九条　安全生产违法行为涉嫌犯罪的，安全监管监察部门应当将案件移送司法机关，依法追究刑事责任；尚不够刑事处罚但依法应当给予行政处罚的，由安全监管监察部门管辖。

第十条　上级安全监管监察部门可以直接查处下级安全监管监察部门管辖的案件，也可以将自己管辖的案件交由下级安全监管监察部门管辖。

下级安全监管监察部门可以将重大、疑难案件报请上级安全监管监察部门管辖。

第十一条　上级安全监管监察部门有权对下级安全监管监察部门违法或者不适当的行政处罚予以纠正或者撤销。

第十二条　安全监管监察部门根据需要，可以在其法定职权范围内委托符合《行政处罚法》第十九条规定条件的组织或者乡、镇人民政府以及街道办事处、开发区管理机构等地方人民政府的派出机构实施行政处罚。受委托的单位在委托范围内，以委托的安全监管监察部门名义实施行政处罚。

委托的安全监管监察部门应当监督检查受委托的单位实施行政处罚，并对其实施行政处罚的后果承担法律责任。

第三章　行政处罚的程序

第十三条　安全生产行政执法人员在执行公务时，必须出示省级以上安全生产监督管理部门或者县级以上地方人民政府统一制作的有效行政执法证件。其中对煤矿进行安全监察，必须出示国家安全生产监督管理总局统一制作的煤矿安全监察员证。

第十四条　安全监管监察部门及其行政执法人员在监督检查时发现生产经营单位存在事故隐患的，应当按照下列规定采取现场处理措施：

（一）能够立即排除的，应当责令立即排除；

（二）重大事故隐患排除前或者排除过程中无法保证安全的，应当责令从危险区域撤出作业人员，并责令暂时停产停业、停止建设、停止施工或者停止使用相关设施、设备，限期排除隐患。

隐患排除后，经安全监管监察部门审查同意，方可恢复生产经营和使用。

本条第一款第（二）项规定的责令暂时停产停业、停止建设、停止施工或者停止使用相关设施、设备的期限一般不超过 6 个月；法律、行政法规另有规定的，依照其规定。

第十五条　对有根据认为不符合安全生产的国家标准或者行业标准的在用设施、设备、器材，违法生产、储存、使用、经营、运输的危险物品，以及违法生产、储存、使用、经营危险物品的作业场所，安全监管监察部门应当依照《行政强制法》的规定予以查封或者扣押。查封或者扣押的期限不得超过 30 日，情况复杂的，经安全监管监察部门负责人批准，最多可以延长 30 日，并在查封或者扣押期限内作出处理决定：

（一）对违法事实清楚、依法应当没收的非法财物予以没收；

（二）法律、行政法规规定应当销毁的，依法销毁；

（三）法律、行政法规规定应当解除查封、扣押的，作出解除查封、扣押的决定。

实施查封、扣押，应当制作并当场交付查封、扣押决定书和清单。

第十六条　安全监管监察部门依法对存在重大事故隐患的生产经营单位作出停产停业、停止施工、停止使用相关设施、设备的决定，生产经营单位应当依法执行，及时消除事故隐患。生产经营单位拒不执行，有发生生产安全事故的现实危险的，在保证安全的前提下，经本部门主要负责人批准，安全监管监察部门可以采取通知有关单位停止供电、停止供应民用爆炸物品等措施，强制生产经营单位履行决定。通知应当采用书面形式，有关单位应当予以配合。

安全监管监察部门依照前款规定采取停止供电措施，除有危及生产安全的紧急情形外，应当提前 24 小时通知生产经营单位。生产经营单位依法履行行政决定、采取相应措施消除事故隐患的，安全监管监察部门应当及时解除前款规定的措施。

第十七条　生产经营单位被责令限期改正或者限期进行隐患排除治理的，应当在规定限期内完成。因不可抗力无法在规定限期内完成的，应当在进行整改或者治理的同时，于限期届满前 10 日内提出书面延期申请，安全监管监察部门应当在收到申请之日起 5 日内书面答复是否准予延期。

生产经营单位提出复查申请或者整改、治理限期届满的，安全监管监察部门应当自申请或者限期届满之日起 10 日内进行复查，填写复查意见书，由被复查单位和安全监管监察部门复查人员签名后存档。逾期未整改、未治理或者整改、治理不合格的，安全监管监察部门应当依法给予行政处罚。

第十八条　安全监管监察部门在作出行政处罚决定前，应当填写行政处罚告知书，告知当事人作出行政处罚决定的事实、理由、依据，以及当事人依法享有的权利，并送达当事人。当事人应当在收到行政处罚告知书之日起 3 日内进行陈述、申辩，或者依法提出听证要求，逾期视为放弃上述权利。

第十九条　安全监管监察部门应当充分听取当事人的陈述和申辩，对当事人提出的事实、理由和证据，应当进行复核；当事人提出的事实、理由和证据成立的，安全监管监察部门应当采纳。

安全监管监察部门不得因当事人陈述或者申辩而加重处罚。

第二十条　安全监管监察部门对安全生产违法行为实施行政处罚，应当符合法定程序，制作行政执法文书。

第一节　简易程序

第二十一条　违法事实确凿并有法定依据，对个人处以 50 元以下罚款、对生产经营单位处以 1 千元以下罚款或者警告的行政处罚的，安全生产行政执法人员可以当场作出行政处罚决定。

第二十二条　安全生产行政执法人员当场作出行政处罚决定，应当填写预定格式、编有号码的行政处罚决定书并当场交付当事人。

安全生产行政执法人员当场作出行政处罚决定后应当及时报告，并在 5 日内报所属安全监管监察部门备案。

第二节　一般程序

第二十三条　除依照简易程序当场作出的行政处罚外，安全监管监察部门发现生产经营单位及其有关人员有应当给予行政处罚的行为的，应当予以立案，填写立案审批表，并全面、客观、公正地进行调查，收集有关证据。对确需立即查处的安全生产违法行为，可以先行调查取证，并在 5 日内补办立案手续。

第二十四条　对已经立案的案件，由立案审批人指定两名或者两名以上安全生产行政执法人员进行调查。

有下列情形之一的，承办案件的安全生产行政执法人员应当回避：

（一）本人是本案的当事人或者当事人的近亲属的；

（二）本人或者其近亲属与本案有利害关系的；

（三）与本人有其他利害关系，可能影响案件的公正处理的。

安全生产行政执法人员的回避，由派出其进行调查的安全监管监察部门的负责人决定。进行调查的安全监管监察部门负责人的回避，由该部门负责人集体讨论决定。回避决定作出之前，承办案件的安全生产行政执法人员不得擅自停止对案件的调查。

第二十五条　进行案件调查时，安全生产行政执法人员不得少于两名。当事人或者有关人员应当如实回答安全生产行政执法人员的询问，并协助调查或者检查，不得拒绝、阻挠或者提供虚假情况。

询问或者检查应当制作笔录。笔录应当记载时间、地点、询问和检查情况，并由被询问人、被检查单位和安全生产行政执法人员签名或者盖章；被询问人、被检查单位要求补正的，应当允许。被询问人或者被检查单位拒绝签名或者盖章的，安全生产行政执法人员应当在笔录上注明原因并签名。

第二十六条　安全生产行政执法人员应当收集、调取与案件有关的原始凭证作为证据。调取原始凭证确有困难的，可以复制，复制件应当注明"经核对与原件无异"的字样和原始凭证存放的单位及其处所，并由出具证据的人员签名或者单位盖章。

第二十七条　安全生产行政执法人员在收集证据时，可以采取抽样取证的方法；在证据可能灭失或者以后难以取得的情况下，经本单位负责人批准，可以先行登记保存，并应当在7日内作出处理决定：

（一）违法事实成立依法应当没收的，作出行政处罚决定，予以没收；依法应当扣留或者封存的，予以扣留或者封存；

（二）违法事实不成立，或者依法不应当予以没收、扣留、封存的，解除登记保存。

第二十八条　安全生产行政执法人员对与案件有关的物品、场所进行勘验检查时，应当通知当事人到场，制作勘验笔录，并由当事人核对无误后签名或者盖章。当事人拒绝到场的，可以邀请在场的其他人员作证，并在勘验笔录中注明原因并签名；也可以采用录音、录像等方式记录有关物品、场所的情况后，再进行勘验检查。

第二十九条　案件调查终结后，负责承办案件的安全生产行政执法人员应当填写案件处理呈批表，连同有关证据材料一并报本部门负责人审批。

安全监管监察部门负责人应当及时对案件调查结果进行审查，根据不同情况，分别作出以下决定：

（一）确有应受行政处罚的违法行为的，根据情节轻重及具体情况，作出行政处罚决定；

（二）违法行为轻微，依法可以不予行政处罚的，不予行政处罚；

（三）违法事实不能成立，不得给予行政处罚；

（四）违法行为涉嫌犯罪的，移送司法机关处理。

对严重安全生产违法行为给予责令停产停业整顿、责令停产停业、责令停止建设、责令停止施工、吊销有关许可证、撤销有关执业资格或者岗位证书、5万元以上罚款、没收违法所得、没收非法开采的煤炭产品或者采掘设备价值5万元以上的行政处罚的，应当由安全监管监察部门的负责人集体讨论决定。

第三十条　安全监管监察部门依照本办法第二十八条的规定给予行政处罚，应当制作行政处罚决定书。行政处罚决定书应当载明下列事项：

（一）当事人的姓名或者名称、地址或者住址；

（二）违法事实和证据；

（三）行政处罚的种类和依据；

（四）行政处罚的履行方式和期限；

（五）不服行政处罚决定，申请行政复议或者提起行政诉讼的途径和期限；

（六）作出行政处罚决定的安全监管监察部门的名称和作出决定的日期。

行政处罚决定书必须盖有作出行政处罚决定的安全监管监察部门的印章。

第三十一条　行政处罚决定书应当在宣告后当场交付当事人；当事人不在场的，安全监管监察部门应当在7日内依照民事诉讼法的有关规定，将行政处罚决定书送达当事人或者其他的法定受送达人：

（一）送达必须有送达回执，由受送达人在送达回执上注明收到日期，签名或者盖章；

（二）送达应当直接送交受送达人。受送达人是个人的，本人不在交他的同住成年家属签收，并在行政处罚决定书送达回执的备注栏内注明与受送达人的关系；

（三）受送达人是法人或者其他组织的，应当由法人的法定代表人、其他组织的主要负责人或者该法人、组织负责收件的人签收；

（四）受送达人指定代收人的，交代收人签收并注明受当事人委托的情况；

（五）直接送达确有困难的，可以挂号邮寄送达，也可以委托当地安全监管监察部门代为送达，代为送达的安全监管监察部门收到文书后，必须立即交受送达人签收；

（六）当事人或者他的同住成年家属拒绝接收的，送达人应当邀请有关基层组织或者所在单位的代表到场，说明情况，在行政处罚决定书送达回执上记明拒收的事由和日期，由送达人、见证人签名或者盖章，把行政处罚决定书留在受送达人的住所；也可以把行政处罚决定书留在受送达人的住所，并采用拍照、录像等方式记录送达过程，即视为送达；

（七）受送达人下落不明，或者用以上方式无法送达的，可以公告送达，自公告发布之日起经过 60 日，即视为送达。公告送达，应当在案卷中注明原因和经过。

安全监管监察部门送达其他行政处罚执法文书，按照前款规定办理。

第三十二条 行政处罚案件应当自立案之日起 30 日内作出行政处罚决定；由于客观原因不能完成的，经安全监管监察部门负责人同意，可以延长，但不得超过 90 日；特殊情况需进一步延长的，应当经上一级安全监管监察部门批准，可延长至 180 日。

第三节 听证程序

第三十三条 安全监管监察部门作出责令停产停业整顿、责令停产停业、吊销有关许可证、撤销有关执业资格、岗位证书或者较大数额罚款的行政处罚决定之前，应当告知当事人有要求举行听证的权利；当事人要求听证的，安全监管监察部门应当组织听证，不得向当事人收取听证费用。

前款所称较大数额罚款，为省、自治区、直辖市人大常委会或者人民政府规定的数额；没有规定数额的，其数额对个人罚款为 2 万元以上，对生产经营单位罚款为 5 万元以上。

第三十四条 当事人要求听证的，应当在安全监管监察部门依照本办法第十七条规定告知后 3 日内以书面方式提出。

第三十五条 当事人提出听证要求后，安全监管监察部门应当在收到书面申请之日起 15 日内举行听证会，并在举行听证会的 7 日前，通知当事人举行听证的时间、地点。

当事人应当按期参加听证。当事人有正当理由要求延期的，经组织听证的安全监管监察部门负责人批准可以延期 1 次；当事人未按期参加听证，并且未事先说明理由的，视为放弃听证权利。

第三十六条 听证参加人由听证主持人、听证员、案件调查人员、当事人及其委托代理人、书记员组成。

听证主持人、听证员、书记员应当由组织听证的安全监管监察部门负责人指定的非本案调查人员担任。

当事人可以委托 1 至 2 名代理人参加听证，并提交委托书。

第三十七条 除涉及国家秘密、商业秘密或者个人隐私外，听证应当公开举行。

第三十八条 当事人在听证中的权利和义务：

（一）有权对案件涉及的事实、适用法律及有关情况进行陈述和申辩；

（二）有权对案件调查人员提出的证据质证并提出新的证据；

（三）如实回答主持人的提问；

（四）遵守听证会场纪律，服从听证主持人指挥。

第三十九条 听证按照下列程序进行：

（一）书记员宣布听证会场纪律、当事人的权利和义务。听证主持人宣布案由，核实听证参加人名单，宣布听证开始；

（二）案件调查人员提出当事人的违法事实、出示证据，说明拟作出的行政处罚的内容及法律依据；

（三）当事人或者其委托代理人对案件的事实、证据、适用的法律等进行陈述和申辩，提交新的证据材料；

（四）听证主持人就案件的有关问题向当事人、案件调查人员、证人询问；

（五）案件调查人员、当事人或者其委托代理人相互辩论；

（六）当事人或者其委托代理人作最后陈述；

（七）听证主持人宣布听证结束。

听证笔录应当当场交当事人核对无误后签名或者盖章。

第四十条　有下列情形之一的，应当中止听证：

（一）需要重新调查取证的；

（二）需要通知新证人到场作证的；

（三）因不可抗力无法继续进行听证的。

第四十一条　有下列情形之一的，应当终止听证：

（一）当事人撤回听证要求的；

（二）当事人无正当理由不按时参加听证的；

（三）拟作出的行政处罚决定已经变更，不适用听证程序的。

第四十二条　听证结束后，听证主持人应当依据听证情况，填写听证会报告书，提出处理意见并附听证笔录报安全监管监察部门负责人审查。安全监管监察部门依照本办法第二十八条的规定作出决定。

第四章　行政处罚的适用

第四十三条　生产经营单位的决策机构、主要负责人、个人经营的投资人（包括实际控制人，下同）未依法保证下列安全生产所必需的资金投入之一，致使生产经营单位不具备安全生产条件的，责令限期改正，提供必需的资金，可以对生产经营单位处 1 万元以上 3 万元以下罚款，对生产经营单位的主要负责人、个人经营的投资人处 5000 元以上 1 万元以下罚款；逾期未改正的，责令生产经营单位停产停业整顿：

（一）提取或者使用安全生产费用；

（二）用于配备劳动防护用品的经费；

（三）用于安全生产教育和培训的经费；

（四）国家规定的其他安全生产所必须的资金投入。

生产经营单位主要负责人、个人经营的投资人有前款违法行为，导致发生生产安全事故的，依照《生产安全事故罚款处罚规定（试行）》的规定给予处罚。

第四十四条　生产经营单位的主要负责人未依法履行安全生产管理职责，导致生产安全事故发生的，依照《生产安全事故罚款处罚规定（试行）》的规定给予处罚。

第四十五条　生产经营单位及其主要负责人或者其他人员有下列行为之一的，给予警告，并可以对生产经营单位处 1 万元以上 3 万元以下罚款，对其主要负责人、其他有关人员处 1 千元以上 1 万元以下的罚款：

（一）违反操作规程或者安全管理规定作业的；

（二）违章指挥从业人员或者强令从业人员违章、冒险作业的；

（三）发现从业人员违章作业不加制止的；

（四）超过核定的生产能力、强度或者定员进行生产的；

（五）对被查封或者扣押的设施、设备、器材、危险物品和作业场所，擅自启封或者使用的；

（六）故意提供虚假情况或者隐瞒存在的事故隐患以及其他安全问题的；

（七）拒不执行安全监管监察部门依法下达的安全监管监察指令的。

第四十六条 危险物品的生产、经营、储存单位以及矿山、金属冶炼单位有下列行为之一的，责令改正，并可以处 1 万元以上 3 万元以下的罚款：

（一）未建立应急救援组织或者生产经营规模较小、未指定兼职应急救援人员的；

（二）未配备必要的应急救援器材、设备和物资，并进行经常性维护、保养，保证正常运转的。

第四十七条 生产经营单位与从业人员订立协议，免除或者减轻其对从业人员因生产安全事故伤亡依法应承担的责任的，该协议无效；对生产经营单位的主要负责人、个人经营的投资人按照下列规定处以罚款：

（一）在协议中减轻因生产安全事故伤亡对从业人员依法应承担的责任的，处 2 万元以上 5 万元以下的罚款；

（二）在协议中免除因生产安全事故伤亡对从业人员依法应承担的责任的，处 5 万元以上 10 万元以下的罚款。

第四十八条 生产经营单位不具备法律、行政法规和国家标准、行业标准规定的安全生产条件，经责令停产停业整顿仍不具备安全生产条件的，安全监管监察部门应当提请有管辖权的人民政府予以关闭；人民政府决定关闭的，安全监管监察部门应当依法吊销其有关许可证。

第四十九条 生产经营单位转让安全生产许可证的，没收违法所得，吊销安全生产许可证，并按照下列规定处以罚款：

（一）接受转让的单位和个人未发生生产安全事故的，处 10 万元以上 30 万元以下的罚款；

（二）接受转让的单位和个人发生生产安全事故但没有造成人员死亡的，处 30 万元以上 40 万元以下的罚款；

（三）接受转让的单位和个人发生人员死亡生产安全事故的，处 40 万元以上 50 万元以下的罚款。

第五十条 知道或者应当知道生产经营单位未取得安全生产许可证或者其他批准文件擅自从事生产经营活动，仍为其提供生产经营场所、运输、保管、仓储等条件的，责令立即停止违法行为，有违法所得的，没收违法所得，并处违法所得 1 倍以上 3 倍以下的罚款，但是最高不得超过 3 万元；没有违法所得的，并处 5 千元以上 1 万元以下的罚款。

第五十一条 生产经营单位及其有关人员弄虚作假，骗取或者勾结、串通行政审批工作人员取得安全生产许可证书及其他批准文件的，撤销许可及批准文件，并按照下列规定处以罚款：

（一）生产经营单位有违法所得的，没收违法所得，并处违法所得1倍以上3倍以下的罚款，但是最高不得超过3万元；没有违法所得的，并处5千元以上1万元以下的罚款；

（二）对有关人员处1千元以上1万元以下的罚款。

有前款规定违法行为的生产经营单位及其有关人员在3年内不得再次申请该行政许可。

生产经营单位及其有关人员未依法办理安全生产许可证书变更手续的，责令限期改正，并对生产经营单位处1万元以上3万元以下的罚款，对有关人员处1千元以上5千元以下的罚款。

第五十二条　未取得相应资格、资质证书的机构及其有关人员从事安全评价、认证、检测、检验工作，责令停止违法行为，并按照下列规定处以罚款：

（一）机构有违法所得的，没收违法所得，并处违法所得1倍以上3倍以下的罚款，但是最高不得超过3万元；没有违法所得的，并处5千元以上1万元以下的罚款；

（二）有关人员处5千元以上1万元以下的罚款。

第五十三条　生产经营单位及其有关人员触犯不同的法律规定，有两个以上应当给予行政处罚的安全生产违法行为的，安全监管监察部门应当适用不同的法律规定，分别裁量，合并处罚。

第五十四条　对同一生产经营单位及其有关人员的同一安全生产违法行为，不得给予两次以上罚款的行政处罚。

第五十五条　生产经营单位及其有关人员有下列情形之一的，应当从重处罚：

（一）危及公共安全或者其他生产经营单位安全的，经责令限期改正，逾期未改正的；

（二）一年内因同一违法行为受到两次以上行政处罚的；

（三）拒不整改或者整改不力，其违法行为呈持续状态的；

（四）拒绝、阻碍或者以暴力威胁行政执法人员的。

第五十六条　生产经营单位及其有关人员有下列情形之一的，应当依法从轻或者减轻行政处罚：

（一）已满14周岁不满18周岁的公民实施安全生产违法行为的；

（二）主动消除或者减轻安全生产违法行为危害后果的；

（三）受他人胁迫实施安全生产违法行为的；

（四）配合安全监管监察部门查处安全生产违法行为，有立功表现的；

（五）主动投案，向安全监管部门如实交待自己的违法行为的；

（六）具有法律、行政法规规定的其他从轻或者减轻处罚情形的。

有从轻处罚情节的，应当在法定处罚幅度的中档以下确定行政处罚标准，但不得低于法定处罚幅度的下限。

本条第一款第四项所称的立功表现，是指当事人有揭发他人安全生产违法行为，并经查证属实；或者提供查处其他安全生产违法行为的重要线索，并经查证属实；或者阻止他人实施安全生产违法行为；或者协助司法机关抓捕其他违法犯罪嫌疑人的行为。

安全生产违法行为轻微并及时纠正，没有造成危害后果的，不予行政处罚。

第五章　行政处罚的执行和备案

第五十七条　安全监管监察部门实施行政处罚时，应当同时责令生产经营单位及其有关人员停止、改正或者限期改正违法行为。

第五十八条　本办法所称的违法所得，按照下列规定计算：

（一）生产、加工产品的，以生产、加工产品的销售收入作为违法所得；

（二）销售商品的，以销售收入作为违法所得；

（三）提供安全生产中介、租赁等服务的，以服务收入或者报酬作为违法所得；

（四）销售收入无法计算的，按当地同类同等规模的生产经营单位的平均销售收入计算；

（五）服务收入、报酬无法计算的，按照当地同行业同种服务的平均收入或者报酬计算。

第五十九条　行政处罚决定依法作出后，当事人应当在行政处罚决定的期限内，予以履行；当事人逾期不履行的，作出行政处罚决定的安全监管监察部门可以采取下列措施：

（一）到期不缴纳罚款的，每日按罚款数额的3%加处罚款，但不得超过罚款数额；

（二）根据法律规定，将查封、扣押的设施、设备、器材拍卖所得价款抵缴罚款；

（三）申请人民法院强制执行。

当事人对行政处罚决定不服申请行政复议或者提起行政诉讼的，行政处罚不停止执行，法律另有规定的除外。

第六十条　安全生产行政执法人员当场收缴罚款的，应当出具省、自治区、直辖市财政部门统一制发的罚款收据；当场收缴的罚款，应当自收缴罚款之日起2日内，交至所属安全监管监察部门；安全监管监察部门应当在2日内将罚款缴付指定的银行。

第六十一条　除依法应当予以销毁的物品外，需要将查封、扣押的设施、设备、器材和危险物品拍卖抵缴罚款的，依照法律或者国家有关规定处理。销毁物品，依照国家有关规定处理;没有规定的，经县级以上安全监管监察部门负责人批准，由两名以上安全生产行政执法人员监督销毁，并制作销毁记录。处理物品，应当制作清单。

第六十二条　罚款、没收违法所得的款项和没收非法开采的煤炭产品、采掘设备，必须按照有关规定上缴，任何单位和个人不得截留、私分或者变相私分。

第六十三条　县级安全生产监督管理部门处以5万元以上罚款、没收违法所得、没收非法生产的煤炭产品或者采掘设备价值5万元以上、责令停产停业、停止建设、停止施工、停产停业整顿、吊销有关资格、岗位证书或者许可证的行政处罚的，应当自作出行政处罚决定之日起10日内报设区的市级安全生产监督管理部门备案。

第六十四条　设区的市级安全生产监管监察部门处以10万元以上罚款、没收违法所得、没收非法生产的煤炭产品或者采掘设备价值10万元以上、责令停产停业、停止建设、停止施工、停产停业整顿、吊销有关资格、岗位证书或者许可证的行政处罚的，应当自作出行政处罚决定之日起10日内报省级安全监管监察部门备案。

第六十五条　省级安全监管监察部门处以50万元以上罚款、没收违法所得、没收非法生产的煤炭产品或者采掘设备价值50万元以上、责令停产停业、停止建设、停止施工、停产停业整顿、吊销有关资格、岗位证书或者许可证的行政处罚的，应当自作出行政处罚决定之日起10日内报国家安全生产监督管理总局或者国家煤矿安全监察局备案。

对上级安全监管监察部门交办案件给予行政处罚的，由决定行政处罚的安全监管监察部门自作出行政处罚决定之日起10日内报上级安全监管监察部门备案。

第六十六条　行政处罚执行完毕后，案件材料应当按照有关规定立卷归档。

案卷立案归档后，任何单位和个人不得擅自增加、抽取、涂改和销毁案卷材料。未经安全监管监察部门负责人批准，任何单位和个人不得借阅案卷。

第六章 附 则

第六十七条 安全生产监督管理部门所用的行政处罚文书式样，由国家安全生产监督管理总局统一制定。

煤矿安全监察机构所用的行政处罚文书式样，由国家煤矿安全监察局统一制定。

第六十八条 本办法所称的生产经营单位，是指合法和非法从事生产或者经营活动的基本单元，包括企业法人、不具备企业法人资格的合伙组织、个体工商户和自然人等生产经营主体。

第六十九条 本办法自 2008 年 1 月 1 日起施行。原国家安全生产监督管理局（国家煤矿安全监察局）2003 年 5 月 19 日公布的《安全生产违法行为行政处罚办法》、2001 年 4 月 27 日公布的《煤矿安全监察程序暂行规定》同时废止。

3.《建设项目安全设施"三同时"监督管理暂行办法》

国家安全生产监督管理总局令

第 36 号

《建设项目安全设施"三同时"监督管理暂行办法》已经 2010 年 11 月 3 日国家安全生产监督管理总局局长办公会议审议通过，现予公布，自 2011 年 2 月 1 日起施行。

国家安全生产监督管理总局局长 骆 琳

二〇一〇年十二月十四日

建设项目安全设施"三同时"监督管理暂行办法

第一章 总 则

第一条 为加强建设项目安全管理，预防和减少生产安全事故，保障从业人员生命和财产安全，根据《中华人民共和国安全生产法》和《国务院关于进一步加强企业安全生产工作的通知》等法律、行政法规和规定，制定本办法。

第二条 经县级以上人民政府及其有关主管部门依法审批、核准或者备案的生产经营单位新建、改建、扩建工程项目（以下统称建设项目）安全设施的建设及其监督管理，适用本办法。

法律、行政法规及国务院对建设项目安全设施建设及其监督管理另有规定的，依照其规定。

第三条 本办法所称的建设项目安全设施，是指生产经营单位在生产经营活动中用于预防生产安全事故的设备、设施、装置、构（建）筑物和其他技术措施的总称。

第四条 生产经营单位是建设项目安全设施建设的责任主体。建设项目安全设施必须与主体工程同时设计、同时施工、同时投入生产和使用（以下简称"三同时"）。安全设施投资应当纳入建设项目概算。

第五条 国家安全生产监督管理总局对全国建设项目安全设施"三同时"实施综合监督

管理，并在国务院规定的职责范围内承担国务院及其有关主管部门审批、核准或者备案的建设项目安全设施"三同时"的监督管理。

县级以上地方各级安全生产监督管理部门对本行政区域内的建设项目安全设施"三同时"实施综合监督管理，并在本级人民政府规定的职责范围内承担本级人民政府及其有关主管部门审批、核准或者备案的建设项目安全设施"三同时"的监督管理。

跨两个及两个以上行政区域的建设项目安全设施"三同时"由其共同的上一级人民政府安全生产监督管理部门实施监督管理。

上一级人民政府安全生产监督管理部门根据工作需要，可以将其负责监督管理的建设项目安全设施"三同时"工作委托下一级人民政府安全生产监督管理部门实施监督管理。

第六条 安全生产监督管理部门应当加强建设项目安全设施建设的日常安全监管，落实有关行政许可及其监管责任，督促生产经营单位落实安全设施建设责任。

第二章 建设项目安全条件论证与安全预评价

第七条 下列建设项目在进行可行性研究时，生产经营单位应当分别对其安全生产条件进行论证和安全预评价：

（一）非煤矿矿山建设项目；

（二）生产、储存危险化学品（包括使用长输管道输送危险化学品，下同）的建设项目；

（三）生产、储存烟花爆竹的建设项目；

（四）化工、冶金、有色、建材、机械、轻工、纺织、烟草、商贸、军工、公路、水运、轨道交通、电力等行业的国家和省级重点建设项目；

（五）法律、行政法规和国务院规定的其他建设项目。

第八条 生产经营单位对本办法第七条规定的建设项目进行安全条件论证时，应当编制安全条件论证报告。安全条件论证报告应当包括下列内容：

（一）建设项目内在的危险和有害因素及对安全生产的影响；

（二）建设项目与周边设施（单位）生产、经营活动和居民生活在安全方面的相互影响；

（三）当地自然条件对建设项目安全生产的影响；

（四）其他需要论证的内容。

第九条 生产经营单位应当委托具有相应资质的安全评价机构，对其建设项目进行安全预评价，并编制安全预评价报告。

建设项目安全预评价报告应当符合国家标准或者行业标准的规定。

生产、储存危险化学品的建设项目安全预评价报告除符合本条第二款的规定外，还应当符合有关危险化学品建设项目的规定。

第十条 本办法第七条规定以外的其他建设项目，生产经营单位应当对其安全生产条件和设施进行综合分析，形成书面报告，并按照本办法第五条的规定报安全生产监督管理部门备案。

第三章 建设项目安全设施设计审查

第十一条 生产经营单位在建设项目初步设计时，应当委托有相应资质的设计单位对建设项目安全设施进行设计，编制安全专篇。

安全设施设计必须符合有关法律、法规、规章和国家标准或者行业标准、技术规范的规定，并尽可能采用先进适用的工艺、技术和可靠的设备、设施。本办法第七条规定的建设项目安全设施设计还应当充分考虑建设项目安全预评价报告提出的安全对策措施。

安全设施设计单位、设计人应当对其编制的设计文件负责。

第十二条　建设项目安全专篇应当包括下列内容：

（一）设计依据；

（二）建设项目概述；

（三）建设项目涉及的危险、有害因素和危险、有害程度及周边环境安全分析；

（四）建筑及场地布置；

（五）重大危险源分析及检测监控；

（六）安全设施设计采取的防范措施；

（七）安全生产管理机构设置或者安全生产管理人员配备情况；

（八）从业人员教育培训情况；

（九）工艺、技术和设备、设施的先进性和可靠性分析；

（十）安全设施专项投资概算；

（十一）安全预评价报告中的安全对策及建议采纳情况；

（十二）预期效果以及存在的问题与建议；

（十三）可能出现的事故预防及应急救援措施；

（十四）法律、法规、规章、标准规定需要说明的其他事项。

第十三条　本办法第七条第（一）项、第（二）项、第（三）项规定的建设项目安全设施设计完成后，生产经营单位应当按照本办法第五条的规定向安全生产监督管理部门提出审查申请，并提交下列文件资料：

（一）建设项目审批、核准或者备案的文件；

（二）建设项目安全设施设计审查申请；

（三）设计单位的设计资质证明文件；

（四）建设项目初步设计报告及安全专篇；

（五）建设项目安全预评价报告及相关文件资料；

（六）法律、行政法规、规章规定的其他文件资料。

安全生产监督管理部门收到申请后，对属于本部门职责范围内的，应当及时进行审查，并在收到申请后 5 个工作日内作出受理或者不予受理的决定，书面告知申请人；对不属于本部门职责范围内的，应当将有关文件资料转送有审查权的安全生产监督管理部门，并书面告知申请人。

本办法第七条第（四）项规定的建设项目安全设施设计完成后，生产经营单位应当按照本办法第五条的规定向安全生产监督管理部门备案，并提交下列文件资料：

（一）建设项目审批、核准或者备案的文件；

（二）建设项目初步设计报告及安全专篇；

（三）建设项目安全预评价报告及相关文件资料。

第十四条　对已经受理的建设项目安全设施设计审查申请，安全生产监督管理部门应当自受理之日起 20 个工作日内作出是否批准的决定，并书面告知申请人。20 个工作日内不能作出决定的，经本部门负责人批准，可以延长 10 个工作日，并应当将延长期限的理由书面告知申请人。

第十五条　建设项目安全设施设计有下列情形之一的，不予批准，并不得开工建设：

（一）无建设项目审批、核准或者备案文件的；

（二）未委托具有相应资质的设计单位进行设计的；

（三）安全预评价报告由未取得相应资质的安全评价机构编制的；

（四）未按照有关安全生产的法律、法规、规章和国家标准或者行业标准、技术规范的规定进行设计的；

（五）未采纳安全预评价报告中的安全对策和建议，且未作充分论证说明的；

（六）不符合法律、行政法规规定的其他条件的。

建设项目安全设施设计审查未予批准的，生产经营单位经过整改后可以向原审查部门申请再审。

第十六条　已经批准的建设项目及其安全设施设计有下列情形之一的，生产经营单位应当报原批准部门审查同意；未经审查同意的，不得开工建设：

（一）建设项目的规模、生产工艺、原料、设备发生重大变更的；

（二）改变安全设施设计且可能降低安全性能的；

（三）在施工期间重新设计的。

第十七条　本办法第七条规定以外的建设项目安全设施设计，由生产经营单位组织审查，形成书面报告，并按照本办法第五条的规定报安全生产监督管理部门备案。

第四章　建设项目安全设施施工和竣工验收

第十八条　建设项目安全设施的施工应当由取得相应资质的施工单位进行，并与建设项目主体工程同时施工。

施工单位应当在施工组织设计中编制安全技术措施和施工现场临时用电方案，同时对危险性较大的分部分项工程依法编制专项施工方案，并附具安全验算结果，经施工单位技术负责人、总监理工程师签字后实施。

施工单位应当严格按照安全设施设计和相关施工技术标准、规范施工，并对安全设施的工程质量负责。

第十九条　施工单位发现安全设施设计文件有错漏的，应当及时向生产经营单位、设计单位提出。生产经营单位、设计单位应当及时处理。

施工单位发现安全设施存在重大事故隐患时，应当立即停止施工并报告生产经营单位进行整改。整改合格后，方可恢复施工。

第二十条　工程监理单位应当审查施工组织设计中的安全技术措施或者专项施工方案是否符合工程建设强制性标准。

工程监理单位在实施监理过程中，发现存在事故隐患的，应当要求施工单位整改；情况严重的，应当要求施工单位暂时停止施工，并及时报告生产经营单位。施工单位拒不整改或者不停止施工的，工程监理单位应当及时向有关主管部门报告。

工程监理单位、监理人员应当按照法律、法规和工程建设强制性标准实施监理，并对安全设施工程的工程质量承担监理责任。

第二十一条　建设项目安全设施建成后，生产经营单位应当对安全设施进行检查，对发现的问题及时整改。

第二十二条　本办法第七条规定的建设项目竣工后，根据规定建设项目需要试运行（包括生产、使用，下同）的，应当在正式投入生产或者使用前进行试运行。

试运行时间应当不少于 30 日，最长不得超过 180 日，国家有关部门有规定或者特殊要求的行业除外。

生产、储存危险化学品的建设项目，应当在建设项目试运行前将试运行方案报负责建设项目安全许可的安全生产监督管理部门备案。

第二十三条　建设项目安全设施竣工或者试运行完成后，生产经营单位应当委托具有相应资质的安全评价机构对安全设施进行验收评价，并编制建设项目安全验收评价报告。

建设项目安全验收评价报告应当符合国家标准或者行业标准的规定。

生产、储存危险化学品的建设项目安全验收评价报告除符合本条第二款的规定外，还应当符合有关危险化学品建设项目的规定。

第二十四条　本办法第七条第（一）项、第（二）项、第（三）项规定的建设项目竣工投入生产或者使用前，生产经营单位应当按照本办法第五条的规定向安全生产监督管理部门申请安全设施竣工验收，并提交下列文件资料：

（一）安全设施竣工验收申请；

（二）安全设施设计审查意见书（复印件）；

（三）施工单位的资质证明文件（复印件）；

（四）建设项目安全验收评价报告及其存在问题的整改确认材料；

（五）安全生产管理机构设置或者安全生产管理人员配备情况；

（六）从业人员安全培训教育及资格情况；

（七）法律、行政法规、规章规定的其他文件资料。

安全设施需要试运行（生产、使用）的，还应当提供自查报告。

安全生产监督管理部门收到申请后，对属于本部门职责范围内的，应当及时审查，并在收到申请后 5 个工作日内作出受理或者不予受理的决定，并书面告知申请人；对不属于本部门职责范围内的，应当将有关文件资料转送有审查权的安全生产监督管理部门，并书面告知申请人。

本办法第七条第（四）项规定的建设项目竣工投入生产或者使用前，生产经营单位应当按照本办法第五条的规定向安全生产监督管理部门备案，并提交下列文件资料：

（一）安全设施设计备案意见书（复印件）；

（二）施工单位的施工资质证明文件（复印件）；

（三）建设项目安全验收评价报告及其存在问题的整改确认材料；

（四）安全生产管理机构设置或者安全生产管理人员配备情况；

（五）从业人员安全教育培训及资格情况。

安全设施需要试运行（生产、使用）的，还应当提供自查报告。

第二十五条　对已经受理的建设项目安全设施竣工验收申请，安全生产监督管理部门应当自受理之日起 20 个工作日内作出是否合格的决定，并书面告知申请人。20 个工作日内不能作出决定的，经本部门负责人批准，可以延长 10 个工作日，并应当将延长期限的理由书面告知申请人。

第二十六条　建设项目的安全设施有下列情形之一的，竣工验收不合格，并不得投入生产或者使用：

（一）未选择具有相应资质的施工单位施工的；

（二）未按照建设项目安全设施设计文件施工或者施工质量未达到建设项目安全设施设计文件要求的；

（三）建设项目安全设施的施工不符合国家有关施工技术标准的；

（四）未选择具有相应资质的安全评价机构进行安全验收评价或者安全验收评价不合格的；

（五）安全设施和安全生产条件不符合有关安全生产法律、法规、规章和国家标准或者行业标准、技术规范规定的；

（六）发现建设项目试运行期间存在事故隐患未整改的；

（七）未依法设置安全生产管理机构或者配备安全生产管理人员的；

（八）从业人员未经过安全教育培训或者不具备相应资格的；

（九）不符合法律、行政法规规定的其他条件的。

建设项目安全设施竣工验收未通过的，生产经营单位经过整改后可以向原验收部门再次申请验收。

第二十七条　本办法第七条规定以外的建设项目安全设施竣工验收，由生产经营单位组织实施，形成书面报告，并按照本办法第五条的规定报安全生产监督管理部门备案。

第二十八条　生产经营单位应当按照档案管理的规定，建立建设项目安全设施"三同时"文件资料档案，并妥善保存。

第二十九条　建设项目安全设施未与主体工程同时设计、同时施工或者同时投入使用的，安全生产监督管理部门对与此有关的行政许可一律不予审批，同时责令生产经营单位立即停止施工、限期改正违法行为，对有关生产经营单位和人员依法给予行政处罚。

第五章　法律责任

第三十条　建设项目安全设施"三同时"违反本办法的规定，安全生产监督管理部门及其工作人员给予审批通过或者颁发有关许可证的，依法给予行政处分。

第三十一条　生产经营单位违反本办法的规定，对本办法第七条规定的建设项目未进行安全生产条件论证和安全预评价的，给予警告，可以并处 1 万元以上 3 万元以下的罚款。

生产经营单位违反本办法的规定，对本办法第七条规定以外的建设项目未进行安全生产条件和设施综合分析，形成书面报告，并报安全生产监督管理部门备案的，给予警告，可以并处 5000 元以上 2 万元以下的罚款。

第三十二条　本办法第七条第（一）项、第（二）项、第（三）项规定的建设项目有下列情形之一的，责令限期改正；逾期未改正的，责令停止建设或者停产停业整顿，可以并处 5 万元以下的罚款：

（一）没有安全设施设计或者安全设施设计未按照规定报经安全生产监督管理部门审查同意，擅自开工的；

（二）施工单位未按照批准的安全设施设计施工的；

（三）投入生产或者使用前，安全设施未经验收合格的。

第三十三条　本办法第七条第（四）项规定的建设项目有下列情形之一的，给予警告，并处 1 万元以上 3 万元以下的罚款：

（一）没有安全设施设计或者安全设施设计未按照规定向安全生产监督管理部门备案的；

（二）施工单位未按照安全设施设计施工的；

（三）投入生产或者使用前，安全设施竣工验收情况未按照规定向安全生产监督管理部门备案的。

第三十四条　已经批准的建设项目安全设施设计发生重大变更，生产经营单位未报原批准部门审查同意擅自开工建设的，责令限期改正，可以并处 1 万元以上 3 万元以下的罚款。

第三十五条　本办法第七条规定以外的建设项目有下列情形之一的，对生产经营单位责令限期改正，可以并处 5000 元以上 3 万元以下的罚款：

（一）没有安全设施设计的；

（二）安全设施设计未组织审查，形成书面审查报告，并报安全生产监督管理部门备案的；

（三）施工单位未按照安全设施设计施工的；

（四）未组织安全设施竣工验收，形成书面报告，并报安全生产监督管理部门备案的。

第三十六条　承担建设项目安全评价的机构弄虚作假、出具虚假报告，尚未构成犯罪的，没收违法所得，违法所得在 5000 元以上的，并处违法所得二倍以上五倍以下的罚款；没有违法所得或者违法所得不足 5000 元的，单处或者并处 5000 元以上 2 万元以下的罚款，对其直接负责的主管人员和其他直接责任人员处 5000 元以上 5 万元以下的罚款；给他人造成损害的，与生产经营单位承担连带赔偿责任。

对有前款违法行为的机构，撤销其相应资格。

第三十七条　本办法规定的行政处罚由安全生产监督管理部门决定。法律、行政法规对行政处罚的种类、幅度和决定机关另有规定的，依照其规定。

安全生产监督管理部门对应当由其他有关部门进行处理的"三同时"问题，应当及时移送有关部门并形成记录备查。

第六章　附　则

第三十八条　本办法自 2011 年 2 月 1 日起施行。

4.《安全生产监管监察职责和行政执法责任追究的暂行规定》

国家安全生产监督管理总局令

第　24　号

《安全生产监管监察职责和行政执法责任追究的暂行规定》已经 2009 年 5 月 27 日国家安全生产监督管理总局局长办公会议审议通过，现予公布，自 2009 年 10 月 1 日起施行。

国家安全生产监督管理总局局长　骆　琳

二〇〇九年七月二十五日

安全生产监管监察职责和行政执法责任追究的暂行规定
（2013 年修订）

第一章　总　则

第一条　为促进安全生产监督管理部门、煤矿安全监察机构及其行政执法人员依法履行职责，落实行政执法责任，保障公民、法人和其他组织合法权益，根据《公务员法》、《安全生产法》、《安全生产许可证条例》等法律法规和国务院有关规定，制定本规定。

第二条　县级以上人民政府安全生产监督管理部门、煤矿安全监察机构（以下统称安全监管监察部门）及其内设机构、行政执法人员履行安全生产监管监察职责和实施行政执法责任追究，适用本规定；法律、法规对行政执法责任追究或者党政领导干部问责另有规定的，依照其规定。

本规定所称行政执法责任追究，是指对作出违法、不当的安全监管监察行政执法行为（以下简称行政执法行为），或者未履行法定职责的安全监管监察部门及其内设机构、行政执法人员，实施行政责任追究（以下简称责任追究）。

第三条　责任追究应当遵循公正公平、有错必纠、责罚相当、惩教结合的原则，做到事实清楚、证据确凿、定性准确、处理适当、程序合法、手续完备。

第四条　责任追究实行回避制度。与违法、不当行政执法行为或者责任人有利害关系，或者有其他特殊关系，可能影响公正处理的人员，实施责任追究时应当回避。

安全监管监察部门负责人的回避由该部门负责人集体讨论决定，其他人员的回避由该部门负责人决定。

第二章　安全生产监管监察和行政执法职责

第五条　县级以上人民政府安全生产监督管理部门依法对本行政区域内安全生产工作实施综合监督管理，指导协调和监督检查本级人民政府有关部门依法履行安全生产监督管理职责；对本行政区域内没有其他行政主管部门负责安全生产监督管理的生产经营单位实施安全生产监督管理；对下级人民政府安全生产工作进行监督检查。

煤矿安全监察机构依法履行国家煤矿安全监察职责，实施煤矿安全监察行政执法，对煤矿安全进行重点监察、专项监察和定期监察，对地方人民政府依法履行煤矿安全生产监督管理职责的情况进行监督检查。

第六条　安全监管监察部门应当依照法律、法规、规章和本级人民政府、上级安全监管监察部门规定的安全监管监察职责，根据各自的监管监察权限、行政执法人员数量、监管监察的生产经营单位状况、技术装备和经费保障等实际情况，制定本部门年度安全监管或者煤矿安全监察执法工作计划。

安全监管执法工作计划应当报本级人民政府批准后实施，并报上一级安全监管部门备案；煤矿安全监察执法工作计划应当报上一级煤矿安全监察机构批准后实施。安全监管和煤矿安全监察执法工作计划因特殊情况需要作出重大调整或者变更的，应当及时报原批准单位批准，并按照批准后的计划执行。

安全监管和煤矿安全监察执法工作计划应当包括监管监察的对象、时间、次数、主要事项、方式和职责分工等内容。根据安全监管监察工作需要，安全监管监察部门可以按照安全监管和煤矿安全监察执法工作计划编制现场检查方案,对作业现场的安全生产实施监督检查。

第七条 安全监管监察部门应当按照各自权限,依照法律、法规、规章和国家标准或者行业标准规定的安全生产条件和程序,履行下列行政许可职责:

(一)矿山建设项目和用于生产、储存危险物品的建设项目安全设施的设计审查、竣工验收;

(二)矿山企业、危险化学品和烟花爆竹生产企业的安全生产许可;

(三)危险化学品经营许可;

(四)非药品类易制毒化学品生产、经营许可;

(五)烟花爆竹经营(批发、零售)许可;

(六)矿山、危险化学品、烟花爆竹生产经营单位主要负责人、安全生产管理人员的安全资格认定和特种作业人员(特种设备作业人员除外)操作资格认定;

(七)煤矿矿用产品安全标志认证机构资质的认可;

(八)矿山救护队资质认定;

(九)安全生产检测检验、安全评价机构资质的认可;

(十)使用有毒物品作业场所职业卫生安全许可;

(十一)注册助理安全工程师资格、注册安全工程师执业资格的考试和注册;

(十二)法律、行政法规和国务院设定的其他行政许可。

行政许可申请人对其申请材料实质内容的真实性负责。安全监管监察部门对符合法定条件的申请,应当依法予以受理,并作出准予或者不予行政许可的决定。根据法定条件和程序,需要对申请材料的实质内容进行核实的,应当指派两名以上行政执法人员进行核查。

对未依法取得行政许可或者验收合格擅自从事有关活动的生产经营单位,安全监管监察部门发现或者接到举报后,属于本部门行政许可职责范围的,应当及时依法查处;属于其他部门行政许可职责范围的,应当及时移送相关部门。对已经依法取得本部门行政许可的生产经营单位,发现其不再具备安全生产条件的,安全监管监察部门应当依法暂扣或者吊销原行政许可证件。

第八条 安全监管监察部门应当按照年度安全监管和煤矿安全监察执法工作计划、现场检查方案,对生产经营单位是否具备有关法律、法规、规章和国家标准或者行业标准规定的安全生产条件进行监督检查,重点监督检查下列事项:

(一)依法取得有关安全生产行政许可的情况;

(二)作业场所职业危害防治的情况;

(三)建立和落实安全生产责任制、安全生产规章制度和操作规程、作业规程的情况;

(四)按照国家规定提取和使用安全生产费用、安全生产风险抵押金,以及其他安全生产投入的情况;

(五)依法设置安全生产管理机构和配备安全生产管理人员的情况;

(六)从业人员受到安全生产教育、培训,取得有关安全资格证书的情况;

(七)新建、改建、扩建工程项目的安全设施与主体工程同时设计、同时施工、同时投入生产和使用,以及按规定办理设计审查和竣工验收的情况;

(八)在有较大危险因素的生产经营场所和有关设施、设备上,设置安全警示标志的情况;

（九）对安全设备设施的维护、保养、定期检测的情况；

（十）重大危险源登记建档、定期检测、评估、监控和制定应急预案的情况；

（十一）教育和督促从业人员严格执行本单位的安全生产规章制度和安全操作规程，并向从业人员如实告知作业场所和工作岗位存在的危险因素、防范措施以及事故应急措施的情况；

（十二）为从业人员提供符合国家标准或者行业标准的劳动防护用品，并监督、教育从业人员按照使用规则正确佩戴和使用的情况；

（十三）在同一作业区域内进行生产经营活动，可能危及对方生产安全的，与对方签订安全生产管理协议，明确各自的安全生产管理职责和应当采取的安全措施，并指定专职安全生产管理人员进行安全检查与协调的情况；

（十四）对承包单位、承租单位的安全生产工作实行统一协调、管理的情况；

（十五）组织安全生产检查，及时排查治理生产安全事故隐患的情况；

（十六）制定、实施生产安全事故应急预案，以及有关应急预案备案的情况；

（十七）危险物品的生产、经营、储存单位以及矿山企业建立应急救援组织或者兼职救援队伍、签订应急救援协议，以及应急救援器材、设备的配备、维护、保养的情况；

（十八）按照规定报告生产安全事故的情况；

（十九）依法应当监督检查的其他情况。

第九条　安全监管监察部门在监督检查中，发现生产经营单位存在安全生产违法行为或者事故隐患的，应当依法采取下列现场处理措施：

（一）当场予以纠正；

（二）责令限期改正、责令限期达到要求；

（三）责令立即停止作业（施工）、责令立即停止使用、责令立即排除事故隐患；

（四）责令从危险区域撤出作业人员；

（五）责令暂时停产停业、停止建设、停止施工或者停止使用；

（六）依法应当采取的其他现场处理措施。

第十条　被责令限期改正、限期达到要求、暂时停产停业、停止建设、停止施工或者停止使用的生产经营单位提出复查申请或者整改、治理限期届满的，安全监管监察部门应当自收到申请或者限期届满之日起 10 日内进行复查，并填写复查意见书，由被复查单位和安全监管监察部门复查人员签名后存档。

煤矿安全监察机构依照有关规定将复查工作移交给县级以上地方人民政府负责煤矿安全生产监督管理的部门的，应当及时将相应的执法文书抄送该部门并备案。县级以上地方人民政府负责煤矿安全生产监督管理的部门应当自收到煤矿申请或者限期届满之日起 10 日内进行复查，并填写复查意见书，由被复查煤矿和复查人员签名后存档，并将复查意见书及时抄送移交复查的煤矿安全监察机构。

对逾期未整改、治理或者整改、治理不合格的生产经营单位，安全监管监察部门应当依法给予行政处罚，并依法提请县级以上地方人民政府按照规定的权限决定关闭。

第十一条　安全监管监察部门在监督检查中，发现生产经营单位存在安全生产非法、违法行为的，有权依法采取下列行政强制措施：

（一）对有根据认为不符合安全生产的国家标准或者行业标准的在用设施、设备、器材，予以查封或者扣押，并应当在作出查封、扣押决定之日起 15 日内依法作出处理决定；

（二）扣押相关的证据材料和违法物品，临时查封有关场所；

（三）法律、法规规定的其他行政强制措施。

实施查封、扣押的，应当当场下达查封、扣押决定书和被查封、扣押的财物清单。在交通不便地区，或者不及时查封、扣押可能影响案件查处，或者存在事故隐患可能造成生产安全事故的，可以先行实施查封、扣押，并在48小时内补办查封、扣押决定书，送达当事人。

第十二条　安全监管监察部门在监督检查中，发现生产经营单位存在的安全问题涉及有关地方人民政府或其有关部门的，应当及时向有关地方人民政府报告或其有关部门通报。

第十三条　安全监管监察部门应当严格依照法律、法规和规章规定的行政处罚的行为、种类、幅度和程序，按照各自的管辖权限，对监督检查中发现的生产经营单位及有关人员的安全生产非法、违法行为实施行政处罚。

对到期不缴纳罚款的，安全监管监察部门可以每日按罚款数额的百分之三加处罚款。

生产经营单位拒不执行安全监管监察部门行政处罚决定的，作出行政处罚决定的安全监管监察部门可以依法申请人民法院强制执行；拒不执行处罚决定可能导致生产安全事故的，应当及时向有关地方人民政府报告或其有关部门通报。

第十四条　安全监管监察部门对生产经营单位及其从业人员作出现场处理措施、行政强制措施和行政处罚决定等行政执法行为前，应当充分听取当事人的陈述、申辩，对其提出的事实、理由和证据，应当进行复核。当事人提出的事实、理由和证据成立的，应当予以采纳。

安全监管监察部门对生产经营单位及其从业人员作出现场处理措施、行政强制措施和行政处罚决定等行政执法行为时，应当依法制作有关法律文书，并按照规定送达当事人。

第十五条　安全监管监察部门应当依法履行下列生产安全事故报告和调查处理职责：

（一）建立值班制度，并向社会公布值班电话，受理事故报告和举报；

（二）按照法定的时限、内容和程序逐级上报和补报事故；

（三）接到事故报告后，按照规定派人立即赶赴事故现场，组织或者指导协调事故救援；

（四）按照规定组织或者参加事故调查处理；

（五）对事故发生单位落实事故防范和整改措施的情况进行监督检查；

（六）依法对事故责任单位和有关责任人员实施行政处罚；

（七）依法应当履行的其他职责。

第十六条　安全监管监察部门应当依法受理、调查和处理本部门法定职责范围内的举报事项，并形成书面材料。调查处理情况应当答复举报人，但举报人的姓名、名称、住址不清的除外。对不属于本部门职责范围的举报事项，应当依法予以登记，并告知举报人向有权机关提出。

第十七条　安全监管监察部门应当依法受理行政复议申请，审理行政复议案件，并作出处理或者决定。

第三章　责任追究的范围与承担责任的主体

第十八条　安全监管监察部门及其内设机构、行政执法人员履行本规定第二章规定的行政执法职责，有下列违法或者不当的情形之一，致使行政执法行为被撤销、变更、确认违法，或者被责令履行法定职责、承担行政赔偿责任的，应当实施责任追究：

（一）超越、滥用法定职权的；

（二）主要事实不清、证据不足的；

（三）适用依据错误的；

（四）行政裁量明显不当的；

（五）违反法定程序的；

（六）未按照年度安全监管或者煤矿安全监察执法工作计划、现场检查方案履行法定职责的；

（七）其他违法或者不当的情形。

前款所称的行政执法行为被撤销、变更、确认违法，或者被责令履行法定职责、承担行政赔偿责任，是指行政执法行为被人民法院生效的判决、裁定，或者行政复议机关等有权机关的决定予以撤销、变更、确认违法或者被责令履行法定职责、承担行政赔偿责任的情形。

第十九条　有下列情形之一的，安全监管监察部门及其内设机构、行政执法人员不承担责任：

（一）因生产经营单位、中介机构等行政管理相对人的行为，致使安全监管监察部门及其内设机构、行政执法人员无法作出正确行政执法行为的；

（二）因有关行政执法依据规定不一致，致使行政执法行为适用法律、法规和规章依据不当的；

（三）因不能预见、不能避免并不能克服的不可抗力致使行政执法行为违法、不当或者未履行法定职责的；

（四）违法、不当的行政执法行为情节轻微并及时纠正，没有造成不良后果或者不良后果被及时消除的；

（五）按照批准、备案的安全监管或者煤矿安全监察执法工作计划、现场检查方案和法律、法规、规章规定的方式、程序已经履行安全生产监管监察职责的；

（六）对发现的安全生产非法、违法行为和事故隐患已经依法查处，因生产经营单位及其从业人员拒不执行安全生产监管监察指令导致生产安全事故的；

（七）生产经营单位非法生产或者经责令停产停业整顿后仍不具备安全生产条件，安全监管监察部门已经依法提请县级以上地方人民政府决定取缔或者关闭的；

（八）对拒不执行行政处罚决定的生产经营单位，安全监管监察部门已经依法申请人民法院强制执行的；

（九）安全监管监察部门已经依法向县级以上地方人民政府提出加强和改善安全生产监督管理建议的；

（十）依法不承担责任的其他情形。

第二十条　承办人直接作出违法或者不当行政执法行为的，由承办人承担责任。

第二十一条　对安全监管监察部门应当经审核、批准作出的行政执法行为，分别按照下列情形区分并承担责任：

（一）承办人未经审核人、批准人审批擅自作出行政执法行为，或者不按审核、批准的内容实施，致使行政执法行为违法或者不当的，由承办人承担责任；

（二）承办人弄虚作假、徇私舞弊，或者承办人提出的意见错误，审核人、批准人没有发现或者发现后未予以纠正，致使行政执法行为违法或者不当的，由承办人承担主要责任，审核人、批准人承担次要责任；

（三）审核人改变或者不采纳承办人的正确意见，批准人批准该审核意见，致使行政执法行为违法或者不当的，由审核人承担主要责任，批准人承担次要责任；

（四）审核人未报请批准人批准而擅自作出决定，致使行政执法行为违法或者不当的，由审核人承担责任；

（五）审核人弄虚作假、徇私舞弊，致使批准人作出错误决定的，由审核人承担责任；

（六）批准人改变或者不采纳承办人、审核人的正确意见，致使行政执法行为违法或者不当的，由批准人承担责任；

（七）未经承办人拟办、审核人审核，批准人直接作出违法或者不当的行政执法行为的，由批准人承担责任。

第二十二条 因安全监管监察部门指派不具有行政执法资格的单位或者人员执法，致使行政执法行为违法或者不当的，由指派部门及其负责人承担责任。

第二十三条 因安全监管监察部门负责人集体研究决定，致使行政执法行为违法或者不当的，主要负责人应当承担主要责任，参与作出决定的其他负责人应当分别承担相应的责任。

安全监管监察部门负责人擅自改变集体决定，致使行政执法行为违法或者不当的，由该负责人承担全部责任。

第二十四条 两名以上行政执法人员共同作出违法或者不当行政执法行为的，由主办人员承担主要责任，其他人员承担次要责任；不能区分主要、次要责任人的，共同承担责任。

因安全监管监察部门内设机构单独决定，致使行政执法行为违法或者不当的，由该机构承担全部责任；因两个以上内设机构共同决定，致使行政执法行为违法或者不当的，由有关内设机构共同承担责任。

第二十五条 经安全监管监察部门内设机构会签作出的行政执法行为，分别按照下列情形区分并承担责任：

（一）主办机构提供的有关事实、证据不真实、不准确或者不完整，会签机构通过审查能够提出正确意见但没有提出，致使行政执法行为违法或者不当的，由主办机构承担主要责任，会签机构承担次要责任；

（二）主办机构没有采纳会签机构提出的正确意见，致使行政执法行为违法或者不当的，由主办机构承担责任。

第二十六条 因执行上级安全监管监察部门的指示、批复，致使行政执法行为违法或者不当的，由作出指示、批复的上级安全监管监察部门承担责任。

因请示、报告单位隐瞒事实或者未完整提供真实情况等原因，致使上级安全监管监察部门作出错误指示、批复的，由请示、报告单位承担责任。

第二十七条 下级安全监管监察部门认为上级的决定或者命令有错误的，可以向上级提出改正、撤销该决定或者命令的意见；上级不改变该决定或者命令，或者要求立即执行的，下级安全监管监察部门应当执行该决定或者命令，其不当或者违法责任由上级安全监管监察部门承担。

第二十八条 上级安全监管监察部门改变、撤销下级安全监管监察部门作出的行政执法行为，致使行政执法行为违法或者不当的，由上级安全监管监察部门及其有关内设机构、行政执法人员依照本章规定分别承担相应责任。

第二十九条 安全监管监察部门及其内设机构、行政执法人员不履行法定职责的，应当根据各自的职责分工，依照本章规定区分并承担责任。

第四章　责任追究的方式与适用

第三十条　对安全监管监察部门及其内设机构的责任追究包括下列方式：

（一）责令限期改正；

（二）通报批评；

（三）取消当年评优评先资格；

（四）法律、法规和规章规定的其他方式。

对行政执法人员的责任追究包括下列方式：

（一）批评教育；

（二）离岗培训；

（三）取消当年评优评先资格；

（四）暂扣行政执法证件；

（五）调离执法岗位；

（六）法律、法规和规章规定的其他方式。

本条第一款和第二款规定的责任追究方式，可以单独或者合并适用。

第三十一条　对安全监管监察部门及其内设机构、行政执法人员实施责任追究的时候，应当根据违法、不当行政执法行为的事实、性质、情节和对于社会的危害程度，依照本规定的有关条款决定。

第三十二条　违法或者不当行政执法行为的情节较轻、危害较小的，对安全监管监察部门责令限期改正，对行政执法人员予以批评教育或者离岗培训，并取消当年评优评先资格。

违法或者不当行政执法行为的情节较重、危害较大的，对安全监管监察部门责令限期改正，予以通报批评，并取消当年评优评先资格；对行政执法人员予以调离执法岗位或者暂扣行政执法证件，并取消当年评优评先资格。

第三十三条　安全监管监察部门及其内设机构在年度行政执法评议考核中被确定为不合格的，责令限期改正，并予以通报批评、取消当年评优评先资格。

行政执法人员在年度行政执法评议考核中被确定为不称职的，予以离岗培训、暂扣行政执法证件，并取消当年评优评先资格。

第三十四条　一年内被申请行政复议或者被提起行政诉讼的行政执法行为中，被撤销、变更、确认违法的比例占20%以上（含本数，下同）的，应当责令有关安全监管监察部门限期改正，并取消当年评优评先资格。

第三十五条　安全监管监察部门承担行政赔偿责任的，应当依照《国家赔偿法》第十四条的规定，责令有故意或者重大过失的行政执法人员承担全部或者部分行政赔偿费用。

第三十六条　对实施违法或者不当的行政执法行为，或者未履行法定职责的行政执法人员，依照《公务员法》、《行政机关公务员处分条例》等的规定应当给予行政处分或者辞退处理的，依照其规定。

第三十七条　行政执法人员的行政执法行为涉嫌犯罪的，移交司法机关处理。

第三十八条　有下列情形之一的，可以从轻或者减轻追究责任：

（一）违反本规定第十一条至第十四条所规定的职责，未造成严重后果的；

（二）主动采取措施，有效避免损失或者挽回影响的；

（三）积极配合责任追究，并且主动承担责任的；

（四）依法可以从轻的其他情形。

第三十九条　有下列情形之一的，应当从重追究责任：

（一）因违法、不当行政执法行为或者不履行法定职责，严重损害国家声誉，或者造成恶劣社会影响，或者致使公共财产、国家和人民利益遭受重大损失的；

（二）滥用职权、玩忽职守、徇私舞弊，致使行政执法行为违法、不当的；

（三）弄虚作假、隐瞒真相，干扰、阻碍责任追究的；

（四）对检举人、控告人、申诉人和实施责任追究的人员打击、报复、陷害的；

（五）一年内出现两次以上应当追究责任的情形的；

（六）依法应当从重追究责任的其他情形。

<h3 style="text-align:center">第五章　责任追究的机关与程序</h3>

第四十条　安全生产监督管理部门及其负责人的责任，按照干部管理权限，由其上级安全生产监督管理部门或者本级人民政府行政监察机关追究；所属内设机构和其他行政执法人员的责任，由所在安全生产监督管理部门追究。

煤矿安全监察机构及其负责人的责任，按照干部管理权限，由其上级煤矿安全监察机构追究；所属内设机构及其行政执法人员的责任，由所在煤矿安全监察机构追究。

第四十一条　安全监管监察部门进行责任追究，按照下列程序办理：

（一）负责法制工作的机构自行政执法行为被确认违法、不当之日起15日内，将有关当事人的情况书面通报本部门负责行政监察工作的机构；

（二）负责行政监察工作的机构自收到法制工作机构通报或者直接收到有关行政执法行为违法、不当的举报之日起60日内调查核实有关情况，提出责任追究的建议，报本部门领导班子集体讨论决定；

（三）负责人事工作的机构自责任追究决定作出之日起15日内落实决定事项。

法律、法规对责任追究的程序另有规定的，依照其规定。

第四十二条　安全监管监察部门实施责任追究应当制作《行政执法责任追究决定书》。《行政执法责任追究决定书》由负责行政监察工作的机构草拟，安全监管监察部门作出决定。

《行政执法责任追究决定书》应当写明责任追究的事实、依据、方式、批准机关、生效时间、当事人的申诉期限及受理机关等。离岗培训和暂扣行政执法证件的，还应当写明培训和暂扣的期限等。

第四十三条　安全监管监察部门作出责任追究决定前，负责行政监察工作的机构应当将追究责任的有关事实、理由和依据告知当事人，并听取其陈述和申辩。对其合理意见，应当予以采纳。

《行政执法责任追究决定书》应当送到当事人，以及当事人所在的单位和内设机构。责任追究决定作出后，作出决定的安全监管监察部门应当派人与当事人谈话，做好思想工作，督促其做好工作交接等后续工作。

当事人对责任追究决定不服的，可以依照《公务员法》等规定申请复核和提出申诉。申诉期间，不停止责任追究决定的执行。

第四十四条　对当事人的责任追究情况应当作为其考核、奖惩、任免的重要依据。安全监管监察部门负责人事工作的机构应当将责任追究的有关材料记入当事人个人档案。

<h2 style="text-align:center">第六章　附　则</h2>

第四十五条　本规定所称的安全生产非法行为，是指公民、法人或者其他组织未依法取得安全监管监察部门的行政许可，擅自从事生产经营活动的行为，或者该行政许可已经失效，继续从事生产经营活动的行为。

本规定所称的安全生产违法行为，是指公民、法人或者其他组织违反有关安全生产的法律、法规、规章、国家标准、行业标准的规定，从事生产经营活动的行为。

本规定所称的违法的行政执法行为，是指违反法律、法规、规章规定的职责、程序所作出的具体行政行为。

本规定所称的不当的行政执法行为，是指违反客观、适度、公平、公正、合理等适用法律的一般原则所作出的具体行政行为。

第四十六条　依法授权或者委托行使安全生产行政执法职责的单位及其行政执法人员的责任追究，参照本规定执行。

第四十七条　本规定自 2009 年 10 月 1 日起施行。省、自治区、直辖市人民代表大会及其常务委员会或者省、自治区、直辖市人民政府对地方安全生产监督管理部门及其内设机构、行政执法人员的责任追究另有规定的，依照其规定。

5.《安全生产培训管理办法》

<h3 style="text-align:center">国家安全生产监督管理总局令</h3>
第 44 号

新修订的《安全生产培训管理办法》已经 2011 年 12 月 31 日国家安全生产监督管理总局局长办公会议审议通过，现予公布，自 2012 年 3 月 1 日起施行。原国家安全生产监督管理局（国家煤矿安全监察局）2004 年 12 月 28 日公布的《安全生产培训管理办法》同时废止。

国家安全生产监督管理总局局长　骆　琳
二〇一二年一月十九日

<h3 style="text-align:center">安全生产培训管理办法（2013 年修订）</h3>

<h4 style="text-align:center">第一章　总　则</h4>

第一条　为了加强安全生产培训管理，规范安全生产培训秩序，保证安全生产培训质量，促进安全生产培训工作健康发展，根据《中华人民共和国安全生产法》和有关法律、行政法规的规定，制定本办法。

第二条　安全培训机构、生产经营单位从事安全生产培训（以下简称安全培训）活动以及安全生产监督管理部门、煤矿安全监察机构、地方人民政府负责煤矿安全培训的部门对安全培训工作实施监督管理，适用本办法。

第三条　本办法所称安全培训是指以提高安全监管监察人员、生产经营单位从业人员和从事安全生产工作的相关人员的安全素质为目的的教育培训活动。

前款所称安全监管监察人员是指县级以上各级人民政府安全生产监督管理部门、各级煤矿安全监察机构从事安全监管监察、行政执法的安全生产监管人员和煤矿安全监察人员；生产经营单位从业人员是指生产经营单位主要负责人、安全生产管理人员、特种作业人员及其他从业人员；从事安全生产工作的相关人员是指从事安全教育培训工作的教师、危险化学品登记机构的登记人员和承担安全评价、咨询、检测、检验的人员及注册安全工程师、安全生产应急救援人员等。

第四条　安全培训工作实行统一规划、归口管理、分级实施、分类指导、教考分离的原则。

国家安全生产监督管理总局（以下简称国家安全监管总局）指导全国安全培训工作，依法对全国的安全培训工作实施监督管理。

国家煤矿安全监察局（以下简称国家煤矿安监局）指导全国煤矿安全培训工作，依法对全国煤矿安全培训工作实施监督管理。

国家安全生产应急救援指挥中心指导全国安全生产应急救援培训工作。

县级以上地方各级人民政府安全生产监督管理部门依法对本行政区域内的安全培训工作实施监督管理。

省、自治区、直辖市人民政府负责煤矿安全培训的部门、省级煤矿安全监察机构（以下统称省级煤矿安全培训监管机构）按照各自工作职责，依法对所辖区域煤矿安全培训工作实施监督管理。

第二章　安全培训机构

第五条　安全培训的机构应当具备从事安全培训工作所需要的条件。从事危险物品的生产、经营、储存单位和矿山企业主要负责人、安全生产管理人员、特种作业人员以及注册安全工程师等相关人员培训的安全培训机构，应当将教师、教学和实习实训设施等情况书面报告所在地安全生产监督管理部门、煤矿安全培训监管机构。

国家鼓励安全生产相关社会组织对安全培训机构实行自律管理。

第三章　安全培训

第六条　安全培训应当按照规定的安全培训大纲进行。

安全监管监察人员，危险物品的生产、经营、储存单位与非煤矿山企业的主要负责人、安全生产管理人员和特种作业人员及从事安全生产工作的相关人员的安全培训大纲，由国家安全监管总局组织制定。

煤矿企业的主要负责人、安全生产管理人员和特种作业人员的培训大纲由国家煤矿安监局组织制定。

除危险物品的生产、经营、储存单位和矿山企业以外其他生产经营单位的主要负责人、安全生产管理人员及其他从业人员的安全培训大纲，由省级安全生产监督管理部门、省级煤矿安全培训监管机构组织制定。

第七条　国家安全监管总局、省级安全生产监督管理部门定期组织优秀安全培训教材的评选。

安全培训机构应当优先使用优秀安全培训教材。

第八条 国家安全监管总局负责省级以上安全生产监督管理部门的安全生产监管人员、各级煤矿安全监察机构的煤矿安全监察人员的培训工作；组织、指导和监督中央企业总公司、总厂或者集团公司的主要负责人和安全生产管理人员的培训工作。

省级安全生产监督管理部门负责市级、县级安全生产监督管理部门的安全生产监管人员的培训工作；组织、指导和监督省属生产经营单位、所辖区域内中央企业的分公司、子公司及其所属单位的主要负责人和安全生产管理人员的培训工作；组织、指导和监督特种作业人员的培训工作。

市级、县级安全生产监督管理部门组织、指导和监督本行政区域内除中央企业、省属生产经营单位以外的其他生产经营单位的主要负责人和安全生产管理人员的安全培训工作。

省级煤矿安全培训监管机构组织、指导和监督所辖区域内煤矿企业的主要负责人、安全生产管理人员和特种作业人员的培训工作。

危险化学品登记机构的登记人员和承担安全评价、咨询、检测、检验的人员及注册安全工程师、安全生产应急救援人员的安全培训按照有关法律、法规、规章的规定进行。

除主要负责人、安全生产管理人员、特种作业人员以外的生产经营单位的从业人员的安全培训，由生产经营单位负责。

第九条 对从业人员的安全培训，具备安全培训条件的生产经营单位应当以自主培训为主，也可以委托具备安全培训条件的机构进行安全培训。

不具备安全培训条件的生产经营单位，应当委托具有安全培训条件的机构对从业人员进行安全培训。

第十条 生产经营单位应当建立安全培训管理制度，保障从业人员安全培训所需经费，对从业人员进行与其所从事岗位相应的安全教育培训；从业人员调整工作岗位或者采用新工艺、新技术、新设备、新材料的，应当对其进行专门的安全教育和培训。未经安全教育和培训合格的从业人员，不得上岗作业。

从业人员安全培训情况，生产经营单位应当建档备查。

第十一条 下列从业人员应当由取得相应资质的安全培训机构进行培训：

（一）特种作业人员；

（二）井工矿山企业的生产、技术、通风、机电、运输、地测、调度等职能部门的负责人。

前款规定以外的从业人员的安全培训，由生产经营单位组织培训，或者委托安全培训机构进行培训。

生产经营单位从业人员的培训内容和培训时间，应当符合《生产经营单位安全培训规定》和有关标准的规定。

第十二条 中央企业的分公司、子公司及其所属单位和其他生产经营单位，发生造成人员死亡的生产安全事故的，其主要负责人和安全生产管理人员应当重新参加安全培训。

特种作业人员对造成人员死亡的生产安全事故负有直接责任的，应当按照《特种作业人员安全技术培训考核管理规定》重新参加安全培训。

第十三条 国家鼓励生产经营单位实行师傅带徒弟制度。

矿山新招的井下作业人员和危险物品生产经营单位新招的危险工艺操作岗位人员，除按照规定进行安全培训外，还应当在有经验的职工带领下实习满2个月后，方可独立上岗作业。

第十四条　国家鼓励生产经营单位招录职业院校毕业生。

职业院校毕业生从事与所学专业相关的作业，可以免予参加初次培训，实际操作培训除外。

第十五条　安全培训机构应当建立安全培训工作制度和人员培训档案，落实安全培训计划。安全培训相关情况，应当记录备查。

第十六条　安全培训机构从事安全培训工作的收费，应当符合法律、法规的规定。法律、法规没有规定的，应当按照行业自律标准或者指导性标准收费。

第十七条　国家鼓励安全培训机构和生产经营单位利用现代信息技术开展安全培训，包括远程培训。

第四章　安全培训的考核

第十八条　安全监管监察人员、从事安全生产工作的相关人员、依照有关法律法规应当取得安全资格证的生产经营单位主要负责人和安全生产管理人员、特种作业人员的安全培训的考核，应当坚持教考分离、统一标准、统一题库、分级负责的原则，分步推行有远程视频监视的计算机考试。

第十九条　安全监管监察人员，危险物品的生产、经营、储存单位及非煤矿山企业主要负责人、安全生产管理人员和特种作业人员，以及从事安全生产工作的相关人员的考核标准，由国家安全监管总局统一制定。

煤矿企业的主要负责人、安全生产管理人员和特种作业人员的考核标准，由国家煤矿安监局制定。

除危险物品的生产、经营、储存单位和矿山企业以外其他生产经营单位主要负责人、安全生产管理人员及其他从业人员的考核标准，由省级安全生产监督管理部门制定。

第二十条　国家安全监管总局负责省级以上安全生产监督管理部门的安全生产监管人员、各级煤矿安全监察机构的煤矿安全监察人员的考核；负责中央企业的总公司、总厂或者集团公司的主要负责人和安全生产管理人员的考核。

省级安全生产监督管理部门负责市级、县级安全生产监督管理部门的安全生产监管人员的考核；负责省属生产经营单位和中央企业分公司、子公司及其所属单位的主要负责人和安全生产管理人员的考核；负责特种作业人员的考核。

市级安全生产监督管理部门负责本行政区域内除中央企业、省属生产经营单位以外的其他生产经营单位的主要负责人和安全生产管理人员的考核。

省级煤矿安全培训监管机构负责所辖区域内煤矿企业的主要负责人、安全生产管理人员和特种作业人员的考核。

除主要负责人、安全生产管理人员、特种作业人员以外的生产经营单位的其他从业人员的考核，由生产经营单位按照省级安全生产监督管理部门公布的考核标准，自行组织考核。

第二十一条　安全生产监督管理部门、煤矿安全培训监管机构和生产经营单位应当制定安全培训的考核制度，建立考核管理档案备查。

第五章　安全培训的发证

第二十二条　接受安全培训人员经考核合格的，由考核部门在考核结束后 10 个工作日内颁发相应的证书。

第二十三条　安全生产监管人员经考核合格后，颁发安全生产监管执法证；煤矿安全监察人员经考核合格后，颁发煤矿安全监察执法证；危险物品的生产、经营、储存单位和矿山企业主要负责人、安全生产管理人员经考核合格后，颁发安全资格证；特种作业人员经考核合格后，颁发《中华人民共和国特种作业操作证》（以下简称特种作业操作证）；危险化学品登记机构的登记人员经考核合格后，颁发上岗证；其他人员经培训合格后，颁发培训合格证。

第二十四条　安全生产监管执法证、煤矿安全监察执法证、安全资格证、特种作业操作证和上岗证的式样，由国家安全监管总局统一规定。培训合格证的式样，由负责培训考核的部门规定。

第二十五条　安全生产监管执法证、煤矿安全监察执法证、安全资格证的有效期为 3 年。有效期届满需要延期的，应当于有效期届满 30 日前向原发证部门申请办理延期手续。

特种作业人员的考核发证按照《特种作业人员安全技术培训考核管理规定》执行。

第二十六条　特种作业操作证和省级安全生产监督管理部门、省级煤矿安全培训监管机构颁发的主要负责人、安全生产管理人员的安全资格证，在全国范围内有效。

第二十七条　承担安全评价、咨询、检测、检验的人员和安全生产应急救援人员的考核、发证，按照有关法律、法规、规章的规定执行。

第六章　监督管理

第二十八条　安全生产监督管理部门、煤矿安全培训监管机构应当依照法律、法规和本办法的规定，加强对安全培训工作的监督管理，对生产经营单位、安全培训机构违反有关法律、法规和本办法的行为，依法作出处理。

省级安全生产监督管理部门、省级煤矿安全培训监管机构应当定期统计分析本行政区域内安全培训、考核、发证情况，并报国家安全监管总局。

第二十九条　安全生产监督管理部门和煤矿安全培训监管机构应当对安全培训机构开展安全培训活动的情况进行监督检查，检查内容包括：

（一）具备从事安全培训工作所需要的条件的情况；

（二）建立培训管理制度和教师配备的情况；

（三）执行培训大纲、建立培训档案和培训保障的情况；

（四）培训收费的情况；

（五）法律法规规定的其他内容。

第三十条　安全生产监督管理部门、煤矿安全培训监管机构应当对生产经营单位的安全培训情况进行监督检查，检查内容包括：

（一）安全培训制度、年度培训计划、安全培训管理档案的制定和实施的情况；

（二）安全培训经费投入和使用的情况；

（三）主要负责人、安全生产管理人员和特种作业人员安全培训和持证上岗的情况；

（四）应用新工艺、新技术、新材料、新设备以及转岗前对从业人员安全培训的情况；

（五）其他从业人员安全培训的情况；

（六）法律法规规定的其他内容。

第三十一条　任何单位或者个人对生产经营单位、安全培训机构违反有关法律、法规和本办法的行为，均有权向安全生产监督管理部门、煤矿安全监察机构、煤矿安全培训监管机构报告或者举报。

接到举报的部门或者机构应当为举报人保密，并按照有关规定对举报进行核查和处理。

第三十二条　监察机关依照《中华人民共和国行政监察法》等法律、行政法规的规定，对安全生产监督管理部门、煤矿安全监察机构、煤矿安全培训监管机构及其工作人员履行安全培训工作监督管理职责情况实施监察。

第七章　法律责任

第三十三条　安全生产监督管理部门、煤矿安全监察机构、煤矿安全培训监管机构的工作人员在安全培训监督管理工作中滥用职权、玩忽职守、徇私舞弊的，依照有关规定给予处分；构成犯罪的，依法追究刑事责任。

第三十四条　安全培训机构有下列情形之一的，责令限期改正，处 1 万元以下的罚款；逾期未改正的，给予警告，处 1 万元以上 3 万元以下的罚款：

（一）不具备安全培训条件的；

（二）未按照统一的培训大纲组织教学培训的；

（三）未建立培训档案或者培训档案管理不规范的。

安全培训机构采取不正当竞争手段，故意贬低、诋毁其他安全培训机构的，依照前款规定处罚。

第三十五条　生产经营单位主要负责人、安全生产管理人员、特种作业人员以欺骗、贿赂等不正当手段取得安全资格证或者特种作业操作证的，除撤销其相关资格证外，处 3 千元以下的罚款，并自撤销其相关资格证之日起 3 年内不得再次申请该资格证。

第三十六条　生产经营单位有下列情形之一的，责令改正，处 3 万元以下的罚款：

（一）从业人员安全培训的时间少于《生产经营单位安全培训规定》或者有关标准规定的；

（二）矿山新招的井下作业人员和危险物品生产经营单位新招的危险工艺操作岗位人员，未经实习期满独立上岗作业的；

（三）相关人员未按照本办法第二十二条规定重新参加安全培训的。

第三十七条　生产经营单位存在违反有关法律、法规中安全生产教育培训的其他行为的，依照相关法律、法规的规定予以处罚。

第八章　附　则

第三十八条　本办法自 2012 年 3 月 1 日起施行。2004 年 12 月 28 日公布的《安全生产培训管理办法》（原国家安全生产监督管理局〈国家煤矿安全监察局〉令第 20 号）同时废止。

6.《生产经营单位安全培训规定》

国家安全生产监督管理总局令

第 3 号

《生产经营单位安全培训规定》已经 2005 年 12 月 28 日国家安全生产监督管理总局局长办公会议审议通过，现予公布，自 2006 年 3 月 1 日起施行。

国家安全生产监督管理总局局长　李毅中

二〇〇六年一月十七日

生产经营单位安全培训规定

第一章　总　则

第一条　为加强和规范生产经营单位安全培训工作，提高从业人员安全素质，防范伤亡事故，减轻职业危害，根据安全生产法和有关法律、行政法规，制定本规定。

第二条　工矿商贸生产经营单位（以下简称生产经营单位）从业人员的安全培训，适用本规定。

第三条　生产经营单位负责本单位从业人员安全培训工作。

生产经营单位应当按照安全生产法和有关法律、行政法规和本规定，建立健全安全培训工作制度。

第四条　生产经营单位应当进行安全培训的从业人员包括主要负责人、安全生产管理人员、特种作业人员和其他从业人员。

生产经营单位从业人员应当接受安全培训，熟悉有关安全生产规章制度和安全操作规程，具备必要的安全生产知识，掌握本岗位的安全操作技能，增强预防事故、控制职业危害和应急处理的能力。

未经安全生产培训合格的从业人员，不得上岗作业。

第五条　国家安全生产监督管理总局指导全国安全培训工作，依法对全国的安全培训工作实施监督管理。

国务院有关主管部门按照各自职责指导监督本行业安全培训工作，并按照本规定制定实施办法。

国家煤矿安全监察局指导监督检查全国煤矿安全培训工作。

各级安全生产监督管理部门和煤矿安全监察机构（以下简称安全生产监管监察部门）按照各自的职责，依法对生产经营单位的安全培训工作实施监督管理。

第二章　主要负责人、安全生产管理人员的安全培训

第六条　生产经营单位主要负责人和安全生产管理人员应当接受安全培训，具备与所从事的生产经营活动相适应的安全生产知识和管理能力。

煤矿、非煤矿山、危险化学品、烟花爆竹等生产经营单位主要负责人和安全生产管理人员，必须接受专门的安全培训，经安全生产监管监察部门对其安全生产知识和管理能力考核合格，取得安全资格证书后，方可任职。

第七条　生产经营单位主要负责人安全培训应当包括下列内容：

（一）国家安全生产方针、政策和有关安全生产的法律、法规、规章及标准；

（二）安全生产管理基本知识、安全生产技术、安全生产专业知识；

（三）重大危险源管理、重大事故防范、应急管理和救援组织以及事故调查处理的有关规定；

（四）职业危害及其预防措施；

（五）国内外先进的安全生产管理经验；

（六）典型事故和应急救援案例分析；

（七）其他需要培训的内容。

第八条　生产经营单位安全生产管理人员安全培训应当包括下列内容：

（一）国家安全生产方针、政策和有关安全生产的法律、法规、规章及标准；

（二）安全生产管理、安全生产技术、职业卫生等知识；

（三）伤亡事故统计、报告及职业危害的调查处理方法；

（四）应急管理、应急预案编制以及应急处置的内容和要求；

（五）国内外先进的安全生产管理经验；

（六）典型事故和应急救援案例分析；

（七）其他需要培训的内容。

第九条　生产经营单位主要负责人和安全生产管理人员初次安全培训时间不得少于 32 学时。每年再培训时间不得少于 12 学时。

煤矿、非煤矿山、危险化学品、烟花爆竹等生产经营单位主要负责人和安全生产管理人员安全资格培训时间不得少于 48 学时；每年再培训时间不得少于 16 学时。

第十条　生产经营单位主要负责人和安全生产管理人员的安全培训必须依照安全生产监管监察部门制定的安全培训大纲实施。

非煤矿山、危险化学品、烟花爆竹等生产经营单位主要负责人和安全生产管理人员的安全培训大纲及考核标准由国家安全生产监督管理总局统一制定。

煤矿主要负责人和安全生产管理人员的安全培训大纲及考核标准由国家煤矿安全监察局制定。

煤矿、非煤矿山、危险化学品、烟花爆竹以外的其他生产经营单位主要负责人和安全管理人员的安全培训大纲及考核标准，由省、自治区、直辖市安全生产监督管理部门制定。

第十一条　煤矿、非煤矿山、危险化学品、烟花爆竹等生产经营单位主要负责人和安全生产管理人员安全资格培训，必须由安全生产监管监察部门认定的具备相应资质的安全培训机构实施。

第十二条　煤矿、非煤矿山、危险化学品、烟花爆竹等生产经营单位主要负责人和安全生产管理人员，经安全资格培训考核合格，由安全生产监管监察部门发给安全资格证书。

其他生产经营单位主要负责人和安全生产管理人员经安全生产监管监察部门认定的具备相应资质的培训机构培训合格后，由培训机构发给相应的培训合格证书。

第三章　其他从业人员的安全培训

第十三条　煤矿、非煤矿山、危险化学品、烟花爆竹等生产经营单位必须对新上岗的临时工、合同工、劳务工、轮换工、协议工等进行强制性安全培训，保证其具备本岗位安全操作、自救互救以及应急处置所需的知识和技能后，方能安排上岗作业。

第十四条　加工、制造业等生产单位的其他从业人员，在上岗前必须经过厂（矿）、车间（工段、区、队）、班组三级安全培训教育。

生产经营单位可以根据工作性质对其他从业人员进行安全培训，保证其具备本岗位安全操作、应急处置等知识和技能。

第十五条　生产经营单位新上岗的从业人员，岗前培训时间不得少于 24 学时。

煤矿、非煤矿山、危险化学品、烟花爆竹等生产经营单位新上岗的从业人员安全培训时间不得少于 72 学时，每年接受再培训的时间不得少于 20 学时。

第十六条　厂（矿）级岗前安全培训内容应当包括：

（一）本单位安全生产情况及安全生产基本知识；

（二）本单位安全生产规章制度和劳动纪律；

（三）从业人员安全生产权利和义务；

（四）有关事故案例等。

煤矿、非煤矿山、危险化学品、烟花爆竹等生产经营单位厂（矿）级安全培训除包括上述内容外，应当增加事故应急救援、事故应急预案演练及防范措施等内容。

第十七条　车间（工段、区、队）级岗前安全培训内容应当包括：

（一）工作环境及危险因素；

（二）所从事工种可能遭受的职业伤害和伤亡事故；

（三）所从事工种的安全职责、操作技能及强制性标准；

（四）自救互救、急救方法、疏散和现场紧急情况的处理；

（五）安全设备设施、个人防护用品的使用和维护；

（六）本车间（工段、区、队）安全生产状况及规章制度；

（七）预防事故和职业危害的措施及应注意的安全事项；

（八）有关事故案例；

（九）其他需要培训的内容。

第十八条　班组级岗前安全培训内容应当包括：

（一）岗位安全操作规程；

（二）岗位之间工作衔接配合的安全与职业卫生事项；

（三）有关事故案例；

（四）其他需要培训的内容。

第十九条　从业人员在本生产经营单位内调整工作岗位或离岗一年以上重新上岗时，应当重新接受车间（工段、区、队）和班组级的安全培训。

生产经营单位实施新工艺、新技术或者使用新设备、新材料时，应当对有关从业人员重新进行有针对性的安全培训。

第二十条　生产经营单位的特种作业人员，必须按照国家有关法律、法规的规定接受专门的安全培训，经考核合格，取得特种作业操作资格证书后，方可上岗作业。

特种作业人员的范围和培训考核管理办法，另行规定。

第四章　安全培训的组织实施

第二十一条　国家安全生产监督管理总局组织、指导和监督中央管理的生产经营单位的总公司（集团公司、总厂）的主要负责人和安全生产管理人员的安全培训工作。

国家煤矿安全监察局组织、指导和监督中央管理的煤矿企业集团公司（总公司）的主要负责人和安全生产管理人员的安全培训工作。

省级安全生产监督管理部门组织、指导和监督省属生产经营单位及所辖区域内中央管理的工矿商贸生产经营单位的分公司、子公司主要负责人和安全生产管理人员的培训工作；组织、指导和监督特种作业人员的培训工作。

省级煤矿安全监察机构组织、指导和监督所辖区域内煤矿企业的主要负责人、安全生产管理人员和特种作业人员（含煤矿矿井使用的特种设备作业人员）的安全培训工作。

市级、县级安全生产监督管理部门组织、指导和监督本行政区域内除中央企业、省属生产经营单位以外的其他生产经营单位的主要负责人和安全生产管理人员的安全培训工作。

生产经营单位除主要负责人、安全生产管理人员、特种作业人员以外的从业人员的安全培训工作，由生产经营单位组织实施。

第二十二条　具备安全培训条件的生产经营单位，应当以自主培训为主；可以委托具有相应资质的安全培训机构，对从业人员进行安全培训。

不具备安全培训条件的生产经营单位，应当委托具有相应资质的安全培训机构，对从业人员进行安全培训。

第二十三条　生产经营单位应当将安全培训工作纳入本单位年度工作计划。保证本单位安全培训工作所需资金。

第二十四条　生产经营单位应建立健全从业人员安全培训档案，详细、准确记录培训考核情况。

第二十五条　生产经营单位安排从业人员进行安全培训期间，应当支付工资和必要的费用。

第五章　监督管理

第二十六条　安全生产监管监察部门依法对生产经营单位安全培训情况进行监督检查，督促生产经营单位按照国家有关法律法规和本规定开展安全培训工作。

县级以上地方人民政府负责煤矿安全生产监督管理的部门对煤矿井下作业人员的安全培训情况进行监督检查。煤矿安全监察机构对煤矿特种作业人员安全培训及其持证上岗的情况进行监督检查。

第二十七条　各级安全生产监管监察部门对生产经营单位安全培训及其持证上岗的情况进行监督检查，主要包括以下内容：

（一）安全培训制度、计划的制定及其实施的情况；

（二）煤矿、非煤矿山、危险化学品、烟花爆竹等生产经营单位主要负责人和安全生产管理人员安全资格证持证上岗的情况；其他生产经营单位主要负责人和安全生产管理人员培训的情况；

（三）特种作业人员操作资格证持证上岗的情况；

（四）建立安全培训档案的情况；

（五）其他需要检查的内容。

第二十八条　安全生产监管监察部门对煤矿、非煤矿山、危险化学品、烟花爆竹等生产经营单位的主要负责人、安全管理人员应当按照本规定严格考核和颁发安全资格证书。考核不得收费。

安全生产监管监察部门负责考核、发证的有关人员不得玩忽职守和滥用职权。

第六章　罚　则

第二十九条　生产经营单位有下列行为之一的，由安全生产监管监察部门责令其限期改正，并处2万元以下的罚款：

（一）未将安全培训工作纳入本单位工作计划并保证安全培训工作所需资金的；

（二）未建立健全从业人员安全培训档案的；

（三）从业人员进行安全培训期间未支付工资并承担安全培训费用的。

第三十条　生产经营单位有下列行为之一的，由安全生产监管监察部门责令其限期改正；逾期未改正的，责令停产停业整顿，并处2万元以下的罚款：

（一）煤矿、非煤矿山、危险化学品、烟花爆竹等生产经营单位主要负责人和安全管理人员未按本规定经考核合格的；

（二）非煤矿山、危险化学品、烟花爆竹等生产经营单位未按照本规定对其他从业人员进行安全培训的；

（三）非煤矿山、危险化学品、烟花爆竹等生产经营单位未如实告知从业人员有关安全生产事项的；

（四）生产经营单位特种作业人员未按照规定经专门的安全培训机构培训并取得特种作业人员操作资格证书，上岗作业的。

县级以上地方人民政府负责煤矿安全生产监督管理的部门发现煤矿未按照本规定对井下作业人员进行安全培训的，责令限期改正，处10万元以上50万元以下的罚款；逾期未改正的，责令停产停业整顿。

煤矿安全监察机构发现煤矿特种作业人员无证上岗作业的，责令限期改正，处10万元以上50万元以下的罚款；逾期未改正的，责令停产停业整顿。

第三十一条　生产经营单位有下列行为之一的，由安全生产监管监察部门给予警告，吊销安全资格证书，并处3万元以下的罚款：

（一）编造安全培训记录、档案的；

（二）骗取安全资格证书的。

第三十二条　安全生产监管监察部门有关人员在考核、发证工作中玩忽职守、滥用职权的，由上级安全生产监管监察部门或者行政监察部门给予记过、记大过的行政处分。

第七章　附　则

第三十三条　生产经营单位主要负责人是指有限责任公司或者股份有限公司的董事长、总经理，其他生产经营单位的厂长、经理、（矿务局）局长、矿长（含实际控制人）等。

生产经营单位安全生产管理人员是指生产经营单位分管安全生产的负责人、安全生产管理机构负责人及其管理人员，以及未设安全生产管理机构的生产经营单位专、兼职安全生产管理人员等。

生产经营单位其他从业人员是指除主要负责人、安全生产管理人员和特种作业人员以外，该单位从事生产经营活动的所有人员，包括其他负责人、其他管理人员、技术人员和各岗位的工人以及临时聘用的人员。

第三十四条 省、自治区、直辖市安全生产监督管理部门和省级煤矿安全监察机构可以根据本规定制定实施细则，报国家安全生产监督管理总局和国家煤矿安全监察局备案。

第三十五条 本规定自 2006 年 3 月 1 日起施行。

7.《安全生产领域违法违纪行为政纪处分暂行规定》

中华人民共和国监察部、国家安全生产监督管理总局令

第 11 号

《安全生产领域违法违纪行为政纪处分暂行规定》已经监察部 2006 年 10 月 30 日第 8 次部长办公会议、国家安全生产监督管理总局 2006 年 9 月 26 日第 23 次局长办公会议通过，现予以公布，自公布之日起施行。

中华人民共和国监察部部长　李至伦

国家安全生产监督管理总局局长　李毅中

二〇〇六年十一月二十二日

安全生产领域违法违纪行为政纪处分暂行规定

第一条 为了加强安全生产工作，惩处安全生产领域违法违纪行为，促进安全生产法律法规的贯彻实施，保障人民群众生命财产和公共财产安全，根据《中华人民共和国行政监察法》、《中华人民共和国安全生产法》及其他有关法律法规，制定本规定。

第二条 国家行政机关及其公务员，企业、事业单位中由国家行政机关任命的人员有安全生产领域违法违纪行为，应当给予处分的，适用本规定。

第三条 有安全生产领域违法违纪行为的国家行政机关，对其直接负责的主管人员和其他直接责任人员，以及对有安全生产领域违法违纪行为的国家行政机关公务员（以下统称有关责任人员），由监察机关或者任免机关按照管理权限，依法给予处分。

有安全生产领域违法违纪行为的企业、事业单位，对其直接负责的主管人员和其他直接责任人员，以及对有安全生产领域违法违纪行为的企业、事业单位工作人员中由国家行政机关任命的人员（以下统称有关责任人员），由监察机关或者任免机关按照管理权限，依法给予处分。

第四条

（一）不执行国家安全生产方针政策和安全生产法律、法规、规章以及上级机关、主管部门有关安全生产的决定、命令、指示的；

（二）制定或者采取与国家安全生产方针政策以及安全生产法律、法规、规章相抵触的规定或者措施，造成不良后果或者经上级机关、有关部门指出仍不改正的。

第五条

（一）向不符合法定安全生产条件的生产经营单位或者经营者颁发有关证照的；

（二）对不具备法定条件机构、人员的安全生产资质、资格予以批准认定的；

（三）对经责令整改仍不具备安全生产条件的生产经营单位，不撤销原行政许可、审批或者不依法查处的；

（四）违法委托单位或者个人行使有关安全生产的行政许可权或者审批权的；

（五）有其他违反规定实施安全生产行政许可或者审批行为的。

第六条

（一）批准向合法的生产经营单位或者经营者超量提供剧毒品、火工品等危险物资，造成后果的；

（二）批准向非法或者不具备安全生产条件的生产经营单位或者经营者，提供剧毒品、火工品等危险物资或者其他生产经营条件的。

第七条　国家行政机关公务员利用职权或者职务上的影响，违反规定为个人和亲友谋取私利，有下列行为之一的给予警告，记过或者记大过处分；情节较重的，给予降职或撤职处分，情节严重的，给予开除处分。

（一）干预、插手安全生产装备、设备、设施采购或者招标投标等活动的；

（二）干预、插手安全生产行政许可、审批或者安全生产监督执法的；

（三）干预、插手安全生产中介活动的；

（四）有其他干预、插手生产经营活动危及安全生产行为的。

第八条

（一）未按照有关规定对有关单位申报的新建、改建、扩建工程项目的安全设施，与主体工程同时设计、同时施工、同时投入生产和使用中组织审查验收的；

（二）发现存在重大安全隐患，未按规定采取措施，导致生产安全事故发生的；

（三）对发生的生产安全事故瞒报、谎报、拖延不报，或者组织、参与瞒报、谎报、拖延不报的；

（四）生产安全事故发生后，不及时组织抢救的；

（五）对生产安全事故的防范、报告、应急救援有其他失职、渎职行为的。

第九条　国家行政机关及其公务员有下列行为之一的，对有关责任人员，给予警告、记过或者记大过处分；情节较重的，给予降级或者撤职处分；情节严重的，给予开除处分：

（一）阻挠、干涉生产安全事故调查工作的；

（二）阻挠、干涉对事故责任人员进行责任追究的；

（三）不执行对事故责任人员的处理决定，或者擅自改变上级机关批复的对事故责任人员的处理意见的。

第十条　国家行政机关公务员有下列行为之一的，给予警告、记过或者记大过处分；情节较重的，给予降级或者撤职处分；情节严重的，给予开除处分：

（一）本人及其配偶、子女及其配偶违反规定在煤矿等企业投资入股或者在安全生产领域经商办企业的；

（二）违反规定从事安全生产中介活动或者其他营利活动的；

（三）在事故调查处理时，滥用职权、玩忽职守、徇私舞弊的；

（四）利用职务上的便利，索取他人财物，或者非法收受他人财物，在安全生产领域为他人谋取利益的。

对国家行政机关公务员本人违反规定投资入股煤矿的处分，法律、法规另有规定的，从其规定。

第十一条　国有企业及其工作人员有下列行为之一的，对有关责任人员给予警告、记过或者记大过处分；情节较重的，给予降职、撤职或留用察看处分，情节严重的，给予开除处分。

（一）未取得安全生产行政许可及相关证照或者不具备安全生产条件从事生产经营活动的；

（二）弄虚作假，骗取安全生产相关证照的；

（三）出借、出租、转让或者冒用安全生产相关证照的；

（四）未按照有关规定保证安全生产所必需的资金投入，导致产生重大安全隐患的；

（五）新建、改建、扩建工程项目的安全设施，不与主体工程同时设计、同时施工、同时投入生产和使用，或者未按规定审批、验收，擅自组织施工和生产的；

（六）被依法责令停产停业整顿、吊销证照、关闭的生产经营单位，继续从事生产经营活动的。

第十二条　国有企业及其工作人员有下列行为之一，导致生产安全事故发生的，对有关责任人员给予警告、记过或者记大过处分；情节较重的，给予降职、撤职或留用察看处分，情节严重的，给予开除处分。

（一）对存在的重大安全隐患，未采取有效措施的；

（二）违章指挥，强令工人违章冒险作业的；

（三）未按规定进行安全生产教育和培训并经考核合格，允许从业人员上岗，致使违章作业的；

（四）制造、销售、使用国家明令淘汰或者不符合国家标准的设施、设备、器材或者产品的；

（五）超能力、超强度、超定员组织生产经营，拒不执行有关部门整改指令的；

（六）拒绝执法人员进行现场检查或者在被检查时隐瞒事故隐患，不如实反映情况的；

（七）有其他不履行或者不正确履行安全生产管理职责的。

第十三条　国有企业及其工作人员有下列行为之一的，对有关责任人员，给予记过或者记大过处分；情节较重的，给予降级、撤职或者留用察看处分；情节严重的，给予开除处分：

（一）对发生的生产安全事故瞒报、谎报或者拖延不报的；

（二）组织或者参与破坏事故现场、出具伪证或者隐匿、转移、篡改、毁灭有关证据，阻挠事故调查处理的；

（三）生产安全事故发生后，不及时组织抢救或者擅离职守的。

生产安全事故发生后逃匿的，给予开除处分。

第十四条　国有企业及其工作人员不执行或者不正确执行对事故责任人员作出的处理决定，或者擅自改变上级机关批复的对事故责任人员的处理意见的，对有关责任人员给予警告、记过或者记大过处分；情节较重的，给予降职、撤职或留用察看处分，情节严重的，给予开除处分。

第十五条　国有企业负责人及其配偶、子女及其配偶违反规定在煤矿等企业投资入股或者在安全生产领域经商办企业的，对由国家行政机关任命的人员，给予警告、记过或者记大过处分；情节较重的，给予降级、撤职或者留用察看处分；情节严重的，给予开除处分。

第十六条　承担安全评价、培训、认证、资质验证、设计、检测、检验等工作的机构及其工作人员，出具虚假报告等与事实不符的文件、材料，造成安全生产隐患的，对有关责任人员，给予警告、记过或者记大过处分；情节较重的，给予降级、降职或者撤职处分；情节严重的，给予开除留用察看或者开除处分。

第十七条　法律、法规授权的具有管理公共事务职能的组织以及国家行政机关依法委托的组织及其工勤人员以外的工作人员有安全生产领域违法违纪行为，应当给予处分的，参照本规定执行。

企业、事业单位中除由国家行政机关任命的人员外，其他人员有安全生产领域违法违纪行为，应当给予处分的，由企业、事业单位参照本规定执行。

第十八条　有安全生产领域违法违纪行为，需要给予组织处理的，依照有关规定办理。

第十九条　有安全生产领域违法违纪行为，涉嫌犯罪的，移送司法机关依法处理。

第二十条　本规定由监察部和国家安全生产监督管理总局负责解释。

第二十一条　本规定自公布之日起施行。

8.《企业安全生产费用提取和使用管理办法》

关于印发《企业安全生产费用提取和使用管理办法》的通知

财企〔2012〕16 号

各省、自治区、直辖市、计划单列市财政厅（局）、安全生产监督管理局，新疆生产建设兵团财务局、安全生产监督管理局，有关中央管理企业：

为了建立企业安全生产投入长效机制，社会公共利益，根据《中华人民共和国安全生产法》等有关法律法规和国务院有关决定，财政部、国家安全生产监督管理总局联合制定了《企业安全生产费用提取和使用管理办法》。现印发给你们，请遵照执行。

附件：企业安全生产费用提取和使用管理办法

财　　政　　部
国家安全生产监督管理总局
二〇一二年二月十四日

企业安全生产费用提取和使用管理办法

第一章　总　则

第一条　为了建立企业安全生产投入长效机制，加强安全生产费用管理，保障企业安全生产资金投入，维护企业、职工以及社会公共利益，依据《中华人民共和国安全生产法》等有关法律法规和《国务院关于加强安全生产工作的决定》（国发〔2004〕2 号）和《国务院关于进一步加强企业安全生产工作的通知》（国发〔2010〕23 号），制定本办法。

第二条　在中华人民共和国境内直接从事煤炭生产、非煤矿山开采、建设工程施工、危险品生产与储存、交通运输、烟花爆竹生产、冶金、机械制造、武器装备研制生产与试验（含民用航空及核燃料）的企业以及其他经济组织（以下简称企业）适用本办法。

第三条 本办法所称安全生产费用（以下简称安全费用）是指企业按照规定标准提取在成本中列支，专门用于完善和改进企业或者项目安全生产条件的资金。

安全费用按照"企业提取、政府监管、确保需要、规范使用"的原则进行管理。

第四条 本办法下列用语的含义是：

煤炭生产是指煤炭资源开采作业有关活动。

非煤矿山开采是指石油和天然气、煤层气（地面开采）、金属矿、非金属矿及其他矿产资源的勘探作业和生产、选矿、闭坑及尾矿库运行、闭库等有关活动。

建设工程是指土木工程、建筑工程、井巷工程、线路管道和设备安装及装修工程的新建、扩建、改建以及矿山建设。

危险品是指列入国家标准《危险货物品名表》（GB12268）和《危险化学品目录》的物品。

烟花爆竹是指烟花爆竹制品和用于生产烟花爆竹的民用黑火药、烟火药、引火线等物品。

交通运输包括道路运输、水路运输、铁路运输、管道运输。道路运输是指以机动车为交通工具的旅客和货物运输；水路运输是指以运输船舶为工具的旅客和货物运输及港口装卸、堆存；铁路运输是指以火车为工具的旅客和货物运输（包括高铁和城际铁路）；管道运输是指以管道为工具的液体和气体物资运输。

冶金是指金属矿物的冶炼以及压延加工有关活动，包括：黑色金属、有色金属、黄金等的冶炼生产和加工处理活动，以及炭素、耐火材料等与主工艺流程配套的辅助工艺环节的生产。

机械制造是指各种动力机械、冶金矿山机械、运输机械、农业机械、工具、仪器、仪表、特种设备、大中型船舶、石油炼化装备及其他机械设备的制造活动。

武器装备研制生产与试验，包括武器装备和弹药的科研、生产、试验、储运、销毁、维修保障等。

第二章 安全费用的提取标准

第五条 煤炭生产企业依据开采的原煤产量按月提取。各类煤矿原煤单位产量安全费用提取标准如下：

（一）煤（岩）与瓦斯（二氧化碳）突出矿井、高瓦斯矿井吨煤 30 元；

（二）其他井工矿吨煤 15 元；

（三）露天矿吨煤 5 元。

矿井瓦斯等级划分按现行《煤矿安全规程》和《矿井瓦斯等级鉴定规范》的规定执行。

第六条 非煤矿山开采企业依据开采的原矿产量按月提取。各类矿山原矿单位产量安全费用提取标准如下：

（一）石油，每吨原油 17 元；

（二）天然气、煤层气（地面开采），每千立方米原气 5 元；

（三）金属矿山，其中露天矿山每吨 5 元，地下矿山每吨 10 元；

（四）核工业矿山，每吨 25 元；

（五）非金属矿山，其中露天矿山每吨 2 元，地下矿山每吨 4 元；

（六）小型露天采石场，即年采剥总量 50 万吨以下，且最大开采高度不超过 50 米，产品用于建筑、铺路的山坡型露天采石场，每吨 1 元；

（七）尾矿库按入库尾矿量计算，三等及三等以上尾矿库每吨 1 元，四等及五等尾矿库每吨 1.5 元。

本办法下发之日以前已经实施闭库的尾矿库，按照已堆存尾砂的有效库容大小提取，库容 100 万立方米以下的，每年提取 5 万元；超过 100 万立方米的，每增加 100 万立方米增加 3 万元，但每年提取额最高不超过 30 万元。

原矿产量不含金属、非金属矿山尾矿库和废石场中用于综合利用的尾砂和低品位矿石。

地质勘探单位安全费用按地质勘查项目或者工程总费用的 2% 提取。

第七条　建设工程施工企业以建筑安装工程造价为计提依据。各建设工程类别安全费用提取标准如下：

（一）矿山工程为 2.5%；

（二）房屋建筑工程、水利水电工程、电力工程、铁路工程、城市轨道交通工程为 2.0%；

（三）市政公用工程、冶炼工程、机电安装工程、化工石油工程、港口与航道工程、公路工程、通信工程为 1.5%。

建设工程施工企业提取的安全费用列入工程造价，在竞标时，不得删减，列入标外管理。国家对基本建设投资概算另有规定的，从其规定。

总包单位应当将安全费用按比例直接支付分包单位并监督使用，分包单位不再重复提取。

第八条　危险品生产与储存企业以上年度实际营业收入为计提依据，采取超额累退方式按照以下标准平均逐月提取：

（一）营业收入不超过 1000 万元的，按照 4% 提取；

（二）营业收入超过 1000 万元至 1 亿元的部分，按照 2% 提取；

（三）营业收入超过 1 亿元至 10 亿元的部分，按照 0.5% 提取；

（四）营业收入超过 10 亿元的部分，按照 0.2% 提取。

第九条　交通运输企业以上年度实际营业收入为计提依据，按照以下标准平均逐月提取：

（一）普通货运业务按照 1% 提取；

（二）客运业务、管道运输、危险品等特殊货运业务按照 1.5% 提取。

第十条　冶金企业以上年度实际营业收入为计提依据，采取超额累退方式按照以下标准平均逐月提取：

（一）营业收入不超过 1000 万元的，按照 3% 提取；

（二）营业收入超过 1000 万元至 1 亿元的部分，按照 1.5% 提取；

（三）营业收入超过 1 亿元至 10 亿元的部分，按照 0.5% 提取；

（四）营业收入超过 10 亿元至 50 亿元的部分，按照 0.2% 提取；

（五）营业收入超过 50 亿元至 100 亿元的部分，按照 0.1% 提取；

（六）营业收入超过 100 亿元的部分，按照 0.05% 提取。

第十一条　机械制造企业以上年度实际营业收入为计提依据，采取超额累退方式按照以下标准平均逐月提取：

（一）营业收入不超过 1000 万元的，按照 2% 提取；

（二）营业收入超过 1000 万元至 1 亿元的部分，按照 1%提取；

（三）营业收入超过 1 亿至 10 亿元的部分，按照 0.2%提取；

（四）营业收入超过 10 亿元至 50 亿元的部分，按照 0.1%提取；

（五）营业收入超过 50 亿元的部分，按照 0.05%提取。

第十二条　烟花爆竹生产企业以上年度实际营业收入为计提依据，采取超额累退方式按照以下标准平均逐月提取：

（一）营业收入不超过 200 万元的，按照 3.5%提取；

（二）营业收入超过 200 万元至 500 万元的部分，按照 3%提取；

（三）营业收入超过 500 万元至 1000 万元的部分，按照 2.5%提取；

（四）营业收入超过 1000 万元的部分，按照 2%提取。

第十三条　武器装备研制生产与试验企业以上年度军品实际营业收入为计提依据，采取超额累退方式按照以下标准平均逐月提取：

（一）火炸药及其制品研制、生产与试验企业（包括：含能材料，炸药、火药、推进剂，发动机，弹箭，引信、火工品等）：

1. 营业收入不超过 1000 万元的，按照 5%提取；

2. 营业收入超过 1000 万元至 1 亿元的部分，按照 3%提取；

3. 营业收入超过 1 亿元至 10 亿元的部分，按照 1%提取；

4. 营业收入超过 10 亿元的部分，按照 0.5%提取。

（二）核装备及核燃料研制、生产与试验企业：

1. 营业收入不超过 1000 万元的，按照 3%提取；

2. 营业收入超过 1000 万元至 1 亿元的部分，按照 2%提取；

3. 营业收入超过 1 亿元至 10 亿元的部分，按照 0.5%提取；

4. 营业收入超过 10 亿元的部分，按照 0.2%提取。

5. 核工程按照 3%提取（以工程造价为计提依据，在竞标时，列为标外管理）。

（三）军用舰船（含修理）研制、生产与试验企业：

1. 营业收入不超过 1000 万元的，按照 2.5%提取；

2. 营业收入超过 1000 万元至 1 亿元的部分，按照 1.75%提取；

3. 营业收入超过 1 亿元至 10 亿元的部分，按照 0.8%提取；

4. 营业收入超过 10 亿元的部分，按照 0.4%提取。

（四）飞船、卫星、军用飞机、坦克车辆、火炮、轻武器、大型天线等产品的总体、部分和元器件研制、生产与试验企业：

1. 营业收入不超过 1000 万元的，按照 2%提取；

2. 营业收入超过 1000 万元至 1 亿元的部分，按照 1.5%提取；

3. 营业收入超过 1 亿元至 10 亿元的部分，按照 0.5%提取；

4. 营业收入超过 10 亿元至 100 亿元的部分，按照 0.2%提取；

5. 营业收入超过 100 亿元的部分，按照 0.1%提取。

（五）其他军用危险品研制、生产与试验企业：

1. 营业收入不超过 1000 万元的，按照 4%提取；

2. 营业收入超过 1000 万元至 1 亿元的部分，按照 2%提取；

3. 营业收入超过 1 亿元至 10 亿元的部分，按照 0.5% 提取；

4. 营业收入超过 10 亿元的部分，按照 0.2% 提取。

第十四条　中小微型企业和大型企业上年末安全费用结余分别达到本企业上年度营业收入的 5% 和 1.5% 时，经当地县级以上安全生产监督管理部门、煤矿安全监察机构商财政部门同意，企业本年度可以缓提或者少提安全费用。

企业规模划分标准按照工业和信息化部、国家统计局、国家发展和改革委员会、财政部《关于印发中小企业划型标准规定的通知》（工信部联企业〔2011〕300 号）规定执行。

第十五条　企业在上述标准的基础上，根据安全生产实际需要，可适当提高安全费用提取标准。

本办法公布前，各省级政府已制定下发企业安全费用提取使用办法的，其提取标准如果低于本办法规定的标准，应当按照本办法进行调整；如果高于本办法规定的标准，按照原标准执行。

第十六条　新建企业和投产不足一年的企业以当年实际营业收入为提取依据，按月计提安全费用。

混业经营企业，如能按业务类别分别核算的，则以各业务营业收入为计提依据，按上述标准分别提取安全费用；如不能分别核算的，则以全部业务收入为计提依据，按主营业务计提标准提取安全费用。

第三章　安全费用的使用

第十七条　煤炭生产企业安全费用应当按照以下范围使用：

（一）煤与瓦斯突出及高瓦斯矿井落实"两个四位一体"综合防突措施支出，包括瓦斯区域预抽、保护层开采区域防突措施、开展突出区域和局部预测、实施局部补充防突措施、更新改造防突设备和设施、建立突出防治实验室等支出；

（二）煤矿安全生产改造和重大隐患治理支出，包括"一通三防"（通风，防瓦斯、防煤尘、防灭火）、防治水、供电、运输等系统设备改造和灾害治理工程，实施煤矿机械化改造，实施矿压（冲击地压）、热害、露天矿边坡治理、采空区治理等支出；

（三）完善煤矿井下监测监控、人员定位、紧急避险、压风自救、供水施救和通信联络安全避险"六大系统"支出，应急救援技术装备、设施配置和维护保养支出，事故逃生和紧急避难设施设备的配置和应急演练支出；

（四）开展重大危险源和事故隐患评估、监控和整改支出；

（五）安全生产检查、评价（不包括新建、改建、扩建项目安全评价）、咨询、标准化建设支出；

（六）配备和更新现场作业人员安全防护用品支出；

（七）安全生产宣传、教育、培训支出；

（八）安全生产适用新技术、新标准、新工艺、新装备的推广应用支出；

（九）安全设施及特种设备检测检验支出；

（十）其他与安全生产直接相关的支出。

第十八条　非煤矿山开采企业安全费用应当按照以下范围使用：

（一）完善、改造和维护安全防护设施设备（不含"三同时"要求初期投入的安全设施）

和重大安全隐患治理支出，包括矿山综合防尘、防灭火、防治水、危险气体监测、通风系统、支护及防治边帮滑坡设备、机电设备、供配电系统、运输（提升）系统和尾矿库等完善、改造和维护支出以及实施地压监测监控、露天矿边坡治理、采空区治理等支出；

（二）完善非煤矿山监测监控、人员定位、紧急避险、压风自救、供水施救和通信联络等安全避险"六大系统"支出，完善尾矿库全过程在线监控系统和海上石油开采出海人员动态跟踪系统支出，应急救援技术装备、设施配置及维护保养支出，事故逃生和紧急避难设施设备的配置和应急演练支出；

（三）开展重大危险源和事故隐患评估、监控和整改支出；

（四）安全生产检查、评价（不包括新建、改建、扩建项目安全评价）、咨询、标准化建设支出；

（五）配备和更新现场作业人员安全防护用品支出；

（六）安全生产宣传、教育、培训支出；

（七）安全生产适用的新技术、新标准、新工艺、新装备的推广应用支出；

（八）安全设施及特种设备检测检验支出；

（九）尾矿库闭库及闭库后维护费用支出；

（十）地质勘探单位野外应急食品、应急器械、应急药品支出；

（十一）其他与安全生产直接相关的支出。

第十九条　建设工程施工企业安全费用应当按照以下范围使用：

（一）完善、改造和维护安全防护设施设备支出（不含"三同时"要求初期投入的安全设施），包括施工现场临时用电系统、洞口、临边、机械设备、高处作业防护、交叉作业防护、防火、防爆、防尘、防毒、防雷、防台风、防地质灾害、地下工程有害气体监测、通风、临时安全防护等设施设备支出；

（二）配备、维护、保养应急救援器材、设备支出和应急演练支出；

（三）开展重大危险源和事故隐患评估、监控和整改支出；

（四）安全生产检查、评价（不包括新建、改建、扩建项目安全评价）、咨询和标准化建设支出；

（五）配备和更新现场作业人员安全防护用品支出；

（六）安全生产宣传、教育、培训支出；

（七）安全生产适用的新技术、新标准、新工艺、新装备的推广应用支出；

（八）安全设施及特种设备检测检验支出；

（九）其他与安全生产直接相关的支出。

第二十条　危险品生产与储存企业安全费用应当按照以下范围使用：

（一）完善、改造和维护安全防护设施设备支出（不含"三同时"要求初期投入的安全设施），包括车间、库房、罐区等作业场所的监控、监测、通风、防晒、调温、防火、灭火、防爆、泄压、防毒、消毒、中和、防潮、防雷、防静电、防腐、防渗漏、防护围堤或者隔离操作等设施设备支出；

（二）配备、维护、保养应急救援器材、设备支出和应急演练支出；

（三）开展重大危险源和事故隐患评估、监控和整改支出；

（四）安全生产检查、评价（不包括新建、改建、扩建项目安全评价）、咨询和标准化建设支出；

（五）配备和更新现场作业人员安全防护用品支出；

（六）安全生产宣传、教育、培训支出；

（七）安全生产适用的新技术、新标准、新工艺、新装备的推广应用支出；

（八）安全设施及特种设备检测检验支出；

（九）其他与安全生产直接相关的支出。

第二十一条　交通运输企业安全费用应当按照以下范围使用：

（一）完善、改造和维护安全防护设施设备支出（不含"三同时"要求初期投入的安全设施），包括道路、水路、铁路、管道运输设施设备和装卸工具安全状况检测及维护系统、运输设施设备和装卸工具附属安全设备等支出；

（二）购置、安装和使用具有行驶记录功能的车辆卫星定位装置、船舶通信导航定位和自动识别系统、电子海图等支出；

（三）配备、维护、保养应急救援器材、设备支出和应急演练支出；

（四）开展重大危险源和事故隐患评估、监控和整改支出；

（五）安全生产检查、评价（不包括新建、改建、扩建项目安全评价）、咨询和标准化建设支出；

（六）配备和更新现场作业人员安全防护用品支出；

（七）安全生产宣传、教育、培训支出；

（八）安全生产适用的新技术、新标准、新工艺、新装备的推广应用支出；

（九）安全设施及特种设备检测检验支出；

（十）其他与安全生产直接相关的支出。

第二十二条　冶金企业安全费用应当按照以下范围使用：

（一）完善、改造和维护安全防护设施设备支出（不含"三同时"要求初期投入的安全设施），包括车间、站、库房等作业场所的监控、监测、防火、防爆、防坠落、防尘、防毒、防噪声与振动、防辐射和隔离操作等设施设备支出；

（二）配备、维护、保养应急救援器材、设备支出和应急演练支出；

（三）开展重大危险源和事故隐患评估、监控和整改支出；

（四）安全生产检查、评价（不包括新建、改建、扩建项目安全评价）和咨询及标准化建设支出；

（五）安全生产宣传、教育、培训支出；

（六）配备和更新现场作业人员安全防护用品支出；

（七）安全生产适用的新技术、新标准、新工艺、新装备的推广应用支出；

（八）安全设施及特种设备检测检验支出；

（九）其他与安全生产直接相关的支出。

第二十三条　机械制造企业安全费用应当按照以下范围使用：

（一）完善、改造和维护安全防护设施设备支出（不含"三同时"要求初期投入的安全设施），包括生产作业场所的防火、防爆、防坠落、防毒、防静电、防腐、防尘、防噪声与振动、防辐射或者隔离操作等设施设备支出，大型起重机械安装安全监控管理系统支出；

（二）配备、维护、保养应急救援器材、设备支出和应急演练支出；

（三）开展重大危险源和事故隐患评估、监控和整改支出；

（四）安全生产检查、评价（不包括新建、改建、扩建项目安全评价）、咨询和标准化建设支出；

（五）安全生产宣传、教育、培训支出；

（六）配备和更新现场作业人员安全防护用品支出；

（七）安全生产适用的新技术、新标准、新工艺、新装备的推广应用；

（八）安全设施及特种设备检测检验支出；

（九）其他与安全生产直接相关的支出。

第二十四条　烟花爆竹生产企业安全费用应当按照以下范围使用：

（一）完善、改造和维护安全设备设施支出（不含"三同时"要求初期投入的安全设施）；

（二）配备、维护、保养防爆机械电器设备支出；

（三）配备、维护、保养应急救援器材、设备支出和应急演练支出；

（四）开展重大危险源和事故隐患评估、监控和整改支出；

（五）安全生产检查、评价（不包括新建、改建、扩建项目安全评价）、咨询和标准化建设支出；

（六）安全生产宣传、教育、培训支出；

（七）配备和更新现场作业人员安全防护用品支出；

（八）安全生产适用新技术、新标准、新工艺、新装备的推广应用支出；

（九）安全设施及特种设备检测检验支出；

（十）其他与安全生产直接相关的支出。

第二十五条　武器装备研制生产与试验企业安全费用应当按照以下范围使用：

（一）完善、改造和维护安全防护设施设备支出（不含"三同时"要求初期投入的安全设施），包括研究室、车间、库房、储罐区、外场试验区等作业场所的监控、监测、防触电、防坠落、防爆、泄压、防火、灭火、通风、防晒、调温、防毒、防雷、防静电、防腐、防尘、防噪声与振动、防辐射、防护围堤或者隔离操作等设施设备支出；

（二）配备、维护、保养应急救援、应急处置、特种个人防护器材、设备、设施支出和应急演练支出；

（三）开展重大危险源和事故隐患评估、监控和整改支出；

（四）高新技术和特种专用设备安全鉴定评估、安全性能检验检测及操作人员上岗培训支出；

（五）安全生产检查、评价（不包括新建、改建、扩建项目安全评价）、咨询和标准化建设支出；

（六）安全生产宣传、教育、培训支出；

（七）军工核设施（含核废物）防泄漏、防辐射的设施设备支出；

（八）军工危险化学品、放射性物品及武器装备科研、试验、生产、储运、销毁、维修保障过程中的安全技术措施改造费和安全防护（不包括工作服）费用支出；

（九）大型复杂武器装备制造、安装、调试的特殊工种和特种作业人员培训支出；

（十）武器装备大型试验安全专项论证与安全防护费用支出；

（十一）特殊军工电子元器件制造过程中有毒有害物质监测及特种防护支出；

（十二）安全生产适用新技术、新标准、新工艺、新装备的推广应用支出；

（十三）其他与武器装备安全生产事项直接相关的支出。

第二十六条　在本办法规定的使用范围内，企业应当将安全费用优先用于满足安全生产监督管理部门、煤矿安全监察机构以及行业主管部门对企业安全生产提出的整改措施或者达到安全生产标准所需的支出。

第二十七条　企业提取的安全费用应当专户核算，按规定范围安排使用，不得挤占、挪用。年度结余资金结转下年度使用，当年计提安全费用不足的，超出部分按正常成本费用渠道列支。

主要承担安全管理责任的集团公司经过履行内部决策程序，可以对所属企业提取的安全费用按照一定比例集中管理，统筹使用。

第二十八条　煤炭生产企业和非煤矿山企业已提取维持简单再生产费用的，应当继续提取维持简单再生产费用，但其使用范围不再包含安全生产方面的用途。

第二十九条　矿山企业转产、停产、停业或者解散的，应当将安全费用结余转入矿山闭坑安全保障基金，用于矿山闭坑、尾矿库闭库后可能的危害治理和损失赔偿。

危险品生产与储存企业转产、停产、停业或者解散的，应当将安全费用结余用于处理转产、停产、停业或者解散前的危险品生产或者储存设备、库存产品及生产原料支出。

企业由于产权转让、公司制改建等变更股权结构或者组织形式的，其结余的安全费用应当继续按照本办法管理使用。

企业调整业务、终止经营或者依法清算，其结余的安全费用应当结转本期收益或者清算收益。

第三十条　本办法第二条规定范围以外的企业为达到应当具备的安全生产条件所需的资金投入，按原渠道列支。

第四章　监督管理

第三十一条　企业应当建立健全内部安全费用管理制度，明确安全费用提取和使用的程序、职责及权限，按规定提取和使用安全费用。

第三十二条　企业应当加强安全费用管理，编制年度安全费用提取和使用计划，纳入企业财务预算。企业年度安全费用使用计划和上一年安全费用的提取、使用情况按照管理权限报同级财政部门、安全生产监督管理部门、煤矿安全监察机构和行业主管部门备案。

第三十三条　企业安全费用的会计处理，应当符合国家统一的会计制度的规定。

第三十四条　企业提取的安全费用属于企业自提自用资金，其他单位和部门不得采取收取、代管等形式对其进行集中管理和使用，国家法律、法规另有规定的除外。

第三十五条　各级财政部门、安全生产监督管理部门、煤矿安全监察机构和有关行业主管部门依法对企业安全费用提取、使用和管理进行监督检查。

第三十六条　企业未按本办法提取和使用安全费用的，安全生产监督管理部门、煤矿安全监察机构和行业主管部门会同财政部门责令其限期改正，并依照相关法律法规进行处理、处罚。

建设工程施工总承包单位未向分包单位支付必要的安全费用以及承包单位挪用安全费用的，由建设、交通运输、铁路、水利、安全生产监督管理、煤矿安全监察等主管部门依照相关法规、规章进行处理、处罚。

第三十七条　各省级财政部门、安全生产监督管理部门、煤矿安全监察机构可以结合本地区实际情况，制定具体实施办法，并报财政部、国家安全生产监督管理总局备案。

第五章　附　则

第三十八条　本办法由财政部、国家安全生产监督管理总局负责解释。

第三十九条　实行企业化管理的事业单位参照本办法执行。

第四十条　本办法自公布之日起施行。《关于调整煤炭生产安全费用提取标准加强煤炭生产安全费用使用管理与监督的通知》（财建〔2005〕168号）、《关于印发〈烟花爆竹生产企业安全费用提取与使用管理办法〉的通知》（财建〔2006〕180号）和《关于印发〈高危行业企业安全生产费用财务管理暂行办法〉的通知》（财企〔2006〕478号）同时废止。《关于印发〈煤炭生产安全费用提取和使用管理办法〉和〈关于规范煤矿维简费管理问题的若干规定〉的通知》（财建〔2004〕119号）等其他有关规定与本办法不一致的，以本办法为准。

二、安全事故的相关法规

1.《生产安全事故报告和调查处理条例》

中华人民共和国国务院令

第　493　号

《生产安全事故报告和调查处理条例》已经2007年3月28日国务院第172次常务会议通过，现予公布，自2007年6月1日起施行。

总　理　温家宝
二〇〇七年四月九日

生产安全事故报告和调查处理条例

第一章　总　则

第一条　为了规范生产安全事故的报告和调查处理，落实生产安全事故责任追究制度，防止和减少生产安全事故，根据《中华人民共和国安全生产法》和有关法律，制定本条例。

第二条　生产经营活动中发生的造成人身伤亡或者直接经济损失的生产安全事故的报告和调查处理，适用本条例；环境污染事故、核设施事故、国防科研生产事故的报告和调查处理不适用本条例。

第三条　根据生产安全事故（以下简称事故）造成的人员伤亡或者直接经济损失，事故一般分为以下等级：

（一）特别重大事故，是指造成30人以上死亡，或者100人以上重伤（包括急性工业中毒，下同），或者1亿元以上直接经济损失的事故；

（二）重大事故，是指造成10人以上30人以下死亡，或者50人以上100人以下重伤，或者5000万元以上1亿元以下直接经济损失的事故；

（三）较大事故，是指造成 3 人以上 10 人以下死亡，或者 10 人以上 50 人以下重伤，或者 1000 万元以上 5000 万元以下直接经济损失的事故；

（四）一般事故，是指造成 3 人以下死亡，或者 10 人以下重伤，或者 1000 万元以下直接经济损失的事故。

国务院安全生产监督管理部门可以会同国务院有关部门，制定事故等级划分的补充性规定。

本条第一款所称的"以上"包括本数，所称的"以下"不包括本数。

第四条　事故报告应当及时、准确、完整，任何单位和个人对事故不得迟报、漏报、谎报或者瞒报。

事故调查处理应当坚持实事求是、尊重科学的原则，及时、准确地查清事故经过、事故原因和事故损失，查明事故性质，认定事故责任，总结事故教训，提出整改措施，并对事故责任者依法追究责任。

第五条　县级以上人民政府应当依照本条例的规定，严格履行职责，及时、准确地完成事故调查处理工作。

事故发生地有关地方人民政府应当支持、配合上级人民政府或者有关部门的事故调查处理工作，并提供必要的便利条件。

参加事故调查处理的部门和单位应当互相配合，提高事故调查处理工作的效率。

第六条　工会依法参加事故调查处理，有权向有关部门提出处理意见。

第七条　任何单位和个人不得阻挠和干涉对事故的报告和依法调查处理。

第八条　对事故报告和调查处理中的违法行为，任何单位和个人有权向安全生产监督管理部门、监察机关或者其他有关部门举报，接到举报的部门应当依法及时处理。

第二章　事故报告

第九条　事故发生后，事故现场有关人员应当立即向本单位负责人报告；单位负责人接到报告后，应当于 1 小时内向事故发生地县级以上人民政府安全生产监督管理部门和负有安全生产监督管理职责的有关部门报告。

情况紧急时，事故现场有关人员可以直接向事故发生地县级以上人民政府安全生产监督管理部门和负有安全生产监督管理职责的有关部门报告。

第十条　安全生产监督管理部门和负有安全生产监督管理职责的有关部门接到事故报告后，应当依照下列规定上报事故情况，并通知公安机关、劳动保障行政部门、工会和人民检察院：

（一）特别重大事故、重大事故逐级上报至国务院安全生产监督管理部门和负有安全生产监督管理职责的有关部门；

（二）较大事故逐级上报至省、自治区、直辖市人民政府安全生产监督管理部门和负有安全生产监督管理职责的有关部门；

（三）一般事故上报至设区的市级人民政府安全生产监督管理部门和负有安全生产监督管理职责的有关部门。

安全生产监督管理部门和负有安全生产监督管理职责的有关部门依照前款规定上报事故情况，应当同时报告本级人民政府。国务院安全生产监督管理部门和负有安全生产监督管理职责的有关部门以及省级人民政府接到发生特别重大事故、重大事故的报告后，应当立即报告国务院。

必要时，安全生产监督管理部门和负有安全生产监督管理职责的有关部门可以越级上报事故情况。

第十一条 安全生产监督管理部门和负有安全生产监督管理职责的有关部门逐级上报事故情况，每级上报的时间不得超过 2 小时。

第十二条 报告事故应当包括下列内容：

（一）事故发生单位概况；

（二）事故发生的时间、地点以及事故现场情况；

（三）事故的简要经过；

（四）事故已经造成或者可能造成的伤亡人数（包括下落不明的人数）和初步估计的直接经济损失；

（五）已经采取的措施；

（六）其他应当报告的情况。

第十三条 事故报告后出现新情况的，应当及时补报。

自事故发生之日起 30 日内，事故造成的伤亡人数发生变化的，应当及时补报。道路交通事故、火灾事故自发生之日起 7 日内，事故造成的伤亡人数发生变化的，应当及时补报。

第十四条 事故发生单位负责人接到事故报告后，应当立即启动事故相应应急预案，或者采取有效措施，组织抢救，防止事故扩大，减少人员伤亡和财产损失。

第十五条 事故发生地有关地方人民政府、安全生产监督管理部门和负有安全生产监督管理职责的有关部门接到事故报告后，其负责人应当立即赶赴事故现场，组织事故救援。

第十六条 事故发生后，有关单位和人员应当妥善保护事故现场以及相关证据，任何单位和个人不得破坏事故现场、毁灭相关证据。

因抢救人员、防止事故扩大以及疏通交通等原因，需要移动事故现场物件的，应当做出标志，绘制现场简图并做出书面记录，妥善保存现场重要痕迹、物证。

第十七条 事故发生地公安机关根据事故的情况，对涉嫌犯罪的，应当依法立案侦查，采取强制措施和侦查措施。犯罪嫌疑人逃匿的，公安机关应当迅速追捕归案。

第十八条 安全生产监督管理部门和负有安全生产监督管理职责的有关部门应当建立值班制度，并向社会公布值班电话，受理事故报告和举报。

第三章 事故调查

第十九条 特别重大事故由国务院或者国务院授权有关部门组织事故调查组进行调查。

重大事故、较大事故、一般事故分别由事故发生地省级人民政府、设区的市级人民政府、县级人民政府负责调查。省级人民政府、设区的市级人民政府、县级人民政府可以直接组织事故调查组进行调查，也可以授权或者委托有关部门组织事故调查组进行调查。

未造成人员伤亡的一般事故，县级人民政府也可以委托事故发生单位组织事故调查组进行调查。

第二十条 上级人民政府认为必要时，可以调查由下级人民政府负责调查的事故。

自事故发生之日起 30 日内（道路交通事故、火灾事故自发生之日起 7 日内），因事故伤亡人数变化导致事故等级发生变化，依照本条例规定应当由上级人民政府负责调查的，上级人民政府可以另行组织事故调查组进行调查。

第二十一条　特别重大事故以下等级事故，事故发生地与事故发生单位不在同一个县级以上行政区域的，由事故发生地人民政府负责调查，事故发生单位所在地人民政府应当派人参加。

第二十二条　事故调查组的组成应当遵循精简、效能的原则。

根据事故的具体情况，事故调查组由有关人民政府、安全生产监督管理部门、负有安全生产监督管理职责的有关部门、监察机关、公安机关以及工会派人组成，并应当邀请人民检察院派人参加。

事故调查组可以聘请有关专家参与调查。

第二十三条　事故调查组成员应当具有事故调查所需要的知识和专长，并与所调查的事故没有直接利害关系。

第二十四条　事故调查组组长由负责事故调查的人民政府指定。事故调查组组长主持事故调查组的工作。

第二十五条　事故调查组履行下列职责：

（一）查明事故发生的经过、原因、人员伤亡情况及直接经济损失；

（二）认定事故的性质和事故责任；

（三）提出对事故责任者的处理建议；

（四）总结事故教训，提出防范和整改措施；

（五）提交事故调查报告。

第二十六条　事故调查组有权向有关单位和个人了解与事故有关的情况，并要求其提供相关文件、资料，有关单位和个人不得拒绝。

事故发生单位的负责人和有关人员在事故调查期间不得擅离职守，并应当随时接受事故调查组的询问，如实提供有关情况。

事故调查中发现涉嫌犯罪的，事故调查组应当及时将有关材料或者其复印件移交司法机关处理。

第二十七条　事故调查中需要进行技术鉴定的，事故调查组应当委托具有国家规定资质的单位进行技术鉴定。必要时，事故调查组可以直接组织专家进行技术鉴定。技术鉴定所需时间不计入事故调查期限。

第二十八条　事故调查组成员在事故调查工作中应当诚信公正、恪尽职守，遵守事故调查组的纪律，保守事故调查的秘密。

未经事故调查组组长允许，事故调查组成员不得擅自发布有关事故的信息。

第二十九条　事故调查组应当自事故发生之日起 60 日内提交事故调查报告；特殊情况下，经负责事故调查的人民政府批准，提交事故调查报告的期限可以适当延长，但延长的期限最长不超过 60 日。

第三十条　事故调查报告应当包括下列内容：

（一）事故发生单位概况；

（二）事故发生经过和事故救援情况；

（三）事故造成的人员伤亡和直接经济损失；

（四）事故发生的原因和事故性质；

（五）事故责任的认定以及对事故责任者的处理建议；

（六）事故防范和整改措施。

事故调查报告应当附具有关证据材料。事故调查组成员应当在事故调查报告上签名。

第三十一条　事故调查报告报送负责事故调查的人民政府后，事故调查工作即告结束。事故调查的有关资料应当归档保存。

第四章　事故处理

第三十二条　重大事故、较大事故、一般事故，负责事故调查的人民政府应当自收到事故调查报告之日起 15 日内做出批复；特别重大事故，30 日内做出批复，特殊情况下，批复时间可以适当延长，但延长的时间最长不超过 30 日。

有关机关应当按照人民政府的批复，依照法律、行政法规规定的权限和程序，对事故发生单位和有关人员进行行政处罚，对负有事故责任的国家工作人员进行处分。

事故发生单位应当按照负责事故调查的人民政府的批复，对本单位负有事故责任的人员进行处理。

负有事故责任的人员涉嫌犯罪的，依法追究刑事责任。

第三十三条　事故发生单位应当认真吸取事故教训，落实防范和整改措施，防止事故再次发生。防范和整改措施的落实情况应当接受工会和职工的监督。

安全生产监督管理部门和负有安全生产监督管理职责的有关部门应当对事故发生单位落实防范和整改措施的情况进行监督检查。

第三十四条　事故处理的情况由负责事故调查的人民政府或者其授权的有关部门、机构向社会公布，依法应当保密的除外。

第五章　法律责任

第三十五条　事故发生单位主要负责人有下列行为之一的，处上一年年收入 40% 至 80% 的罚款；属于国家工作人员的，并依法给予处分；构成犯罪的，依法追究刑事责任：

（一）不立即组织事故抢救的；

（二）迟报或者漏报事故的；

（三）在事故调查处理期间擅离职守的。

第三十六条　事故发生单位及其有关人员有下列行为之一的，对事故发生单位处 100 万元以上 500 万元以下的罚款；对主要负责人、直接负责的主管人员和其他直接责任人员处上一年年收入 60% 至 100% 的罚款；属于国家工作人员的，并依法给予处分；构成违反治安管理行为的，由公安机关依法给予治安管理处罚；构成犯罪的，依法追究刑事责任：

（一）谎报或者瞒报事故的；

（二）伪造或者故意破坏事故现场的；

（三）转移、隐匿资金、财产，或者销毁有关证据、资料的；

（四）拒绝接受调查或者拒绝提供有关情况和资料的；

（五）在事故调查中作伪证或者指使他人作伪证的；

（六）事故发生后逃匿的。

第三十七条　事故发生单位对事故发生负有责任的，依照下列规定处以罚款：

（一）发生一般事故的，处 10 万元以上 20 万元以下的罚款；

（二）发生较大事故的，处 20 万元以上 50 万元以下的罚款；

（三）发生重大事故的，处 50 万元以上 200 万元以下的罚款；

（四）发生特别重大事故的，处 200 万元以上 500 万元以下的罚款。

第三十八条　事故发生单位主要负责人未依法履行安全生产管理职责，导致事故发生的，依照下列规定处以罚款；属于国家工作人员的，并依法给予处分；构成犯罪的，依法追究刑事责任：

（一）发生一般事故的，处上一年年收入 30%的罚款；

（二）发生较大事故的，处上一年年收入 40%的罚款；

（三）发生重大事故的，处上一年年收入 60%的罚款；

（四）发生特别重大事故的，处上一年年收入 80%的罚款。

第三十九条　有关地方人民政府、安全生产监督管理部门和负有安全生产监督管理职责的有关部门有下列行为之一的，对直接负责的主管人员和其他直接责任人员依法给予处分；构成犯罪的，依法追究刑事责任：

（一）不立即组织事故抢救的；

（二）迟报、漏报、谎报或者瞒报事故的；

（三）阻碍、干涉事故调查工作的；

（四）在事故调查中作伪证或者指使他人作伪证的。

第四十条　事故发生单位对事故发生负有责任的，由有关部门依法暂扣或者吊销其有关证照；对事故发生单位负有事故责任的有关人员，依法暂停或者撤销其与安全生产有关的执业资格、岗位证书；事故发生单位主要负责人受到刑事处罚或者撤职处分的，自刑罚执行完毕或者受处分之日起，5 年内不得担任任何生产经营单位的主要负责人。

为发生事故的单位提供虚假证明的中介机构，由有关部门依法暂扣或者吊销其有关证照及其相关人员的执业资格；构成犯罪的，依法追究刑事责任。

第四十一条　参与事故调查的人员在事故调查中有下列行为之一的，依法给予处分；构成犯罪的，依法追究刑事责任：

（一）对事故调查工作不负责任，致使事故调查工作有重大疏漏的；

（二）包庇、袒护负有事故责任的人员或者借机打击报复的。

第四十二条　违反本条例规定，有关地方人民政府或者有关部门故意拖延或者拒绝落实经批复的对事故责任人的处理意见的，由监察机关对有关责任人员依法给予处分。

第四十三条　本条例规定的罚款的行政处罚，由安全生产监督管理部门决定。

法律、行政法规对行政处罚的种类、幅度和决定机关另有规定的，依照其规定。

第六章　附　则

第四十四条　没有造成人员伤亡，但是社会影响恶劣的事故，国务院或者有关地方人民政府认为需要调查处理的，依照本条例的有关规定执行。

国家机关、事业单位、人民团体发生的事故的报告和调查处理，参照本条例的规定执行。

第四十五条　特别重大事故以下等级事故的报告和调查处理，有关法律、行政法规或者国务院另有规定的，依照其规定。

第四十六条　本条例自 2007 年 6 月 1 日起施行。国务院 1989 年 3 月 29 日公布的《特别重大事故调查程序暂行规定》和 1991 年 2 月 22 日公布的《企业职工伤亡事故报告和处理规定》同时废止。

2.《〈生产安全事故报告和调查处理条例〉罚款处罚暂行规定》

国家安全生产监督管理总局令

第 13 号

《生产安全事故报告和调查处理条例》已经 2007 年 7 月 3 日国家安全生产监督管理总局局长办公室会议审议通过，现予公布，自颁布之日起执行。

国家安全生产监督管理总局局长　李毅中

二〇〇七年七月十二日

《生产安全事故报告和调查处理条例》罚款处罚暂行规定

（2007 年 7 月 12 日国家安全生产监督管理总局令第 13 号公布，根据 2011 年 9 月 1 日《国家安全监管总局关于修改〈罚款处罚暂行规定〉的决定》修订）

第一条　为防止和减少生产安全事故，严格追究生产安全事故发生单位及其有关责任人员的法律责任，正确适用事故罚款的行政处罚，依照《生产安全事故报告和调查处理条例》（以下简称《条例》）的规定，制定本规定。

第二条　安全生产监督管理部门和煤矿安全监察机构对生产安全事故发生单位（以下简称事故发生单位）及其主要负责人、直接负责的主管人员和其他责任人员等有关责任人员实施罚款的行政处罚，适用本规定。

法律、行政法规对行政处罚的种类、幅度和决定机关另有规定的，依照其规定。

第三条　本规定所称事故发生单位是指对事故发生负有责任的生产经营单位。

本规定所称主要负责人是指有限责任公司、股份有限公司的董事长或者总经理或者个人经营的投资人，其他生产经营单位的厂长、经理、局长、矿长（含实际控制人、投资人）等人员。

第四条　本规定所称事故发生单位主要负责人、直接负责的主管人员和其他直接责任人员的上一年年收入，属于国有生产经营单位的，是指该单位上级主管部门所确定的上一年年收入总额；属于非国有生产经营单位的，是指经财务、税务部门核定的上一年年收入总额。

第五条　《条例》所称的迟报、漏报、谎报和瞒报，依照下列情形认定：

（一）报告事故的时间超过规定时限的，属于迟报；

（二）因过失对应当上报的事故或者事故发生的时间、地点、类别、伤亡人数、直接经济损失等内容遗漏未报的，属于漏报；

（三）故意不如实报告事故发生的时间、地点、初步原因、性质、伤亡人数和涉险人数、直接经济损失等有关内容的，属于谎报；

（四）隐瞒已经发生的事故，超过规定时限未向安全监管监察部门和有关部门报告，经查证属实的，属于瞒报。

第六条 对事故发生单位及其有关责任人员处以罚款的行政处罚，依照下列规定决定：

（一）对发生特别重大事故的单位及其有关责任人员罚款的行政处罚，由国家安全生产监督管理总局决定；

（二）对发生重大事故的单位及其有关责任人员罚款的行政处罚，由省级人民政府安全生产监督管理部门决定；

（三）对发生较大事故的单位及其有关责任人员罚款的行政处罚，由设区的市级人民政府安全生产监督管理部门决定；

（四）对发生一般事故的单位及其有关责任人员罚款的行政处罚，由县级人民政府安全生产监督管理部门决定。

上级安全生产监督管理部门可以指定下一级安全生产监督管理部门对事故发生单位及其有关责任人员实施行政处罚。

第七条 对煤矿事故发生单位及其有关责任人员处以罚款的行政处罚，依照下列规定执行：

（一）对发生特别重大事故的煤矿及其有关责任人员罚款的行政处罚，由国家煤矿安全监察局决定；

（二）对发生重大事故和较大事故的煤矿及其有关责任人员罚款的行政处罚，由省级煤矿安全监察机构决定；

（三）对发生一般事故的煤矿及其有关责任人员罚款的行政处罚，由省级煤矿安全监察机构所属分局决定。

上级煤矿安全监察机构可以指定下一级煤矿安全监察机构对事故发生单位及其有关责任人员实施行政处罚。

第八条 特别重大事故以下等级事故，事故发生地与事故发生单位所在地不在同一个县级以上行政区域的，由事故发生地的安全生产监督管理部门或者煤矿安全监察机构依照本规定第六条或者第七条规定的权限实施行政处罚。

第九条 安全生产监督管理部门和煤矿安全监察机构对事故发生单位及其有关责任人员实施罚款的行政处罚，依照《安全生产违法行为行政处罚办法》规定的程序执行。

第十条 事故发生单位及其有关责任人员对安全生产监督管理部门和煤矿安全监察机构给予的行政处罚，享有陈述、申辩的权利；对行政处罚不服的，有权依法申请行政复议或者提起行政诉讼。

第十一条 事故发生单位主要负责人有《条例》第三十五条规定的行为之一的，依照下列规定处以罚款：

（一）事故发生单位主要负责人在事故发生后不立即组织事故抢救的，处上一年年收入80％的罚款；

（二）事故发生单位主要负责人迟报或者漏报事故的，处上一年年收入40％至60％的罚款；

（三）事故发生单位主要负责人在事故调查处理期间擅离职守的，处上一年年收入60％至80％的罚款。

第十二条 事故发生单位有《条例》第三十六条第一项规定行为之一的，处200万元的罚款；同时贻误事故抢救或者造成事故扩大或者影响事故调查的，处 300 万元的罚款；同时贻误事故抢救或者造成事故扩大或者影响事故调查，手段恶劣，情节严重的，处 500 万元的罚款。

事故发生单位有《条例》第三十六条第二至六项规定行为之一的，处 100 万元以上 200 万元以下的罚款；同时贻误事故抢救或者造成事故扩大或者影响事故调查的，处 200 万元以上 300 万元以下的罚款；同时贻误事故抢救或者造成事故扩大或者影响事故调查，手段恶劣，情节严重的，处 300 万元以上 500 万元以下的罚款。

第十三条　事故发生单位的主要负责人、直接负责的主管人员和其他直接责任人员有《条例》第三十六条规定的行为之一的，依照下列规定处以罚款：

（一）伪造、故意破坏事故现场，或者转移、隐匿资金、财产、销毁有关证据、资料，或者拒绝接受调查，或者拒绝提供有关情况和资料，或者在事故调查中作伪证，或者指使他人作伪证的，处上一年年收入 80% 至 90% 的罚款；

（二）谎报、瞒报事故或者事故发生后逃匿的，处上一年年收入 100% 的罚款。

第十四条　事故发生单位对造成 3 人以下死亡，或者 3 人以上 10 人以下重伤（包括急性工业中毒），或者 300 万元以上 1000 万元以下直接经济损失的事故负有责任的，处 10 万元以上 20 万元以下的罚款。

事故发生单位有本条第一款规定的行为且谎报或者瞒报事故的，处 20 万元的罚款。

第十五条　事故发生单位对较大事故发生负有责任的，依照下列规定处以罚款：

（一）造成 3 人以上 6 人以下死亡，或者 10 人以上 30 人以下重伤（包括急性工业中毒），或者 1000 万元以上 3000 万元以下直接经济损失的，处 20 万元以上 30 万元以下的罚款；

（二）造成 6 人以上 10 人以下死亡，或者 30 人以上 50 人以下重伤（包括急性工业中毒），或者 3000 万元以上 5000 万元以下直接经济损失的，处 30 万元以上 50 万元以下的罚款。

事故发生单位对较大事故发生负有责任且有谎报或者瞒报行为的，处 50 万元的罚款。

第十六条　事故发生单位对重大事故发生负有责任的，依照下列规定处以罚款：

（一）造成 10 人以上 15 人以下死亡，或者 50 人以上 70 人以下重伤（包括急性工业中毒），或者 5000 万元以上 7000 万元以下直接经济损失的，处 50 万元以上 100 万元以下的罚款；

（二）造成 15 人以上 30 人以下死亡，或者 70 人以上 100 人以下重伤（包括急性工业中毒），或者 7000 万元以上 1 亿元以下直接经济损失的，处 100 万元以上 200 万元以下的罚款。

事故发生单位对重大事故发生负有责任且有谎报或者瞒报行为的，处 200 万元的罚款。

第十七条　事故发生单位对特别重大事故发生负有责任的，处 200 万元以上 500 万元以下的罚款。

事故发生单位有本条第一款规定的行为且谎报或者瞒报事故的，处 500 万元的罚款。

第十八条　事故发生单位主要负责人未依法履行安全生产管理职责，导致事故发生的，依照下列规定处以罚款：

（一）发生一般事故的，处上一年年收入 30% 的罚款；

（二）发生较大事故的，处上一年年收入 40% 的罚款；

（三）发生重大事故的，处上一年年收入 60% 的罚款；

（四）发生特别重大事故的，处上一年年收入 80% 的罚款。

第十九条　法律、行政法规对发生事故的单位及其有关责任人员规定的罚款幅度与本规定不同的，按照较高的幅度处以罚款，但对同一违法行为不得重复罚款。

第二十条　违反《条例》和本规定，事故发生单位及其有关责任人员有两种以上应当处以罚款的行为的，安全生产监督管理部门或者煤矿安全监察机构应当分别裁量，合并作出处罚决定。

第二十一条　对事故发生负有责任的其他单位及其有关责任人员处以罚款的行政处罚，依照相关法律、法规和规章的规定实施。

第二十二条　本规定自公布之日起施行。

3.《国务院关于特大安全事故行政责任追究的规定》

国务院关于特大安全事故行政责任追究的规定

（2001年4月21日中华人民共和国国务院令第302号公布，自公布之日起施行）

第一条　为了有效地防范特大安全事故的发生，严肃追究特大安全事故的行政责任，保障人民群众生命、财产安全，制定本规定。

第二条　地方人民政府主要领导人和政府有关部门正职负责人对下列特大安全事故的防范、发生，依照法律、行政法规和本规定的规定有失职、渎职情形或者负有领导责任的，依照本规定给予行政处分；构成玩忽职守罪或者其他罪的，依法追究刑事责任：

（一）特大火灾事故；

（二）特大交通安全事故；

（三）特大建筑质量安全事故；

（四）民用爆炸物品和化学危险品特大安全事故；

（五）煤矿和其他矿山特大安全事故；

（六）锅炉、压力容器、压力管道和特种设备特大安全事故；

（七）其他特大安全事故。

地方人民政府和政府有关部门对特大安全事故的防范、发生直接负责的主管人员和其他直接责任人员，比照本规定给予行政处分；构成玩忽职守罪或者其他罪的，依法追究刑事责任。

特大安全事故肇事单位和个人的刑事处罚、行政处罚和民事责任，依照有关法律、法规和规章的规定执行。

第三条　特大安全事故的具体标准，按照国家有关规定执行。

第四条　地方各级人民政府及政府有关部门应当依照有关法律、法规和规章的规定，采取行政措施，对本地区实施安全监督管理，保障本地区人民群众生命、财产安全，对本地区或者职责范围内防范特大安全事故的发生、特大安全事故发生后的迅速和妥善处理负责。

第五条　地方各级人民政府应当每个季度至少召开一次防范特大安全事故工作会议，由政府主要领导人或者政府主要领导人委托政府分管领导人召集有关部门正职负责人参加，分析、布置、督促、检查本地区防范特大安全事故的工作。会议应当作出决定并形成纪要，会议确定的各项防范措施必须严格实施。

第六条　市（地、州）、县（市、区）人民政府应当组织有关部门按照职责分工对本地区容易发生特大安全事故的单位、设施和场所安全事故的防范明确责任、采取措施，并组织有关部门对上述单位、设施和场所进行严格检查。

第七条　市（地、州）、县（市、区）人民政府必须制定本地区特大安全事故应急处理预案。本地区特大安全事故应急处理预案经政府主要领导人签署后，报上一级人民政府备案。

第八条　市（地、州）、县（市、区）人民政府应当组织有关部门对本规定第二条所列各类特大安全事故的隐患进行查处；发现特大安全事故隐患的，责令立即排除；特大安全事故隐患排除前或者排除过程中，无法保证安全的，责令暂时停产、停业或者停止使用。法律、行政法规对查处机关另有规定的，依照其规定。

第九条　市（地、州）、县（市、区）人民政府及其有关部门对本地区存在的特大安全事故隐患，超出其管辖或者职责范围的，应当立即向有管辖权或者负有职责的上级人民政府或者政府有关部门报告；情况紧急的，可以立即采取包括责令暂时停产、停业在内的紧急措施，同时报告；有关上级人民政府或者政府有关部门接到报告后，应当立即组织查处。

第十条　中小学校对学生进行劳动技能教育以及组织学生参加公益劳动等社会实践活动，必须确保学生安全。严禁以任何形式、名义组织学生从事接触易燃、易爆、有毒、有害等危险品的劳动或者其他危险性劳动。严禁将学校场地出租作为从事易燃、易爆、有毒、有害等危险品的生产、经营场所。

中小学校违反前款规定的，按照学校隶属关系，对县（市、区）、乡（镇）人民政府主要领导人和县（市、区）人民政府教育行政部门正职负责人，根据情节轻重，给予记过、降级直至撤职的行政处分；构成玩忽职守罪或者其他罪的，依法追究刑事责任。

中小学校违反本条第一款规定的，对校长给予撤职的行政处分，对直接组织者给予开除公职的行政处分；构成非法制造爆炸物罪或者其他罪的，依法追究刑事责任。

第十一条　依法对涉及安全生产事项负责行政审批（包括批准、核准、许可、注册、认证、颁发证照、竣工验收等，下同）的政府部门或者机构，必须严格依照法律、法规和规章规定的安全条件和程序进行审查；不符合法律、法规和规章规定的安全条件的，不得批准；不符合法律、法规和规章规定的安全条件，弄虚作假，骗取批准或者勾结串通行政审批工作人员取得批准的，负责行政审批的政府部门或者机构除必须立即撤销原批准外，应当对弄虚作假骗取批准或者勾结串通行政审批工作人员的当事人依法给予行政处罚；构成行贿罪或者其他罪的，依法追究刑事责任。

负责行政审批的政府部门或者机构违反前款规定，对不符合法律、法规和规章规定的安全条件予以批准的，对部门或者机构的正职负责人，根据情节轻重，给予降级、撤职直至开除公职的行政处分；与当事人勾结串通的，应当开除公职；构成受贿罪、玩忽职守罪或者其他罪的，依法追究刑事责任。

第十二条　对依照本规定第十一条第一款的规定取得批准的单位和个人，负责行政审批的政府部门或者机构必须对其实施严格监督检查；发现其不再具备安全条件的，必须立即撤销原批准。

负责行政审批的政府部门或者机构违反前款规定，不对取得批准的单位和个人实施严格监督检查，或者发现其不再具备安全条件而不立即撤销原批准的，对部门或者机构的正职负责人，根据情节轻重，给予降级或者撤职的行政处分；构成受贿罪、玩忽职守罪或者其他罪的，依法追究刑事责任。

第十三条　对未依法取得批准，擅自从事有关活动的，负责行政审批的政府部门或者机构发现或者接到举报后，应当立即予以查封、取缔，并依法给予行政处罚；属于经营单位的，由工商行政管理部门依法相应吊销营业执照。

负责行政审批的政府部门或者机构违反前款规定，对发现或者举报的未依法取得批准而擅自从事有关活动的，不予查封、取缔、不依法给予行政处罚，工商行政管理部门不予吊销营业执照的，对部门或者机构的正职负责人，根据情节轻重，给予降级或者撤职的行政处分；构成受贿罪、玩忽职守罪或者其他罪的，依法追究刑事责任。

第十四条 市（地、州）、县（市、区）人民政府依照本规定应当履行职责而未履行，或者未按照规定的职责和程序履行，本地区发生特大安全事故的，对政府主要领导人，根据情节轻重，给予降级或者撤职的行政处分；构成玩忽职守罪的，依法追究刑事责任。

负责行政审批的政府部门或者机构、负责安全监督管理的政府有关部门，未依照本规定履行职责，发生特大安全事故的，对部门或者机构的正职负责人，根据情节轻重，给予撤职或者开除公职的行政处分；构成玩忽职守罪或者其他罪的，依法追究刑事责任。

第十五条 发生特大安全事故，社会影响特别恶劣或者性质特别严重的，由国务院对负有领导责任的省长、自治区主席、直辖市市长和国务院有关部门正职负责人给予行政处分。

第十六条 特大安全事故发生后，有关县（市、区）、市（地、州）和省、自治区、直辖市人民政府及政府有关部门应当按照国家规定的程序和时限立即上报，不得隐瞒不报、谎报或者拖延报告，并应当配合、协助事故调查，不得以任何方式阻碍、干涉事故调查。

特大安全事故发生后，有关地方人民政府及政府有关部门违反前款规定的，对政府主要领导人和政府部门正职负责人给予降级的行政处分。

第十七条 特大安全事故发生后，有关地方人民政府应当迅速组织救助，有关部门应当服从指挥、调度，参加或者配合救助，将事故损失降到最低限度。

第十八条 特大安全事故发生后，省、自治区、直辖市人民政府应当按照国家有关规定迅速、如实发布事故消息。

第十九条 特大安全事故发生后，按照国家有关规定组织调查组对事故进行调查。事故调查工作应当自事故发生之日起 60 日内完成，并由调查组提出调查报告；遇有特殊情况的，经调查组提出并报国家安全生产监督管理机构批准后，可以适当延长时间。调查报告应当包括依照本规定对有关责任人员追究行政责任或者其他法律责任的意见。

省、自治区、直辖市人民政府应当自调查报告提交之日起 30 日内，对有关责任人员作出处理决定；必要时，国务院可以对特大安全事故的有关责任人员作出处理决定。

第二十条 地方人民政府或者政府部门阻挠、干涉对特大安全事故有关责任人员追究行政责任的，对该地方人民政府主要领导人或者政府部门正职负责人，根据情节轻重，给予降级或者撤职的行政处分。

第二十一条 任何单位和个人均有权向有关地方人民政府或者政府部门报告特大安全事故隐患，有权向上级人民政府或者政府部门举报地方人民政府或者政府部门不履行安全监督管理职责或者不按照规定履行职责的情况。接到报告或者举报的有关人民政府或者政府部门，应当立即组织对事故隐患进行查处，或者对举报的不履行、不按照规定履行安全监督管理职责的情况进行调查处理。

第二十二条 监察机关依照行政监察法的规定，对地方各级人民政府和政府部门及其工作人员履行安全监督管理职责实施监察。

第二十三条　对特大安全事故以外的其他安全事故的防范、发生追究行政责任的办法，由省、自治区、直辖市人民政府参照本规定制定。

第二十四条　本规定自公布之日起施行。

4.《生产安全事故应急预案管理办法》

国家安全生产监督管理总局令

第 17 号

《生产安全事故应急预案管理办法》已经 2009 年 3 月 20 日国家安全生产监督管理总局局长办公会议审议通过，现予公布，自 2009 年 5 月 1 日起施行。

国家安全生产监督管理总局局长　骆　琳

二〇〇九年四月一日

生产安全事故应急预案管理办法

第一章　总　则

第一条　为了规范生产安全事故应急预案的管理,完善应急预案体系，增强应急预案的科学性、针对性、实效性，依据《中华人民共和国突发事件应对法》、《中华人民共和国安全生产法》和国务院有关规定，制定本办法。

第二条　生产安全事故应急预案（以下简称应急预案）的编制、评审、发布、备案、培训、演练和修订等工作，适用本办法。

法律、行政法规和国务院另有规定的，依照其规定。

第三条　应急预案的管理遵循综合协调、分类管理、分级负责、属地为主的原则。

第四条　国家安全生产监督管理总局负责应急预案的综合协调管理工作。国务院其他负有安全生产监督管理职责的部门按照各自的职责负责本行业、本领域内应急预案的管理工作。

县级以上地方各级人民政府安全生产监督管理部门负责本行政区域内应急预案的综合协调管理工作。县级以上地方各级人民政府其他负有安全生产监督管理职责的部门按照各自的职责负责辖区内本行业、本领域应急预案的管理工作。

第二章　应急预案的编制

第五条　应急预案的编制应当符合下列基本要求：

（一）符合有关法律、法规、规章和标准的规定；

（二）结合本地区、本部门、本单位的安全生产实际情况；

（三）结合本地区、本部门、本单位的危险性分析情况；

（四）应急组织和人员的职责分工明确，并有具体的落实措施；

（五）有明确、具体的事故预防措施和应急程序，并与其应急能力相适应；

（六）有明确的应急保障措施，并能满足本地区、本部门、本单位的应急工作要求；

（七）预案基本要素齐全、完整，预案附件提供的信息准确；

（八）预案内容与相关应急预案相互衔接。

第六条 地方各级安全生产监督管理部门应当根据法律、法规、规章和同级人民政府以及上一级安全生产监督管理部门的应急预案，结合工作实际，组织制定相应的部门应急预案。

第七条 生产经营单位应当根据有关法律、法规和《生产经营单位安全生产事故应急预案编制导则》（AQ/T9002-2006），结合本单位的危险源状况、危险性分析情况和可能发生的事故特点，制定相应的应急预案。

生产经营单位的应急预案按照针对情况的不同，分为综合应急预案、专项应急预案和现场处置方案。

第八条 生产经营单位风险种类多、可能发生多种事故类型的，应当组织编制本单位的综合应急预案。

综合应急预案应当包括本单位的应急组织机构及其职责、预案体系及响应程序、事故预防及应急保障、应急培训及预案演练等主要内容。

第九条 对于某一种类的风险，生产经营单位应当根据存在的重大危险源和可能发生的事故类型，制定相应的专项应急预案。

专项应急预案应当包括危险性分析、可能发生的事故特征、应急组织机构与职责、预防措施、应急处置程序和应急保障等内容。

第十条 对于危险性较大的重点岗位，生产经营单位应当制定重点工作岗位的现场处置方案。

现场处置方案应当包括危险性分析、可能发生的事故特征、应急处置程序、应急处置要点和注意事项等内容。

第十一条 生产经营单位编制的综合应急预案、专项应急预案和现场处置方案之间应当相互衔接，并与所涉及的其他单位的应急预案相互衔接。

第十二条 应急预案应当包括应急组织机构和人员的联系方式、应急物资储备清单等附件信息。附件信息应当经常更新，确保信息准确有效。

第三章 应急预案的评审

第十三条 地方各级安全生产监督管理部门应当组织有关专家对本部门编制的应急预案进行审定；必要时，可以召开听证会，听取社会有关方面的意见。涉及相关部门职能或者需要有关部门配合的，应当征得有关部门同意。

第十四条 矿山、建筑施工单位和易燃易爆物品、危险化学品、放射性物品等危险物品的生产、经营、储存、使用单位和中型规模以上的其他生产经营单位，应当组织专家对本单位编制的应急预案进行评审。评审应当形成书面纪要并附有专家名单。

前款规定以外的其他生产经营单位应当对本单位编制的应急预案进行论证。

第十五条 参加应急预案评审的人员应当包括应急预案涉及的政府部门工作人员和有关安全生产及应急管理方面的专家。

评审人员与所评审预案的生产经营单位有利害关系的，应当回避。

第十六条 应急预案的评审或者论证应当注重应急预案的实用性、基本要素的完整性、预防措施的针对性、组织体系的科学性、响应程序的操作性、应急保障措施的可行性、应急预案的衔接性等内容。

第十七条 生产经营单位的应急预案经评审或者论证后，由生产经营单位主要负责人签署公布。

第四章　应急预案的备案

第十八条　地方各级安全生产监督管理部门的应急预案，应当报同级人民政府和上一级安全生产监督管理部门备案。

其他负有安全生产监督管理职责的部门的应急预案，应当抄送同级安全生产监督管理部门。

第十九条　中央管理的总公司（总厂、集团公司、上市公司）的综合应急预案和专项应急预案，报国务院国有资产监督管理部门、国务院安全生产监督管理部门和国务院有关主管部门备案；其所属单位的应急预案分别抄送所在地的省、自治区、直辖市或者设区的市人民政府安全生产监督管理部门和有关主管部门备案。

前款规定以外的其他生产经营单位中涉及实行安全生产许可的，其综合应急预案和专项应急预案，按照隶属关系报所在地县级以上地方人民政府安全生产监督管理部门和有关主管部门备案；未实行安全生产许可的，其综合应急预案和专项应急预案的备案，由省、自治区、直辖市人民政府安全生产监督管理部门确定。

煤矿企业的综合应急预案和专项应急预案除按照本条第一款、第二款的规定报安全生产监督管理部门和有关主管部门备案外，还应当抄报所在地的煤矿安全监察机构。

第二十条　生产经营单位申请应急预案备案，应当提交以下材料：

（一）应急预案备案申请表；

（二）应急预案评审或者论证意见；

（三）应急预案文本及电子文档。

第二十一条　受理备案登记的安全生产监督管理部门应当对应急预案进行形式审查，经审查符合要求的，予以备案并出具应急预案备案登记表；不符合要求的，不予备案并说明理由。

对于实行安全生产许可的生产经营单位，已经进行应急预案备案登记的，在申请安全生产许可证时，可以不提供相应的应急预案，仅提供应急预案备案登记表。

第二十二条　各级安全生产监督管理部门应当指导、督促检查生产经营单位做好应急预案的备案登记工作，建立应急预案备案登记建档制度。

第五章　应急预案的实施

第二十三条　各级安全生产监督管理部门、生产经营单位应当采取多种形式开展应急预案的宣传教育，普及生产安全事故预防、避险、自救和互救知识，提高从业人员安全意识和应急处置技能。

第二十四条　各级安全生产监督管理部门应当将应急预案的培训纳入安全生产培训工作计划，并组织实施本行政区域内重点生产经营单位的应急预案培训工作。

生产经营单位应当组织开展本单位的应急预案培训活动，使有关人员了解应急预案内容，熟悉应急职责、应急程序和岗位应急处置方案。

应急预案的要点和程序应当张贴在应急地点和应急指挥场所，并设有明显的标志。

第二十五条　各级安全生产监督管理部门应当定期组织应急预案演练，提高本部门、本地区生产安全事故应急处置能力。

第二十六条　生产经营单位应当制定本单位的应急预案演练计划，根据本单位的事故预防重点，每年至少组织一次综合应急预案演练或者专项应急预案演练，每半年至少组织一次现场处置方案演练。

第二十七条　应急预案演练结束后，应急预案演练组织单位应当对应急预案演练效果进行评估，撰写应急预案演练评估报告，分析存在的问题，并对应急预案提出修订意见。

第二十八条　各级安全生产监督管理部门应当每年对应急预案的管理情况进行总结。应急预案管理工作总结应当报上一级安全生产监督管理部门。

其他负有安全生产监督管理职责的部门的应急预案管理工作总结应当抄送同级安全生产监督管理部门。

第二十九条　地方各级安全生产监督管理部门制定的应急预案，应当根据预案演练、机构变化等情况适时修订。

生产经营单位制定的应急预案应当至少每三年修订一次，预案修订情况应有记录并归档。

第三十条　有下列情形之一的，应急预案应当及时修订：

（一）生产经营单位因兼并、重组、转制等导致隶属关系、经营方式、法定代表人发生变化的；

（二）生产经营单位生产工艺和技术发生变化的；

（三）周围环境发生变化，形成新的重大危险源的；

（四）应急组织指挥体系或者职责已经调整的；

（五）依据的法律、法规、规章和标准发生变化的；

（六）应急预案演练评估报告要求修订的；

（七）应急预案管理部门要求修订的。

第三十一条　生产经营单位应当及时向有关部门或者单位报告应急预案的修订情况，并按照有关应急预案报备程序重新备案。

第三十二条　生产经营单位应当按照应急预案的要求配备相应的应急物资及装备，建立使用状况档案，定期检测和维护，使其处于良好状态。

第三十三条　生产经营单位发生事故后，应当及时启动应急预案，组织有关力量进行救援，并按照规定将事故信息及应急预案启动情况报告安全生产监督管理部门和其他负有安全生产监督管理职责的部门。

第六章　奖励与处罚

第三十四条　对于在应急预案编制和管理工作中做出显著成绩的单位和人员，安全生产监督管理部门、生产经营单位可以给予表彰和奖励。

第三十五条　生产经营单位应急预案未按照本办法规定备案的，由县级以上安全生产监督管理部门给予警告，并处三万元以下罚款。

第三十六条　生产经营单位未制定应急预案或者未按照应急预案采取预防措施，导致事故救援不力或者造成严重后果的，由县级以上安全生产监督管理部门依照有关法律、法规和规章的规定，责令停产停业整顿，并依法给予行政处罚。

第七章　附　则

第三十七条　《生产经营单位生产安全事故应急预案备案申请表》、《生产经营单位生产安全事故应急预案备案登记表》由国家安全生产应急救援指挥中心统一制定。

第三十八条　各省、自治区、直辖市安全生产监督管理部门可以依据本办法的规定，结合本地区实际制定实施细则。

第三十九条　本办法自 2009 年 5 月 1 日起施行。

5.《生产安全事故信息报告和处置办法》

国家安全生产监督管理总局令

第 21 号

《生产安全事故信息报告和处置办法》已经 2009 年 5 月 27 日国家安全生产监督管理总局局长办公会议审议通过，现予公布，自 2009 年 7 月 1 日起施行。

国家安全生产监督管理总局令局长　骆琳

二〇〇九年六月十六日

生产安全事故信息报告和处置办法

第一章　总　则

第一条　为了规范生产安全事故信息的报告和处置工作，根据《安全生产法》、《生产安全事故报告和调查处理条例》等有关法律、行政法规，制定本办法。

第二条　生产经营单位报告生产安全事故信息和安全生产监督管理部门、煤矿安全监察机构对生产安全事故信息的报告和处置工作，适用本办法。

第三条　本办法规定的应当报告和处置的生产安全事故信息（以下简称事故信息），是指已经发生的生产安全事故和较大涉险事故的信息。

第四条　事故信息的报告应当及时、准确和完整，信息的处置应当遵循快速高效、协同配合、分级负责的原则。

安全生产监督管理部门负责各类生产经营单位的事故信息报告和处置工作。煤矿安全监察机构负责煤矿的事故信息报告和处置工作。

第五条　安全生产监督管理部门、煤矿安全监察机构应当建立事故信息报告和处置制度，设立事故信息调度机构，实行 24 小时不间断调度值班，并向社会公布值班电话，受理事故信息报告和举报。

第二章　事故信息的报告

第六条　生产经营单位发生生产安全事故或者较大涉险事故，其单位负责人接到事故信息报告后应当于 1 小时内报告事故发生地县级安全生产监督管理部门、煤矿安全监察分局。

发生较大以上生产安全事故的，事故发生单位在依照第一款规定报告的同时，应当在 1 小时内报告省级安全生产监督管理部门、省级煤矿安全监察机构。

发生重大、特别重大生产安全事故的，事故发生单位在依照本条第一款、第二款规定报告的同时，可以立即报告国家安全生产监督管理总局、国家煤矿安全监察局。

第七条 安全生产监督管理部门、煤矿安全监察机构接到事故发生单位的事故信息报告后，应当按照下列规定上报事故情况，同时书面通知同级公安机关、劳动保障部门、工会、人民检察院和有关部门：

（一）一般事故和较大涉险事故逐级上报至设区的市级安全生产监督管理部门、省级煤矿安全监察机构；

（二）较大事故逐级上报至省级安全生产监督管理部门、省级煤矿安全监察机构；

（三）重大事故、特别重大事故逐级上报至国家安全生产监督管理总局、国家煤矿安全监察局。

前款规定的逐级上报，每一级上报时间不得超过 2 小时。安全生产监督管理部门依照前款规定上报事故情况时，应当同时报告本级人民政府。

第八条 发生较大生产安全事故或者社会影响重大的事故的，县级、市级安全生产监督管理部门或者煤矿安全监察分局接到事故报告后，在依照本办法第七条规定逐级上报的同时，应当在 1 小时内先用电话快报省级安全生产监督管理部门、省级煤矿安全监察机构，随后补报文字报告；乡镇安监站（办）可以根据事故情况越级直接报告省级安全生产监督管理部门、省级煤矿安全监察机构。

第九条 发生重大、特别重大生产安全事故或者社会影响恶劣的事故的，县级、市级安全生产监督管理部门或者煤矿安全监察分局接到事故报告后，在依照本办法第七条规定逐级上报的同时，应当在 1 小时内先用电话快报省级安全生产监督管理部门、省级煤矿安全监察机构，随后补报文字报告；必要时，可以直接用电话报告国家安全生产监督管理总局、国家煤矿安全监察局。

省级安全生产监督管理部门、省级煤矿安全监察机构接到事故报告后，应当在 1 小时内先用电话快报国家安全生产监督管理总局、国家煤矿安全监察局，随后补报文字报告。

国家安全生产监督管理总局、国家煤矿安全监察局接到事故报告后，应当在 1 小时内先用电话快报国务院总值班室，随后补报文字报告。

第十条 报告事故信息，应当包括下列内容：

（一）事故发生单位的名称、地址、性质、产能等基本情况；

（二）事故发生的时间、地点以及事故现场情况；

（三）事故的简要经过（包括应急救援情况）；

（四）事故已经造成或者可能造成的伤亡人数（包括下落不明、涉险的人数）和初步估计的直接经济损失；

（五）已经采取的措施；

（六）其他应当报告的情况。

使用电话快报，应当包括下列内容：

（一）事故发生单位的名称、地址、性质；

（二）事故发生的时间、地点；

（三）事故已经造成或者可能造成的伤亡人数（包括下落不明、涉险的人数）。

第十一条 事故具体情况暂时不清楚的，负责事故报告的单位可以先报事故概况，随后补报事故全面情况。

事故信息报告后出现新情况的，负责事故报告的单位应当依照本办法第六条、第七条、第八条、第九条的规定及时续报。较大涉险事故、一般事故、较大事故每日至少续报 1 次；重大事故、特别重大事故每日至少续报 2 次。

自事故发生之日起 30 日内（道路交通、火灾事故自发生之日起 7 日内），事故造成的伤亡人数发生变化的，应于当日续报。

第十二条　安全生产监督管理部门、煤矿安全监察机构接到任何单位或者个人的事故信息举报后，应当立即与事故单位或者下一级安全生产监督管理部门、煤矿安全监察机构联系，并进行调查核实。

下一级安全生产监督管理部门、煤矿安全监察机构接到上级安全生产监督管理部门、煤矿安全监察机构的事故信息举报核查通知后，应当立即组织查证核实，并在 2 个月内向上一级安全生产监督管理部门、煤矿安全监察机构报告核实结果。

对发生较大涉险事故的，安全生产监督管理部门、煤矿安全监察机构依照本条第二款规定向上一级安全生产监督管理部门、煤矿安全监察机构报告核实结果；对发生生产安全事故的，安全生产监督管理部门、煤矿安全监察机构应当在 5 日内对事故情况进行初步查证，并将事故初步查证的简要情况报告上一级安全生产监督管理部门、煤矿安全监察机构，详细核实结果在 2 个月内报告。

第十三条　事故信息经初步查证后，负责查证的安全生产监督管理部门、煤矿安全监察机构应当立即报告本级人民政府和上一级安全生产监督管理部门、煤矿安全监察机构，并书面通知公安机关、劳动保障部门、工会、人民检察院和有关部门。

第十四条　安全生产监督管理部门与煤矿安全监察机构之间，安全生产监督管理部门、煤矿安全监察机构与其他负有安全生产监督管理职责的部门之间，应当建立有关事故信息的通报制度，及时沟通事故信息。

第十五条　对于事故信息的每周、每月、每年的统计报告，按照有关规定执行。

第三章　事故信息的处置

第十六条　安全生产监督管理部门、煤矿安全监察机构应当建立事故信息处置责任制，做好事故信息的核实、跟踪、分析、统计工作。

第十七条　发生生产安全事故或者较大涉险事故后，安全生产监督管理部门、煤矿安全监察机构应当立即研究、确定并组织实施相关处置措施。安全生产监督管理部门、煤矿安全监察机构负责人按照职责分工负责相关工作。

第十八条　安全生产监督管理部门、煤矿安全监察机构接到生产安全事故报告后，应当按照下列规定派员立即赶赴事故现场：

（一）发生一般事故的，县级安全生产监督管理部门、煤矿安全监察分局负责人立即赶赴事故现场；

（二）发生较大事故的，设区的市级安全生产监督管理部门、省级煤矿安全监察局负责人应当立即赶赴事故现场；

（三）发生重大事故的，省级安全监督管理部门、省级煤矿安全监察局负责人立即赶赴事故现场；

（四）发生特别重大事故的，国家安全生产监督管理总局、国家煤矿安全监察局负责人立即赶赴事故现场。

上级安全生产监督管理部门、煤矿安全监察机构认为必要的，可以派员赶赴事故现场。

第十九条　安全生产监督管理部门、煤矿安全监察机构负责人及其有关人员赶赴事故现场后，应当随时保持与本单位的联系。有关事故信息发生重大变化的，应当依照本办法有关规定及时向本单位或者上级安全生产监督管理部门、煤矿安全监察机构报告。

第二十条　安全生产监督管理部门、煤矿安全监察机构应当依照有关规定定期向社会公布事故信息。

任何单位和个人不得擅自发布事故信息。

第二十一条　安全生产监督管理部门、煤矿安全监察机构应当根据事故信息报告的情况，启动相应的应急救援预案，或者组织有关应急救援队伍协助地方人民政府开展应急救援工作。

第二十二条　安全生产监督管理部门、煤矿安全监察机构按照有关规定组织或者参加事故调查处理工作。

第四章　罚　则

第二十三条　安全生产监督管理部门、煤矿安全监察机构及其工作人员未依法履行事故信息报告和处置职责的，依照有关规定予以处理。

第二十四条　生产经营单位及其有关人员对生产安全事故迟报、漏报、谎报或者瞒报的，依照有关规定予以处罚。

第二十五条　生产经营单位对较大涉险事故迟报、漏报、谎报或者瞒报的，给予警告，并处3万元以下的罚款。

第五章　附　则

第二十六条　本办法所称的较大涉险事故是指：

（一）涉险10人以上的事故；

（二）造成3人以上被困或者下落不明的事故；

（三）紧急疏散人员500人以上的事故；

（四）因生产安全事故对环境造成严重污染（人员密集场所、生活水源、农田、河流、水库、湖泊等）的事故；

（五）危及重要场所和设施安全（电站、重要水利设施、危化品库、油气站和车站、码头、港口、机场及其他人员密集场所等）的事故；

（六）其他较大涉险事故。

第二十七条　省级安全生产监督管理部门、省级煤矿安全监察机构可以根据本办法的规定，制定具体的实施办法。

第二十八条　本办法自2009年7月1日起施行。

三、危险化学品的综合性相关法规

1.《危险化学品安全管理条例》

中华人民共和国国务院令

第 591 号

《危险化学品安全管理条例》已经 2011 年 2 月 16 日国务院第 144 次常务会议修订通过，现将修订后的《危险化学品安全管理条例》公布，自 2011 年 12 月 1 日起施行。

总　理　温家宝

二〇一一年三月二日

危险化学品安全管理条例

（2002 年 1 月 26 日中华人民共和国国务院令第 344 号公布，2011 年 2 月 16 日国务院第 144 次常务会议修订通过）

第一章　总　则

第一条　为了加强危险化学品的安全管理，预防和减少危险化学品事故，保障人民群众生命财产安全，保护环境，制定本条例。

第二条　危险化学品生产、储存、使用、经营和运输的安全管理，适用本条例。

废弃危险化学品的处置，依照有关环境保护的法律、行政法规和国家有关规定执行。

第三条　本条例所称危险化学品，是指具有毒害、腐蚀、爆炸、燃烧、助燃等性质，对人体、设施、环境具有危害的剧毒化学品和其他化学品。

危险化学品目录，由国务院安全生产监督管理部门会同国务院工业和信息化、公安、环境保护、卫生、质量监督检验检疫、交通运输、铁路、民用航空、农业主管部门，根据化学品危险特性的鉴别和分类标准确定、公布，并适时调整。

第四条　危险化学品安全管理，应当坚持安全第一、预防为主、综合治理的方针，强化和落实企业的主体责任。

生产、储存、使用、经营、运输危险化学品的单位（以下统称危险化学品单位）的主要负责人对本单位的危险化学品安全管理工作全面负责。

危险化学品单位应当具备法律、行政法规规定和国家标准、行业标准要求的安全条件，建立、健全安全管理规章制度和岗位安全责任制度，对从业人员进行安全教育、法制教育和岗位技术培训。从业人员应当接受教育和培训，考核合格后上岗作业；对有资格要求的岗位，应当配备依法取得相应资格的人员。

第五条　任何单位和个人不得生产、经营、使用国家禁止生产、经营、使用的危险化学品。

国家对危险化学品的使用有限制性规定的，任何单位和个人不得违反限制性规定使用危险化学品。

第六条　对危险化学品的生产、储存、使用、经营、运输实施安全监督管理的有关部门（以下统称负有危险化学品安全监督管理职责的部门），依照下列规定履行职责：

（一）安全生产监督管理部门负责危险化学品安全监督管理综合工作，组织确定、公布、调整危险化学品目录，对新建、改建、扩建生产、储存危险化学品（包括使用长输管道输送危险化学品，下同）的建设项目进行安全条件审查，核发危险化学品安全生产许可证、危险化学品安全使用许可证和危险化学品经营许可证，并负责危险化学品登记工作。

（二）公安机关负责危险化学品的公共安全管理，核发剧毒化学品购买许可证、剧毒化学品道路运输通行证，并负责危险化学品运输车辆的道路交通安全管理。

（三）质量监督检验检疫部门负责核发危险化学品及其包装物、容器（不包括储存危险化学品的固定式大型储罐，下同）生产企业的工业产品生产许可证，并依法对其产品质量实施监督，负责对进出口危险化学品及其包装实施检验。

（四）环境保护主管部门负责废弃危险化学品处置的监督管理，组织危险化学品的环境危害性鉴定和环境风险程度评估，确定实施重点环境管理的危险化学品，负责危险化学品环境管理登记和新化学物质环境管理登记；依照职责分工调查相关危险化学品环境污染事故和生态破坏事件，负责危险化学品事故现场的应急环境监测。

（五）交通运输主管部门负责危险化学品道路运输、水路运输的许可以及运输工具的安全管理，对危险化学品水路运输安全实施监督，负责危险化学品道路运输企业、水路运输企业驾驶人员、船员、装卸管理人员、押运人员、申报人员、集装箱装箱现场检查员的资格认定。铁路主管部门负责危险化学品铁路运输的安全管理，负责危险化学品铁路运输承运人、托运人的资质审批及其运输工具的安全管理。民用航空主管部门负责危险化学品航空运输以及航空运输企业及其运输工具的安全管理。

（六）卫生主管部门负责危险化学品毒性鉴定的管理，负责组织、协调危险化学品事故受伤人员的医疗卫生救援工作。

（七）工商行政管理部门依据有关部门的许可证件，核发危险化学品生产、储存、经营、运输企业营业执照，查处危险化学品经营企业违法采购危险化学品的行为。

（八）邮政管理部门负责依法查处寄递危险化学品的行为。

第七条 负有危险化学品安全监督管理职责的部门依法进行监督检查，可以采取下列措施：

（一）进入危险化学品作业场所实施现场检查，向有关单位和人员了解情况，查阅、复制有关文件、资料；

（二）发现危险化学品事故隐患，责令立即消除或者限期消除；

（三）对不符合法律、行政法规、规章规定或者国家标准、行业标准要求的设施、设备、装置、器材、运输工具，责令立即停止使用；

（四）经本部门主要负责人批准，查封违法生产、储存、使用、经营危险化学品的场所，扣押违法生产、储存、使用、经营、运输的危险化学品以及用于违法生产、使用、运输危险化学品的原材料、设备、运输工具；

（五）发现影响危险化学品安全的违法行为，当场予以纠正或者责令限期改正。

负有危险化学品安全监督管理职责的部门依法进行监督检查，监督检查人员不得少于 2 人，并应当出示执法证件；有关单位和个人对依法进行的监督检查应当予以配合，不得拒绝、阻碍。

第八条 县级以上人民政府应当建立危险化学品安全监督管理工作协调机制，支持、督促负有危险化学品安全监督管理职责的部门依法履行职责，协调、解决危险化学品安全监督管理工作中的重大问题。

负有危险化学品安全监督管理职责的部门应当相互配合、密切协作，依法加强对危险化学品的安全监督管理。

第九条 任何单位和个人对违反本条例规定的行为，有权向负有危险化学品安全监督管理职责的部门举报。负有危险化学品安全监督管理职责的部门接到举报，应当及时依法处理；对不属于本部门职责的，应当及时移送有关部门处理。

第十条 国家鼓励危险化学品生产企业和使用危险化学品从事生产的企业采用有利于提高安全保障水平的先进技术、工艺、设备以及自动控制系统，鼓励对危险化学品实行专门储存、统一配送、集中销售。

第二章　生产、储存安全

第十一条 国家对危险化学品的生产、储存实行统筹规划、合理布局。

国务院工业和信息化主管部门以及国务院其他有关部门依据各自职责，负责危险化学品生产、储存的行业规划和布局。

地方人民政府组织编制城乡规划，应当根据本地区的实际情况，按照确保安全的原则，规划适当区域专门用于危险化学品的生产、储存。

第十二条 新建、改建、扩建生产、储存危险化学品的建设项目（以下简称建设项目），应当由安全生产监督管理部门进行安全条件审查。

建设单位应当对建设项目进行安全条件论证，委托具备国家规定的资质条件的机构对建设项目进行安全评价，并将安全条件论证和安全评价的情况报告报建设项目所在地设区的市级以上人民政府安全生产监督管理部门；安全生产监督管理部门应当自收到报告之日起 45 日内作出审查决定，并书面通知建设单位。具体办法由国务院安全生产监督管理部门制定。

新建、改建、扩建储存、装卸危险化学品的港口建设项目，由港口行政管理部门按照国务院交通运输主管部门的规定进行安全条件审查。

第十三条 生产、储存危险化学品的单位，应当对其铺设的危险化学品管道设置明显标志，并对危险化学品管道定期检查、检测。

进行可能危及危险化学品管道安全的施工作业，施工单位应当在开工的 7 日前书面通知管道所属单位，并与管道所属单位共同制定应急预案，采取相应的安全防护措施。管道所属单位应当指派专门人员到现场进行管道安全保护指导。

第十四条 危险化学品生产企业进行生产前，应当依照《安全生产许可证条例》的规定，取得危险化学品安全生产许可证。

生产列入国家实行生产许可证制度的工业产品目录的危险化学品的企业，应当依照《中华人民共和国工业产品生产许可证管理条例》的规定，取得工业产品生产许可证。

负责颁发危险化学品安全生产许可证、工业产品生产许可证的部门，应当将其颁发许可证的情况及时向同级工业和信息化主管部门、环境保护主管部门和公安机关通报。

第十五条 危险化学品生产企业应当提供与其生产的危险化学品相符的化学品安全技术说明书，并在危险化学品包装（包括外包装件）上粘贴或者挂挂与包装内危险化学品相符的化学品安全标签。化学品安全技术说明书和化学品安全标签所载明的内容应当符合国家标准的要求。

危险化学品生产企业发现其生产的危险化学品有新的危险特性的，应当立即公告，并及时修订其化学品安全技术说明书和化学品安全标签。

第十六条　生产实施重点环境管理的危险化学品的企业，应当按照国务院环境保护主管部门的规定，将该危险化学品向环境中释放等相关信息向环境保护主管部门报告。环境保护主管部门可以根据情况采取相应的环境风险控制措施。

第十七条　危险化学品的包装应当符合法律、行政法规、规章的规定以及国家标准、行业标准的要求。

危险化学品包装物、容器的材质以及危险化学品包装的型式、规格、方法和单件质量（重量），应当与所包装的危险化学品的性质和用途相适应。

第十八条　生产列入国家实行生产许可证制度的工业产品目录的危险化学品包装物、容器的企业，应当依照《中华人民共和国工业产品生产许可证管理条例》的规定，取得工业产品生产许可证；其生产的危险化学品包装物、容器经国务院质量监督检验检疫部门认定的检验机构检验合格，方可出厂销售。

运输危险化学品的船舶及其配载的容器，应当按照国家船舶检验规范进行生产，并经海事管理机构认定的船舶检验机构检验合格，方可投入使用。

对重复使用的危险化学品包装物、容器，使用单位在重复使用前应当进行检查；发现存在安全隐患的，应当维修或者更换。使用单位应当对检查情况作出记录，记录的保存期限不得少于 2 年。

第十九条　危险化学品生产装置或者储存数量构成重大危险源的危险化学品储存设施（运输工具加油站、加气站除外），与下列场所、设施、区域的距离应当符合国家有关规定：

（一）居住区以及商业中心、公园等人员密集场所；

（二）学校、医院、影剧院、体育场（馆）等公共设施；

（三）饮用水源、水厂以及水源保护区；

（四）车站、码头（依法经许可从事危险化学品装卸作业的除外）、机场以及通信干线、通信枢纽、铁路线路、道路交通干线、水路交通干线、地铁风亭以及地铁站出入口；

（五）基本农田保护区、基本草原、畜禽遗传资源保护区、畜禽规模化养殖场（养殖小区）、渔业水域以及种子、种畜禽、水产苗种生产基地；

（六）河流、湖泊、风景名胜区、自然保护区；

（七）军事禁区、军事管理区；

（八）法律、行政法规规定的其他场所、设施、区域。

已建的危险化学品生产装置或者储存数量构成重大危险源的危险化学品储存设施不符合前款规定的，由所在地设区的市级人民政府安全生产监督管理部门会同有关部门监督其所属单位在规定期限内进行整改；需要转产、停产、搬迁、关闭的，由本级人民政府决定并组织实施。

储存数量构成重大危险源的危险化学品储存设施的选址，应当避开地震活动断层和容易发生洪灾、地质灾害的区域。

本条例所称重大危险源，是指生产、储存、使用或者搬运危险化学品，且危险化学品的数量等于或者超过临界量的单元（包括场所和设施）。

第二十条 生产、储存危险化学品的单位，应当根据其生产、储存的危险化学品的种类和危险特性，在作业场所设置相应的监测、监控、通风、防晒、调温、防火、灭火、防爆、泄压、防毒、中和、防潮、防雷、防静电、防腐、防泄漏以及防护围堤或者隔离操作等安全设施、设备，并按照国家标准、行业标准或者国家有关规定对安全设施、设备进行经常性维护、保养，保证安全设施、设备的正常使用。

生产、储存危险化学品的单位，应当在其作业场所和安全设施、设备上设置明显的安全警示标志。

第二十一条 生产、储存危险化学品的单位，应当在其作业场所设置通信、报警装置，并保证处于适用状态。

第二十二条 生产、储存危险化学品的企业，应当委托具备国家规定的资质条件的机构，对本企业的安全生产条件每3年进行一次安全评价，提出安全评价报告。安全评价报告的内容应当包括对安全生产条件存在的问题进行整改的方案。

生产、储存危险化学品的企业，应当将安全评价报告以及整改方案的落实情况报所在地县级人民政府安全生产监督管理部门备案。在港区内储存危险化学品的企业，应当将安全评价报告以及整改方案的落实情况报港口行政管理部门备案。

第二十三条 生产、储存剧毒化学品或者国务院公安部门规定的可用于制造爆炸物品的危险化学品（以下简称易制爆危险化学品）的单位，应当如实记录其生产、储存的剧毒化学品、易制爆危险化学品的数量、流向，并采取必要的安全防范措施，防止剧毒化学品、易制爆危险化学品丢失或者被盗；发现剧毒化学品、易制爆危险化学品丢失或者被盗的，应当立即向当地公安机关报告。

生产、储存剧毒化学品、易制爆危险化学品的单位，应当设置治安保卫机构，配备专职治安保卫人员。

第二十四条 危险化学品应当储存在专用仓库、专用场地或者专用储存室（以下统称专用仓库）内，并由专人负责管理；剧毒化学品以及储存数量构成重大危险源的其他危险化学品，应当在专用仓库内单独存放，并实行双人收发、双人保管制度。

危险化学品的储存方式、方法以及储存数量应当符合国家标准或者国家有关规定。

第二十五条 储存危险化学品的单位应当建立危险化学品出入库核查、登记制度。

对剧毒化学品以及储存数量构成重大危险源的其他危险化学品，储存单位应当将其储存数量、储存地点以及管理人员的情况，报所在地县级人民政府安全生产监督管理部门（在港区内储存的，报港口行政管理部门）和公安机关备案。

第二十六条 危险化学品专用仓库应当符合国家标准、行业标准的要求，并设置明显的标志。储存剧毒化学品、易制爆危险化学品的专用仓库，应当按照国家有关规定设置相应的技术防范设施。

储存危险化学品的单位应当对其危险化学品专用仓库的安全设施、设备定期进行检测、检验。

第二十七条 生产、储存危险化学品的单位转产、停产、停业或者解散的，应当采取有效措施，及时、妥善处置其危险化学品生产装置、储存设施以及库存的危险化学品，不得丢弃危险化学品；处置方案应当报所在地县级人民政府安全生产监督管理部门、工业和信息化主管部门、环境保护主管部门和公安机关备案。安全生产监督管理部门应当会同环境保护主管部门和公安机关对处置情况进行监督检查，发现未依照规定处置的，应当责令其立即处置。

第三章　使用安全

第二十八条　使用危险化学品的单位，其使用条件（包括工艺）应当符合法律、行政法规的规定和国家标准、行业标准的要求，并根据所使用的危险化学品的种类、危险特性以及使用量和使用方式，建立、健全使用危险化学品的安全管理规章制度和安全操作规程，保证危险化学品的安全使用。

第二十九条　使用危险化学品从事生产并且使用量达到规定数量的化工企业（属于危险化学品生产企业的除外，下同），应当依照本条例的规定取得危险化学品安全使用许可证。

前款规定的危险化学品使用量的数量标准，由国务院安全生产监督管理部门会同国务院公安部门、农业主管部门确定并公布。

第三十条　申请危险化学品安全使用许可证的化工企业，除应当符合本条例第二十八条的规定外，还应当具备下列条件：

（一）有与所使用的危险化学品相适应的专业技术人员；

（二）有安全管理机构和专职安全管理人员；

（三）有符合国家规定的危险化学品事故应急预案和必要的应急救援器材、设备；

（四）依法进行了安全评价。

第三十一条　申请危险化学品安全使用许可证的化工企业，应当向所在地设区的市级人民政府安全生产监督管理部门提出申请，并提交其符合本条例第三十条规定条件的证明材料。设区的市级人民政府安全生产监督管理部门应当依法进行审查，自收到证明材料之日起45日内作出批准或者不予批准的决定。予以批准的，颁发危险化学品安全使用许可证；不予批准的，书面通知申请人并说明理由。

安全生产监督管理部门应当将其颁发危险化学品安全使用许可证的情况及时向同级环境保护主管部门和公安机关通报。

第三十二条　本条例第十六条关于生产实施重点环境管理的危险化学品的企业的规定，适用于使用实施重点环境管理的危险化学品从事生产的企业；第二十条、第二十一条、第二十三条第一款、第二十七条关于生产、储存危险化学品的单位的规定，适用于使用危险化学品的单位；第二十二条关于生产、储存危险化学品的企业的规定，适用于使用危险化学品从事生产的企业。

第四章　经营安全

第三十三条　国家对危险化学品经营（包括仓储经营，下同）实行许可制度。未经许可，任何单位和个人不得经营危险化学品。

依法设立的危险化学品生产企业在其厂区范围内销售本企业生产的危险化学品，不需要取得危险化学品经营许可。

依照《中华人民共和国港口法》的规定取得港口经营许可证的港口经营人，在港区内从事危险化学品仓储经营，不需要取得危险化学品经营许可。

第三十四条　从事危险化学品经营的企业应当具备下列条件：

（一）有符合国家标准、行业标准的经营场所，储存危险化学品的，还应当有符合国家标准、行业标准的储存设施；

（二）从业人员经过专业技术培训并经考核合格；

（三）有健全的安全管理规章制度；

（四）有专职安全管理人员；

（五）有符合国家规定的危险化学品事故应急预案和必要的应急救援器材、设备；

（六）法律、法规规定的其他条件。

第三十五条　从事剧毒化学品、易制爆危险化学品经营的企业，应当向所在地设区的市级人民政府安全生产监督管理部门提出申请，从事其他危险化学品经营的企业，应当向所在地县级人民政府安全生产监督管理部门提出申请（有储存设施的，应当向所在地设区的市级人民政府安全生产监督管理部门提出申请）。申请人应当提交其符合本条例第三十四条规定条件的证明材料。设区的市级人民政府安全生产监督管理部门或者县级人民政府安全生产监督管理部门应当依法进行审查，并对申请人的经营场所、储存设施进行现场核查，自收到证明材料之日起 30 日内作出批准或者不予批准的决定。予以批准的，颁发危险化学品经营许可证；不予批准的，书面通知申请人并说明理由。

设区的市级人民政府安全生产监督管理部门和县级人民政府安全生产监督管理部门应当将其颁发危险化学品经营许可证的情况及时向同级环境保护主管部门和公安机关通报。

申请人持危险化学品经营许可证向工商行政管理部门办理登记手续后，方可从事危险化学品经营活动。法律、行政法规或者国务院规定经营危险化学品还需要经其他有关部门许可的，申请人向工商行政管理部门办理登记手续时还应当持相应的许可证件。

第三十六条　危险化学品经营企业储存危险化学品的，应当遵守本条例第二章关于储存危险化学品的规定。危险化学品商店内只能存放民用小包装的危险化学品。

第三十七条　危险化学品经营企业不得向未经许可从事危险化学品生产、经营活动的企业采购危险化学品，不得经营没有化学品安全技术说明书或者化学品安全标签的危险化学品。

第三十八条　依法取得危险化学品安全生产许可证、危险化学品安全使用许可证、危险化学品经营许可证的企业，凭相应的许可证件购买剧毒化学品、易制爆危险化学品。民用爆炸物品生产企业凭民用爆炸物品生产许可证购买易制爆危险化学品。

前款规定以外的单位购买剧毒化学品的，应当向所在地县级人民政府公安机关申请取得剧毒化学品购买许可证；购买易制爆危险化学品的，应当持本单位出具的合法用途说明。

个人不得购买剧毒化学品（属于剧毒化学品的农药除外）和易制爆危险化学品。

第三十九条　申请取得剧毒化学品购买许可证，申请人应当向所在地县级人民政府公安机关提交下列材料：

（一）营业执照或者法人证书（登记证书）的复印件；

（二）拟购买的剧毒化学品品种、数量的说明；

（三）购买剧毒化学品用途的说明；

（四）经办人的身份证明。

县级人民政府公安机关应当自收到前款规定的材料之日起 3 日内，作出批准或者不予批准的决定。予以批准的，颁发剧毒化学品购买许可证；不予批准的，书面通知申请人并说明理由。

剧毒化学品购买许可证管理办法由国务院公安部门制定。

第四十条　危险化学品生产企业、经营企业销售剧毒化学品、易制爆危险化学品，应当查验本条例第三十八条第一款、第二款规定的相关许可证件或者证明文件，不得向不具有相关许可证件或者证明文件的单位销售剧毒化学品、易制爆危险化学品。对持剧毒化学品购买许可证购买剧毒化学品的，应当按照许可证载明的品种、数量销售。

禁止向个人销售剧毒化学品（属于剧毒化学品的农药除外）和易制爆危险化学品。

第四十一条　危险化学品生产企业、经营企业销售剧毒化学品、易制爆危险化学品，应当如实记录购买单位的名称、地址、经办人的姓名、身份证号码以及所购买的剧毒化学品、易制爆危险化学品的品种、数量、用途。销售记录以及经办人的身份证明复印件、相关许可证件复印件或者证明文件的保存期限不得少于 1 年。

剧毒化学品、易制爆危险化学品的销售企业、购买单位应当在销售、购买后 5 日内，将所销售、购买的剧毒化学品、易制爆危险化学品的品种、数量以及流向信息报所在地县级人民政府公安机关备案，并输入计算机系统。

第四十二条　使用剧毒化学品、易制爆危险化学品的单位不得出借、转让其购买的剧毒化学品、易制爆危险化学品；因转产、停产、搬迁、关闭等确需转让的，应当向具有本条例第三十八条第一款、第二款规定的相关许可证件或者证明文件的单位转让，并在转让后将有关情况及时向所在地县级人民政府公安机关报告。

第五章　运输安全

第四十三条　从事危险化学品道路运输、水路运输的，应当分别依照有关道路运输、水路运输的法律、行政法规的规定，取得危险货物道路运输许可、危险货物水路运输许可，并向工商行政管理部门办理登记手续。

危险化学品道路运输企业、水路运输企业应当配备专职安全管理人员。

第四十四条　危险化学品道路运输企业、水路运输企业的驾驶人员、船员、装卸管理人员、押运人员、申报人员、集装箱装箱现场检查员应当经交通运输主管部门考核合格，取得从业资格。具体办法由国务院交通运输主管部门制定。

危险化学品的装卸作业应当遵守安全作业标准、规程和制度，并在装卸管理人员的现场指挥或者监控下进行。水路运输危险化学品的集装箱装箱作业应当在集装箱装箱现场检查员的指挥或者监控下进行，并符合积载、隔离的规范和要求；装箱作业完毕后，集装箱装箱现场检查员应当签署装箱证明书。

第四十五条　运输危险化学品，应当根据危险化学品的危险特性采取相应的安全防护措施，并配备必要的防护用品和应急救援器材。

用于运输危险化学品的槽罐以及其他容器应当封口严密，能够防止危险化学品在运输过程中因温度、湿度或者压力的变化发生渗漏、洒漏；槽罐以及其他容器的溢流和泄压装置应当设置准确、起闭灵活。

运输危险化学品的驾驶人员、船员、装卸管理人员、押运人员、申报人员、集装箱装箱现场检查员，应当了解所运输的危险化学品的危险特性及其包装物、容器的使用要求和出现危险情况时的应急处置方法。

第四十六条　通过道路运输危险化学品的，托运人应当委托依法取得危险货物道路运输许可的企业承运。

第四十七条 通过道路运输危险化学品的，应当按照运输车辆的核定载质量装载危险化学品，不得超载。

危险化学品运输车辆应当符合国家标准要求的安全技术条件，并按照国家有关规定定期进行安全技术检验。

危险化学品运输车辆应当悬挂或者喷涂符合国家标准要求的警示标志。

第四十八条 通过道路运输危险化学品的，应当配备押运人员，并保证所运输的危险化学品处于押运人员的监控之下。

运输危险化学品途中因住宿或者发生影响正常运输的情况，需要较长时间停车的，驾驶人员、押运人员应当采取相应的安全防范措施；运输剧毒化学品或者易制爆危险化学品的，还应当向当地公安机关报告。

第四十九条 未经公安机关批准，运输危险化学品的车辆不得进入危险化学品运输车辆限制通行的区域。危险化学品运输车辆限制通行的区域由县级人民政府公安机关划定，并设置明显的标志。

第五十条 通过道路运输剧毒化学品的，托运人应当向运输始发地或者目的地县级人民政府公安机关申请剧毒化学品道路运输通行证。

申请剧毒化学品道路运输通行证，托运人应当向县级人民政府公安机关提交下列材料：

（一）拟运输的剧毒化学品品种、数量的说明；

（二）运输始发地、目的地、运输时间和运输路线的说明；

（三）承运人取得危险货物道路运输许可、运输车辆取得营运证以及驾驶人员、押运人员取得上岗资格的证明文件；

（四）本条例第三十八条第一款、第二款规定的购买剧毒化学品的相关许可证件，或者海关出具的进出口证明文件。

县级人民政府公安机关应当自收到前款规定的材料之日起 7 日内，作出批准或者不予批准的决定。予以批准的，颁发剧毒化学品道路运输通行证；不予批准的，书面通知申请人并说明理由。

剧毒化学品道路运输通行证管理办法由国务院公安部门制定。

第五十一条 剧毒化学品、易制爆危险化学品在道路运输途中丢失、被盗、被抢或者出现流散、泄漏等情况的，驾驶人员、押运人员应当立即采取相应的警示措施和安全措施，并向当地公安机关报告。公安机关接到报告后，应当根据实际情况立即向安全生产监督管理部门、环境保护主管部门、卫生主管部门通报。有关部门应当采取必要的应急处置措施。

第五十二条 通过水路运输危险化学品的，应当遵守法律、行政法规以及国务院交通运输主管部门关于危险货物水路运输安全的规定。

第五十三条 海事管理机构应当根据危险化学品的种类和危险特性，确定船舶运输危险化学品的相关安全运输条件。

拟交付船舶运输的化学品的相关安全运输条件不明确的，应当经国家海事管理机构认定的机构进行评估，明确相关安全运输条件并经海事管理机构确认后，方可交付船舶运输。

第五十四条 禁止通过内河封闭水域运输剧毒化学品以及国家规定禁止通过内河运输的其他危险化学品。

前款规定以外的内河水域，禁止运输国家规定禁止通过内河运输的剧毒化学品以及其他危险化学品。

禁止通过内河运输的剧毒化学品以及其他危险化学品的范围，由国务院交通运输主管部门会同国务院环境保护主管部门、工业和信息化主管部门、安全生产监督管理部门，根据危险化学品的危险特性、危险化学品对人体和水环境的危害程度以及消除危害后果的难易程度等因素规定并公布。

第五十五条 国务院交通运输主管部门应当根据危险化学品的危险特性，对通过内河运输本条例第五十四条规定以外的危险化学品（以下简称通过内河运输危险化学品）实行分类管理，对各类危险化学品的运输方式、包装规范和安全防护措施等分别作出规定并监督实施。

第五十六条 通过内河运输危险化学品，应当由依法取得危险货物水路运输许可的水路运输企业承运，其他单位和个人不得承运。托运人应当委托依法取得危险货物水路运输许可的水路运输企业承运，不得委托其他单位和个人承运。

第五十七条 通过内河运输危险化学品，应当使用依法取得危险货物适装证书的运输船舶。水路运输企业应当针对所运输的危险化学品的危险特性，制定运输船舶危险化学品事故应急救援预案，并为运输船舶配备充足、有效的应急救援器材和设备。

通过内河运输危险化学品的船舶，其所有人或者经营人应当取得船舶污染损害责任保险证书或者财务担保证明。船舶污染损害责任保险证书或者财务担保证明的副本应当随船携带。

第五十八条 通过内河运输危险化学品，危险化学品包装物的材质、型式、强度以及包装方法应当符合水路运输危险化学品包装规范的要求。国务院交通运输主管部门对单船运输的危险化学品数量有限制性规定的，承运人应当按照规定安排运输数量。

第五十九条 用于危险化学品运输作业的内河码头、泊位应当符合国家有关安全规范，与饮用水取水口保持国家规定的距离。有关管理单位应当制定码头、泊位危险化学品事故应急预案，并为码头、泊位配备充足、有效的应急救援器材和设备。

用于危险化学品运输作业的内河码头、泊位，经交通运输主管部门按照国家有关规定验收合格后方可投入使用。

第六十条 船舶载运危险化学品进出内河港口，应当将危险化学品的名称、危险特性、包装以及进出港时间等事项，事先报告海事管理机构。海事管理机构接到报告后，应当在国务院交通运输主管部门规定的时间内作出是否同意的决定，通知报告人，同时通报港口行政管理部门。定船舶、定航线、定货种的船舶可以定期报告。

在内河港口内进行危险化学品的装卸、过驳作业，应当将危险化学品的名称、危险特性、包装和作业的时间、地点等事项报告港口行政管理部门。港口行政管理部门接到报告后，应当在国务院交通运输主管部门规定的时间内作出是否同意的决定，通知报告人，同时通报海事管理机构。

载运危险化学品的船舶在内河航行，通过过船建筑物的，应当提前向交通运输主管部门申报，并接受交通运输主管部门的管理。

第六十一条 载运危险化学品的船舶在内河航行、装卸或者停泊，应当悬挂专用的警示标志，按照规定显示专用信号。

载运危险化学品的船舶在内河航行，按照国务院交通运输主管部门的规定需要引航的，应当申请引航。

第六十二条 载运危险化学品的船舶在内河航行，应当遵守法律、行政法规和国家其他有关饮用水水源保护的规定。内河航道发展规划应当与依法经批准的饮用水水源保护区划定方案相协调。

第六十三条　托运危险化学品的，托运人应当向承运人说明所托运的危险化学品的种类、数量、危险特性以及发生危险情况的应急处置措施，并按照国家有关规定对所托运的危险化学品妥善包装，在外包装上设置相应的标志。

运输危险化学品需要添加抑制剂或者稳定剂的，托运人应当添加，并将有关情况告知承运人。

第六十四条　托运人不得在托运的普通货物中夹带危险化学品，不得将危险化学品匿报或者谎报为普通货物托运。

任何单位和个人不得交寄危险化学品或者在邮件、快件内夹带危险化学品，不得将危险化学品匿报或者谎报为普通物品交寄。邮政企业、快递企业不得收寄危险化学品。

对涉嫌违反本条第一款、第二款规定的，交通运输主管部门、邮政管理部门可以依法开拆查验。

第六十五条　通过铁路、航空运输危险化学品的安全管理，依照有关铁路、航空运输的法律、行政法规、规章的规定执行。

第六章　危险化学品登记与事故应急救援

第六十六条　国家实行危险化学品登记制度，为危险化学品安全管理以及危险化学品事故预防和应急救援提供技术、信息支持。

第六十七条　危险化学品生产企业、进口企业，应当向国务院安全生产监督管理部门负责危险化学品登记的机构（以下简称危险化学品登记机构）办理危险化学品登记。

危险化学品登记包括下列内容：

（一）分类和标签信息；

（二）物理、化学性质；

（三）主要用途；

（四）危险特性；

（五）储存、使用、运输的安全要求；

（六）出现危险情况的应急处置措施。

对同一企业生产、进口的同一品种的危险化学品，不进行重复登记。危险化学品生产企业、进口企业发现其生产、进口的危险化学品有新的危险特性的，应当及时向危险化学品登记机构办理登记内容变更手续。

危险化学品登记的具体办法由国务院安全生产监督管理部门制定。

第六十八条　危险化学品登记机构应当定期向工业和信息化、环境保护、公安、卫生、交通运输、铁路、质量监督检验检疫等部门提供危险化学品登记的有关信息和资料。

第六十九条　县级以上地方人民政府安全生产监督管理部门应当会同工业和信息化、环境保护、公安、卫生、交通运输、铁路、质量监督检验检疫等部门，根据本地区实际情况，制定危险化学品事故应急预案，报本级人民政府批准。

第七十条　危险化学品单位应当制定本单位危险化学品事故应急预案，配备应急救援人员和必要的应急救援器材、设备，并定期组织应急救援演练。

危险化学品单位应当将其危险化学品事故应急预案报所在地设区的市级人民政府安全生产监督管理部门备案。

第七十一条　发生危险化学品事故，事故单位主要负责人应当立即按照本单位危险化学品应急预案组织救援，并向当地安全生产监督管理部门和环境保护、公安、卫生主管部门报告；道路运输、水路运输过程中发生危险化学品事故的，驾驶人员、船员或者押运人员还应当向事故发生地交通运输主管部门报告。

第七十二条　发生危险化学品事故，有关地方人民政府应当立即组织安全生产监督管理、环境保护、公安、卫生、交通运输等有关部门，按照本地区危险化学品事故应急预案组织实施救援，不得拖延、推诿。

有关地方人民政府及其有关部门应当按照下列规定，采取必要的应急处置措施，减少事故损失，防止事故蔓延、扩大：

（一）立即组织营救和救治受害人员，疏散、撤离或者采取其他措施保护危害区域内的其他人员；

（二）迅速控制危害源，测定危险化学品的性质、事故的危害区域及危害程度；

（三）针对事故对人体、动植物、土壤、水源、大气造成的现实危害和可能产生的危害，迅速采取封闭、隔离、洗消等措施；

（四）对危险化学品事故造成的环境污染和生态破坏状况进行监测、评估，并采取相应的环境污染治理和生态修复措施。

第七十三条　有关危险化学品单位应当为危险化学品事故应急救援提供技术指导和必要的协助。

第七十四条　危险化学品事故造成环境污染的，由设区的市级以上人民政府环境保护主管部门统一发布有关信息。

第七章　法律责任

第七十五条　生产、经营、使用国家禁止生产、经营、使用的危险化学品的，由安全生产监督管理部门责令停止生产、经营、使用活动，处20万元以上50万元以下的罚款，有违法所得的，没收违法所得；构成犯罪的，依法追究刑事责任。

有前款规定行为的，安全生产监督管理部门还应当责令其对所生产、经营、使用的危险化学品进行无害化处理。

违反国家关于危险化学品使用的限制性规定使用危险化学品的，依照本条第一款的规定处理。

第七十六条　未经安全条件审查，新建、改建、扩建生产、储存危险化学品的建设项目的，由安全生产监督管理部门责令停止建设，限期改正；逾期不改正的，处50万元以上100万元以下的罚款；构成犯罪的，依法追究刑事责任。

未经安全条件审查，新建、改建、扩建储存、装卸危险化学品的港口建设项目的，由港口行政管理部门依照前款规定予以处罚。

第七十七条　未依法取得危险化学品安全生产许可证从事危险化学品生产，或者未依法取得工业产品生产许可证从事危险化学品及其包装物、容器生产的，分别依照《安全生产许可证条例》、《中华人民共和国工业产品生产许可证管理条例》的规定处罚。

违反本条例规定，化工企业未取得危险化学品安全使用许可证，使用危险化学品从事生产的，由安全生产监督管理部门责令限期改正，处 10 万元以上 20 万元以下的罚款；逾期不改正的，责令停产整顿。

违反本条例规定，未取得危险化学品经营许可证从事危险化学品经营的，由安全生产监督管理部门责令停止经营活动，没收违法经营的危险化学品以及违法所得，并处 10 万元以上 20 万元以下的罚款；构成犯罪的，依法追究刑事责任。

第七十八条 有下列情形之一的，由安全生产监督管理部门责令改正，可以处 5 万元以下的罚款；拒不改正的，处 5 万元以上 10 万元以下的罚款；情节严重的，责令停产停业整顿：

（一）生产、储存危险化学品的单位未对其铺设的危险化学品管道设置明显的标志，或者未对危险化学品管道定期检查、检测的；

（二）进行可能危及危险化学品管道安全的施工作业，施工单位未按照规定书面通知管道所属单位，或者未与管道所属单位共同制定应急预案、采取相应的安全防护措施，或者管道所属单位未指派专门人员到现场进行管道安全保护指导的；

（三）危险化学品生产企业未提供化学品安全技术说明书，或者未在包装（包括外包装件）上粘贴、拴挂化学品安全标签的；

（四）危险化学品生产企业提供的化学品安全技术说明书与其生产的危险化学品不相符，或者在包装（包括外包装件）粘贴、拴挂的化学品安全标签与包装内危险化学品不相符，或者化学品安全技术说明书、化学品安全标签所载明的内容不符合国家标准要求的；

（五）危险化学品生产企业发现其生产的危险化学品有新的危险特性不立即公告，或者不及时修订其化学品安全技术说明书和化学品安全标签的；

（六）危险化学品经营企业经营没有化学品安全技术说明书和化学品安全标签的危险化学品的；

（七）危险化学品包装物、容器的材质以及包装的型式、规格、方法和单件质量（重量）与所包装的危险化学品的性质和用途不相适应的；

（八）生产、储存危险化学品的单位未在作业场所和安全设施、设备上设置明显的安全警示标志，或者未在作业场所设置通信、报警装置的；

（九）危险化学品专用仓库未设专人负责管理，或者对储存的剧毒化学品以及储存数量构成重大危险源的其他危险化学品未实行双人收发、双人保管制度的；

（十）储存危险化学品的单位未建立危险化学品出入库核查、登记制度的；

（十一）危险化学品专用仓库未设置明显标志的；

（十二）危险化学品生产企业、进口企业不办理危险化学品登记，或者发现其生产、进口的危险化学品有新的危险特性不办理危险化学品登记内容变更手续的。

从事危险化学品仓储经营的港口经营人有前款规定情形的，由港口行政管理部门依照前款规定予以处罚。储存剧毒化学品、易制爆危险化学品的专用仓库未按照国家有关规定设置相应的技术防范设施的，由公安机关依照前款规定予以处罚。

生产、储存剧毒化学品、易制爆危险化学品的单位未设置治安保卫机构、配备专职治安保卫人员的，依照《企业事业单位内部治安保卫条例》的规定处罚。

第七十九条 危险化学品包装物、容器生产企业销售未经检验或者经检验不合格的危险化学品包装物、容器的，由质量监督检验检疫部门责令改正，处 10 万元以上 20 万元以下的罚款，有违法所得的，没收违法所得；拒不改正的，责令停产停业整顿；构成犯罪的，依法追究刑事责任。

将未经检验合格的运输危险化学品的船舶及其配载的容器投入使用的，由海事管理机构依照前款规定予以处罚。

第八十条　生产、储存、使用危险化学品的单位有下列情形之一的，由安全生产监督管理部门责令改正，处 5 万元以上 10 万元以下的罚款；拒不改正的，责令停产停业整顿直至由原发证机关吊销其相关许可证件，并由工商行政管理部门责令其办理经营范围变更登记或者吊销其营业执照；有关责任人员构成犯罪的，依法追究刑事责任：

（一）对重复使用的危险化学品包装物、容器，在重复使用前不进行检查的；

（二）未根据其生产、储存的危险化学品的种类和危险特性，在作业场所设置相关安全设施、设备，或者未按照国家标准、行业标准或者国家有关规定对安全设施、设备进行经常性维护、保养的；

（三）未依照本条例规定对其安全生产条件定期进行安全评价的；

（四）未将危险化学品储存在专用仓库内，或者未将剧毒化学品以及储存数量构成重大危险源的其他危险化学品在专用仓库内单独存放的；

（五）危险化学品的储存方式、方法或者储存数量不符合国家标准或者国家有关规定的；

（六）危险化学品专用仓库不符合国家标准、行业标准的要求的；

（七）未对危险化学品专用仓库的安全设施、设备定期进行检测、检验的。

从事危险化学品仓储经营的港口经营人有前款规定情形的，由港口行政管理部门依照前款规定予以处罚。

第八十一条　有下列情形之一的，由公安机关责令改正，可以处 1 万元以下的罚款；拒不改正的，处 1 万元以上 5 万元以下的罚款：

（一）生产、储存、使用剧毒化学品、易制爆危险化学品的单位不如实记录生产、储存、使用的剧毒化学品、易制爆危险化学品的数量、流向的；

（二）生产、储存、使用剧毒化学品、易制爆危险化学品的单位发现剧毒化学品、易制爆危险化学品丢失或者被盗，不立即向公安机关报告的；

（三）储存剧毒化学品的单位未将剧毒化学品的储存数量、储存地点以及管理人员的情况报所在地县级人民政府公安机关备案的；

（四）危险化学品生产企业、经营企业不如实记录剧毒化学品、易制爆危险化学品购买单位的名称、地址、经办人的姓名、身份证号码以及所购买的剧毒化学品、易制爆危险化学品的品种、数量、用途，或者保存销售记录和相关材料的时间少于 1 年的；

（五）剧毒化学品、易制爆危险化学品的销售企业、购买单位未在规定的时限内将所销售、购买的剧毒化学品、易制爆危险化学品的品种、数量以及流向信息报所在地县级人民政府公安机关备案的；

（六）使用剧毒化学品、易制爆危险化学品的单位依照本条例规定转让其购买的剧毒化学品、易制爆危险化学品，未将有关情况向所在地县级人民政府公安机关报告的。

生产、储存危险化学品的企业或者使用危险化学品从事生产的企业未按照本条例规定将安全评价报告以及整改方案的落实情况报安全生产监督管理部门或者港口行政管理部门备案，或者储存危险化学品的单位未将其剧毒化学品以及储存数量构成重大危险源的其他危化学品的储存数量、储存地点以及管理人员的情况报安全生产监督管理部门或者港口行政管理部门备案的，分别由安全生产监督管理部门或者港口行政管理部门依照前款规定予以处罚。

生产实施重点环境管理的危险化学品的企业或者使用实施重点环境管理的危险化学品从事生产的企业未按照规定将相关信息向环境保护主管部门报告的，由环境保护主管部门依照本条第一款的规定予以处罚。

第八十二条　生产、储存、使用危险化学品的单位转产、停产、停业或者解散，未采取有效措施及时、妥善处置其危险化学品生产装置、储存设施以及库存的危险化学品，或者丢弃危险化学品的，由安全生产监督管理部门责令改正，处 5 万元以上 10 万元以下的罚款；构成犯罪的，依法追究刑事责任。

生产、储存、使用危险化学品的单位转产、停产、停业或者解散，未依照本条例规定将其危险化学品生产装置、储存设施以及库存危险化学品的处置方案报有关部门备案的，分别由有关部门责令改正，可以处 1 万元以下的罚款；拒不改正的，处 1 万元以上 5 万元以下的罚款。

第八十三条　危险化学品经营企业向未经许可违法从事危险化学品生产、经营活动的企业采购危险化学品的，由工商行政管理部门责令改正，处 10 万元以上 20 万元以下的罚款；拒不改正的，责令停业整顿直至由原发证机关吊销其危险化学品经营许可证，并由工商行政管理部门责令其办理经营范围变更登记或者吊销其营业执照。

第八十四条　危险化学品生产企业、经营企业有下列情形之一的，由安全生产监督管理部门责令改正，没收违法所得，并处 10 万元以上 20 万元以下的罚款；拒不改正的，责令停产停业整顿直至吊销其危险化学品安全生产许可证、危险化学品经营许可证，并由工商行政管理部门责令其办理经营范围变更登记或者吊销其营业执照：

（一）向不具有本条例第三十八条第一款、第二款规定的相关许可证件或者证明文件的单位销售剧毒化学品、易制爆危险化学品的；

（二）不按照剧毒化学品购买许可证载明的品种、数量销售剧毒化学品的；

（三）向个人销售剧毒化学品（属于剧毒化学品的农药除外）、易制爆危险化学品的。

不具有本条例第三十八条第一款、第二款规定的相关许可证件或者证明文件的单位购买剧毒化学品、易制爆危险化学品，或者个人购买剧毒化学品（属于剧毒化学品的农药除外）、易制爆危险化学品的，由公安机关没收所购买的剧毒化学品、易制爆危险化学品，可以并处 5000 元以下的罚款。

使用剧毒化学品、易制爆危险化学品的单位出借或者向不具有本条例第三十八条第一款、第二款规定的相关许可证件的单位转让其购买的剧毒化学品、易制爆危险化学品，或者向个人转让其购买的剧毒化学品（属于剧毒化学品的农药除外）、易制爆危险化学品的，由公安机关责令改正，处 10 万元以上 20 万元以下的罚款；拒不改正的，责令停产停业整顿。

第八十五条　未依法取得危险货物道路运输许可、危险货物水路运输许可，从事危险化学品道路运输、水路运输的，分别依照有关道路运输、水路运输的法律、行政法规的规定处罚。

第八十六条　有下列情形之一的，由交通运输主管部门责令改正，处 5 万元以上 10 万元以下的罚款；拒不改正的，责令停产停业整顿；构成犯罪的，依法追究刑事责任：

（一）危险化学品道路运输企业、水路运输企业的驾驶人员、船员、装卸管理人员、押运人员、申报人员、集装箱装箱现场检查员未取得从业资格上岗作业的；

（二）运输危险化学品，未根据危险化学品的危险特性采取相应的安全防护措施，或者未配备必要的防护用品和应急救援器材的；

（三）使用未依法取得危险货物适装证书的船舶，通过内河运输危险化学品的；

（四）通过内河运输危险化学品的承运人违反国务院交通运输主管部门对单船运输的危险化学品数量的限制性规定运输危险化学品的；

（五）用于危险化学品运输作业的内河码头、泊位不符合国家有关安全规范，或者未与饮用水取水口保持国家规定的安全距离，或者未经交通运输主管部门验收合格投入使用的；

（六）托运人不向承运人说明所托运的危险化学品的种类、数量、危险特性以及发生危险情况的应急处置措施，或者未按照国家有关规定对所托运的危险化学品妥善包装并在外包装上设置相应标志的；

（七）运输危险化学品需要添加抑制剂或者稳定剂，托运人未添加或者未将有关情况告知承运人的。

第八十七条　有下列情形之一的，由交通运输主管部门责令改正，处 10 万元以上 20 万元以下的罚款，有违法所得的，没收违法所得；拒不改正的，责令停产停业整顿；构成犯罪的，依法追究刑事责任：

（一）委托未依法取得危险货物道路运输许可、危险货物水路运输许可的企业承运危险化学品的；

（二）通过内河封闭水域运输剧毒化学品以及国家规定禁止通过内河运输的其他危险化学品的；

（三）通过内河运输国家规定禁止通过内河运输的剧毒化学品以及其他危险化学品的；

（四）在托运的普通货物中夹带危险化学品，或者将危险化学品谎报或者匿报为普通货物托运的。

在邮件、快件内夹带危险化学品，或者将危险化学品谎报为普通物品交寄的，依法给予治安管理处罚；构成犯罪的，依法追究刑事责任。

邮政企业、快递企业收寄危险化学品的，依照《中华人民共和国邮政法》的规定处罚。

第八十八条　有下列情形之一的，由公安机关责令改正，处 5 万元以上 10 万元以下的罚款；构成违反治安管理行为的，依法给予治安管理处罚；构成犯罪的，依法追究刑事责任：

（一）超过运输车辆的核定载质量装载危险化学品的；

（二）使用安全技术条件不符合国家标准要求的车辆运输危险化学品的；

（三）运输危险化学品的车辆未经公安机关批准进入危险化学品运输车辆限制通行的区域的；

（四）未取得剧毒化学品道路运输通行证，通过道路运输剧毒化学品的。

第八十九条　有下列情形之一的，由公安机关责令改正，处 1 万元以上 5 万元以下的罚款；构成违反治安管理行为的，依法给予治安管理处罚：

（一）危险化学品运输车辆未悬挂或者喷涂警示标志，或者悬挂或者喷涂的警示标志不符合国家标准要求的；

（二）通过道路运输危险化学品，不配备押运人员的；

（三）运输剧毒化学品或者易制爆危险化学品途中需要较长时间停车，驾驶人员、押运人员不向当地公安机关报告的；

（四）剧毒化学品、易制爆危险化学品在道路运输途中丢失、被盗、被抢或者发生流散、泄露等情况，驾驶人员、押运人员不采取必要的警示措施和安全措施，或者不向当地公安机关报告的。

第九十条　对发生交通事故负有全部责任或者主要责任的危险化学品道路运输企业，由公安机关责令消除安全隐患，未消除安全隐患的危险化学品运输车辆，禁止上道路行驶。

第九十一条　有下列情形之一的，由交通运输主管部门责令改正，可以处1万元以下的罚款；拒不改正的，处1万元以上5万元以下的罚款：

（一）危险化学品道路运输企业、水路运输企业未配备专职安全管理人员的；

（二）用于危险化学品运输作业的内河码头、泊位的管理单位未制定码头、泊位危险化学品事故应急救援预案，或者未为码头、泊位配备充足、有效的应急救援器材和设备的。

第九十二条　有下列情形之一的，依照《中华人民共和国内河交通安全管理条例》的规定处罚：

（一）通过内河运输危险化学品的水路运输企业未制定运输船舶危险化学品事故应急救援预案，或者未为运输船舶配备充足、有效的应急救援器材和设备的；

（二）通过内河运输危险化学品的船舶的所有人或者经营人未取得船舶污染损害责任保险证书或者财务担保证明的；

（三）船舶载运危险化学品进出内河港口，未将有关事项事先报告海事管理机构并经其同意的；

（四）载运危险化学品的船舶在内河航行、装卸或者停泊，未悬挂专用的警示标志，或者未按照规定显示专用信号，或者未按照规定申请引航的。

未向港口行政管理部门报告并经其同意，在港口内进行危险化学品的装卸、过驳作业的，依照《中华人民共和国港口法》的规定处罚。

第九十三条　伪造、变造或者出租、出借、转让危险化学品安全生产许可证、工业产品生产许可证，或者使用伪造、变造的危险化学品安全生产许可证、工业产品生产许可证的，分别依照《安全生产许可证条例》、《中华人民共和国工业产品生产许可证管理条例》的规定处罚。

伪造、变造或者出租、出借、转让本条例规定的其他许可证，或者使用伪造、变造的本条例规定的其他许可证的，分别由相关许可证的颁发管理机关处10万元以上20万元以下的罚款，有违法所得的，没收违法所得；构成违反治安管理行为的，依法给予治安管理处罚；构成犯罪的，依法追究刑事责任。

第九十四条　危险化学品单位发生危险化学品事故，其主要负责人不立即组织救援或者不立即向有关部门报告的，依照《生产安全事故报告和调查处理条例》的规定处罚。

危险化学品单位发生危险化学品事故，造成他人人身伤害或者财产损失的，依法承担赔偿责任。

第九十五条　发生危险化学品事故，有关地方人民政府及其有关部门不立即组织实施救援，或者不采取必要的应急处置措施减少事故损失，防止事故蔓延、扩大的，对直接负责的主管人员和其他直接责任人员依法给予处分；构成犯罪的，依法追究刑事责任。

第九十六条　负有危险化学品安全监督管理职责的部门的工作人员，在危险化学品安全监督管理工作中滥用职权、玩忽职守、徇私舞弊，构成犯罪的，依法追究刑事责任；尚不构成犯罪的，依法给予处分。

第八章　附　则

第九十七条　监控化学品、属于危险化学品的药品和农药的安全管理，依照本条例的规定执行；法律、行政法规另有规定的，依照其规定。

民用爆炸物品、烟花爆竹、放射性物品、核能物质以及用于国防科研生产的危险化学品的安全管理，不适用本条例。

法律、行政法规对燃气的安全管理另有规定的，依照其规定。

危险化学品容器属于特种设备的，其安全管理依照有关特种设备安全的法律、行政法规的规定执行。

第九十八条　危险化学品的进出口管理，依照有关对外贸易的法律、行政法规、规章的规定执行；进口的危险化学品的储存、使用、经营、运输的安全管理，依照本条例的规定执行。

危险化学品环境管理登记和新化学物质环境管理登记，依照有关环境保护的法律、行政法规、规章的规定执行。危险化学品环境管理登记，按照国家有关规定收取费用。

第九十九条　公众发现、捡拾的无主危险化学品，由公安机关接收。公安机关接收或者有关部门依法没收的危险化学品，需要进行无害化处理的，交由环境保护主管部门组织其认定的专业单位进行处理，或者交由有关危险化学品生产企业进行处理。处理所需费用由国家财政负担。

第一百条　化学品的危险特性尚未确定的，由国务院安全生产监督管理部门、国务院环境保护主管部门、国务院卫生主管部门分别负责组织对该化学品的物理危险性、环境危害性、毒理特性进行鉴定。根据鉴定结果，需要调整危险化学品目录的，依照本条例第三条第二款的规定办理。

第一百零一条　本条例施行前已经使用危险化学品从事生产的化工企业，依照本条例规定需要取得危险化学品安全使用许可证的，应当在国务院安全生产监督管理部门规定的期限内，申请取得危险化学品安全使用许可证。

第一百零二条　本条例自 2011 年 12 月 1 日起施行。

2.《危险化学品生产企业安全生产许可证实施办法》
国家安全生产监督管理总局令
第 41 号

新修订的《危险化学品生产企业安全生产许可证实施办法》已经 2011 年 7 月 22 日国家安全生产监督管理总局局长办公会议审议通过，现予公布，自 2011 年 12 月 1 日起施行。原国家安全生产监督管理总局（国家煤矿安全监察局）2004 年 5 月 17 日公布的《危险化学品生产企业安全生产许可证实施办法》（原国家安全生产监督管理总局（国家煤矿安全监察局）令第 10 号）同时废止。

国家安全生产监督管理总局局长　骆　琳
二〇一一年八月五日

危险化学品生产企业安全生产许可证实施办法

第一章　总　则

第一条　为了严格规范危险化学品生产企业安全生产条件，做好危险化学品生产企业安全生产许可证的颁发和管理工作，根据《安全生产许可证条例》、《危险化学品安全管理条例》等法律、行政法规，制定本实施办法。

第二条　本办法所称危险化学品生产企业（以下简称企业），是指依法设立且取得工商营业执照或者工商核准文件从事生产最终产品或者中间产品列入《危险化学品目录》的企业。

第三条　企业应当依照本办法的规定取得危险化学品安全生产许可证（以下简称安全生产许可证）。未取得安全生产许可证的企业，不得从事危险化学品的生产活动。

企业涉及使用有毒物品的，除安全生产许可证外，还应当依法取得职业卫生安全许可证。

第四条　安全生产许可证的颁发管理工作实行企业申请、两级发证、属地监管的原则。

第五条　国家安全生产监督管理总局指导、监督全国安全生产许可证的颁发管理工作，并负责涉及危险化学品生产的中央企业及其直接控股涉及危险化学品生产的企业（总部）安全生产许可证的颁发管理。

省、自治区、直辖市安全生产监督管理部门（以下简称省级安全生产监督管理部门）负责本行政区域内本条第一款规定以外的企业安全生产许可证的颁发管理。

第六条　省级安全生产监督管理部门可以将其负责的安全生产许可证颁发工作，委托企业所在地设区的市级或者县级安全生产监督管理部门实施。涉及剧毒化学品生产的企业安全生产许可证颁发工作，不得委托实施。国家安全生产监督管理总局公布的涉及危险化工工艺和重点监管危险化学品的企业安全生产许可证颁发工作，不得委托县级安全生产监督管理部门实施。

受委托的设区的市级或者县级安全生产监督管理部门在受委托的范围内，以省级安全生产监督管理部门的名义实施许可，但不得再委托其他组织和个人实施。

国家安全生产监督管理总局、省级安全生产监督管理部门和受委托的设区的市级或者县级安全生产监督管理部门统称实施机关。

第七条　省级安全生产监督管理部门应当将受委托的设区的市级或者县级安全生产监督管理部门以及委托事项予以公告。

省级安全生产监督管理部门应当指导、监督受委托的设区的市级或者县级安全生产监督管理部门颁发安全生产许可证，并对其法律后果负责。

第二章　申请安全生产许可证的条件

第八条　企业选址布局、规划设计以及与重要场所、设施、区域的距离应当符合下列要求：

（一）国家产业政策；当地县级以上（含县级）人民政府的规划和布局；新设立企业建在地方人民政府规划的专门用于危险化学品生产、储存的区域内；

（二）危险化学品生产装置或者储存危险化学品数量构成重大危险源的储存设施，与《危险化学品安全管理条例》第十九条第一款规定的八类场所、设施、区域的距离符合有关法律、

法规、规章和国家标准或者行业标准的规定;

（三）总体布局符合《化工企业总图运输设计规范》（GB50489）、《工业企业总平面设计规范》（GB50187）、《建筑设计防火规范》（GB50016）等标准的要求。

石油化工企业除符合本条第一款规定条件外，还应当符合《石油化工企业设计防火规范》（GB50160）的要求。

第九条　企业的厂房、作业场所、储存设施和安全设施、设备、工艺应当符合下列要求:

（一）新建、改建、扩建建设项目经具备国家规定资质的单位设计、制造和施工建设；涉及危险化工工艺、重点监管危险化学品的装置，由具有综合甲级资质或者化工石化专业甲级设计资质的化工石化设计单位设计;

（二）不得采用国家明令淘汰、禁止使用和危及安全生产的工艺、设备；新开发的危险化学品生产工艺必须在小试、中试、工业化试验的基础上逐步放大到工业化生产；国内首次使用的化工工艺，必须经过省级人民政府有关部门组织的安全可靠性论证;

（三）涉及危险化工工艺、重点监管危险化学品的装置装设自动化控制系统；涉及危险化工工艺的大型化工装置装设紧急停车系统；涉及易燃易爆、有毒有害气体化学品的场所装设易燃易爆、有毒有害介质泄漏报警等安全设施;

（四）生产区与非生产区分开设置，并符合国家标准或者行业标准规定的距离;

（五）危险化学品生产装置和储存设施之间及其与建（构）筑物之间的距离符合有关标准规范的规定。

同一厂区内的设备、设施及建（构）筑物的布置必须适用同一标准的规定。

第十条　企业应当有相应的职业危害防护设施，并为从业人员配备符合国家标准或者行业标准的劳动防护用品。

第十一条　企业应当依据《危险化学品重大危险源辨识》（GB18218），对本企业的生产、储存和使用装置、设施或者场所进行重大危险源辨识。

对已确定为重大危险源的生产和储存设施，应当执行《危险化学品重大危险源监督管理暂行规定》。

第十二条　企业应当依法设置安全生产管理机构，配备专职安全生产管理人员。配备的专职安全生产管理人员必须能够满足安全生产的需要。

第十三条　企业应当建立全员安全生产责任制，保证每位从业人员的安全生产责任与职务、岗位相匹配。

第十四条　企业应当根据化工工艺、装置、设施等实际情况，制定完善下列主要安全生产规章制度:

（一）安全生产例会等安全生产会议制度;

（二）安全投入保障制度;

（三）安全生产奖惩制度;

（四）安全培训教育制度;

（五）领导干部轮流现场带班制度;

（六）特种作业人员管理制度;

（七）安全检查和隐患排查治理制度;

（八）重大危险源评估和安全管理制度;

（九）变更管理制度；

（十）应急管理制度；

（十一）生产安全事故或者重大事件管理制度；

（十二）防火、防爆、防中毒、防泄漏管理制度；

（十三）工艺、设备、电气仪表、公用工程安全管理制度；

（十四）动火、进入受限空间、吊装、高处、盲板抽堵、动土、断路、设备检维修等作业安全管理制度；

（十五）危险化学品安全管理制度；

（十六）职业健康相关管理制度；

（十七）劳动防护用品使用维护管理制度；

（十八）承包商管理制度；

（十九）安全管理制度及操作规程定期修订制度。

第十五条   企业应当根据危险化学品的生产工艺、技术、设备特点和原辅料、产品的危险性编制岗位操作安全规程。

第十六条   企业主要负责人、分管安全负责人和安全生产管理人员必须具备与其从事的生产经营活动相适应的安全生产知识和管理能力，依法参加安全生产培训，并经考核合格，取得安全资格证书。

企业分管安全负责人、分管生产负责人、分管技术负责人应当具有一定的化工专业知识或者相应的专业学历，专职安全生产管理人员应当具备国民教育化工化学类（或安全工程）中等职业教育以上学历或者化工化学类中级以上专业技术职称，或者具备危险物品安全类注册安全工程师资格。

特种作业人员应当依照《特种作业人员安全技术培训考核管理规定》，经专门的安全技术培训并考核合格，取得特种作业操作证书。

本条第一、二、三款规定以外的其他从业人员应当按照国家有关规定，经安全教育培训合格。

第十七条   企业应当按照国家规定提取与安全生产有关的费用，并保证安全生产所必须的资金投入。

第十八条   企业应当依法参加工伤保险，为从业人员缴纳保险费。

第十九条   企业应当依法委托具备国家规定资质的安全评价机构进行安全评价，并按照安全评价报告的意见对存在的安全生产问题进行整改。

第二十条   企业应当依法进行危险化学品登记，为用户提供化学品安全技术说明书，并在危险化学品包装（包括外包装件）上粘贴或者拴挂与包装内危险化学品相符的化学品安全标签。

第二十一条   企业应当符合下列应急管理要求：

（一）按照国家有关规定编制危险化学品事故应急预案并报有关部门备案；

（二）建立应急救援组织或者明确应急救援人员，配备必要的应急救援器材、设备设施，并定期进行演练。

生产、储存和使用氯气、氨气、光气、硫化氢等吸入性有毒有害气体的企业，除符合本条第一款的规定外，还应当配备至少两套以上全封闭防化服；构成重大危险源的，还应当设立气体防护站（组）。

第二十二条 企业除符合本章规定的安全生产条件，还应当符合有关法律、行政法规和国家标准或者行业标准规定的其他安全生产条件。

第三章 安全生产许可证的申请

第二十三条 中央企业及其直接控股涉及危险化学品生产的企业（总部）向国家安全生产监督管理总局申请安全生产许可证。

本条第一款规定以外的企业向所在地省级安全生产监督管理部门或其委托的安全生产监督管理部门申请安全生产许可证。

第二十四条 新建企业安全生产许可证的申请，应当在危险化学品生产建设项目安全设施竣工验收通过后 10 个工作日内提出。

第二十五条 企业申请安全生产许可证时，应当提交下列文件、资料，并对其内容的真实性负责：

（一）申请安全生产许可证的文件及申请书；

（二）安全生产责任制文件，安全生产规章制度、岗位操作安全规程清单；

（三）设置安全生产管理机构，配备专职安全生产管理人员的文件复制件；

（四）主要负责人、分管安全负责人、安全生产管理人员和特种作业人员的安全资格证或者特种作业操作证复制件；

（五）与安全生产有关的费用提取和使用情况报告，新建企业提交有关安全生产费用提取和使用规定的文件；

（六）为从业人员缴纳工伤保险费的证明材料；

（七）危险化学品事故应急救援预案的备案证明文件；

（八）危险化学品登记证复制件；

（九）工商营业执照副本或者工商核准文件复制件；

（十）具备资质的中介机构出具的安全评价报告；

（十一）新建企业的竣工验收意见书复制件；

（十二）应急救援组织或者应急救援人员，以及应急救援器材、设备设施清单。

中央企业及其直接控股涉及危险化学品生产的企业（总部）提交除本条第一款第四项中的特种作业操作证复制件和第八项、第十项、第十一项规定以外的文件、资料。

有危险化学品重大危险源的企业，除提交本条第一款规定的文件、资料外，还应当提供重大危险源及其应急预案的备案证明文件、资料。

第四章 安全生产许可证的颁发

第二十六条 实施机关收到企业申请文件、资料后，应当按照下列情况分别作出处理：

（一）申请事项依法不需要取得安全生产许可证的，即时告知企业不予受理；

（二）申请事项依法不属于本实施机关职责范围的，即时作出不予受理的决定，并告知企业向相应的实施机关申请；

（三）申请材料存在可以当场更正的错误的，允许企业当场更正，并受理其申请；

（四）申请材料不齐全或者不符合法定形式的，当场告知或者在 5 个工作日内出具补正告知书，一次告知企业需要补正的全部内容；逾期不告知的，自收到申请材料之日起即为受理；

（五）企业申请材料齐全、符合法定形式，或者按照实施机关要求提交全部补正材料的，立即受理其申请。

实施机关受理或者不予受理行政许可申请，应当出具加盖本机关专用印章和注明日期的书面凭证。

第二十七条　安全生产许可证申请受理后，实施机关应当组织对企业提交的申请文件、资料进行审查。对企业提交的文件、资料实质内容存在疑问，需要到现场核查的，应当指派工作人员就有关内容进行现场核查。工作人员应当如实提出现场核查意见。

第二十八条　实施机关应当在受理之日起 45 个工作日内作出是否准予许可的决定。审查过程中的现场核查所需时间不计算在本条规定的期限内。

第二十九条　实施机关作出准予许可决定的，应当自决定之日起 10 个工作日内颁发安全生产许可证。

实施机关作出不予许可的决定的，应当在 10 个工作日内书面告知企业并说明理由。

第三十条　企业在安全生产许可证有效期内变更主要负责人、企业名称或者注册地址的，应当自工商营业执照或者隶属关系变更之日起 10 个工作日内向实施机关提出变更申请，并提交下列文件、资料：

（一）变更后的工商营业执照副本复制件；

（二）变更主要负责人的，还应当提供主要负责人经安全生产监督管理部门考核合格后颁发的安全资格证复制件；

（三）变更注册地址的，还应当提供相关证明材料。

对已经受理的变更申请，实施机关应当在对企业提交的文件、资料审查无误后，方可办理安全生产许可证变更手续。

企业在安全生产许可证有效期内变更隶属关系的，仅需提交隶属关系变更证明材料报实施机关备案。

第三十一条　企业在安全生产许可证有效期内，当原生产装置新增产品或者改变工艺技术对企业的安全生产产生重大影响时，应当对该生产装置或者工艺技术进行专项安全评价，并对安全评价报告中提出的问题进行整改；在整改完成后，向原实施机关提出变更申请，提交安全评价报告。实施机关按照本办法第三十条的规定办理变更手续。

第三十二条　企业在安全生产许可证有效期内，有危险化学品新建、改建、扩建建设项目（以下简称建设项目）的，应当在建设项目安全设施竣工验收合格之日起 10 个工作日内向原实施机关提出变更申请，并提交建设项目安全设施竣工验收意见书等相关文件、资料。实施机关按照本办法第二十七条、第二十八条和第二十九条的规定办理变更手续。

第三十三条　安全生产许可证有效期为 3 年。企业安全生产许可证有效期届满后继续生产危险化学品的，应当在安全生产许可证有效期届满前 3 个月提出延期申请，并提交延期申请书和本办法第二十五条规定的申请文件、资料。

实施机关按照本办法第二十六条、第二十七条、第二十八条、第二十九条的规定进行审查，并作出是否准予延期的决定。

第三十四条　企业在安全生产许可证有效期内，符合下列条件的，其安全生产许可证届满时，经原实施机关同意，可不提交第二十五条第一款第二、七、八、十、十一项规定的文件、资料，直接办理延期手续：

（一）严格遵守有关安全生产的法律、法规和本办法的；

（二）取得安全生产许可证后，加强日常安全生产管理，未降低安全生产条件，并达到安全生产标准化等级二级以上的；

（三）未发生死亡事故的。

第三十五条　安全生产许可证分为正、副本，正本为悬挂式，副本为折页式，正、副本具有同等法律效力。

实施机关应当分别在安全生产许可证正、副本上载明编号、企业名称、主要负责人、注册地址、经济类型、许可范围、有效期、发证机关、发证日期等内容。其中，正本上的"许可范围"应当注明"危险化学品生产"，副本上的"许可范围"应当载明生产场所地址和对应的具体品种、生产能力。

安全生产许可证有效期的起始日为实施机关作出许可决定之日，截止日为起始日至三年后同一日期的前一日。有效期内有变更事项的，起始日和截止日不变，载明变更日期。

第三十六条　企业不得出租、出借、买卖或者以其他形式转让其取得的安全生产许可证，或者冒用他人取得的安全生产许可证、使用伪造的安全生产许可证。

第五章　监督管理

第三十七条　实施机关应当坚持公开、公平、公正的原则，依照本办法和有关安全生产行政许可的法律、法规规定，颁发安全生产许可证。

实施机关工作人员在安全生产许可证颁发及其监督管理工作中，不得索取或者接受企业的财物，不得谋取其他非法利益。

第三十八条　实施机关应当加强对安全生产许可证的监督管理，建立、健全安全生产许可证档案管理制度。

第三十九条　有下列情形之一的，实施机关应当撤销已经颁发的安全生产许可证：

（一）超越职权颁发安全生产许可证的；

（二）违反本办法规定的程序颁发安全生产许可证的；

（三）以欺骗、贿赂等不正当手段取得安全生产许可证的。

第四十条　企业取得安全生产许可证后有下列情形之一的，实施机关应当注销其安全生产许可证：

（一）安全生产许可证有效期届满未被批准延续的；

（二）终止危险化学品生产活动的；

（三）安全生产许可证被依法撤销的；

（四）安全生产许可证被依法吊销的。

安全生产许可证注销后，实施机关应当在当地主要新闻媒体或者本机关网站上发布公告，并通报企业所在地人民政府和县级以上安全生产监督管理部门。

第四十一条　省级安全生产监督管理部门应当在每年 1 月 15 日前，将本行政区域内上年度安全生产许可证的颁发和管理情况报国家安全生产监督管理总局。

国家安全生产监督管理总局、省级安全生产监督管理部门应当定期向社会公布企业取得安全生产许可的情况，接受社会监督。

第六章　法律责任

第四十二条　实施机关工作人员有下列行为之一的，给予降级或者撤职的处分；构成犯罪的，依法追究刑事责任：

（一）向不符合本办法第二章规定的安全生产条件的企业颁发安全生产许可证的；

（二）发现企业未依法取得安全生产许可证擅自从事危险化学品生产活动，不依法处理的；

（三）发现取得安全生产许可证的企业不再具备本办法第二章规定的安全生产条件，不依法处理的；

（四）接到对违反本办法规定行为的举报后，不及时依法处理的；

（五）在安全生产许可证颁发和监督管理工作中，索取或者接受企业的财物，或者谋取其他非法利益的。

第四十三条　企业取得安全生产许可证后发现其不具备本办法规定的安全生产条件的，依法暂扣其安全生产许可证 1 个月以上 6 个月以下；暂扣期满仍不具备本办法规定的安全生产条件的，依法吊销其安全生产许可证。

第四十四条　企业出租、出借或者以其他形式转让安全生产许可证的，没收违法所得，处 10 万元以上 50 万元以下的罚款，并吊销安全生产许可证；构成犯罪的，依法追究刑事责任。

第四十五条　企业有下列情形之一的，责令停止生产危险化学品，没收违法所得，并处 10 万元以上 50 万元以下的罚款；构成犯罪的，依法追究刑事责任：

（一）未取得安全生产许可证，擅自进行危险化学品生产的；

（二）接受转让的安全生产许可证的；

（三）冒用或者使用伪造的安全生产许可证的。

第四十六条　企业在安全生产许可证有效期届满未办理延期手续，继续进行生产的，责令停止生产，限期补办延期手续，没收违法所得，并处 5 万元以上 10 万元以下的罚款；逾期仍不办理延期手续，继续进行生产的，依照本办法第四十五条的规定进行处罚。

第四十七条　企业在安全生产许可证有效期内主要负责人、企业名称、注册地址、隶属关系发生变更或者新增产品、改变工艺技术对企业安全生产产生重大影响，未按照本办法第三十条规定的时限提出安全生产许可证变更申请的，责令限期申请，处 1 万元以上 3 万元以下的罚款。

第四十八条　企业在安全生产许可证有效期内，其危险化学品建设项目安全设施竣工验收合格后，未按照本办法第三十二条规定的时限提出安全生产许可证变更申请并且擅自投入运行的，责令停止生产，限期申请，没收违法所得，并处 1 万元以上 3 万元以下的罚款。

第四十九条　发现企业隐瞒有关情况或者提供虚假材料申请安全生产许可证的，实施机关不予受理或者不予颁发安全生产许可证，并给予警告，该企业在 1 年内不得再次申请安全生产许可证。

企业以欺骗、贿赂等不正当手段取得安全生产许可证的，自实施机关撤销其安全生产许可证之日起 3 年内，该企业不得再次申请安全生产许可证。

第五十条　安全评价机构有下列情形之一的，给予警告，并处 1 万元以下的罚款；情节严重的，暂停资质半年，并处 1 万元以上 3 万元以下的罚款；对相关责任人依法给予处理：

（一）从业人员不到现场开展安全评价活动的；

（二）安全评价报告与实际情况不符，或者安全评价报告存在重大疏漏，但尚未造成重大损失的；

（三）未按照有关法律、法规、规章和国家标准或者行业标准的规定从事安全评价活动的。

第五十一条 承担安全评价、检测、检验的机构出具虚假报告和证明，构成犯罪的，依照刑法有关规定追究刑事责任；尚不够刑事处罚的，没收违法所得，违法所得在 5 千元以上的，并处违法所得 2 倍以上 5 倍以下的罚款，没有违法所得或者违法所得不足 5 千元的，单处或者并处 5 千元以上 2 万元以下的罚款，对其直接负责的主管人员和其他直接责任人员处 5 千元以上 5 万元以下的罚款；给他人造成损害的，与企业承担连带赔偿责任。

对有本条第一款违法行为的机构，依法撤销其相应资格；该机构取得的资质由其他部门颁发的，将其违法行为通报相关部门。

第五十二条 本办法规定的行政处罚，由国家安全生产监督管理总局、省级安全生产监督管理部门决定。省级安全生产监督管理部门可以委托设区的市级或者县级安全生产监督管理部门实施。

第七章 附 则

第五十三条 将纯度较低的化学品提纯至纯度较高的危险化学品的，适用本办法。购买某种危险化学品进行分装（包括充装）或者加入非危险化学品的溶剂进行稀释，然后销售或者使用的，不适用本办法。

第五十四条 本办法下列用语的含义：

（一）危险化学品目录，是指国家安全生产监督管理总局会同国务院工业和信息化、公安、环境保护、卫生、质量监督检验检疫、交通运输、铁路、民用航空、农业主管部门，依据《危险化学品安全管理条例》公布的危险化学品目录。

（二）中间产品，是指为满足生产的需要，生产一种或者多种产品为下一个生产过程参与化学反应的原料。

（三）作业场所，是指可能使从业人员接触危险化学品的任何作业活动场所，包括从事危险化学品的生产、操作、处置、储存、装卸等场所。

第五十五条 安全生产许可证由国家安全生产监督管理总局统一印制。

危险化学品安全生产许可的文书、安全生产许可证的格式、内容和编号办法，由国家安全生产监督管理总局另行规定。

第五十六条 省级安全生产监督管理部门可以根据当地实际情况制定安全生产许可证颁发管理的细则，并报国家安全生产监督管理总局备案。

第五十七条 本办法自 2011 年 12 月 1 日起施行。原国家安全生产监督管理局（国家煤矿安全监察局）2004 年 5 月 17 日公布的《危险化学品生产企业安全生产许可证实施办法》同时废止。

3.《化工（危险化学品）企业保障生产安全十条规定》

国家安全生产监督管理总局令

第 64 号

《化工（危险化学品）企业保障生产安全十条规定》已经 2013 年 7 月 15 日国家安全生产监督管理总局局长办公会议审议通过，现予公布，自公布之日起施行。

国家安全生产监督管理总局局长　　杨栋梁

2013 年 9 月 18 日

化工（危险化学品）企业保障生产安全十条规定

一、必须依法设立、证照齐全有效。

二、必须建立健全并严格落实全员安全生产责任制，严格执行领导带班值班制度。

三、必须确保从业人员符合录用条件并培训合格，依法持证上岗。

四、必须严格管控重大危险源，严格变更管理，遇险科学施救。

五、必须按照《危险化学品企业事故隐患排查治理实施导则》要求排查治理隐患。

六、严禁设备设施带病运行和未经审批停用报警联锁系统。

七、严禁可燃和有毒气体泄漏等报警系统处于非正常状态。

八、严禁未经审批进行动火、进入受限空间、高处、吊装、临时用电、动土、检维修、盲板抽堵等作业。

九、严禁违章指挥和强令他人冒险作业。

十、严禁违章作业、脱岗和在岗做与工作无关的事。

4.《危险化学品经营许可证管理办法》

国家安全生产监督管理总局令

第 55 号

《危险化学品经营许可证管理办法》已经 2012 年 5 月 21 日国家安全生产监督管理总局局长办公会议审议通过，现予公布，自 2012 年 9 月 1 日起施行。原国家经济贸易委员会 2002 年 10 月 8 日公布的《危险化学品经营许可证管理办法》同时废止。

国家安全生产监督管理总局局长　　杨栋梁

2012 年 7 月 17 日

危险化学品经营许可证管理办法

第一章　总　则

第一条　为了严格危险化学品经营安全条件，规范危险化学品经营活动，保障人民群众生命、财产安全，根据《中华人民共和国安全生产法》和《危险化学品安全管理条例》，制定本办法。

第二条　在中华人民共和国境内从事列入《危险化学品目录》的危险化学品的经营（包括仓储经营）活动，适用本办法。

民用爆炸物品、放射性物品、核能物质和城镇燃气的经营活动，不适用本办法。

第三条　国家对危险化学品经营实行许可制度。经营危险化学品的企业，应当依照本办法取得危险化学品经营许可证（以下简称经营许可证）。未取得经营许可证，任何单位和个人不得经营危险化学品。

从事下列危险化学品经营活动，不需要取得经营许可证：

（一）依法取得危险化学品安全生产许可证的危险化学品生产企业在其厂区范围内销售本企业生产的危险化学品的；

（二）依法取得港口经营许可证的港口经营人在港区内从事危险化学品仓储经营的。

第四条　经营许可证的颁发管理工作实行企业申请、两级发证、属地监管的原则。

第五条　国家安全生产监督管理总局指导、监督全国经营许可证的颁发和管理工作。

省、自治区、直辖市人民政府安全生产监督管理部门指导、监督本行政区域内经营许可证的颁发和管理工作。

设区的市级人民政府安全生产监督管理部门（以下简称市级发证机关）负责下列企业的经营许可证审批、颁发：

（一）经营剧毒化学品的企业；

（二）经营易制爆危险化学品的企业；

（三）经营汽油加油站的企业；

（四）专门从事危险化学品仓储经营的企业；

（五）从事危险化学品经营活动的中央企业所属省级、设区的市级公司（分公司）。

（六）带有储存设施经营除剧毒化学品、易制爆危险化学品以外的其他危险化学品的企业；

县级人民政府安全生产监督管理部门（以下简称县级发证机关）负责本行政区域内本条第三款规定以外企业的经营许可证审批、颁发；没有设立县级发证机关的，其经营许可证由市级发证机关审批、颁发。

第二章　申请经营许可证的条件

第六条　从事危险化学品经营的单位（以下统称申请人）应当依法登记注册为企业，并具备下列基本条件：

（一）经营和储存场所、设施、建筑物符合《建筑设计防火规范》（GB50016）、《石油化工企业设计防火规范》（GB50160）、《汽车加油加气站设计与施工规范》（GB50156）、《石油库设计规范》（GB50074）等相关国家标准、行业标准的规定；

（二）企业主要负责人和安全生产管理人员具备与本企业危险化学品经营活动相适应的安全生产知识和管理能力，经专门的安全生产培训和安全生产监督管理部门考核合格，取得相应安全资格证书；特种作业人员经专门的安全作业培训，取得特种作业操作证书；其他从业人员依照有关规定经安全生产教育和专业技术培训合格；

（三）有健全的安全生产规章制度和岗位操作规程；

（四）有符合国家规定的危险化学品事故应急预案，并配备必要的应急救援器材、设备；

（五）法律、法规和国家标准或者行业标准规定的其他安全生产条件。

前款规定的安全生产规章制度，是指全员安全生产责任制度、危险化学品购销管理制度、危险化学品安全管理制度（包括防火、防爆、防中毒、防泄漏管理等内容）、安全投入保障制度、安全生产奖惩制度、安全生产教育培训制度、隐患排查治理制度、安全风险管理制度、应急管理制度、事故管理制度、职业卫生管理制度等。

第七条　申请人经营剧毒化学品的，除符合本办法第六条规定的条件外，还应当建立剧毒化学品双人验收、双人保管、双人发货、双把锁、双本账等管理制度。

第八条　申请人带有储存设施经营危险化学品的，除符合本办法第六条规定的条件外，还应当具备下列条件：

（一）新设立的专门从事危险化学品仓储经营的，其储存设施建立在地方人民政府规划的用于危险化学品储存的专门区域内；

（二）储存设施与相关场所、设施、区域的距离符合有关法律、法规、规章和标准的规定；

（三）依照有关规定进行安全评价，安全评价报告符合《危险化学品经营企业安全评价细则》的要求；

（四）专职安全生产管理人员具备国民教育化工化学类或者安全工程类中等职业教育以上学历，或者化工化学类中级以上专业技术职称，或者危险物品安全类注册安全工程师资格；

（五）符合《危险化学品安全管理条例》、《危险化学品重大危险源监督管理暂行规定》、《常用危险化学品贮存通则》（GB15603）的相关规定。

申请人储存易燃、易爆、有毒、易扩散危险化学品的，除符合本条第一款规定的条件外，还应当符合《石油化工可燃气体和有毒气体检测报警设计规范》（GB50493）的规定。

第三章　经营许可证的申请与颁发

第九条　申请人申请经营许可证，应当依照本办法第五条规定向所在地市级或者县级发证机关（以下统称发证机关）提出申请，提交下列文件、资料，并对其真实性负责：

（一）申请经营许可证的文件及申请书；

（二）安全生产规章制度和岗位操作规程的目录清单；

（三）企业主要负责人、安全生产管理人员、特种作业人员的相关资格证书（复制件）和其他从业人员培训合格的证明材料；

（四）经营场所产权证明文件或者租赁证明文件（复制件）；

（五）工商行政管理部门颁发的企业性质营业执照或者企业名称预先核准文件（复制件）；

（六）危险化学品事故应急预案备案登记表（复制件）。

带有储存设施经营危险化学品的，申请人还应当提交下列文件、资料：

（一）储存设施相关证明文件（复制件）；租赁储存设施的，需要提交租赁证明文件（复制件）；储存设施新建、改建、扩建的，需要提交危险化学品建设项目安全设施竣工验收意见书（复制件）；

（二）重大危险源备案证明材料、专职安全生产管理人员的学历证书、技术职称证书或者危险物品安全类注册安全工程师资格证书（复制件）；

（三）安全评价报告。

第十条　发证机关收到申请人提交的文件、资料后，应当按照下列情况分别作出处理：

（一）申请事项不需要取得经营许可证的，当场告知申请人不予受理；

（二）申请事项不属于本发证机关职责范围的，当场作出不予受理的决定，告知申请人向相应的发证机关申请，并退回申请文件、资料；

（三）申请文件、资料存在可以当场更正的错误的，允许申请人当场更正，并受理其申请；

（四）申请文件、资料不齐全或者不符合要求的，当场告知或者在 5 个工作日内出具补正告知书，一次告知申请人需要补正的全部内容；逾期不告知的，自收到申请文件、资料之日起即为受理；

（五）申请文件、资料齐全，符合要求，或者申请人按照发证机关要求提交全部补正材料的，立即受理其申请。

发证机关受理或者不予受理经营许可证申请，应当出具加盖本机关印章和注明日期的书面凭证。

第十一条　发证机关受理经营许可证申请后，应当组织对申请人提交的文件、资料进行审查，指派 2 名以上工作人员对申请人的经营场所、储存设施进行现场核查，并自受理之日起 30 日内作出是否准予许可的决定。

发证机关现场核查以及申请人整改现场核查发现的有关问题和修改有关申请文件、资料所需时间，不计算在前款规定的期限内。

第十二条　发证机关作出准予许可决定的，应当自决定之日起 10 个工作日内颁发经营许可证；发证机关作出不予许可决定的，应当在 10 个工作日内书面告知申请人并说明理由，告知书应当加盖本机关印章。

第十三条　经营许可证分为正本、副本，正本为悬挂式，副本为折页式。正本、副本具有同等法律效力。

经营许可证正本、副本应当分别载明下列事项：

（一）企业名称；

（二）企业住所（注册地址、经营场所、储存场所）；

（三）企业法定代表人姓名；

（四）经营方式；

（五）许可范围；

（六）发证日期和有效期限；

（七）证书编号；

（八）发证机关；

（九）有效期延续情况。

第十四条　已经取得经营许可证的企业变更企业名称、主要负责人、注册地址或者危险化学品储存设施及其监控措施的，应当自变更之日起 20 个工作日内，向本办法第五条规定的发证机关提出书面变更申请，并提交下列文件、资料：

（一）经营许可证变更申请书；

（二）变更后的工商营业执照副本（复制件）；

（三）变更后的主要负责人安全资格证书（复制件）；

（四）变更注册地址的相关证明材料；

（五）变更后的危险化学品储存设施及其监控措施的专项安全评价报告。

第十五条 发证机关受理变更申请后,应当组织对企业提交的文件、资料进行审查,并自收到申请文件、资料之日起 10 个工作日内作出是否准予变更的决定。

发证机关作出准予变更决定的,应当重新颁发经营许可证,并收回原经营许可证;不予变更的,应当说明理由并书面通知企业。

经营许可证变更的,经营许可证有效期的起始日和截止日不变,但应当载明变更日期。

第十六条 已经取得经营许可证的企业有新建、改建、扩建危险化学品储存设施建设项目的,应当自建设项目安全设施竣工验收合格之日起 20 个工作日内,向本办法第五条规定的发证机关提出变更申请,并提交危险化学品建设项目安全设施竣工验收意见书(复制件)等相关文件、资料。发证机关应当按照本办法第十条、第十五条的规定进行审查,办理变更手续。

第十七条 已经取得经营许可证的企业,有下列情形之一的,应当按照本办法的规定重新申请办理经营许可证,并提交相关文件、资料:

(一)不带有储存设施的经营企业变更其经营场所的;

(二)带有储存设施的经营企业变更其储存场所的;

(三)仓储经营的企业异地重建的;

(四)经营方式发生变化的;

(五)许可范围发生变化的。

第十八条 经营许可证的有效期为 3 年。有效期满后,企业需要继续从事危险化学品经营活动的,应当在经营许可证有效期满 3 个月前,向本办法第五条规定的发证机关提出经营许可证的延期申请,并提交延期申请书及本办法第九条规定的申请文件、资料。

企业提出经营许可证延期申请时,可以同时提出变更申请,并向发证机关提交相关文件、资料。

第十九条 符合下列条件的企业,申请经营许可证延期时,经发证机关同意,可以不提交本办法第九条规定的文件、资料:

(一)严格遵守有关法律、法规和本办法;

(二)取得经营许可证后,加强日常安全生产管理,未降低安全生产条件;

(三)未发生死亡事故或者对社会造成较大影响的生产安全事故。

带有储存设施经营危险化学品的企业,除符合前款规定条件的外,还需要取得并提交危险化学品企业安全生产标准化二级达标证书(复制件)。

第二十条 发证机关受理延期申请后,应当依照本办法第十条、第十一条、第十二条的规定,对延期申请进行审查,并在经营许可证有效期满前作出是否准予延期的决定;发证机关逾期未作出决定的,视为准予延期。

发证机关作出准予延期决定的,经营许可证有效期顺延 3 年。

第二十一条 任何单位和个人不得伪造、变造经营许可证,或者出租、出借、转让其取得的经营许可证,或者使用伪造、变造的经营许可证。

第四章 经营许可证的监督管理

第二十二条 发证机关应当坚持公开、公平、公正的原则,严格依照法律、法规、规章、国家标准、行业标准和本办法规定的条件及程序,审批、颁发经营许可证。

发证机关及其工作人员在经营许可证的审批、颁发和监督管理工作中,不得索取或者接受当事人的财物，不得谋取其他利益。

第二十三条　发证机关应当加强对经营许可证的监督管理，建立、健全经营许可证审批、颁发档案管理制度，并定期向社会公布企业取得经营许可证的情况，接受社会监督。

第二十四条　发证机关应当及时向同级公安机关、环境保护部门通报经营许可证的发放情况。

第二十五条　安全生产监督管理部门在监督检查中，发现已经取得经营许可证的企业不再具备法律、法规、规章、国家标准、行业标准和本办法规定的安全生产条件，或者存在违反法律、法规、规章和本办法规定的行为的，应当依法作出处理，并及时告知原发证机关。

第二十六条　发证机关发现企业以欺骗、贿赂等不正当手段取得经营许可证的，应当撤销已经颁发的经营许可证。

第二十七条　已经取得经营许可证的企业有下列情形之一的，发证机关应当注销其经营许可证：

（一）经营许可证有效期届满未被批准延期的；

（二）终止危险化学品经营活动的；

（三）经营许可证被依法撤销的；

（四）经营许可证被依法吊销的。

发证机关注销经营许可证后，应当在当地主要新闻媒体或者本机关网站上发布公告，并通报企业所在地人民政府和县级以上安全生产监督管理部门。

第二十八条　县级发证机关应当将本行政区域内上一年度经营许可证的审批、颁发和监督管理情况报告市级发证机关。

市级发证机关应当将本行政区域内上一年度经营许可证的审批、颁发和监督管理情况报告省、自治区、直辖市人民政府安全生产监督管理部门。

省、自治区、直辖市人民政府安全生产监督管理部门应当按照有关统计规定，将本行政区域内上一年度经营许可证的审批、颁发和监督管理情况报告国家安全生产监督管理总局。

第五章　法律责任

第二十九条　未取得经营许可证从事危险化学品经营的，依照《中华人民共和国安全生产法》有关未经依法批准擅自生产、经营、储存危险物品的法律责任条款并处罚款；构成犯罪的，依法追究刑事责任。

企业在经营许可证有效期届满后，仍然从事危险化学品经营的，依照前款规定给予处罚。

第三十条　带有储存设施的企业违反《危险化学品安全管理条例》规定，有下列情形之一的，责令改正，处5万元以上10万元以下的罚款；拒不改正的，责令停产停业整顿；经停产停业整顿仍不具备法律、法规、规章、国家标准和行业标准规定的安全生产条件的，吊销其经营许可证：

（一）对重复使用的危险化学品包装物、容器，在重复使用前不进行检查的；

（二）未根据其储存的危险化学品的种类和危险特性，在作业场所设置相关安全设施、设备，或者未按照国家标准、行业标准或者国家有关规定对安全设施、设备进行经常性维护、保养的；

（三）未将危险化学品储存在专用仓库内，或者未将剧毒化学品以及储存数量构成重大危险源的其他危险化学品在专用仓库内单独存放的；

（四）未对其安全生产条件定期进行安全评价的；

（五）危险化学品的储存方式、方法或者储存数量不符合国家标准或者国家有关规定的；

（六）危险化学品专用仓库不符合国家标准、行业标准的要求的；

（七）未对危险化学品专用仓库的安全设施、设备定期进行检测、检验的。

第三十一条　伪造、变造或者出租、出借、转让经营许可证，或者使用伪造、变造的经营许可证的，处 10 万元以上 20 万元以下的罚款，有违法所得的，没收违法所得；构成违反治安管理行为的，依法给予治安管理处罚；构成犯罪的，依法追究刑事责任。

第三十二条　已经取得经营许可证的企业不再具备法律、法规和本办法规定的安全生产条件的，责令改正；逾期不改正的，责令停产停业整顿；经停产停业整顿仍不具备法律、法规、规章、国家标准和行业标准规定的安全生产条件的，吊销其经营许可证。

第三十三条　已经取得经营许可证的企业出现本办法第十四条、第十六条规定的情形之一，未依照本办法的规定申请变更的，责令限期改正，处 1 万元以下的罚款；逾期仍不申请变更的，处 1 万元以上 3 万元以下的罚款。

第三十四条　安全生产监督管理部门的工作人员徇私舞弊、滥用职权、弄虚作假、玩忽职守，未依法履行危险化学品经营许可证审批、颁发和监督管理职责的，依照有关规定给予处分。

第三十五条　承担安全评价的机构和安全评价人员出具虚假评价报告的，依照有关法律、法规、规章的规定给予行政处罚；构成犯罪的，依法追究刑事责任。

第三十六条　本办法规定的行政处罚，由安全生产监督管理部门决定。其中，本办法第三十一条规定的行政处罚和第三十条、第三十二条规定的吊销经营许可证的行政处罚，由发证机关决定。

第六章　附　则

第三十七条　购买危险化学品进行分装、充装或者加入非危险化学品的溶剂进行稀释，然后销售的，依照本办法执行。

使用长输管道输送并经营危险化学品的，应当向经营地点所在地发证机关申请经营许可证。

本办法所称储存设施，是指按照《危险化学品重大危险源辨识》（GB18218）确定，储存的危险化学品数量构成重大危险源的设施。

第三十八条　本办法施行前已取得经营许可证的企业，在其经营许可证有效期内可以继续从事危险化学品经营；经营许可证有效期届满后需要继续从事危险化学品经营的，应当依照本办法的规定重新申请经营许可证。

本办法施行前取得经营许可证的非企业的单位或者个人，在其经营许可证有效期内可以继续从事危险化学品经营；经营许可证有效期届满后需要继续从事危险化学品经营的，应当先依法登记为企业，再依照本办法的规定申请经营许可证。

第三十九条　经营许可证由国家安全生产监督管理总局统一印制。

第四十条　本办法自 2012 年 9 月 1 日起施行。原国家经济贸易委员会 2002 年 10 月 8 日公布的《危险化学品经营许可证管理办法》同时废止。

5.《危险化学品安全使用许可证实施办法》

国家安全生产监督管理总局令

第 57 号

《危险化学品安全使用许可证实施办法》已经 2012 年 10 月 29 日国家安全生产监督管理总局局长办公会议审议通过，现予公布，自 2013 年 5 月 1 日起施行。

国家安全生产监督管总局局长　杨栋梁

2012 年 11 月 16 日

危险化学品安全使用许可证实施办法

第一章　总　则

第一条　为了严格使用危险化学品从事生产的化工企业安全生产条件，规范危险化学品安全使用许可证的颁发和管理工作，根据《危险化学品安全管理条例》和有关法律、行政法规，制定本办法。

第二条　本办法适用于列入危险化学品安全使用许可适用行业目录、使用危险化学品从事生产并且达到危险化学品使用量的数量标准的化工企业（危险化学品生产企业除外，以下简称企业）。

使用危险化学品作为燃料的企业不适用本办法。

第三条　企业应当依照本办法的规定取得危险化学品安全使用许可证（以下简称安全使用许可证）。

第四条　安全使用许可证的颁发管理工作实行企业申请、市级发证、属地监管的原则。

第五条　国家安全生产监督管理总局负责指导、监督全国安全使用许可证的颁发管理工作。

省、自治区、直辖市人民政府安全生产监督管理部门（以下简称省级安全生产监督管理部门）负责指导、监督本行政区域内安全使用许可证的颁发管理工作。

设区的市级人民政府安全生产监督管理部门（以下简称发证机关）负责本行政区域内安全使用许可证的审批、颁发和管理，不得再委托其他单位、组织或者个人实施。

第二章　申请安全使用许可证的条件

第六条　企业与重要场所、设施、区域的距离和总体布局应当符合下列要求，并确保安全：

（一）储存危险化学品数量构成重大危险源的储存设施，与《危险化学品安全管理条例》第十九条第一款规定的八类场所、设施、区域的距离符合国家有关法律、法规、规章和国家标准或者行业标准的规定；

（二）总体布局符合《工业企业总平面设计规范》（GB50187）、《化工企业总图运输设计规范》（GB50489）、《建筑设计防火规范》（GB50016）等相关标准的要求；石油化工企业还应当符合《石油化工企业设计防火规范》（GB50160）的要求；

（三）新建企业符合国家产业政策、当地县级以上（含县级）人民政府的规划和布局。

第七条　企业的厂房、作业场所、储存设施和安全设施、设备、工艺应当符合下列要求：

（一）新建、改建、扩建使用危险化学品的化工建设项目（以下统称建设项目）由具备国家规定资质的设计单位设计和施工单位建设；其中，涉及国家安全生产监督管理总局公布的重点监管危险化工工艺、重点监管危险化学品的装置，由具备石油化工医药行业相应资质的设计单位设计；

（二）不得采用国家明令淘汰、禁止使用和危及安全生产的工艺、设备；新开发的使用危险化学品从事化工生产的工艺（以下简称化工工艺），在小试、中试、工业化试验的基础上逐步放大到工业化生产；国内首次使用的化工工艺，经过省级人民政府有关部门组织的安全可靠性论证；

（三）涉及国家安全生产监督管理总局公布的重点监管危险化工工艺、重点监管危险化学品的装置装设自动化控制系统；涉及国家安全生产监督管理总局公布的重点监管危险化工工艺的大型化工装置装设紧急停车系统；涉及易燃易爆、有毒有害气体化学品的作业场所装设易燃易爆、有毒有害介质泄漏报警等安全设施；

（四）新建企业的生产区与非生产区分开设置，并符合国家标准或者行业标准规定的距离；

（五）新建企业的生产装置和储存设施之间及其建（构）筑物之间的距离符合国家标准或者行业标准的规定。

同一厂区内（生产或者储存区域）的设备、设施及建（构）筑物的布置应当适用同一标准的规定。

第八条　企业应当依法设置安全生产管理机构，按照国家规定配备专职安全生产管理人员。配备的专职安全生产管理人员必须能够满足安全生产的需要。

第九条　企业主要负责人、分管安全负责人和安全生产管理人员必须具备与其从事生产经营活动相适应的安全知识和管理能力，参加安全资格培训，并经考核合格，取得安全资格证书。

特种作业人员应当依照《特种作业人员安全技术培训考核管理规定》，经专门的安全技术培训并考核合格，取得特种作业操作证书。

本条第一款、第二款规定以外的其他从业人员应当按照国家有关规定，经安全教育培训合格。

第十条　企业应当建立全员安全生产责任制，保证每位从业人员的安全生产责任与职务、岗位相匹配。

第十一条　企业根据化工工艺、装置、设施等实际情况，至少应当制定、完善下列主要安全生产规章制度：

（一）安全生产例会等安全生产会议制度；

（二）安全投入保障制度；

（三）安全生产奖惩制度；

（四）安全培训教育制度；

（五）领导干部轮流现场带班制度；

（六）特种作业人员管理制度；

（七）安全检查和隐患排查治理制度；

（八）重大危险源的评估和安全管理制度；

（九）变更管理制度；

（十）应急管理制度；

（十一）生产安全事故或者重大事件管理制度；

（十二）防火、防爆、防中毒、防泄漏管理制度；

（十三）工艺、设备、电气仪表、公用工程安全管理制度；

（十四）动火、进入受限空间、吊装、高处、盲板抽堵、临时用电、动土、断路、设备检维修等作业安全管理制度；

（十五）危险化学品安全管理制度；

（十六）职业健康相关管理制度；

（十七）劳动防护用品使用维护管理制度；

（十八）承包商管理制度；

（十九）安全管理制度及操作规程定期修订制度。

第十二条 企业应当根据工艺、技术、设备特点和原辅料的危险性等情况编制岗位安全操作规程。

第十三条 企业应当依法委托具备国家规定资质条件的安全评价机构进行安全评价，并按照安全评价报告的意见对存在的安全生产问题进行整改。

第十四条 企业应当有相应的职业病危害防护设施，并为从业人员配备符合国家标准或者行业标准的劳动防护用品。

第十五条 企业应当依据《危险化学品重大危险源辨识》（GB18218），对本企业的生产、储存和使用装置、设施或者场所进行重大危险源辨识。

对于已经确定为重大危险源的，应当按照《危险化学品重大危险源监督管理暂行规定》进行安全管理。

第十六条 企业应当符合下列应急管理要求：

（一）按照国家有关规定编制危险化学品事故应急预案，并报送有关部门备案；

（二）建立应急救援组织，明确应急救援人员，配备必要的应急救援器材、设备设施，并按照规定定期进行应急预案演练。

储存和使用氯气、氨气等对皮肤有强烈刺激的吸入性有毒有害气体的企业，除符合本条第一款的规定外，还应当配备至少两套以上全封闭防化服；构成重大危险源的，还应当设立气体防护站（组）。

第十七条 企业除符合本章规定的安全使用条件外，还应当符合有关法律、行政法规和国家标准或者行业标准规定的其他安全使用条件。

第三章 安全使用许可证的申请

第十八条 企业向发证机关申请安全使用许可证时，应当提交下列文件、资料，并对其内容的真实性负责：

（一）申请安全使用许可证的文件及申请书；

（二）新建企业的选址布局符合国家产业政策、当地县级以上人民政府的规划和布局的证明材料复制件；

（三）安全生产责任制文件，安全生产规章制度、岗位安全操作规程清单；

（四）设置安全生产管理机构，配备专职安全生产管理人员的文件复制件；

（五）主要负责人、分管安全负责人、安全生产管理人员安全资格证和特种作业人员操作证复制件；

（六）危险化学品事故应急救援预案的备案证明文件；

（七）由供货单位提供的所使用危险化学品的安全技术说明书和安全标签；

（八）工商营业执照副本或者工商核准文件复制件；

（九）安全评价报告及其整改结果的报告；

（十）新建企业的建设项目安全设施竣工验收意见书或备案证明复制件；

（十一）应急救援组织、应急救援人员，以及应急救援器材、设备设施清单。

有危险化学品重大危险源的企业，除应当提交本条第一款规定的文件、资料外，还应当提交重大危险源的备案证明文件。

第十九条　新建企业安全使用许可证的申请，应当在建设项目安全设施竣工验收通过之日起 10 个工作日内提出。

第四章　安全使用许可证的颁发

第二十条　发证机关收到企业申请文件、资料后，应当按照下列情况分别作出处理：

（一）申请事项依法不需要取得安全使用许可证的，当场告知企业不予受理；

（二）申请材料存在可以当场更正的错误的，允许企业当场更正；

（三）申请材料不齐全或者不符合法定形式的，当场或者在 5 个工作日内一次告知企业需要补正的全部内容，并出具补正告知书；逾期不告知的，自收到申请材料之日起即为受理；

（四）企业申请材料齐全、符合法定形式，或者按照发证机关要求提交全部补正申请材料的，立即受理其申请。

发证机关受理或者不予受理行政许可申请，应当出具加盖本机关专用印章和注明日期的书面凭证。

第二十一条　安全使用许可证申请受理后，发证机关应当组织人员对企业提交的申请文件、资料进行审查。对企业提交的文件、资料内容存在疑问，需要到现场核查的，应当指派工作人员对有关内容进行现场核查。工作人员应当如实提出书面核查意见。

第二十二条　发证机关应当在受理之日起 45 日内作出是否准予许可的决定。发证机关现场核查和企业整改有关问题所需时间不计算在本条规定的期限内。

第二十三条　发证机关作出准予许可的决定的，应当自决定之日起 10 个工作日内颁发安全使用许可证。

发证机关作出不予许可的决定的，应当在 10 个工作日内书面告知企业并说明理由。

第二十四条　企业在安全使用许可证有效期内变更主要负责人、企业名称或者注册地址的，应当自工商营业执照变更之日起 10 个工作日内提出变更申请，并提交下列文件、资料：

（一）变更申请书；

（二）变更后的工商营业执照副本复制件；

（三）变更主要负责人的，还应当提供主要负责人经安全生产监督管理部门考核合格后颁发的安全资格证复制件；

（四）变更注册地址的，还应当提供相关证明材料。

对已经受理的变更申请，发证机关对企业提交的文件、资料审查无误后，方可办理安全使用许可证变更手续。

企业在安全使用许可证有效期内变更隶属关系的，应当在隶属关系变更之日起10日内向发证机关提交证明材料。

第二十五条　企业在安全使用许可证有效期内，有下列情形之一的，发证机关按照本办法第二十条、第二十一条、第二十二条、第二十三条的规定办理变更手续：

（一）增加使用的危险化学品品种，且达到危险化学品使用量的数量标准规定的；

（二）涉及危险化学品安全使用许可范围的新建、改建、扩建建设项目的；

（三）改变工艺技术对企业的安全生产条件产生重大影响的。

有本条第一款第一项规定情形的企业，应当在增加前提出变更申请。

有本条第一款第二项规定情形的企业，应当在建设项目安全设施竣工验收合格之日起10个工作日内向原发证机关提出变更申请，并提交建设项目安全设施竣工验收意见书或备案证明等相关文件、资料。

有本条第一款第一项、第三项规定情形的企业，应当进行专项安全验收评价，并对安全评价报告中提出的问题进行整改；在整改完成后，向原发证机关提出变更申请并提交安全验收评价报告。

第二十六条　安全使用许可证有效期为3年。企业安全使用许可证有效期届满后需要继续使用危险化学品从事生产、且达到危险化学品使用量的数量标准规定的，应当在安全使用许可证有效期届满前3个月提出延期申请，并提交本办法第十八条规定的文件、资料。

发证机关按照本办法第二十条、第二十一条、第二十二条、第二十三条的规定进行审查，并作出是否准予延期的决定。

第二十七条　企业取得安全使用许可证后，符合下列条件的，其安全使用许可证届满办理延期手续时，经原发证机关同意，可以不提交第十八条第一款第二项、第五项、第九项和第十八条第二款规定的文件、资料，直接办理延期手续：

（一）严格遵守有关法律、法规和本办法的；

（二）取得安全使用许可证后，加强日常安全管理，未降低安全使用条件，并达到安全生产标准化等级二级以上的；

（三）未发生造成人员死亡的生产安全责任事故的。

企业符合本条第一款第二项、第三项规定条件的，应当在延期申请书中予以说明，并出具二级以上安全生产标准化证书复印件。

第二十八条　安全使用许可证分为正本、副本，正本为悬挂式，副本为折页式，正、副本具有同等法律效力。

发证机关应当分别在安全使用许可证正、副本上注明编号、企业名称、主要负责人、注册地址、经济类型、许可范围、有效期、发证机关、发证日期等内容。其中，"许可范围"正本上注明"危险化学品使用"，副本上注明使用危险化学品从事生产的地址和对应的具体品种、年使用量。

第二十九条　企业不得伪造、变造安全使用许可证，或者出租、出借、转让其取得的安全使用许可证，或者使用伪造、变造的安全使用许可证。

第五章　监督管理

第三十条　发证机关应当坚持公开、公平、公正的原则，依照本办法和有关行政许可的法律法规规定，颁发安全使用许可证。

发证机关工作人员在安全使用许可证颁发及其监督管理工作中，不得索取或者接受企业的财物，不得谋取其他非法利益。

第三十一条　发证机关应当加强对安全使用许可证的监督管理，建立、健全安全使用许可证档案管理制度。

第三十二条　有下列情形之一的，发证机关应当撤销已经颁发的安全使用许可证：

（一）滥用职权、玩忽职守颁发安全使用许可证的；

（二）超越职权颁发安全使用许可证的；

（三）违反本办法规定的程序颁发安全使用许可证的；

（四）对不具备申请资格或者不符合法定条件的企业颁发安全使用许可证的；

（五）以欺骗、贿赂等不正当手段取得安全使用许可证的。

第三十三条　企业取得安全使用许可证后有下列情形之一的，发证机关应当注销其安全使用许可证：

（一）安全使用许可证有效期届满未被批准延期的；

（二）终止使用危险化学品从事生产的；

（三）继续使用危险化学品从事生产，但使用量降低后未达到危险化学品使用量的数量标准规定的；

（四）安全使用许可证被依法撤销的；

（五）安全使用许可证被依法吊销的。

安全使用许可证注销后，发证机关应当在当地主要新闻媒体或者本机关网站上予以公告，并向省级和企业所在地县级安全生产监督管理部门通报。

第三十四条　发证机关应当将其颁发安全使用许可证的情况及时向同级环境保护主管部门和公安机关通报。

第三十五条　发证机关应当于每年1月10日前，将本行政区域内上年度安全使用许可证的颁发和管理情况报省级安全生产监督管理部门，并定期向社会公布企业取得安全使用许可证的情况，接受社会监督。

省级安全生产监督管理部门应当于每年1月15日前，将本行政区域内上年度安全使用许可证的颁发和管理情况报国家安全生产监督管理总局。

第六章　法律责任

第三十六条　发证机关工作人员在对危险化学品使用许可证的颁发管理工作中滥用职权、玩忽职守、徇私舞弊，构成犯罪的，依法追究刑事责任；尚不构成犯罪的，依法给予处分。

第三十七条　企业未取得安全使用许可证，擅自使用危险化学品从事生产，且达到危险化学品使用量的数量标准规定的，责令立即停止违法行为并限期改正，处 10 万元以上 20 万元以下的罚款；逾期不改正的，责令停产整顿。

企业在安全使用许可证有效期届满后未办理延期手续，仍然使用危险化学品从事生产，且达到危险化学品使用量的数量标准规定的，依照前款规定给予处罚。

第三十八条　企业伪造、变造或者出租、出借、转让安全使用许可证，或者使用伪造、变造的安全使用许可证的，处 10 万元以上 20 万元以下的罚款，有违法所得的，没收违法所得；构成违反治安管理行为的，依法给予治安管理处罚；构成犯罪的，依法追究刑事责任。

第三十九条　企业在安全使用许可证有效期内主要负责人、企业名称、注册地址、隶属关系发生变更，未按照本办法第二十四条规定的时限提出安全使用许可证变更申请或者将隶属关系变更证明材料报发证机关的，责令限期办理变更手续，处 1 万元以上 3 万元以下的罚款。

第四十条　企业在安全使用许可证有效期内有下列情形之一，未按照本办法第二十五条的规定提出变更申请，继续从事生产的，责令限期改正，处 1 万元以上 3 万元以下的罚款：

（一）增加使用的危险化学品品种，且达到危险化学品使用量的数量标准规定的；

（二）涉及危险化学品安全使用许可范围的新建、改建、扩建建设项目，其安全设施已经竣工验收合格的；

（三）改变工艺技术对企业的安全生产条件产生重大影响的。

第四十一条　发现企业隐瞒有关情况或者提供虚假文件、资料申请安全使用许可证的，发证机关不予受理或者不予颁发安全使用许可证，并给予警告，该企业在 1 年内不得再次申请安全使用许可证。

企业以欺骗、贿赂等不正当手段取得安全使用许可证的，自发证机关撤销其安全使用许可证之日起 3 年内，该企业不得再次申请安全使用许可证。

第四十二条　安全评价机构有下列情形之一的，给予警告，并处 1 万元以下的罚款；情节严重的，暂停资质 6 个月，并处 1 万元以上 3 万元以下的罚款；对相关责任人依法给予处理：

（一）从业人员不到现场开展安全评价活动的；

（二）安全评价报告与实际情况不符，或者安全评价报告存在重大疏漏，但尚未造成重大损失的；

（三）未按照有关法律、法规、规章和国家标准或者行业标准的规定从事安全评价活动的。

第四十三条　承担安全评价的机构出具虚假报告和证明，构成犯罪的，依照刑法有关规定追究刑事责任；尚不够刑事处罚的，没收违法所得，违法所得在 5 千元以上的，并处违法所得 2 倍以上 5 倍以下的罚款，没有违法所得或者违法所得不足 5 千元的，单处或者并处 5 千元以上 2 万元以下的罚款，对其直接负责的主管人员和其他直接责任人员处 5 千元以上 5 万元以下的罚款；给他人造成损害的，与企业承担连带赔偿责任。

对有本条第一款违法行为的机构，依法吊销其相应资质；该机构取得的资质由其他部门颁发的，移送相关部门处理。

第四十四条　本办法规定的行政处罚，由安全生产监督管理部门决定；但本办法第三十八条规定的行政处罚，由发证机关决定；第四十二条、第四十三条规定的行政处罚，依照《安全评价机构管理规定》执行。

第七章　附　则

第四十五条　本办法下列用语的含义:

(一)危险化学品安全使用许可适用行业目录,是指国家安全生产监督管理总局根据《危险化学品安全管理条例》和有关国家标准、行业标准公布的需要取得危险化学品安全使用许可的化工企业类别;

(二)危险化学品使用量的数量标准,由国家安全生产监督管理总局会同国务院公安部门、农业主管部门根据《危险化学品安全管理条例》公布;

(三)本办法所称使用量,是指企业使用危险化学品的年设计使用量和实际使用量的较大值;

(四)本办法所称大型化工装置,是指按照原建设部《工程设计资质标准》(建市〔2007〕86 号)中的《化工石化医药行业建设项目设计规模划分表》确定的大型项目的化工生产装置。

第四十六条　危险化学品安全使用许可的文书、危险化学品安全使用许可证的样式、内容和编号办法,由国家安全生产监督管理总局另行规定。

第四十七条　省级安全生产监督管理部门可以根据当地实际情况制定安全使用许可证管理的细则,并报国家安全生产监督管理总局备案。

第四十八条　本办法施行前已经进行生产的企业,应当自本办法施行之日起 18 个月内,依照本办法的规定向发证机关申请办理安全使用许可证;逾期不申请办理安全使用许可证,或者经审查不符合本办法规定的安全使用条件,未取得安全使用许可证,继续进行生产的,依照本办法第三十七条的规定处罚。

第四十九条　本办法自 2013 年 5 月 1 日起施行。

6.《道路危险货物运输管理规定》

中华人民共和国交通运输部令

2013 年 第 2 号

《道路危险货物运输管理规定》已于 2012 年 12 月 31 日经第 10 次部务会议通过,现予公布,自 2013 年 7 月 1 日起施行。

交通部部长　杨传堂

2013 年 1 月 23 日

道路危险货物运输管理规定

第一章　总　则

第一条　为规范道路危险货物运输市场秩序,保障人民生命财产安全,保护环境,维护道路危险货物运输各方当事人的合法权益,根据《中华人民共和国道路运输条例》和《危险化学品安全管理条例》等有关法律、行政法规,制定本规定。

第二条　从事道路危险货物运输活动,应当遵守本规定。军事危险货物运输除外。

法律、行政法规对民用爆炸物品、烟花爆竹、放射性物品等特定种类危险货物的道路运输另有规定的,从其规定。

第三条　本规定所称危险货物，是指具有爆炸、易燃、毒害、感染、腐蚀等危险特性，在生产、经营、运输、储存、使用和处置中，容易造成人身伤亡、财产损毁或者环境污染而需要特别防护的物质和物品。危险货物以列入国家标准《危险货物品名表》（GB12268）的为准，未列入《危险货物品名表》的，以有关法律、行政法规的规定或者国务院有关部门公布的结果为准。

本规定所称道路危险货物运输，是指使用载货汽车通过道路运输危险货物的作业全过程。

本规定所称道路危险货物运输车辆，是指满足特定技术条件和要求，从事道路危险货物运输的载货汽车（以下简称专用车辆）。

第四条　危险货物的分类、分项、品名和品名编号应当按照国家标准《危险货物分类和品名编号》（GB6944）、《危险货物品名表》（GB12268）执行。危险货物的危险程度依据国家标准《危险货物运输包装通用技术条件》（GB12463），分为Ⅰ、Ⅱ、Ⅲ等级。

第五条　从事道路危险货物运输应当保障安全，依法运输，诚实信用。

第六条　国家鼓励技术力量雄厚、设备和运输条件好的大型专业危险化学品生产企业从事道路危险货物运输，鼓励道路危险货物运输企业实行集约化、专业化经营，鼓励使用厢式、罐式和集装箱等专用车辆运输危险货物。

第七条　交通运输部主管全国道路危险货物运输管理工作。

县级以上地方人民政府交通运输主管部门负责组织领导本行政区域的道路危险货物运输管理工作。

县级以上道路运输管理机构负责具体实施道路危险货物运输管理工作。

第二章　道路危险货物运输许可

第八条　申请从事道路危险货物运输经营，应当具备下列条件：

（一）有符合下列要求的专用车辆及设备：

1. 自有专用车辆（挂车除外）5辆以上；运输剧毒化学品、爆炸品的，自有专用车辆（挂车除外）10辆以上。

2. 专用车辆技术性能符合国家标准《营运车辆综合性能要求和检验方法》（GB18565）的要求；技术等级达到行业标准《营运车辆技术等级划分和评定要求》（JT/T198）规定的一级技术等级。

3. 专用车辆外廓尺寸、轴荷和质量符合国家标准《道路车辆外廓尺寸、轴荷和质量限值》（GB1589）的要求。

4. 专用车辆燃料消耗量符合行业标准《营运货车燃料消耗量限值及测量方法》（JT719）的要求。

5. 配备有效的通讯工具。

6. 专用车辆应当安装具有行驶记录功能的卫星定位装置。

7. 运输剧毒化学品、爆炸品、易制爆危险化学品的，应当配备罐式、厢式专用车辆或者压力容器等专用容器。

8. 罐式专用车辆的罐体应当经质量检验部门检验合格，且罐体载货后总质量与专用车辆核定载质量相匹配。运输爆炸品、强腐蚀性危险货物的罐式专用车辆的罐体容积不得超过20立方米，运输剧毒化学品的罐式专用车辆的罐体容积不得超过10立方米，但符合国家有关标准的罐式集装箱除外。

9. 运输剧毒化学品、爆炸品、强腐蚀性危险货物的非罐式专用车辆，核定载质量不得超过 10 吨，但符合国家有关标准的集装箱运输专用车辆除外。

10. 配备与运输的危险货物性质相适应的安全防护、环境保护和消防设施设备。

（二）有符合下列要求的停车场地：

1. 自有或者租借期限为 3 年以上，且与经营范围、规模相适应的停车场地，停车场地应当位于企业注册地市级行政区域内。

2. 运输剧毒化学品、爆炸品专用车辆以及罐式专用车辆，数量为 20 辆（含）以下的，停车场地面积不低于车辆正投影面积的 1.5 倍，数量为 20 辆以上的，超过部分，每辆车的停车场地面积不低于车辆正投影面积；运输其他危险货物的，专用车辆数量为 10 辆（含）以下的，停车场地面积不低于车辆正投影面积的 1.5 倍；数量为 10 辆以上的，超过部分，每辆车的停车场地面积不低于车辆正投影面积。

3. 停车场地应当封闭并设立明显标志，不得妨碍居民生活和威胁公共安全。

（三）有符合下列要求的从业人员和安全管理人员：

1. 专用车辆的驾驶人员取得相应机动车驾驶证，年龄不超过 60 周岁。

2. 从事道路危险货物运输的驾驶人员、装卸管理人员、押运人员应当经所在地设区的市级人民政府交通运输主管部门考试合格，并取得相应的从业资格证；从事剧毒化学品、爆炸品道路运输的驾驶人员、装卸管理人员、押运人员，应当经考试合格，取得注明为"剧毒化学品运输"或者"爆炸品运输"类别的从业资格证。

3. 企业应当配备专职安全管理人员。

（四）有健全的安全生产管理制度：

1. 企业主要负责人、安全管理部门负责人、专职安全管理人员安全生产责任制度。

2. 从业人员安全生产责任制度。

3. 安全生产监督检查制度。

4. 安全生产教育培训制度。

5. 从业人员、专用车辆、设备及停车场地安全管理制度。

6. 应急救援预案制度。

7. 安全生产作业规程。

8. 安全生产考核与奖惩制度。

9. 安全事故报告、统计与处理制度。

第九条　符合下列条件的企事业单位，可以使用自备专用车辆从事为本单位服务的非经营性道路危险货物运输：

（一）属于下列企事业单位之一：

1. 省级以上安全生产监督管理部门批准设立的生产、使用、储存危险化学品的企业。

2. 有特殊需求的科研、军工等企事业单位。

（二）具备第八条规定的条件，但自有专用车辆（挂车除外）的数量可以少于 5 辆。

第十条　申请从事道路危险货物运输经营的企业，应当向所在地设区的市级道路运输管理机构提出申请，并提交以下材料：

（一）《道路危险货物运输经营申请表》，包括申请人基本信息、申请运输的危险货物范围

（类别、项别或品名，如果为剧毒化学品应当标注"剧毒"）等内容。

（二）拟担任企业法定代表人的投资人或者负责人的身份证明及其复印件，经办人身份证明及其复印件和书面委托书。

（三）企业章程文本。

（四）证明专用车辆、设备情况的材料，包括：

1. 未购置专用车辆、设备的，应当提交拟投入专用车辆、设备承诺书。承诺书内容应当包括车辆数量、类型、技术等级、总质量、核定载质量、车轴数以及车辆外廓尺寸；通讯工具和卫星定位装置配备情况；罐式专用车辆的罐体容积；罐式专用车辆罐体载货后的总质量与车辆核定载质量相匹配情况；运输剧毒化学品、爆炸品、易制爆危险化学品的专用车辆核定载质量等有关情况。承诺期限不得超过 1 年。

2. 已购置专用车辆、设备的，应当提供车辆行驶证、车辆技术等级证明或者车辆综合性能检测技术合格证明；通讯工具和卫星定位装置配备；罐式专用车辆的罐体检测合格证或者检测报告及复印件等有关材料。

（五）拟聘用专职安全管理人员、驾驶人员、装卸管理人员、押运人员的，应当提交拟聘用承诺书，承诺期限不得超过 1 年；已聘用的应当提交从业资格证及其复印件以及驾驶证及其复印件。

（六）停车场地的土地使用证、租借合同、场地平面图等材料。

（七）相关安全防护、环境保护、消防设施设备的配备情况清单。

（八）有关安全生产管理制度文本。

第十一条　申请从事非经营性道路危险货物运输的单位，向所在地设区的市级道路运输管理机构提出申请时，除提交第十条第（四）项至第（八）项规定的材料外，还应当提交以下材料：

（一）《道路危险货物运输申请表》，包括申请人基本信息、申请运输的物品范围（类别、项别或品名，如果为剧毒化学品应当标注"剧毒"）等内容。

（二）下列形式之一的单位基本情况证明：

1. 省级以上安全生产监督管理部门颁发的危险化学品生产、使用等证明。

2. 能证明科研、军工等企事业单位性质或者业务范围的有关材料。

（三）特殊运输需求的说明材料。

（四）经办人的身份证明及其复印件以及书面委托书。

第十二条　设区的市级道路运输管理机构应当按照《中华人民共和国道路运输条例》和《交通行政许可实施程序规定》，以及本规定所明确的程序和时限实施道路危险货物运输行政许可，并进行实地核查。

决定准予许可的，应当向被许可人出具《道路危险货物运输行政许可决定书》，注明许可事项，具体内容应当包括运输危险货物的范围（类别、项别或品名，如果为剧毒化学品应当标注"剧毒"），专用车辆数量、要求以及运输性质，并在 10 日内向道路危险货物运输经营申请人发放《道路运输经营许可证》，向非经营性道路危险货物运输申请人发放《道路危险货物运输许可证》。

市级道路运输管理机构应当将准予许可的企业或单位的许可事项等，及时以书面形式告知县级道路运输管理机构。

决定不予许可的，应当向申请人出具《不予交通行政许可决定书》。

第十三条 被许可人已获得其他道路运输经营许可的，设区的市级道路运输管理机构应当为其换发《道路运输经营许可证》，并在经营范围中加注新许可的事项。如果原《道路运输经营许可证》是由省级道路运输管理机构发放的，由原许可机关按照上述要求予以换发。

第十四条 被许可人应当按照承诺期限落实拟投入的专用车辆、设备。

原许可机关应当对被许可人落实的专用车辆、设备予以核实，对符合许可条件的专用车辆配发《道路运输证》，并在《道路运输证》经营范围栏内注明允许运输的危险货物类别、项别或者品名，如果为剧毒化学品应标注"剧毒"；对从事非经营性道路危险货物运输的车辆，还应当加盖"非经营性危险货物运输专用章"。

被许可人未在承诺期限内落实专用车辆、设备的，原许可机关应当撤销许可决定，并收回已核发的许可证明文件。

第十五条 被许可人应当按照承诺期限落实拟聘用的专职安全管理人员、驾驶人员、装卸管理人员和押运人员。

被许可人未在承诺期限内按照承诺聘用专职安全管理人员、驾驶人员、装卸管理人员和押运人员的，原许可机关应当撤销许可决定，并收回已核发的许可证明文件。

第十六条 道路运输管理机构不得许可一次性、临时性的道路危险货物运输。

第十七条 被许可人应当持《道路运输经营许可证》或者《道路危险货物运输许可证》依法向工商行政管理机关办理登记手续。

第十八条 中外合资、中外合作、外商独资形式投资道路危险货物运输的，应当同时遵守《外商投资道路运输业管理规定》。

第十九条 道路危险货物运输企业设立子公司从事道路危险货物运输的，应当向子公司注册地设区的市级道路运输管理机构申请运输许可。设立分公司的，应当向分公司注册地设区的市级道路运输管理机构备案。

第二十条 道路危险货物运输企业或者单位需要变更许可事项的，应当向原许可机关提出申请，按照本章有关许可的规定办理。

道路危险货物运输企业或者单位变更法定代表人、名称、地址等工商登记事项的，应当在 30 日内向原许可机关备案。

第二十一条 道路危险货物运输企业或者单位终止危险货物运输业务的，应当在终止之日的 30 日前告知原许可机关，并在停业后 10 日内将《道路运输经营许可证》或者《道路危险货物运输许可证》以及《道路运输证》交回原许可机关。

第三章 专用车辆、设备管理

第二十二条 道路危险货物运输企业或者单位应当按照《道路货物运输及站场管理规定》中有关车辆管理的规定，维护、检测、使用和管理专用车辆，确保专用车辆技术状况良好。

第二十三条 设区的市级道路运输管理机构应当定期对专用车辆进行审验，每年审验一次。审验按照《道路货物运输及站场管理规定》进行，并增加以下审验项目：

（一）专用车辆投保危险货物承运人责任险情况；

（二）必需的应急处理器材、安全防护设施设备和专用车辆标志的配备情况；

（三）具有行驶记录功能的卫星定位装置的配备情况。

第二十四条　禁止使用报废的、擅自改装的、检测不合格的、车辆技术等级达不到一级的和其他不符合国家规定的车辆从事道路危险货物运输。

除铰接列车、具有特殊装置的大型物件运输专用车辆外，严禁使用货车列车从事危险货物运输；倾卸式车辆只能运输散装硫磺、萘饼、粗蒽、煤焦沥青等危险货物。

禁止使用移动罐体（罐式集装箱除外）从事危险货物运输。

第二十五条　运输剧毒化学品、爆炸品专用车辆及罐式专用车辆（含罐式挂车）应当到具备道路危险货物运输车辆维修资质的企业进行维修。

牵引车以及其他专用车辆由企业自行消除危险货物的危害后，可到具备一般车辆维修资质的企业进行维修。

第二十六条　用于装卸危险货物的机械及工具的技术状况应当符合行业标准《汽车运输危险货物规则》（JT617）规定的技术要求。

第二十七条　罐式专用车辆的常压罐体应当符合国家标准《道路运输液体危险货物罐式车辆第 1 部分：金属常压罐体技术要求》（GB18564.1）、《道路运输液体危险货物罐式车辆第 2 部分：非金属常压罐体技术要求》（GB18564.2）等有关技术要求。

使用压力容器运输危险货物的，应当符合国家特种设备安全监督管理部门制订并公布的《移动式压力容器安全技术监察规程》（TSG R0005）等有关技术要求。

压力容器和罐式专用车辆应当在质量检验部门出具的压力容器或者罐体检验合格的有效期内承运危险货物。

第二十八条　道路危险货物运输企业或者单位对重复使用的危险货物包装物、容器，在重复使用前应当进行检查；发现存在安全隐患的，应当维修或者更换。

道路危险货物运输企业或者单位应当对检查情况作出记录，记录的保存期限不得少于 2 年。

第二十九条　道路危险货物运输企业或者单位应当到具有污染物处理能力的机构对常压罐体进行清洗（置换）作业，将废气、污水等污染物集中收集，消除污染，不得随意排放，污染环境。

第四章　道路危险货物运输

第三十条　道路危险货物运输企业或者单位应当严格按照道路运输管理机构决定的许可事项从事道路危险货物运输活动，不得转让、出租道路危险货物运输许可证件。

严禁非经营性道路危险货物运输单位从事道路危险货物运输经营活动。

第三十一条　危险货物托运人应当委托具有道路危险货物运输资质的企业承运。

危险货物托运人应当对托运的危险货物种类、数量和承运人等相关信息予以记录，记录的保存期限不得少于 1 年。

第三十二条　危险货物托运人应当严格按照国家有关规定妥善包装并在外包装设置标志，并向承运人说明危险货物的品名、数量、危害、应急措施等情况。需要添加抑制剂或者稳定剂的，托运人应当按照规定添加，并告知承运人相关注意事项。

危险货物托运人托运危险化学品的，还应当提交与托运的危险化学品完全一致的安全技术说明书和安全标签。

第三十三条　不得使用罐式专用车辆或者运输有毒、感染性、腐蚀性危险货物的专用车辆运输普通货物。

其他专用车辆可以从事食品、生活用品、药品、医疗器具以外的普通货物运输，但应当由运输企业对专用车辆进行消除危害处理，确保不对普通货物造成污染、损害。

不得将危险货物与普通货物混装运输。

第三十四条　专用车辆应当按照国家标准《道路运输危险货物车辆标志》（GB13392）的要求悬挂标志。

第三十五条　运输剧毒化学品、爆炸品的企业或者单位，应当配备专用停车区域，并设立明显的警示标牌。

第三十六条　专用车辆应当配备符合有关国家标准以及与所载运的危险货物相适应的应急处理器材和安全防护设备。

第三十七条　道路危险货物运输企业或者单位不得运输法律、行政法规禁止运输的货物。

法律、行政法规规定的限运、凭证运输货物，道路危险货物运输企业或者单位应当按照有关规定办理相关运输手续。

法律、行政法规规定托运人必须办理有关手续后方可运输的危险货物，道路危险货物运输企业应当查验有关手续齐全有效后方可承运。

第三十八条　道路危险货物运输企业或者单位应当采取必要措施，防止危险货物脱落、扬散、丢失以及燃烧、爆炸、泄漏等。

第三十九条　驾驶人员应当随车携带《道路运输证》。驾驶人员或者押运人员应当按照《汽车运输危险货物规则》（JT617）的要求，随车携带《道路运输危险货物安全卡》。

第四十条　在道路危险货物运输过程中，除驾驶人员外，还应当在专用车辆上配备押运人员，确保危险货物处于押运人员监管之下。

第四十一条　道路危险货物运输途中，驾驶人员不得随意停车。

因住宿或者发生影响正常运输的情况需要较长时间停车的，驾驶人员、押运人员应当设置警戒带，并采取相应的安全防范措施。

运输剧毒化学品或者易制爆危险化学品需要较长时间停车的，驾驶人员或者押运人员应当向当地公安机关报告。

第四十二条　危险货物的装卸作业应当遵守安全作业标准、规程和制度，并在装卸管理人员的现场指挥或者监控下进行。

危险货物运输托运人和承运人应当按照合同约定指派装卸管理人员；若合同未予约定，则由负责装卸作业的一方指派装卸管理人员。

第四十三条　驾驶人员、装卸管理人员和押运人员上岗时应当随身携带从业资格证。

第四十四条　严禁专用车辆违反国家有关规定超载、超限运输。

道路危险货物运输企业或者单位使用罐式专用车辆运输货物时，罐体载货后的总质量应当和专用车辆核定载质量相匹配；使用牵引车运输货物时，挂车载货后的总质量应当与牵引车的准牵引总质量相匹配。

第四十五条　道路危险货物运输企业或者单位应当要求驾驶人员和押运人员在运输危险货物时，严格遵守有关部门关于危险货物运输线路、时间、速度方面的有关规定，并遵守有关部门关于剧毒、爆炸危险品道路运输车辆在重大节假日通行高速公路的相关规定。

第四十六条　道路危险货物运输企业或者单位应当通过卫星定位监控平台或者监控终端及时纠正和处理超速行驶、疲劳驾驶、不按规定线路行驶等违法违规驾驶行为。

监控数据应当至少保存 3 个月，违法驾驶信息及处理情况应当至少保存 3 年。

第四十七条　道路危险货物运输从业人员必须熟悉有关安全生产的法规、技术标准和安全生产规章制度、安全操作规程，了解所装运危险货物的性质、危害特性、包装物或者容器的使用要求和发生意外事故时的处置措施，并严格执行《汽车运输危险货物规则》（JT617）、《汽车运输、装卸危险货物作业规程》（JT618）等标准，不得违章作业。

第四十八条　道路危险货物运输企业或者单位应当通过岗前培训、例会、定期学习等方式，对从业人员进行经常性安全生产、职业道德、业务知识和操作规程的教育培训。

第四十九条　道路危险货物运输企业或者单位应当加强安全生产管理，制定突发事件应急预案，配备应急救援人员和必要的应急救援器材、设备，并定期组织应急救援演练，严格落实各项安全制度。

第五十条　道路危险货物运输企业或者单位应当委托具备资质条件的机构，对本企业或单位的安全管理情况每 3 年至少进行一次安全评估，出具安全评估报告。

第五十一条　在危险货物运输过程中发生燃烧、爆炸、污染、中毒或者被盗、丢失、流散、泄漏等事故，驾驶人员、押运人员应当立即根据应急预案和《道路运输危险货物安全卡》的要求采取应急处置措施，并向事故发生地公安部门、交通运输主管部门和本运输企业或者单位报告。运输企业或者单位接到事故报告后，应当按照本单位危险货物应急预案组织救援，并向事故发生地安全生产监督管理部门和环境保护、卫生主管部门报告。

道路危险货物运输管理机构应当公布事故报告电话。

第五十二条　在危险货物装卸过程中，应当根据危险货物的性质，轻装轻卸，堆码整齐，防止混杂、撒漏、破损，不得与普通货物混合堆放。

第五十三条　道路危险货物运输企业或者单位应当为其承运的危险货物投保承运人责任险。

第五十四条　道路危险货物运输企业异地经营（运输线路起讫点均不在企业注册地市域内）累计 3 个月以上的，应当向经营地设区的市级道路运输管理机构备案并接受其监管。

第五章　监督检查

第五十五条　道路危险货物运输监督检查按照《道路货物运输及站场管理规定》执行。

道路运输管理机构工作人员应当定期或者不定期对道路危险货物运输企业或者单位进行现场检查。

第五十六条　道路运输管理机构工作人员对在异地取得从业资格的人员监督检查时，可以向原发证机关申请提供相应的从业资格档案资料，原发证机关应当予以配合。

第五十七条　道路运输管理机构在实施监督检查过程中，经本部门主要负责人批准，可以对没有随车携带《道路运输证》又无法当场提供其他有效证明文件的危险货物运输专用车辆予以扣押。

第五十八条　任何单位和个人对违反本规定的行为，有权向道路危险货物运输管理机构举报。

　　道路危险货物运输管理机构应当公布举报电话，并在接到举报后及时依法处理；对不属于本部门职责的，应当及时移送有关部门处理。

第六章　法律责任

　　第五十九条　违反本规定，有下列情形之一的，由县级以上道路运输管理机构责令停止运输经营，有违法所得的，没收违法所得，处违法所得 2 倍以上 10 倍以下的罚款；没有违法所得或者违法所得不足 2 万元的，处 3 万元以上 10 万元以下的罚款；构成犯罪的，依法追究刑事责任：

　　（一）未取得道路危险货物运输许可，擅自从事道路危险货物运输的；

　　（二）使用失效、伪造、变造、被注销等无效道路危险货物运输许可证件从事道路危险货物运输的；

　　（三）超越许可事项，从事道路危险货物运输的；

　　（四）非经营性道路危险货物运输单位从事道路危险货物运输经营的。

　　第六十条　违反本规定，道路危险货物运输企业或者单位非法转让、出租道路危险货物运输许可证件的，由县级以上道路运输管理机构责令停止违法行为，收缴有关证件，处 2000 元以上 1 万元以下的罚款；有违法所得的，没收违法所得。

　　第六十一条　违反本规定，道路危险货物运输企业或者单位有下列行为之一，由县级以上道路运输管理机构责令限期投保；拒不投保的，由原许可机关吊销《道路运输经营许可证》或者《道路危险货物运输许可证》，或者吊销相应的经营范围：

　　（一）未投保危险货物承运人责任险的；

　　（二）投保的危险货物承运人责任险已过期，未继续投保的。

　　第六十二条　违反本规定，道路危险货物运输企业或者单位未按规定维护或者检测专用车辆的，由县级以上道路运输管理机构责令改正，并处 1000 元以上 5000 元以下的罚款。

　　第六十三条　违反本规定，道路危险货物运输企业或者单位不按照规定随车携带《道路运输证》的，由县级以上道路运输管理机构责令改正，处警告或者 20 元以上 200 元以下的罚款。

　　第六十四条　违反本规定，道路危险货物运输企业或者单位以及托运人有下列情形之一的，由县级以上道路运输管理机构责令改正，并处 5 万元以上 10 万元以下的罚款，拒不改正的，责令停产停业整顿；构成犯罪的，依法追究刑事责任：

　　（一）驾驶人员、装卸管理人员、押运人员未取得从业资格上岗作业的；

　　（二）托运人不向承运人说明所托运的危险化学品的种类、数量、危险特性以及发生危险情况的应急处置措施，或者未按照国家有关规定对所托运的危险化学品妥善包装并在外包装上设置相应标志的；

　　（三）未根据危险化学品的危险特性采取相应的安全防护措施，或者未配备必要的防护用品和应急救援器材的；

　　（四）运输危险化学品需要添加抑制剂或者稳定剂，托运人未添加或者未将有关情况告知承运人的。

　　第六十五条　违反本规定，道路危险货物运输企业或者单位未配备专职安全管理人员的，由县级以上道路运输管理机构责令改正，可以处 1 万元以下的罚款；拒不改正的，对危险化学品运输企业或单位处 1 万元以上 5 万元以下的罚款，对运输危险化学品以外其他危险货物的企业或单位处 1 万元以上 2 万元以下的罚款。

第六十六条　违反本规定，道路危险化学品运输托运人有下列行为之一的，由县级以上道路运输管理机构责令改正，处 10 万元以上 20 万元以下的罚款，有违法所得的，没收违法所得；拒不改正的，责令停产停业整顿；构成犯罪的，依法追究刑事责任：

（一）委托未依法取得危险货物道路运输许可的企业承运危险化学品的；

（二）在托运的普通货物中夹带危险化学品，或者将危险化学品谎报或者匿报为普通货物托运的。

第六十七条　违反本规定，道路危险货物运输企业擅自改装已取得《道路运输证》的专用车辆及罐式专用车辆罐体的，由县级以上道路运输管理机构责令改正，并处 5000 元以上 2 万元以下的罚款。

第七章　附　则

第六十八条　本规定对道路危险货物运输经营未作规定的，按照《道路货物运输及站场管理规定》执行；对非经营性道路危险货物运输未作规定的，参照《道路货物运输及站场管理规定》执行。

第六十九条　道路危险货物运输许可证件和《道路运输证》工本费的具体收费标准由省、自治区、直辖市人民政府财政、价格主管部门会同同级交通运输主管部门核定。

第七十条　交通运输部可以根据相关行业协会的申请，经组织专家论证后，统一公布可以按照普通货物实施道路运输管理的危险货物。

第七十一条　本规定自 2013 年 7 月 1 日起施行。原交通部 2005 年发布的《道路危险货物运输管理规定》（交通部令 2005 年第 9 号）及交通运输部 2010 年发布的《关于修改〈道路危险货物运输管理规定〉的决定》（交通运输部令 2010 年第 5 号）同时废止。

7.《危险化学品输送管道安全管理规定》

国家安全生产监督管理总局令

第 43 号

《危险化学品输送管道安全管理规定》已经 2011 年 12 月 31 日国家安全生产监督管理总局局长办公会议审议通过，现予公布，自 2012 年 3 月 1 日起施行。

国家安全生产监督管理总局局长　骆琳

二〇一二年一月十七日

危险化学品输送管道安全管理规定

第一章　总　则

第一条　为了加强危险化学品输送管道的安全管理，预防和减少危险化学品输送管道生产安全事故，保护人民群众生命财产安全，根据《中华人民共和国安全生产法》和《危险化学品安全管理条例》，制定本规定。

第二条　生产、储存危险化学品的单位在厂区外公共区域埋地、地面和架空的危险化学品输送管道及其附属设施（以下简称危险化学品管道）的安全管理，适用本规定。

原油、天然气、煤层气和城镇燃气管道的安全管理，不适用本规定。

第三条　对危险化学品管道享有所有权或者运行管理权的单位（以下简称管道单位）应当依照有关安全生产法律法规和本规定，落实安全生产主体责任，建立、健全有关危险化学品管道安全生产的规章制度和操作规程并实施，接受安全生产监督管理部门依法实施的监督检查。

第四条　各级安全生产监督管理部门负责危险化学品管道安全生产的监督检查，并依法对危险化学品管道建设项目实施安全条件审查。

第五条　任何单位和个人不得实施危害危险化学品管道安全生产的行为。

对危害危险化学品管道安全生产的行为，任何单位和个人均有权向安全生产监督管理部门举报。接受举报的安全生产监督管理部门应当依法予以处理。

第二章　危险化学品管道的规划

第六条　危险化学品管道建设应当遵循安全第一、节约用地和经济合理的原则，并按照相关国家标准、行业标准和技术规范进行科学规划。

第七条　禁止光气、氯气等剧毒气体化学品管道穿（跨）越公共区域。

严格控制氨、硫化氢等其他有毒气体的危险化学品管道穿（跨）越公共区域。

第八条　危险化学品管道建设的选线应当避开地震活动断层和容易发生洪灾、地质灾害的区域；确实无法避开的，应当采取可靠的工程处理措施，确保不受地质灾害影响。

危险化学品管道与居民区、学校等公共场所以及建筑物、构筑物、铁路、公路、航道、港口、市政设施、通讯设施、军事设施、电力设施的距离，应当符合有关法律、行政法规和国家标准、行业标准的规定。

第三章　危险化学品管道的建设

第九条　对新建、改建、扩建的危险化学品管道，建设单位应当依照国家安全生产监督管理总局有关危险化学品建设项目安全监督管理的规定，依法办理安全条件审查、安全设施设计审查、试生产（使用）方案备案和安全设施竣工验收手续。

第十条　对新建、改建、扩建的危险化学品管道，建设单位应当依照有关法律、行政法规的规定，委托具备相应资质的设计单位进行设计。

第十一条　承担危险化学品管道的施工单位应当具备有关法律、行政法规规定的相应资质。施工单位应当按照有关法律、法规、国家标准、行业标准和技术规范的规定，以及经过批准的安全设施设计进行施工，并对工程质量负责。

参加危险化学品管道焊接、防腐、无损检测作业的人员应当具备相应的操作资格证书。

第十二条　负责危险化学品管道工程的监理单位应当对管道的总体建设质量进行全过程监督，并对危险化学品管道的总体建设质量负责。管道施工单位应当严格按照有关国家标准、行业标准的规定对管道的焊缝和防腐质量进行检查，并按照设计要求对管道进行压力试验和气密性试验。

对敷设在江、河、湖泊或者其他环境敏感区域的危险化学品管道，应当采取增加管道压力设计等级、增加防护套管等措施，确保危险化学品管道安全。

第十三条　危险化学品管道试生产（使用）前，管道单位应当对有关保护措施进行安全检查，科学制定安全投入生产（使用）方案，并严格按照方案实施。

第十四条　危险化学品管道试压半年后一直未投入生产（使用）的，管道单位应当在其投入生产（使用）前重新进行气密性试验；对敷设在江、河或者其他环境敏感区域的危险化学品管道，应当相应缩短重新进行气密性试验的时间间隔。

第四章　危险化学品管道的运行

第十五条　危险化学品管道应当设置明显标志。发现标志毁损的，管道单位应当及时予以修复或者更新。

第十六条　管道单位应当建立、健全危险化学品管道巡扩制度，配备专人进行日常巡护。巡护人员发现危害危险化学品管道安全生产情形的，应当立即报告单位负责人并及时处理。

第十七条　管道单位对危险化学品管道存在的事故隐患应当及时排除；对自身排除确有困难的外部事故隐患，应当向当地安全生产监督管理部门报告。

第十八条　管道单位应当按照有关国家标准、行业标准和技术规范对危险化学品管道进行定期检测、维护，确保其处于完好状态；对安全风险较大的区段和场所，应当进行重点监测、监控；对不符合安全标准的危险化学品管道，应当及时更新、改造或者停止使用，并向当地安全生产监督管理部门报告。对涉及更新、改造的危险化学品管道，还应当按照本办法第九条的规定办理安全条件审查手续。

第十九条　管道单位发现下列危害危险化学品管道安全运行行为的，应当及时予以制止，无法处置时应当向当地安全生产监督管理部门报告：

（一）擅自开启、关闭危险化学品管道阀门；

（二）采用移动、切割、打孔、砸撬、拆卸等手段损坏管道及其附属设施；

（三）移动、毁损、涂改管道标志；

（四）在埋地管道上方和巡查便道上行驶重型车辆；

（五）对埋地、地面管道进行占压，在架空管道线路和管桥上行走或者放置重物；

（六）利用地面管道、架空管道、管架桥等固定其他设施缆绳悬挂广告牌、搭建构筑物；

（七）其他危害危险化学品管道安全运行的行为。

第二十条　禁止在危险化学品管道附属设施的上方架设电力线路、通信线路。

第二十一条　在危险化学品管道及其附属设施外缘两侧各5米地域范围内，管道单位发现下列危害管道安全运行的行为的，应当及时予以制止，无法处置时应当向当地安全生产监督管理部门报告：

（一）种植乔木、灌木、藤类、芦苇、竹子或者其他根系深达管道埋设部位可能损坏管道防腐层的深根植物；

（二）取土、采石、用火、堆放重物、排放腐蚀性物质、使用机械工具进行挖掘施工、工程钻探；

（三）挖塘、修渠、修晒场、修建水产养殖场、建温室、建家畜棚圈、建房以及修建其他建（构）筑物。

第二十二条　在危险化学品管道中心线两侧及危险化学品管道附属设施外缘两侧5米外

的周边范围内，管道单位发现下列建（构）筑物与管道线路、管道附属设施的距离不符合国家标准、行业标准要求的，应当及时向当地安全生产监督管理部门报告：

（一）居民小区、学校、医院、餐饮娱乐场所、车站、商场等人口密集的建筑物；

（二）加油站、加气站、储油罐、储气罐等易燃易爆物品的生产、经营、存储场所；

（三）变电站、配电站、供水站等公用设施。

第二十三条　在穿越河流的危险化学品管道线路中心线两侧 500 米地域范围内，管道单位发现有实施抛锚、拖锚、挖沙、采石、水下爆破等作业的，应当及时予以制止，无法处置时应当向当地安全生产监督管理部门报告。但在保障危险化学品管道安全的条件下，为防洪和航道通畅而实施的养护疏浚作业除外。

第二十四条　在危险化学品管道专用隧道中心线两侧 1000 米地域范围内，管道单位发现有实施采石、采矿、爆破等作业的，应当及时予以制止，无法处置时应当向当地安全生产监督管理部门报告。

在前款规定的地域范围内，因修建铁路、公路、水利等公共工程确需实施采石、爆破等作业的，应当按照本规定第二十五条的规定执行。

第二十五条　实施下列可能危及危险化学品管道安全运行的施工作业的，施工单位应当在开工的 7 日前书面通知管道单位，将施工作业方案报管道单位，并与管道单位共同制定应急预案，采取相应的安全防护措施，管道单位应当指派专人到现场进行管道安全保护指导：

（一）穿（跨）越管道的施工作业；

（二）在管道线路中心线两侧 5 米至 50 米和管道附属设施周边 100 米地域范围内，新建、改建、扩建铁路、公路、河渠，架设电力线路，埋设地下电缆、光缆，设置安全接地体、避雷接地体；

（三）在管道线路中心线两侧 200 米和管道附属设施周边 500 米地域范围内，实施爆破、地震法勘探或者工程挖掘、工程钻探、采矿等作业。

第二十六条　施工单位实施本规定第二十四条第二款、第二十五条规定的作业，应当符合下列条件：

（一）已经制定符合危险化学品管道安全运行要求的施工作业方案；

（二）已经制定应急预案；

（三）施工作业人员已经接受相应的危险化学品管道保护知识教育和培训；

（四）具有保障安全施工作业的设备、设施。

第二十七条　危险化学品管道的专用设施、永工防护设施、专用隧道等附属设施不得用于其他用途；确需用于其他用途的，应当征得管道单位的同意，并采取相应的安全防护措施。

第二十八条　管道单位应当按照有关规定制定本单位危险化学品管道事故应急预案，配备相应的应急救援人员和设备物资，定期组织应急演练。

发生危险化学品管道生产安全事故，管道单位应当立即启动应急预案及响应程序，采取有效措施进行紧急处置，消除或者减轻事故危害，并按照国家规定立即向事故发生地县级以上安全生产监督管理部门报告。

第二十九条　对转产、停产、停止使用的危险化学品管道，管道单位应采取有效措施及时妥善处置，并将处置方案报县级以上安全生产监督管理部门。

第五章 监督管理

第三十条 省级、设区的市级安全生产监督管理部门应当按照国家安全生产监督管理总局有关危险化学品建设项目安全监督管理的规定，对新建、改建、扩建管道建设项目办理安全条件审查、安全设施设计审查、试生产（使用）方案备案和安全设施竣工验收手续。

第三十一条 安全生产监督管理部门接到管道单位依照本规定第十七条、第十九条、第二十一条、第二十二条、第二十三条、第二十四条提交的有关报告后，应当及时依法予以协调、移送有关主管部门处理或者报请本级人民政府组织处理。

第三十二条 县级以上安全生产监督管理部门接到危险化学品管道生产安全事故报告后，应当按照有关规定及时上报事故情况，并根据实际情况采取事故处置措施。

第六章 法律责任

第三十三条 新建、改建、扩建危险化学品管道建设项目未经安全条件审查的，由安全生产监督管理部门责令停止建设，限期改正；逾期不改正的，处50万元以上100万元以下的罚款；构成犯罪的，依法追究刑事责任。

危险化学品管道建设单位将管道建设项目发包给不具备相应资质等级的勘察、设计、施工单位或者委托给不具有相应资质等级的工程监理单位的，由安全生产监督管理部门移送建设行政主管部门依照《建设工程质量管理条例》第五十四条规定予以处罚。

第三十四条 有下列情形之一的，由安全生产监督管理部门责令改正，可以处5万元以下的罚款；拒不改正的，处5万元以上10万元以下的罚款；情节严重的，责令停产停业整顿。

（一）管道单位未对危险化学品管道设置明显标志或者未按照本规定对管道进行检测、维护的；

（二）进行可能危及危险化学品管道安全的施工作业，施工单位未按照规定书面通知管道单位，或者未与管道单位共同制定应急预案并采取相应的防护措施，或者管道单位未指派专人到现场进行管道安全保护指导的。

第三十五条 对转产、停产、停止使用的危险化学品管道，管道单位未采取有效措施及时、妥善处置的，由安全生产监督管理部门责令改正，处5万元以上10万元以下的罚款；构成犯罪的，依法追究刑事责任。

对转产、停产、停止使用的危险化学品管道，管道单位未按照本规定将处置方案报县级以上安全生产监督管理部门的，由安全生产监督管理部门责令改正，可以处1万元以下的罚款；拒不改正的，处1万元以上5万元以下的罚款。

第三十六条 违反本规定，采用移动、切割、打孔、砸撬、拆卸等手段实施危害危险化学品管道安全行为，尚不构成犯罪的，由有关主管部门依法给予治安管理处罚。

第七章 附 则

第三十七条 本规定所称公共区域是指厂区（包括化工园区、工业园区）以外的区域。

第三十八条 本规定所称危险化学品管道附属设施包括：

（一）管道的加压站、计量站、阀室、阀井、放空设施、储罐、装卸栈桥、装卸场、分输站、减压站等站场；

（二）管道的水工保护设施、防风设施、防雷设施、抗震设施、通信设施、安全监控设施、电力设施、管堤、管桥以及管道专用涵洞、隧道等穿跨越设施；

（三）管道的阴极保护站、阴极保护测试桩、阳极地床、杂散电流排流站等防腐设施；

（四）管道的其他附属设施。

第三十九条　本规定施行前在管道保护距离内已经建成的人口密集场所和易燃易爆物品的生产、经营、存储场所，应当由所在地人民政府根据当地的实际情况，有计划、分步骤地搬迁、清理或者采取必要的防护措施。

第四十条　本规定自2012年3月1日起施行。

8.《化学品首次进口及有毒化学品进出口环境管理规定》

国家环境保护总局文件

环管〔1994〕140号

化学品首次进口及有毒化学品进出口环境管理规定

（1994年3月16日，国家环境保护局、海关总署和对外贸易经济合作部发布，2007年7月6日国家环境保护总局修订。

第一章　总　则

第一条　为了保护人体健康和生态环境，加强化学品首次进口和有毒化学品进出口的环境管理，执行《关于化学品国际贸易资料交流的伦敦准则》（1989年修正本）（以下简称《伦敦准则》），制定本规定。

第二条　在中华人民共和国管辖领域内从事化学品进出口活动必须遵守本规定。

第三条　本规定适用于化学品的首次进口和列入《中国禁止或严格限制的有毒化学品名录》（以下简称《名录》）的化学品进出口的环境管理。

食品添加剂、医药、兽药、化妆品和放射性物质不适用本规定。

第四条　本规定中下列用语的含义是：

（一）"化学品"是指人工制造的或者是从自然界取得的化学物质，包括化学物质本身、化学混合物或者化学配制物中的一部分，以及作为工业化学品和农药使用的物质。

（二）"禁止的化学品"是指因损害健康和环境而被完全禁止使用的化学品。

（三）"严格限制的化学品"是指因损害健康和环境而被禁止使用，但经授权在一些特殊情况下仍可使用的化学品。

（四）"有毒化学品"是指进入环境后通过环境蓄积、生物累积、生物转化或化学反应等方式损害健康和环境，或者通过接触对人体具有严重危害和具有潜在危险的化学品。

（五）"化学品首次进口"是指外商或其代理人向中国出口其未曾在中国登记过的化学品，即使同种化学品已有其他外商或其代理人在中国进行了登记，仍被视为化学品首次进口。

（六）"事先知情同意"是指为保护人类健康和环境目的而被禁止或严格限制的化学品的国际运输，必须在进口国指定的国家主管部门同意的情况下进行。

（七）"出口"和"进口"是指通过中华人民共和国海关办理化学品进出境手续的活动，但不包括过境运输。

第二章　监督管理

第五条　国家环境保护局对化学品首次进口和有毒化学品进出口实施统一的环境监督管理，负责全面执行《伦敦准则》的事先知情同意程序，发布中国禁止或严格限制的有毒化学品名录，实施化学品首次进口和列入《名录》内的有毒化学品进出口的环境管理登记和审批，签发《化学品进（出）口环境管理登记证》和《有毒化学品进（出）口环境管理放行通知单》，发布首次进口化学品登记公告。

第六条　中华人民共和国海关对列入《名录》的有毒化学品的进出口凭国家环境保护局签发的《有毒化学品进（出）口环境管理放行通知单》（见附件）验放。

对外贸易经济合作部根据其职责协同国家环境保护局对化学品首次进口和有毒化学品进出口环境管理登记申请资料的有关内容进行审查和对外公布《中国禁止或严格限制的有毒化学品名录》。

第七条　国家环境保护局设立国家有毒化学品评审委员会，负责对申请进出口环境管理登记的化学品的综合评审工作，对实施本规定所涉及的技术事务向国家环境保护局提供咨询意见。国家有毒化学品评审委员会由环境、卫生、农业、化工、外贸、商检、海关及其他有关方面的管理人员和技术专家组成，每届任期三年。

第八条　地方各级环境保护行政主管部门依据本规定对本辖区的化学品首次进口及有毒化学品进出口进行环境监督管理。

第三章　登记管理

第九条　每次外商及其代理人向中国出口和国内从国外进口列入《名录》中的工业化学品或农药之前，均需向国家环境保护局提出有毒化学品进口环境管理登记申请。对准予进口的发给《化学品进（出）口环境管理登记证》和《有毒化学品进（出）口环境管理放行通知单》（以下简称《通知单》）。《通知单》实行一批一证制，每份（通知单）在有效时间内只能报关使用一次（见附件一）。

第十条　申请出口列入《名录》的化学品，必须向国家环境保护局提出有毒化学品出口环境管理登记申请。

国家环境保护局受理申请后，应通知进口国主管部门，在收到进口国主管部门同意进口的通知后，发给申请人准许有毒化学品出口的《化学品进（出）口环境管理登记证》。对进口国主管部门不同意进口的化学品，不予登记，不准出口，并通知申请人。

第十一条　国家环境保护局签发的《化学品进（出）口环境管理登记证》须加盖中华人民共和国国家环境保护局化学品进出口环境管理登记审批章。国内外为进口或出口列入《名录》的有毒化学品而申请的《化学品进（出）口环境管理登记证》为绿色证，外商或其代理人为首次向中国出口化学品而申请的《化学品进（出）口环境管理登记证》为粉色证，临时登记证为白色证。

第十二条　《有毒化学品进（出）口环境管理放行通知单》第一联由国家环境保护局留存，第二联（正本）交申请人用以报关，第三联发送中华人民共和国国家进出口商品检验局。

第十三条　申请化学品进出口环境管理登记的审查期限从收到符合登记资料要求的申请之日起计算，对化学品首次进口登记申请的审查期不超过一百八十天，对列入《名录》的有毒化学品进出口登记申请的审查期不超过三十天。

第十四条 国家环境保护局审批化学品进出口环境管理登记申请时，有权向申请人提出质询和要求补充有关资料。国家环境保护局应当为申请提交的资料和样品保守技术秘密。

第十五条 化学品首次进口环境管理登记申请表和有毒化学品环境管理登记申请表、化学品进出口环境管理登记证和临时登记证、有毒化学品进出口环境管理放行通知单，由国家环境保护局统一监制。

第四章 防止污染口岸环境

第十六条 进出口化学品的分类、包装、标签和运输，按照国际或国内有关危险货物运输规则的规定执行。

第十七条 在装卸、贮存和运输化学品过程中，必须采取有效的预防和应急措施，防止污染环境。

第十八条 因包装损坏或者不符合要求而造成或者可能造成口岸污染的，口岸主管部门应立即采取措施，防止和消除污染，并及时通知当地环境保护行政主管部门，进行调查处理。防止和消除其污染的费用由有关责任人承担。

第五章 罚 则

第十九条 违反本规定，未进行化学品进出口环境管理登记而进出口化学品的，由海关根据海关行政处罚实施细则有关规定处以罚款，并责令当事人补办登记手续；对经补办登记申请但未获准登记的，责令退回货物。

第二十条 进出口化学品造成中国口岸污染的，由当地环境保护行政主管部门予以处罚。

第二十一条 违反国家外贸管制规定而进出口化学品的，由外贸行政主管部门依照有关规定予以处罚。

第六章 附 则

第二十二条 因实验需要，首次进口且年进口量不足 50 公斤的化学品免于登记（《中国禁止或严格限制的有毒化学品名录》中的化学品除外）。

第二十三条 化学品进出口环境管理登记收费办法另行制定。

第二十四条 本规定由国家环境保护局负责解释。

第二十五条 本规定自 1994 年 5 月 1 日起施行。

9.《危险化学品建设项目安全监督管理办法》

国家安全生产监督管理总局令
第 45 号

《危险化学品建设项目安全监督管理办法》已经 2012 年 1 月 4 日国家安全生产监督管理总局局长办公会议审议通过，现予公布，自 2012 年 4 月 1 日起施行。国家安全生产监督管理总局 2006 年 9 月 2 日公布的《危险化学品建设项目安全许可实施办法》同时废止。

国家安全生产监督管理总局局长 骆 琳

二〇一二年一月三十日

危险化学品建设项目安全监督管理办法

第一章　总　则

第一条　为了加强危险化学品建设项目安全监督管理，规范危险化学品建设项目安全审查，根据《中华人民共和国安全生产法》和《危险化学品安全管理条例》等法律、行政法规，制定本办法。

第二条　中华人民共和国境内新建、改建、扩建危险化学品生产、储存的建设项目以及伴有危险化学品产生的化工建设项目（包括危险化学品长输管道建设项目，以下统称建设项目），其安全审查及其监督管理，适用本办法。

危险化学品的勘探、开采及其辅助的储存，原油和天然气勘探、开采的配套输送及储存，城镇燃气的输送及储存等建设项目，不适用本办法。

第三条　本办法所称建设项目安全审查，是指建设项目安全条件审查、安全设施的设计审查和竣工验收。

建设项目的安全审查由建设单位申请，安全生产监督管理部门根据本办法分级负责实施。建设项目未经安全审查的，不得开工建设或者投入生产（使用）。

第四条　国家安全生产监督管理总局指导、监督全国建设项目安全审查的实施工作，并负责实施下列建设项目的安全审查：

（一）国务院审批（核准、备案）的；

（二）跨省、自治区、直辖市的。

省、自治区、直辖市人民政府安全生产监督管理部门（以下简称省级安全生产监督管理部门）指导、监督本行政区域内建设项目安全审查的监督管理工作，确定并公布本部门和本行政区域内由设区的市级人民政府安全生产监督管理部门（以下简称市级安全生产监督管理部门）实施的前款规定以外的建设项目范围，并报国家安全生产监督管理总局备案。

第五条　建设项目有下列情形之一的，应当由省级安全生产监督管理部门负责安全审查：

（一）国务院投资主管部门审批（核准、备案）的；

（二）生产剧毒化学品的；

（三）省级安全生产监督管理部门确定的本办法第四条第一款规定以外的其他建设项目。

第六条　负责实施建设项目安全审查的安全生产监督管理部门根据工作需要，可以将其负责实施的建设项目安全审查工作，委托下一级安全生产监督管理部门实施。委托实施安全审查的，审查结果由委托的安全生产监督管理部门负责。跨省、自治区、直辖市的建设项目和生产剧毒化学品的建设项目，不得委托实施安全审查。

建设项目有下列情形之一的，不得委托县级人民政府安全生产监督管理部门实施安全审查：

（一）涉及国家安全生产监督管理总局公布的重点监管危险化工工艺的；

（二）涉及国家安全生产监督管理总局公布的重点监管危险化学品中的有毒气体、液化气体、易燃液体、爆炸品，且构成重大危险源的。

接受委托的安全生产监督管理部门不得将其受托的建设项目安全审查工作再委托其他单位实施。

第七条　建设项目的设计、施工、监理单位和安全评价机构应当具备相应的资质，并对其工作成果负责。

涉及重点监管危险化工工艺、重点监管危险化学品或者危险化学品重大危险源的建设项目，应当由具有石油化工医药行业相应资质的设计单位设计。

第二章　建设项目安全条件审查

第八条　建设单位应当在建设项目的可行性研究阶段，对下列安全条件进行论证，编制安全条件论证报告：

（一）建设项目是否符合国家和当地政府产业政策与布局；

（二）建设项目是否符合当地政府区域规划；

（三）建设项目选址是否符合《工业企业总平面设计规范》（GB50187）、《化工企业总图运输设计规范》（GB50489）等相关标准；涉及危险化学品长输管道的，是否符合《输气管道工程设计规范》（GB50251）、《石油天然气工程设计防火规范》（GB50183）等相关标准；

（四）建设项目周边重要场所、区域及居民分布情况，建设项目的设施分布和连续生产经营活动情况及其相互影响情况，安全防范措施是否科学、可行；

（五）当地自然条件对建设项目安全生产的影响和安全措施是否科学、可行；

（六）主要技术、工艺是否成熟可靠；

（七）依托原有生产、储存条件的，其依托条件是否安全可靠。

第九条　建设单位应当在建设项目的可行性研究阶段，委托具备相应资质的安全评价机构对建设项目进行安全评价。

安全评价机构应当根据有关安全生产法律、法规、规章和国家标准、行业标准，对建设项目进行安全评价，出具建设项目安全评价报告。安全评价报告应当符合《危险化学品建设项目安全评价细则》的要求。

第十条　建设项目有下列情形之一的，应当由甲级安全评价机构进行安全评价：

（一）国务院及其投资主管部门审批（核准、备案）的；

（二）生产剧毒化学品的；

（三）跨省、自治区、直辖市的；

（四）法律、法规、规章另有规定的。

第十一条　建设单位应当在建设项目开始初步设计前，向与本办法第四条、第五条规定相应的安全生产监督管理部门申请建设项目安全条件审查，提交下列文件、资料，并对其真实性负责：

（一）建设项目安全条件审查申请书及文件；

（二）建设项目安全条件论证报告；

（三）建设项目安全评价报告；

（四）建设项目批准、核准或者备案文件和规划相关文件（复制件）；

（五）工商行政管理部门颁发的企业营业执照或者企业名称预先核准通知书（复制件）。

第十二条　建设单位申请安全条件审查的文件、资料齐全，符合法定形式的，安全生产监督管理部门应当当场予以受理，并书面告知建设单位。

建设单位申请安全条件审查的文件、资料不齐全或者不符合法定形式的，安全生产监督管理部门应当自收到申请文件、资料之日起五个工作日内一次性书面告知建设单位需要补正的全部内容；逾期不告知的，收到申请文件、资料之日起即为受理。

第十三条　对已经受理的建设项目安全条件审查申请，安全生产监督管理部门应当指派有关人员或者组织专家对申请文件、资料进行审查，并自受理申请之日起四十五日内向建设单位出具建设项目安全条件审查意见书。建设项目安全条件审查意见书的有效期为两年。

根据法定条件和程序，需要对申请文件、资料的实质内容进行核实的，安全生产监督管理部门应当指派两名以上工作人员对建设项目进行现场核查。

建设单位整改现场核查发现的有关问题和修改申请文件、资料所需时间不计算在本条规定的期限内。

第十四条　建设项目有下列情形之一的，安全条件审查不予通过：

（一）安全条件论证报告或者安全评价报告存在重大缺陷、漏项的，包括建设项目主要危险、有害因素辨识和评价不全或者不准确的；

（二）建设项目与周边场所、设施的距离或者拟建场址自然条件不符合有关安全生产法律、法规、规章和国家标准、行业标准的规定的；

（三）主要技术、工艺未确定，或者不符合有关安全生产法律、法规、规章和国家标准、行业标准的规定的；

（四）国内首次使用的化工工艺，未经省级人民政府有关部门组织的安全可靠性论证的；

（五）对安全设施设计提出的对策与建议不符合法律、法规、规章和国家标准、行业标准的规定的；

（六）未委托具备相应资质的安全评价机构进行安全评价的；

（七）隐瞒有关情况或者提供虚假文件、资料的。

建设项目未通过安全条件审查的，建设单位经过整改后可以重新申请建设项目安全条件审查。

第十五条　已经通过安全条件审查的建设项目有下列情形之一的，建设单位应当重新进行安全条件论证和安全评价，并申请审查：

（一）建设项目周边条件发生重大变化的；

（二）变更建设地址的；

（三）主要技术、工艺路线、产品方案或者装置规模发生重大变化的；

（四）建设项目在安全条件审查意见书有效期内未开工建设，期限届满后需要开工建设的。

第三章　建设项目安全设施设计审查

第十六条　设计单位应当根据有关安全生产的法律、法规、规章和国家标准、行业标准以及建设项目安全条件审查意见书，按照《化工建设项目安全设计管理导则》（AQ/T3033），对建设项目安全设施进行设计，并编制建设项目安全设施设计专篇。建设项目安全设施设计专篇应当符合《危险化学品建设项目安全设施设计专篇编制导则》的要求。

第十七条　建设单位应当在建设项目初步设计完成后、详细设计开始前，向出具建设项目安全条件审查意见书的安全生产监督管理部门申请建设项目安全设施设计审查，提交下列文件、资料，并对其真实性负责：

（一）建设项目安全设施设计审查申请书及文件；

（二）设计单位的设计资质证明文件（复制件）；

（三）建设项目安全设施设计专篇。

第十八条　建设单位申请安全设施设计审查的文件、资料齐全，符合法定形式的，安全生产监督管理部门应当当场予以受理；未经安全条件审查或者审查未通过的，不予受理。受理或者不予受理的情况，安全生产监督管理部门应当书面告知建设单位。

安全设施设计审查申请文件、资料不齐全或者不符合要求的，安全生产监督管理部门应当自收到申请文件、资料之日起五个工作日内一次性书面告知建设单位需要补正的全部内容；逾期不告知的，收到申请文件、资料之日起即为受理。

第十九条　对已经受理的建设项目安全设施设计审查申请，安全生产监督管理部门应当指派有关人员或者组织专家对申请文件、资料进行审查，并在受理申请之日起二十个工作日内作出同意或者不同意建设项目安全设施设计专篇的决定，向建设单位出具建设项目安全设施设计的审查意见书；二十个工作日内不能出具审查意见的，经本部门负责人批准，可以延长十个工作日，并应当将延长的期限和理由告知建设单位。

根据法定条件和程序，需要对申请文件、资料的实质内容进行核实的，安全生产监督管理部门应当指派两名以上工作人员进行现场核查。

建设单位整改现场核查发现的有关问题和修改申请文件、资料所需时间不计算在本条规定的期限内。

第二十条　建设项目安全设施设计有下列情形之一的，审查不予通过：

（一）设计单位资质不符合相关规定的；

（二）未按照有关安全生产的法律、法规、规章和国家标准、行业标准的规定进行设计的；

（三）对未采纳的建设项目安全评价报告中的安全对策和建议，未作充分论证说明的；

（四）隐瞒有关情况或者提供虚假文件、资料的。

建设项目安全设施设计审查未通过的，建设单位经过整改后可以重新申请建设项目安全设施设计的审查。

第二十一条　已经审查通过的建设项目安全设施设计有下列情形之一的，建设单位应当向原审查部门申请建设项目安全设施变更设计的审查：

（一）改变安全设施设计且可能降低安全性能的；

（二）在施工期间重新设计的。

第四章　建设项目试生产（使用）

第二十二条　建设项目安全设施施工完成后，建设单位应当按照有关安全生产法律、法规、规章和国家标准、行业标准的规定，对建设项目安全设施进行检验、检测，保证建设项目安全设施满足危险化学品生产、储存的安全要求，并处于正常适用状态。

第二十三条　建设单位应当组织建设项目的设计、施工、监理等有关单位和专家，研究提出建设项目试生产（使用）（以下简称试生产〈使用〉）可能出现的安全问题及对策，并按照有关安全生产法律、法规、规章和国家标准、行业标准的规定，制定周密的试生产（使用）方案。试生产（使用）方案应当包括下列有关安全生产的内容：

（一）建设项目设备及管道试压、吹扫、气密、单机试车、仪表调校、联动试车等生产准备的完成情况；

（二）投料试车方案；

（三）试生产（使用）过程中可能出现的安全问题、对策及应急预案；

（四）建设项目周边环境与建设项目安全试生产（使用）相互影响的确认情况；

（五）危险化学品重大危险源监控措施的落实情况；

（六）人力资源配置情况；

（七）试生产（使用）起止日期。

第二十四条 建设单位在采取有效安全生产措施后，方可将建设项目安全设施与生产、储存、使用的主体装置、设施同时进行试生产（使用）。

试生产（使用）前，建设单位应当组织专家对试生产（使用）方案进行审查。

试生产（使用）时，建设单位应当组织专家对试生产（使用）条件进行确认，对试生产（使用）过程进行技术指导。

第二十五条 建设单位应当在试生产（使用）前，将试生产（使用）方案，报送出具安全设施设计审查意见书的安全生产监督管理部门备案，提交下列文件、资料，并对其真实性负责：

（一）试生产（使用）方案备案表；

（二）试生产（使用）方案；

（三）设计、施工、监理单位对试生产（使用）方案以及是否具备试生产（使用）条件的意见；

（四）专家对试生产（使用）方案的审查意见；

（五）安全设施设计重大变更情况的报告；

（六）施工过程中安全设施设计落实情况的报告；

（七）组织设计漏项、工程质量、工程隐患的检查情况，以及整改措施的落实情况报告；

（八）建设项目施工、监理单位资质证书（复制件）；

（九）建设项目质量监督手续（复制件）；

（十）主要负责人、安全生产管理人员、注册安全工程师资格证书（复制件），以及特种作业人员名单；

（十一）从业人员安全教育、培训合格的证明材料；

（十二）劳动防护用品配备情况说明；

（十三）安全生产责任制文件，安全生产规章制度清单、岗位操作安全规程清单；

（十四）设置安全生产管理机构和配备专职安全生产管理人员的文件（复制件）。

第二十六条 安全生产监督管理部门应当对建设单位报送备案的文件、资料进行审查；符合法定形式的，应当自收到备案文件、资料之日起五个工作日内出具试生产（使用）备案意见书。

第二十七条 建设项目试生产期限应当不少于三十日，不超过一年。需要延期的，可以向原备案部门提出申请。经两次延期后仍不能稳定生产的，建设单位应当立即停止试生产，组织设计、施工、监理等有关单位和专家分析原因，整改问题后，按照本章的规定重新制定试生产（使用）方案并报安全生产监督管理部门备案。

第五章　建设项目安全设施竣工验收

第二十八条　建设项目安全设施施工完成后，施工单位应当编制建设项目安全设施施工情况报告。建设项目安全设施施工情况报告应当包括下列内容：

（一）施工单位的基本情况，包括施工单位以往所承担的建设项目施工情况；

（二）施工单位的资质情况（提供相关资质证明材料复印件）；

（三）施工依据和执行的有关法律、法规、规章和国家标准、行业标准；

（四）施工质量控制情况；

（五）施工变更情况，包括建设项目在施工和试生产期间有关安全生产的设施改动情况。

第二十九条　建设项目试生产期间，建设单位应当按照本办法的规定委托有相应资质的安全评价机构对建设项目及其安全设施试生产（使用）情况进行安全验收评价，且不得委托在可行性研究阶段进行安全评价的同一安全评价机构。

安全评价机构应当根据有关安全生产的法律、法规、规章和国家标准、行业标准进行评价。建设项目安全验收评价报告应当符合《危险化学品建设项目安全评价细则》的要求。

第三十条　建设单位应当在建设项目试生产期限结束前向出具建设项目安全设施设计审查意见书的安全生产监督管理部门申请建设项目安全设施竣工验收，提交下列文件、资料，并对其真实性负责：

（一）建设项目安全设施竣工验收申请书及文件；

（二）建设项目安全设施施工、监理情况报告；

（三）建设项目安全验收评价报告；

（四）试生产（使用）期间是否发生事故、采取的防范措施以及整改情况报告；

（五）为从业人员缴纳工伤保险费的证明材料（复制件）；

（六）危险化学品事故应急预案备案登记表（复制件）；

（七）构成危险化学品重大危险源的，还应当提交危险化学品重大危险源备案证明文件（复制件）。

第三十一条　建设单位提交的建设项目安全设施竣工验收申请文件、资料齐全，符合法定形式的，安全生产监督管理部门应当予以受理，并书面告知建设单位。

建设项目安全设施竣工验收申请文件、资料不齐全或者不符合法定形式的，安全生产监督管理部门应当自收到申请文件、资料之日起五个工作日内一次性书面告知建设单位需要补正的全部内容；逾期不告知的，收到申请文件、资料之日起即为受理。

第三十二条　已经受理的建设项目安全设施竣工验收申请，安全生产监督管理部门应当指派有关人员或者组织专家对申请文件、资料进行审查，并自受理申请之日起二十个工作日内作出同意或者不同意建设项目安全设施投入生产（使用）的决定，向建设单位出具建设项目安全设施竣工验收意见书；二十个工作日内不能出具验收意见书的，经本部门负责人批准，可以延长十个工作日，但应当将延长的期限和理由告知建设单位。

根据法定条件和程序，需要对申请文件、资料的实质内容进行核实的，安全生产监督管理部门应当指派两名以上工作人员进行现场核查。

建设单位整改现场核查发现的有关问题和修改申请文件、资料所需时间不计算在本条规定的期限内。

第三十三条　建设项目安全设施有下列情形之一的，建设项目安全设施竣工验收不予通过：

（一）未委托具备相应资质的施工单位施工的；

（二）未按照已经通过审查的建设项目安全设施设计施工或者施工质量未达到建设项目安全设施设计文件要求的；

（三）建设项目安全设施的施工不符合国家标准、行业标准的规定的；

（四）建设项目安全设施竣工后未按照本办法的规定进行检验、检测，或者经检验、检测不合格的；

（五）未委托具备相应资质的安全评价机构进行安全验收评价的；

（六）安全设施和安全生产条件不符合或者未达到有关安全生产法律、法规、规章和国家标准、行业标准的规定的；

（七）安全验收评价报告存在重大缺陷、漏项，包括建设项目主要危险、有害因素辨识和评价不正确的；

（八）隐瞒有关情况或者提供虚假文件、资料的。

建设项目安全设施竣工验收未通过的，建设单位经过整改后可以再次向原验收部门申请建设项目安全设施竣工验收。

第三十四条　建设单位应当自收到同意投入生产（使用）的建设项目安全设施竣工验收意见书之日起十个工作日内，按照有关法律法规及其配套规章的规定申请有关危险化学品的其他安全许可。

建设项目安全设施竣工验收意见，可以作为生产、经营、使用安全许可的现场核查意见。

第六章　监督管理

第三十五条　建设项目在通过安全条件审查之后、安全设施竣工验收之前，建设单位发生变更的，变更后的建设单位应当及时将证明材料和有关情况报送负责建设项目安全审查的安全生产监督管理部门。

第三十六条　有下列情形之一的，负责审查的安全生产监督管理部门或者其上级安全生产监督管理部门可以撤销建设项目的安全审查：

（一）滥用职权、玩忽职守的；

（二）超越法定职权的；

（三）违反法定程序的；

（四）申请人不具备申请资格或者不符合法定条件的；

（五）依法可以撤销的其他情形。

建设单位以欺骗、贿赂等不正当手段通过安全审查的，应当予以撤销。

第三十七条　安全生产监督管理部门应当建立健全建设项目安全审查档案及其管理制度，并及时将建设项目的安全审查情况通报有关部门。

第三十八条　各级安全生产监督管理部门应当按照各自职责，依法对建设项目安全审查情况进行监督检查，对检查中发现的违反本办法的情况，应当依法作出处理，并通报实施安全审查的安全生产监督管理部门。

第三十九条　市级安全生产监督管理部门应当在每年 1 月 31 日前，将本行政区域内上一年度建设项目安全审查的实施情况报告省级安全生产监督管理部门。

省级安全生产监督管理部门应当在每年 2 月 15 日前,将本行政区域内上一年度建设项目安全审查的实施情况报告国家安全生产监督管理总局。

<h2 align="center">第七章　法律责任</h2>

第四十条　安全生产监督管理部门工作人员徇私舞弊、滥用职权、玩忽职守,未依法履行危险化学品建设项目安全审查和监督管理职责的,依法给予处分。

第四十一条　未经安全条件审查或者安全条件审查未通过,新建、改建、扩建生产、储存危险化学品的建设项目的,责令停止建设,限期改正;逾期不改正的,处五十万元以上一百万元以下的罚款;构成犯罪的,依法追究刑事责任。

建设项目发生本办法第十五条规定的变化后,未重新申请安全条件审查,以及审查未通过擅自建设的,依照前款规定处罚。

第四十二条　建设单位有下列行为之一的,依照《中华人民共和国安全生产法》有关建设项目安全设施设计审查、竣工验收的法律责任条款给予处罚:

(一)建设项目安全设施设计未经审查或者审查未通过,擅自建设的;

(二)建设项目安全设施设计发生本办法第二十一条规定的情形之一,未经变更设计审查或者变更设计审查未通过,擅自建设的;

(三)建设项目的施工单位未根据批准的安全设施设计施工的;

(四)建设项目安全设施未经竣工验收或者验收不合格,擅自投入生产(使用)的。

第四十三条　建设单位有下列行为之一的,责令改正,可以处一万元以下的罚款;逾期未改正的,处一万元以上三万元以下的罚款:

(一)建设项目安全设施竣工后未进行检验、检测的;

(二)在申请建设项目安全审查时提供虚假文件、资料的;

(三)未组织有关单位和专家研究提出试生产(使用)可能出现的安全问题及对策,或者未制定周密的试生产(使用)方案,进行试生产(使用)的;

(四)未组织有关专家对试生产(使用)方案进行审查、对试生产(使用)条件进行检查确认的;

(五)试生产(使用)方案未报安全生产监督管理部门备案的。

第四十四条　建设单位隐瞒有关情况或者提供虚假材料申请建设项目安全审查的,不予受理或者审查不予通过,给予警告,并自安全生产监督管理部门发现之日起一年内不得再次申请该审查。

建设单位采用欺骗、贿赂等不正当手段取得建设项目安全审查的,自安全生产监督管理部门撤销建设项目安全审查之日起三年内不得再次申请该审查。

第四十五条　承担安全评价、检验、检测工作的机构出具虚假报告、证明的,依照《中华人民共和国安全生产法》的有关规定给予处罚。

<h2 align="center">第八章　附　则</h2>

第四十六条　对于规模较小、危险程度较低和工艺路线简单的建设项目,安全生产监督管理部门可以适当简化建设项目安全审查的程序和内容。

第四十七条　建设项目分期建设的，安全生产监督管理部门可以分期进行安全条件审查、安全设施设计审查、试生产方案备案及安全设施竣工验收。

第四十八条　本办法所称新建项目，是指有下列情形之一的项目：

（一）新设立的企业建设危险化学品生产、储存装置（设施），或者现有企业建设与现有生产、储存活动不同的危险化学品生产、储存装置（设施）的；

（二）新设立的企业建设伴有危险化学品产生的化学品生产装置（设施），或者现有企业建设与现有生产活动不同的伴有危险化学品产生的化学品生产装置（设施）的。

第四十九条　本办法所称改建项目，是指有下列情形之一的项目：

（一）企业对在役危险化学品生产、储存装置（设施），在原址更新技术、工艺、主要装置（设施）、危险化学品种类的；

（二）企业对在役伴有危险化学品产生的化学品生产装置（设施），在原址更新技术、工艺、主要装置（设施）的。

第五十条　本办法所称扩建项目，是指有下列情形之一的项目：

（一）企业建设与现有技术、工艺、主要装置（设施）、危险化学品品种相同，但生产、储存装置（设施）相对独立的；

（二）企业建设与现有技术、工艺、主要装置（设施）相同，但生产装置（设施）相对独立的伴有危险化学品产生的。

第五十一条　实施建设项目安全审查所需的有关文书的内容和格式，由国家安全生产监督管理总局另行规定。

第五十二条　省级安全生产监督管理部门可以根据本办法的规定，制定和公布本行政区域内需要简化安全条件审查和分期安全条件审查的建设项目范围及其审查内容，并报国家安全生产监督管理总局备案。

第五十三条　本办法施行后，负责实施建设项目安全审查的安全生产监督管理部门发生变化的（已通过安全设施竣工验收的建设项目除外），原安全生产监督管理部门应当将建设项目安全审查实施情况及档案移交根据本办法负责实施建设项目安全审查的安全生产监督管理部门。

第五十四条　本办法自 2012 年 4 月 1 日起施行。国家安全生产监督管理总局 2006 年 9 月 2 日公布的《危险化学品建设项目安全许可实施办法》同时废止。

10.《危险化学品登记管理办法》
国家安全生产监督管理总局令
第 53 号

《危险化学品登记管理办法》已经 2012 年 5 月 21 日国家安全生产监督管理总局局长办公会议审议通过，现予公布，自 2012 年 8 月 1 日起施行。原国家经济贸易委员会 2002 年 10 月 8 日公布的《危险化学品登记管理办法》同时废止。

国家安全生产监督管理总局局长　杨栋梁
2012 年 7 月 1 日

危险化学品登记管理办法

第一章 总 则

第一条 为了加强对危险化学品的安全管理，规范危险化学品登记工作，为危险化学品事故预防和应急救援提供技术、信息支持，根据《危险化学品安全管理条例》，制定本办法。

第二条 本办法适用于危险化学品生产企业、进口企业（以下统称登记企业）生产或者进口《危险化学品目录》所列危险化学品的登记和管理工作。

第三条 国家实行危险化学品登记制度。危险化学品登记实行企业申请、两级审核、统一发证、分级管理的原则。

第四条 国家安全生产监督管理总局负责全国危险化学品登记的监督管理工作。

县级以上地方各级人民政府安全生产监督管理部门负责本行政区域内危险化学品登记的监督管理工作。

第二章 登记机构

第五条 国家安全生产监督管理总局化学品登记中心（以下简称登记中心），承办全国危险化学品登记的具体工作和技术管理工作。

省、自治区、直辖市人民政府安全生产监督管理部门设立危险化学品登记办公室或者危险化学品登记中心（以下简称登记办公室），承办本行政区域内危险化学品登记的具体工作和技术管理工作。

第六条 登记中心履行下列职责：

（一）组织、协调和指导全国危险化学品登记工作；

（二）负责全国危险化学品登记内容审核、危险化学品登记证的颁发和管理工作；

（三）负责管理与维护全国危险化学品登记信息管理系统（以下简称登记系统）以及危险化学品登记信息的动态统计分析工作；

（四）负责管理与维护国家危险化学品事故应急咨询电话，并提供24小时应急咨询服务；

（五）组织化学品危险性评估，对未分类的化学品统一进行危险性分类；

（六）对登记办公室进行业务指导，负责全国登记办公室危险化学品登记人员的培训工作；

（七）定期将危险化学品的登记情况通报国务院有关部门，并向社会公告。

第七条 登记办公室履行下列职责：

（一）组织本行政区域内危险化学品登记工作；

（二）对登记企业申报材料的规范性、内容一致性进行审查；

（三）负责本行政区域内危险化学品登记信息的统计分析工作；

（四）提供危险化学品事故预防与应急救援信息支持；

（五）协助本行政区域内安全生产监督管理部门开展登记培训，指导登记企业实施危险化学品登记工作。

第八条 登记中心和登记办公室（以下统称登记机构）从事危险化学品登记的工作人员（以下简称登记人员）应当具有化工、化学、安全工程等相关专业大学专科以上学历，并经统一业务培训，取得培训合格证，方可上岗作业。

第九条 登记办公室应当具备下列条件：

（一）有 3 名以上登记人员；

（二）有严格的责任制度、保密制度、档案管理制度和数据库维护制度；

（三）配备必要的办公设备、设施。

第三章 登记的时间、内容和程序

第十条 新建的生产企业应当在竣工验收前办理危险化学品登记。

进口企业应当在首次进口前办理危险化学品登记。

第十一条 同一企业生产、进口同一品种危险化学品的，按照生产企业进行一次登记，但应当提交进口危险化学品的有关信息。

进口企业进口不同制造商的同一品种危险化学品的，按照首次进口制造商的危险化学品进行一次登记，但应当提交其他制造商的危险化学品的有关信息。

生产企业、进口企业多次进口同一制造商的同一品种危险化学品的，只进行一次登记。

第十二条 危险化学品登记应当包括下列内容：

（一）分类和标签信息，包括危险化学品的危险性类别、象形图、警示词、危险性说明、防范说明等；

（二）物理、化学性质，包括危险化学品的外观与性状、溶解性、熔点、沸点等物理性质，闪点、爆炸极限、自燃温度、分解温度等化学性质；

（三）主要用途，包括企业推荐的产品合法用途、禁止或者限制的用途等；

（四）危险特性，包括危险化学品的物理危险性、环境危害性和毒理特性；

（五）储存、使用、运输的安全要求，其中，储存的安全要求包括对建筑条件、库房条件、安全条件、环境卫生条件、温度和湿度条件的要求，使用的安全要求包括使用时的操作条件、作业人员防护措施、使用现场危害控制措施等，运输的安全要求包括对运输或者输送方式的要求、危害信息向有关运输人员的传递手段、装卸及运输过程中的安全措施等；

（六）出现危险情况的应急处置措施，包括危险化学品在生产、使用、储存、运输过程中发生火灾、爆炸、泄漏、中毒、窒息、灼伤等化学品事故时的应急处理方法，应急咨询服务电话等。

第十三条 危险化学品登记按照下列程序办理：

（一）登记企业通过登记系统提出申请；

（二）登记办公室在 3 个工作日内对登记企业提出的申请进行初步审查，符合条件的，通过登记系统通知登记企业办理登记手续；

（三）登记企业接到登记办公室通知后，按照有关要求在登记系统中如实填写登记内容，并向登记办公室提交有关纸质登记材料；

（四）登记办公室在收到登记企业的登记材料之日起 20 个工作日内，对登记材料和登记内容逐项进行审查，必要时可进行现场核查，符合要求的，将登记材料提交给登记中心；不符合要求的，通过登记系统告知登记企业并说明理由；

（五）登记中心在收到登记办公室提交的登记材料之日起 15 个工作日内，对登记材料和登记内容进行审核，符合要求的，通过登记办公室向登记企业发放危险化学品登记证；不符合要求的，通过登记系统告知登记办公室、登记企业并说明理由。

登记企业修改登记材料和整改问题所需时间，不计算在前款规定的期限内。

第十四条   登记企业办理危险化学品登记时，应当提交下列材料，并对其内容的真实性负责：

（一）危险化学品登记表一式 2 份；

（二）生产企业的工商营业执照，进口企业的对外贸易经营者备案登记表、中华人民共和国进出口企业资质证书、中华人民共和国外商投资企业批准证书或者台港澳侨投资企业批准证书复制件 1 份；

（三）与其生产、进口的危险化学品相符并符合国家标准的化学品安全技术说明书、化学品安全标签各 1 份；

（四）满足本办法第二十二条规定的应急咨询服务电话号码或者应急咨询服务委托书复制件 1 份；

（五）办理登记的危险化学品产品标准（采用国家标准或者行业标准的，提供所采用的标准编号）。

第十五条   登记企业在危险化学品登记证有效期内，企业名称、注册地址、登记品种、应急咨询服务电话发生变化，或者发现其生产、进口的危险化学品有新的危险特性的，应当在 15 个工作日内向登记办公室提出变更申请，并按照下列程序办理登记内容变更手续：

（一）通过登记系统填写危险化学品登记变更申请表，并向登记办公室提交涉及变更事项的证明材料 1 份；

（二）登记办公室初步审查登记企业的登记变更申请，符合条件的，通知登记企业提交变更后的登记材料，并对登记材料进行审查，符合要求的，提交给登记中心；不符合要求的，通过登记系统告知登记企业并说明理由；

（三）登记中心对登记办公室提交的登记材料进行审核，符合要求且属于危险化学品登记证载明事项的，通过登记办公室向登记企业发放登记变更后的危险化学品登记证并收回原证；符合要求但不属于危险化学品登记证载明事项的，通过登记办公室向登记企业提供书面证明文件。

第十六条   危险化学品登记证有效期为 3 年。登记证有效期满后，登记企业继续从事危险化学品生产或者进口的，应当在登记证有效期届满前 3 个月提出复核换证申请，并按下列程序办理复核换证：

（一）通过登记系统填写危险化学品复核换证申请表；

（二）登记办公室审查登记企业的复核换证申请，符合条件的，通过登记系统告知登记企业提交本规定第十四条规定的登记材料；不符合条件的，通过登记系统告知登记企业并说明理由；

（三）按照本办法第十三条第一款第三项、第四项、第五项规定的程序办理复核换证手续。

第十七条   危险化学品登记证分为正本、副本，正本为悬挂式，副本为折页式。正本、副本具有同等法律效力。

危险化学品登记证正本、副本应当载明证书编号、企业名称、注册地址、企业性质、登记品种、有效期、发证机关、发证日期等内容。其中，企业性质应当注明危险化学品生产企业、危险化学品进口企业或者危险化学品生产企业（兼进口）。

第四章　登记企业的职责

第十八条　登记企业应当对本企业的各类危险化学品进行普查,建立危险化学品管理档案。

危险化学品管理档案应当包括危险化学品名称、数量、标识信息、危险性分类和化学品安全技术说明书、化学品安全标签等内容。

第十九条　登记企业应当按照规定向登记机构办理危险化学品登记,如实填报登记内容和提交有关材料,并接受安全生产监督管理部门依法进行的监督检查。

第二十条　登记企业应当指定人员负责危险化学品登记的相关工作,配合登记人员在必要时对本企业危险化学品登记内容进行核查。

登记企业从事危险化学品登记的人员应当具备危险化学品登记相关知识和能力。

第二十一条　对危险特性尚未确定的化学品,登记企业应当按照国家关于化学品危险性鉴定的有关规定,委托具有国家规定资质的机构对其进行危险性鉴定;属于危险化学品的,应当依照本办法的规定进行登记。

第二十二条　危险化学品生产企业应当设立由专职人员 24 小时值守的国内固定服务电话,针对本办法第十二条规定的内容向用户提供危险化学品事故应急咨询服务,为危险化学品事故应急救援提供技术指导和必要的协助。专职值守人员应当熟悉本企业危险化学品的危险特性和应急处置技术,准确回答有关咨询问题。

危险化学品生产企业不能提供前款规定应急咨询服务的,应当委托登记机构代理应急咨询服务。

危险化学品进口企业应当自行或者委托进口代理商、登记机构提供符合本条第一款要求的应急咨询服务,并在其进口的危险化学品安全标签上标明应急咨询服务电话号码。

从事代理应急咨询服务的登记机构,应当设立由专职人员 24 小时值守的国内固定服务电话,建有完善的化学品应急救援数据库,配备在线数字录音设备和 8 名以上专业人员,能够同时受理 3 起以上应急咨询,准确提供化学品泄漏、火灾、爆炸、中毒等事故应急处置有关信息和建议。

第二十三条　登记企业不得转让、冒用或者使用伪造的危险化学品登记证。

第五章　监督管理

第二十四条　安全生产监督管理部门应当将危险化学品登记情况纳入危险化学品安全执法检查内容,对登记企业未按照规定予以登记的,依法予以处理。

第二十五条　登记办公室应当对本行政区域内危险化学品的登记数据及时进行汇总、统计、分析,并报告省、自治区、直辖市人民政府安全生产监督管理部门。

第二十六条　登记中心应当定期向国务院工业和信息化、环境保护、公安、卫生、交通运输、铁路、质量监督检验检疫等部门提供危险化学品登记的有关信息和资料,并向社会公告。

第二十七条　登记办公室应当在每年 1 月 31 日前向所属省、自治区、直辖市人民政府安全生产监督管理部门和登记中心书面报告上一年度本行政区域内危险化学品登记的情况。

登记中心应当在每年 2 月 15 日前向国家安全生产监督管理总局书面报告上一年度全国危险化学品登记的情况。

第六章　法律责任

第二十八条　登记机构的登记人员违规操作、弄虚作假、滥发证书，在规定限期内无故不予登记且无明确答复，或者泄露登记企业商业秘密的，责令改正，并追究有关责任人员的责任。

第二十九条　登记企业不办理危险化学品登记，登记品种发生变化或者发现其生产、进口的危险化学品有新的危险特性不办理危险化学品登记内容变更手续的，责令改正，可以处5万元以下的罚款；拒不改正的，处5万元以上10万元以下的罚款；情节严重的，责令停产停业整顿。

第三十条　登记企业有下列行为之一的，责令改正，可以处3万元以下的罚款：

（一）未向用户提供应急咨询服务或者应急咨询服务不符合本办法第二十二条规定的；

（二）在危险化学品登记证有效期内企业名称、注册地址、应急咨询服务电话发生变化，未按规定按时办理危险化学品登记变更手续的；

（三）危险化学品登记证有效期满后，未按规定申请复核换证，继续进行生产或者进口的；

（四）转让、冒用或者使用伪造的危险化学品登记证，或者不如实填报登记内容、提交有关材料的。

（五）拒绝、阻挠登记机构对本企业危险化学品登记情况进行现场核查的。

第七章　附　则

第三十一条　本办法所称危险化学品进口企业，是指依法设立且取得工商营业执照，并取得下列证明文件之一，从事危险化学品进口的企业：

（一）对外贸易经营者备案登记表；

（二）中华人民共和国进出口企业资质证书；

（三）中华人民共和国外商投资企业批准证书；

（四）台港澳侨投资企业批准证书。

第三十二条　登记企业在本办法施行前已经取得的危险化学品登记证，其有效期不变；有效期满后继续从事危险化学品生产、进口活动的，应当依照本办法的规定办理危险化学品登记证复核换证手续。

第三十三条　危险化学品登记证由国家安全生产监督管理总局统一印制。

第三十四条　本办法自2012年8月1日起施行。原国家经济贸易委员会2002年10月8日公布的《危险化学品登记管理办法》同时废止。

11.《危险化学品环境管理登记办法（试行）》
环境保护部令
第 22 号

《危险化学品环境管理登记办法（试行）》已于2012年7月4日环境保护部部务会议审议通过，现予公布，自2013年3月1日起施行。

环境保护部部长　周生贤

2012年10月10日

危险化学品环境管理登记办法（试行）

第一章　总　则

第一条　为加强危险化学品环境管理，预防和减少危险化学品对环境和人体健康的危害，防范环境风险，履行国际公约，根据《中华人民共和国环境保护法》、《危险化学品安全管理条例》等法律法规，制定本办法。

第二条　本办法适用于在中华人民共和国境内生产危险化学品和使用危险化学品从事生产（以下简称"危险化学品生产使用"）以及进出口危险化学品的活动。

本办法所称危险化学品，是指《危险化学品安全管理条例》规定的列入《危险化学品目录》的剧毒化学品和其他化学品。

第三条　国务院环境保护主管部门根据危险化学品的危害特性和环境风险程度等，确定实施重点环境管理的危险化学品，制定、公布《重点环境管理危险化学品目录》，并适时调整。

第四条　国务院环境保护主管部门负责组织开展全国危险化学品环境管理登记并实施监督管理。

县级以上地方环境保护主管部门负责本行政区域内危险化学品环境管理登记工作。

县级以上环境保护主管部门可以委托其所属的从事化学品环境管理的机构，具体承担危险化学品环境管理登记工作。

第五条　任何单位和个人有权对违反本办法规定的行为进行举报。环境保护主管部门接到举报后，应当及时依法处理；对不属于本部门职责范围内的举报事项，应当及时依法移送有关部门处理。

第二章　生产使用环境管理登记

第六条　危险化学品生产使用企业，应当依照本办法的规定，申请办理危险化学品环境管理登记，领取危险化学品生产使用环境管理登记证（以下简称"生产使用登记证"）。

新建、改建、扩建危险化学品生产使用项目，应当在项目竣工验收前办理危险化学品生产使用环境管理登记。

第七条　重点环境管理危险化学品生产使用登记证，由省级环境保护主管部门核发；其他危险化学品生产使用登记证，由设区的市级环境保护主管部门核发。

第八条　危险化学品生产使用环境管理登记按照以下程序办理：

（一）危险化学品生产使用企业向所在地县级环境保护主管部门提交危险化学品生产使用环境管理登记申请材料；

（二）县级环境保护主管部门收到生产使用企业提交的申请材料后，在五个工作日内进行审核；符合要求的，将申请材料报设区的市级环境保护主管部门；

（三）设区的市级环境保护主管部门收到县级环境保护主管部门的材料后，在十五个工作日内进行审核，符合条件的，核发生产使用登记证。对申请重点环境管理危险化学品生产使用登记证的，设区的市级环境保护主管部门应当自收到申请材料后组织现场核查，并在五个工作日内签署预审意见，报省级环境保护主管部门。现场核查的时间不计算在预审期限内；

（四）省级环境保护主管部门收到设区的市级环境保护主管部门的材料和预审意见后，组织专家进行技术审查；符合条件的，在十个工作日内核发生产使用登记证。技术审查的时间不计算在审批期限内。

设区的市级环境保护主管部门或者省级环境保护主管部门核发的生产使用登记证，应当及时交由县级环境保护主管部门向企业发放。

企业同时生产使用重点环境管理危险化学品和其他危险化学品的，应当按照申请重点环境管理危险化学品生产使用登记的程序办理。

第九条 危险化学品生产使用企业申请办理危险化学品生产使用环境管理登记时，应当提交以下材料，并对材料的真实性、准确性、完整性负责：

（一）危险化学品生产使用环境管理登记申请表，主要包括企业基本情况，周边环境敏感区域，生产使用的危险化学品品种、数量、标签、危险特性分类、用途、使用方式，化学品安全技术说明书，环境风险防范和控制措施，特征化学污染物排放情况，废弃危险化学品处置情况等；

（二）环境影响评价文件批复；

（三）突发环境事件应急预案；

（四）企业自行监测的，或者委托环境保护主管部门所属的环境监测机构或者经省级环境保护主管部门认定的环境监测机构提供的环境监测报告。

本办法施行前已建的危险化学品生产使用企业申请办理危险化学品生产使用环境管理登记的，还应当提交环境保护设施竣工验收决定、排污许可证、企业开展清洁生产情况等相关材料。

第十条 重点环境管理危险化学品生产使用企业，应当开展重点环境管理危险化学品环境风险评估，委托有能力的机构编制环境风险评估报告，并在申请办理危险化学品生产使用环境管理登记时提交。

第十一条 编制重点环境管理危险化学品环境风险评估报告的，应当按照国务院环境保护主管部门的规定，对重点环境管理危险化学品的环境风险及其防范和控制措施进行评估，作出评估结论，明确企业环境风险监管等级。编制机构对评估结论负责。

国务院环境保护主管部门可以择优推荐从事重点环境管理危险化学品环境风险评估报告编制的机构名单，并向社会公布。

从事重点环境管理危险化学品环境风险评估报告编制的人员，应当接受省级以上环境保护主管部门组织的专门培训，并通过考核。

第十二条 生产使用登记证应当载明企业的基本信息、危险化学品品种、生产使用情况及环境管理要求等内容。

生产使用登记证分为正本和副本，正本和副本具有同等法律效力。

危险化学品生产使用企业应当按照生产使用登记证的要求，从事危险化学品的生产使用。禁止伪造、变造、转让生产使用登记证。

第十三条 生产使用登记证有效期为三年。

生产使用登记证有效期内，生产使用登记证上载明的事项发生变更的，持有生产使用登记证的危险化学品生产使用企业应当自变更之日起三十日内按照本办法第八条的规定提交变更证明材料，申请办理变更登记。

第十四条 生产使用登记证有效期届满，继续从事危险化学品生产使用活动的，应当于有效期届满三个月前按照本办法第二章关于申请办理危险化学品生产使用环境管理登记的规定申请换证。

第十五条 危险化学品生产使用企业发现危险化学品有新的危害特性时，应当及时向环境保护主管部门报告。

第三章 进出口环境管理登记

第十六条 进出口列入中国严格限制进出口的危险化学品目录的危险化学品的，企业应当事先向国务院环境保护主管部门办理危险化学品进出口环境管理登记，凭相关证件到海关办理验放手续。

第十七条 企业申请办理危险化学品进出口环境管理登记时，应当提交以下材料，并对材料的真实性、准确性、完整性负责：

（一）危险化学品进出口环境管理登记申请表；

（二）企业营业执照复印件；

（三）企业进出口资质证明文件；

（四）进出口合同；

（五）拟进出口危险化学品国内生产使用企业的生产使用登记证；

（六）拟进出口危险化学品国内购销合同；

（七）国务院环境保护主管部门规定的其他材料。

第十八条 国务院环境保护主管部门委托其所属的从事化学品环境管理的机构承办危险化学品进出口环境管理登记的具体工作。

申请办理危险化学品进出口环境管理登记的企业，应当向国务院环境保护主管部门所属的从事化学品环境管理的机构提交登记申请。

国务院环境保护主管部门所属的从事化学品环境管理的机构自受理登记申请之日起五个工作日内提出初审意见，连同企业提交的申请材料一并报国务院环境保护主管部门。

国务院环境保护主管部门在十五个工作日内作出是否准予登记的决定。不予批准的，应当说明理由。

第十九条 国务院环境保护主管部门在办理危险化学品进出口环境管理登记时，应当依照《关于在国际贸易中对某些危险化学品和农药采用事先知情同意程序的鹿特丹公约》、《关于持久性有机污染物的斯德哥尔摩公约》等国际公约的要求，履行事先知情同意等公约义务。

第四章 监督管理

第二十条 已经取得生产使用登记证的重点环境管理危险化学品生产使用企业，应当于每年的 1 月 31 日前，向县级环境保护主管部门填报重点环境管理危险化学品释放与转移报告表、环境风险防控管理计划。

重点环境管理危险化学品释放与转移报告表应当包括重点环境管理危险化学品及其特征污染物向环境排放、处置和回收利用的情况，以及相关的核算数据等内容。

环境风险防控管理计划应当包括减少重点环境管理危险化学品及其特征污染物排放的重大工艺调整措施、污染防治计划、环境风险防控措施、能力建设方案等内容。

第二十一条 重点环境管理危险化学品生产使用企业，应当按照环境保护主管部门的要求和国家环境监测技术规范及相关标准，对生产使用过程中产生的重点环境管理危险化学品及其特征污染物的排放情况进行监测；不具备自行监测能力的，可以委托环境保护主管部门所属的环境监测机构或者经省级环境保护主管部门认定的环境监测机构实施监测。

第二十二条　危险化学品生产使用企业应当于每年 1 月发布危险化学品环境管理年度报告，向公众公布上一年度生产使用的危险化学品品种、危害特性、相关污染物排放及事故信息、污染防控措施等情况；重点环境管理危险化学品生产使用企业还应当公布重点环境管理危险化学品及其特征污染物的释放与转移信息和监测结果。

第二十三条　危险化学品生产使用企业应当建立危险化学品台账，记录危险化学品的品种、生产使用量、销售去向、供货来源等信息，以及污染物排放、环境监测等环境管理信息档案，并长期保存。

重点环境管理危险化学品生产使用企业，应当按照环境风险评估报告的要求，定期对企业的环境风险进行自查；发现问题的，及时纠正，并保存自查记录。

第二十四条　县级以上环境保护主管部门应当对危险化学品生产使用企业的环境管理情况进行监督检查和监督性监测。

对危险化学品生产使用企业进行的监督检查，应当包括生产使用登记证载明的环境管理要求落实情况、环境风险评估报告提出的防范措施落实情况、重点环境管理危险化学品释放与转移情况、环境风险防控管理计划执行情况、环境监测情况等。

第二十五条　环境保护主管部门进行监督检查时，可以依照《危险化学品安全管理条例》第七条的规定，采取以下措施：

（一）进入危险化学品作业场所实施现场检查，向有关单位和人员了解情况，查阅、复制有关文件、资料；

（二）发现危险化学品环境事故隐患，责令立即消除或者限期消除；

（三）对不符合环境保护法律、行政法规、规章规定或者标准要求的设施、设备、装置、器材、运输工具，责令立即停止使用；

（四）经本部门主要负责人批准，查封违反环境保护法律、法规生产、使用危险化学品的场所，扣押违反环境保护法律、法规生产、使用的危险化学品以及用于违反环境保护法律、法规生产、使用危险化学品的原材料、设备；

（五）发现影响危险化学品环境安全的违法行为，当场予以纠正或者责令限期改正。

环境保护主管部门依法进行监督检查，监督检查人员不得少于两人，并应当出示执法证件；有关单位和个人对依法进行的监督检查应当予以配合，不得拒绝、阻碍。

第二十六条　县级环境保护主管部门应当于每年 2 月底前汇总本行政区域生产使用登记证颁发情况和重点环境管理危险化学品释放与转移数据，并逐级上报至省级环境保护主管部门。

省级环境保护主管部门应当于每年 3 月 31 日前将汇总情况上报至国务院环境保护主管部门，并公布上一年度本行政区域内已经取得生产使用登记证的危险化学品生产使用企业名单。

国务院环境保护主管部门应当向社会公布危险化学品进出口环境管理登记情况，并定期通报省级环境保护主管部门。

第二十七条　国务院环境保护主管部门建立全国危险化学品环境管理信息系统，并可以委托其所属的从事化学品环境管理的机构，汇总和分析全国危险化学品环境管理登记和重点环境管理危险化学品释放与转移的相关信息。

第二十八条　上级环境保护主管部门应当对下级环境保护主管部门危险化学品环境管理登记情况进行监督检查；发现问题的，及时依法进行调查、核实与处理。

第二十九条　县级以上环境保护主管部门应当及时向社会公布对危险化学品生产使用、进出口企业予以处罚的情况。

对违法情节严重的危险化学品生产使用、进出口企业，环境保护主管部门可以不予核发排污许可证，不予通过上市公司环境保护核查，并向有关金融、证券监督管理机构通报。

第五章　法律责任

第三十条　危险化学品生产使用企业，未按照本办法的规定办理危险化学品生产使用环境管理登记而从事危险化学品生产使用活动的，由县级以上环境保护主管部门责令改正，处一万元以下罚款；拒不改正的，处一万元以上三万元以下罚款。

重点环境管理危险化学品生产使用企业，未按照本办法的规定办理危险化学品生产使用环境管理登记而从事危险化学品生产使用活动，或者未按照本办法的规定报告释放与转移信息或者环境风险防控管理计划的，由县级以上环境保护主管部门依照《危险化学品安全管理条例》第八十一条的规定处罚。

危险化学品进出口企业，未按照本办法规定办理危险化学品进出口环境管理登记而从事危险化学品进出口活动的，由县级以上环境保护主管部门责令改正，处一万元以下罚款；拒不改正的，处一万元以上三万元以下罚款；情节严重的，国务院环境保护主管部门三年内不再受理其危险化学品进出口环境管理登记申请。

对本条第三款规定的违法行为，可以由海关按照有关规定予以处罚。

第三十一条　危险化学品生产使用、进出口企业，在办理危险化学品环境管理登记过程中未如实申报有关情况，提供虚假材料，或者以欺骗、贿赂等不正当手段办理危险化学品环境管理登记的，由县级以上环境保护主管部门责令改正，处两万元以上三万元以下罚款；已经取得生产使用登记证或者获得进出口环境管理登记的，撤销其生产使用登记证或者进出口环境管理登记；构成犯罪的，依法移送司法机关追究刑事责任。

危险化学品生产使用企业未按照生产使用登记证的规定从事危险化学品生产使用活动，或者伪造、变造、转让生产使用登记证的，由县级以上环境保护主管部门责令改正，处一万元以上三万元以下罚款；构成犯罪的，依法移送司法机关追究刑事责任。

第三十二条　重点环境管理危险化学品生产使用企业，未按照本办法的规定开展监测的，由县级以上环境保护主管部门责令改正，处三万元以下罚款；未对其所排放的工业废水进行监测并保存原始记录的，依照《中华人民共和国水污染防治法》第七十二条第（三）项的规定处罚。

第三十三条　危险化学品生产使用企业，未按照本办法的规定公开有关信息的，由县级以上环境保护主管部门责令改正，处三万元以下罚款。

第三十四条　危险化学品生产使用企业，未按照本办法的规定建立危险化学品台账或者环境管理信息档案的，由县级以上环境保护主管部门责令改正，处一万元以下罚款。

重点环境管理危险化学品生产使用企业，未按照环境风险评估报告的要求，定期对企业的环境风险进行自查并保存自查记录的，由县级以上环境保护主管部门责令改正，处一万元以下罚款。

第三十五条　危险化学品环境风险评估报告编制机构不负责任或者弄虚作假，致使报告失实的，由省级以上环境保护主管部门责令改正，处三万元以下罚款，并向社会公告；情节严重的，将其从推荐名单中除名。

第三十六条　从事危险化学品环境管理的工作人员违反本办法规定，玩忽职守、滥用职权或者徇私舞弊的，依法给予处分；涉嫌犯罪的，依法移送司法机关追究刑事责任。

第六章　附　则

第三十七条　危险化学品环境管理登记申请表、危险化学品环境管理登记证、重点环境管理危险化学品释放与转移报告表、环境风险防控管理计划等文件的样式、填写要求和相关技术指南等，由国务院环境保护主管部门统一制定。

第三十八条　国务院环境保护主管部门可以根据危险化学品危害特性和环境风险程度等因素，确定不需要办理环境管理登记的危险化学品名单，并向社会公布。

第三十九条　本办法施行前已建的危险化学品生产使用企业，应当在本办法施行后三年内完成危险化学品生产使用环境管理登记。

第四十条　危险化学品环境管理登记，按照国家有关规定收取费用。

第四十一条　本办法由国务院环境保护主管部门负责解释。

第四十二条　本办法自 2013 年 3 月 1 日起施行。

12.《危险化学品重大危险源监督管理暂行规定》

国家安全生产监督管理总局令

第 40 号

《危险化学品重大危险源监督管理暂行规定》已经 2011 年 7 月 22 日国家安全生产监督管理总局局长办公会议审议通过，现予公布，自 2011 年 12 月 1 日起施行。

国家安全生产监督管理总局局长　骆　琳

二〇一一年八月五日

危险化学品重大危险源监督管理暂行规定

第一章　总　则

第一条　为了加强危险化学品重大危险源的安全监督管理，防止和减少危险化学品事故的发生，保障人民群众生命财产安全，根据《中华人民共和国安全生产法》和《危险化学品安全管理条例》等有关法律、行政法规，制定本规定。

第二条　从事危险化学品生产、储存、使用和经营的单位（以下统称危险化学品单位）的危险化学品重大危险源的辨识、评估、登记建档、备案、核销及其监督管理，适用本规定。

城镇燃气、用于国防科研生产的危险化学品重大危险源以及港区内危险化学品重大危险源的安全监督管理，不适用本规定。

第三条　本规定所称危险化学品重大危险源（以下简称重大危险源），是指按照《危险化学品重大危险源辨识》（GB18218）标准辨识确定，生产、储存、使用或者搬运危险化学品的数量等于或者超过临界量的单元（包括场所和设施）。

第四条　危险化学品单位是本单位重大危险源安全管理的责任主体，其主要负责人对本单位的重大危险源安全管理工作负责，并保证重大危险源安全生产所必需的安全投入。

第五条　重大危险源的安全监督管理实行属地监管与分级管理相结合的原则。

县级以上地方人民政府安全生产监督管理部门按照有关法律、法规、标准和本规定，对本辖区内的重大危险源实施安全监督管理。

第六条　国家鼓励危险化学品单位采用有利于提高重大危险源安全保障水平的先进适用的工艺、技术、设备以及自动控制系统，推进安全生产监督管理部门重大危险源安全监管的信息化建设。

第二章　辨识与评估

第七条　危险化学品单位应当按照《危险化学品重大危险源辨识》标准，对本单位的危险化学品生产、经营、储存和使用装置、设施或者场所进行重大危险源辨识，并记录辨识过程与结果。

第八条　危险化学品单位应当对重大危险源进行安全评估并确定重大危险源等级。危险化学品单位可以组织本单位的注册安全工程师、技术人员或者聘请有关专家进行安全评估，也可以委托具有相应资质的安全评价机构进行安全评估。

依照法律、行政法规的规定，危险化学品单位需要进行安全评价的，重大危险源安全评估可以与本单位的安全评价一起进行，以安全评价报告代替安全评估报告，也可以单独进行重大危险源安全评估。

重大危险源根据其危险程度，分为一级、二级、三级和四级，一级为最高级别。重大危险源分级方法由本规定附件 1 列示。

第九条　重大危险源有下列情形之一的，应当委托具有相应资质的安全评价机构，按照有关标准的规定采用定量风险评价方法进行安全评估，确定个人和社会风险值：

（一）构成一级或者二级重大危险源，且毒性气体实际存在（在线）量与其在《危险化学品重大危险源辨识》中规定的临界量比值之和大于或等于 1 的；

（二）构成一级重大危险源，且爆炸品或液化易燃气体实际存在（在线）量与其在《危险化学品重大危险源辨识》中规定的临界量比值之和大于或等于 1 的。

第十条　重大危险源安全评估报告应当客观公正、数据准确、内容完整、结论明确、措施可行，并包括下列内容：

（一）评估的主要依据；

（二）重大危险源的基本情况；

（三）事故发生的可能性及危害程度；

（四）个人风险和社会风险值（仅适用定量风险评价方法）；

（五）可能受事故影响的周边场所、人员情况；

（六）重大危险源辨识、分级的符合性分析；

（七）安全管理措施、安全技术和监控措施；

（八）事故应急措施；

（九）评估结论与建议。

危险化学品单位以安全评价报告代替安全评估报告的，其安全评价报告中有关重大危险源的内容应当符合本条第一款规定的要求。

第十一条　有下列情形之一的，危险化学品单位应当对重大危险源重新进行辨识、安全评估及分级：

（一）重大危险源安全评估已满三年的；

（二）构成重大危险源的装置、设施或者场所进行新建、改建、扩建的；

（三）危险化学品种类、数量、生产、使用工艺或者储存方式及重要设备、设施等发生变化，影响重大危险源级别或者风险程度的；

（四）外界生产安全环境因素发生变化，影响重大危险源级别和风险程度的；

（五）发生危险化学品事故造成人员死亡，或者 10 人以上受伤，或者影响到公共安全的；

（六）有关重大危险源辨识和安全评估的国家标准、行业标准发生变化的。

第三章　安全管理

第十二条　危险化学品单位应当建立完善重大危险源安全管理规章制度和安全操作规程，并采取有效措施保证其得到执行。

第十三条　危险化学品单位应当根据构成重大危险源的危险化学品种类、数量、生产、使用工艺（方式）或者相关设备、设施等实际情况，按照下列要求建立健全安全监测监控体系，完善控制措施：

（一）重大危险源配备温度、压力、液位、流量、组份等信息的不间断采集和监测系统以及可燃气体和有毒有害气体泄漏检测报警装置，并具备信息远传、连续记录、事故预警、信息存储等功能；一级或者二级重大危险源，具备紧急停车功能。记录的电子数据的保存时间不少于 30 天；

（二）重大危险源的化工生产装置装备满足安全生产要求的自动化控制系统；一级或者二级重大危险源，装备紧急停车系统；

（三）对重大危险源中的毒性气体、剧毒液体和易燃气体等重点设施，设置紧急切断装置；毒性气体的设施，设置泄漏物紧急处置装置。涉及毒性气体、液化气体、剧毒液体的一级或者二级重大危险源，配备独立的安全仪表系统（SIS）；

（四）重大危险源中储存剧毒物质的场所或者设施，设置视频监控系统；

（五）安全监测监控系统符合国家标准或者行业标准的规定。

第十四条　通过定量风险评价确定的重大危险源的个人和社会风险值，不得超过本规定附件 2 列示的个人和社会可容许风险限值标准。

超过个人和社会可容许风险限值标准的，危险化学品单位应当采取相应的降低风险措施。

第十五条　危险化学品单位应当按照国家有关规定，定期对重大危险源的安全设施和安全监测监控系统进行检测、检验，并进行经常性维护、保养，保证重大危险源的安全设施和安全监测监控系统有效、可靠运行。维护、保养、检测应当作好记录，并由有关人员签字。

第十六条　危险化学品单位应当明确重大危险源中关键装置、重点部位的责任人或者责任机构，并对重大危险源的安全生产状况进行定期检查，及时采取措施消除事故隐患。事故隐患难以立即排除的，应当及时制定治理方案，落实整改措施、责任、资金、时限和预案。

第十七条　危险化学品单位应当对重大危险源的管理和操作岗位人员进行安全操作技

能培训，使其了解重大危险源的危险特性，熟悉重大危险源安全管理规章制度和安全操作规程，掌握本岗位的安全操作技能和应急措施。

第十八条 危险化学品单位应当在重大危险源所在场所设置明显的安全警示标志，写明紧急情况下的应急处置办法。

第十九条 危险化学品单位应当将重大危险源可能发生的事故后果和应急措施等信息，以适当方式告知可能受影响的单位、区域及人员。

第二十条 危险化学品单位应当依法制定重大危险源事故应急预案，建立应急救援组织或者配备应急救援人员，配备必要的防护装备及应急救援器材、设备、物资，并保障其完好和方便使用；配合地方人民政府安全生产监督管理部门制定所在地区涉及本单位的危险化学品事故应急预案。

对存在吸入性有毒、有害气体的重大危险源，危险化学品单位应当配备便携式浓度检测设备、空气呼吸器、化学防护服、堵漏器材等应急器材和设备；涉及剧毒气体的重大危险源，还应当配备两套以上（含本数）气密型化学防护服；涉及易燃易爆气体或者易燃液体蒸气的重大危险源，还应当配备一定数量的便携式可燃气体检测设备。

第二十一条 危险化学品单位应当制定重大危险源事故应急预案演练计划，并按照下列要求进行事故应急预案演练：

（一）对重大危险源专项应急预案，每年至少进行一次；

（二）对重大危险源现场处置方案，每半年至少进行一次。

应急预案演练结束后，危险化学品单位应当对应急预案演练效果进行评估，撰写应急预案演练评估报告，分析存在的问题，对应急预案提出修订意见，并及时修订完善。

第二十二条 危险化学品单位应当对辨识确认的重大危险源及时、逐项进行登记建档。

重大危险源档案应当包括下列文件、资料：

（一）辨识、分级记录；

（二）重大危险源基本特征表；

（三）涉及的所有化学品安全技术说明书；

（四）区域位置图、平面布置图、工艺流程图和主要设备一览表；

（五）重大危险源安全管理规章制度及安全操作规程；

（六）安全监测监控系统、措施说明、检测、检验结果；

（七）重大危险源事故应急预案、评审意见、演练计划和评估报告；

（八）安全评估报告或者安全评价报告；

（九）重大危险源关键装置、重点部位的责任人、责任机构名称；

（十）重大危险源场所安全警示标志的设置情况；

（十一）其他文件、资料。

第二十三条 危险化学品单位在完成重大危险源安全评估报告或者安全评价报告后 15 日内，应当填写重大危险源备案申请表，连同本规定第二十二条规定的重大危险源档案材料（其中第二款第五项规定的文件资料只需提供清单），报送所在地县级人民政府安全生产监督管理部门备案。

县级人民政府安全生产监督管理部门应当每季度将辖区内的一级、二级重大危险源备案材料报送至设区的市级人民政府安全生产监督管理部门。设区的市级人民政府安全生产监督管理部门应当每半年将辖区内的一级重大危险源备案材料报送至省级人民政府安全生产监督管理部门。

重大危险源出现本规定第十一条所列情形之一的，危险化学品单位应当及时更新档案，并向所在地县级人民政府安全生产监督管理部门重新备案。

第二十四条　危险化学品单位新建、改建和扩建危险化学品建设项目，应当在建设项目竣工验收前完成重大危险源的辨识、安全评估和分级、登记建档工作，并向所在地县级人民政府安全生产监督管理部门备案。

第四章　监督检查

第二十五条　县级人民政府安全生产监督管理部门应当建立健全危险化学品重大危险源管理制度，明确责任人员，加强资料归档。

第二十六条　县级人民政府安全生产监督管理部门应当在每年 1 月 15 日前，将辖区内上一年度重大危险源的汇总信息报送至设区的市级人民政府安全生产监督管理部门。设区的市级人民政府安全生产监督管理部门应当在每年 1 月 31 日前，将辖区内上一年度重大危险源的汇总信息报送至省级人民政府安全生产监督管理部门。省级人民政府安全生产监督管理部门应当在每年 2 月 15 日前，将辖区内上一年度重大危险源的汇总信息报送至国家安全生产监督管理总局。

第二十七条　重大危险源经过安全评价或者安全评估不再构成重大危险源的，危险化学品单位应当向所在地县级人民政府安全生产监督管理部门申请核销。

申请核销重大危险源应当提交下列文件、资料：

（一）载明核销理由的申请书；

（二）单位名称、法定代表人、住所、联系人、联系方式；

（三）安全评价报告或者安全评估报告。

第二十八条　县级人民政府安全生产监督管理部门应当自收到申请核销的文件、资料之日起 30 日内进行审查，符合条件的，予以核销并出具证明文书；不符合条件的，说明理由并书面告知申请单位。必要时，县级人民政府安全生产监督管理部门应当聘请有关专家进行现场核查。

第二十九条　县级人民政府安全生产监督管理部门应当每季度将辖区内一级、二级重大危险源的核销材料报送至设区的市级人民政府安全生产监督管理部门。设区的市级人民政府安全生产监督管理部门应当每半年将辖区内一级重大危险源的核销材料报送至省级人民政府安全生产监督管理部门。

第三十条　县级以上地方各级人民政府安全生产监督管理部门应当加强对存在重大危险源的危险化学品单位的监督检查，督促危险化学品单位做好重大危险源的辨识、安全评估及分级、登记建档、备案、监测监控、事故应急预案编制、核销和安全管理工作。

首次对重大危险源的监督检查应当包括下列主要内容：

（一）重大危险源的运行情况、安全管理规章制度及安全操作规程制定和落实情况；

（二）重大危险源的辨识、分级、安全评估、登记建档、备案情况；

（三）重大危险源的监测监控情况；

（四）重大危险源安全设施和安全监测监控系统的检测、检验以及维护保养情况；

（五）重大危险源事故应急预案的编制、评审、备案、修订和演练情况；

（六）有关从业人员的安全培训教育情况；

（七）安全标志设置情况；

（八）应急救援器材、设备、物资配备情况；

（九）预防和控制事故措施的落实情况。

安全生产监督管理部门在监督检查中发现重大危险源存在事故隐患的，应当责令立即排除；重大事故隐患排除前或者排除过程中无法保证安全的，应当责令从危险区域内撤出作业人员，责令暂时停产停业或者停止使用；重大事故隐患排除后，经安全生产监督管理部门审查同意，方可恢复生产经营和使用。

第三十一条　县级以上地方各级人民政府安全生产监督管理部门应当会同本级人民政府有关部门，加强对工业（化工）园区等重大危险源集中区域的监督检查，确保重大危险源与周边单位、居民区、人员密集场所等重要目标和敏感场所之间保持适当的安全距离。

第五章　法律责任

第三十二条　危险化学品单位有下列行为之一的，由县级以上人民政府安全生产监督管理部门责令限期改正；逾期未改正的，责令停产停业整顿，可以并处 2 万元以上 10 万元以下的罚款：

（一）未按照本规定要求对重大危险源进行安全评估或者安全评价的；

（二）未按照本规定要求对重大危险源进行登记建档的；

（三）未按照本规定及相关标准要求对重大危险源进行安全监测监控的；

（四）未制定重大危险源事故应急预案的。

第三十三条　危险化学品单位有下列行为之一的，由县级以上人民政府安全生产监督管理部门责令限期改正；逾期未改正的，责令停产停业整顿，并处 5 万元以下的罚款：

（一）未在构成重大危险源的场所设置明显的安全警示标志的；

（二）未对重大危险源中的设备、设施等进行定期检测、检验的。

第三十四条　危险化学品单位有下列情形之一的，由县级以上人民政府安全生产监督管理部门给予警告，可以并处 5000 元以上 3 万元以下的罚款：

（一）未按照标准对重大危险源进行辨识的；

（二）未按照本规定明确重大危险源中关键装置、重点部位的责任人或者责任机构的；

（三）未按照本规定建立应急救援组织或者配备应急救援人员，以及配备必要的防护装备及器材、设备、物资，并保障其完好的；

（四）未按照本规定进行重大危险源备案或者核销的；

（五）未将重大危险源可能引发的事故后果、应急措施等信息告知可能受影响的单位、区域及人员的；

（六）未按照本规定要求开展重大危险源事故应急预案演练的；

（七）未按照本规定对重大危险源的安全生产状况进行定期检查，采取措施消除事故隐患的。

第三十五条 承担检测、检验、安全评价工作的机构，出具虚假证明，构成犯罪的，依照刑法有关规定追究刑事责任；尚不够刑事处罚的，由县级以上人民政府安全生产监督管理部门没收违法所得；违法所得在 5000 元以上的，并处违法所得 2 倍以上 5 倍以下的罚款；没有违法所得或者违法所得不足 5000 元的，单处或者并处 5000 元以上 2 万元以下的罚款；同时可对其直接负责的主管人员和其他直接责任人员处 5000 元以上 5 万元以下的罚款；给他人造成损害的，与危险化学品单位承担连带赔偿责任。

对有前款违法行为的机构，撤销其相应资格。

第六章　附　则

第三十六条 本规定自 2011 年 12 月 1 日起施行。

附件 1

危险化学品重大危险源分级方法

一、分级指标

采用单元内各种危险化学品实际存在（在线）量与其在《危险化学品重大危险源辨识》（GB18218）中规定的临界量比值，经校正系数校正后的比值之和 R 作为分级指标。

二、R 的计算方法

$$R = \alpha \left(\beta_1 \frac{q_1}{Q_1} + \beta_2 \frac{q_2}{Q_2} + \cdots + \beta_n \frac{q_n}{Q_n} \right)$$

式中：

$q_1, q_2, \cdots, q_n$ —— 每种危险化学品实际存在（在线）量（单位：吨）；

$Q_1, Q_2, \cdots, Q_n$ —— 与各危险化学品相对应的临界量（单位：吨）；

$\beta_1, \beta_2, \cdots, \beta_n$ —— 与各危险化学品相对应的校正系数；

α —— 该危险化学品重大危险源厂区外暴露人员的校正系数。

三、校正系数 β 的取值

根据单元内危险化学品的类别不同，设定校正系数 β 值，见表 1 和表 2。

表 1　校正系数 β 取值表

危险化学品类别	毒性气体	爆炸品	易燃气体	其他类危险化学品
β	见表 2	2	1.5	1

注：危险化学品类别依据《危险货物品名表》中分类标准确定。

表2　常见毒性气体校正系数 β 值取值表

毒性气体名称	一氧化碳	二氧化硫	氨	环氧乙烷	氯化氢	溴甲烷	氯
β	2	2	2	2	3	3	4
毒性气体名称	硫化氢	氟化氢	二氧化氮	氰化氢	碳酰氯	磷化氢	异氰酸甲酯
β	5	5	10	10	20	20	20

注：未在表2中列出的有毒气体可按 β=2 取值，剧毒气体可按 β=4 取值。

四、校正系数 α 的取值

根据重大危险源的厂区边界向外扩展500米范围内常住人口数量，设定厂外暴露人员校正系数 α 值，见表3。

表3　校正系数 α 取值表

厂外可能暴露人员数量	α
100 人以上	2.0
50 人～99 人	1.5
30 人～49 人	1.2
1～29 人	1.0
0 人	0.5

五、分级标准

根据计算出来的 R 值，按表4确定危险化学品重大危险源的级别。

表4　危险化学品重大危险源级别和 R 值的对应关系

危险化学品重大危险源级别	R 值
一级	$R \geq 100$
二级	$100 > R \geq 50$
三级	$50 > R \geq 10$
四级	$R < 10$

附件 2

可容许风险标准

一、可容许个人风险标准

个人风险是指因危险化学品重大危险源各种潜在的火灾、爆炸、有毒气体泄漏事故造成区域内某一固定位置人员的个体死亡概率，即单位时间内（通常为年）的个体死亡率。通常用个人风险等值线表示。

通过定量风险评价，危险化学品单位周边重要目标和敏感场所承受的个人风险应满足表 1 中可容许风险标准要求。

表 1　可容许个人风险标准

危险化学品单位周边重要目标和敏感场所类别	可容许风险（年）
1. 高敏感场所（如学校、医院、幼儿园、养老院等）； 2. 重要目标（如党政机关、军事管理区、文物保护单位等）； 3. 特殊高密度场所（如大型体育场、大型交通枢纽等）	$<3\times10^{-7}$
1. 居住类高密度场所（如居民区、宾馆、度假村等）； 2. 公众聚集类高密度场所（如办公场所、商场、饭店、娱乐场所等）	$<1\times10^{-6}$

二、可容许社会风险标准

社会风险是指能够引起大于等于 N 人死亡的事故累积频率（F），也即单位时间内（通常为年）的死亡人数。通常用社会风险曲线（$F\text{-}N$ 曲线）表示。

可容许社会风险标准采用 ALARP（As Low As Reasonable Practice）原则作为可接受原则。ALARP 原则通过两个风险分界线将风险划分为 3 个区域，即：不可容许区、尽可能降低区（ALARP）和可容许区。

①若社会风险曲线落在不可容许区，除特殊情况外，该风险无论如何不能被接受。

②若落在可容许区，风险处于很低的水平，该风险是可以被接受的，无需采取安全改进措施。

③若落在尽可能降低区，则需要在可能的情况下尽量减少风险，即对各种风险处理措施方案进行成本效益分析等，以决定是否采取这些措施。

通过定量风险评价，危险化学品重大危险源产生的社会风险应满足图 1 中可容许社会风险标准要求。

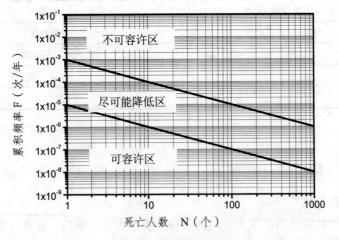

图 1　可容许社会风险标准（$F\text{-}N$）曲线

13.《化学品物理危险性鉴定与分类管理办法》

国家安全生产监督管理总局令

第 60 号

《化学品物理危险性鉴定与分类管理办法》已经 2013 年 6 月 24 日国家安全生产监督管理总局局长办公会议审议通过，现予公布，自 2013 年 9 月 1 日起施行。

国家安全生产监督管理总局局长　杨栋梁

2013 年 7 月 10 日

化学品物理危险性鉴定与分类管理办法

第一章 总 则

第一条 为了规范化学品物理危险性鉴定与分类工作，根据《危险化学品安全管理条例》，制定本办法。

第二条 对危险特性尚未确定的化学品进行物理危险性鉴定与分类，以及安全生产监督管理部门对鉴定与分类工作实施监督管理，适用本办法。

第三条 本办法所称化学品，是指各类单质、化合物及其混合物。

化学品物理危险性鉴定，是指依据有关国家标准或者行业标准进行测试、判定，确定化学品的燃烧、爆炸、腐蚀、助燃、自反应和遇水反应等危险特性。

化学品物理危险性分类，是指依据有关国家标准或者行业标准，对化学品物理危险性鉴定结果或者相关数据资料进行评估，确定化学品的物理危险性类别。

第四条 下列化学品应当进行物理危险性鉴定与分类：

（一）含有一种及以上列入《危险化学品目录》的组分，但整体物理危险性尚未确定的化学品；

（二）未列入《危险化学品目录》，且物理危险性尚未确定的化学品；

（三）以科学研究或者产品开发为目的，年产量或者使用量超过 1 吨，且物理危险性尚未确定的化学品。

第五条 国家安全生产监督管理总局负责指导和监督管理全国化学品物理危险性鉴定与分类工作，公告化学品物理危险性鉴定机构（以下简称鉴定机构）名单以及免予物理危险性鉴定与分类的化学品目录，设立化学品物理危险性鉴定与分类技术委员会（以下简称技术委员会）。

县级以上地方各级人民政府安全生产监督管理部门负责监督和检查本行政区域内化学品物理危险性鉴定与分类工作。

第六条 技术委员会负责对有异议的鉴定或者分类结果进行仲裁，公布化学品物理危险性的鉴定情况。

国家安全生产监督管理总局化学品登记中心（以下简称登记中心）负责化学品物理危险性分类结果的评估与审核，建立国家化学品物理危险性鉴定与分类信息管理系统，为化学品物理危险性鉴定与分类工作提供技术支持，承担技术委员会的日常工作。

第二章 物理危险性鉴定与分类

第七条 鉴定机构应当依照有关法律法规和国家标准或者行业标准的规定，科学、公正、诚信地开展鉴定工作，保证鉴定结果真实、准确、客观，并对鉴定结果负责。

第八条 化学品生产、进口单位（以下统称化学品单位）应当对本单位生产或者进口的化学品进行普查和物理危险性辨识，对其中符合本办法第四条规定的化学品向鉴定机构申请鉴定。

化学品单位在办理化学品物理危险性鉴定过程中，不得隐瞒化学品的危险性成分、含量等相关信息或者提供虚假材料。

第九条 化学品物理危险性鉴定按照下列程序办理：

（一）申请化学品物理危险性鉴定的化学品单位向鉴定机构提交化学品物理危险性鉴定申请表以及相关文件资料，提供鉴定所需要的样品，并对样品的真实性负责；

（二）鉴定机构收到鉴定申请后，按照有关国家标准或者行业标准进行测试、判定。除与爆炸物、自反应物质、有机过氧化物相关的物理危险性外，对其他物理危险性应当在 20 个工作日内出具鉴定报告，特殊情况下由双方协商确定。

送检样品应当至少保存 180 日，有关档案材料应当至少保存 5 年。

第十条 化学品物理危险性鉴定应当包括下列内容：

（一）与爆炸物、易燃气体、气溶胶、氧化性气体、加压气体、易燃液体、易燃固体、自反应物质、自燃液体、自燃固体、自热物质、遇水放出易燃气体的物质、氧化性液体、氧化性固体、有机过氧化物、金属腐蚀物等相关的物理危险性；

（二）与化学品危险性分类相关的蒸气压、自燃温度等理化特性，以及化学稳定性和反应性等。

第十一条 化学品物理危险性鉴定报告应当包括下列内容：

（一）化学品名称；

（二）申请鉴定单位名称；

（三）鉴定项目以及所用标准、方法；

（四）仪器设备信息；

（五）鉴定结果；

（六）有关国家标准或者行业标准中规定的其他内容。

第十二条 申请化学品物理危险性鉴定的化学品单位对鉴定结果有异议的，可以在收到鉴定报告之日起 15 个工作日内向原鉴定机构申请重新鉴定，或者向技术委员会申请仲裁。技术委员会应当在收到申请之日起 20 个工作日内作出仲裁决定。

第十三条 化学品单位应当根据鉴定报告以及其他物理危险性数据资料，编制化学品物理危险性分类报告。

化学品物理危险性分类报告应当包括下列内容：

（一）化学品名称；

（二）重要成分信息；

（三）物理危险性鉴定报告或者其他有关数据及其来源；

（四）化学品物理危险性分类结果。

第十四条 化学品单位应当向登记中心提交化学品物理危险性分类报告。登记中心应当对分类报告进行综合性评估，并在 30 个工作日内向化学品单位出具审核意见。

第十五条 化学品单位对化学品物理危险性分类的审核意见有异议的，可以在收到审核意见之日起 15 个工作日内向技术委员会申请仲裁。技术委员会应当在收到申请之日起 20 个工作日内作出仲裁决定。

第十六条 化学品单位应当建立化学品物理危险性鉴定与分类管理档案，内容应当包括：

（一）已知物理危险性的化学品的危险特性等信息；

（二）已经鉴定与分类化学品的物理危险性鉴定报告、分类报告和审核意见等信息；

（三）未进行鉴定与分类化学品的名称、数量等信息。

第十七条 化学品单位对确定为危险化学品的化学品以及国家安全生产监督管理总局公告的免予物理危险性鉴定与分类的危险化学品，应当编制化学品安全技术说明书和安全标签，根据《危险化学品登记管理办法》办理危险化学品登记，按照有关危险化学品的法律、法规和标准的要求，加强安全管理。

第十八条 鉴定机构应当于每年 1 月 31 日前向国家安全生产监督管理总局上报上一年度鉴定的化学品品名和工作总结。

第三章 法律责任

第十九条 化学品单位有下列情形之一的，由安全生产监督管理部门责令限期改正，可以处 1 万元以下的罚款；拒不改正的，处 1 万元以上 3 万元以下的罚款：

（一）未按照本办法规定对化学品进行物理危险性鉴定或者分类的；

（二）未按照本办法规定建立化学品物理危险性鉴定与分类管理档案的；

（三）在办理化学品物理危险性的鉴定过程中，隐瞒化学品的危险性成分、含量等相关信息或者提供虚假材料的。

第二十条 鉴定机构在物理危险性鉴定过程中有下列行为之一的，处 1 万元以上 3 万元以下的罚款；情节严重的，由国家安全生产监督管理总局从鉴定机构名单中除名并公告：

（一）伪造、篡改数据或者有其他弄虚作假行为的；

（二）未通过安全生产监督管理部门的监督检查，仍从事鉴定工作的；

（三）泄露化学品单位商业秘密的。

第四章 附 则

第二十一条 对于用途相似、组分接近、物理危险性无显著差异的化学品，化学品单位可以向鉴定机构申请系列化学品鉴定。

多个化学品单位可以对同一化学品联合申请鉴定。

第二十二条 对已经列入《危险化学品目录》的化学品，发现其有新的物理危险性的，化学品单位应当依照本办法进行物理危险性鉴定与分类。

第二十三条 本办法自 2013 年 9 月 1 日起施行。

四、分类危险化学品的相关法规

1. 易燃易爆品的相关法规

1.1 《仓库防火安全管理规则》

中华人民共和国公安部令

第 6 号

国务院授权我部修改的《仓库防火安全管理规则》，已经一九九〇年三月二十二日公安部部务会议通过，现予发布施行。

公安部部长　王　芳

一九九〇年四月十日

仓库防火安全管理规则

第一章　总　则

第一条　为了加强仓库消防安全管理，保护仓库免受火灾危害。根据《中华人民共和国消防条例》及其实施细则的有关规定，制定本规则。

第二条　仓库消防安全必须贯彻"预防为主，防消结合"的方针，实行"谁主管，谁负责"的原则。仓库消防安全由本单位及其上级主管部门负责。

第三条　本规则由县级以上公安机关消防监督机构负责监督。

第四条　本规则适用于国家、集体和个体经营的储存物品的各类仓库、堆栈、货场。储存火药、炸药、火工品和军工物资的仓库，按照国家有关规定执行。

第二章　组织管理

第五条　新建、扩建和改建的仓库建筑设计，要符合国家建筑设计防火规范的有关规定，并经公安消防监督机构审核。仓库竣工时，其主管部门应当会同公安消防监督等有关部门进行验收；验收不合格的，不得交付使用。

第六条　仓库应当确定一名主要领导人为防火负责人，全面负责仓库的消防安全管理工作。

第七条　仓库防火负责人负有下列职责：

一、组织学习贯彻消防法规，完成上级部署的消防工作；

二、组织制定电源、火源、易燃易爆物品的安全管理和值班巡逻等制度，落实逐级防火责任制和岗位防火责任制；

三、组织对职工进行消防宣传、业务培训和考核，提高职工的安全素质；

四、组织开展防火检查，消除火险隐患；

五、领导专职、义务消防队组织和专职、兼职消防人员，制定灭火应急方案，组织扑救火灾；

六、定期总结消防安全工作，实施奖惩。

第八条　国家储备库、专业仓库应当配备专职消防干部；其他仓库可以根据需要配备专职或兼职消防人员。

第九条　国家储备库、专业仓库和火灾危险性大、距公安消防队较远的其他大型仓库，应当按照有关规定建立专职消防队。

第十条　各类仓库都应当建立义务消防组织，定期进行业务培训，开展自防自救工作。

第十一条　仓库防火负责人的确定和变动，应当向当地公安消防监督机构备案；专职消防干部、人员和专职消防队长的配备与更换，应当征求当地公安消防监督机构的意见。

第十二条　仓库保管员应当熟悉储存物品的分类、性质、保管业务知识和防火安全制度，掌握消防器材的操作使用和维护保养方法，做好本岗位的防火工作。

第十三条　对仓库新职工应当进行仓储业务和消防知识的培训，经考试合格，方可上岗作业。

第十四条　仓库严格执行夜间值班、巡逻制度，带班人员应当认真检查，督促落实。

第三章　储存管理

第十五条　依据国家《建筑设计防火规范》的规定，按照仓库储存物品的火灾危险程度分为甲、乙、丙、丁、戊五类（详见附表）。

第十六条　露天存放物品应当分类、分堆、分组和分垛，并留出必要的防火间距。堆场的总储量以及与建筑物等之间的防火距离，必须符合建筑设计防火规范的规定。

第十七条　甲、乙类桶装液体，不宜露天存放。必须露天存放时，在炎热季节必须采取降温措施。

第十八条　库存物品应当分类、分垛储存，每垛占地面积不宜大于一百平方米，垛与垛间距不小于一米，垛与墙间距不小于零点五米，垛与梁、柱间距不小于零点三米，主要通道的宽度不小于二米。

第十九条　甲、乙类物品和一般物品以及容易相互发生化学反应或者灭火方法不同的物品，必须分间、分库储存，并在醒目处标明储存物品的名称、性质和灭火方法。

第二十条　易自燃或者遇水分解的物品，必须在温度较低、通风良好和空气干燥的场所储存，并安装专用仪器定时检测，严格控制湿度与温度。

第二十一条　物品入库前应当有专人负责检查，确定无火种等隐患后，方准入库。

第二十二条　甲、乙类物品的包装容器应当牢固、密封，发现破损、残缺，变形和物品变质、分解等情况时，应当及时进行安全处理，严防跑、冒、滴、漏。

第二十三条　使用过的油棉纱、油手套等沾油纤维物品以及可燃包装，应当存放在安全地点，定期处理。

第二十四条　库房内因物品防冻必须采暖时，应当采用水暖，其散热器、供暖管道与储存物品的距离不小于零点三米。

第二十五条　甲、乙类物品库房内不准设办公室、休息室。其他库房必需设办公室时，可以贴邻库房一角设置无孔洞的一、二级耐火等级的建筑，其门窗直通库外，具体实施，应征得当地公安消防监督机构的同意。

第二十六条　储存甲、乙、丙类物品的库房布局、储存类别不得擅自改变。如确需改变的，应当报经当地公安消防监督机构同意。

第四章　装卸管理

第二十七条　进入库区的所有机动车辆，必须安装防火罩。

第二十八条　蒸汽机车驶入库区时，应当关闭灰箱和送风器，并不得在库区清炉。仓库应当派专人负责监护。

第二十九条　汽车、拖拉机不准进入甲、乙、丙类物品库房。

第三十条　进入甲、乙类物品库房的电瓶车、铲车必须是防爆型的；进入丙类物品库房的电瓶车、铲车，必须装有防止火花溅出的安全装置。

第三十一条　各种机动车辆装卸物品后，不准在库区、库房、货场内停放和修理。

第三十二条　库区内不得搭建临时建筑和构筑物。因装卸作业确需搭建时，必须经单位防火负责人批准，装卸作业结束后立即拆除。

第三十三条　装卸甲、乙类物品时，操作人员不得穿戴易产生静电的工作服、帽和使用易产生火花的工具，严防震动、撞击、重压、摩擦和倒置。对易产生静电的装卸设备要采取消除静电的措施。

第三十四条　库房内固定的吊装设备需要维修时，应当采取防火安全措施，经防火负责人批准后，方可进行。

第三十五条　装卸作业结束后，应当对库区、库房进行检查，确认安全后，方可离人。

第五章　电器管理

第三十六条　仓库的电气装置必须符合国家现行的有关电气设计和施工安装验收标准规范的规定。

第三十七条　甲、乙类物品库房和丙类液体库房的电气装置，必须符合国家现行的有关爆炸危险场所的电气安全规定。

第三十八条　储存丙类固体物品的库房，不准使用碘钨灯和超过六十瓦以上的白炽灯等高温照明灯具。当使用日光灯等低温照明灯具和其他防燃型照明灯具时，应当对镇流器采取隔热、散热等防火保护措施，确保安全。

第三十九条　库房内不准设置移动式照明灯具。照明灯具下方不准堆放物品，其垂直下方与储存物品水平间距离不得小于零点五米。

第四十条　库房内敷设的配电线路，需穿金属管或用非燃硬塑料管保护。

第四十一条　库区的每个库房应当在库房外单独安装开关箱，保管人员离库时，必须拉闸断电。禁止使用不合规格的保险装置。

第四十二条　库房内不准使用电炉、电烙铁、电熨斗等电热器具和电视机、电冰箱等家用电器。

第四十三条　仓库电器设备的周围和架空线路的下方严禁堆放物品。对提升、码垛等机械设备易产生火花的部位，要设置防护罩。

第四十四条　仓库必须按照国家有关防雷设计安装规范的规定，设置防雷装置，并定期检测，保证有效。

第四十五条　仓库的电器设备，必须由持合格证的电工进行安装、检查和维修保养。电工应当严格遵守各项电器操作规程。

第六章　火源管理

第四十六条　仓库应当设置醒目的防火标志。进入甲、乙类物品库区的人员，必须登记，并交出携带的火种。

第四十七条　库房内严禁使用明火。库房外动用明火作业时，必须办理动火证，经仓库或单位防火负责人批准，并采取严格的安全措施。动火证应当注明动火地点、时间、动火人、现场监护人、批准人和防火措施等内容。

第四十八条　库房内不准使用火炉取暖。在库区使用时，应当经防火负责人批准。

第四十九条　防火负责人在审批火炉的使用地点时，必须根据储存物品的分类，按照有关防火间距的规定审批，并制定防火安全管理制度，落实到人。

第五十条　库区以及周围五十米内，严禁燃放烟花爆竹。

第七章　消防设施和器材管理

第五十一条　仓库内应当按照国家有关消防技术规范，设置、配备消防设施和器材。

第五十二条　消防器材应当设置在明显和便于取用的地点，周围不准堆放物品和杂物。

第五十三条　仓库的消防设施、器材，应当由专人管理，负责检查、维修、保养、更换和添置，保证完好有效，严禁圈占、埋压和挪用。

第五十四条　甲、乙、丙类物品国家储备库、专业性仓库以及其他大型物资仓库，应当按照国家有关技术规范的规定安装相应的报警装置，附近有公安消防队的宜设置与其直通的报警电话。

第五十五条　对消防水池、消火栓、灭火器等消防设施、器材，应当经常进行检查，保持完整好用。地处寒区的仓库，寒冷季节要采取防冻措施。

第五十六条　库区的消防车道和仓库的安全出口、疏散楼梯等消防通道，严禁堆放物品。

第八章　奖　惩

第五十七条　仓库消防工作成绩显著的单位和个人，由公安机关、上级主管部门或者本单位给予表彰、奖励。

第五十八条　对违反本规则的单位和人员，国家法规有规定的，应当按照国家法规予以处罚；国家法规没有规定的，可以按照地方有关法规、规章进行处罚；触犯刑律的，由司法机关追究刑事责任。

第九章　附　则

第五十九条　储存丁、戊类物品的库房或露天堆栈、货场，执行本规则时，在确保安全并征得当地公安消防监督机构同意的情况下，可以适当放宽。

第六十条　铁路车站、交通港口码头等昼夜作业的中转性仓库，可以按照本规则的原则要求，由铁路、交通等部门自行制定管理办法。

第六十一条　各省、自治区、直辖市和国务院有关部、委根据本规则制订的具体管理办法，应当送公安部备案。

第六十二条　本规则自发布之日起施行。一九八〇年八月一日经国务院批准、同年八月十五日公安部公布施行的《仓库防火安全管理规则》即行废止。

《仓库防火安全管理规则》附表

按照仓库储存物品的火灾危险程度分类	说　明
甲类	主要依据《危险货物运输规则》中一级易燃固体、一级易燃液体、一级氧化剂、一级自然物品、一级遇水燃烧物品和可燃气体的特性划分的。这类物品易燃、易爆，燃烧时还放出大量有害气体。有的遇水发生剧烈反应，产生氢气或其他可燃气体，遇火燃烧爆炸。有的因受热、撞击、催化或气体膨胀而可能发生爆炸，或与空气混合容易达到爆炸浓度遇火而发生爆炸
乙类	主要是根据《危险货物运输规定》中二级易燃固体、二级易燃液体、二级氧化剂、助燃气体、二级自燃物品的特性划分的，这类物品的火灾危险仅次于甲类
丙类	包括闪点在 60℃ 或 60℃ 以上的可燃液体和可燃固体物质。这类物品的特性是液体闪点较高，不易挥发，火灾危险性比甲、乙类液体要小些。可燃固体在空气中受到火烧或高温作用时能立即起火，即使火源拿走，仍能继续燃烧
丁类	指难燃烧物品。这类物品的特性是在空气中受到火烧或高温作用时，难燃或微燃，将火源拿走，燃烧即可停止
戊类	指不燃物品。这类物品的特性是在空气中受到火烧或高温作用时，不起火、不微燃、不碳化

1.2　《民用爆炸物品安全管理条例》

中华人民共和国国务院令

第 466 号

《民用爆炸物品安全管理条例》已经 2006 年 4 月 26 日国务院第 134 次常务会议通过，现予公布，自 2006 年 9 月 1 日起施行。

总　理　温家宝

二〇〇六年五月十日

民用爆炸物品安全管理条例

第一章　总　则

第一条　为了加强对民用爆炸物品的安全管理，预防爆炸事故发生，保障公民生命、财产安全和公共安全，制定本条例。

第二条　民用爆炸物品的生产、销售、购买、进出口、运输、爆破作业和储存以及硝酸铵的销售、购买，适用本条例。

本条例所称民用爆炸物品，是指用于非军事目的、列入民用爆炸物品品名表的各类火药、炸药及其制品和雷管、导火索等点火、起爆器材。

民用爆炸物品品名表，由国务院国防科技工业主管部门会同国务院公安部门制订、公布。

第三条　国家对民用爆炸物品的生产、销售、购买、运输和爆破作业实行许可证制度。

未经许可，任何单位或者个人不得生产、销售、购买、运输民用爆炸物品，不得从事爆破作业。

严禁转让、出借、转借、抵押、赠送、私藏或者非法持有民用爆炸物品。

第四条　国防科技工业主管部门负责民用爆炸物品生产、销售的安全监督管理。

公安机关负责民用爆炸物品公共安全管理和民用爆炸物品购买、运输、爆破作业的安全监督管理，监控民用爆炸物品流向。

安全生产监督、铁路、交通、民用航空主管部门依照法律、行政法规的规定，负责做好民用爆炸物品的有关安全监督管理工作。

国防科技工业主管部门、公安机关、工商行政管理部门按照职责分工，负责组织查处非法生产、销售、购买、储存、运输、邮寄、使用民用爆炸物品的行为。

第五条　民用爆炸物品生产、销售、购买、运输和爆破作业单位（以下称民用爆炸物品从业单位）的主要负责人是本单位民用爆炸物品安全管理责任人，对本单位的民用爆炸物品安全管理工作全面负责。

民用爆炸物品从业单位是治安保卫工作的重点单位，应当依法设置治安保卫机构或者配备治安保卫人员，设置技术防范设施，防止民用爆炸物品丢失、被盗、被抢。

民用爆炸物品从业单位应当建立安全管理制度、岗位安全责任制度，制订安全防范措施和事故应急预案，设置安全管理机构或者配备专职安全管理人员。

第六条　无民事行为能力人、限制民事行为能力人或者曾因犯罪受过刑事处罚的人，不得从事民用爆炸物品的生产、销售、购买、运输和爆破作业。

民用爆炸物品从业单位应当加强对本单位从业人员的安全教育、法制教育和岗位技术培训，从业人员经考核合格的，方可上岗作业；对有资格要求的岗位，应当配备具有相应资格的人员。

第七条　国家建立民用爆炸物品信息管理系统，对民用爆炸物品实行标识管理，监控民用爆炸物品流向。

民用爆炸物品生产企业、销售企业和爆破作业单位应当建立民用爆炸物品登记制度，如实将本单位生产、销售、购买、运输、储存、使用民用爆炸物品的品种、数量和流向信息输入计算机系统。

第八条　任何单位或者个人都有权举报违反民用爆炸物品安全管理规定的行为；接到举报的主管部门、公安机关应当立即查处，并为举报人员保密，对举报有功人员给予奖励。

第九条　国家鼓励民用爆炸物品从业单位采用提高民用爆炸物品安全性能的新技术，鼓励发展民用爆炸物品生产、配送、爆破作业一体化的经营模式。

第二章　生　产

第十条　设立民用爆炸物品生产企业，应当遵循统筹规划、合理布局的原则。

第十一条   申请从事民用爆炸物品生产的企业，应当具备下列条件：

（一）符合国家产业结构规划和产业技术标准；

（二）厂房和专用仓库的设计、结构、建筑材料、安全距离以及防火、防爆、防雷、防静电等安全设备、设施符合国家有关标准和规范；

（三）生产设备、工艺符合有关安全生产的技术标准和规程；

（四）有具备相应资格的专业技术人员、安全生产管理人员和生产岗位人员；

（五）有健全的安全管理制度、岗位安全责任制度；

（六）法律、行政法规规定的其他条件。

第十二条   申请从事民用爆炸物品生产的企业，应当向国务院国防科技工业主管部门提交申请书、可行性研究报告以及能够证明其符合本条例第十一条规定条件的有关材料。国务院国防科技工业主管部门应当自受理申请之日起 45 日内进行审查，对符合条件的，核发《民用爆炸物品生产许可证》；对不符合条件的，不予核发《民用爆炸物品生产许可证》，书面向申请人说明理由。

民用爆炸物品生产企业为调整生产能力及品种进行改建、扩建的，应当依照前款规定申请办理《民用爆炸物品生产许可证》。

第十三条   取得《民用爆炸物品生产许可证》的企业应当在基本建设完成后，向国务院国防科技工业主管部门申请安全生产许可。国务院国防科技工业主管部门应当依照《安全生产许可证条例》的规定对其进行查验，对符合条件的，在《民用爆炸物品生产许可证》上标注安全生产许可。民用爆炸物品生产企业持经标注安全生产许可的《民用爆炸物品生产许可证》到工商行政管理部门办理工商登记后，方可生产民用爆炸物品。

民用爆炸物品生产企业应当在办理工商登记后 3 日内，向所在地县级人民政府公安机关备案。

第十四条   民用爆炸物品生产企业应当严格按照《民用爆炸物品生产许可证》核定的品种和产量进行生产，生产作业应当严格执行安全技术规程的规定。

第十五条   民用爆炸物品生产企业应当对民用爆炸物品做出警示标识、登记标识，对雷管编码打号。民用爆炸物品警示标识、登记标识和雷管编码规则，由国务院公安部门会同国务院国防科技工业主管部门规定。

第十六条   民用爆炸物品生产企业应当建立健全产品检验制度，保证民用爆炸物品的质量符合相关标准。民用爆炸物品的包装，应当符合法律、行政法规的规定以及相关标准。

第十七条   试验或者试制民用爆炸物品，必须在专门场地或者专门的试验室进行。严禁在生产车间或者仓库内试验或者试制民用爆炸物品。

第三章   销售和购买

第十八条   申请从事民用爆炸物品销售的企业，应当具备下列条件：

（一）符合对民用爆炸物品销售企业规划的要求；

（二）销售场所和专用仓库符合国家有关标准和规范；

（三）有具备相应资格的安全管理人员、仓库管理人员；

（四）有健全的安全管理制度、岗位安全责任制度；

（五）法律、行政法规规定的其他条件。

第十九条　申请从事民用爆炸物品销售的企业，应当向所在地省、自治区、直辖市人民政府国防科技工业主管部门提交申请书、可行性研究报告以及能够证明其符合本条例第十八条规定条件的有关材料。省、自治区、直辖市人民政府国防科技工业主管部门应当自受理申请之日起 30 日内进行审查，并对申请单位的销售场所和专用仓库等经营设施进行查验，对符合条件的，核发《民用爆炸物品销售许可证》；对不符合条件的，不予核发《民用爆炸物品销售许可证》，书面向申请人说明理由。

民用爆炸物品销售企业持《民用爆炸物品销售许可证》到工商行政管理部门办理工商登记后，方可销售民用爆炸物品。

民用爆炸物品销售企业应当在办理工商登记后 3 日内，向所在地县级人民政府公安机关备案。

第二十条　民用爆炸物品生产企业凭《民用爆炸物品生产许可证》，可以销售本企业生产的民用爆炸物品。

民用爆炸物品生产企业销售本企业生产的民用爆炸物品，不得超出核定的品种、产量。

第二十一条　民用爆炸物品使用单位申请购买民用爆炸物品的，应当向所在地县级人民政府公安机关提出购买申请，并提交下列有关材料：

（一）工商营业执照或者事业单位法人证书；

（二）《爆破作业单位许可证》或者其他合法使用的证明；

（三）购买单位的名称、地址、银行账户；

（四）购买的品种、数量和用途说明。

受理申请的公安机关应当自受理申请之日起 5 日内对提交的有关材料进行审查，对符合条件的，核发《民用爆炸物品购买许可证》；对不符合条件的，不予核发《民用爆炸物品购买许可证》，书面向申请人说明理由。

《民用爆炸物品购买许可证》应当载明许可购买的品种、数量、购买单位以及许可的有效期限。

第二十二条　民用爆炸物品生产企业凭《民用爆炸物品生产许可证》购买属于民用爆炸物品的原料，民用爆炸物品销售企业凭《民用爆炸物品销售许可证》向民用爆炸物品生产企业购买民用爆炸物品，民用爆炸物品使用单位凭《民用爆炸物品购买许可证》购买民用爆炸物品，还应当提供经办人的身份证明。

销售民用爆炸物品的企业，应当查验前款规定的许可证和经办人的身份证明；对持《民用爆炸物品购买许可证》购买的，应当按照许可的品种、数量销售。

第二十三条　销售、购买民用爆炸物品，应当通过银行账户进行交易，不得使用现金或者实物进行交易。

销售民用爆炸物品的企业，应当将购买单位的许可证、银行账户转账凭证、经办人的身份证明复印件保存 2 年备查。

第二十四条　销售民用爆炸物品的企业，应当自民用爆炸物品买卖成交之日起 3 日内，将销售的品种、数量和购买单位向所在地省、自治区、直辖市人民政府国防科技工业主管部门和所在地县级人民政府公安机关备案。

购买民用爆炸物品的单位，应当自民用爆炸物品买卖成交之日起 3 日内，将购买的品种、数量向所在地县级人民政府公安机关备案。

第二十五条　进出口民用爆炸物品，应当经国务院国防科技工业主管部门审批。进出口民用爆炸物品审批办法，由国务院国防科技工业主管部门会同国务院公安部门、海关总署规定。

进出口单位应当将进出口的民用爆炸物品的品种、数量向收货地或者出境口岸所在地县级人民政府公安机关备案。

第四章　运　输

第二十六条　运输民用爆炸物品，收货单位应当向运达地县级人民政府公安机关提出申请，并提交包括下列内容的材料：

（一）民用爆炸物品生产企业、销售企业、使用单位以及进出口单位分别提供的《民用爆炸物品生产许可证》、《民用爆炸物品销售许可证》、《民用爆炸物品购买许可证》或者进出口批准证明；

（二）运输民用爆炸物品的品种、数量、包装材料和包装方式；

（三）运输民用爆炸物品的特性、出现险情的应急处置方法；

（四）运输时间、起始地点、运输路线、经停地点。

受理申请的公安机关应当自受理申请之日起 3 日内对提交的有关材料进行审查，对符合条件的，核发《民用爆炸物品运输许可证》；对不符合条件的，不予核发《民用爆炸物品运输许可证》，书面向申请人说明理由。

《民用爆炸物品运输许可证》应当载明收货单位、销售企业、承运人，一次性运输有效期限、起始地点、运输路线、经停地点，民用爆炸物品的品种、数量。

第二十七条　运输民用爆炸物品的，应当凭《民用爆炸物品运输许可证》，按照许可的品种、数量运输。

第二十八条　经由道路运输民用爆炸物品的，应当遵守下列规定：

（一）携带《民用爆炸物品运输许可证》；

（二）民用爆炸物品的装载符合国家有关标准和规范，车厢内不得载人；

（三）运输车辆安全技术状况应当符合国家有关安全技术标准的要求，并按照规定悬挂或者安装符合国家标准的易燃易爆危险物品警示标志；

（四）运输民用爆炸物品的车辆应当保持安全车速；

（五）按照规定的路线行驶，途中经停应当有专人看守，并远离建筑设施和人口稠密的地方，不得在许可以外的地点经停；

（六）按照安全操作规程装卸民用爆炸物品，并在装卸现场设置警戒，禁止无关人员进入；

（七）出现危险情况立即采取必要的应急处置措施，并报告当地公安机关。

第二十九条　民用爆炸物品运达目的地，收货单位应当进行验收后在《民用爆炸物品运输许可证》上签注，并在 3 日内将《民用爆炸物品运输许可证》交回发证机关核销。

第三十条　禁止携带民用爆炸物品搭乘公共交通工具或者进入公共场所。

禁止邮寄民用爆炸物品，禁止在托运的货物、行李、包裹、邮件中夹带民用爆炸物品。

第五章　爆破作业

第三十一条　申请从事爆破作业的单位，应当具备下列条件：

（一）爆破作业属于合法的生产活动；

（二）有符合国家有关标准和规范的民用爆炸物品专用仓库；

（三）有具备相应资格的安全管理人员、仓库管理人员和具备国家规定执业资格的爆破作业人员；

（四）有健全的安全管理制度、岗位安全责任制度；

（五）有符合国家标准、行业标准的爆破作业专用设备；

（六）法律、行政法规规定的其他条件。

第三十二条　申请从事爆破作业的单位，应当按照国务院公安部门的规定，向有关人民政府公安机关提出申请，并提供能够证明其符合本条例第三十一条规定条件的有关材料。受理申请的公安机关应当自受理申请之日起 20 日内进行审查，对符合条件的，核发《爆破作业单位许可证》；对不符合条件的，不予核发《爆破作业单位许可证》，书面向申请人说明理由。

营业性爆破作业单位持《爆破作业单位许可证》到工商行政管理部门办理工商登记后，方可从事营业性爆破作业活动。

爆破作业单位应当在办理工商登记后 3 日内，向所在地县级人民政府公安机关备案。

第三十三条　爆破作业单位应当对本单位的爆破作业人员、安全管理人员、仓库管理人员进行专业技术培训。爆破作业人员应当经设区的市级人民政府公安机关考核合格，取得《爆破作业人员许可证》后，方可从事爆破作业。

第三十四条　爆破作业单位应当按照其资质等级承接爆破作业项目，爆破作业人员应当按照其资格等级从事爆破作业。爆破作业的分级管理办法由国务院公安部门规定。

第三十五条　在城市、风景名胜区和重要工程设施附近实施爆破作业的，应当向爆破作业所在地设区的市级人民政府公安机关提出申请，提交《爆破作业单位许可证》和具有相应资质的安全评估企业出具的爆破设计、施工方案评估报告。受理申请的公安机关应当自受理申请之日起 20 日内对提交的有关材料进行审查，对符合条件的，作出批准的决定；对不符合条件的，作出不予批准的决定，并书面向申请人说明理由。

实施前款规定的爆破作业，应当由具有相应资质的安全监理企业进行监理，由爆破作业所在地县级人民政府公安机关负责组织实施安全警戒。

第三十六条　爆破作业单位跨省、自治区、直辖市行政区域从事爆破作业的，应当事先将爆破作业项目的有关情况向爆破作业所在地县级人民政府公安机关报告。

第三十七条　爆破作业单位应当如实记载领取、发放民用爆炸物品的品种、数量、编号以及领取、发放人员姓名。领取民用爆炸物品的数量不得超过当班用量，作业后剩余的民用爆炸物品必须当班清退回库。

爆破作业单位应当将领取、发放民用爆炸物品的原始记录保存 2 年备查。

第三十八条　实施爆破作业，应当遵守国家有关标准和规范，在安全距离以外设置警示标志并安排警戒人员，防止无关人员进入；爆破作业结束后应当及时检查、排除未引爆的民用爆炸物品。

第三十九条　爆破作业单位不再使用民用爆炸物品时，应当将剩余的民用爆炸物品登记造册，报所在地县级人民政府公安机关组织监督销毁。

发现、拣拾无主民用爆炸物品的，应当立即报告当地公安机关。

第六章　储　存

第四十条　民用爆炸物品应当储存在专用仓库内，并按照国家规定设置技术防范设施。

第四十一条　储存民用爆炸物品应当遵守下列规定：

（一）建立出入库检查、登记制度，收存和发放民用爆炸物品必须进行登记，做到账目清楚，账物相符；

（二）储存的民用爆炸物品数量不得超过储存设计容量，对性质相抵触的民用爆炸物品必须分库储存，严禁在库房内存放其他物品；

（三）专用仓库应当指定专人管理、看护，严禁无关人员进入仓库区内，严禁在仓库区内吸烟和用火，严禁把其他容易引起燃烧、爆炸的物品带入仓库区内，严禁在库房内住宿和进行其他活动；

（四）民用爆炸物品丢失、被盗、被抢，应当立即报告当地公安机关。

第四十二条　在爆破作业现场临时存放民用爆炸物品的，应当具备临时存放民用爆炸物品的条件，并设专人管理、看护，不得在不具备安全存放条件的场所存放民用爆炸物品。

第四十三条　民用爆炸物品变质和过期失效的，应当及时清理出库，并予以销毁。销毁前应当登记造册，提出销毁实施方案，报省、自治区、直辖市人民政府国防科技工业主管部门、所在地县级人民政府公安机关组织监督销毁。

第七章　法律责任

第四十四条　非法制造、买卖、运输、储存民用爆炸物品，构成犯罪的，依法追究刑事责任；尚不构成犯罪，有违反治安管理行为的，依法给予治安管理处罚。

违反本条例规定，在生产、储存、运输、使用民用爆炸物品中发生重大事故，造成严重后果或者后果特别严重，构成犯罪的，依法追究刑事责任。

违反本条例规定，未经许可生产、销售民用爆炸物品的，由国防科技工业主管部门责令停止非法生产、销售活动，处10万元以上50万元以下的罚款，并没收非法生产、销售的民用爆炸物品及其违法所得。

违反本条例规定，未经许可购买、运输民用爆炸物品或者从事爆破作业的，由公安机关责令停止非法购买、运输、爆破作业活动，处5万元以上20万元以下的罚款，并没收非法购买、运输以及从事爆破作业使用的民用爆炸物品及其违法所得。

国防科技工业主管部门、公安机关对没收的非法民用爆炸物品，应当组织销毁。

第四十五条　违反本条例规定，生产、销售民用爆炸物品的企业有下列行为之一的，由国防科技工业主管部门责令限期改正，处10万元以上50万元以下的罚款；逾期不改正的，责令停产停业整顿；情节严重的，吊销《民用爆炸物品生产许可证》或者《民用爆炸物品销售许可证》：

（一）超出生产许可的品种、产量进行生产、销售的；

（二）违反安全技术规程生产作业的；

（三）民用爆炸物品的质量不符合相关标准的；

（四）民用爆炸物品的包装不符合法律、行政法规的规定以及相关标准的；

（五）超出购买许可的品种、数量销售民用爆炸物品的；

（六）向没有《民用爆炸物品生产许可证》、《民用爆炸物品销售许可证》、《民用爆炸物品购买许可证》的单位销售民用爆炸物品的；

（七）民用爆炸物品生产企业销售本企业生产的民用爆炸物品未按照规定向国防科技工业主管部门备案的；

（八）未经审批进出口民用爆炸物品的。

第四十六条　违反本条例规定，有下列情形之一的，由公安机关责令限期改正，处 5 万元以上 20 万元以下的罚款；逾期不改正的，责令停产停业整顿：

（一）未按照规定对民用爆炸物品做出警示标识、登记标识或者未对雷管编码打号的；

（二）超出购买许可的品种、数量购买民用爆炸物品的；

（三）使用现金或者实物进行民用爆炸物品交易的；

（四）未按照规定保存购买单位的许可证、银行账户转账凭证、经办人的身份证明复印件的；

（五）销售、购买、进出口民用爆炸物品，未按照规定向公安机关备案的；

（六）未按照规定建立民用爆炸物品登记制度，如实将本单位生产、销售、购买、运输、储存、使用民用爆炸物品的品种、数量和流向信息输入计算机系统的；

（七）未按照规定将《民用爆炸物品运输许可证》交回发证机关核销的。

第四十七条　违反本条例规定，经由道路运输民用爆炸物品，有下列情形之一的，由公安机关责令改正，处 5 万元以上 20 万元以下的罚款：

（一）违反运输许可事项的；

（二）未携带《民用爆炸物品运输许可证》的；

（三）违反有关标准和规范混装民用爆炸物品的；

（四）运输车辆未按照规定悬挂或者安装符合国家标准的易燃易爆危险物品警示标志的；

（五）未按照规定的路线行驶，途中经停没有专人看守或者在许可以外的地点经停的；

（六）装载民用爆炸物品的车厢载人的；

（七）出现危险情况未立即采取必要的应急处置措施、报告当地公安机关的。

第四十八条　违反本条例规定，从事爆破作业的单位有下列情形之一的，由公安机关责令停止违法行为或者限期改正，处 10 万元以上 50 万元以下的罚款；逾期不改正的，责令停产停业整顿；情节严重的，吊销《爆破作业单位许可证》：

（一）爆破作业单位未按照其资质等级从事爆破作业的；

（二）营业性爆破作业单位跨省、自治区、直辖市行政区域实施爆破作业，未按照规定事先向爆破作业所在地的县级人民政府公安机关报告的；

（三）爆破作业单位未按照规定建立民用爆炸物品领取登记制度、保存领取登记记录的；

（四）违反国家有关标准和规范实施爆破作业的。

爆破作业人员违反国家有关标准和规范的规定实施爆破作业的，由公安机关责令限期改正，情节严重的，吊销《爆破作业人员许可证》。

第四十九条　违反本条例规定，有下列情形之一的，由国防科技工业主管部门、公安机关按照职责责令限期改正，可以并处 5 万元以上 20 万元以下的罚款；逾期不改正的，责令停产停业整顿；情节严重的，吊销许可证：

（一）未按照规定在专用仓库设置技术防范设施的；

（二）未按照规定建立出入库检查、登记制度或者收存和发放民用爆炸物品，致使账物不符的；

（三）超量储存、在非专用仓库储存或者违反储存标准和规范储存民用爆炸物品的；

（四）有本条例规定的其他违反民用爆炸物品储存管理规定行为的。

第五十条 违反本条例规定，民用爆炸物品从业单位有下列情形之一的，由公安机关处2万元以上10万元以下的罚款；情节严重的，吊销其许可证；有违反治安管理行为的，依法给予治安管理处罚：

（一）违反安全管理制度，致使民用爆炸物品丢失、被盗、被抢的；

（二）民用爆炸物品丢失、被盗、被抢，未按照规定向当地公安机关报告或者故意隐瞒不报的；

（三）转让、出借、转借、抵押、赠送民用爆炸物品的。

第五十一条 违反本条例规定，携带民用爆炸物品搭乘公共交通工具或者进入公共场所，邮寄或者在托运的货物、行李、包裹、邮件中夹带民用爆炸物品，构成犯罪的，依法追究刑事责任；尚不构成犯罪的，由公安机关依法给予治安管理处罚，没收非法的民用爆炸物品，处1000元以上1万元以下的罚款。

第五十二条 民用爆炸物品从业单位的主要负责人未履行本条例规定的安全管理责任，导致发生重大伤亡事故或者造成其他严重后果，构成犯罪的，依法追究刑事责任；尚不构成犯罪的，对主要负责人给予撤职处分，对个人经营的投资人处2万元以上20万元以下的罚款。

第五十三条 国防科技工业主管部门、公安机关、工商行政管理部门的工作人员，在民用爆炸物品安全监督管理工作中滥用职权、玩忽职守或者徇私舞弊，构成犯罪的，依法追究刑事责任；尚不构成犯罪的，依法给予行政处分。

第八章 附 则

第五十四条 《民用爆炸物品生产许可证》、《民用爆炸物品销售许可证》，由国务院国防科技工业主管部门规定式样；《民用爆炸物品购买许可证》、《民用爆炸物品运输许可证》、《爆破作业单位许可证》、《爆破作业人员许可证》，由国务院公安部门规定式样。

第五十五条 本条例自2006年9月1日起施行。1984年1月6日国务院发布的《中华人民共和国民用爆炸物品管理条例》同时废止。

1.3 《烟花爆竹安全管理条例》

中华人民共和国国务院令

第 455 号

《烟花爆竹安全管理条例》已经2006年1月11日国务院第121次常务会议通过，现予公布，自公布之日起施行。

总 理 温家宝

二〇〇六年一月二十一日

烟花爆竹安全管理条例

第一章　总　则

第一条　为了加强烟花爆竹安全管理，预防爆炸事故发生，保障公共安全和人身、财产的安全，制定本条例。

第二条　烟花爆竹的生产、经营、运输和燃放，适用本条例。

本条例所称烟花爆竹，是指烟花爆竹制品和用于生产烟花爆竹的民用黑火药、烟火药、引火线等物品。

第三条　国家对烟花爆竹的生产、经营、运输和举办焰火晚会以及其他大型焰火燃放活动，实行许可证制度。

未经许可，任何单位或者个人不得生产、经营、运输烟花爆竹，不得举办焰火晚会以及其他大型焰火燃放活动。

第四条　安全生产监督管理部门负责烟花爆竹的安全生产监督管理；公安部门负责烟花爆竹的公共安全管理；质量监督检验部门负责烟花爆竹的质量监督和进出口检验。

第五条　公安部门、安全生产监督管理部门、质量监督检验部门、工商行政管理部门应当按照职责分工，组织查处非法生产、经营、储存、运输、邮寄烟花爆竹以及非法燃放烟花爆竹的行为。

第六条　烟花爆竹生产、经营、运输企业和焰火晚会以及其他大型焰火燃放活动主办单位的主要负责人，对本单位的烟花爆竹安全工作负责。

烟花爆竹生产、经营、运输企业和焰火晚会以及其他大型焰火燃放活动主办单位应当建立健全安全责任制，制定各项安全管理制度和操作规程，并对从业人员定期进行安全教育、法制教育和岗位技术培训。

中华全国供销合作总社应当加强对本系统企业烟花爆竹经营活动的管理。

第七条　国家鼓励烟花爆竹生产企业采用提高安全程度和提升行业整体水平的新工艺、新配方和新技术。

第二章　生产安全

第八条　生产烟花爆竹的企业，应当具备下列条件：

（一）符合当地产业结构规划；

（二）基本建设项目经过批准；

（三）选址符合城乡规划，并与周边建筑、设施保持必要的安全距离；

（四）厂房和仓库的设计、结构和材料以及防火、防爆、防雷、防静电等安全设备、设施符合国家有关标准和规范；

（五）生产设备、工艺符合安全标准；

（六）产品品种、规格、质量符合国家标准；

（七）有健全的安全生产责任制；

（八）有安全生产管理机构和专职安全生产管理人员；

（九）依法进行了安全评价；

（十）有事故应急救援预案、应急救援组织和人员，并配备必要的应急救援器材、设备；

（十一）法律、法规规定的其他条件。

第九条　生产烟花爆竹的企业，应当在投入生产前向所在地设区的市人民政府安全生产监督管理部门提出安全审查申请，并提交能够证明符合本条例第八条规定条件的有关材料。设区的市人民政府安全生产监督管理部门应当自收到材料之日起 20 日内提出安全审查初步意见，报省、自治区、直辖市人民政府安全生产监督管理部门审查。省、自治区、直辖市人民政府安全生产监督管理部门应当自受理申请之日起 45 日内进行安全审查，对符合条件的，核发《烟花爆竹安全生产许可证》；对不符合条件的，应当说明理由。

第十条　生产烟花爆竹的企业为扩大生产能力进行基本建设或者技术改造的，应当依照本条例的规定申请办理安全生产许可证。

生产烟花爆竹的企业，持《烟花爆竹安全生产许可证》到工商行政管理部门办理登记手续后，方可从事烟花爆竹生产活动。

第十一条　生产烟花爆竹的企业，应当按照安全生产许可证核定的产品种类进行生产，生产工序和生产作业应当执行有关国家标准和行业标准。

第十二条　生产烟花爆竹的企业，应当对生产作业人员进行安全生产知识教育，对从事药物混合、造粒、筛选、装药、筑药、压药、切引、搬运等危险工序的作业人员进行专业技术培训。从事危险工序的作业人员经设区的市人民政府安全生产监督管理部门考核合格，方可上岗作业。

第十三条　生产烟花爆竹使用的原料，应当符合国家标准的规定。生产烟花爆竹使用的原料，国家标准有用量限制的，不得超过规定的用量。不得使用国家标准规定禁止使用或者禁忌配伍的物质生产烟花爆竹。

第十四条　生产烟花爆竹的企业，应当按照国家标准的规定，在烟花爆竹产品上标注燃放说明，并在烟花爆竹包装物上印制易燃易爆危险物品警示标志。

第十五条　生产烟花爆竹的企业，应当对黑火药、烟火药、引火线的保管采取必要的安全技术措施，建立购买、领用、销售登记制度，防止黑火药、烟火药、引火线丢失。黑火药、烟火药、引火线丢失的，企业应当立即向当地安全生产监督管理部门和公安部门报告。

第三章　经营安全

第十六条　烟花爆竹的经营分为批发和零售。

从事烟花爆竹批发的企业和零售经营者的经营布点，应当经安全生产监督管理部门审批。

禁止在城市市区布设烟花爆竹批发场所；城市市区的烟花爆竹零售网点，应当按照严格控制的原则合理布设。

第十七条　从事烟花爆竹批发的企业，应当具备下列条件：

（一）具有企业法人条件；

（二）经营场所与周边建筑、设施保持必要的安全距离；

（三）有符合国家标准的经营场所和储存仓库；

（四）有保管员、仓库守护员；

（五）依法进行了安全评价；

（六）有事故应急救援预案、应急救援组织和人员，并配备必要的应急救援器材、设备；

（七）法律、法规规定的其他条件。

第十八条　烟花爆竹零售经营者，应当具备下列条件：

（一）主要负责人经过安全知识教育；

（二）实行专店或者专柜销售，设专人负责安全管理；

（三）经营场所配备必要的消防器材，张贴明显的安全警示标志；

（四）法律、法规规定的其他条件。

第十九条　申请从事烟花爆竹批发的企业，应当向所在地省、自治区、直辖市人民政府安全生产监督管理部门或者其委托的设区的市人民政府安全生产监督管理部门提出申请，并提供能够证明符合本条例第十七条规定条件的有关材料。受理申请的安全生产监督管理部门应当自受理申请之日起 30 日内对提交的有关材料和经营场所进行审查，对符合条件的，核发《烟花爆竹经营（批发）许可证》；对不符合条件的，应当说明理由。

申请从事烟花爆竹零售的经营者，应当向所在地县级人民政府安全生产监督管理部门提出申请，并提供能够证明符合本条例第十八条规定条件的有关材料。受理申请的安全生产监督管理部门应当自受理申请之日起 20 日内对提交的有关材料和经营场所进行审查，对符合条件的，核发《烟花爆竹经营（零售）许可证》；对不符合条件的，应当说明理由。

《烟花爆竹经营（零售）许可证》，应当载明经营负责人、经营场所地址、经营期限、烟花爆竹种类和限制存放量。

烟花爆竹的批发企业、零售经营者，持烟花爆竹经营许可证到工商行政管理部门办理登记手续后，方可从事烟花爆竹经营活动。

第二十条　从事烟花爆竹批发的企业，应当向生产烟花爆竹的企业采购烟花爆竹，向从事烟花爆竹零售的经营者供应烟花爆竹。从事烟花爆竹零售的经营者，应当向从事烟花爆竹批发的企业采购烟花爆竹。

从事烟花爆竹批发的企业、零售经营者不得采购和销售非法生产、经营的烟花爆竹。

从事烟花爆竹批发的企业，不得向从事烟花爆竹零售的经营者供应按照国家标准规定应由专业燃放人员燃放的烟花爆竹。从事烟花爆竹零售的经营者，不得销售按照国家标准规定应由专业燃放人员燃放的烟花爆竹。

第二十一条　生产、经营黑火药、烟火药、引火线的企业，不得向未取得烟花爆竹安全生产许可的任何单位或者个人销售黑火药、烟火药和引火线。

第四章　运输安全

第二十二条　经由道路运输烟花爆竹的，应当经公安部门许可。

经由铁路、水路、航空运输烟花爆竹的，依照铁路、水路、航空运输安全管理的有关法律、法规、规章的规定执行。

第二十三条　经由道路运输烟花爆竹的，托运人应当向运达地县级人民政府公安部门提出申请，并提交下列有关材料：

（一）承运人从事危险货物运输的资质证明；

（二）驾驶员、押运员从事危险货物运输的资格证明；

（三）危险货物运输车辆的道路运输证明；

（四）托运人从事烟花爆竹生产、经营的资质证明；

（五）烟花爆竹的购销合同及运输烟花爆竹的种类、规格、数量；

（六）烟花爆竹的产品质量和包装合格证明；

（七）运输车辆牌号、运输时间、起始地点、行驶路线、经停地点。

第二十四条　受理申请的公安部门应当自受理申请之日起 3 日内对提交的有关材料进行审查，对符合条件的，核发《烟花爆竹道路运输许可证》；对不符合条件的，应当说明理由。

《烟花爆竹道路运输许可证》应当载明托运人、承运人、一次性运输有效期限、起始地点、行驶路线、经停地点、烟花爆竹的种类、规格和数量。

第二十五条　经由道路运输烟花爆竹的，除应当遵守《中华人民共和国道路交通安全法》外，还应当遵守下列规定：

（一）随车携带《烟花爆竹道路运输许可证》；

（二）不得违反运输许可事项；

（三）运输车辆悬挂或者安装符合国家标准的易燃易爆危险物品警示标志；

（四）烟花爆竹的装载符合国家有关标准和规范；

（五）装载烟花爆竹的车厢不得载人；

（六）运输车辆限速行驶，途中经停必须有专人看守；

（七）出现危险情况立即采取必要的措施，并报告当地公安部门。

第二十六条　烟花爆竹运达目的地后，收货人应当在 3 日内将《烟花爆竹道路运输许可证》交回发证机关核销。

第二十七条　禁止携带烟花爆竹搭乘公共交通工具。

禁止邮寄烟花爆竹，禁止在托运的行李、包裹、邮件中夹带烟花爆竹。

第五章　燃放安全

第二十八条　燃放烟花爆竹，应当遵守有关法律、法规和规章的规定。县级以上地方人民政府可以根据本行政区域的实际情况，确定限制或者禁止燃放烟花爆竹的时间、地点和种类。

第二十九条　各级人民政府和政府有关部门应当开展社会宣传活动，教育公民遵守有关法律、法规和规章，安全燃放烟花爆竹。

广播、电视、报刊等新闻媒体，应当做好安全燃放烟花爆竹的宣传、教育工作。

未成年人的监护人应当对未成年人进行安全燃放烟花爆竹的教育。

第三十条　禁止在下列地点燃放烟花爆竹：

（一）文物保护单位；

（二）车站、码头、飞机场等交通枢纽以及铁路线路安全保护区内；

（三）易燃易爆物品生产、储存单位；

（四）输变电设施安全保护区内；

（五）医疗机构、幼儿园、中小学校、敬老院；

（六）山林、草原等重点防火区；

（七）县级以上地方人民政府规定的禁止燃放烟花爆竹的其他地点。

第三十一条　燃放烟花爆竹，应当按照燃放说明燃放，不得以危害公共安全和人身、财产安全的方式燃放烟花爆竹。

第三十二条　举办焰火晚会以及其他大型焰火燃放活动，应当按照举办的时间、地点、环境、活动性质、规模以及燃放烟花爆竹的种类、规格和数量，确定危险等级，实行分级管理。分级管理的具体办法，由国务院公安部门规定。

第三十三条　申请举办焰火晚会以及其他大型焰火燃放活动，主办单位应当按照分级管理的规定，向有关人民政府公安部门提出申请，并提交下列有关材料：

（一）举办焰火晚会以及其他大型焰火燃放活动的时间、地点、环境、活动性质、规模；

（二）燃放烟花爆竹的种类、规格、数量；

（三）燃放作业方案；

（四）燃放作业单位、作业人员符合行业标准规定条件的证明。

受理申请的公安部门应当自受理申请之日起 20 日内对提交的有关材料进行审查，对符合条件的，核发《焰火燃放许可证》；对不符合条件的，应当说明理由。

第三十四条　焰火晚会以及其他大型焰火燃放活动燃放作业单位和作业人员，应当按照焰火燃放安全规程和经许可的燃放作业方案进行燃放作业。

第三十五条　公安部门应当加强对危险等级较高的焰火晚会以及其他大型焰火燃放活动的监督检查。

第六章　法律责任

第三十六条　对未经许可生产、经营烟花爆竹制品，或者向未取得烟花爆竹安全生产许可的单位或者个人销售黑火药、烟火药、引火线的，由安全生产监督管理部门责令停止非法生产、经营活动，处 2 万元以上 10 万元以下的罚款，并没收非法生产、经营的物品及违法所得。

对未经许可经由道路运输烟花爆竹的，由公安部门责令停止非法运输活动，处 1 万元以上 5 万元以下的罚款，并没收非法运输的物品及违法所得。

非法生产、经营、运输烟花爆竹，构成违反治安管理行为的，依法给予治安管理处罚；构成犯罪的，依法追究刑事责任。

第三十七条　生产烟花爆竹的企业有下列行为之一的，由安全生产监督管理部门责令限期改正，处 1 万元以上 5 万元以下的罚款；逾期不改正的，责令停产停业整顿，情节严重的，吊销安全生产许可证：

（一）未按照安全生产许可证核定的产品种类进行生产的；

（二）生产工序或者生产作业不符合有关国家标准、行业标准的；

（三）雇佣未经设区的市人民政府安全生产监督管理部门考核合格的人员从事危险工序作业的；

（四）生产烟花爆竹使用的原料不符合国家标准规定的，或者使用的原料超过国家标准规定的用量限制的；

（五）使用按照国家标准规定禁止使用或者禁忌配伍的物质生产烟花爆竹的；

（六）未按照国家标准的规定在烟花爆竹产品上标注燃放说明，或者未在烟花爆竹的包装物上印制易燃易爆危险物品警示标志的。

第三十八条　从事烟花爆竹批发的企业向从事烟花爆竹零售的经营者供应非法生产、经营的烟花爆竹，或者供应按照国家标准规定应由专业燃放人员燃放的烟花爆竹的，由安全生产监督管理部门责令停止违法行为，处 2 万元以上 10 万元以下的罚款，并没收非法经营的物品及违法所得；情节严重的，吊销烟花爆竹经营许可证。

从事烟花爆竹零售的经营者销售非法生产、经营的烟花爆竹，或者销售按照国家标准规定应由专业燃放人员燃放的烟花爆竹的，由安全生产监督管理部门责令停止违法行为，处 1000 元以上 5000 元以下的罚款，并没收非法经营的物品及违法所得；情节严重的，吊销烟花爆竹经营许可证。

第三十九条 生产、经营、使用黑火药、烟火药、引火线的企业，丢失黑火药、烟火药、引火线未及时向当地安全生产监督管理部门和公安部门报告的，由公安部门对企业主要负责人处 5000 元以上 2 万元以下的罚款，对丢失的物品予以追缴。

第四十条 经由道路运输烟花爆竹，有下列行为之一的，由公安部门责令改正，处 200 元以上 2000 元以下的罚款：

（一）违反运输许可事项的；

（二）未随车携带《烟花爆竹道路运输许可证》的；

（三）运输车辆没有悬挂或者安装符合国家标准的易燃易爆危险物品警示标志的；

（四）烟花爆竹的装载不符合国家有关标准和规范的；

（五）装载烟花爆竹的车厢载人的；

（六）超过危险物品运输车辆规定时速行驶的；

（七）运输车辆途中经停没有专人看守的；

（八）运达目的地后，未按规定时间将《烟花爆竹道路运输许可证》交回发证机关核销的。

第四十一条 对携带烟花爆竹搭乘公共交通工具，或者邮寄烟花爆竹以及在托运的行李、包裹、邮件中夹带烟花爆竹的，由公安部门没收非法携带、邮寄、夹带的烟花爆竹，可以并处 200 元以上 1000 元以下的罚款。

第四十二条 对未经许可举办焰火晚会以及其他大型焰火燃放活动，或者焰火晚会以及其他大型焰火燃放活动燃放作业单位和作业人员违反焰火燃放安全规程、燃放作业方案进行燃放作业的，由公安部门责令停止燃放，对责任单位处 1 万元以上 5 万元以下的罚款。

在禁止燃放烟花爆竹的时间、地点燃放烟花爆竹，或者以危害公共安全和人身、财产安全的方式燃放烟花爆竹的，由公安部门责令停止燃放，处 100 元以上 500 元以下的罚款；构成违反治安管理行为的，依法给予治安管理处罚。

第四十三条 对没收的非法烟花爆竹以及生产、经营企业弃置的废旧烟花爆竹，应当就地封存，并由公安部门组织销毁、处置。

第四十四条 安全生产监督管理部门、公安部门、质量监督检验部门、工商行政管理部门的工作人员，在烟花爆竹安全监管工作中滥用职权、玩忽职守、徇私舞弊，构成犯罪的，依法追究刑事责任；尚不构成犯罪的，依法给予行政处分。

第七章　附　则

第四十五条 《烟花爆竹安全生产许可证》、《烟花爆竹经营（批发）许可证》、《烟花爆竹经营（零售）许可证》，由国务院安全生产监督管理部门规定式样；《烟花爆竹道路运输许可证》、《焰火燃放许可证》，由国务院公安部门规定式样。

第四十六条 本条例自公布之日起施行。

1.4 《烟花爆竹生产企业安全生产许可证实施办法》

国家安全生产监督管理总局令

第 54 号

《烟花爆竹生产企业安全生产许可证实施办法》已经 2012 年 5 月 21 日国家安全生产监督管理总局局长办公会议审议通过，现予公布，自 2012 年 8 月 1 日起施行。原国家安全生产监督管理局、国家煤矿安全监察局 2004 年 5 月 17 日公布的《烟花爆竹生产企业安全生产许可证实施办法》同时废止。

国家安全生产监督管理总局局长 杨栋梁

2012 年 7 月 1 日

烟花爆竹生产企业安全生产许可证实施办法

第一章 总 则

第一条 为了严格烟花爆竹生产企业安全生产准入条件，规范烟花爆竹安全生产许可证的颁发和管理工作，根据《安全生产许可证条例》、《烟花爆竹安全管理条例》等法律、行政法规，制定本办法。

第二条 本办法所称烟花爆竹生产企业（以下简称企业），是指依法设立并取得工商营业执照或者企业名称工商预先核准文件，从事烟花爆竹生产的企业。

第三条 企业应当依照本办法的规定取得烟花爆竹安全生产许可证（以下简称安全生产许可证）。

未取得安全生产许可证的，不得从事烟花爆竹生产活动。

第四条 安全生产许可证的颁发和管理工作实行企业申请、一级发证、属地监管的原则。

第五条 国家安全生产监督管理总局负责指导、监督全国安全生产许可证的颁发和管理工作，并对安全生产许可证进行统一编号。

省、自治区、直辖市人民政府安全生产监督管理部门按照全国统一配号，负责本行政区域内安全生产许可证的颁发和管理工作。

第二章 申请安全生产许可证的条件

第六条 企业的设立应当符合国家产业政策和当地产业结构规划，企业的选址应当符合当地城乡规划。

企业与周边建筑、设施的安全距离必须符合国家标准、行业标准的规定。

第七条 企业的基本建设项目应当依照有关规定经县级以上人民政府或者有关部门批准，并符合下列条件：

（一）建设项目的设计由具有乙级以上军工行业的弹箭、火炸药、民爆器材工程设计类别工程设计资质或者化工石化医药行业的有机化工、石油冶炼、石油产品深加工工程设计类型工程设计资质的单位承担；

（二）建设项目的设计符合《烟花爆竹工程设计安全规范》（GB50161）的要求，并依法进行安全设施设计审查和竣工验收。

第八条 企业的厂房和仓库等基础设施、生产设备、生产工艺以及防火、防爆、防雷、防静电等安全设备设施必须符合《烟花爆竹工程设计安全规范》（GB50161）、《烟花爆竹作业安全技术规程》（GB11652）等国家标准、行业标准的规定。

从事礼花弹生产的企业除符合前款规定外，还应当符合礼花弹生产安全条件的规定。

第九条 企业的药物和成品总仓库、药物和半成品中转库、机械混药和装药工房、晾晒场、烘干房等重点部位应当根据《烟花爆竹企业安全监控系统通用技术条件》（AQ4101）的规定安装视频监控和异常情况报警装置，并设置明显的安全警示标志。

第十条 企业的生产厂房数量和储存仓库面积应当与其生产品种及规模相适应。

第十一条 企业生产的产品品种、类别、级别、规格、质量、包装、标志应当符合《烟花爆竹安全与质量》（GB10631）等国家标准、行业标准的规定。

第十二条 企业应当设置安全生产管理机构，配备专职安全生产管理人员，并符合下列要求：

（一）确定安全生产主管人员；

（二）配备占本企业从业人员总数 1%以上且至少有 2 名专职安全生产管理人员；

（三）配备占本企业从业人员总数 5%以上的兼职安全员。

第十三条 企业应当建立健全主要负责人、分管负责人、安全生产管理人员、职能部门、岗位的安全生产责任制，制定下列安全生产规章制度和操作规程：

（一）符合《烟花爆竹作业安全技术规程》（GB11652）等国家标准、行业标准规定的岗位安全操作规程；

（二）药物存储管理、领取管理和余（废）药处理制度；

（三）企业负责人及涉裸药生产线负责人值（带）班制度；

（四）特种作业人员管理制度；

（五）从业人员安全教育培训制度；

（六）安全检查和隐患排查治理制度；

（七）产品购销合同和销售流向登记管理制度；

（八）新产品、新药物研发管理制度；

（九）安全设施设备维护管理制度；

（十）原材料购买、检验、储存及使用管理制度；

（十一）职工出入厂（库）区登记制度；

（十二）厂（库）区门卫值班（守卫）制度；

（十三）重大危险源（重点危险部位）监控管理制度；

（十四）安全生产费用提取和使用制度；

（十五）劳动防护用品配备、使用和管理制度；

（十六）工作场所职业病危害防治制度。

第十四条 企业主要负责人、分管安全生产负责人和专职安全生产管理人员应当经专门的安全生产培训和安全生产监督管理部门考核合格，取得安全资格证。

从事药物混合、造粒、筛选、装药、筑药、压药、切引、搬运等危险工序和烟花爆竹仓库保管、守护的特种作业人员，应当接受专业知识培训，并经考核合格取得特种作业操作证。

其他岗位从业人员应当依照有关规定经本岗位安全生产知识教育和培训合格。

第十五条　企业应当依法参加工伤保险，为从业人员缴纳保险费。

第十六条　企业应当依照国家有关规定提取和使用安全生产费用，不得挪作他用。

第十七条　企业必须为从业人员配备符合国家标准或者行业标准的劳动防护用品，并依照有关规定对从业人员进行职业健康检查。

第十八条　企业应当建立生产安全事故应急救援组织，制定事故应急预案，并配备应急救援人员和必要的应急救援器材、设备。

第十九条　企业应当根据《烟花爆竹流向登记通用规范》（AQ4102）和国家有关烟花爆竹流向信息化管理的规定，建立并应用烟花爆竹流向管理信息系统。

第二十条　企业应当依法进行安全评价。安全评价报告应当包括本办法第六条、第七条、第八条、第九条、第十条、第十七条、第十八条规定条件的符合性评价内容。

第三章　安全生产许可证的申请和颁发

第二十一条　企业申请安全生产许可证，应当向所在地设区的市级人民政府安全生产监督管理部门（以下统称初审机关）提出安全审查申请，提交下列文件、资料，并对其真实性负责：

（一）安全生产许可证申请书（一式三份）；

（二）工商营业执照或者企业名称工商预先核准文件（复制件）；

（三）建设项目安全设施设计审查和竣工验收的证明材料；

（四）安全生产管理机构及安全生产管理人员配备情况的书面文件；

（五）各种安全生产责任制文件（复制件）；

（六）安全生产规章制度和岗位安全操作规程目录清单；

（七）企业主要负责人、分管安全生产负责人、专职安全生产管理人员名单和安全资格证（复制件）；

（八）特种作业人员的特种作业操作证（复制件）和其他从业人员安全生产教育培训合格的证明材料；

（九）为从业人员缴纳工伤保险费的证明材料；

（十）安全生产费用提取和使用情况的证明材料；

（十一）具备资质的中介机构出具的安全评价报告。

第二十二条　新建企业申请安全生产许可证，应当在建设项目竣工验收通过之日起 20 个工作日内向所在地初审机关提出安全审查申请。

第二十三条　初审机关收到企业提交的安全审查申请后，应当对企业的设立是否符合国家产业政策和当地产业结构规划、企业的选址是否符合城乡规划以及有关申请文件、资料是否符合要求进行初步审查，并自收到申请之日起 20 个工作日内提出初步审查意见（以下简称初审意见），连同申请文件、资料一并报省、自治区、直辖市人民政府安全生产监督管理部门（以下简称发证机关）。

初审机关在审查过程中，可以就企业的有关情况征求企业所在地县级人民政府的意见。

第二十四条　发证机关收到初审机关报送的申请文件、资料和初审意见后，应当按照下列情况分别作出处理：

（一）申请文件、资料不齐全或者不符合要求的，当场告知或者在 5 个工作日内出具补正通知书，一次告知企业需要补正的全部内容；逾期不告知的，自收到申请材料之日起即为受理；

（二）申请文件、资料齐全，符合要求或者按照发证机关要求提交全部补正材料的，自收到申请文件、资料或者全部补正材料之日起即为受理。

发证机关应当将受理或者不予受理决定书面告知申请企业和初审机关。

第二十五条 发证机关受理申请后，应当结合初审意见，组织有关人员对申请文件、资料进行审查。需要到现场核查的，应当指派 2 名以上工作人员进行现场核查；对从事黑火药、引火线、礼花弹生产的企业，应当指派 2 名以上工作人员进行现场核查。

发证机关应当自受理之日起 45 个工作日内作出颁发或者不予颁发安全生产许可证的决定。

对决定颁发的，发证机关应当自决定之日起 10 个工作日内送达或者通知企业领取安全生产许可证；对不予颁发的，应当在 10 个工作日内书面通知企业并说明理由。

现场核查所需时间不计算在本条规定的期限内。

第二十六条 安全生产许可证分为正副本，正本为悬挂式，副本为折页式。正本、副本具有同等法律效力。

第四章 安全生产许可证的变更和延期

第二十七条 企业在安全生产许可证有效期内有下列情形之一的，应当按照本办法第二十八条的规定申请变更安全生产许可证：

（一）改建、扩建烟花爆竹生产（含储存）设施的；

（二）变更产品类别、级别范围的；

（三）变更企业主要负责人的；

（四）变更企业名称的。

第二十八条 企业有本办法第二十七条第一项情形申请变更的，应当自建设项目通过竣工验收之日起 20 个工作日内向所在地初审机关提出安全审查申请，并提交安全生产许可证变更申请书（一式三份）和建设项目安全设施设计审查和竣工验收的证明材料。

企业有本办法第二十七条第二项情形申请变更的，应当向所在地初审机关提出安全审查申请，并提交安全生产许可证变更申请书（一式三份）和专项安全评价报告（减少生产产品品种的除外）。

企业有本办法第二十七条第三项情形申请变更的，应当向所在地发证机关提交安全生产许可证变更申请书（一式三份）和主要负责人安全资格证（复制件）。

企业有本办法第二十七条第四项情形申请变更的，应当自取得变更后的工商营业执照或者企业名称工商预先核准文件之日起 10 个工作日内，向所在地发证机关提交安全生产许可证变更申请书（一式三份）和工商营业执照或者企业名称工商预先核准文件（复制件）。

第二十九条 对本办法第二十七条第一项、第二项情形的安全生产许可证变更申请，初审机关、发证机关应当按照本办法第二十三条、第二十四条、第二十五条的规定进行审查，并办理变更手续。

对本办法第二十七条第三项、第四项情形的安全生产许可证变更申请，发证机关应当自收到变更申请材料之日起 5 个工作日内完成审查，并办理变更手续。

第三十条　安全生产许可证有效期为 3 年。安全生产许可证有效期满需要延期的，企业应当于有效期届满前 3 个月向原发证机关申请办理延期手续。

第三十一条　企业提出延期申请的，应当向发证机关提交下列文件、资料：

（一）安全生产许可证延期申请书（一式三份）；

（二）本办法第二十一条第四项至第十一项规定的文件、资料；

（三）达到安全生产标准化三级的证明材料。

发证机关收到延期申请后，应当按照本办法第二十四条、第二十五条的规定办理延期手续。

第三十二条　企业在安全生产许可证有效期内符合下列条件，在许可证有效期届满时，经原发证机关同意，不再审查，直接办理延期手续：

（一）严格遵守有关安全生产法律、法规和本办法；

（二）取得安全生产许可证后，加强日常安全生产管理，不断提升安全生产条件，达到安全生产标准化二级以上；

（三）接受发证机关及所在地人民政府安全生产监督管理部门的监督检查；

（四）未发生生产安全死亡事故。

第三十三条　对决定批准延期、变更安全生产许可证的，发证机关应当收回原证，换发新证。

第五章　监督管理

第三十四条　安全生产许可证发证机关和初审机关应当坚持公开、公平、公正的原则，严格依照有关行政许可的法律法规和本办法，审查、颁发安全生产许可证。

发证机关和初审机关工作人员在安全生产许可证审查、颁发、管理工作中，不得索取或者接受企业的财物，不得谋取其他不正当利益。

第三十五条　发证机关及所在地人民政府安全生产监督管理部门应当加强对烟花爆竹生产企业的监督检查，督促其依照法律、法规、规章和国家标准、行业标准的规定进行生产。

第三十六条　发证机关发现企业以欺骗、贿赂等不正当手段取得安全生产许可证的，应当撤销已颁发的安全生产许可证。

第三十七条　取得安全生产许可证的企业有下列情形之一的，发证机关应当注销其安全生产许可证：

（一）安全生产许可证有效期满未被批准延期的；

（二）终止烟花爆竹生产活动的；

（三）安全生产许可证被依法撤销的；

（四）安全生产许可证被依法吊销的。

发证机关注销安全生产许可证后，应当在当地主要媒体或者本机关政府网站上及时公告被注销安全生产许可证的企业名单，并通报同级人民政府有关部门和企业所在地县级人民政府。

第三十八条　发证机关应当建立健全安全生产许可证档案管理制度，并应用信息化手段管理安全生产许可证档案。

第三十九条　发证机关应当每 6 个月向社会公布一次取得安全生产许可证的企业情况，

并于每年1月15日前将本行政区域内上一年度安全生产许可证的颁发和管理情况报国家安全生产监督管理总局。

第四十条 企业取得安全生产许可证后，不得出租、转让安全生产许可证，不得将企业、生产线或者工（库）房转包、分包给不具备安全生产条件或者相应资质的其他任何单位或者个人，不得多股东各自独立进行烟花爆竹生产活动。

企业不得从其他企业购买烟花爆竹半成品加工后销售或者购买其他企业烟花爆竹成品加贴本企业标签后销售，不得向其他企业销售烟花爆竹半成品。从事礼花弹生产的企业不得将礼花弹销售给未经公安机关批准的燃放活动。

第四十一条 任何单位或者个人对违反《安全生产许可证条例》、《烟花爆竹安全管理条例》和本办法规定的行为，有权向安全生产监督管理部门或者监察机关等有关部门举报。

第六章 法律责任

第四十二条 发证机关、初审机关及其工作人员有下列行为之一的，给予降级或者撤职的行政处分；构成犯罪的，依法追究刑事责任：

（一）向不符合本办法规定的安全生产条件的企业颁发安全生产许可证的；

（二）发现企业未依法取得安全生产许可证擅自从事烟花爆竹生产活动，不依法处理的；

（三）发现取得安全生产许可证的企业不再具备本办法规定的安全生产条件，不依法处理的；

（四）接到违反本办法规定行为的举报后，不及时处理的；

（五）在安全生产许可证颁发、管理和监督检查工作中，索取或者接受企业财物、帮助企业弄虚作假或者谋取其他不正当利益的。

第四十三条 企业有下列行为之一的，责令停止违法活动或者限期改正，并处1万元以上3万元以下的罚款：

（一）变更企业主要负责人或者名称，未办理安全生产许可证变更手续的；

（二）从其他企业购买烟花爆竹半成品加工后销售，或者购买其他企业烟花爆竹成品加贴本企业标签后销售，或者向其他企业销售烟花爆竹半成品的。

第四十四条 企业有下列行为之一的，依法暂扣其安全生产许可证：

（一）多股东各自独立进行烟花爆竹生产活动的；

（二）从事礼花弹生产的企业将礼花弹销售给未经公安机关批准的燃放活动的；

（三）改建、扩建烟花爆竹生产（含储存）设施未办理安全生产许可证变更手续的；

（四）发生较大以上生产安全责任事故的；

（五）不再具备本办法规定的安全生产条件的。

企业有前款第一项、第二项、第三项行为之一的，并处1万元以上3万元以下的罚款。

第四十五条 企业有下列行为之一的，依法吊销其安全生产许可证：

（一）出租、转让安全生产许可证的；

（二）被暂扣安全生产许可证，经停产整顿后仍不具备本办法规定的安全生产条件的。

企业有前款第一项行为的，没收违法所得，并处10万元以上50万元以下的罚款。

第四十六条 企业有下列行为之一的，责令停止生产，没收违法所得，并处10万元以上50万元以下的罚款：

（一）未取得安全生产许可证擅自进行烟花爆竹生产的；

（二）变更产品类别或者级别范围未办理安全生产许可证变更手续的。

第四十七条 企业取得安全生产许可证后，将企业、生产线或者工（库）房转包、分包给不具备安全生产条件或者相应资质的其他单位或者个人，依照《中华人民共和国安全生产法》的有关规定给予处罚。

第四十八条 本办法规定的行政处罚，由安全生产监督管理部门决定，暂扣、吊销安全生产许可证的行政处罚由发证机关决定。

第七章 附 则

第四十九条 安全生产许可证由国家安全生产监督管理总局统一印制。

第五十条 本办法自 2012 年 8 月 1 日起施行。原国家安全生产监督管理局、国家煤矿安全监察局 2004 年 5 月 17 日公布的《烟花爆竹生产企业安全生产许可证实施办法》同时废止。

1.5 《烟花爆竹企业保障生产安全十条规定》

国家安全生产监督管理总局令

第 61 号

《烟花爆竹企业保障生产安全十条规定》已经 2013 年 7 月 15 日国家安全生产监督管理总局局长办公会议审议通过，现予公布，自公布之日起施行。

国家安全生产监督管理总局局长 杨栋梁

2013 年 7 月 17 日

烟花爆竹企业保障生产安全十条规定

一、必须依法设立、证照齐全有效。

二、必须确保防爆、防火、防雷、防静电设施完备。

三、必须确保中转库、药物总库和成品总库满足生产安全需要。

四、必须落实领导值班和职工进出厂登记制度。

五、必须确保全员培训合格和危险工序持证上岗。

六、严禁转包分包、委托加工和违规使用氯酸钾。

七、严禁超范围、超人员、超药量和擅自改变工房用途。

八、严禁高温、雷雨天气生产作业。

九、严禁违规检维修作业和边施工边生产。

十、严禁串岗和无关人员进入厂区。

1.6　《烟花爆竹经营许可实施办法》
国家安全生产监督管理总局令
第 65 号

《烟花爆竹经营许可实施办法》已经 2013 年 9 月 16 日国家安全生产监督管理总局局长办公会议审议通过，现予公布，自 2013 年 12 月 1 日起施行。国家安全生产监督管理总局 2006 年 8 月 26 日公布的《烟花爆竹经营许可实施办法》同时废止。

国家安全生产监督管理总局局长　杨栋梁

2013 年 10 月 16 日

烟花爆竹经营许可实施办法

第一章　总　则

第一条　为了规范烟花爆竹经营单位安全条件和经营行为，做好烟花爆竹经营许可证颁发和管理工作，加强烟花爆竹经营安全监督管理，根据《烟花爆竹安全管理条例》等法律、行政法规，制定本办法。

第二条　烟花爆竹经营许可证的申请、审查、颁发及其监督管理，适用本办法。

第三条　从事烟花爆竹批发的企业（以下简称批发企业）和从事烟花爆竹零售的经营者（以下简称零售经营者）应当按照本办法的规定，分别取得《烟花爆竹经营（批发）许可证》（以下简称批发许可证）和《烟花爆竹经营（零售）许可证》（以下简称零售许可证）。

从事烟花爆竹进出口的企业，应当按照本办法的规定申请办理批发许可证。

未取得烟花爆竹经营许可证的，任何单位或者个人不得从事烟花爆竹经营活动。

第四条　烟花爆竹经营单位的布点，应当按照保障安全、统一规划、合理布局、总量控制、适度竞争的原则审批；对从事黑火药、引火线批发和烟花爆竹进出口的企业，应当按照严格许可条件、严格控制数量的原则审批。

批发企业不得在城市建成区内设立烟花爆竹储存仓库，不得在批发（展示）场所摆放有药样品；严格控制城市建成区内烟花爆竹零售点数量，且烟花爆竹零售点不得与居民居住场所设置在同一建筑物内。

第五条　烟花爆竹经营许可证的颁发和管理，实行企业申请、分级发证、属地监管的原则。

国家安全生产监督管理总局（以下简称安全监管总局）负责指导、监督全国烟花爆竹经营许可证的颁发和管理工作。

省、自治区、直辖市人民政府安全生产监督管理部门（以下简称省级安全监管局）负责制定本行政区域的批发企业布点规划，统一批发许可编号，指导、监督本行政区域内烟花爆竹经营许可证的颁发和管理工作。

设区的市级人民政府安全生产监督管理部门（以下简称市级安全监管局）根据省级安全监管局的批发企业布点规划和统一编号，负责本行政区域内烟花爆竹批发许可证的颁发和管理工作。

县级人民政府安全生产监督管理部门（以下简称县级安全监管局，与市级安全监管局统称发证机关）负责本行政区域内零售经营布点规划与零售许可证的颁发和管理工作。

第二章 批发许可证的申请和颁发

第六条 批发企业应当符合下列条件：

（一）具备企业法人条件；

（二）符合所在地省级安全监管局制定的批发企业布点规划；

（三）具有与其经营规模和产品相适应的仓储设施。仓库的内外部安全距离、库房布局、建筑结构、疏散通道、消防、防爆、防雷、防静电等安全设施以及电气设施等，符合《烟花爆竹工程设计安全规范》（GB50161）等国家标准和行业标准的规定。仓储区域及仓库安装有符合《烟花爆竹企业安全监控系统通用技术条件》（AQ4101）规定的监控设施，并设立符合《烟花爆竹安全生产标志》（AQ4114）规定的安全警示标志和标识牌；

（四）具备与其经营规模、产品和销售区域范围相适应的配送服务能力；

（五）建立安全生产责任制和各项安全管理制度、操作规程。安全管理制度和操作规程至少包括：仓库安全管理制度、仓库保管守卫制度、防火防爆安全管理制度、安全检查和隐患排查治理制度、事故应急救援与事故报告制度、买卖合同管理制度、产品流向登记制度、产品检验验收制度、从业人员安全教育培训制度、违规违章行为处罚制度、企业负责人值（带）班制度、安全生产费用提取和使用制度、装卸（搬运）作业安全规程；

（六）有安全管理机构或者专职安全生产管理人员；

（七）主要负责人、分管安全生产负责人、安全生产管理人员具备烟花爆竹经营方面的安全知识和管理能力，并经培训考核合格，取得相应资格证书。仓库保管员、守护员接受烟花爆竹专业知识培训，并经考核合格，取得相应资格证书。其他从业人员经本单位安全知识培训合格；

（八）按照《烟花爆竹流向登记通用规范》（AQ4102）和烟花爆竹流向信息化管理的有关规定，建立并应用烟花爆竹流向信息化管理系统；

（九）有事故应急救援预案、应急救援组织和人员，并配备必要的应急救援器材、设备；

（十）依法进行安全评价；

（十一）法律、法规规定的其他条件。

从事烟花爆竹进出口的企业申请领取批发许可证，应当具备前款第一项至第三项和第五项至第十一项规定的条件。

第七条 从事黑火药、引火线批发的企业，除具备本办法第六条规定的条件外，还应当具备必要的黑火药、引火线安全保管措施，自有的专用运输车辆能够满足其配送服务需要，且符合国家相关标准。

第八条 批发企业申请领取批发许可证时，应当向发证机关提交下列申请文件、资料，并对其真实性负责：

（一）批发许可证申请书（一式三份）；

（二）企业法人营业执照副本或者企业名称工商预核准文件复制件；

（三）安全生产责任制文件、事故应急救援预案备案登记文件、安全管理制度和操作规程的目录清单；

（四）主要负责人、分管安全生产负责人、安全生产管理人员和仓库保管员、守护员的相关资格证书复制件；

（五）具备相应资质的设计单位出具的库区外部安全距离实测图和库区仓储设施平面布置图；

（六）具备相应资质的安全评价机构出具的安全评价报告，安全评价报告至少包括本办法第六条第三项、第四项、第八项、第九项和第七条规定条件的符合性评价内容；

（七）建设项目安全设施设计审查和竣工验收的证明材料；

（八）从事黑火药、引火线批发的企业自有专用运输车辆以及驾驶员、押运员的相关资质（资格）证书复制件；

（九）法律、法规规定的其他文件、资料。

第九条　发证机关对申请人提交的申请书及文件、资料，应当按照下列规定分别处理：

（一）申请事项不属于本发证机关职责范围的，应当即时作出不予受理的决定，并告知申请人向相应发证机关申请；

（二）申请材料存在可以当场更改的错误的，应当允许或者要求申请人当场更正，并在更正后即时出具受理的书面凭证；

（三）申请材料不齐全或者不符合要求的，应当当场或者在 5 个工作日内书面一次告知申请人需要补正的全部内容。逾期不告知的，自收到申请材料之日起即为受理；

（四）申请材料齐全、符合要求或者按照要求全部补正的，自收到申请材料或者全部补正材料之日起即为受理。

第十条　发证机关受理申请后，应当对申请材料进行审查。需要对经营储存场所的安全条件进行现场核查的，应当指派 2 名以上工作人员组织技术人员进行现场核查。对烟花爆竹进出口企业和设有 1.1 级仓库的企业，应当指派 2 名以上工作人员组织技术人员进行现场核查。负责现场核查的人员应当提出书面核查意见。

第十一条　发证机关应当自受理申请之日起 30 个工作日内作出颁发或者不予颁发批发许可证的决定。

对决定不予颁发的，应当自作出决定之日起 10 个工作日内书面通知申请人并说明理由；对决定颁发的，应当自作出决定之日起 10 个工作日内送达或者通知申请人领取批发许可证。

发证机关在审查过程中，现场核查和企业整改所需时间，不计算在本办法规定的期限内。

第十二条　批发许可证的有效期限为 3 年。

批发许可证有效期满后，批发企业拟继续从事烟花爆竹批发经营活动的，应当在有效期届满前 3 个月向原发证机关提出延期申请，并提交下列文件、资料：

（一）批发许可证延期申请书（一式三份）；

（二）本办法第八条第三项、第四项、第五项、第八项规定的文件、资料；

（三）安全生产标准化达标的证明材料。

第十三条　发证机关受理延期申请后，应当按照本办法第十条、第十一条规定，办理批发许可证延期手续。

第十四条　批发企业符合下列条件的，经发证机关同意，可以不再现场核查，直接办理批发许可证延期手续：

（一）严格遵守有关法律、法规和本办法规定，无违法违规经营行为的；

（二）取得批发许可证后，持续加强安全生产管理，不断提升安全生产条件，达到安全生产标准化二级以上的；

（三）接受发证机关及所在地人民政府安全生产监督管理部门的监督检查的；

（四）未发生生产安全伤亡事故的。

第十五条　批发企业在批发许可证有效期内变更企业名称、主要负责人和注册地址的，应当自变更之日起 10 个工作日内向原发证机关提出变更，并提交下列文件、资料：

（一）批发许可证变更申请书（一式三份）；

（二）变更后的企业名称工商预核准文件或者工商营业执照副本复制件；

（三）变更后的主要负责人安全资格证书复制件。

批发企业变更经营许可范围、储存仓库地址和仓储设施新建、改建、扩建的，应当重新申请办理许可手续。

第三章　零售许可证的申请和颁发

第十六条　零售经营者应当符合下列条件：

（一）符合所在地县级安全监管局制定的零售经营布点规划；

（二）主要负责人经过安全培训合格，销售人员经过安全知识教育；

（三）春节期间零售点、城市长期零售点实行专店销售。乡村长期零售点在淡季实行专柜销售时，安排专人销售，专柜相对独立，并与其他柜台保持一定的距离，保证安全通道畅通；

（四）零售场所的面积不小于 10 平方米，其周边 50 米范围内没有其他烟花爆竹零售点，并与学校、幼儿园、医院、集贸市场等人员密集场所和加油站等易燃易爆物品生产、储存设施等重点建筑物保持 100 米以上的安全距离；

（五）零售场所配备必要的消防器材，张贴明显的安全警示标志；

（六）法律、法规规定的其他条件。

第十七条　零售经营者申请领取零售许可证时，应当向所在地发证机关提交申请书、零售点及其周围安全条件说明和发证机关要求提供的其他材料。

第十八条　发证机关受理申请后，应当对申请材料和零售场所的安全条件进行现场核查。负责现场核查的人员应当提出书面核查意见。

第十九条　发证机关应当自受理申请之日起 20 个工作日内作出颁发或者不予颁发零售许可证的决定，并书面告知申请人。对决定不予颁发的，应当书面说明理由。

第二十条　零售许可证上载明的储存限量由发证机关根据国家标准或者行业标准的规定，结合零售点及其周围安全条件确定。

第二十一条　零售许可证的有效期限由发证机关确定，最长不超过 2 年。零售许可证有效期满后拟继续从事烟花爆竹零售经营活动，或者在有效期内变更零售点名称、主要负责人、零售场所和许可范围的，应当重新申请取得零售许可证。

第四章　监督管理

第二十二条　批发企业、零售经营者不得采购和销售非法生产、经营的烟花爆竹和产品质量不符合国家标准或者行业标准规定的烟花爆竹。

批发企业不得向未取得零售许可证的单位或者个人销售烟花爆竹，不得向零售经营者销售礼花弹等应当由专业燃放人员燃放的烟花爆竹；从事黑火药、引火线批发的企业不得向无

《烟花爆竹安全生产许可证》的单位或者个人销售烟火药、黑火药、引火线。

零售经营者应当向批发企业采购烟花爆竹,不得采购、储存和销售礼花弹等应当由专业燃放人员燃放的烟花爆竹,不得采购、储存和销售烟火药、黑火药、引火线。

第二十三条　禁止在烟花爆竹经营许可证载明的储存(零售)场所以外储存烟花爆竹。

烟花爆竹仓库储存的烟花爆竹品种、规格和数量,不得超过国家标准或者行业标准规定的危险等级和核定限量。

零售点存放的烟花爆竹品种和数量,不得超过烟花爆竹经营许可证载明的范围和限量。

第二十四条　批发企业对非法生产、假冒伪劣、过期、含有违禁药物以及其他存在严重质量问题的烟花爆竹,应当及时、妥善销毁。

对执法检查收缴的前款规定的烟花爆竹,不得与正常的烟花爆竹产品同库存放。

第二十五条　批发企业应当建立并严格执行合同管理、流向登记制度,健全合同管理和流向登记档案,并留存 3 年备查。

黑火药、引火线批发企业的采购、销售记录,应当自购买或者销售之日起 3 日内报所在地县级安全监管局备案。

第二十六条　烟花爆竹经营单位不得出租、出借、转让、买卖、冒用或者使用伪造的烟花爆竹经营许可证。

第二十七条　烟花爆竹经营单位应当在经营(办公)场所显著位置悬挂烟花爆竹经营许可证正本。批发企业应当在储存仓库留存批发许可证副本。

第二十八条　对违反本办法规定的程序、超越职权或者不具备本办法规定的安全条件颁发的烟花爆竹经营许可证,发证机关应当依法撤销其经营许可证。

取得烟花爆竹经营许可证的单位依法终止烟花爆竹经营活动的,发证机关应当依法注销其经营许可证。

第二十九条　发证机关应当坚持公开、公平、公正的原则,严格依照本办法的规定审查、核发烟花爆竹经营许可证,建立健全烟花爆竹经营许可证的档案管理制度和信息化管理系统,并定期向社会公告取证企业的名单。

省级安全监管局应当加强烟花爆竹经营许可工作的监督检查,并于每年 3 月 15 日前,将本行政区域内上年度烟花爆竹经营许可证的颁发和管理情况报告安全监管总局。

第三十条　任何单位或者个人对违反《烟花爆竹安全管理条例》和本办法规定的行为,有权向安全生产监督管理部门或者监察机关等有关部门举报。

第五章　法律责任

第三十一条　对未经许可经营、超许可范围经营、许可证过期继续经营烟花爆竹的,责令其停止非法经营活动,处 2 万元以上 10 万元以下的罚款,并没收非法经营的物品及违法所得。

第三十二条　批发企业有下列行为之一的,责令其限期改正,处 5000 元以上 3 万元以下的罚款:

(一)在城市建成区内设立烟花爆竹储存仓库,或者在批发(展示)场所摆放有药样品的;

(二)采购和销售质量不符合国家标准或者行业标准规定的烟花爆竹的;

(三)在仓库内违反国家标准或者行业标准规定储存烟花爆竹的;

（四）在烟花爆竹经营许可证载明的仓库以外储存烟花爆竹的；

（五）对假冒伪劣、过期、含有超量、违禁药物以及其他存在严重质量问题的烟花爆竹未及时销毁的；

（六）未执行合同管理、流向登记制度或者未按照规定应用烟花爆竹流向管理信息系统的；

（七）未将黑火药、引火线的采购、销售记录报所在地县级安全监管局备案的；

（八）仓储设施新建、改建、扩建后，未重新申请办理许可手续的；

（九）变更企业名称、主要负责人、注册地址，未申请办理许可证变更手续的；

（十）向未取得零售许可证的单位或者个人销售烟花爆竹的。

第三十三条　批发企业有下列行为之一的，责令其停业整顿，依法暂扣批发许可证，处 2 万元以上 10 万元以下的罚款，并没收非法经营的物品及违法所得；情节严重的，依法吊销批发许可证：

（一）向未取得烟花爆竹安全生产许可证的单位或者个人销售烟火药、黑火药、引火线的；

（二）向零售经营者供应非法生产、经营的烟花爆竹的；

（三）向零售经营者供应礼花弹等按照国家标准规定应当由专业人员燃放的烟花爆竹的。

第三十四条　零售经营者有下列行为之一的，责令其停止违法行为，处 1000 元以上 5000 元以下的罚款，并没收非法经营的物品及违法所得；情节严重的，依法吊销零售许可证：

（一）销售非法生产、经营的烟花爆竹的；

（二）销售礼花弹等按照国家标准规定应当由专业人员燃放的烟花爆竹的。

第三十五条　零售经营者有下列行为之一的，责令其限期改正，处 1000 元以上 5000 元以下的罚款；情节严重的，处 5000 元以上 30000 元以下的罚款：

（一）变更零售点名称、主要负责人或者经营场所，未重新办理零售许可证的；

（二）存放的烟花爆竹数量超过零售许可证载明范围的。

第三十六条　烟花爆竹经营单位出租、出借、转让、买卖烟花爆竹经营许可证的，责令其停止违法行为，处 1 万元以上 3 万元以下的罚款，并依法撤销烟花爆竹经营许可证。

冒用或者使用伪造的烟花爆竹经营许可证的，依照本办法第三十一条的规定处罚。

第三十七条　申请人隐瞒有关情况或者提供虚假材料申请烟花爆竹经营许可证的，发证机关不予受理，该申请人 1 年内不得再次提出烟花爆竹经营许可申请。

以欺骗、贿赂等不正当手段取得烟花爆竹经营许可证的，应当予以撤销，该经营单位 3 年内不得再次提出烟花爆竹经营许可申请。

第三十八条　安全生产监督管理部门工作人员在实施烟花爆竹经营许可和监督管理工作中，滥用职权、玩忽职守、徇私舞弊，未依法履行烟花爆竹经营许可证审查、颁发和监督管理职责的，依照有关规定给予处分；构成犯罪的，依法追究刑事责任。

第三十九条　本办法规定的行政处罚，由安全生产监督管理部门决定，暂扣、吊销经营许可证的行政处罚由发证机关决定。

第六章　附　则

第四十条　烟花爆竹经营许可证分为正本、副本，正本为悬挂式，副本为折页式，具有同等法律效力。

烟花爆竹经营许可证由安全监管总局统一规定式样。

第四十一条　省级安全监管局可以依据国家有关法律、行政法规和本办法的规定制定实施细则。

第四十二条　本办法自2013年12月1日起施行，安全监管总局2006年8月26日公布的《烟花爆竹经营许可实施办法》同时废止。

1.7　《爆炸危险场所安全规定》

劳动部

劳部发（1995）56号

1995年1月8日

第一章　总　则

第一条　为加强对爆炸危险场所的安全管理，防止伤亡事故的发生，依据《中华人民共和国劳动法》的有关规定，制定本规定。

第二条　本规定所称爆炸危险场所是指存在由于爆炸性混合物出现造成爆炸事故危险而必须对其生产、使用、储存和装卸采取预防措施的场所。

第三条　本规定适用于中华人民共和国境内的有爆炸危险场所的企业。个体经济组织依照本规定执行。

第四条　县级以上各级人民政府劳动行政部门对爆炸危险场所进行监督检查。

第二章　危险等级划分

第五条　爆炸危险场所划分为特别危险场所、高度危险场所和一般危险场所三个等级（划分原则见附件一）。

第六条　特别危险场所是指物质的性质特别危险，储存的数量特别大，工艺条件特殊，一旦发生爆炸事故将会造成巨大的经济损失、严重的人员伤亡，危害极大的危险场所。

第七条　高度危险场所是指物质的危险性较大，储存的数量较大，工艺条件较为特殊，一旦发生爆炸事故将会造成较大的经济损失、较为严重的人员伤亡，具有一定危害的危险场所。

第八条　一般危险场所是指物质的危险性较小，储存的数量较少，工艺条件一般，即使发生爆炸事故，所造成的危害较小的场所。

第九条　在划分危险场所等级时，对周围环境条件较差或发生过重大事故的危险场所应提高一个危险等级。

第十条　爆炸危险场所等级的划分，由企业（依照附件二的各项内容）划定等级后，经上级主管部门审查，报劳动行政部门备案。

第三章　危险场所的技术安全

第十一条　有爆炸危险的生产过程，应选择物质危险性较小、工艺较缓和、较为成熟的工艺路线。

第十二条　生产装置应有完善的生产工艺控制手段，设置具有可靠的温度、压力、流量、液面等工艺参数的控制仪表，对工艺参数控制要求严格的应设双系列控制仪表，并尽可能提高其自动化程度；在工艺布置时应尽量避免或缩短操作人员处于危险场所内的操作时间；对特殊生产工艺应有特殊的工艺控制手段。

第十三条　生产厂房、设备、储罐、仓库、装卸设施应远离各种引爆源和生活、办公区；应布置在全年最小频率风的上风向；厂房的朝向应有利于爆炸危险气体的散发；厂房应有足够的泄压面积和必要的安全通道；以散发比空气重的有爆炸危险气体的场所地面应有不引爆措施；设备、设施的安全间距应符合国家有关规定；生产厂房内的爆炸危险物料必须限量，储罐、仓库的储存量严格按国家有关规定执行。

第十四条　生产过程必须有可靠的供电、供气（汽）、供水等公用工程系统。对特别危险场所应设置双电源供电或备用电源，对重要的控制仪表应设置不间断电源（UPS）。特别危险场所和高度危险场所应设置排除险情的装置。

第十五条　生产设备、储罐和管道的材质、压力等级、制造工艺、焊接质量、检验要求必须执行国家有关规程；其安装必须有良好的密闭性能。对压力管线要有防止高低压窜气、窜液措施。

第十六条　爆炸危险场所必须有良好的通风设施，以防止有爆炸危险气体的积聚。生产装置尽可能采用露天、半露天布置，布置在室内应有足够的通风量；通排风设施应根据气体比重确定位置；对局部易泄漏部位应设置局部符合防爆要求的机械排风设施。

第十七条　危险场所必须按《中华人民共和国爆炸危险所电气安全规程（试行）》划定危险场所区域等级图，并按危险区域等级和爆炸性混合物的级别、组别配置相应符合国家标准规定的防爆等级的电气设备。防爆电气设备的配置应符合整体防爆要求；防爆电气设备的施工、安装、维护和检修也必须符合规程要求。

第十八条　爆炸危险场所必须设置相应的可靠的避雷设施；有静电积聚危险的生产装置应采用控制流速、导除静电接地、静电消除器、添加防静电等有效的消除静电措施。

第十九条　爆炸危险场所的生产、储存、装卸过程必须根据生产工艺的要求设置相应的安全装置。

第二十条　桶装的有爆炸危险的物质应储存在库房内。库房应有足够的泄压面积和安全通道；库房内不得设置办公和生活用房；库房应有良好的通风设施；对储存温度要求较低的有爆炸危险物质的库房应有降温设施；对储存遇湿易爆物品的库房地面应比周围高出一定的高度；库房的门、窗应有遮雨设施。

第二十一条　装卸有爆炸危险的气体、液体时，连接管道的材质和压力等级等应符合工艺要求，其装卸过程必须采用控制流速等有效的消除静电措施。

第四章　危险场所的安全管理

第二十二条　企业应实行安全生产责任制，企业法定代表人应对本单位爆炸危险场所的安全管理工作负全面责任，以实现整体防爆安全。

第二十三条　新建、改建、扩建有爆炸危险的工程建设项目时，必须实行安全设施与主体工程同时设计、同时施工、同时竣工投产的"三同时"原则。

第二十四条　爆炸危险场所的设备应保持完好，并应定期进行校验、维护保养和检修，其完好率和泄漏率都必须达到规定要求。

第二十五条　爆炸危险场所的管理人员和操作工人，必须经培训考核合格后才能上岗。

危险性较大的操作岗位，企业应规定操作人员的文化程度和技术等级。

防爆电气的安装、维修工人必须经过培训、考核合格，持证上岗。

第二十六条　企业必须有安全操作规程。操作工人应按操作规程操作。

第二十七条　爆炸危险场所必须设置标有危险等级和注意事项的标志牌。生产工艺、检修时的各种引爆源，必须采取完善的安全措施予以消除和隔离。

第二十八条　爆炸危险场所使用的机动车辆应采取有效的防爆措施。作业人员使用的工具、防护用品应符合防爆要求。

第二十九条　企业必须加强对防爆电气设备、避雷、静电导除设施的管理，选用经国家指定的防爆检验单位检验合格的防爆电气产品，做好防爆电气设备的备品、备件工作，不准任意降低防爆等级，对在用的防爆电气设备必须定期进行检验。检验和检修防爆电气产品的单位必须经过资格认可。

第三十条　爆炸危险场所内的各种安全设施，必须经常检查，定期校验，保持完好的状态，做好记录。各种安全设施不得擅自解除或拆除。

第三十一条　爆炸危险场所内的各种机械通风设施必须处于良好运行状态，并应定期检测。

第三十二条　仓库内的爆炸危险物品应分类存放，并应有明显的货物标志。堆垛之间应留有足够的垛距、墙距、顶距和安全通道。

第三十三条　仓库和储罐区应建立健全管理制度。库房内及露天堆垛附近不得从事试验、分装、焊接等作业。

第三十四条　爆炸危险物品在装卸前应对储运设备和容器进行安全检查。装卸应严格按操作规程操作，对不符合安全要求的不得装卸。

第三十五条　企业的主管部门应按本规定的要求加强对爆炸危险场所的安全管理，并组织、检查和指导企业爆炸危险场所的安全管理工作。

第五章　罚　则

第三十六条　对爆炸危险场所存在重大事故隐患的，由劳动行政部门责令整改，并可处以罚款；情节严重的，提请县级以上人民政府决定责令停产整顿。

第三十七条　对劳动行政部门的处罚决定不服的，可申请复议。对复议决定不服，可以向人民法院起诉。逾期不起诉，也不执行处罚决定的，作出处罚决定的机关可以申请人民法院强制执行。

第六章　附　则

第三十八条　各省、自治区、直辖市劳动行政部门可根据本规定制定实施细则，并报国务院劳动行政部门备案。

第三十九条　国家机关、事业组织和社会团体的爆炸危险场所参照本规定执行。

第四十条　本规定自颁布之日起施行。

2. 有毒有害品的相关法规

2.1 《易制毒化学品管理条例》

中华人民共和国国务院令

第 445 号

《易制毒化学品管理条例》已经 2005 年 8 月 17 日国务院第 102 次常务会议通过，现予公布，自 2005 年 11 月 1 日起施行。

总　理　温家宝

二〇〇五年八月二十六日

易制毒化学品管理条例

第一章　总　则

第一条　为了加强易制毒化学品管理，规范易制毒化学品的生产、经营、购买、运输和进口、出口行为，防止易制毒化学品被用于制造毒品，维护经济和社会秩序，制定本条例。

第二条　国家对易制毒化学品的生产、经营、购买、运输和进口、出口实行分类管理和许可制度。

易制毒化学品分为三类。第一类是可以用于制毒的主要原料，第二类、第三类是可以用于制毒的化学配剂。易制毒化学品的具体分类和品种，由本条例附表列示。

易制毒化学品的分类和品种需要调整的，由国务院公安部门会同国务院食品药品监督管理部门、安全生产监督管理部门、商务主管部门、卫生主管部门和海关总署提出方案，报国务院批准。

省、自治区、直辖市人民政府认为有必要在本行政区域内调整分类或者增加本条例规定以外的品种的，应当向国务院公安部门提出，由国务院公安部门会同国务院有关行政主管部门提出方案，报国务院批准。

第三条　国务院公安部门、食品药品监督管理部门、安全生产监督管理部门、商务主管部门、卫生主管部门、海关总署、价格主管部门、铁路主管部门、交通主管部门、工商行政管理部门、环境保护主管部门在各自的职责范围内，负责全国的易制毒化学品有关管理工作；县级以上地方各级人民政府有关行政主管部门在各自的职责范围内，负责本行政区域内的易制毒化学品有关管理工作。

县级以上地方各级人民政府应当加强对易制毒化学品管理工作的领导，及时协调解决易制毒化学品管理工作中的问题。

第四条　易制毒化学品的产品包装和使用说明书，应当标明产品的名称（含学名和通用名）、化学分子式和成分。

第五条　易制毒化学品的生产、经营、购买、运输和进口、出口，除应当遵守本条例的规定外，属于药品和危险化学品的，还应当遵守法律、其他行政法规对药品和危险化学品的有关规定。

禁止走私或者非法生产、经营、购买、转让、运输易制毒化学品。

禁止使用现金或者实物进行易制毒化学品交易。但是，个人合法购买第一类中的药品类易制毒化学品药品制剂和第三类易制毒化学品的除外。

生产、经营、购买、运输和进口、出口易制毒化学品的单位，应当建立单位内部易制毒化学品管理制度。

第六条　国家鼓励向公安机关等有关行政主管部门举报涉及易制毒化学品的违法行为。接到举报的部门应当为举报者保密。对举报属实的，县级以上人民政府及有关行政主管部门应当给予奖励。

第二章　生产、经营管理

第七条　申请生产第一类易制毒化学品，应当具备下列条件，并经本条例第八条规定的行政主管部门审批，取得生产许可证后，方可进行生产：

（一）属依法登记的化工产品生产企业或者药品生产企业；

（二）有符合国家标准的生产设备、仓储设施和污染物处理设施；

（三）有严格的安全生产管理制度和环境突发事件应急预案；

（四）企业法定代表人和技术、管理人员具有安全生产和易制毒化学品的有关知识，无毒品犯罪记录；

（五）法律、法规、规章规定的其他条件。

申请生产第一类中的药品类易制毒化学品，还应当在仓储场所等重点区域设置电视监控设施以及与公安机关联网的报警装置。

第八条　申请生产第一类中的药品类易制毒化学品的，由国务院食品药品监督管理部门审批；申请生产第一类中的非药品类易制毒化学品的，由省、自治区、直辖市人民政府安全生产监督管理部门审批。

前款规定的行政主管部门应当自收到申请之日起 60 日内，对申请人提交的申请材料进行审查。对符合规定的，发给生产许可证，或者在企业已经取得的有关生产许可证件上标注；不予许可的，应当书面说明理由。

审查第一类易制毒化学品生产许可申请材料时，根据需要，可以进行实地核查和专家评审。

第九条　申请经营第一类易制毒化学品，应当具备下列条件，并经本条例第十条规定的行政主管部门审批，取得经营许可证后，方可进行经营：

（一）属依法登记的化工产品经营企业或者药品经营企业；

（二）有符合国家规定的经营场所，需要储存、保管易制毒化学品的，还应当有符合国家技术标准的仓储设施；

（三）有易制毒化学品的经营管理制度和健全的销售网络；

（四）企业法定代表人和销售、管理人员具有易制毒化学品的有关知识，无毒品犯罪记录；

（五）法律、法规、规章规定的其他条件。

第十条　申请经营第一类中的药品类易制毒化学品的，由国务院食品药品监督管理部门审批；申请经营第一类中的非药品类易制毒化学品的，由省、自治区、直辖市人民政府安全生产监督管理部门审批。

前款规定的行政主管部门应当自收到申请之日起 30 日内，对申请人提交的申请材料进行审查。对符合规定的，发给经营许可证，或者在企业已经取得的有关经营许可证件上标注；不予许可的，应当书面说明理由。

审查第一类易制毒化学品经营许可申请材料时，根据需要，可以进行实地核查。

第十一条　取得第一类易制毒化学品生产许可或者依照本条例第十三条第一款规定已经履行第二类、第三类易制毒化学品备案手续的生产企业，可以经销自产的易制毒化学品。但是，在厂外设立销售网点经销第一类易制毒化学品的，应当依照本条例的规定取得经营许可。

第一类中的药品类易制毒化学品药品单方制剂，由麻醉药品定点经营企业经销，且不得零售。

第十二条　取得第一类易制毒化学品生产、经营许可的企业，应当凭生产、经营许可证到工商行政管理部门办理经营范围变更登记。未经变更登记，不得进行第一类易制毒化学品的生产、经营。

第一类易制毒化学品生产、经营许可证被依法吊销的，行政主管部门应当自作出吊销决定之日起 5 日内通知工商行政管理部门；被吊销许可证的企业，应当及时到工商行政管理部门办理经营范围变更或者企业注销登记。

第十三条　生产第二类、第三类易制毒化学品的，应当自生产之日起 30 日内，将生产的品种、数量等情况，向所在地的设区的市级人民政府安全生产监督管理部门备案。

经营第二类易制毒化学品的，应当自经营之日起 30 日内，将经营的品种、数量、主要流向等情况，向所在地的设区的市级人民政府安全生产监督管理部门备案；经营第三类易制毒化学品的，应当自经营之日起 30 日内，将经营的品种、数量、主要流向等情况，向所在地的县级人民政府安全生产监督管理部门备案。

前两款规定的行政主管部门应当于收到备案材料的当日发给备案证明。

第三章　购买管理

第十四条　申请购买第一类易制毒化学品，应当提交下列证件，经本条例第十五条规定的行政主管部门审批，取得购买许可证：

（一）经营企业提交企业营业执照和合法使用需要证明；

（二）其他组织提交登记证书（成立批准文件）和合法使用需要证明。

第十五条　申请购买第一类中的药品类易制毒化学品的，由所在地的省、自治区、直辖市人民政府食品药品监督管理部门审批；申请购买第一类中的非药品类易制毒化学品的，由所在地的省、自治区、直辖市人民政府公安机关审批。

前款规定的行政主管部门应当自收到申请之日起 10 日内，对申请人提交的申请材料和证件进行审查。对符合规定的，发给购买许可证；不予许可的，应当书面说明理由。

审查第一类易制毒化学品购买许可申请材料时，根据需要，可以进行实地核查。

第十六条　持有麻醉药品、第一类精神药品购买印鉴卡的医疗机构购买第一类中的药品类易制毒化学品的，无须申请第一类易制毒化学品购买许可证。

个人不得购买第一类、第二类易制毒化学品。

第十七条　购买第二类、第三类易制毒化学品的，应当在购买前将所需购买的品种、数量，向所在地的县级人民政府公安机关备案。个人自用购买少量高锰酸钾的，无须备案。

第十八条　经营单位销售第一类易制毒化学品时，应当查验购买许可证和经办人的身份证明。对委托代购的，还应当查验购买人持有的委托文书。

经营单位在查验无误、留存上述证明材料的复印件后，方可出售第一类易制毒化学品；发现可疑情况的，应当立即向当地公安机关报告。

第十九条　经营单位应当建立易制毒化学品销售台账，如实记录销售的品种、数量、日期、购买方等情况。销售台账和证明材料复印件应当保存 2 年备查。

第一类易制毒化学品的销售情况，应当自销售之日起 5 日内报当地公安机关备案；第一类易制毒化学品的使用单位，应当建立使用台账，并保存 2 年备查。

第二类、第三类易制毒化学品的销售情况，应当自销售之日起 30 日内报当地公安机关备案。

第四章　运输管理

第二十条　跨设区的市级行政区域（直辖市为跨市界）或者在国务院公安部门确定的禁毒形势严峻的重点地区跨县级行政区域运输第一类易制毒化学品的，由运出地的设区的市级人民政府公安机关审批；运输第二类易制毒化学品的，由运出地的县级人民政府公安机关审批。经审批取得易制毒化学品运输许可证后，方可运输。

运输第三类易制毒化学品的，应当在运输前向运出地的县级人民政府公安机关备案。公安机关应当于收到备案材料的当日发给备案证明。

第二十一条　申请易制毒化学品运输许可，应当提交易制毒化学品的购销合同，货主是企业的，应当提交营业执照；货主是其他组织的，应当提交登记证书（成立批准文件）；货主是个人的，应当提交其个人身份证明。经办人还应当提交本人的身份证明。

公安机关应当自收到第一类易制毒化学品运输许可申请之日起 10 日内，收到第二类易制毒化学品运输许可申请之日起 3 日内，对申请人提交的申请材料进行审查。对符合规定的，发给运输许可证；不予许可的，应当书面说明理由。

审查第一类易制毒化学品运输许可申请材料时，根据需要，可以进行实地核查。

第二十二条　对许可运输第一类易制毒化学品的，发给一次有效的运输许可证。

对许可运输第二类易制毒化学品的，发给 3 个月有效的运输许可证；6 个月内运输安全状况良好的，发给 12 个月有效的运输许可证。

易制毒化学品运输许可证应当载明拟运输的易制毒化学品的品种、数量、运入地、货主及收货人、承运人情况以及运输许可证种类。

第二十三条　运输供教学、科研使用的 100 克以下的麻黄素样品和供医疗机构制剂配方使用的小包装麻黄素以及医疗机构或者麻醉药品经营企业购买麻黄素片剂 6 万片以下、注射剂 1.5 万支以下，货主或者承运人持有依法取得的购买许可证明或者麻醉药品调拨单的，无须申请易制毒化学品运输许可。

第二十四条　接受货主委托运输的，承运人应当查验货主提供的运输许可证或者备案证明，并查验所运货物与运输许可证或者备案证明载明的易制毒化学品品种等情况是否相符；不相符的，不得承运。

运输易制毒化学品，运输人员应当自启运起全程携带运输许可证或者备案证明。公安机关应当在易制毒化学品的运输过程中进行检查。

运输易制毒化学品，应当遵守国家有关货物运输的规定。

第二十五条　因治疗疾病需要，患者、患者近亲属或者患者委托的人凭医疗机构出具的医疗诊断书和本人的身份证明，可以随身携带第一类中的药品类易制毒化学品药品制剂，但是不得超过医用单张处方的最大剂量。

医用单张处方最大剂量，由国务院卫生主管部门规定、公布。

第五章　进口、出口管理

第二十六条　申请进口或者出口易制毒化学品，应当提交下列材料，经国务院商务主管部门或者其委托的省、自治区、直辖市人民政府商务主管部门审批，取得进口或者出口许可证后，方可从事进口、出口活动：

（一）对外贸易经营者备案登记证明（外商投资企业联合年检合格证书）复印件；

（二）营业执照副本；

（三）易制毒化学品生产、经营、购买许可证或者备案证明；

（四）进口或者出口合同（协议）副本；

（五）经办人的身份证明。

申请易制毒化学品出口许可的，还应当提交进口方政府主管部门出具的合法使用易制毒化学品的证明或者进口方合法使用的保证文件。

第二十七条　受理易制毒化学品进口、出口申请的商务主管部门应当自收到申请材料之日起20日内，对申请材料进行审查，必要时可以进行实地核查。对符合规定的，发给进口或者出口许可证；不予许可的，应当书面说明理由。

对进口第一类中的药品类易制毒化学品的，有关的商务主管部门在作出许可决定前，应当征得国务院食品药品监督管理部门的同意。

第二十八条　麻黄素等属于重点监控物品范围的易制毒化学品，由国务院商务主管部门会同国务院有关部门核定的企业进口、出口。

第二十九条　国家对易制毒化学品的进口、出口实行国际核查制度。易制毒化学品国际核查目录及核查的具体办法，由国务院商务主管部门会同国务院公安部门规定、公布。

国际核查所用时间不计算在许可期限之内。

对向毒品制造、贩运情形严重的国家或者地区出口易制毒化学品以及本条例规定品种以外的化学品的，可以在国际核查措施以外实施其他管制措施，具体办法由国务院商务主管部门会同国务院公安部门、海关总署等有关部门规定、公布。

第三十条　进口、出口或者过境、转运、通运易制毒化学品的，应当如实向海关申报，并提交进口或者出口许可证。海关凭许可证办理通关手续。

易制毒化学品在境外与保税区、出口加工区等海关特殊监管区域、保税场所之间进出的，适用前款规定。

易制毒化学品在境内与保税区、出口加工区等海关特殊监管区域、保税场所之间进出的，或者在上述海关特殊监管区域、保税场所之间进出的，无须申请易制毒化学品进口或者出口许可证。

进口第一类中的药品类易制毒化学品，还应当提交食品药品监督管理部门出具的进口药品通关单。

第三十一条　进出境人员随身携带第一类中的药品类易制毒化学品药品制剂和高锰酸钾，应当以自用且数量合理为限，并接受海关监管。

进出境人员不得随身携带前款规定以外的易制毒化学品。

第六章　监督检查

第三十二条　县级以上人民政府公安机关、食品药品监督管理部门、安全生产监督管理部门、商务主管部门、卫生主管部门、价格主管部门、铁路主管部门、交通主管部门、工商行政管理部门、环境保护主管部门和海关，应当依照本条例和有关法律、行政法规的规定，在各自的职责范围内，加强对易制毒化学品生产、经营、购买、运输、价格以及进口、出口的监督检查；对非法生产、经营、购买、运输易制毒化学品，或者走私易制毒化学品的行为，依法予以查处。

前款规定的行政主管部门在进行易制毒化学品监督检查时，可以依法查看现场、查阅和复制有关资料、记录有关情况、扣押相关的证据材料和违法物品；必要时，可以临时查封有关场所。

被检查的单位或者个人应当如实提供有关情况和材料、物品，不得拒绝或者隐匿。

第三十三条　对依法收缴、查获的易制毒化学品，应当在省、自治区、直辖市或者设区的市级人民政府公安机关、海关或者环境保护主管部门的监督下，区别易制毒化学品的不同情况进行保管、回收，或者依照环境保护法律、行政法规的有关规定，由有资质的单位在环境保护主管部门的监督下销毁。其中，对收缴、查获的第一类中的药品类易制毒化学品，一律销毁。

易制毒化学品违法单位或者个人无力提供保管、回收或者销毁费用的，保管、回收或者销毁的费用在回收所得中开支，或者在有关行政主管部门的禁毒经费中列支。

第三十四条　易制毒化学品丢失、被盗、被抢的，发案单位应当立即向当地公安机关报告，并同时报告当地的县级人民政府食品药品监督管理部门、安全生产监督管理部门、商务主管部门或者卫生主管部门。接到报案的公安机关应当及时立案查处，并向上级公安机关报告；有关行政主管部门应当逐级上报并配合公安机关的查处。

第三十五条　有关行政主管部门应当将易制毒化学品许可以及依法吊销许可的情况通报有关公安机关和工商行政管理部门；工商行政管理部门应当将生产、经营易制毒化学品企业依法变更或者注销登记的情况通报有关公安机关和行政主管部门。

第三十六条　生产、经营、购买、运输或者进口、出口易制毒化学品的单位，应当于每年3月31日前向许可或者备案的行政主管部门和公安机关报告本单位上年度易制毒化学品的生产、经营、购买、运输或者进口、出口情况；有条件的生产、经营、购买、运输或者进口、出口单位，可以与有关行政主管部门建立计算机联网，及时通报有关经营情况。

第三十七条　县级以上人民政府有关行政主管部门应当加强协调合作，建立易制毒化学品管理情况、监督检查情况以及案件处理情况的通报、交流机制。

第七章　法律责任

第三十八条　违反本条例规定，未经许可或者备案擅自生产、经营、购买、运输易制毒化学品，伪造申请材料骗取易制毒化学品生产、经营、购买或者运输许可证，使用他人的或者伪造、变造、失效的许可证生产、经营、购买、运输易制毒化学品的，由公安机关没收非法生产、经营、购买或者运输的易制毒化学品、用于非法生产易制毒化学品的原料以及非法生产、经营、购买或者运输易制毒化学品的设备、工具，处非法生产、经营、购买或者运输的易制毒化学品货值 10 倍以上 20 倍以下的罚款，货值的 20 倍不足 1 万元的，按 1 万元罚款；有违法所得的，没收违法所得；有营业执照的，由工商行政管理部门吊销营业执照；构成犯罪的，依法追究刑事责任。

对有前款规定违法行为的单位或者个人，有关行政主管部门可以自作出行政处罚决定之日起 3 年内，停止受理其易制毒化学品生产、经营、购买、运输或者进口、出口许可申请。

第三十九条　违反本条例规定，走私易制毒化学品的，由海关没收走私的易制毒化学品；有违法所得的，没收违法所得，并依照海关法律、行政法规给予行政处罚；构成犯罪的，依法追究刑事责任。

第四十条　违反本条例规定，有下列行为之一的，由负有监督管理职责的行政主管部门给予警告，责令限期改正，处 1 万元以上 5 万元以下的罚款；对违反规定生产、经营、购买的易制毒化学品可以予以没收；逾期不改正的，责令限期停产停业整顿；逾期整顿不合格的，吊销相应的许可证：

（一）易制毒化学品生产、经营、购买、运输或者进口、出口单位未按规定建立安全管理制度的；

（二）将许可证或者备案证明转借他人使用的；

（三）超出许可的品种、数量生产、经营、购买易制毒化学品的；

（四）生产、经营、购买单位不记录或者不如实记录交易情况、不按规定保存交易记录或者不如实、不及时向公安机关和有关行政主管部门备案销售情况的；

（五）易制毒化学品丢失、被盗、被抢后未及时报告，造成严重后果的；

（六）除个人合法购买第一类中的药品类易制毒化学品药品制剂以及第三类易制毒化学品外，使用现金或者实物进行易制毒化学品交易的；

（七）易制毒化学品的产品包装和使用说明书不符合本条例规定要求的；

（八）生产、经营易制毒化学品的单位不如实或者不按时向有关行政主管部门和公安机关报告年度生产、经销和库存等情况的。

企业的易制毒化学品生产经营许可被依法吊销后，未及时到工商行政管理部门办理经营范围变更或者企业注销登记的，依照前款规定，对易制毒化学品予以没收，并处罚款。

第四十一条　运输的易制毒化学品与易制毒化学品运输许可证或者备案证明载明的品种、数量、运入地、货主及收货人、承运人等情况不符，运输许可证种类不当，或者运输人员未全程携带运输许可证或者备案证明的，由公安机关责令停运整改，处 5000 元以上 5 万元以下的罚款；有危险物品运输资质的，运输主管部门可以依法吊销其运输资质。

个人携带易制毒化学品不符合品种、数量规定的，没收易制毒化学品，处 1000 元以上 5000 元以下的罚款。

第四十二条　生产、经营、购买、运输或者进口、出口易制毒化学品的单位或者个人拒不接受有关行政主管部门监督检查的，由负有监督管理职责的行政主管部门责令改正，对直接负责的主管人员以及其他直接责任人员给予警告；情节严重的，对单位处 1 万元以上 5 万元以下的罚款，对直接负责的主管人员以及其他直接责任人员处 1000 元以上 5000 元以下的罚款；有违反治安管理行为的，依法给予治安管理处罚；构成犯罪的，依法追究刑事责任。

第四十三条　易制毒化学品行政主管部门工作人员在管理工作中有应当许可而不许可、

不应当许可而滥许可，不依法受理备案，以及其他滥用职权、玩忽职守、徇私舞弊行为的，依法给予行政处分；构成犯罪的，依法追究刑事责任。

第八章　附　则

第四十四条　易制毒化学品生产、经营、购买、运输和进口、出口许可证，由国务院有关行政主管部门根据各自的职责规定式样并监制。

第四十五条　本条例自 2005 年 11 月 1 日起施行。

本条例施行前已经从事易制毒化学品生产、经营、购买、运输或者进口、出口业务的，应当自本条例施行之日起 6 个月内，依照本条例的规定重新申请许可。

附表

易制毒化学品的分类和品种目录

第一类

1. 1－苯基－2－丙酮
2. 3,4－亚甲基二氧苯基－2－丙酮
3. 胡椒醛
4. 黄樟素
5. 黄樟油
6. 异黄樟素
7. N－乙酰邻氨基苯酸
8. 邻氨基苯甲酸
9. 麦角酸*
10. 麦角胺*
11. 麦角新碱*
12. 麻黄素、伪麻黄素、消旋麻黄素、去甲麻黄素、甲基麻黄素、麻黄浸膏、麻黄浸膏粉等麻黄素类物质*

第二类

1. 苯乙酸
2. 醋酸酐
3. 三氯甲烷
4. 乙醚
5. 哌啶

第三类

1. 甲苯
2. 丙酮
3. 甲基乙基酮

4. 高锰酸钾

5. 硫酸

6. 盐酸

说明：

①第一、第二类所列物质可能存在的盐类，也纳入管制。

②带有*标记的品种为第一类中的药品类易制毒化学品，第一类中的药品类易制毒化学品包括原料药及其单方制剂。

2.2 《易制毒化学品购销和运输管理办法》

中华人民共和国公安部令

第 87 号

《易制毒化学品购销和运输管理办法》已经 2006 年 4 月 21 日公安部部长办公会议通过，现予发布，自 2006 年 10 月 1 日起施行。

公安部部长 周永康

二○○六年八月二十二日

易制毒化学品购销和运输管理办法

第一章 总 则

第一条 为加强易制毒化学品管理，规范购销和运输易制毒化学品行为，防止易制毒化学品被用于制造毒品，维护经济和社会秩序，根据《易制毒化学品管理条例》，制定本办法。

第二条 公安部是全国易制毒化学品购销、运输管理和监督检查的主管部门。

县级以上地方人民政府公安机关负责本辖区内易制毒化学品购销、运输管理和监督检查工作。

各省、自治区、直辖市和设区的市级人民政府公安机关禁毒部门应当设立易制毒化学品管理专门机构，县级人民政府公安机关应当设专门人员，负责易制毒化学品的购买、运输许可或者备案和监督检查工作。

第二章 购销管理

第三条 购买第一类中的非药品类易制毒化学品的，应当向所在地省级人民政府公安机关申请购买许可证；购买第二类、第三类易制毒化学品的，应当向所在地县级人民政府公安机关备案。取得购买许可证或者购买备案证明后，方可购买易制毒化学品。

第四条 个人不得购买第一类易制毒化学品和第二类易制毒化学品。

禁止使用现金或者实物进行易制毒化学品交易，但是个人合法购买第一类中的药品类易制毒化学品药品制剂和第三类易制毒化学品的除外。

第五条 申请购买第一类中的非药品类易制毒化学品和第二类、第三类易制毒化学品的，应当提交下列申请材料：

（一）经营企业的营业执照（副本和复印件），其他组织的登记证书或者成立批准文件（原件和复印件），或者个人的身份证明（原件和复印件）；

（二）合法使用需要证明（原件）。

合法使用需要证明由购买单位或者个人出具，注明拟购买易制毒化学品的品种、数量和用途，并加盖购买单位印章或者个人签名。

第六条 申请购买第一类中的非药品类易制毒化学品的，由申请人所在地的省级人民政府公安机关审批。负责审批的公安机关应当自收到申请之日起十日内，对申请人提交的申请材料进行审查。对符合规定的，发给购买许可证；不予许可的，应当书面说明理由。

负责审批的公安机关对购买许可证的申请能够当场予以办理的，应当当场办理；对材料不齐备需要补充的，应当一次告知申请人需补充的内容；对提供材料不符合规定不予受理的，应当书面说明理由。

第七条 公安机关审查第一类易制毒化学品购买许可申请材料时，根据需要，可以进行实地核查。遇有下列情形之一的，应当进行实地核查：

（一）购买单位第一次申请的；

（二）购买单位提供的申请材料不符合要求的；

（三）对购买单位提供的申请材料有疑问的。

第八条 购买第二类、第三类易制毒化学品的，应当在购买前将所需购买的品种、数量，向所在地的县级人民政府公安机关备案。公安机关受理备案后，应当于当日出具购买备案证明。

自用一次性购买五公斤以下且年用量五十公斤以下高锰酸钾的，无须备案。

第九条 易制毒化学品购买许可证一次使用有效，有效期一个月。

易制毒化学品购买备案证明一次使用有效，有效期一个月。对备案后一年内无违规行为的单位，可以发给多次使用有效的备案证明，有效期六个月。

对个人购买的，只办理一次使用有效的备案证明。

第十条 经营单位销售第一类易制毒化学品时，应当查验购买许可证和经办人的身份证明。对委托代购的，还应当查验购买人持有的委托文书。

委托文书应当载明委托人与被委托人双方情况、委托购买的品种、数量等事项。

经营单位在查验无误、留存前两款规定的证明材料的复印件后，方可出售第一类易制毒化学品；发现可疑情况的，应当立即向当地公安机关报告。

经营单位在查验购买方提供的许可证和身份证明时，对不能确定其真实性的，可以请当地公安机关协助核查。公安机关应当当场予以核查，对于不能当场核实的，应当于三日内将核查结果告知经营单位。

第十一条 经营单位应当建立易制毒化学品销售台账，如实记录销售的品种、数量、日期、购买方等情况。经营单位销售易制毒化学品时，还应当留存购买许可证或者购买备案证明以及购买经办人的身份证明的复印件。

销售台账和证明材料复印件应当保存二年备查。

第十二条 经营单位应当将第一类易制毒化学品的销售情况于销售之日起五日内报当地县级人民政府公安机关备案，将第二类、第三类易制毒化学品的销售情况于三十日内报当地县级人民政府公安机关备案。

备案的销售情况应当包括销售单位、地址，销售易制毒化学品的种类、数量等，并同时提交留存的购买方的证明材料复印件。

第十三条　第一类易制毒化学品的使用单位，应当建立使用台账，如实记录购进易制毒化学品的种类、数量、使用情况和库存等，并保存二年备查。

第十四条　购买、销售和使用易制毒化学品的单位，应当在易制毒化学品的出入库登记、易制毒化学品管理岗位责任分工以及企业从业人员的易制毒化学品知识培训等方面建立单位内部管理制度。

第三章　运输管理

第十五条　运输易制毒化学品，有下列情形之一的，应当申请运输许可证或者进行备案：

（一）跨设区的市级行政区域（直辖市为跨市界）运输的；

（二）在禁毒形势严峻的重点地区跨县级行政区域运输的。禁毒形势严峻的重点地区由公安部确定和调整，名单另行公布。

运输第一类易制毒化学品的，应当向运出地的设区的市级人民政府公安机关申请运输许可证。

运输第二类易制毒化学品的，应当向运出地县级人民政府公安机关申请运输许可证。

运输第三类易制毒化学品的，应当向运出地县级人民政府公安机关备案。

第十六条　运输供教学、科研使用的一百克以下的麻黄素样品和供医疗机构制剂配方使用的小包装麻黄素以及医疗机构或者麻醉药品经营企业购买麻黄素片剂六万片以下、注射剂一万五千支以下，货主或者承运人持有依法取得的购买许可证明或者麻醉药品调拨单的，无须申请易制毒化学品运输许可。

第十七条　因治疗疾病需要，患者、患者近亲属或者患者委托的人凭医疗机构出具的医疗诊断书和本人的身份证明，可以随身携带第一类中的药品类易制毒化学品药品制剂，但是不得超过医用单张处方的最大剂量。

第十八条　运输易制毒化学品，应当由货主向公安机关申请运输许可证或者进行备案。

申请易制毒化学品运输许可证或者进行备案，应当提交下列材料：

（一）经营企业的营业执照（副本和复印件），其他组织的登记证书或者成立批准文件（原件和复印件），个人的身份证明（原件和复印件）；

（二）易制毒化学品购销合同（复印件）；

（三）经办人的身份证明（原件和复印件）。

第十九条　负责审批的公安机关应当自收到第一类易制毒化学品运输许可申请之日起十日内，收到第二类易制毒化学品运输许可申请之日起三日内，对申请人提交的申请材料进行审查。对符合规定的，发给运输许可证；不予许可的，应当书面说明理由。

负责审批的公安机关对运输许可申请能够当场予以办理的，应当当场办理；对材料不齐备需要补充的，应当一次告知申请人需补充的内容；对提供材料不符合规定不予受理的，应当书面说明理由。

运输第三类易制毒化学品的，应当在运输前向运出地的县级人民政府公安机关备案。公安机关应当在收到备案材料的当日发给备案证明。

第二十条　负责审批的公安机关对申请人提交的申请材料，应当核查其真实性和有效性，其中查验购销合同时，可以要求申请人出示购买许可证或者备案证明，核对是否相符；对营业执照和登记证书（或者成立批准文件），应当核查其生产范围、经营范围、使用范围、证照有效期等内容。

公安机关审查第一类易制毒化学品运输许可申请材料时，根据需要，可以进行实地核查。遇有下列情形之一的，应当进行实地核查：

（一）申请人第一次申请的；

（二）提供的申请材料不符合要求的；

（三）对提供的申请材料有疑问的。

第二十一条　对许可运输第一类易制毒化学品的，发给一次有效的运输许可证，有效期一个月。

对许可运输第二类易制毒化学品的，发给三个月多次使用有效的运输许可证；对第三类易制毒化学品运输备案的，发给三个月多次使用有效的备案证明；对于领取运输许可证或者运输备案证明后六个月内按照规定运输并保证运输安全的，可以发给有效期十二个月的运输许可证或者运输备案证明。

第二十二条　承运人接受货主委托运输，对应当凭证运输的，应当查验货主提供的运输许可证或者备案证明，并查验所运货物与运输许可证或者备案证明载明的易制毒化学品的品种、数量等情况是否相符；不相符的，不得承运。

承运人查验货主提供的运输许可证或者备案证明时，对不能确定其真实性的，可以请当地人民政府公安机关协助核查。公安机关应当当场予以核查，对于不能当场核实的，应当于三日内将核查结果告知承运人。

第二十三条　运输易制毒化学品时，运输车辆应当在明显部位张贴易制毒化学品标识；属于危险化学品的，应当由有危险化学品运输资质的单位运输；应当凭证运输的，运输人员应当自启运起全程携带运输许可证或者备案证明。承运单位应当派人押运或者采取其他有效措施，防止易制毒化学品丢失、被盗、被抢。

运输易制毒化学品时，还应当遵守国家有关货物运输的规定。

第二十四条　公安机关在易制毒化学品运输过程中应当对运输情况与运输许可证或者备案证明所载内容是否相符等情况进行检查。交警、治安、禁毒、边防等部门应当在交通重点路段和边境地区等加强易制毒化学品运输的检查。

第二十五条　易制毒化学品运出地与运入地公安机关应当建立情况通报制度。运出地负责审批或者备案的公安机关应当每季度末将办理的易制毒化学品运输许可或者备案情况通报运入地同级公安机关，运入地同级公安机关应当核查货物的实际运达情况后通报运出地公安机关。

第四章　监督检查

第二十六条　县级以上人民政府公安机关应当加强对易制毒化学品购销和运输等情况的监督检查，有关单位和个人应当积极配合。对发现非法购销和运输行为的，公安机关应当依法查处。

公安机关在进行易制毒化学品监督检查时，可以依法查看现场、查阅和复制有关资料、记录有关情况、扣押相关的证据材料和违法物品；必要时，可以临时查封有关场所。

被检查的单位或者个人应当如实提供有关情况和材料、物品，不得拒绝或者隐匿。

第二十七条　公安机关应当对依法收缴、查获的易制毒化学品安全保管。对于可以回收的，应当予以回收；对于不能回收的，应当依照环境保护法律、行政法规的有关规定，交由有资质的单位予以销毁，防止造成环境污染和人身伤亡。对收缴、查获的第一类中的药品类易制毒化学品的，一律销毁。

保管和销毁费用由易制毒化学品违法单位或者个人承担。违法单位或者个人无力承担的，该费用在回收所得中开支，或者在公安机关的禁毒经费中列支。

第二十八条　购买、销售和运输易制毒化学品的单位应当于每年三月三十一日前向所在地县级公安机关报告上年度的购买、销售和运输情况。公安机关发现可疑情况的，应当及时予以核对和检查，必要时可以进行实地核查。

有条件的购买、销售和运输单位，可以与当地公安机关建立计算机联网，及时通报有关情况。

第二十九条　易制毒化学品丢失、被盗、被抢的，发案单位应当立即向当地公安机关报告。接到报案的公安机关应当及时立案查处，并向上级公安机关报告。

第五章　法律责任

第三十条　违反规定购买易制毒化学品，有下列情形之一的，公安机关应当没收非法购买的易制毒化学品，对购买方处非法购买易制毒化学品货值十倍以上二十倍以下的罚款，货值的二十倍不足一万元的，按一万元罚款；构成犯罪的，依法追究刑事责任：

（一）未经许可或者备案擅自购买易制毒化学品的；

（二）使用他人的或者伪造、变造、失效的许可证或者备案证明购买易制毒化学品的。

第三十一条　违反规定销售易制毒化学品，有下列情形之一的，公安机关应当对销售单位处一万元以下罚款；有违法所得的，处三万元以下罚款，并对违法所得依法予以追缴；构成犯罪的，依法追究刑事责任：

（一）向无购买许可证或者备案证明的单位或者个人销售易制毒化学品的；

（二）超出购买许可证或者备案证明的品种、数量销售易制毒化学品的。

第三十二条　货主违反规定运输易制毒化学品，有下列情形之一的，公安机关应当没收非法运输的易制毒化学品或者非法运输易制毒化学品的设备、工具；处非法运输易制毒化学品货值十倍以上二十倍以下罚款，货值的二十倍不足一万元的，按一万元罚款；有违法所得的，没收违法所得；构成犯罪的，依法追究刑事责任：

（一）未经许可或者备案擅自运输易制毒化学品的；

（二）使用他人的或者伪造、变造、失效的许可证运输易制毒化学品的。

第三十三条　承运人违反规定运输易制毒化学品，有下列情形之一的，公安机关应当责令停运整改，处五千元以上五万元以下罚款：

（一）与易制毒化学品运输许可证或者备案证明载明的品种、数量、运入地、货主及收货人、承运人等情况不符的；

（二）运输许可证种类不当的；

（三）运输人员未全程携带运输许可证或者备案证明的。

个人携带易制毒化学品不符合品种、数量规定的，公安机关应当没收易制毒化学品，处一千元以上五千元以下罚款。

第三十四条　伪造申请材料骗取易制毒化学品购买、运输许可证或者备案证明的，公安机关应当处一万元罚款，并撤销许可证或者备案证明。

使用以伪造的申请材料骗取的易制毒化学品购买、运输许可证或者备案证明购买、运输易制毒化学品的，分别按照第三十条第一项和第三十二条第一项的规定处罚。

第三十五条　对具有第三十条、第三十二条和第三十四条规定违法行为的单位或个人，自作出行政处罚决定之日起三年内，公安机关可以停止受理其易制毒化学品购买或者运输许可申请。

第三十六条　违反易制毒化学品管理规定，有下列行为之一的，公安机关应当给予警告，责令限期改正，处一万元以上五万元以下罚款；对违反规定购买的易制毒化学品予以没收；逾期不改正的，责令限期停产停业整顿；逾期整顿不合格的，吊销相应的许可证：

（一）将易制毒化学品购买或运输许可证或者备案证明转借他人使用的；

（二）超出许可的品种、数量购买易制毒化学品的；

（三）销售、购买易制毒化学品的单位不记录或者不如实记录交易情况、不按规定保存交易记录或者不如实、不及时向公安机关备案销售情况的；

（四）易制毒化学品丢失、被盗、被抢后未及时报告，造成严重后果的；

（五）除个人合法购买第一类中的药品类易制毒化学品药品制剂以及第三类易制毒化学品外，使用现金或者实物进行易制毒化学品交易的；

（六）经营易制毒化学品的单位不如实或者不按时报告易制毒化学品年度经销和库存情况的。

第三十七条　经营、购买、运输易制毒化学品的单位或者个人拒不接受公安机关监督检查的，公安机关应当责令其改正，对直接负责的主管人员以及其他直接责任人员给予警告；情节严重的，对单位处一万元以上五万元以下罚款，对直接负责的主管人员以及其他直接责任人员处一千元以上五千元以下罚款；有违反治安管理行为的，依法给予治安管理处罚；构成犯罪的，依法追究刑事责任。

第三十八条　公安机关易制毒化学品管理工作人员在管理工作中有应当许可而不许可、不应当许可而滥许可，不依法受理备案，以及其他滥用职权、玩忽职守、徇私舞弊行为的，依法给予行政处分；构成犯罪的，依法追究刑事责任。

第三十九条　公安机关实施本章处罚，同时应当由其他行政主管机关实施处罚的，应当通报其他行政机关处理。

第六章　附　则

第四十条　本办法所称"经营单位"，是指经营易制毒化学品的经销单位和经销自产易制毒化学品的生产单位。

第四十一条　本办法所称"运输"，是指通过公路、铁路、水上和航空等各种运输途径，使用车、船、航空器等各种运输工具，以及人力、畜力携带、搬运等各种运输方式使易制毒化学品货物发生空间位置的移动。

第四十二条　易制毒化学品购买许可证和备案证明、运输许可证和备案证明、易制毒化学品管理专用印章由公安部统一规定式样并监制。

第四十三条　本办法自 2006 年 10 月 1 日起施行。《麻黄素运输许可证管理规定》（公安部令第 52 号）同时废止。

2.3　《非药品类易制毒化学品生产、经营许可办法》
国家安全生产监督管理总局令
第　5　号

《非药品类易制毒化学品生产、经营许可办法》已经 2006 年 3 月 21 日国家安全生产监督管理总局局长办公室办公会议审议通过，现予公布，自 2006 年 4 月 15 日起施行。

国家安全生产监督管理总局局长　李毅中

二○○六年四月五日

非药品类易制毒化学品生产、经营许可办法

第一章　总　则

第一条　为加强非药品类易制毒化学品管理，规范非药品类易制毒化学品生产、经营行为，防止非药品类易制毒化学品被用于制造毒品，维护经济和社会秩序，根据《易制毒化学品管理条例》（以下简称《条例》）和有关法律、行政法规，制定本办法。

第二条　本办法所称非药品类易制毒化学品，是指《条例》附表确定的可以用于制毒的非药品类主要原料和化学配剂。

非药品类易制毒化学品的分类和品种，见本办法附表《非药品类易制毒化学品分类和品种目录》。

《条例》附表《易制毒化学品的分类和品种目录》调整或者《危险化学品目录》调整涉及本办法附表时，《非药品类易制毒化学品分类和品种目录》随之进行调整并公布。

第三条　国家对非药品类易制毒化学品的生产、经营实行许可制度。对第一类非药品类易制毒化学品的生产、经营实行许可证管理，对第二类、第三类易制毒化学品的生产、经营实行备案证明管理。

省、自治区、直辖市人民政府安全生产监督管理部门负责本行政区域内第一类非药品类易制毒化学品生产、经营的审批和许可证的颁发工作。

设区的市级人民政府安全生产监督管理部门负责本行政区域内第二类非药品类易制毒化学品生产、经营和第三类非药品类易制毒化学品生产的备案证明颁发工作。

县级人民政府安全生产监督管理部门负责本行政区域内第三类非药品类易制毒化学品经营的备案证明颁发工作。

第四条　国家安全生产监督管理总局监督、指导全国非药品类易制毒化学品生产、经营许可和备案管理工作。

县级以上人民政府安全生产监督管理部门负责本行政区域内执行非药品类易制毒化学品生产、经营许可制度的监督管理工作。

第二章 生产、经营许可

第五条 生产、经营第一类非药品类易制毒化学品的，必须取得非药品类易制毒化学品生产、经营许可证方可从事生产、经营活动。

第六条 生产、经营第一类非药品类易制毒化学品的，应当分别符合《条例》第七条、第九条规定的条件。

第七条 生产单位申请非药品类易制毒化学品生产许可证，应当向所在地的省级人民政府安全生产监督管理部门提交下列文件、资料，并对其真实性负责：

（一）非药品类易制毒化学品生产许可证申请书（一式两份）；

（二）生产设备、仓储设施和污染物处理设施情况说明材料；

（三）易制毒化学品管理制度和环境突发事件应急预案；

（四）安全生产管理制度；

（五）单位法定代表人或者主要负责人和技术、管理人员具有相应安全生产知识的证明材料；

（六）单位法定代表人或者主要负责人和技术、管理人员具有相应易制毒化学品知识的证明材料及无毒品犯罪记录证明材料；

（七）工商营业执照副本（复印件）；

（八）产品包装说明和使用说明书。

属于危险化学品生产单位的，还应当提交危险化学品生产企业安全生产许可证和危险化学品登记证（复印件），免于提交本条第（四）、（五）、（七）项所要求的文件、资料。

第八条 经营单位申请非药品类易制毒化学品经营许可证，应当向所在地的省级人民政府安全生产监督管理部门提交下列文件、资料，并对其真实性负责：

（一）非药品类易制毒化学品经营许可证申请书（一式两份）；

（二）经营场所、仓储设施情况说明材料；

（三）易制毒化学品经营管理制度和包括销售机构、销售代理商、用户等内容的销售网络文件；

（四）单位法定代表人或者主要负责人和销售、管理人员具有相应易制毒化学品知识的证明材料及无毒品犯罪记录证明材料；

（五）工商营业执照副本（复印件）；

（六）产品包装说明和使用说明书。

属于危险化学品经营单位的，还应当提交危险化学品经营许可证（复印件），免于提交本条第（五）项所要求的文件、资料。

第九条 省、自治区、直辖市人民政府安全生产监督管理部门对申请人提交的申请书及文件、资料，应当按照下列规定分别处理：

（一）申请事项不属于本部门职权范围的，应当即时出具不予受理的书面凭证；

（二）申请材料存在可以当场更正的错误的，应当允许或者要求申请人当场更正；

（三）申请材料不齐全或者不符合要求的，应当当场或者在5个工作日内书面一次告知申请人需要补正的全部内容，逾期不告知的，自收到申请材料之日起即为受理；

（四）申请材料齐全、符合要求或者按照要求全部补正的，自收到申请材料或者全部补正材料之日起为受理。

第十条　对已经受理的申请材料，省、自治区、直辖市人民政府安全生产监督管理部门应当进行审查，根据需要可以进行实地核查。

第十一条　自受理之日起，对非药品类易制毒化学品的生产许可证申请在 60 个工作日内、对经营许可证申请在 30 个工作日内，省、自治区、直辖市人民政府安全生产监督管理部门应当作出颁发或者不予颁发许可证的决定。

对决定颁发的，应当自决定之日起 10 个工作日内送达或者通知申请人领取许可证；对不予颁发的，应当在 10 个工作日内书面通知申请人并说明理由。

第十二条　非药品类易制毒化学品生产、经营许可证有效期为 3 年。许可证有效期满后需继续生产、经营第一类非药品类易制毒化学品的，应当于许可证有效期满前 3 个月内向原许可证颁发管理部门提出换证申请并提交相应资料，经审查合格后换领新证。

第十三条　第一类非药品类易制毒化学品生产、经营单位在非药品类易制毒化学品生产、经营许可证有效期内出现下列情形之一的，应当向原许可证颁发管理部门申请变更许可证：

（一）单位法定代表人或者主要负责人改变；

（二）单位名称改变；

（三）许可品种主要流向改变；

（四）需要增加许可品种、数量。

属于本条第（一）、（三）项的变更，应当自发生改变之日起 20 个工作日内提出申请；属于本条第（二）项的变更，应当自工商营业执照变更后提出申请。

申请本条第（一）项的变更，应当提供变更后的法定代表人或者主要负责人符合本办法第七条第（五）、（六）项或第八条第（四）项要求的有关证明材料；申请本条第（二）项的变更，应当提供变更后的工商营业执照副本（复印件）；申请本条第（三）项的变更，生产、经营单位应当分别提供主要流向改变说明、第八条第（三）项要求的有关资料；申请本条第（四）项的变更，应当提供本办法第七条第（二）、（三）、（八）项或第八条第（二）、（三）、（六）项要求的有关资料。

第十四条　对已经受理的本办法第十三条第（一）、（二）、（三）项的变更申请，许可证颁发管理部门在对申请人提交的文件、资料审核后，即可办理非药品类易制毒化学品生产、经营许可证变更手续。

对已经受理的本办法第十三条第（四）项的变更申请，许可证颁发管理部门应当按照本办法第十条、第十一条的规定，办理非药品类易制毒化学品生产、经营许可证变更手续。

第十五条　非药品类易制毒化学品生产、经营单位原有技术或者销售人员、管理人员变动的，变动人员应当具有相应的安全生产和易制毒化学品知识。

第十六条　第一类非药品类易制毒化学品生产、经营单位不再生产、经营非药品类易制毒化学品时，应当在停止生产、经营后 3 个月内办理注销许可手续。

第三章　生产、经营备案

第十七条　生产、经营第二类、第三类非药品类易制毒化学品的，必须进行非药品类易制毒化学品生产、经营备案。

第十八条　生产第二类、第三类非药品类易制毒化学品的，应当自生产之日起 30 个工作日内，将生产的品种、数量等情况，向所在地的设区的市级人民政府安全生产监督管理部门备案。

经营第二类非药品类易制毒化学品的，应当自经营之日起 30 个工作日内，将经营的品种、数量、主要流向等情况，向所在地的设区的市级人民政府安全生产监督管理部门备案。

经营第三类非药品类易制毒化学品的，应当自经营之日起 30 个工作日内，将经营的品种、数量、主要流向等情况，向所在地的县级人民政府安全生产监督管理部门备案。

第十九条　第二类、第三类非药品类易制毒化学品生产单位进行备案时，应当提交下列资料：

（一）非药品类易制毒化学品品种、产量、销售量等情况的备案申请书；

（二）易制毒化学品管理制度；

（三）产品包装说明和使用说明书；

（四）工商营业执照副本（复印件）。

属于危险化学品生产单位的，还应当提交危险化学品生产企业安全生产许可证和危险化学品登记证（复印件），免于提交本条第（四）项所要求的文件、资料。

第二十条　第二类、第三类非药品类易制毒化学品经营单位进行备案时，应当提交下列资料：

（一）非药品类易制毒化学品销售品种、销售量、主要流向等情况的备案申请书；

（二）易制毒化学品管理制度；

（三）产品包装说明和使用说明书；

（四）工商营业执照副本（复印件）。

属于危险化学品经营单位的，还应当提交危险化学品经营许可证，免于提交本条第（四）项所要求的文件、资料。

第二十一条　第二类、第三类非药品类易制毒化学品生产、经营备案主管部门收到本办法第十九条、第二十条规定的备案材料后，应当于当日发给备案证明。

第二十二条　第二类、第三类非药品类易制毒化学品生产、经营备案证明有效期为 3 年。有效期满后需继续生产、经营的，应当在备案证明有效期满前 3 个月内重新办理备案手续。

第二十三条　第二类、第三类非药品类易制毒化学品生产、经营单位的法定代表人或者主要负责人、单位名称、单位地址发生变化的，应当自工商营业执照变更之日起 30 个工作日内重新办理备案手续；生产或者经营的备案品种增加、主要流向改变的，在发生变化后 30 个工作日内重新办理备案手续。

第二十四条　第二类、第三类非药品类易制毒化学品生产、经营单位不再生产、经营非药品类易制毒化学品时，应当在终止生产、经营后 3 个月内办理备案注销手续。

第四章　监督管理

第二十五条　县级以上人民政府安全生产监督管理部门应当加强非药品类易制毒化学品生产、经营的监督检查工作。

县级以上人民政府安全生产监督管理部门对非药品类易制毒化学品的生产、经营活动进行监督检查时，可以查看现场、查阅和复制有关资料、记录有关情况、扣押相关的证据材料和违法物品；必要时，可以临时查封有关场所。

被检查的单位或者个人应当如实提供有关情况和资料、物品，不得拒绝或者隐匿。

第二十六条　生产、经营单位应当于每年 3 月 31 日前，向许可或者备案的安全生产监督管理部门报告本单位上年度非药品类易制毒化学品生产经营的品种、数量和主要流向等情况。

安全生产监督管理部门应当自收到报告后 10 个工作日内将本行政区域内上年度非药品类易制毒化学品生产、经营汇总情况报上级安全生产监督管理部门。

第二十七条　各级安全生产监督管理部门应当建立非药品类易制毒化学品许可和备案档案并加强信息管理。

第二十八条　安全生产监督管理部门应当及时将非药品类易制毒化学品生产、经营许可及吊销许可情况，向同级公安机关和工商行政管理部门通报；向商务主管部门通报许可证和备案证明颁发等有关情况。

第五章　罚　则

第二十九条　对于有下列行为之一的，县级以上人民政府安全生产监督管理部门可以自《条例》第三十八条规定的部门作出行政处罚决定之日起的 3 年内，停止受理其非药品类易制毒化学品生产、经营许可或备案申请：

（一）未经许可或者备案擅自生产、经营非药品类易制毒化学品的；

（二）伪造申请材料骗取非药品类易制毒化学品生产、经营许可证或者备案证明的；

（三）使用他人的非药品类易制毒化学品生产、经营许可证或者备案证明的；

（四）使用伪造、变造、失效的非药品类易制毒化学品生产、经营许可证或者备案证明的。

第三十条　对于有下列行为之一的，由县级以上人民政府安全生产监督管理部门给予警告，责令限期改正，处 1 万元以上 5 万元以下的罚款；对违反规定生产、经营的非药品类易制毒化学品，可以予以没收；逾期不改正的，责令限期停产停业整顿；逾期整顿不合格的，吊销相应的许可证：

（一）易制毒化学品生产、经营单位未按规定建立易制毒化学品的管理制度和安全管理制度的；

（二）将许可证或者备案证明转借他人使用的；

（三）超出许可的品种、数量，生产、经营非药品类易制毒化学品的；

（四）易制毒化学品的产品包装和使用说明书不符合《条例》规定要求的；

（五）生产、经营非药品类易制毒化学品的单位不如实或者不按时向安全生产监督管理部门报告年度生产、经营等情况的。

第三十一条　生产、经营非药品类易制毒化学品的单位或者个人拒不接受安全生产监督管理部门监督检查的，由县级以上人民政府安全生产监督管理部门责令改正，对直接负责的主管人员以及其他直接责任人员给予警告；情节严重的，对单位处 1 万元以上 5 万元以下的罚款，对直接负责的主管人员以及其他直接责任人员处 1000 元以上 5000 元以下的罚款。

第三十二条　安全生产监督管理部门工作人员在管理工作中，有滥用职权、玩忽职守、徇私舞弊行为或泄露企业商业秘密的，依法给予行政处分；构成犯罪的，依法追究刑事责任。

第六章 附 则

第三十三条 非药品类易制毒化学品生产许可证、经营许可证和备案证明由国家安全生产监督管理总局监制。

非药品类易制毒化学品年度报告表及许可、备案、变更申请书由国家安全生产监督管理总局规定式样。

第三十四条 本办法自 2006 年 4 月 15 日起施行。

附表

非药品类易制毒化学品分类和品种目录

第一类

1. 1－苯基－2－丙酮
2. 3,4－亚甲基二氧苯基－2－丙酮
3. 胡椒醛
4. 黄樟素
5. 黄樟油
6. 异黄樟素
7. N－乙酰邻氨基苯酸
8. 邻氨基苯甲酸

第二类

1. 苯乙酸
2. 醋酸酐☆
3. 三氯甲烷☆
4. 乙醚☆
5. 哌啶☆

第三类

1. 甲苯☆
2. 丙酮☆
3. 甲基乙基酮☆
4. 高锰酸钾☆
5. 硫酸☆
6. 盐酸☆

说明：

①第一、第二类所列物质可能存在的盐类，也纳入管制。

②带有☆标记的品种为危险化学品。

2.4 《药品类易制毒化学品生产、经营许可办法》

中华人民共和国卫生部令

第 72 号

《药品类易制毒化学品管理办法》已于 2010 年 2 月 23 日经卫生部部务会议审议通过，现予以发布，自 2010 年 5 月 1 日起施行。

卫生部部长 陈 竺

二〇一〇年三月十八日

药品类易制毒化学品管理办法

第一章 总 则

第一条 为加强药品类易制毒化学品管理，防止流入非法渠道，根据《易制毒化学品管理条例》（以下简称《条例》），制定本办法。

第二条 药品类易制毒化学品是指《条例》中所确定的麦角酸、麻黄素等物质，品种目录见本办法附件 1。

国务院批准调整易制毒化学品分类和品种，涉及药品类易制毒化学品的，国家食品药品监督管理局应当及时调整并予公布。

第三条 药品类易制毒化学品的生产、经营、购买以及监督管理，适用本办法。

第四条 国家食品药品监督管理局主管全国药品类易制毒化学品生产、经营、购买等方面的监督管理工作。

县级以上地方食品药品监督管理部门负责本行政区域内的药品类易制毒化学品生产、经营、购买等方面的监督管理工作。

第二章 生产、经营许可

第五条 生产、经营药品类易制毒化学品，应当依照《条例》和本办法的规定取得药品类易制毒化学品生产、经营许可。

生产药品类易制毒化学品中属于药品的品种，还应当依照《药品管理法》和相关规定取得药品批准文号。

第六条 药品生产企业申请生产药品类易制毒化学品，应当符合《条例》第七条规定的条件，向所在地省、自治区、直辖市食品药品监督管理部门提出申请，报送以下资料：

（一）药品类易制毒化学品生产申请表（见附件 2）；

（二）《药品生产许可证》、《药品生产质量管理规范》认证证书和企业营业执照复印件；

（三）企业药品类易制毒化学品管理的组织机构图（注明各部门职责及相互关系、部门负责人）；

（四）反映企业现有状况的周边环境图、总平面布置图、仓储平面布置图、质量检验场所平面布置图、药品类易制毒化学品生产场所平面布置图（注明药品类易制毒化学品相应安全管理设施）；

（五）药品类易制毒化学品安全管理制度文件目录；

（六）重点区域设置电视监控设施的说明以及与公安机关联网报警的证明；

（七）企业法定代表人、企业负责人和技术、管理人员具有药品类易制毒化学品有关知识的说明材料；

（八）企业法定代表人及相关工作人员无毒品犯罪记录的证明；

（九）申请生产仅能作为药品中间体使用的药品类易制毒化学品的，还应当提供合法用途说明等其他相应资料。

第七条　省、自治区、直辖市食品药品监督管理部门应当在收到申请之日起 5 日内，对申报资料进行形式审查，决定是否受理。受理的，在 30 日内完成现场检查，将检查结果连同企业申报资料报送国家食品药品监督管理局。国家食品药品监督管理局应当在 30 日内完成实质性审查，对符合规定的，发给《药品类易制毒化学品生产许可批件》（以下简称《生产许可批件》，见附件 3），注明许可生产的药品类易制毒化学品名称；不予许可的，应当书面说明理由。

第八条　药品生产企业收到《生产许可批件》后，应当向所在地省、自治区、直辖市食品药品监督管理部门提出变更《药品生产许可证》生产范围的申请。省、自治区、直辖市食品药品监督管理部门应当根据《生产许可批件》，在《药品生产许可证》正本的生产范围中标注"药品类易制毒化学品"；在副本的生产范围中标注"药品类易制毒化学品"后，括弧内标注药品类易制毒化学品名称。

第九条　药品类易制毒化学品生产企业申请换发《药品生产许可证》的，省、自治区、直辖市食品药品监督管理部门除按照《药品生产监督管理办法》审查外，还应当对企业的药品类易制毒化学品生产条件和安全管理情况进行审查。对符合规定的，在换发的《药品生产许可证》中继续标注药品类易制毒化学品生产范围和品种名称；对不符合规定的，报国家食品药品监督管理局。

国家食品药品监督管理局收到省、自治区、直辖市食品药品监督管理部门报告后，对不符合规定的企业注销其《生产许可批件》，并通知企业所在地省、自治区、直辖市食品药品监督管理部门注销该企业《药品生产许可证》中的药品类易制毒化学品生产范围。

第十条　药品类易制毒化学品生产企业不再生产药品类易制毒化学品的，应当在停止生产经营后 3 个月内办理注销相关许可手续。

药品类易制毒化学品生产企业连续 1 年未生产的，应当书面报告所在地省、自治区、直辖市食品药品监督管理部门；需要恢复生产的，应当经所在地省、自治区、直辖市食品药品监督管理部门对企业的生产条件和安全管理情况进行现场检查。

第十一条　药品类易制毒化学品生产企业变更生产地址、品种范围的，应当重新申办《生产许可批件》。

药品类易制毒化学品生产企业变更企业名称、法定代表人的，由所在地省、自治区、直辖市食品药品监督管理部门办理《药品生产许可证》变更手续，报国家食品药品监督管理局备案。

第十二条　药品类易制毒化学品以及含有药品类易制毒化学品的制剂不得委托生产。

药品生产企业不得接受境外厂商委托加工药品类易制毒化学品以及含有药品类易制毒化学品的产品；特殊情况需要委托加工的，须经国家食品药品监督管理局批准。

第十三条　药品类易制毒化学品的经营许可，国家食品药品监督管理局委托省、自治区、直辖市食品药品监督管理部门办理。

药品类易制毒化学品单方制剂和小包装麻黄素，纳入麻醉药品销售渠道经营，仅能由麻醉药品全国性批发企业和区域性批发企业经销，不得零售。

未实行药品批准文号管理的品种，纳入药品类易制毒化学品原料药渠道经营。

第十四条　药品经营企业申请经营药品类易制毒化学品原料药，应当符合《条例》第九条规定的条件，向所在地省、自治区、直辖市食品药品监督管理部门提出申请，报送以下资料：

（一）药品类易制毒化学品原料药经营申请表（见附件4）；

（二）具有麻醉药品和第一类精神药品定点经营资格或者第二类精神药品定点经营资格的《药品经营许可证》、《药品经营质量管理规范》认证证书和企业营业执照复印件；

（三）企业药品类易制毒化学品管理的组织机构图（注明各部门职责及相互关系、部门负责人）；

（四）反映企业现有状况的周边环境图、总平面布置图、仓储平面布置图（注明药品类易制毒化学品相应安全管理设施）；

（五）药品类易制毒化学品安全管理制度文件目录；

（六）重点区域设置电视监控设施的说明以及与公安机关联网报警的证明；

（七）企业法定代表人、企业负责人和销售、管理人员具有药品类易制毒化学品有关知识的说明材料；

（八）企业法定代表人及相关工作人员无毒品犯罪记录的证明。

第十五条　省、自治区、直辖市食品药品监督管理部门应当在收到申请之日起5日内，对申报资料进行形式审查，决定是否受理。受理的，在30日内完成现场检查和实质性审查，对符合规定的，在《药品经营许可证》经营范围中标注"药品类易制毒化学品"，并报国家食品药品监督管理局备案；不予许可的，应当书面说明理由。

第三章　购买许可

第十六条　国家对药品类易制毒化学品实行购买许可制度。购买药品类易制毒化学品的，应当办理《药品类易制毒化学品购用证明》（以下简称《购用证明》），但本办法第二十一条规定的情形除外。

《购用证明》由国家食品药品监督管理局统一印制（样式见附件5），有效期为3个月。

第十七条　《购用证明》申请范围：

（一）经批准使用药品类易制毒化学品用于药品生产的药品生产企业；

（二）使用药品类易制毒化学品的教学、科研单位；

（三）具有药品类易制毒化学品经营资格的药品经营企业；

（四）取得药品类易制毒化学品出口许可的外贸出口企业；

（五）经农业部会同国家食品药品监督管理局下达兽用盐酸麻黄素注射液生产计划的兽药生产企业。

药品类易制毒化学品生产企业自用药品类易制毒化学品原料药用于药品生产的，也应当按照本办法规定办理《购用证明》。

第十八条　购买药品类易制毒化学品应当符合《条例》第十四条规定，向所在地省、自治区、直辖市食品药品监督管理部门或者省、自治区食品药品监督管理部门确定并公布的设区的市级食品药品监督管理部门提出申请，填报购买药品类易制毒化学品申请表（见附件6），提交相应资料（见附件7）。

第十九条　设区的市级食品药品监督管理部门应当在收到申请之日起5日内，对申报资料进行形式审查，决定是否受理。受理的，必要时组织现场检查，5日内将检查结果连同企业申报资料报送省、自治区食品药品监督管理部门。省、自治区食品药品监督管理部门应当在5日内完成审查，对符合规定的，发给《购用证明》；不予许可的，应当书面说明理由。

省、自治区、直辖市食品药品监督管理部门直接受理的，应当在收到申请之日起10日内完成审查和必要的现场检查，对符合规定的，发给《购用证明》；不予许可的，应当书面说明理由。

省、自治区、直辖市食品药品监督管理部门在批准发给《购用证明》之前，应当请公安机关协助核查相关内容；公安机关核查所用的时间不计算在上述期限之内。

第二十条　《购用证明》只能在有效期内一次使用。《购用证明》不得转借、转让。购买药品类易制毒化学品时必须使用《购用证明》原件，不得使用复印件、传真件。

第二十一条　符合以下情形之一的，豁免办理《购用证明》：

（一）医疗机构凭麻醉药品、第一类精神药品购用印鉴卡购买药品类易制毒化学品单方制剂和小包装麻黄素的；

（二）麻醉药品全国性批发企业、区域性批发企业持麻醉药品调拨单购买小包装麻黄素以及单次购买麻黄素片剂6万片以下、注射剂1.5万支以下的；

（三）按规定购买药品类易制毒化学品标准品、对照品的；

（四）药品类易制毒化学品生产企业凭药品类易制毒化学品出口许可自营出口药品类易制毒化学品的。

第四章　购销管理

第二十二条　药品类易制毒化学品生产企业应当将药品类易制毒化学品原料药销售给取得《购用证明》的药品生产企业、药品经营企业和外贸出口企业。

第二十三条　药品类易制毒化学品经营企业应当将药品类易制毒化学品原料药销售给本省、自治区、直辖市行政区域内取得《购用证明》的单位。药品类易制毒化学品经营企业之间不得购销药品类易制毒化学品原料药。

第二十四条　教学科研单位只能凭《购用证明》从麻醉药品全国性批发企业、区域性批发企业和药品类易制毒化学品经营企业购买药品类易制毒化学品。

第二十五条　药品类易制毒化学品生产企业应当将药品类易制毒化学品单方制剂和小包装麻黄素销售给麻醉药品全国性批发企业。麻醉药品全国性批发企业、区域性批发企业应当按照《麻醉药品和精神药品管理条例》第三章规定的渠道销售药品类易制毒化学品单方制剂和小包装麻黄素。麻醉药品区域性批发企业之间不得购销药品类易制毒化学品单方制剂和小包装麻黄素。

麻醉药品区域性批发企业之间因医疗急需等特殊情况需要调剂药品类易制毒化学品单方制剂的，应当在调剂后2日内将调剂情况分别报所在地省、自治区、直辖市食品药品监督管理部门备案。

第二十六条　药品类易制毒化学品禁止使用现金或者实物进行交易。

第二十七条　药品类易制毒化学品生产企业、经营企业销售药品类易制毒化学品，应当逐一建立购买方档案。

购买方为非医疗机构的，档案内容至少包括：

（一）购买方《药品生产许可证》、《药品经营许可证》、企业营业执照等资质证明文件复印件；

（二）购买方企业法定代表人、主管药品类易制毒化学品负责人、采购人员姓名及其联系方式；

（三）法定代表人授权委托书原件及采购人员身份证明文件复印件；

（四）《购用证明》或者麻醉药品调拨单原件；

（五）销售记录及核查情况记录。

购买方为医疗机构的，档案应当包括医疗机构麻醉药品、第一类精神药品购用印鉴卡复印件和销售记录。

第二十八条　药品类易制毒化学品生产企业、经营企业销售药品类易制毒化学品时，应当核查采购人员身份证明和相关购买许可证明，无误后方可销售，并保存核查记录。

发货应当严格执行出库复核制度，认真核对实物与药品销售出库单是否相符，并确保将药品类易制毒化学品送达购买方《药品生产许可证》或者《药品经营许可证》所载明的地址，或者医疗机构的药库。

在核查、发货、送货过程中发现可疑情况的，应当立即停止销售，并向所在地食品药品监督管理部门和公安机关报告。

第二十九条　除药品类易制毒化学品经营企业外，购用单位应当按照《购用证明》载明的用途使用药品类易制毒化学品，不得转售；外贸出口企业购买的药品类易制毒化学品不得内销。

购用单位需要将药品类易制毒化学品退回原供货单位的，应当分别报其所在地和原供货单位所在地省、自治区、直辖市食品药品监督管理部门备案。原供货单位收到退货后，应当分别向其所在地和原购用单位所在地省、自治区、直辖市食品药品监督管理部门报告。

第五章　安全管理

第三十条　药品类易制毒化学品生产企业、经营企业、使用药品类易制毒化学品的药品生产企业和教学科研单位，应当配备保障药品类易制毒化学品安全管理的设施，建立层层落实责任制的药品类易制毒化学品管理制度。

第三十一条　药品类易制毒化学品生产企业、经营企业和使用药品类易制毒化学品的药品生产企业，应当设置专库或者在药品仓库中设立独立的专库（柜）储存药品类易制毒化学品。

麻醉药品全国性批发企业、区域性批发企业可在其麻醉药品和第一类精神药品专库中设专区存放药品类易制毒化学品。

教学科研单位应当设立专柜储存药品类易制毒化学品。

专库应当设有防盗设施，专柜应当使用保险柜；专库和专柜应当实行双人双锁管理。

药品类易制毒化学品生产企业、经营企业和使用药品类易制毒化学品的药品生产企业，其关键生产岗位、储存场所应当设置电视监控设施，安装报警装置并与公安机关联网。

第三十二条   药品类易制毒化学品生产企业、经营企业和使用药品类易制毒化学品的药品生产企业，应当建立药品类易制毒化学品专用账册。专用账册保存期限应当自药品类易制毒化学品有效期期满之日起不少于 2 年。

药品类易制毒化学品生产企业自营出口药品类易制毒化学品的，必须在专用账册中载明，并留存出口许可及相应证明材料备查。

药品类易制毒化学品入库应当双人验收，出库应当双人复核，做到账物相符。

第三十三条   发生药品类易制毒化学品被盗、被抢、丢失或者其他流入非法渠道情形的，案发单位应当立即报告当地公安机关和县级以上地方食品药品监督管理部门。接到报案的食品药品监督管理部门应当逐级上报，并配合公安机关查处。

第六章   监督管理

第三十四条   县级以上地方食品药品监督管理部门负责本行政区域内药品类易制毒化学品生产企业、经营企业、使用药品类易制毒化学品的药品生产企业和教学科研单位的监督检查。

第三十五条   食品药品监督管理部门应当建立对本行政区域内相关企业的监督检查制度和监督检查档案。监督检查至少应当包括药品类易制毒化学品的安全管理状况、销售流向、使用情况等内容；对企业的监督检查档案应当全面详实，应当有现场检查等情况的记录。每次检查后应当将检查结果以书面形式告知被检查单位；需要整改的应当提出整改内容及整改期限，并实施跟踪检查。

第三十六条   食品药品监督管理部门对药品类易制毒化学品的生产、经营、购买活动进行监督检查时，可以依法查看现场、查阅和复制有关资料、记录有关情况、扣押相关的证据材料和违法物品；必要时，可以临时查封有关场所。

被检查单位及其工作人员应当配合食品药品监督管理部门的监督检查，如实提供有关情况和材料、物品，不得拒绝或者隐匿。

第三十七条   食品药品监督管理部门应当将药品类易制毒化学品许可、依法吊销或者注销许可的情况及时通报有关公安机关和工商行政管理部门。

食品药品监督管理部门收到工商行政管理部门关于药品类易制毒化学品生产企业、经营企业吊销营业执照或者注销登记的情况通报后，应当及时注销相应的药品类易制毒化学品许可。

第三十八条   药品类易制毒化学品生产企业、经营企业应当于每月 10 日前，向所在地县级食品药品监督管理部门、公安机关及中国麻醉药品协会报送上月药品类易制毒化学品生产、经营和库存情况；每年 3 月 31 日前向所在地县级食品药品监督管理部门、公安机关及中国麻醉药品协会报送上年度药品类易制毒化学品生产、经营和库存情况。食品药品监督管理部门应当将汇总情况及时报告上一级食品药品监督管理部门。

药品类易制毒化学品生产企业、经营企业应当按照食品药品监督管理部门制定的药品电子监管实施要求，及时联入药品电子监管网，并通过网络报送药品类易制毒化学品生产、经营和库存情况。

第三十九条   药品类易制毒化学品生产企业、经营企业、使用药品类易制毒化学品的药品生产企业和教学科研单位，对过期、损坏的药品类易制毒化学品应当登记造册，并向所在地县级以上地方食品药品监督管理部门申请销毁。食品药品监督管理部门应当自接到申请之日起 5 日内到现场监督销毁。

第四十条　有《行政许可法》第六十九条第一款、第二款所列情形的，省、自治区、直辖市食品药品监督管理部门或者国家食品药品监督管理局应当撤销根据本办法作出的有关许可。

第七章　法律责任

第四十一条　药品类易制毒化学品生产企业、经营企业、使用药品类易制毒化学品的药品生产企业、教学科研单位，未按规定执行安全管理制度的，由县级以上食品药品监督管理部门按照《条例》第四十条第一款第一项的规定给予处罚。

第四十二条　药品类易制毒化学品生产企业自营出口药品类易制毒化学品，未按规定在专用账册中载明或者未按规定留存出口许可、相应证明材料备查的，由县级以上食品药品监督管理部门按照《条例》第四十条第一款第四项的规定给予处罚。

第四十三条　有下列情形之一的，由县级以上食品药品监督管理部门给予警告，责令限期改正，可以并处 1 万元以上 3 万元以下的罚款：

（一）药品类易制毒化学品生产企业连续停产 1 年以上未按规定报告的，或者未经所在地省、自治区、直辖市食品药品监督管理部门现场检查即恢复生产的；

（二）药品类易制毒化学品生产企业、经营企业未按规定渠道购销药品类易制毒化学品的；

（三）麻醉药品区域性批发企业因特殊情况调剂药品类易制毒化学品后未按规定备案的；

（四）药品类易制毒化学品发生退货，购用单位、供货单位未按规定备案、报告的。

第四十四条　药品类易制毒化学品生产企业、经营企业、使用药品类易制毒化学品的药品生产企业和教学科研单位，拒不接受食品药品监督管理部门监督检查的，由县级以上食品药品监督管理部门按照《条例》第四十二条规定给予处罚。

第四十五条　对于由公安机关、工商行政管理部门按照《条例》第三十八条作出行政处罚决定的单位，食品药品监督管理部门自该行政处罚决定作出之日起 3 年内不予受理其药品类易制毒化学品生产、经营、购买许可的申请。

第四十六条　食品药品监督管理部门工作人员在药品类易制毒化学品管理工作中有应当许可而不许可、不应当许可而滥许可，以及其他滥用职权、玩忽职守、徇私舞弊行为的，依法给予行政处分；构成犯罪的，依法追究刑事责任。

第八章　附　则

第四十七条　申请单位按照本办法的规定申请行政许可事项的，应当对提交资料的真实性负责，提供资料为复印件的，应当加盖申请单位的公章。

第四十八条　本办法所称小包装麻黄素是指国家食品药品监督管理局指定生产的供教学、科研和医疗机构配制制剂使用的特定包装的麻黄素原料药。

第四十九条　对兽药生产企业购用盐酸麻黄素原料药以及兽用盐酸麻黄素注射液生产、经营等监督管理，按照农业部和国家食品药品监督管理局的规定执行。

第五十条　本办法自 2010 年 5 月 1 日起施行。原国家药品监督管理局 1999 年 6 月 26 日发布的《麻黄素管理办法》（试行）同时废止。

附件 1

药品类易制毒化学品品种目录

1. 麦角酸
2. 麦角胺
3. 麦角新碱
4. 麻黄素、伪麻黄素、消旋麻黄素、去甲麻黄素、甲基麻黄素、麻黄浸膏、麻黄浸膏粉等麻黄素类物质

说明:
①所列物质包括可能存在的盐类。
②药品类易制毒化学品包括原料药及其单方制剂。

附件 2

药品类易制毒化学品生产申请表

申请企业名称				
注册地址			邮编	
生产地址			邮编	
企业法定代表人			电话	
联系人			电话	
药品生产 许可证编号		GMP 证书编号		
品　名				
类　　别	原料药　□ 单方制剂　□ 小包装麻黄素　□ 其他　□		剂　型	
申请理由:				

食品药品监督管理部门现场检查情况：
检查人签字：
年　月　日

审查意见：   省、自治区、直辖市食品药品监督管理部门盖章 年　　月　　日

附件 3

药品类易制毒化学品生产许可批件

受理号：　　　　　　　　　　　　　批件号：

品　　名			
类　　别	原料药　　　□　　　单方制剂　　　□ 小包装麻黄素　□　　　其他　　　　□	剂型	

续表

生产企业名称	
生产地址	
审批结论	
主送单位	
抄送单位	
说　明	

国家食品药品监督管理局盖章

年　月　日

附件 4

药品类易制毒化学品原料药经营申请表

申请企业名称			
注册地址		邮编	
仓库地址		邮编	
企业法定代表人		电话	
联系人		电话	
药品经营许可证编号		GSP证书编号	
品　名			

续表

申请理由：
食品药品监督管理部门现场检查情况：   检查人签字：   　　　　　　　　　　　　　　　　　　　　　　　年　月　日
审查意见：   　　　　　　　　　　　省、自治区、直辖市食品药品监督管理部门盖章 　　　　　　　　　　　　　　年　月　日

附件 5

药品类易制毒化学品购用证明

编　号：

购用单位名称	
供货单位名称	
购用品名	
类　别	原料药□　　单方制剂□　　小包装麻黄素□　　其他□

规　格		剂型	

用　途	
购用数量	
有效期	自　　年　　月　　日至　　年　　月　　日

省、自治区、直辖市食品药品监督管理部门盖章

年　　月　　日

注: 1. 由省、自治区、直辖市食品药品监督管理部门填写五份，存档一份，交供货单位所在地省、自治区、直辖市食品药品监督管理部门一份。购用单位交供货单位一份，交购用单位当地公安机关一份，留存一份。

　　2. 在填写购用品名时要注明盐类，数量一并用大小写注明。

　　3. 购用单位、供货单位留存购用证明 3 年备查。

附件 6

购买药品类易制毒化学品申请表

申购单位名称	（盖章）			
地址		邮编		
法定代表人		电话		
身份证号码				
经办人		电话		
身份证号码				
申购品名		规格		
类别	原料药 □　　单方制剂 □ 小包装麻黄素 □　　其他 □	剂型		
申购数量				
拟定供货单位		电话		
用途及数量计算依据的详细说明：				
受理申请的食品药品监督管理部门审查意见： 盖　章 年　月　日				

附件 7

购买药品类易制毒化学品申报资料要求

申购单位类型 资料项目	药品生产企业	药品经营企业	教学科研单位	外贸出口企业
企业营业执照复印件	+	+	−	+
《药品生产许可证》复印件	+	−	−	−
《药品经营许可证》复印件	−	+	−	−
其他资质证明文件复印件	−	−	+	+
《药品生产质量管理规范》 认证证书复印件	+	−	−	−
《药品经营质量管理规范》 认证证书复印件	−	+	−	−
药品批准证明文件复印件	+^{1}	−	−	+
国内购货合同复印件	+^{2}	+	−	+
上次购买的增值税发票 复印件（首次购买的除外）	+^{2}	+	+	+
上次购买的使用、销售或 出口情况（首次购买的除外）	+	+	+	+
用途证明材料	−	−	+	−
确保将药品类易制毒化学品 用于合法用途的保证函	−	−	+	−
本单位安全保管制度及 设施情况的说明材料	−	−	+	−
加强安全管理的承诺书	+	+	−	+
出口许可文件复印件	−	−	−	+
应当提供的其他材料*	−	−	+	−

注：1. "+" 指必须报送的资料；

2. "-" 指可以免报的资料；

3. "+^{1}" 药品生产企业尚未取得药品批准文号，用于科研的可提交说明材料；

4. "+^{2}" 药品类易制毒化学品生产企业自用用于药品生产的可不报送；

5. "*" 由省、自治区、直辖市食品药品监督管理部门规定并提前公布。

2.5 《麻醉药品和精神药品管理条例》

中华人民共和国国务院令

第 442 号

《麻醉药品和精神药品管理条例》已经 2005 年 7 月 26 日国务院第 100 次常务会议通过，现予公布，自 2005 年 11 月 1 日起施行。

总　理　温家宝
二〇〇五年八月三日

麻醉药品和精神药品管理条例

第一章　总　则

第一条　为加强麻醉药品和精神药品的管理，保证麻醉药品和精神药品的合法、安全、合理使用，防止流入非法渠道，根据药品管理法和其他有关法律的规定，制定本条例。

第二条　麻醉药品药用原植物的种植，麻醉药品和精神药品的实验研究、生产、经营、使用、储存、运输等活动以及监督管理，适用本条例。

麻醉药品和精神药品的进出口依照有关法律的规定办理。

第三条　本条例所称麻醉药品和精神药品，是指列入麻醉药品目录、精神药品目录（以下称目录）的药品和其他物质。精神药品分为第一类精神药品和第二类精神药品。

目录由国务院药品监督管理部门会同国务院公安部门、国务院卫生主管部门制定、调整并公布。

上市销售但尚未列入目录的药品和其他物质或者第二类精神药品发生滥用，已经造成或者可能造成严重社会危害的，国务院药品监督管理部门会同国务院公安部门、国务院卫生主管部门应当及时将该药品和该物质列入目录或者将该第二类精神药品调整为第一类精神药品。

第四条　国家对麻醉药品药用原植物以及麻醉药品和精神药品实行管制。除本条例另有规定的外，任何单位、个人不得进行麻醉药品药用原植物的种植以及麻醉药品和精神药品的实验研究、生产、经营、使用、储存、运输等活动。

第五条　国务院药品监督管理部门负责全国麻醉药品和精神药品的监督管理工作，并会同国务院农业主管部门对麻醉药品药用原植物实施监督管理。国务院公安部门负责对造成麻醉药品药用原植物、麻醉药品和精神药品流入非法渠道的行为进行查处。国务院其他有关主管部门在各自的职责范围内负责与麻醉药品和精神药品有关的管理工作。

省、自治区、直辖市人民政府药品监督管理部门负责本行政区域内麻醉药品和精神药品的监督管理工作。县级以上地方公安机关负责对本行政区域内造成麻醉药品和精神药品流入非法渠道的行为进行查处。县级以上地方人民政府其他有关主管部门在各自的职责范围内负责与麻醉药品和精神药品有关的管理工作。

第六条　麻醉药品和精神药品生产、经营企业和使用单位可以依法参加行业协会。行业协会应当加强行业自律管理。

第二章　种植、实验研究和生产

第七条　国家根据麻醉药品和精神药品的医疗、国家储备和企业生产所需原料的需要确定需求总量，对麻醉药品药用原植物的种植、麻醉药品和精神药品的生产实行总量控制。

国务院药品监督管理部门根据麻醉药品和精神药品的需求总量制定年度生产计划。

国务院药品监督管理部门和国务院农业主管部门根据麻醉药品年度生产计划，制定麻醉药品药用原植物年度种植计划。

第八条　麻醉药品药用原植物种植企业应当根据年度种植计划，种植麻醉药品药用原植物。

麻醉药品药用原植物种植企业应当向国务院药品监督管理部门和国务院农业主管部门定期报告种植情况。

第九条　麻醉药品药用原植物种植企业由国务院药品监督管理部门和国务院农业主管部门共同确定，其他单位和个人不得种植麻醉药品药用原植物。

第十条　开展麻醉药品和精神药品实验研究活动应当具备下列条件，并经国务院药品监督管理部门批准：

（一）以医疗、科学研究或者教学为目的；

（二）有保证实验所需麻醉药品和精神药品安全的措施和管理制度；

（三）单位及其工作人员2年内没有违反有关禁毒的法律、行政法规规定的行为。

第十一条　麻醉药品和精神药品的实验研究单位申请相关药品批准证明文件，应当依照药品管理法的规定办理；需要转让研究成果的，应当经国务院药品监督管理部门批准。

第十二条　药品研究单位在普通药品的实验研究过程中，产生本条例规定的管制品种的，应当立即停止实验研究活动，并向国务院药品监督管理部门报告。国务院药品监督管理部门应当根据情况，及时作出是否同意其继续实验研究的决定。

第十三条　麻醉药品和第一类精神药品的临床试验，不得以健康人为受试对象。

第十四条　国家对麻醉药品和精神药品实行定点生产制度。

国务院药品监督管理部门应当根据麻醉药品和精神药品的需求总量，确定麻醉药品和精神药品定点生产企业的数量和布局，并根据年度需求总量对数量和布局进行调整、公布。

第十五条　麻醉药品和精神药品的定点生产企业应当具备下列条件：

（一）有药品生产许可证；

（二）有麻醉药品和精神药品实验研究批准文件；

（三）有符合规定的麻醉药品和精神药品生产设施、储存条件和相应的安全管理设施；

（四）有通过网络实施企业安全生产管理和向药品监督管理部门报告生产信息的能力；

（五）有保证麻醉药品和精神药品安全生产的管理制度；

（六）有与麻醉药品和精神药品安全生产要求相适应的管理水平和经营规模；

（七）麻醉药品和精神药品生产管理、质量管理部门的人员应当熟悉麻醉药品和精神药品管理以及有关禁毒的法律、行政法规；

（八）没有生产、销售假药、劣药或者违反有关禁毒的法律、行政法规规定的行为；

（九）符合国务院药品监督管理部门公布的麻醉药品和精神药品定点生产企业数量和布局的要求。

第十六条　从事麻醉药品、第一类精神药品生产以及第二类精神药品原料药生产的企业，应当经所在地省、自治区、直辖市人民政府药品监督管理部门初步审查，由国务院药品监督管理部门批准；从事第二类精神药品制剂生产的企业，应当经所在地省、自治区、直辖市人民政府药品监督管理部门批准。

第十七条　定点生产企业生产麻醉药品和精神药品，应当依照药品管理法的规定取得药品批准文号。

国务院药品监督管理部门应当组织医学、药学、社会学、伦理学和禁毒等方面的专家成立专家组，由专家组对申请首次上市的麻醉药品和精神药品的社会危害性和被滥用的可能性进行评价，并提出是否批准的建议。

未取得药品批准文号的，不得生产麻醉药品和精神药品。

第十八条　发生重大突发事件，定点生产企业无法正常生产或者不能保证供应麻醉药品和精神药品时，国务院药品监督管理部门可以决定其他药品生产企业生产麻醉药品和精神药品。

重大突发事件结束后，国务院药品监督管理部门应当及时决定前款规定的企业停止麻醉药品和精神药品的生产。

第十九条　定点生产企业应当严格按照麻醉药品和精神药品年度生产计划安排生产，并依照规定向所在地省、自治区、直辖市人民政府药品监督管理部门报告生产情况。

第二十条　定点生产企业应当依照本条例的规定，将麻醉药品和精神药品销售给具有麻醉药品和精神药品经营资格的企业或者依照本条例规定批准的其他单位。

第二十一条　麻醉药品和精神药品的标签应当印有国务院药品监督管理部门规定的标志。

第三章　经　营

第二十二条　国家对麻醉药品和精神药品实行定点经营制度。

国务院药品监督管理部门应当根据麻醉药品和第一类精神药品的需求总量，确定麻醉药品和第一类精神药品的定点批发企业布局，并应当根据年度需求总量对布局进行调整、公布。

药品经营企业不得经营麻醉药品原料药和第一类精神药品原料药。但是，供医疗、科学研究、教学使用的小包装的上述药品可以由国务院药品监督管理部门规定的药品批发企业经营。

第二十三条　麻醉药品和精神药品定点批发企业除应当具备药品管理法第十五条规定的药品经营企业的开办条件外，还应当具备下列条件：

（一）有符合本条例规定的麻醉药品和精神药品储存条件；

（二）有通过网络实施企业安全管理和向药品监督管理部门报告经营信息的能力；

（三）单位及其工作人员2年内没有违反有关禁毒的法律、行政法规规定的行为；

（四）符合国务院药品监督管理部门公布的定点批发企业布局。

麻醉药品和第一类精神药品的定点批发企业，还应当具有保证供应责任区域内医疗机构所需麻醉药品和第一类精神药品的能力，并具有保证麻醉药品和第一类精神药品安全经营的管理制度。

第二十四条　跨省、自治区、直辖市从事麻醉药品和第一类精神药品批发业务的企业（以下称全国性批发企业），应当经国务院药品监督管理部门批准；在本省、自治区、直辖市行政区域内从事麻醉药品和第一类精神药品批发业务的企业（以下称区域性批发企业），应当经所在地省、自治区、直辖市人民政府药品监督管理部门批准。

专门从事第二类精神药品批发业务的企业，应当经所在地省、自治区、直辖市人民政府药品监督管理部门批准。

全国性批发企业和区域性批发企业可以从事第二类精神药品批发业务。

第二十五条　全国性批发企业可以向区域性批发企业，或者经批准可以向取得麻醉药品和第一类精神药品使用资格的医疗机构以及依照本条例规定批准的其他单位销售麻醉药品和第一类精神药品。

全国性批发企业向取得麻醉药品和第一类精神药品使用资格的医疗机构销售麻醉药品和第一类精神药品，应当经医疗机构所在地省、自治区、直辖市人民政府药品监督管理部门批准。

国务院药品监督管理部门在批准全国性批发企业时，应当明确其所承担供药责任的区域。

第二十六条　区域性批发企业可以向本省、自治区、直辖市行政区域内取得麻醉药品和第一类精神药品使用资格的医疗机构销售麻醉药品和第一类精神药品；由于特殊地理位置的原因，需要就近向其他省、自治区、直辖市行政区域内取得麻醉药品和第一类精神药品使用资格的医疗机构销售的，应当经企业所在地省、自治区、直辖市人民政府药品监督管理部门批准。审批情况由负责审批的药品监督管理部门在批准后 5 日内通报医疗机构所在地省、自治区、直辖市人民政府药品监督管理部门。

省、自治区、直辖市人民政府药品监督管理部门在批准区域性批发企业时，应当明确其所承担供药责任的区域。

区域性批发企业之间因医疗急需、运输困难等特殊情况需要调剂麻醉药品和第一类精神药品的，应当在调剂后 2 日内将调剂情况分别报所在地省、自治区、直辖市人民政府药品监督管理部门备案。

第二十七条　全国性批发企业应当从定点生产企业购进麻醉药品和第一类精神药品。

区域性批发企业可以从全国性批发企业购进麻醉药品和第一类精神药品；经所在地省、自治区、直辖市人民政府药品监督管理部门批准，也可以从定点生产企业购进麻醉药品和第一类精神药品。

第二十八条　全国性批发企业和区域性批发企业向医疗机构销售麻醉药品和第一类精神药品，应当将药品送至医疗机构。医疗机构不得自行提货。

第二十九条　第二类精神药品定点批发企业可以向医疗机构、定点批发企业和符合本条例第三十一条规定的药品零售企业以及依照本条例规定批准的其他单位销售第二类精神药品。

第三十条　麻醉药品和第一类精神药品不得零售。

禁止使用现金进行麻醉药品和精神药品交易，但是个人合法购买麻醉药品和精神药品的除外。

第三十一条　经所在地设区的市级药品监督管理部门批准，实行统一进货、统一配送、统一管理的药品零售连锁企业可以从事第二类精神药品零售业务。

第三十二条　第二类精神药品零售企业应当凭执业医师出具的处方，按规定剂量销售第二类精神药品，并将处方保存 2 年备查；禁止超剂量或者无处方销售第二类精神药品；不得向未成年人销售第二类精神药品。

第三十三条　麻醉药品和精神药品实行政府定价，在制定出厂和批发价格的基础上，逐步实行全国统一零售价格。具体办法由国务院价格主管部门制定。

第四章　使　用

第三十四条　药品生产企业需要以麻醉药品和第一类精神药品为原料生产普通药品的，应当向所在地省、自治区、直辖市人民政府药品监督管理部门报送年度需求计划，由省、自治区、直辖市人民政府药品监督管理部门汇总报国务院药品监督管理部门批准后，向定点生产企业购买。

药品生产企业需要以第二类精神药品为原料生产普通药品的，应当将年度需求计划报所在地省、自治区、直辖市人民政府药品监督管理部门，并向定点批发企业或者定点生产企业购买。

第三十五条　食品、食品添加剂、化妆品、油漆等非药品生产企业需要使用咖啡因作为原料的，应当经所在地省、自治区、直辖市人民政府药品监督管理部门批准，向定点批发企业或者定点生产企业购买。

科学研究、教学单位需要使用麻醉药品和精神药品开展实验、教学活动的，应当经所在地省、自治区、直辖市人民政府药品监督管理部门批准，向定点批发企业或者定点生产企业购买。

需要使用麻醉药品和精神药品的标准品、对照品的，应当经所在地省、自治区、直辖市人民政府药品监督管理部门批准，向国务院药品监督管理部门批准的单位购买。

第三十六条　医疗机构需要使用麻醉药品和第一类精神药品的，应当经所在地设区的市级人民政府卫生主管部门批准，取得麻醉药品、第一类精神药品购用印鉴卡（以下称印鉴卡）。医疗机构应当凭印鉴卡向本省、自治区、直辖市行政区域内的定点批发企业购买麻醉药品和第一类精神药品。

设区的市级人民政府卫生主管部门发给医疗机构印鉴卡时，应当将取得印鉴卡的医疗机构情况抄送所在地设区的市级药品监督管理部门，并报省、自治区、直辖市人民政府卫生主管部门备案。省、自治区、直辖市人民政府卫生主管部门应当将取得印鉴卡的医疗机构名单向本行政区域内的定点批发企业通报。

第三十七条　医疗机构取得印鉴卡应当具备下列条件：

（一）有专职的麻醉药品和第一类精神药品管理人员；

（二）有获得麻醉药品和第一类精神药品处方资格的执业医师；

（三）有保证麻醉药品和第一类精神药品安全储存的设施和管理制度。

第三十八条　医疗机构应当按照国务院卫生主管部门的规定，对本单位执业医师进行有关麻醉药品和精神药品使用知识的培训、考核，经考核合格的，授予麻醉药品和第一类精神药品处方资格。执业医师取得麻醉药品和第一类精神药品的处方资格后，方可在本医疗机构开具麻醉药品和第一类精神药品处方，但不得为自己开具该种处方。

医疗机构应当将具有麻醉药品和第一类精神药品处方资格的执业医师名单及其变更情况，定期报送所在地设区的市级人民政府卫生主管部门，并抄送同级药品监督管理部门。

医务人员应当根据国务院卫生主管部门制定的临床应用指导原则，使用麻醉药品和精神药品。

第三十九条   具有麻醉药品和第一类精神药品处方资格的执业医师，根据临床应用指导原则，对确需使用麻醉药品或者第一类精神药品的患者，应当满足其合理用药需求。在医疗机构就诊的癌症疼痛患者和其他危重患者得不到麻醉药品或者第一类精神药品时，患者或者其亲属可以向执业医师提出申请。具有麻醉药品和第一类精神药品处方资格的执业医师认为要求合理的，应当及时为患者提供所需麻醉药品或者第一类精神药品。

第四十条   执业医师应当使用专用处方开具麻醉药品和精神药品，单张处方的最大用量应当符合国务院卫生主管部门的规定。

对麻醉药品和第一类精神药品处方，处方的调配人、核对人应当仔细核对，签署姓名，并予以登记；对不符合本条例规定的，处方的调配人、核对人应当拒绝发药。

麻醉药品和精神药品专用处方的格式由国务院卫生主管部门规定。

第四十一条   医疗机构应当对麻醉药品和精神药品处方进行专册登记，加强管理。麻醉药品处方至少保存 3 年，精神药品处方至少保存 2 年。

第四十二条   医疗机构抢救病人急需麻醉药品和第一类精神药品而本医疗机构无法提供时，可以从其他医疗机构或者定点批发企业紧急借用；抢救工作结束后，应当及时将借用情况报所在地设区的市级药品监督管理部门和卫生主管部门备案。

第四十三条   对临床需要而市场无供应的麻醉药品和精神药品，持有医疗机构制剂许可证和印鉴卡的医疗机构需要配制制剂的，应当经所在地省、自治区、直辖市人民政府药品监督管理部门批准。医疗机构配制的麻醉药品和精神药品制剂只能在本医疗机构使用，不得对外销售。

第四十四条   因治疗疾病需要，个人凭医疗机构出具的医疗诊断书、本人身份证明，可以携带单张处方最大用量以内的麻醉药品和第一类精神药品；携带麻醉药品和第一类精神药品出入境的，由海关根据自用、合理的原则放行。

医务人员为了医疗需要携带少量麻醉药品和精神药品出入境的，应当持有省级以上人民政府药品监督管理部门发放的携带麻醉药品和精神药品证明。海关凭携带麻醉药品和精神药品证明放行。

第四十五条   医疗机构、戒毒机构以开展戒毒治疗为目的，可以使用美沙酮或者国家确定的其他用于戒毒治疗的麻醉药品和精神药品。具体管理办法由国务院药品监督管理部门、国务院公安部门和国务院卫生主管部门制定。

第五章 储 存

第四十六条   麻醉药品药用原植物种植企业、定点生产企业、全国性批发企业和区域性批发企业以及国家设立的麻醉药品储存单位，应当设置储存麻醉药品和第一类精神药品的专库。该专库应当符合下列要求：

（一）安装专用防盗门，实行双人双锁管理；

（二）具有相应的防火设施；

（三）具有监控设施和报警装置，报警装置应当与公安机关报警系统联网。

全国性批发企业经国务院药品监督管理部门批准设立的药品储存点应当符合前款的规定。

麻醉药品定点生产企业应当将麻醉药品原料药和制剂分别存放。

第四十七条　麻醉药品和第一类精神药品的使用单位应当设立专库或者专柜储存麻醉药品和第一类精神药品。专库应当设有防盗设施并安装报警装置；专柜应当使用保险柜。专库和专柜应当实行双人双锁管理。

第四十八条　麻醉药品药用原植物种植企业、定点生产企业、全国性批发企业和区域性批发企业、国家设立的麻醉药品储存单位以及麻醉药品和第一类精神药品的使用单位，应当配备专人负责管理工作，并建立储存麻醉药品和第一类精神药品的专用账册。药品入库双人验收，出库双人复核，做到账物相符。专用账册的保存期限应当自药品有效期期满之日起不少于5年。

第四十九条　第二类精神药品经营企业应当在药品库房中设立独立的专库或者专柜储存第二类精神药品，并建立专用账册，实行专人管理。专用账册的保存期限应当自药品有效期期满之日起不少于5年。

第六章　运　输

第五十条　托运、承运和自行运输麻醉药品和精神药品的，应当采取安全保障措施，防止麻醉药品和精神药品在运输过程中被盗、被抢、丢失。

第五十一条　通过铁路运输麻醉药品和第一类精神药品的，应当使用集装箱或者铁路行李车运输，具体办法由国务院药品监督管理部门会同国务院铁路主管部门制定。

没有铁路需要通过公路或者水路运输麻醉药品和第一类精神药品的，应当由专人负责押运。

第五十二条　托运或者自行运输麻醉药品和第一类精神药品的单位，应当向所在地省、自治区、直辖市人民政府药品监督管理部门申请领取运输证明。运输证明有效期为1年。

运输证明应当由专人保管，不得涂改、转让、转借。

第五十三条　托运人办理麻醉药品和第一类精神药品运输手续，应当将运输证明副本交付承运人。承运人应当查验、收存运输证明副本，并检查货物包装。没有运输证明或者货物包装不符合规定的，承运人不得承运。

承运人在运输过程中应当携带运输证明副本，以备查验。

第五十四条　邮寄麻醉药品和精神药品，寄件人应当提交所在地省、自治区、直辖市人民政府药品监督管理部门出具的准予邮寄证明。邮政营业机构应当查验、收存准予邮寄证明；没有准予邮寄证明的，邮政营业机构不得收寄。

省、自治区、直辖市邮政主管部门指定符合安全保障条件的邮政营业机构负责收寄麻醉药品和精神药品。邮政营业机构收寄麻醉药品和精神药品，应当依法对收寄的麻醉药品和精神药品予以查验。

邮寄麻醉药品和精神药品的具体管理办法，由国务院药品监督管理部门会同国务院邮政主管部门制定。

第五十五条　定点生产企业、全国性批发企业和区域性批发企业之间运输麻醉药品、第一类精神药品，发货人在发货前应当向所在地省、自治区、直辖市人民政府药品监督管理部门报送本次运输的相关信息。属于跨省、自治区、直辖市运输的，收到信息的药品监督管理部门应当向收货人所在地的同级药品监督管理部门通报；属于在本省、自治区、直辖市行政区域内运输的，收到信息的药品监督管理部门应当向收货人所在地设区的市级药品监督管理部门通报。

第七章　审批程序和监督管理

第五十六条　申请人提出本条例规定的审批事项申请，应当提交能够证明其符合本条例规定条件的相关资料。审批部门应当自收到申请之日起 40 日内作出是否批准的决定；作出批准决定的，发给许可证明文件或者在相关许可证明文件上加注许可事项；作出不予批准决定的，应当书面说明理由。

确定定点生产企业和定点批发企业，审批部门应当在经审查符合条件的企业中，根据布局的要求，通过公平竞争的方式初步确定定点生产企业和定点批发企业，并予公布。其他符合条件的企业可以自公布之日起 10 日内向审批部门提出异议。审批部门应当自收到异议之日起 20 日内对异议进行审查，并作出是否调整的决定。

第五十七条　药品监督管理部门应当根据规定的职责权限，对麻醉药品药用原植物的种植以及麻醉药品和精神药品的实验研究、生产、经营、使用、储存、运输活动进行监督检查。

第五十八条　省级以上人民政府药品监督管理部门根据实际情况建立监控信息网络，对定点生产企业、定点批发企业和使用单位的麻醉药品和精神药品生产、进货、销售、库存、使用的数量以及流向实行实时监控，并与同级公安机关做到信息共享。

第五十九条　尚未连接监控信息网络的麻醉药品和精神药品定点生产企业、定点批发企业和使用单位，应当每月通过电子信息、传真、书面等方式，将本单位麻醉药品和精神药品生产、进货、销售、库存、使用的数量以及流向，报所在地设区的市级药品监督管理部门和公安机关；医疗机构还应当报所在地设区的市级人民政府卫生主管部门。

设区的市级药品监督管理部门应当每 3 个月向上一级药品监督管理部门报告本地区麻醉药品和精神药品的相关情况。

第六十条　对已经发生滥用，造成严重社会危害的麻醉药品和精神药品品种，国务院药品监督管理部门应当采取在一定期限内中止生产、经营、使用或者限定其使用范围和用途等措施。对不再作为药品使用的麻醉药品和精神药品，国务院药品监督管理部门应当撤销其药品批准文号和药品标准，并予以公布。

药品监督管理部门、卫生主管部门发现生产、经营企业和使用单位的麻醉药品和精神药品管理存在安全隐患时，应当责令其立即排除或者限期排除；对有证据证明可能流入非法渠道的，应当及时采取查封、扣押的行政强制措施，在 7 日内作出行政处理决定，并通报同级公安机关。

药品监督管理部门发现取得印鉴卡的医疗机构未依照规定购买麻醉药品和第一类精神药品时，应当及时通报同级卫生主管部门。接到通报的卫生主管部门应当立即调查处理。必要时，药品监督管理部门可以责令定点批发企业中止向该医疗机构销售麻醉药品和第一类精神药品。

第六十一条　麻醉药品和精神药品的生产、经营企业和使用单位对过期、损坏的麻醉药品和精神药品应当登记造册，并向所在地县级药品监督管理部门申请销毁。药品监督管理部门应当自接到申请之日起 5 日内到场监督销毁。医疗机构对存放在本单位的过期、损坏麻醉药品和精神药品，应当按照本条规定的程序向卫生主管部门提出申请，由卫生主管部门负责监督销毁。

对依法收缴的麻醉药品和精神药品，除经国务院药品监督管理部门或者国务院公安部门批准用于科学研究外，应当依照国家有关规定予以销毁。

第六十二条　县级以上人民政府卫生主管部门应当对执业医师开具麻醉药品和精神药品处方的情况进行监督检查。

第六十三条　药品监督管理部门、卫生主管部门和公安机关应当互相通报麻醉药品和精神药品生产、经营企业和使用单位的名单以及其他管理信息。

各级药品监督管理部门应当将在麻醉药品药用原植物的种植以及麻醉药品和精神药品的实验研究、生产、经营、使用、储存、运输等各环节的管理中的审批、撤销等事项通报同级公安机关。

麻醉药品和精神药品的经营企业、使用单位报送各级药品监督管理部门的备案事项，应当同时报送同级公安机关。

第六十四条　发生麻醉药品和精神药品被盗、被抢、丢失或者其他流入非法渠道的情形的，案发单位应当立即采取必要的控制措施，同时报告所在地县级公安机关和药品监督管理部门。医疗机构发生上述情形的，还应当报告其主管部门。

公安机关接到报告、举报，或者有证据证明麻醉药品和精神药品可能流入非法渠道时，应当及时开展调查，并可以对相关单位采取必要的控制措施

药品监督管理部门、卫生主管部门以及其他有关部门应当配合公安机关开展工作。

第八章　法律责任

第六十五条　药品监督管理部门、卫生主管部门违反本条例的规定，有下列情形之一的，由其上级行政机关或者监察机关责令改正；情节严重的，对直接负责的主管人员和其他直接责任人员依法给予行政处分；构成犯罪的，依法追究刑事责任：

（一）对不符合条件的申请人准予行政许可或者超越法定职权作出准予行政许可决定的；

（二）未到场监督销毁过期、损坏的麻醉药品和精神药品的；

（三）未依法履行监督检查职责，应当发现而未发现违法行为、发现违法行为不及时查处，或者未依照本条例规定的程序实施监督检查的；

（四）违反本条例规定的其他失职、渎职行为。

第六十六条　麻醉药品药用原植物种植企业违反本条例的规定，有下列情形之一的，由药品监督管理部门责令限期改正，给予警告；逾期不改正的，处5万元以上10万元以下的罚款；情节严重的，取消其种植资格：

（一）未依照麻醉药品药用原植物年度种植计划进行种植的；

（二）未依照规定报告种植情况的；

（三）未依照规定储存麻醉药品的。

第六十七条　定点生产企业违反本条例的规定，有下列情形之一的，由药品监督管理部门责令限期改正，给予警告，并没收违法所得和违法销售的药品；逾期不改正的，责令停产，并处5万元以上10万元以下的罚款；情节严重的，取消其定点生产资格：

（一）未按照麻醉药品和精神药品年度生产计划安排生产的；

（二）未依照规定向药品监督管理部门报告生产情况的；

（三）未依照规定储存麻醉药品和精神药品，或者未依照规定建立、保存专用账册的；

（四）未依照规定销售麻醉药品和精神药品的；

（五）未依照规定销毁麻醉药品和精神药品的。

第六十八条　定点批发企业违反本条例的规定销售麻醉药品和精神药品，或者违反本条例的规定经营麻醉药品原料药和第一类精神药品原料药的，由药品监督管理部门责令限期改正，给予警告，并没收违法所得和违法销售的药品；逾期不改正的，责令停业，并处违法销售药品货值金额 2 倍以上 5 倍以下的罚款；情节严重的，取消其定点批发资格。

第六十九条　定点批发企业违反本条例的规定，有下列情形之一的，由药品监督管理部门责令限期改正，给予警告；逾期不改正的，责令停业，并处 2 万元以上 5 万元以下的罚款；情节严重的，取消其定点批发资格：

（一）未依照规定购进麻醉药品和第一类精神药品的；

（二）未保证供药责任区域内的麻醉药品和第一类精神药品的供应的；

（三）未对医疗机构履行送货义务的；

（四）未依照规定报告麻醉药品和精神药品的进货、销售、库存数量以及流向的；

（五）未依照规定储存麻醉药品和精神药品，或者未依照规定建立、保存专用账册的；

（六）未依照规定销毁麻醉药品和精神药品的；

（七）区域性批发企业之间违反本条例的规定调剂麻醉药品和第一类精神药品，或者因特殊情况调剂麻醉药品和第一类精神药品后未依照规定备案的。

第七十条　第二类精神药品零售企业违反本条例的规定储存、销售或者销毁第二类精神药品的，由药品监督管理部门责令限期改正，给予警告，并没收违法所得和违法销售的药品；逾期不改正的，责令停业，并处 5000 元以上 2 万元以下的罚款；情节严重的，取消其第二类精神药品零售资格。

第七十一条　本条例第三十四条、第三十五条规定的单位违反本条例的规定，购买麻醉药品和精神药品的，由药品监督管理部门没收违法购买的麻醉药品和精神药品，责令限期改正，给予警告；逾期不改正的，责令停产或者停止相关活动，并处 2 万元以上 5 万元以下的罚款。

第七十二条　取得印鉴卡的医疗机构违反本条例的规定，有下列情形之一的，由设区的市级人民政府卫生主管部门责令限期改正，给予警告；逾期不改正的，处 5000 元以上 1 万元以下的罚款；情节严重的，吊销其印鉴卡；对直接负责的主管人员和其他直接责任人员，依法给予降级、撤职、开除的处分：

（一）未依照规定购买、储存麻醉药品和第一类精神药品的；

（二）未依照规定保存麻醉药品和精神药品专用处方，或者未依照规定进行处方专册登记的；

（三）未依照规定报告麻醉药品和精神药品的进货、库存、使用数量的；

（四）紧急借用麻醉药品和第一类精神药品后未备案的；

（五）未依照规定销毁麻醉药品和精神药品的。

第七十三条　具有麻醉药品和第一类精神药品处方资格的执业医师，违反本条例的规定开具麻醉药品和第一类精神药品处方，或者未按照临床应用指导原则的要求使用麻醉药品和第一类精神药品的，由其所在医疗机构取消其麻醉药品和第一类精神药品处方资格；造成严重后果的，由原发证部门吊销其执业证书。执业医师未按照临床应用指导原则的要求使用第二类精神药品或者未使用专用处方开具第二类精神药品，造成严重后果的，由原发证部门吊销其执业证书。

未取得麻醉药品和第一类精神药品处方资格的执业医师擅自开具麻醉药品和第一类精神药品处方，由县级以上人民政府卫生主管部门给予警告，暂停其执业活动；造成严重后果的，吊销其执业证书；构成犯罪的，依法追究刑事责任。

处方的调配人、核对人违反本条例的规定未对麻醉药品和第一类精神药品处方进行核对，造成严重后果的，由原发证部门吊销其执业证书。

第七十四条　违反本条例的规定运输麻醉药品和精神药品的，由药品监督管理部门和运输管理部门依照各自职责，责令改正，给予警告，处 2 万元以上 5 万元以下的罚款。

收寄麻醉药品、精神药品的邮政营业机构未依照本条例的规定办理邮寄手续的，由邮政主管部门责令改正，给予警告；造成麻醉药品、精神药品邮件丢失的，依照邮政法律、行政法规的规定处理。

第七十五条　提供虚假材料、隐瞒有关情况，或者采取其他欺骗手段取得麻醉药品和精神药品的实验研究、生产、经营、使用资格的，由原审批部门撤销其已取得的资格，5 年内不得提出有关麻醉药品和精神药品的申请；情节严重的，处 1 万元以上 3 万元以下的罚款，有药品生产许可证、药品经营许可证、医疗机构执业许可证的，依法吊销其许可证明文件。

第七十六条　药品研究单位在普通药品的实验研究和研制过程中，产生本条例规定管制的麻醉药品和精神药品，未依照本条例的规定报告的，由药品监督管理部门责令改正，给予警告，没收违法药品；拒不改正的，责令停止实验研究和研制活动。

第七十七条　药物临床试验机构以健康人为麻醉药品和第一类精神药品临床试验的受试对象的，由药品监督管理部门责令停止违法行为，给予警告；情节严重的，取消其药物临床试验机构的资格；构成犯罪的，依法追究刑事责任。对受试对象造成损害的，药物临床试验机构依法承担治疗和赔偿责任。

第七十八条　定点生产企业、定点批发企业和第二类精神药品零售企业生产、销售假劣麻醉药品和精神药品的，由药品监督管理部门取消其定点生产资格、定点批发资格或者第二类精神药品零售资格，并依照药品管理法的有关规定予以处罚。

第七十九条　定点生产企业、定点批发企业和其他单位使用现金进行麻醉药品和精神药品交易的，由药品监督管理部门责令改正，给予警告，没收违法交易的药品，并处 5 万元以上 10 万元以下的罚款。

第八十条　发生麻醉药品和精神药品被盗、被抢、丢失案件的单位，违反本条例的规定未采取必要的控制措施或者未依照本条例的规定报告的，由药品监督管理部门和卫生主管部门依照各自职责，责令改正，给予警告；情节严重的，处 5000 元以上 1 万元以下的罚款；有上级主管部门的，由其上级主管部门对直接负责的主管人员和其他直接责任人员，依法给予降级、撤职的处分。

第八十一条　依法取得麻醉药品药用原植物种植或者麻醉药品和精神药品实验研究、生产、经营、使用、运输等资格的单位，倒卖、转让、出租、出借、涂改其麻醉药品和精神药品许可证明文件的，由原审批部门吊销相应许可证明文件，没收违法所得；情节严重的，处违法所得 2 倍以上 5 倍以下的罚款；没有违法所得的，处 2 万元以上 5 万元以下的罚款；构成犯罪的，依法追究刑事责任。

第八十二条　违反本条例的规定，致使麻醉药品和精神药品流入非法渠道造成危害，构成犯罪的，依法追究刑事责任；尚不构成犯罪的，由县级以上公安机关处 5 万元以上 10 万元以下的罚款；有违法所得的，没收违法所得；情节严重的，处违法所得 2 倍以上 5 倍以下的罚款；由原发证部门吊销其药品生产、经营和使用许可证明文件。

药品监督管理部门、卫生主管部门在监督管理工作中发现前款规定情形的，应当立即通报所在地同级公安机关，并依照国家有关规定，将案件以及相关材料移送公安机关。

第八十三条　本章规定由药品监督管理部门作出的行政处罚，由县级以上药品监督管理部门按照国务院药品监督管理部门规定的职责分工决定。

第九章　附　则

第八十四条　本条例所称实验研究是指以医疗、科学研究或者教学为目的的临床前药物研究。

经批准可以开展与计划生育有关的临床医疗服务的计划生育技术服务机构需要使用麻醉药品和精神药品的，依照本条例有关医疗机构使用麻醉药品和精神药品的规定执行。

第八十五条　麻醉药品目录中的罂粟壳只能用于中药饮片和中成药的生产以及医疗配方使用。具体管理办法由国务院药品监督管理部门另行制定。

第八十六条　生产含麻醉药品的复方制剂，需要购进、储存、使用麻醉药品原料药的，应当遵守本条例有关麻醉药品管理的规定。

第八十七条　军队医疗机构麻醉药品和精神药品的供应、使用，由国务院药品监督管理部门会同中国人民解放军总后勤部依据本条例制定具体管理办法。

第八十八条　对动物用麻醉药品和精神药品的管理，由国务院兽医主管部门会同国务院药品监督管理部门依据本条例制定具体管理办法。

第八十九条　本条例自 2005 年 11 月 1 日起施行。1987 年 11 月 28 日国务院发布的《麻醉药品管理办法》和 1988 年 12 月 27 日国务院发布的《精神药品管理办法》同时废止。

2.6　《农药管理条例》

中华人民共和国国务院令

第 326 号

现公布《国务院关于修改<农药管理条例>的决定》，自公布之日起施行。

总　理　朱镕基

二〇〇一年十一月二十九日

农药管理条例

（1997 年 5 月 8 日中华人民共和国国务院令第 216 号发布，根据 2001 年 11 月 29 日《国务院关于修改〈农药管理条例〉的决定》修订）

第一章　总　则

第一条　为了加强对农药生产、经营和使用的监督管理，保证农药质量，保护农业、林业生产和生态环境，维护人畜安全，制定本条例。

第二条　本条例所称农药，是指用于预防、消灭或者控制危害农业、林业的病、虫、草和其他有害生物以及有目的地调节植物、昆虫生长的化学合成或者来源于生物、其他天然物质的一种物质或者几种物质的混合物及其制剂。

前款农药包括用于不同目的、场所的下列各类：

（一）预防、消灭或者控制危害农业、林业的病、虫（包括昆虫、蜱、螨）、草和鼠、软体动物等有害生物的；

（二）预防、消灭或者控制仓储病、虫、鼠和其他有害生物的；

（三）调节植物、昆虫生长的；

（四）用于农业、林业产品防腐或者保鲜的；

（五）预防、消灭或者控制蚊、蝇、蜚蠊、鼠和其他有害生物的；

（六）预防、消灭或者控制危害河流堤坝、铁路、机场、建筑物和其他场所的有害生物的。

第三条　在中华人民共和国境内生产、经营和使用农药的，应当遵守本条例。

第四条　国家鼓励和支持研制、生产和使用安全、高效、经济的农药。

第五条　国务院农业行政主管部门负责全国的农药登记和农药监督管理工作。省、自治区、直辖市人民政府农业行政主管部门协助国务院农业行政主管部门做好本行政区域内的农药登记，并负责本行政区域内的农药监督管理工作。县级人民政府和设区的市、自治州人民政府的农业行政主管部门负责本行政区域内的农药监督管理工作。

县级以上各级人民政府其他有关部门在各自的职责范围内负责有关的农药监督管理工作。

第二章　农药登记

第六条　国家实行农药登记制度。

生产（包括原药生产、制剂加工和分装，下同）农药和进口农药，必须进行登记。

第七条　国内首次生产的农药和首次进口的农药的登记，按照下列三个阶段进行：

（一）田间试验阶段：申请登记的农药，由其研制者提出田间试验申请，经批准，方可进行田间试验；田间试验阶段的农药不得销售。

（二）临时登记阶段：田间试验后，需要进行田间试验示范、试销的农药以及在特殊情况下需要使用的农药，由其生产者申请临时登记，经国务院农业行政主管部门发给农药临时登记证后，方可在规定的范围内进行田间试验示范、试销。

（三）正式登记阶段：经田间试验示范、试销可以作为正式商品流通的农药，由其生产者申请正式登记，经国务院农业行政主管部门发给农药登记证后，方可生产、销售。

农药登记证和农药临时登记证应当规定登记有效期限；登记有效期限届满，需要继续生产或者继续向中国出售农药产品的，应当在登记有效期限届满前申请续展登记。

经正式登记和临时登记的农药，在登记有效期限内改变剂型、含量或者使用范围、使用方法的，应当申请变更登记。

第八条　依照本条例第七条的规定申请农药登记时，其研制者、生产者或者向中国出售农药的外国企业应当向国务院农业行政主管部门或者经由省、自治区、直辖市人民政府农业行政主管部门向国务院农业行政主管部门提供农药样品，并按照国务院农业行政主管部门规定的农药登记要求，提供农药的产品化学、毒理学、药效、残留、环境影响、标签等方面的资料。

国务院农业行政主管部门所属的农药检定机构负责全国的农药具体登记工作。省、自治区、直辖市人民政府农业行政主管部门所属的农药检定机构协助做好本行政区域内的农药具体登记工作。

第九条　国务院农业、林业、工业产品许可管理、卫生、环境保护、粮食部门和全国供销合作总社等部门推荐的农药管理专家和农药技术专家，组成农药登记评审委员会。

农药正式登记的申请资料分别经国务院农业、工业产品许可管理、卫生、环境保护部门和全国供销合作总社审查并签署意见后，由农药登记评审委员会对农药的产品化学、毒理学、药效、残留、环境影响等作出评价。根据农药登记评审委员会的评价，符合条件的，由国务院农业行政主管部门发给农药登记证。

第十条　国家对获得首次登记的、含有新化合物的农药的申请人提交的其自己所取得且未披露的试验数据和其他数据实施保护。

自登记之日起6年内，对其他申请人未经已获得登记的申请人同意，使用前款数据申请农药登记的，登记机关不予登记；但是，其他申请人提交其自己所取得的数据的除外。

除下列情况外，登记机关不得披露第一款规定的数据：

（一）公共利益需要；

（二）已采取措施确保该类信息不会被不正当地进行商业使用。

第十一条　生产其他厂家已经登记的相同农药产品的，其生产者应当申请办理农药登记，提供农药样品和本条例第八条规定的资料，由国务院农业行政主管部门发给农药登记证。

第三章　农药生产

第十二条　农药生产应当符合国家农药工业的产业政策。

第十三条　开办农药生产企业（包括联营、设立分厂和非农药生产企业设立农药生产车间），应当具备下列条件，并经企业所在地的省、自治区、直辖市工业产品许可管理部门审核同意后，报国务院工业产品许可管理部门批准；但是，法律、行政法规对企业设立的条件和审核或者批准机关另有规定的，从其规定：

（一）有与其生产的农药相适应的技术人员和技术工人；

（二）有与其生产的农药相适应的厂房、生产设施和卫生环境；

（三）有符合国家劳动安全、卫生标准的设施和相应的劳动安全、卫生管理制度；

（四）有产品质量标准和产品质量保证体系；

（五）所生产的农药是依法取得农药登记的农药；

（六）有符合国家环境保护要求的污染防治设施和措施，并且污染物排放不超过国家和地方规定的排放标准。

农药生产企业经批准后，方可依法向工商行政管理机关申请领取营业执照。

第十四条　国家实行农药生产许可制度。

生产有国家标准或者行业标准的农药的，应当向国务院工业产品许可管理部门申请农药生产许可证。

生产尚未制定国家标准、行业标准但已有企业标准的农药的，应当经省、自治区、直辖市工业产品许可管理部门审核同意后，报国务院工业产品许可管理部门批准，发给农药生产批准文件。

第十五条　农药生产企业应当按照农药产品质量标准、技术规程进行生产，生产记录必须完整、准确。

第十六条　农药产品包装必须贴有标签或者附具说明书。标签应当紧贴或者印制在农药包装物上。标签或者说明书上应当注明农药名称、企业名称、产品批号和农药登记证号或者农药临时登记证号、农药生产许可证号或者农药生产批准文件号以及农药的有效成份、含量、重量、产品性能、毒性、用途、使用技术、使用方法、生产日期、有效期和注意事项等；农药分装的，还应当注明分装单位。

第十七条　农药产品出厂前，应当经过质量检验并附具产品质量检验合格证；不符合产品质量标准的，不得出厂。

第四章　农药经营

第十八条　下列单位可以经营农药：

（一）供销合作社的农业生产资料经营单位；

（二）植物保护站；

（三）土壤肥料站；

（四）农业、林业技术推广机构；

（五）森林病虫害防治机构；

（六）农药生产企业；

（七）国务院规定的其他经营单位。

经营的农药属于化学危险物品的，应当按照国家有关规定办理经营许可证。

第十九条　农药经营单位应当具备下列条件和有关法律、行政法规规定的条件，并依法向工商行政管理机关申请领取营业执照后，方可经营农药：

（一）有与其经营的农药相适应的技术人员；

（二）有与其经营的农药相适应的营业场所、设备、仓储设施、安全防护措施和环境污染防治设施、措施；

（三）有与其经营的农药相适应的规章制度；

（四）有与其经营的农药相适应的质量管理制度和管理手段。

第二十条　农药经营单位购进农药，应当将农药产品与产品标签或者说明书、产品质量合格证核对无误，并进行质量检验。

禁止收购、销售无农药登记证或者农药临时登记证、无农药生产许可证或者农药生产批准文件、无产品质量标准和产品质量合格证和检验不合格的农药。

第二十一条　农药经营单位应当按照国家有关规定做好农药储备工作。

贮存农药应当建立和执行仓储保管制度，确保农药产品的质量和安全。

第二十二条　农药经营单位销售农药，必须保证质量，农药产品与产品标签或者说明书、产品质量合格证应当核对无误。

农药经营单位应当向使用农药的单位和个人正确说明农药的用途、使用方法、用量、中毒急救措施和注意事项。

第二十三条　超过产品质量保证期限的农药产品，经省级以上人民政府农业行政主管部门所属的农药检定机构检验，符合标准的，可以在规定期限内销售；但是，必须注明"过期农药"字样，并附具使用方法和用量。

第五章　农药使用

第二十四条　县级以上各级人民政府农业行政主管部门应当根据"预防为主，综合防治"的植保方针，组织推广安全、高效农药，开展培训活动，提高农民施药技术水平，并做好病虫害预测预报工作。

第二十五条　县级以上地方各级人民政府农业行政主管部门应当加强对安全、合理使用农药的指导，根据本地区农业病、虫、草、鼠害发生情况，制定农药轮换使用规划，有计划地轮换使用农药，减缓病、虫、草、鼠的抗药性，提高防治效果。

第二十六条　使用农药应当遵守农药防毒规程，正确配药、施药，做好废弃物处理和安全防护工作，防止农药污染环境和农药中毒事故。

第二十七条　使用农药应当遵守国家有关农药安全、合理使用的规定，按照规定的用药量、用药次数、用药方法和安全间隔期施药，防止污染农副产品。

剧毒、高毒农药不得用于防治卫生害虫，不得用于蔬菜、瓜果、茶叶和中草药材。

第二十八条　使用农药应当注意保护环境、有益生物和珍稀物种。

严禁用农药毒鱼、虾、鸟、兽等。

第二十九条　林业、粮食、卫生行政部门应当加强对林业、储粮、卫生用农药的安全、合理使用的指导。

第六章　其他规定

第三十条　任何单位和个人不得生产未取得农药生产许可证或者农药生产批准文件的农药。

任何单位和个人不得生产、经营、进口或者使用未取得农药登记证或者农药临时登记证的农药。

进口农药应当遵守国家有关规定，货主或者其代理人应当向海关出示其取得的中国农药登记证或者农药临时登记证。

第三十一条　禁止生产、经营和使用假农药。

下列农药为假农药：

（一）以非农药冒充农药或者以此种农药冒充他种农药的；

（二）所含有效成份的种类、名称与产品标签或者说明书上注明的农药有效成份的种类、名称不符的。

第三十二条　禁止生产、经营和使用劣质农药。

下列农药为劣质农药：

（一）不符合农药产品质量标准的；

（二）失去使用效能的；

（三）混有导致药害等有害成份的。

第三十三条　禁止经营产品包装上未附标签或者标签残缺不清的农药。

第三十四条　未经登记的农药，禁止刊登、播放、设置、张贴广告。

农药广告内容必须与农药登记的内容一致，并依照广告法和国家有关农药广告管理的规定接受审查。

第三十五条　经登记的农药，在登记有效期内发现对农业、林业、人畜安全、生态环境有严重危害的，经农药登记评审委员会审议，由国务院农业行政主管部门宣布限制使用或者撤销登记。

第三十六条　任何单位和个人不得生产、经营和使用国家明令禁止生产或者撤销登记的农药。

第三十七条　县级以上各级人民政府有关部门应当做好农副产品中农药残留量的检测工作，并公布检测结果。

第三十八条　禁止销售农药残留量超过标准的农副产品。

第三十九条　处理假农药、劣质农药、过期报废农药、禁用农药、废弃农药包装和其他含农药的废弃物，必须严格遵守环境保护法律、法规的有关规定，防止污染环境。

第七章　罚　则

第四十条　有下列行为之一的，依照刑法关于非法经营罪或者危险物品肇事罪的规定，依法追究刑事责任；尚不够刑事处罚的，由农业行政主管部门按照以下规定给予处罚：

（一）未取得农药登记证或者农药临时登记证，擅自生产、经营农药的，或者生产、经营已撤销登记的农药的，责令停止生产、经营，没收违法所得，并处违法所得 1 倍以上 10 倍以下的罚款；没有违法所得的，并处 10 万元以下的罚款；

（二）农药登记证或者农药临时登记证有效期限届满未办理续展登记，擅自继续生产该农药的，责令限期补办续展手续，没收违法所得，可以并处违法所得 5 倍以下的罚款；没有违法所得的，可以并处 5 万元以下的罚款；逾期不补办的，由原发证机关责令停止生产、经营，吊销农药登记证或者农药临时登记证；

（三）生产、经营产品包装上未附标签、标签残缺不清或者擅自修改标签内容的农药产品的，给予警告，没收违法所得，可以并处违法所得 3 倍以下的罚款；没有违法所得的，可以并处 3 万元以下的罚款；

（四）不按照国家有关农药安全使用的规定使用农药的，根据所造成的危害后果，给予警告，可以并处 3 万元以下的罚款。

第四十一条　有下列行为之一的，由省级以上人民政府工业产品许可管理部门按照以下规定给予处罚：

（一）未经批准，擅自开办农药生产企业的，或者未取得农药生产许可证或者农药生产批准文件，擅自生产农药的，责令停止生产，没收违法所得，并处违法所得 1 倍以上 10 倍以下的罚款；没有违法所得的，并处 10 万元以下的罚款；

（二）未按照农药生产许可证或者农药生产批准文件的规定，擅自生产农药的，责令停止生产，没收违法所得，并处违法所得 1 倍以上 5 倍以下的罚款；没有违法所得的，并处 5 万元以下的罚款；情节严重的，由原发证机关吊销农药生产许可证或者农药生产批准文件。

第四十二条　假冒、伪造或者转让农药登记证或者农药临时登记证、农药登记证号或者农药临时登记证号、农药生产许可证或者农药生产批准文件、农药生产许可证号或者农药生产批准文件号的，依照刑法关于非法经营罪或者伪造、变造、买卖国家机关公文、证件、印章罪的规定，依法追究刑事责任；尚不够刑事处罚的，由农业行政主管部门收缴或者吊销农药登记证或者农药临时登记证，由工业产品许可管理部门收缴或者吊销农药生产许可证或者农药生产批准文件，由农业行政主管部门或者工业产品许可管理部门没收违法所得，可以并处违法所得 10 倍以下的罚款；没有违法所得的，可以并处 10 万元以下的罚款。

第四十三条　生产、经营假农药、劣质农药的，依照刑法关于生产、销售伪劣产品罪或者生产、销售伪劣农药罪的规定，依法追究刑事责任；尚不够刑事处罚的，由农业行政主管部门或者法律、行政法规规定的其他有关部门没收假农药、劣质农药和违法所得，并处违法所得 1 倍以上 10 倍以下的罚款；没有违法所得的，并处 10 万元以下的罚款；情节严重的，由农业行政主管部门吊销农药登记证或者农药临时登记证，由工业产品许可管理部门吊销农药生产许可证或者农药生产批准文件。

第四十四条　违反工商行政管理法律、法规，生产、经营农药的，或者违反农药广告管理规定的，依照刑法关于非法经营罪或者虚假广告罪的规定，依法追究刑事责任；尚不够刑事处罚的，由工商行政管理机关依照有关法律、法规的规定给予处罚。

第四十五条　违反本条例规定，造成农药中毒、环境污染、药害等事故或者其他经济损失的，应当依法赔偿。

第四十六条　违反本条例规定，在生产、储存、运输、使用农药过程中发生重大事故的，对直接负责的主管人员和其他直接责任人员，依照刑法关于危险物品肇事罪的规定，依法追究刑事责任；尚不够刑事处罚的，依法给予行政处分。

第四十七条　农药管理工作人员滥用职权、玩忽职守、徇私舞弊、索贿受贿的，依照刑法关于滥用职权罪、玩忽职守罪或者受贿罪的规定，依法追究刑事责任；尚不够刑事处罚的，依法给予行政处分。

第八章　附　则

第四十八条　中华人民共和国缔结或者参加的与农药有关的国际条约与本条例有不同规定的，适用国际条约的规定；但是，中华人民共和国声明保留的条款除外。

第四十九条　本条例自 1997 年 5 月 8 日起施行。

2.7　《农药管理条例实施办法》

中华人民共和国农业部令

第 9 号

《关于修订<农药管理条例实施办法>的决定》业经 2007 年 12 月 6 日农业部第 15 次常务会议审议通过，现予发布，自 2008 年 1 月 8 日起施行。

农业部部长　孙政才

二〇〇七年十二月八日

（1999 年 4 月 27 日农业部令第 20 号发布　根据 2002 年 7 月 27 日农业部第 18 号令发布实施的《关于修改〈农药管理条例实施办法〉的决定》第一次修改　根据 2004 年 7 月 1 日农业部令第 38 号发布　自 2004 年 7 月 1 日起施行的《农业部关于修订农业行政许可规章和规范性文件的决定》修正的《农药管理条例实施办法（2004 年修正本）为第二次修改　根据 2007 年 12 月 8 日农业部令第 9 号公布　自 2008 年 1 月 8 日起施行的《农业部关于修订<农药管理条例实施办法>的决定第三次修改》

农药管理条例实施办法

第一章　总　则

第一条　为了保证《农药管理条例》（以下简称《条例》）的贯彻实施，加强对农药登记、经营和使用的监督管理，促进农药工业技术进步，保证农业生产的稳定发展，保护生态环境，保障人畜安全，根据《条例》的有关规定，制定本实施办法。

第二条　农业部负责全国农药登记、使用和监督管理工作，负责制定或参与制定农药安全使用、农药产品质量及农药残留的国家或行业标准。

省、自治区、直辖市人民政府农业行政主管部门协助农业部做好本行政区域内的农药登记，负责本行政区域内农药研制者和生产者申请农药田间试验和临时登记资料的初审，并负责本行政区域内的农药监督管理工作。

县和设区的市、自治州人民政府农业行政主管部门负责本行政区域内的农药监督管理工作。

第三条　农业部农药检定所负责全国的农药具体登记工作。省、自治区、直辖市人民政府农业行政主管部门所属的农药检定机构协助做好本行政区域内的农药具体登记工作。

第四条　各级农业行政主管部门必要时可以依法委托符合法定条件的机构实施农药监督管理工作。受委托单位不得从事农药经营活动。

第二章　农药登记

第五条　对农药登记试验单位实行认证制度。

农业部负责组织对农药登记药效试验单位、农药登记残留试验单位、农药登记毒理学试验单位和农药登记环境影响试验单位的认证，并发放认证证书。

经认证的农药登记试验单位应当接受省级以上农业行政主管部门的监督管理。

第六条　农业部制定并发布《农药登记资料要求》。

农药研制者和生产者申请农药田间试验和农药登记，应当按照《农药登记资料要求》提供有关资料。

第七条　新农药应申请田间试验、临时登记和正式登记。

（一）田间试验

农药研制者在我国进行田间试验，应当经其所在地省级农业行政主管部门所属的农药检定机构初审后，向农业部农药检定所提出申请。经审查批准后，农药研制者持农药田间试验批准证书与取得认证资格的农药登记药效试验单位签订试验合同，试验应当按照《农药田间药效试验准则》实施。

省级农业行政主管部门所属的农药检定机构对田间试验的初审，应当在农药研制者交齐资料之日起一个月内完成。

境外及港、澳、台农药研制者的田间试验申请，直接向农业部农药检定所提出。

农业部农药检定所对田间试验申请，应当在农药研制者交齐资料之日起三个月内给予答复。

（二）临时登记

田间试验后，需要进行示范试验（面积超过10公顷）、试销以及在特殊情况下需要使用的农药，其生产者须申请原药和制剂临时登记。其申请登记资料应当经所在地省级农业行政主管部门所属的农药检定机构初审后，向农业部农药检定所提出临时登记申请，由农业部农药检定所进行综合评价，经农药临时登记评审委员会评审，符合条件的，由农业部发给原药和制剂农药临时登记证。

省级农业行政主管部门所属的农药检定机构对临时登记资料的初审，应当在农药生产者交齐资料之日起一个月内完成。

境外及港、澳、台农药生产者，直接向农业部农药检定所提出临时登记申请。

农业部组织成立农药临时登记评审委员会，每届任期三年。农药临时登记评审委员会一至二个月召开一次全体会议。农药临时登记评审委员会的日常工作由农业部农药检定所承担。

农业部农药检定所对农药临时登记申请，应当在农药生产者交齐资料之日起三个月内给予答复。

农药临时登记证有效期为一年，可以续展，累积有效期不得超过三年。

（三）正式登记

经过示范试验、试销可以作为正式商品流通的农药，其生产者须向农业部农药检定所提出原药和制剂正式登记申请，经国务院农业、化工、卫生、环境保护部门和全国供销合作总社审查并签署意见后，由农药登记评审委员会进行综合评价，符合条件的，由农业部发给原药和制剂农药登记证。

农药生产者申请农药正式登记，应当提供两个以上不同自然条件地区的示范试验结果。示范试验由省级农业、林业行政主管部门所属的技术推广部门承担。

农业部组织成立农药登记评审委员会，下设农业、毒理、环保、工业等专业组。农药登记评审委员会每届任期三年，每年召开一次全体会议和一至二次主任委员会议。农药登记评审委员会的日常工作由农业部农药检定所承担。

农业部农药检定所对农药正式登记申请，应当在农药生产者交齐资料之日起一年内给予答复。

农药登记证有效期为五年，可以续展。

第八条 经正式登记和临时登记的农药，在登记有效期限内，同一厂家或者不同厂家改变剂型、含量（配比）或者使用范围、使用方法的，农药生产者应当申请田间试验、变更登记。

田间试验、变更登记的申请和审批程序同本《实施办法》第七条第（一）、第（二）项。

变更登记包括临时登记变更和正式登记变更，分别发放农药临时登记证和农药登记证。

第九条 生产其他厂家已经登记的相同农药的，农药生产者应当申请田间试验、变更登记，其申请和审批程序同本《实施办法》第七条第（一）、第（二）项。

申请登记的农药产品质量和首家登记产品无明显差异的，在规定时限内，经首家登记厂家同意，农药生产者可使用其原药资料和部分制剂资料；在规定时限外，农药生产者可免交原药资料和部分制剂资料。

规定时限为：

（一）新农药首家登记 7 年。

（二）新制剂首家登记 5 年。

（三）新使用范围和方法首家登记 3 年。

第十条　生产者分装农药应当申请办理农药分装登记，分装农药的原包装农药必须是在我国已经登记过的。农药分装登记的申请，应当经农药生产者所在地省级农业行政主管部门所属的农药检定机构初审后，向农业部农药检定所提出。经审查批准后，由农业部发给农药临时登记证，登记证有效期为一年，可随原包装厂家产品登记有效期续展。

农业部农药检定所对农药分装登记申请，应当在农药生产者交齐资料之日起三个月内给予答复。

第十一条　农药登记证、农药临时登记证和农药田间试验批准证书使用"中华人民共和国农业部农药审批专用章"。

第十二条　农药生产者申请办理农药登记时可以申请使用农药商品名称。农药商品名称的命名应当规范，不得描述性过强，不得有误导作用。农药商品名称经农业部批准后由申请人专用。

第十三条　农药名称是指农药的通用名称或简化通用名称，直接使用的卫生农药以功能描述词语和剂型作为产品名称。农药名称登记核准和使用管理的具体规定另行制定。

农药的通用名称和简化通用名称不得申请作为注册商标。

第十四条　农药临时登记证需续展的，应当在登记证有效期满一个月前提出续展登记申请；农药登记证需续展的，应当在登记证有效期满三个月前提出续展登记申请。逾期提出申请的，应当重新办理登记手续。对所受理的临时登记和正式登记续展申请，农业部在二十个工作日内决定是否予以登记续展，但专家评审时间不计算在内。

第十五条　如遇紧急需要，对某些未经登记的农药、某些已禁用或限用的农药，农业部可以与有关部门协商批准在一定范围、一定期限内使用和临时进口。

第十六条　农药登记部门及其工作人员有责任为申请者提供的资料和样品保守技术秘密。

第十七条　农业部定期发布农药登记公告。

第十八条　农药生产者应当指定专业部门或人员负责农药登记工作。省级以上农业行政主管部门所属的农药检定机构应当对申请登记人员进行相应的业务指导。

第十九条　申请农药登记须交纳登记费。进行农药登记试验（药效、残留、毒性、环境）应当提供有代表性的样品，并支付试验费。试验样品须经法定质量检测机构检测确认样品有效成分及其含量与标明值相符，方可进行试验。

第三章　农药经营

第二十条　供销合作社的农业生产资料经营单位，植物保护站，土壤肥料站，农业、林业技术推广机构，森林病虫害防治机构，农药生产企业，以及国务院规定的其他单位可以经营农药。

　　农垦系统的农业生产资料经营单位、农业技术推广单位，按照直供的原则，可以经营农药；粮食系统的储运贸易公司、仓储公司等专门供应粮库、粮站所需农药的经营单位，可以经营储粮用农药。

　　日用百货、日用杂品、超级市场或者专门商店可以经营家庭用防治卫生害虫和衣料害虫的杀虫剂。

　　第二十一条　农药经营单位不得经营下列农药：

　　（一）无农药登记证或者农药临时登记证、无农药生产许可证或者生产批准文件、无产品质量标准的国产农药；

　　（二）无农药登记证或者农药临时登记证的进口农药；

　　（三）无产品质量合格证和检验不合格的农药；

　　（四）过期而无使用效能的农药；

　　（五）没有标签或者标签残缺不清的农药；

　　（六）撤销登记的农药。

　　第二十二条　农药经营单位对所经营农药应当进行或委托进行质量检验。

　　第二十三条　农药经营单位向农民销售农药时，应当提供农药使用技术和安全使用注意事项等服务。

第四章　农药使用

　　第二十四条　各级农业行政主管部门及所属的农业技术推广部门，应当贯彻"预防为主，综合防治"的植保方针，根据本行政区域内的病、虫、草、鼠害发生情况，提出农药年度需求计划，为国家有关部门进行农药产销宏观调控提供依据。

　　第二十五条　各级农业技术推广部门应当指导农民按照《农药安全使用规定》和《农药合理使用准则》等有关规定使用农药，防止农药中毒和药害事故发生。

　　第二十六条　各级农业行政主管部门及所属的农业技术推广部门，应当做好农药科学使用技术和安全防护知识培训工作。

　　第二十七条　农药使用者应当确认农药标签清晰，农药登记证号或者农药临时登记证号、农药生产许可证号或者生产批准文件号齐全后，方可使用农药。

　　农药使用者应当严格按照产品标签规定的剂量、防治对象、使用方法、施药适期、注意事项施用农药，不得随意改变。

　　第二十八条　各级农业技术推广部门应当大力推广使用安全、高效、经济的农药。剧毒、高毒农药不得用于防治卫生害虫，不得用于瓜类、蔬菜、果树、茶叶、中草药材等。

　　第二十九条　为了有计划地轮换使用农药，减缓病、虫、草、鼠的抗药性，提高防治效果，省、自治区、直辖市人民政府农业行政主管部门报农业部审查同意后，可以在一定区域内限制使用某些农药。

第五章　农药监督

　　第三十条　各级农业行政主管部门应当配备一定数量的农药执法人员。农药执法人员应当是具有相应的专业学历、并从事农药工作三年以上的技术人员或者管理人员，经有关部门培训考核合格，取得执法证，持证上岗。

第三十一条　农业行政主管部门有权按照规定对辖区内的农药生产、经营和使用单位的农药进行定期和不定期监督、检查，必要时按照规定抽取样品和索取有关资料，有关单位和个人不得拒绝和隐瞒。

农药执法人员对农药生产、经营单位提供的保密技术资料，应当承担保密责任。

第三十二条　对假农药、劣质农药需进行销毁处理的，必须严格遵守环境保护法律、法规的有关规定，按照农药废弃物的安全处理规程进行，防止污染环境；对有使用价值的，应当经省级以上农业行政主管部门所属的农药检定机构检验，必要时要经过田间试验，制订使用方法和用量。

第三十三条　禁止销售农药残留量超过标准的农副产品。县级以上农业行政主管部门应当做好农副产品农药残留量的检测工作。

第三十四条　农药广告内容必须与农药登记的内容一致，农药广告经过审查批准后方可发布。农药广告的审查按照《广告法》和《农药广告审查办法》执行。

通过重点媒介发布的农药广告和境外及港、澳、台地区农药产品的广告，可以委托农业部农药检定所负责审查。其他农药广告，可以委托广告主所在地省级农业行政主管部门所属的农药检定机构审查。

第三十五条　地方各级农业行政主管部门应当及时向上级农业行政主管部门报告发生在本行政区域内的重大农药案件的有关情况。

第六章　罚　则

第三十六条　对未取得农药临时登记证而擅自分装农药的，由农业行政主管部门责令停止分装生产，没收违法所得，并处违法所得1倍以上5倍以下的罚款；没有违法所得的，并处5万元以下的罚款。

第三十七条　对生产、经营假农药、劣质农药的，由农业行政主管部门或者法律、行政法规规定的其他有关部门，按以下规定给予处罚：

（一）生产、经营假农药的，劣质农药有效成分总含量低于产品质量标准50%（含30%）或者混有导致药害等有害成分的，没收假农药、劣质农药和违法所得，并处违法所得5倍以上10倍以下的罚款；没有违法所得的，并处10万元以下的罚款。

（二）生产、经营劣质农药有效成分总含量低于产品量标准70%（含70%）但高于30%的，或者产品标准中乳液稳定性、悬浮率等重要辅助指标严重不合格的，没收劣质农药和违法所得，并处违法所得3倍以上3倍以下的罚款；没有违法所得的，并处5万元以下的罚款。

（三）生产、经营劣质农药有效成分总含量高于产品质量标准70%的，或者按产品标准要求有一项重要辅助指标或者二项以上一般辅助指标不合格的，没收劣质农药和违法所得，并处违法所得1倍以上3倍以下的罚款；没有违法所得的，并处3万元以下罚款。

（四）生产、经营的农药产品净重（容）量低于标明值，且超过允许负偏差的，没收不合格产品和违法所得，并处违法所得1倍以上5倍以下的罚款；没有违法所得的，并处5万元以下罚款。

生产、经营假农药、劣质农药的单位，在农业行政主管部门或者法律、行政法规规定的其他有关部门的监督下，负责处理被没收的假农药、劣质农药，拖延处理造成的经济损失由生产、经营假农药和劣质农药的单位承担。

　　第三十八条　对经营未注明"过期农药"字样的超过产品有效保证期的农药产品的，由农业行政主管部门给予警告，没收违法所得，可以并处违法所得 3 倍以下的罚款；没有违法所得的，并处 3 万元以下的罚款。

　　第三十九条　收缴或者吊销农药登记证或农药临时登记证的决定由农业部作出。

　　第四十条　本《实施办法》所称"违法所得"，是指违法生产、经营农药的销售收入。

　　第四十一条　各级农业行政主管部门实施行政处罚，应当按照《行政处罚法》、《农业行政处罚程序规定》等法律和部门规章的规定执行。

　　第四十二条　农药管理工作人员滥用职权、玩忽职守、徇私舞弊、索贿受贿，构成犯罪的，依法追究刑事责任；尚不构成犯罪的，依法给予行政处分。

第七章　附　则

　　第四十三条　对《条例》第二条所称农药解释如下：

　　（一）《条例》第二条（一）预防、消灭或者控制危害农业、林业的病、虫（包括昆虫、蜱、螨）、草和鼠、软体动物等有害生物的是指农、林、牧、渔业中的种植业用于防治植物病、虫（包括昆虫、蜱、螨）、草和鼠、软体动物等有害生物的。

　　（二）《条例》第二条（三）调节植物生长的是指对植物生长发育（包括萌发、生长、开花、受精、座果、成熟及脱落等过程）具有抑制、刺激和促进等作用的生物或者化学制剂；通过提供植物养分促进植物生长的适用其他规定。

　　（三）《条例》第二条（五）预防、消灭或者控制蚊、蝇、蜚蠊、鼠和其他有害生物的是指用于防治人生活环境和农林业中养殖业用于防治动物生活环境卫生害虫的。

　　（四）利用基因工程技术引入抗病、虫、草害的外源基因改变基因组构成的农业生物，适用《条例》和本《实施办法》。

　　（五）用于防治《条例》第二条所述有害生物的商业化天敌生物，适用《条例》和本《实施办法》。

　　（六）农药与肥料等物质的混合物，适用《条例》和本《实施办法》。

　　第四十四条　本《实施办法》下列用语定义为：

　　（一）新农药是指含有的有效成分尚未在我国批准登记的国内外农药原药和制剂。

　　（二）新制剂是指含有的有效成分与已经登记过的相同，而剂型、含量（配比）尚未在我国登记过的制剂。

　　（三）新登记使用范围和方法是指有效成分和制剂与已经登记过的相同，而使用范围和方法是尚未在我国登记过的。

　　第四十五条　种子加工企业不得应用未经登记或者假、劣种衣剂进行种子包衣。对违反规定的，按违法经营农药行为处理。

　　第四十六条　我国作为农药事先知情同意程序国际公约（PIC）成员国，承担承诺的国际义务，有关具体事宜由农业部农药检定所承办。

　　第四十七条　本《实施办法》由农业部负责解释。

　　第四十八条　本《实施办法》自发布之日起施行。凡与《条例》和本《实施办法》相抵触的规定，一律以《条例》和本《实施办法》为准。

3. 放射性物品的相关法规

3.1　《放射性同位素与射线装置安全和防护条例》

中华人民共和国国务院令

第 449 号

《放射性同位素与射线装置安全和防护条例》已经 2005 年 8 月 31 日国务院第 104 次常务会议通过，现予公布，自 2005 年 12 月 1 日起施行。

总　理　温家宝

二〇〇五年九月十四日

放射性同位素与射线装置安全和防护条例

第一章　总　则

第一条　为了加强对放射性同位素、射线装置安全和防护的监督管理，促进放射性同位素、射线装置的安全应用，保障人体健康，保护环境，制定本条例。

第二条　在中华人民共和国境内生产、销售、使用放射性同位素和射线装置，以及转让、进出口放射性同位素的，应当遵守本条例。

本条例所称放射性同位素包括放射源和非密封放射性物质。

第三条　国务院环境保护主管部门对全国放射性同位素、射线装置的安全和防护工作实施统一监督管理。

国务院公安、卫生等部门按照职责分工和本条例的规定，对有关放射性同位素、射线装置的安全和防护工作实施监督管理。

县级以上地方人民政府环境保护主管部门和其他有关部门，按照职责分工和本条例的规定，对本行政区域内放射性同位素、射线装置的安全和防护工作实施监督管理。

第四条　国家对放射源和射线装置实行分类管理。根据放射源、射线装置对人体健康和环境的潜在危害程度，从高到低将放射源分为Ⅰ类、Ⅱ类、Ⅲ类、Ⅳ类、Ⅴ类，具体分类办法由国务院环境保护主管部门制定；将射线装置分为Ⅰ类、Ⅱ类、Ⅲ类，具体分类办法由国务院环境保护主管部门商国务院卫生主管部门制定。

第二章　许可和备案

第五条　生产、销售、使用放射性同位素和射线装置的单位，应当依照本章规定取得许可证。

第六条　生产放射性同位素、销售和使用Ⅰ类放射源、销售和使用Ⅰ类射线装置的单位的许可证，由国务院环境保护主管部门审批颁发。

前款规定之外的单位的许可证，由省、自治区、直辖市人民政府环境保护主管部门审批颁发。

国务院环境保护主管部门向生产放射性同位素的单位颁发许可证前，应当将申请材料印送其行业主管部门征求意见。

环境保护主管部门应当将审批颁发许可证的情况通报同级公安部门、卫生主管部门。

第七条　生产、销售、使用放射性同位素和射线装置的单位申请领取许可证，应当具备下列条件：

（一）有与所从事的生产、销售、使用活动规模相适应的，具备相应专业知识和防护知识及健康条件的专业技术人员；

（二）有符合国家环境保护标准、职业卫生标准和安全防护要求的场所、设施和设备；

（三）有专门的安全和防护管理机构或者专职、兼职安全和防护管理人员，并配备必要的防护用品和监测仪器；

（四）有健全的安全和防护管理规章制度、辐射事故应急措施；

（五）产生放射性废气、废液、固体废物的，具有确保放射性废气、废液、固体废物达标排放的处理能力或者可行的处理方案。

第八条　生产、销售、使用放射性同位素和射线装置的单位，应当事先向有审批权的环境保护主管部门提出许可申请，并提交符合本条例第七条规定条件的证明材料。

使用放射性同位素和射线装置进行放射诊疗的医疗卫生机构，还应当获得放射源诊疗技术和医用辐射机构许可。

第九条　环境保护主管部门应当自受理申请之日起 20 个工作日内完成审查，符合条件的，颁发许可证，并予以公告；不符合条件的，书面通知申请单位并说明理由。

第十条　许可证包括下列主要内容：

（一）单位的名称、地址、法定代表人；

（二）所从事活动的种类和范围；

（三）有效期限；

（四）发证日期和证书编号。

第十一条　持证单位变更单位名称、地址、法定代表人的，应当自变更登记之日起 20 日内，向原发证机关申请办理许可证变更手续。

第十二条　有下列情形之一的，持证单位应当按照原申请程序，重新申请领取许可证：

（一）改变所从事活动的种类或者范围的；

（二）新建或者改建、扩建生产、销售、使用设施或者场所的。

第十三条　许可证有效期为 5 年。有效期届满，需要延续的，持证单位应当于许可证有效期届满 30 日前，向原发证机关提出延续申请。原发证机关应当自受理延续申请之日起，在许可证有效期届满前完成审查，符合条件的，予以延续；不符合条件的，书面通知申请单位并说明理由。

第十四条　持证单位部分终止或者全部终止生产、销售、使用放射性同位素和射线装置活动的，应当向原发证机关提出部分变更或者注销许可证申请，由原发证机关核查合格后，予以变更或者注销许可证。

第十五条　禁止无许可证或者不按照许可证规定的种类和范围从事放射性同位素和射线装置的生产、销售、使用活动。

禁止伪造、变造、转让许可证。

第十六条　国务院对外贸易主管部门会同国务院环境保护主管部门、海关总署、国务院质量监督检验检疫部门和生产放射性同位素的单位的行业主管部门制定并公布限制进出口放射性同位素目录和禁止进出口放射性同位素目录。

进口列入限制进出口目录的放射性同位素,应当在国务院环境保护主管部门审查批准后,由国务院对外贸易主管部门依据国家对外贸易的有关规定签发进口许可证。进口限制进出口目录和禁止进出口目录之外的放射性同位素,依据国家对外贸易的有关规定办理进口手续。

第十七条 申请进口列入限制进出口目录的放射性同位素,应当符合下列要求:

(一)进口单位已经取得与所从事活动相符的许可证;

(二)进口单位具有进口放射性同位素使用期满后的处理方案,其中,进口Ⅰ类、Ⅱ类、Ⅲ类放射源的,应当具有原出口方负责回收的承诺文件;

(三)进口的放射源应当有明确标号和必要说明文件,其中,Ⅰ类、Ⅱ类、Ⅲ类放射源的标号应当刻制在放射源本体或者密封包壳体上,Ⅳ类、Ⅴ类放射源的标号应当记录在相应说明文件中;

(四)将进口的放射性同位素销售给其他单位使用的,还应当具有与使用单位签订的书面协议以及使用单位取得的许可证复印件。

第十八条 进口列入限制进出口目录的放射性同位素的单位,应当向国务院环境保护主管部门提出进口申请,并提交符合本条例第十七条规定要求的证明材料。

国务院环境保护主管部门应当自受理申请之日起10个工作日内完成审查,符合条件的,予以批准;不符合条件的,书面通知申请单位并说明理由。

海关验凭放射性同位素进口许可证办理有关进口手续。进口放射性同位素的包装材料依法需要实施检疫的,依照国家有关检疫法律、法规的规定执行。

对进口的放射源,国务院环境保护主管部门还应当同时确定与其标号相对应的放射源编码。

第十九条 申请转让放射性同位素,应当符合下列要求:

(一)转出、转入单位持有与所从事活动相符的许可证;

(二)转入单位具有放射性同位素使用期满后的处理方案;

(三)转让双方已经签订书面转让协议。

第二十条 转让放射性同位素,由转入单位向其所在地省、自治区、直辖市人民政府环境保护主管部门提出申请,并提交符合本条例第十九条规定要求的证明材料。

省、自治区、直辖市人民政府环境保护主管部门应当自受理申请之日起15个工作日内完成审查,符合条件的,予以批准;不符合条件的,书面通知申请单位并说明理由。

第二十一条 放射性同位素的转出、转入单位应当在转让活动完成之日起20日内,分别向其所在地省、自治区、直辖市人民政府环境保护主管部门备案。

第二十二条 生产放射性同位素的单位,应当建立放射性同位素产品台账,并按照国务院环境保护主管部门制定的编码规则,对生产的放射源统一编码。放射性同位素产品台账和放射源编码清单应当报国务院环境保护主管部门备案。

生产的放射源应当有明确标号和必要说明文件。其中,Ⅰ类、Ⅱ类、Ⅲ类放射源的标号应当刻制在放射源本体或者密封包壳体上,Ⅳ类、Ⅴ类放射源的标号应当记录在相应说明文件中。

国务院环境保护主管部门负责建立放射性同位素备案信息管理系统,与有关部门实行信息共享。

未列入产品台账的放射性同位素和未编码的放射源,不得出厂和销售。

　　第二十三条　持有放射源的单位将废旧放射源交回生产单位、返回原出口方或者送交放射性废物集中贮存单位贮存的，应当在该活动完成之日起 20 日内向其所在地省、自治区、直辖市人民政府环境保护主管部门备案。

　　第二十四条　本条例施行前生产和进口的放射性同位素，由放射性同位素持有单位在本条例施行之日起 6 个月内，到其所在地省、自治区、直辖市人民政府环境保护主管部门办理备案手续，省、自治区、直辖市人民政府环境保护主管部门应当对放射源进行统一编码。

　　第二十五条　使用放射性同位素的单位需要将放射性同位素转移到外省、自治区、直辖市使用的，应当持许可证复印件向使用地省、自治区、直辖市人民政府环境保护主管部门备案，并接受当地环境保护主管部门的监督管理。

　　第二十六条　出口列入限制进出口目录的放射性同位素，应当提供进口方可以合法持有放射性同位素的证明材料，并由国务院环境保护主管部门依照有关法律和我国缔结或者参加的国际条约、协定的规定，办理有关手续。

　　出口放射性同位素应当遵守国家对外贸易的有关规定。

第三章　安全和防护

　　第二十七条　生产、销售、使用放射性同位素和射线装置的单位，应当对本单位的放射性同位素、射线装置的安全和防护工作负责，并依法对其造成的放射性危害承担责任。

　　生产放射性同位素的单位的行业主管部门，应当加强对生产单位安全和防护工作的管理，并定期对其执行法律、法规和国家标准的情况进行监督检查。

　　第二十八条　生产、销售、使用放射性同位素和射线装置的单位，应当对直接从事生产、销售、使用活动的工作人员进行安全和防护知识教育培训，并进行考核；考核不合格的，不得上岗。

　　辐射安全关键岗位应当由注册核安全工程师担任。辐射安全关键岗位名录由国务院环境保护主管部门商国务院有关部门制定并公布。

　　第二十九条　生产、销售、使用放射性同位素和射线装置的单位，应当严格按照国家关于个人剂量监测和健康管理的规定，对直接从事生产、销售、使用活动的工作人员进行个人剂量监测和职业健康检查，建立个人剂量档案和职业健康监护档案。

　　第三十条　生产、销售、使用放射性同位素和射线装置的单位，应当对本单位的放射性同位素、射线装置的安全和防护状况进行年度评估。发现安全隐患的，应当立即进行整改。

　　第三十一条　生产、销售、使用放射性同位素和射线装置的单位需要终止的，应当事先对本单位的放射性同位素和放射性废物进行清理登记，作出妥善处理，不得留有安全隐患。生产、销售、使用放射性同位素和射线装置的单位发生变更的，由变更后的单位承担处理责任。变更前当事人对此另有约定的，从其约定；但是，约定中不得免除当事人的处理义务。

　　在本条例施行前已经终止的生产、销售、使用放射性同位素和射线装置的单位，其未安全处理的废旧放射源和放射性废物，由所在地省、自治区、直辖市人民政府环境保护主管部门提出处理方案，及时进行处理。所需经费由省级以上人民政府承担。

　　第三十二条　生产、进口放射源的单位销售Ⅰ类、Ⅱ类、Ⅲ类放射源给其他单位使用的，应当与使用放射源的单位签订废旧放射源返回协议；使用放射源的单位应当按照废旧放射源返回协议规定将废旧放射源交回生产单位或者返回原出口方。确实无法交回生产单位或者返回原出口方的，送交有相应资质的放射性废物集中贮存单位贮存。

使用放射源的单位应当按照国务院环境保护主管部门的规定，将Ⅳ类、Ⅴ类废旧放射源进行包装整备后送交有相应资质的放射性废物集中贮存单位贮存。

第三十三条　使用Ⅰ类、Ⅱ类、Ⅲ类放射源的场所和生产放射性同位素的场所，以及终结运行后产生放射性污染的射线装置，应当依法实施退役。

第三十四条　生产、销售、使用、贮存放射性同位素和射线装置的场所，应当按照国家有关规定设置明显的放射性标志，其入口处应当按照国家有关安全和防护标准的要求，设置安全和防护设施以及必要的防护安全联锁、报警装置或者工作信号。射线装置的生产调试和使用场所，应当具有防止误操作、防止工作人员和公众受到意外照射的安全措施。

放射性同位素的包装容器、含放射性同位素的设备和射线装置，应当设置明显的放射性标识和中文警示说明；放射源上能够设置放射性标识的，应当一并设置。运输放射性同位素和含放射源的射线装置的工具，应当按照国家有关规定设置明显的放射性标志或者显示危险信号。

第三十五条　放射性同位素应当单独存放，不得与易燃、易爆、腐蚀性物品等一起存放，并指定专人负责保管。贮存、领取、使用、归还放射性同位素时，应当进行登记、检查，做到账物相符。对放射性同位素贮存场所应当采取防火、防水、防盗、防丢失、防破坏、防射线泄漏的安全措施。

对放射源还应当根据其潜在危害的大小，建立相应的多层防护和安全措施，并对可移动的放射源定期进行盘存，确保其处于指定位置，具有可靠的安全保障。

第三十六条　在室外、野外使用放射性同位素和射线装置的，应当按照国家安全和防护标准的要求划出安全防护区域，设置明显的放射性标志，必要时设专人警戒。

在野外进行放射性同位素示踪试验的，应当经省级以上人民政府环境保护主管部门商同级有关部门批准方可进行。

第三十七条　辐射防护器材、含放射性同位素的设备和射线装置，以及含有放射性物质的产品和伴有产生X射线的电器产品，应当符合辐射防护要求。不合格的产品不得出厂和销售。

第三十八条　使用放射性同位素和射线装置进行放射诊疗的医疗卫生机构，应当依据国务院卫生主管部门有关规定和国家标准，制定与本单位从事的诊疗项目相适应的质量保证方案，遵守质量保证监测规范，按照医疗照射正当化和辐射防护最优化的原则，避免一切不必要的照射，并事先告知患者和受检者辐射对健康的潜在影响。

第三十九条　金属冶炼厂回收冶炼废旧金属时，应当采取必要的监测措施，防止放射性物质熔入产品中。监测中发现问题的，应当及时通知所在地设区的市级以上人民政府环境保护主管部门。

第四章　辐射事故应急处理

第四十条　根据辐射事故的性质、严重程度、可控性和影响范围等因素，从重到轻将辐射事故分为特别重大辐射事故、重大辐射事故、较大辐射事故和一般辐射事故四个等级。

特别重大辐射事故，是指Ⅰ类、Ⅱ类放射源丢失、被盗、失控造成大范围严重辐射污染后果，或者放射性同位素和射线装置失控导致3人以上（含3人）急性死亡。

重大辐射事故，是指Ⅰ类、Ⅱ类放射源丢失、被盗、失控，或者放射性同位素和射线装置失控导致2人以下（含2人）急性死亡或者10人以上（含10人）急性重度放射病、局部器官残疾。

较大辐射事故，是指Ⅲ类放射源丢失、被盗、失控，或者放射性同位素和射线装置失控导致9人以下（含9人）急性重度放射病、局部器官残疾。

一般辐射事故，是指Ⅳ类、Ⅴ类放射源丢失、被盗、失控，或者放射性同位素和射线装置失控导致人员受到超过年剂量限值的照射。

第四十一条 县级以上人民政府环境保护主管部门应当会同同级公安、卫生、财政等部门编制辐射事故应急预案，报本级人民政府批准。辐射事故应急预案应当包括下列内容：

（一）应急机构和职责分工；

（二）应急人员的组织、培训以及应急和救助的装备、资金、物资准备；

（三）辐射事故分级与应急响应措施；

（四）辐射事故调查、报告和处理程序。

生产、销售、使用放射性同位素和射线装置的单位，应当根据可能发生的辐射事故的风险，制定本单位的应急方案，做好应急准备。

第四十二条 发生辐射事故时，生产、销售、使用放射性同位素和射线装置的单位应当立即启动本单位的应急方案，采取应急措施，并立即向当地环境保护主管部门、公安部门、卫生主管部门报告。

环境保护主管部门、公安部门、卫生主管部门接到辐射事故报告后，应当立即派人赶赴现场，进行现场调查，采取有效措施，控制并消除事故影响，同时将辐射事故信息报告本级人民政府和上级人民政府环境保护主管部门、公安部门、卫生主管部门。

县级以上地方人民政府及其有关部门接到辐射事故报告后，应当按照事故分级报告的规定及时将辐射事故信息报告上级人民政府及其有关部门。发生特别重大辐射事故和重大辐射事故后，事故发生地省、自治区、直辖市人民政府和国务院有关部门应当在4小时内报告国务院；特殊情况下，事故发生地人民政府及其有关部门可以直接向国务院报告，并同时报告上级人民政府及其有关部门。

禁止缓报、瞒报、谎报或者漏报辐射事故。

第四十三条 在发生辐射事故或者有证据证明辐射事故可能发生时，县级以上人民政府环境保护主管部门有权采取下列临时控制措施：

（一）责令停止导致或者可能导致辐射事故的作业；

（二）组织控制事故现场。

第四十四条 辐射事故发生后，有关县级以上人民政府应当按照辐射事故的等级，启动并组织实施相应的应急预案。

县级以上人民政府环境保护主管部门、公安部门、卫生主管部门，按照职责分工做好相应的辐射事故应急工作：

（一）环境保护主管部门负责辐射事故的应急响应、调查处理和定性定级工作，协助公安部门监控追缴丢失、被盗的放射源；

（二）公安部门负责丢失、被盗放射源的立案侦查和追缴；

（三）卫生主管部门负责辐射事故的医疗应急。

环境保护主管部门、公安部门、卫生主管部门应当及时相互通报辐射事故应急响应、调查处理、定性定级、立案侦查和医疗应急情况。国务院指定的部门根据环境保护主管部门确定的辐射事故的性质和级别，负责有关国际信息通报工作。

第四十五条　发生辐射事故的单位应当立即将可能受到辐射伤害的人员送至当地卫生主管部门指定的医院或者有条件救治辐射损伤病人的医院，进行检查和治疗，或者请求医院立即派人赶赴事故现场，采取救治措施。

第五章　监督检查

第四十六条　县级以上人民政府环境保护主管部门和其他有关部门应当按照各自职责对生产、销售、使用放射性同位素和射线装置的单位进行监督检查。

被检查单位应当予以配合，如实反映情况，提供必要的资料，不得拒绝和阻碍。

第四十七条　县级以上人民政府环境保护主管部门应当配备辐射防护安全监督员。辐射防护安全监督员由从事辐射防护工作，具有辐射防护安全知识并经省级以上人民政府环境保护主管部门认可的专业人员担任。辐射防护安全监督员应当定期接受专业知识培训和考核。

第四十八条　县级以上人民政府环境保护主管部门在监督检查中发现生产、销售、使用放射性同位素和射线装置的单位有不符合原发证条件的情形的，应当责令其限期整改。

监督检查人员依法进行监督检查时，应当出示证件，并为被检查单位保守技术秘密和业务秘密。

第四十九条　任何单位和个人对违反本条例的行为，有权向环境保护主管部门和其他有关部门检举；对环境保护主管部门和其他有关部门未依法履行监督管理职责的行为，有权向本级人民政府、上级人民政府有关部门检举。接到举报的有关人民政府、环境保护主管部门和其他有关部门对有关举报应当及时核实、处理。

第六章　法律责任

第五十条　违反本条例规定，县级以上人民政府环境保护主管部门有下列行为之一的，对直接负责的主管人员和其他直接责任人员，依法给予行政处分；构成犯罪的，依法追究刑事责任：

（一）向不符合本条例规定条件的单位颁发许可证或者批准不符合本条例规定条件的单位进口、转让放射性同位素的；

（二）发现未依法取得许可证的单位擅自生产、销售、使用放射性同位素和射线装置，不予查处或者接到举报后不依法处理的；

（三）发现未经依法批准擅自进口、转让放射性同位素，不予查处或者接到举报后不依法处理的；

（四）对依法取得许可证的单位不履行监督管理职责或者发现违反本条例规定的行为不予查处的；

（五）在放射性同位素、射线装置安全和防护监督管理工作中有其他渎职行为的。

第五十一条　违反本条例规定，县级以上人民政府环境保护主管部门和其他有关部门有下列行为之一的，对直接负责的主管人员和其他直接责任人员，依法给予行政处分；构成犯罪的，依法追究刑事责任：

（一）缓报、瞒报、谎报或者漏报辐射事故的；

（二）未按照规定编制辐射事故应急预案或者不依法履行辐射事故应急职责的。

第五十二条   违反本条例规定，生产、销售、使用放射性同位素和射线装置的单位有下列行为之一的，由县级以上人民政府环境保护主管部门责令停止违法行为，限期改正；逾期不改正的，责令停产停业或者由原发证机关吊销许可证；有违法所得的，没收违法所得；违法所得 10 万元以上的，并处违法所得 1 倍以上 5 倍以下的罚款；没有违法所得或者违法所得不足 10 万元的，并处 1 万元以上 10 万元以下的罚款：

（一）无许可证从事放射性同位素和射线装置生产、销售、使用活动的；

（二）未按照许可证的规定从事放射性同位素和射线装置生产、销售、使用活动的；

（三）改变所从事活动的种类或者范围以及新建、改建或者扩建生产、销售、使用设施或者场所，未按照规定重新申请领取许可证的；

（四）许可证有效期届满，需要延续而未按照规定办理延续手续的；

（五）未经批准，擅自进口或者转让放射性同位素的。

第五十三条   违反本条例规定，生产、销售、使用放射性同位素和射线装置的单位变更单位名称、地址、法定代表人，未依法办理许可证变更手续的，由县级以上人民政府环境保护主管部门责令限期改正，给予警告；逾期不改正的，由原发证机关暂扣或者吊销许可证。

第五十四条   违反本条例规定，生产、销售、使用放射性同位素和射线装置的单位部分终止或者全部终止生产、销售、使用活动，未按照规定办理许可证变更或者注销手续的，由县级以上人民政府环境保护主管部门责令停止违法行为，限期改正；逾期不改正的，处 1 万元以上 10 万元以下的罚款；造成辐射事故，构成犯罪的，依法追究刑事责任。

第五十五条   违反本条例规定，伪造、变造、转让许可证的，由县级以上人民政府环境保护主管部门收缴伪造、变造的许可证或者由原发证机关吊销许可证，并处 5 万元以上 10 万元以下的罚款；构成犯罪的，依法追究刑事责任。

违反本条例规定，伪造、变造、转让放射性同位素进口和转让批准文件的，由县级以上人民政府环境保护主管部门收缴伪造、变造的批准文件或者由原批准机关撤销批准文件，并处 5 万元以上 10 万元以下的罚款；情节严重的，可以由原发证机关吊销许可证；构成犯罪的，依法追究刑事责任。

第五十六条   违反本条例规定，生产、销售、使用放射性同位素的单位有下列行为之一的，由县级以上人民政府环境保护主管部门责令限期改正，给予警告；逾期不改正的，由原发证机关暂扣或者吊销许可证：

（一）转入、转出放射性同位素未按照规定备案的；

（二）将放射性同位素转移到外省、自治区、直辖市使用，未按照规定备案的；

（三）将废旧放射源交回生产单位、返回原出口方或者送交放射性废物集中贮存单位贮存，未按照规定备案的。

第五十七条   违反本条例规定，生产、销售、使用放射性同位素和射线装置的单位有下列行为之一的，由县级以上人民政府环境保护主管部门责令停止违法行为，限期改正；逾期不改正的，处 1 万元以上 10 万元以下的罚款：

（一）在室外、野外使用放射性同位素和射线装置，未按照国家有关安全和防护标准的要求划出安全防护区域和设置明显的放射性标志的；

（二）未经批准擅自在野外进行放射性同位素示踪试验的。

第五十八条　违反本条例规定，生产放射性同位素的单位有下列行为之一的，由县级以上人民政府环境保护主管部门责令限期改正，给予警告；逾期不改正的，依法收缴其未备案的放射性同位素和未编码的放射源，处 5 万元以上 10 万元以下的罚款，并可以由原发证机关暂扣或者吊销许可证：

（一）未建立放射性同位素产品台账的；

（二）未按照国务院环境保护主管部门制定的编码规则，对生产的放射源进行统一编码的；

（三）未将放射性同位素产品台账和放射源编码清单报国务院环境保护主管部门备案的；

（四）出厂或者销售未列入产品台账的放射性同位素和未编码的放射源的。

第五十九条　违反本条例规定，生产、销售、使用放射性同位素和射线装置的单位有下列行为之一的，由县级以上人民政府环境保护主管部门责令停止违法行为，限期改正；逾期不改正的，由原发证机关指定有处理能力的单位代为处理或者实施退役，费用由生产、销售、使用放射性同位素和射线装置的单位承担，并处 1 万元以上 10 万元以下的罚款：

（一）未按照规定对废旧放射源进行处理的；

（二）未按照规定对使用Ⅰ类、Ⅱ类、Ⅲ类放射源的场所和生产放射性同位素的场所，以及终结运行后产生放射性污染的射线装置实施退役的。

第六十条　违反本条例规定，生产、销售、使用放射性同位素和射线装置的单位有下列行为之一的，由县级以上人民政府环境保护主管部门责令停止违法行为，限期改正；逾期不改正的，责令停产停业，并处 2 万元以上 20 万元以下的罚款；构成犯罪的，依法追究刑事责任：

（一）未按照规定对本单位的放射性同位素、射线装置安全和防护状况进行评估或者发现安全隐患不及时整改的；

（二）生产、销售、使用、贮存放射性同位素和射线装置的场所未按照规定设置安全和防护设施以及放射性标志的。

第六十一条　违反本条例规定，造成辐射事故的，由原发证机关责令限期改正，并处 5 万元以上 20 万元以下的罚款；情节严重的，由原发证机关吊销许可证；构成违反治安管理行为的，由公安机关依法予以治安处罚；构成犯罪的，依法追究刑事责任。

因辐射事故造成他人损害的，依法承担民事责任。

第六十二条　生产、销售、使用放射性同位素和射线装置的单位被责令限期整改，逾期不整改或者经整改仍不符合原发证条件的，由原发证机关暂扣或者吊销许可证。

第六十三条　违反本条例规定，被依法吊销许可证的单位或者伪造、变造许可证的单位，5 年内不得申请领取许可证。

第六十四条　县级以上地方人民政府环境保护主管部门的行政处罚权限的划分，由省、自治区、直辖市人民政府确定。

第七章　附　则

第六十五条　军用放射性同位素、射线装置安全和防护的监督管理，依照《中华人民共和国放射性污染防治法》第六十条的规定执行。

第六十六条　劳动者在职业活动中接触放射性同位素和射线装置造成的职业病的防治，

依照《中华人民共和国职业病防治法》和国务院有关规定执行。

第六十七条 放射性同位素的运输，放射性同位素和射线装置生产、销售、使用过程中产生的放射性废物的处置，依照国务院有关规定执行。

第六十八条 本条例中下列用语的含义：

放射性同位素，是指某种发生放射性衰变的元素中具有相同原子序数但质量不同的核素。

放射源，是指除研究堆和动力堆核燃料循环范畴的材料以外，永久密封在容器中或者有严密包层并呈固态的放射性材料。

射线装置，是指 X 线机、加速器、中子发生器以及含放射源的装置。

非密封放射性物质，是指非永久密封在包壳里或者紧密地固结在覆盖层里的放射性物质。

转让，是指除进出口、回收活动之外，放射性同位素所有权或者使用权在不同持有者之间的转移。

伴有产生 X 射线的电器产品，是指不以产生 X 射线为目的，但在生产或者使用过程中产生 X 射线的电器产品。

辐射事故，是指放射源丢失、被盗、失控，或者放射性同位素和射线装置失控导致人员受到意外的异常照射。

第六十九条 本条例自 2005 年 12 月 1 日起施行。1989 年 10 月 24 日国务院发布的《放射性同位素与射线装置放射防护条例》同时废止。

3.2 《放射性同位素与射线装置安全许可管理办法》

环境保护部令

部令 第 18 号

《放射性同位素与射线装置安全和防护管理办法》已由环境保护部 2011 年第一次部务会议于 2011 年 3 月 24 日审议通过。现予公布，自 2011 年 5 月 1 日起施行。

环境保护部部长 周生贤

二〇一一年四月十八日

放射性同位素与射线装置安全和防护管理办法

第一章 总 则

第一条 为了加强放射性同位素与射线装置的安全和防护管理，根据《中华人民共和国放射性污染防治法》和《放射性同位素与射线装置安全和防护条例》，制定本办法。

第二条 本办法适用于生产、销售、使用放射性同位素与射线装置的场所、人员的安全和防护，废旧放射源与被放射性污染的物品的管理以及豁免管理等相关活动。

第三条 生产、销售、使用放射性同位素与射线装置的单位，应当对本单位的放射性同位素与射线装置的辐射安全和防护工作负责，并依法对其造成的放射性危害承担责任。

第四条 县级以上人民政府环境保护主管部门，应当依照《中华人民共和国放射性污染防治法》、《放射性同位素与射线装置安全和防护条例》和本办法的规定，对放射性同位素与射线装置的安全和防护工作实施监督管理。

第二章　场所安全和防护

第五条　生产、销售、使用、贮存放射性同位素与射线装置的场所，应当按照国家有关规定设置明显的放射性标志，其入口处应当按照国家有关安全和防护标准的要求，设置安全和防护设施以及必要的防护安全联锁、报警装置或者工作信号。

射线装置的生产调试和使用场所，应当具有防止误操作、防止工作人员和公众受到意外照射的安全措施。

放射性同位素的包装容器、含放射性同位素的设备和射线装置，应当设置明显的放射性标识和中文警示说明；放射源上能够设置放射性标识的，应当一并设置。运输放射性同位素和含放射源的射线装置的工具，应当按照国家有关规定设置明显的放射性标志或者显示危险信号。

第六条　生产、使用放射性同位素与射线装置的场所，应当按照国家有关规定采取有效措施，防止运行故障，并避免故障导致次生危害。

第七条　放射性同位素和被放射性污染的物品应当单独存放，不得与易燃、易爆、腐蚀性物品等一起存放，并指定专人负责保管。

贮存、领取、使用、归还放射性同位素时，应当进行登记、检查，做到账物相符。对放射性同位素贮存场所应当采取防火、防水、防盗、防丢失、防破坏、防射线泄漏的安全措施。

对放射源还应当根据其潜在危害的大小，建立相应的多重防护和安全措施，并对可移动的放射源定期进行盘存，确保其处于指定位置，具有可靠的安全保障。

第八条　在室外、野外使用放射性同位素与射线装置的，应当按照国家安全和防护标准的要求划出安全防护区域，设置明显的放射性标志，必要时设专人警戒。

第九条　生产、销售、使用放射性同位素与射线装置的单位，应当按照国家环境监测规范，对相关场所进行辐射监测，并对监测数据的真实性、可靠性负责；不具备自行监测能力的，可以委托经省级人民政府环境保护主管部门认定的环境监测机构进行监测。

第十条　建设项目竣工环境保护验收涉及的辐射监测和退役核技术利用项目的终态辐射监测，由生产、销售、使用放射性同位素与射线装置的单位委托经省级以上人民政府环境保护主管部门批准的有相应资质的辐射环境监测机构进行。

第十一条　生产、销售、使用放射性同位素与射线装置的单位，应当加强对本单位放射性同位素与射线装置安全和防护状况的日常检查。发现安全隐患的，应当立即整改；安全隐患有可能威胁到人员安全或者有可能造成环境污染的，应当立即停止辐射作业并报告发放辐射安全许可证的环境保护主管部门（以下简称"发证机关"），经发证机关检查核实安全隐患消除后，方可恢复正常作业。

第十二条　生产、销售、使用放射性同位素与射线装置的单位，应当对本单位的放射性同位素与射线装置的安全和防护状况进行年度评估，并于每年1月31日前向发证机关提交上一年度的评估报告。

安全和防护状况年度评估报告应当包括下列内容：

（一）辐射安全和防护设施的运行与维护情况；

（二）辐射安全和防护制度及措施的制定与落实情况；

（三）辐射工作人员变动及接受辐射安全和防护知识教育培训（以下简称"辐射安全培训"）情况；

（四）放射性同位素进出口、转让或者送贮情况以及放射性同位素、射线装置台账；

（五）场所辐射环境监测和个人剂量监测情况及监测数据；

（六）辐射事故及应急响应情况；

（七）核技术利用项目新建、改建、扩建和退役情况；

（八）存在的安全隐患及其整改情况；

（九）其他有关法律、法规规定的落实情况。

年度评估发现安全隐患的，应当立即整改。

第十三条　使用Ⅰ类、Ⅱ类、Ⅲ类放射源的场所，生产放射性同位素的场所，按照《电离辐射防护与辐射源安全基本标准》（以下简称《基本标准》）确定的甲级、乙级非密封放射性物质使用场所，以及终结运行后产生放射性污染的射线装置，应当依法实施退役。

依照前款规定实施退役的生产、使用放射性同位素与射线装置的单位，应当在实施退役前完成下列工作：

（一）将有使用价值的放射源按照《放射性同位素与射线装置安全和防护条例》的规定转让；

（二）将废旧放射源交回生产单位、返回原出口方或者送交有相应资质的放射性废物集中贮存单位贮存。

第十四条　依法实施退役的生产、使用放射性同位素与射线装置的单位，应当在实施退役前编制环境影响评价文件，报原辐射安全许可证发证机关审查批准；未经批准的，不得实施退役。

第十五条　退役工作完成后六十日内，依法实施退役的生产、使用放射性同位素与射线装置的单位，应当向原辐射安全许可证发证机关申请退役核技术利用项目终态验收，并提交退役项目辐射环境终态监测报告或者监测表。

依法实施退役的生产、使用放射性同位素与射线装置的单位，应当自终态验收合格之日起二十日内，到原发证机关办理辐射安全许可证变更或者注销手续。

第十六条　生产、销售、使用放射性同位素与射线装置的单位，在依法被撤销、依法解散、依法破产或者因其他原因终止前，应当确保环境辐射安全，妥善实施辐射工作场所或者设备的退役，并承担退役完成前所有的安全责任。

第三章　人员安全和防护

第十七条　生产、销售、使用放射性同位素与射线装置的单位，应当按照环境保护部审定的辐射安全培训和考试大纲，对直接从事生产、销售、使用活动的操作人员以及辐射防护负责人进行辐射安全培训，并进行考核；考核不合格的，不得上岗。

第十八条　辐射安全培训分为高级、中级和初级三个级别。

从事下列活动的辐射工作人员，应当接受中级或者高级辐射安全培训：

（一）生产、销售、使用Ⅰ类放射源的；

（二）在甲级非密封放射性物质工作场所操作放射性同位素的；

（三）使用Ⅰ类射线装置的；

（四）使用伽玛射线移动探伤设备的。

从事前款所列活动单位的辐射防护负责人，以及从事前款所列装置、设备和场所设计、安装、调试、倒源、维修以及其他与辐射安全相关技术服务活动的人员，应当接受中级或者高级辐射安全培训。

本条第二款、第三款规定以外的其他辐射工作人员，应当接受初级辐射安全培训。

第十九条　从事辐射安全培训的单位，应当具备下列条件：

（一）有健全的培训管理制度并有专职培训管理人员；

（二）有常用的辐射监测设备；

（三）有与培训规模相适应的教学、实践场地与设施；

（四）有核物理、辐射防护、核技术应用及相关专业本科以上学历的专业教师。

拟开展初级辐射安全培训的单位，应当有五名以上专业教师，其中至少两名具有注册核安全工程师执业资格。

拟开展中级或者高级辐射安全培训的单位，应当有十名以上专业教师，其中至少五名具有注册核安全工程师执业资格，外聘教师不得超过教师总数的30%。

从事辐射安全培训的专业教师应当接受环境保护部组织的培训，具体办法由环境保护部另行制定。

第二十条　省级以上人民政府环境保护主管部门对从事辐射安全培训的单位进行评估，择优向社会推荐。

环境保护部评估并推荐的单位可以开展高级、中级和初级辐射安全培训；省级人民政府环境保护主管部门评估并推荐的单位可以开展初级辐射安全培训。

省级以上人民政府环境保护主管部门应当向社会公布其推荐的从事辐射安全培训的单位名单，并定期对名单所列从事辐射安全培训的单位进行考核；对考核不合格的，予以除名，并向社会公告。

第二十一条　从事辐射安全培训的单位负责对参加辐射安全培训的人员进行考核，并对考核合格的人员颁发辐射安全培训合格证书。辐射安全培训合格证书的格式由环境保护部规定。

取得高级别辐射安全培训合格证书的人员，不需再接受低级别的辐射安全培训。

第二十二条　取得辐射安全培训合格证书的人员，应当每四年接受一次再培训。

辐射安全再培训包括新颁布的相关法律、法规和辐射安全与防护专业标准、技术规范，以及辐射事故案例分析与经验反馈等内容。

不参加再培训的人员或者再培训考核不合格的人员，其辐射安全培训合格证书自动失效。

第二十三条　生产、销售、使用放射性同位素与射线装置的单位，应当按照法律、行政法规以及国家环境保护和职业卫生标准，对本单位的辐射工作人员进行个人剂量监测；发现个人剂量监测结果异常的，应当立即核实和调查，并将有关情况及时报告辐射安全许可证发证机关。

生产、销售、使用放射性同位素与射线装置的单位，应当安排专人负责个人剂量监测管理，建立辐射工作人员个人剂量档案。个人剂量档案应当包括个人基本信息、工作岗位、剂量监测结果等材料。个人剂量档案应当保存至辐射工作人员年满七十五周岁，或者停止辐射工作三十年。

辐射工作人员有权查阅和复制本人的个人剂量档案。辐射工作人员调换单位的，原用人单位应当向新用人单位或者辐射工作人员本人提供个人剂量档案的复制件。

　　第二十四条　生产、销售、使用放射性同位素与射线装置的单位，不具备个人剂量监测能力的，应当委托具备下列条件的机构进行个人剂量监测：

　　（一）具有保证个人剂量监测质量的设备、技术；

　　（二）经省级以上人民政府计量行政主管部门计量认证；

　　（三）法律法规规定的从事个人剂量监测的其他条件。

　　第二十五条　环境保护部对从事个人剂量监测的机构进行评估，择优向社会推荐。

　　环境保护部定期对其推荐的从事个人剂量监测的机构进行监测质量考核；对考核不合格的，予以除名，并向社会公告。

　　第二十六条　接受委托进行个人剂量监测的机构，应当按照国家有关技术规范的要求进行个人剂量监测，并对监测结果负责。

　　接受委托进行个人剂量监测的机构，应当及时向委托单位出具监测报告，并将监测结果以书面和网上报送方式，直接报告委托单位所在地的省级人民政府环境保护主管部门。

　　第二十七条　环境保护部应当建立全国统一的辐射工作人员个人剂量数据库，并与卫生等相关部门实现数据共享。

第四章　废旧放射源与被放射性污染的物品管理

　　第二十八条　生产、进口放射源的单位销售Ⅰ类、Ⅱ类、Ⅲ类放射源给其他单位使用的，应当与使用放射源的单位签订废旧放射源返回协议。

　　转让Ⅰ类、Ⅱ类、Ⅲ类放射源的，转让双方应当签订废旧放射源返回协议。进口放射源转让时，转入单位应当取得原出口方负责回收的承诺文件副本。

　　第二十九条　使用Ⅰ类、Ⅱ类、Ⅲ类放射源的单位应当在放射源闲置或者废弃后三个月内，按照废旧放射源返回协议规定，将废旧放射源交回生产单位或者返回原出口方。确实无法交回生产单位或者返回原出口方的，送交具备相应资质的放射性废物集中贮存单位（以下简称"废旧放射源收贮单位"）贮存，并承担相关费用。

　　废旧放射源收贮单位，应当依法取得环境保护部颁发的使用（含收贮）辐射安全许可证，并在资质许可范围内收贮废旧放射源和被放射性污染的物品。

　　第三十条　使用放射源的单位依法被撤销、依法解散、依法破产或者因其他原因终止的，应当事先将本单位的放射源依法转让、交回生产单位、返回原出口方或者送交废旧放射源收贮单位贮存，并承担上述活动完成前所有的安全责任。

　　第三十一条　使用放射源的单位应当在废旧放射源交回生产单位或者送交废旧放射源收贮单位贮存活动完成之日起二十日内，报其所在地的省级人民政府环境保护主管部门备案。

　　废旧放射源返回原出口方的，应当在返回活动完成之日起二十日内，将放射性同位素出口表报其所在地的省级人民政府环境保护主管部门备案。

　　第三十二条　废旧放射源收贮单位，应当建立废旧放射源的收贮台账和相应的计算机管理系统。

　　废旧放射源收贮单位，应当于每季度末对已收贮的废旧放射源进行汇总统计，每年年底对已贮存的废旧放射源进行核实，并将统计和核实结果分别上报环境保护部和所在地省级人民政府环境保护主管部门。

　　第三十三条　对已经收贮入库或者交回生产单位的仍有使用价值的放射源，可以按照

《放射性同位素与射线装置安全和防护条例》的规定办理转让手续后进行再利用。具体办法由环境保护部另行制定。

对拟被再利用的放射源，应当由放射源生产单位按照生产放射源的要求进行安全性验证或者加工，满足安全和技术参数要求后，出具合格证书，明确使用条件，并进行放射源编码。

第三十四条　单位和个人发现废弃放射源或者被放射性污染的物品的，应当及时报告所在地县级以上地方人民政府环境保护主管部门；经所在地省级人民政府环境保护主管部门同意后，送废旧放射源收贮单位贮存。

废旧放射源收贮单位应当对废弃放射源或者被放射性污染的物品妥善收贮。

禁止擅自转移、贮存、退运废弃放射源或者被放射性污染的物品。

第三十五条　废旧金属回收熔炼企业，应当建立辐射监测系统，配备足够的辐射监测人员，在废旧金属原料入炉前、产品出厂前进行辐射监测，并将放射性指标纳入产品合格指标体系中。

新建、改建、扩建建设项目含有废旧金属回收熔炼工艺的，应当配套建设辐射监测设施；未配套建设辐射监测设施的，环境保护主管部门不予通过其建设项目竣工环境保护验收。

辐射监测人员在进行废旧金属辐射监测和应急处理时，应当佩戴个人剂量计等防护器材，做好个人防护。

第三十六条　废旧金属回收熔炼企业发现并确认辐射监测结果明显异常时，应当立即采取相应控制措施并在四小时内向所在地县级以上人民政府环境保护主管部门报告。

环境保护主管部门接到报告后，应当对辐射监测结果进行核实，查明导致辐射水平异常的原因，并责令废旧金属回收熔炼企业采取措施，防止放射性污染。

禁止缓报、瞒报、谎报或者漏报辐射监测结果异常信息。

第三十七条　废旧金属回收熔炼企业送贮废弃放射源或者被放射性污染物品所产生的费用，由废弃放射源或者被放射性污染物品的原持有者或者供货方承担。

无法查明废弃放射源或者被放射性污染物品来源的，送贮费用由废旧金属回收熔炼企业承担；其中，对已经开展辐射监测的废旧金属回收熔炼企业，经所在地省级人民政府环境保护主管部门核实、同级财政部门同意后，省级人民政府环境保护主管部门所属废旧放射源收贮单位可以酌情减免其相关处理费用。

第五章　监督检查

第三十八条　省级以上人民政府环境保护主管部门应当对其依法颁发辐射安全许可证的单位进行监督检查。

省级以上人民政府环境保护主管部门委托下一级环境保护主管部门颁发辐射安全许可证的，接受委托的环境保护主管部门应当对其颁发辐射安全许可证的单位进行监督检查。

第三十九条　县级以上人民政府环境保护主管部门应当结合本行政区域的工作实际，配备辐射防护安全监督员。

各级辐射防护安全监督员应当具备三年以上辐射工作相关经历。

省级以上人民政府环境保护主管部门辐射防护安全监督员应当具备大学本科以上学历，并通过中级以上辐射安全培训。

设区的市级、县级人民政府环境保护主管部门辐射防护安全监督员应当具备大专以上学历，并通过初级以上辐射安全培训。

第四十条　省级以上人民政府环境保护主管部门辐射防护安全监督员由环境保护部认可，设区的市级、县级人民政府环境保护主管部门辐射防护安全监督员由省级人民政府环境保护主管部门认可。

辐射防护安全监督员应当定期接受专业知识培训和考核。

取得高级职称并从事辐射安全与防护监督检查工作十年以上，或者取得注册核安全工程师资格的辐射防护安全监督员，可以免予辐射安全培训。

第四十一条　省级以上人民政府环境保护主管部门应当制定监督检查大纲，明确辐射安全与防护监督检查的组织体系、职责分工、实施程序、报告制度、重要问题管理等内容，并根据国家相关法律法规、标准制定相应的监督检查技术程序。

第四十二条　县级以上人民政府环境保护主管部门应当根据放射性同位素与射线装置生产、销售、使用活动的类别，制定本行政区域的监督检查计划。

监督检查计划应当按照辐射安全风险大小，规定不同的监督检查频次。

第六章　应急报告与处理

第四十三条　县级以上人民政府环境保护主管部门应当会同同级公安、卫生、财政、新闻、宣传等部门编制辐射事故应急预案，报本级人民政府批准。

辐射事故应急预案应当包括下列内容：

（一）应急机构和职责分工；

（二）应急人员的组织、培训以及应急和救助的装备、资金、物资准备；

（三）辐射事故分级与应急响应措施；

（四）辐射事故的调查、报告和处理程序；

（五）辐射事故信息公开、公众宣传方案。

辐射事故应急预案还应当包括可能引发辐射事故的运行故障的应急响应措施及其调查、报告和处理程序。

生产、销售、使用放射性同位素与射线装置的单位，应当根据可能发生的辐射事故的风险，制定本单位的应急方案，做好应急准备。

第四十四条　发生辐射事故或者发生可能引发辐射事故的运行故障时，生产、销售、使用放射性同位素与射线装置的单位应当立即启动本单位的应急方案，采取应急措施，并在两小时内填写初始报告，向当地人民政府环境保护主管部门报告。

发生辐射事故的，生产、销售、使用放射性同位素与射线装置的单位还应当同时向当地人民政府、公安部门和卫生主管部门报告。

第四十五条　接到辐射事故或者可能引发辐射事故的运行故障报告的环境保护主管部门，应当立即派人赶赴现场，进行现场调查，采取有效措施，控制并消除事故或者故障影响，并配合有关部门做好信息公开、公众宣传等外部应急响应工作。

第四十六条　接到辐射事故报告或者可能发生辐射事故的运行故障报告的环境保护部门，应当在两小时内，将辐射事故或者故障信息报告本级人民政府并逐级上报至省级人民政府环境保护主管部门；发生重大或者特别重大辐射事故的，应当同时向环境保护部报告。

接到含Ⅰ类放射源装置重大运行故障报告的环境保护部门，应当在两小时内将故障信息逐级上报至原辐射安全许可证发证机关。

第四十七条　省级人民政府环境保护主管部门接到辐射事故报告，确认属于特别重大辐射事故或者重大辐射事故的，应当及时通报省级人民政府公安部门和卫生主管部门，并在两小时内上报环境保护部。

环境保护部在接到事故报告后，应当立即组织核实，确认事故类型，在两小时内报告国务院，并通报公安部和卫生部。

第四十八条　发生辐射事故或者运行故障的单位，应当按照应急预案的要求，制定事故或者故障处置实施方案，并在当地人民政府和辐射安全许可证发证机关的监督、指导下实施具体处置工作。

辐射事故和运行故障处置过程中的安全责任，以及由事故、故障导致的应急处置费用，由发生辐射事故或者运行故障的单位承担。

第四十九条　省级人民政府环境保护主管部门应当每半年对本行政区域内发生的辐射事故和运行故障情况进行汇总，并将汇总报告报送环境保护部，同时抄送同级公安部门和卫生主管部门。

第七章　豁免管理

第五十条　省级以上人民政府环境保护主管部门依据《基本标准》及国家有关规定，负责对射线装置、放射源或者非密封放射性物质管理的豁免出具备案证明文件。

第五十一条　已经取得辐射安全许可证的单位，使用低于《基本标准》规定豁免水平的射线装置、放射源或者少量非密封放射性物质的，经所在地省级人民政府环境保护主管部门备案后，可以被豁免管理。

前款所指单位提请所在地省级人民政府环境保护主管部门备案时，应当提交其使用的射线装置、放射源或者非密封放射性物质辐射水平低于《基本标准》豁免水平的证明材料。

第五十二条　符合下列条件之一的使用单位，报请所在地省级人民政府环境保护主管部门备案时，除提交本办法第五十一条第二款规定的证明材料外，还应当提交射线装置、放射源或者非密封放射性物质的使用量、使用条件、操作方式以及防护管理措施等情况的证明：

（一）已取得辐射安全许可证，使用较大批量低于《基本标准》规定豁免水平的非密封放射性物质的；

（二）未取得辐射安全许可证，使用低于《基本标准》规定豁免水平的射线装置、放射源以及非密封放射性物质的。

第五十三条　对装有超过《基本标准》规定豁免水平放射源的设备，经检测符合国家有关规定确定的辐射水平的，设备的生产或者进口单位向环境保护部报请备案后，该设备和相关转让、使用活动可以被豁免管理。

前款所指单位，报请环境保护部备案时，应当提交下列材料：

（一）辐射安全分析报告，包括活动正当性分析，放射源在设备中的结构，放射源的核素名称、活度、加工工艺和处置方式，对公众和环境的潜在辐射影响，以及可能的用户等内容。

（二）有相应资质的单位出具的证明设备符合《基本标准》有条件豁免要求的辐射水平检测报告。

第五十四条　省级人民政府环境保护主管部门应当将其出具的豁免备案证明文件，报环境保护部。

环境保护部对已获得豁免备案证明文件的活动或者活动中的射线装置、放射源或者非密封放射性物质定期公告。

经环境保护部公告的活动或者活动中的射线装置、放射源或者非密封放射性物质，在全国有效，可以不再逐一办理豁免备案证明文件。

第八章　法律责任

第五十五条　违反本办法规定，生产、销售、使用放射性同位素与射线装置的单位有下列行为之一的，由原辐射安全许可证发证机关给予警告，责令限期改正；逾期不改正的，处一万元以上三万元以下的罚款：

（一）未按规定对相关场所进行辐射监测的；

（二）未按规定时间报送安全和防护状况年度评估报告的；

（三）未按规定对辐射工作人员进行辐射安全培训的；

（四）未按规定开展个人剂量监测的；

（五）发现个人剂量监测结果异常，未进行核实与调查，并未将有关情况及时报告原辐射安全许可证发证机关的。

第五十六条　违反本办法规定，废旧放射源收贮单位有下列行为之一的，由省级以上人民政府环境保护主管部门责令停止违法行为，限期改正；逾期不改正的，由原发证机关收回辐射安全许可证：

（一）未按规定建立废旧放射源收贮台账和计算机管理系统的；

（二）未按规定对已收贮的废旧放射源进行统计，并将统计结果上报的。

第五十七条　违反本办法规定，废旧放射源收贮单位有下列行为之一的，依照《放射性同位素与射线装置安全和防护条例》第五十二条的有关规定，由县级以上人民政府环境保护主管部门责令停止违法行为，限期改正；逾期不改正的，责令停业或者由原发证机关吊销辐射安全许可证；有违法所得的，没收违法所得；违法所得十万元以上的，并处违法所得一倍以上五倍以下的罚款；没有违法所得或者违法所得不足十万元的，并处一万元以上十万元以下的罚款。

（一）未取得环境保护部颁发的使用（含收贮）辐射安全许可证，从事废旧放射源收贮的；

（二）未经批准，擅自转让已收贮入库废旧放射源的。

第五十八条　违反本办法规定，废旧金属回收熔炼企业未开展辐射监测或者发现辐射监测结果明显异常未如实报告的，由县级以上人民政府环境保护主管部门责令改正，处一万元以上三万元以下的罚款。

第五十九条　生产、销售、使用放射性同位素与射线装置的单位违反本办法的其他规定，按照《中华人民共和国放射性污染防治法》、《放射性同位素与射线装置安全和防护条例》以及其他相关法律法规的规定进行处罚。

第九章　附　则

第六十条　本办法下列用语的含义：

（一）废旧放射源，是指已超过生产单位或者有关标准规定的使用寿命，或者由于生产工艺的改变、生产产品的更改等因素致使不再用于初始目的的放射源。

（二）退役，是指采取去污、拆除和清除等措施，使核技术利用项目不再使用的场所或者设备的辐射剂量满足国家相关标准的要求，主管部门不再对这些核技术利用项目进行辐射安全与防护监管。

第六十一条　本办法自 2011 年 5 月 1 日起施行。

附件 1

受理编号：	
受理日期：	年　　月　　日

辐射安全许可证

申　请　表

申请文号：

申请单位　_____　　（盖章）

申请日期　_____

环境保护部制

填 表 说 明

一、申请表封面右上角框内内容由环境保护主管部门填写。

二、申请单位应如实填写，内容准确完整，涂改无效。所附材料均使用 A4 规格纸打印（宋体小 4 号）或复印，并加盖申请单位骑缝章。

三、申请活动的种类和范围

（一）申请活动种类分为生产、销售、使用。

（二）申请活动范围分为 I 类放射源、II 类放射源、III 类放射源、IV 类放射源、V 类放射源、I 类射线装置、II 类射线装置、III 类射线装置。

（三）申请活动种类和范围填写申请许可种类和申请许可范围的组合，如生产 I 类放射源和 II 类放射源，使用 I 类射线装置。

（四）特别的，生产、销售、使用非密封放射性物质的，申请活动种类和范围填写甲级非密封放射性物质工作场所、乙级非密封放射性物质工作场所或丙级非密封放射性物质工作场所。

建造 I 类射线装置的，填写销售（含建造）I 类射线装置。

四、"日等效最大操作量"、"最大等效年用量"、"工作场所等级"按照《电离辐射防护与辐射源安全基本标准》（GB18871-2002）确定。

五、辐射安全许可内容申请应按环境影响评价文件中的放射性同位素与射线装置生产、销售、使用设计规模和内容进行填写。

辐射工作单位基本情况

申请单位名称					
申请单位地址				邮　编	
工作场所	名称		地址		负责人	
	名称		地址		负责人	
	名称		地址		负责人	
法定代表人			身份证号码		
辐射安全与环境保护管理机构			负责人		
联　系　人			联系电话		
申请活动的种类和范围					

所附材料：（请在所提供材料前的□内打"√"）

□1. 企业法人营业执照或事业单位法人证正本复印件及法定代表人身份证复印件；

□2. 经审批的环境影响评价文件；

□3. 已有或拟有放射源和射线装置明细表；

□4. 满足《放射性同位素与射线装置安全许可管理办法》第十三条至第十六条相应规定的证明材料；

□5. 环境保护主管部门要求提供的其他资料：

_____

_____。

　　所附申报材料应按以上顺序排列，使用明显的标志区分，并装订成册。

　　法定代表人声明：本申请表所提供的全部资料均为真实信息。本人已熟悉《放射性同位素与射线装置安全和防护条例》（国务院令第449号）的要求，愿依法对本申请表的申请事项的安全和防护工作负责，并依法对其造成的放射性危害承担责任。

　　　　　　法定代表人签字：　　　　　　　　　日期：

辐射安全许可内容申请

（一）放射源
（本表按规划设计规模量填写）

规划装置名称	规划生产、销售、使用的放射性核素名称	规划生产、销售、使用的放射性核素类别	规划设计的放射性总活度（贝可）	活动种类	工作场所名称

辐射安全许可内容申请

（二）非密封放射性物质
（本表按规划设计规模量填写）

工作场所 名称	工作场所 等　级	规划设计的 放射性核素名称	规划设计的 日等效最大操作量 （贝可）	规划设计的 最大等效年用量 （贝可）	活动种类

辐射安全许可内容申请

（三）射线装置
（本表按规划设计规模量填写）

规划装置名　称	规划生产、销售、使用的射线装置类别	规划生产、销售、使用的射线装置数量	活动种类	工作场所名　称

辐射安全与环境保护管理机构及

专/兼职管理人员表

机构名称				电　话	
管理人员	姓　名	性别	职务或职称	工作部门	专/兼职
负责人					
负责人					
负责人					
成　员					
成　员					
成　员					
成　员					
成　员					
成　员					
成　员					
成　员					
成　员					
成　员					
成　员					
成　员					
成　员					
成　员					
成　员					

监测设备、报警仪器和辐射防护用品登记表

仪器名称	型 号	购置日期	仪 器 状 态	备 注
辐射防护用品 （含个人剂量 监测）				

辐射工作人员登记表

姓　名	性别	年龄	工作岗位	毕 业 学 校	学历及专业	辐射安全与防护培训时间	备　注

下一级环境保护行政主管部门意见：

（公章）

负责人：　　　　　　　　　　　　　　　年　　月　　日

经办人：　　　　　　　　　　　　　　　年　　月　　日

负责审批许可证的环境保护行政主管部门意见：

（公章）

负责人：　　　　　　　　　　　　　　　年　　月　　日

经办人：　　　　　　　　　　　　　　　年　　月　　日

附件 2

辐射安全许可证

　　根据《中华人民共和国放射性污染防治法》和《放射性同位素与射线装置安全和防护条例》等法律法规的规定，经审查准予在许可种类和范围内从事活动。

单位名称：

地　　址：

法定代表人：

证书编号：

种类和范围：

有效期：至　　　年　　月　　　日

发证机关：

发证日期：　　　　　　年 月　　　日

环境保护部制

辐射安全许可证副本

环境保护部制

填　写　说　明

一、本证由发证机关填写（正本尺寸为 25.7×36.4 厘米，副本采用大 32 开本，14×20.3 厘米）。

二、证书编号

证书编号形式为：A 环辐证[序列号]。A 为各省的简称，环境保护部简称国；序列号为 5 位。

三、种类和范围

（一）种类分为生产、销售、使用。

（二）正本内，范围分为Ⅰ类放射源、Ⅱ类放射源、Ⅲ类放射源、Ⅳ类放射源、Ⅴ类放射源、Ⅰ类射线装置、Ⅱ类射线装置、Ⅲ类射线装置。

副本内，范围写明放射源的核素名称、类别、总活度，非密封放射性物质工作场所级别、日等效最大操作量，射线装置的名称、类别、数量。

（三）正本内，种类和范围填写种类和范围的组合，如生产Ⅰ类放射源和Ⅱ类放射源，销售和使用Ⅱ类射线装置。

特别的，生产、销售、使用非密封放射性物质的，种类和范围填写甲级非密封放射性物质工作场所、乙级非密封放射性物质工作场所或丙级非密封放射性物质工作场所。

建造Ⅰ类射线装置的填写销售（含建造）Ⅰ类射线装置。

四、"日等效最大操作量"、"工作场所等级"按照《电离辐射防护与辐射源安全基本标准》（GB18871-2002）确定。

五、许可内容明细表做成活页。

辐射工作单位须知

一、本证由发证机关填写，禁止伪造、变造、转让。

二、单位名称、地址、法定代表人变更时，须办理证书变更手续；改变许可证规定的活动的种类或者范围，及新建或者改建、扩建生产、销售、使用设施或者场所的，需重新申领许可证；证书注销时，应交回原发证机关注销。

三、本证应妥善保管，防止遗失、损坏。发生遗失的，应当及时到所在地省级报刊上刊登遗失公告，并持公告到原发证机关申请补发。

四、原发证机关有权对违反国家法律、法规的辐射工作单位吊销本证。

　　根据《中华人民共和国放射性污染防治法》和《放射性同位素与射线装置安全和防护条例》等法律法规的规定，经审查准予在许可种类和范围内从事活动。

单位名称			
地　　址			
法定代表人			
身份证号码			
联系电话			
工作场所	名　称	地　　址	负责人
证书编号			
许可证条件			
发证日期	年　月　日（发证机关章）		
有效期	至　年　月　日		

活动种类和范围

（一）放射源

工作场所名称：_____

工作场所地址：_____

序　号	放射源名称	放射源类别	批准的总活度	活动种类

活动种类和范围

（二）非密封放射性物质

工作场所名称：_____

工作场所地址：_____

序号	工作场所等级	批准的日等效最大操作量	活动种类

活动种类和范围

（三）射线装置

工作场所名称：_____

工作场所地址：_____

序号	射线装置名称	射线装置类别	射线装置数量	活动种类

台 账 明 细 登 记

（一）放射源

序号	核素名称	出厂日期	出厂活度（贝可）	标　号	编　码	来源/去向		记录人	记录日期	审核人	审核日期
						来源					
						去向					
						来源					
						去向					
						来源					
						去向					
						来源					
						去向					
						来源					
						去向					

台 账 明 细 登 记

（二）非密封放射性物质

序号	核素名称	出厂日期	出厂活度（贝可）	用　途	来源/去向		记录人	记录日期	审核人	审核日期
					来源					
					去向					
					来源					
					去向					
					来源					
					去向					
					来源					
					去向					
					来源					
					去向					

台 账 明 细 登 记

（三）射线装置

序号	装置名称	规格型号	射线种类	类别	用　途	来源/去向		记录人	记录日期	审核人	审核日期
						来源					
						去向					
						来源					
						去向					
						来源					
						去向					
						来源					
						去向					
						来源					
						去向					

3.3 《放射性物品运输安全管理条例》

中华人民共和国国务院令

第 562 号

《放射性物品运输安全管理条例》已经 2009 年 9 月 7 日国务院第 80 次常务会议通过，现予公布，自 2010 年 1 月 1 日起施行。

总　理　温家宝

二〇〇九年九月十四日

放射性物品运输安全管理条例

第一章　总　则

第一条　为了加强对放射性物品运输的安全管理，保障人体健康，保护环境，促进核能、核技术的开发与和平利用，根据《中华人民共和国放射性污染防治法》，制定本条例。

第二条　放射性物品的运输和放射性物品运输容器的设计、制造等活动，适用本条例。

本条例所称放射性物品，是指含有放射性核素，并且其活度和比活度均高于国家规定的豁免值的物品。

第三条　根据放射性物品的特性及其对人体健康和环境的潜在危害程度，将放射性物品分为一类、二类和三类。

一类放射性物品，是指Ⅰ类放射源、高水平放射性废物、乏燃料等释放到环境后对人体健康和环境产生重大辐射影响的放射性物品。

二类放射性物品，是指Ⅱ类和Ⅲ类放射源、中等水平放射性废物等释放到环境后对人体健康和环境产生一般辐射影响的放射性物品。

三类放射性物品，是指Ⅳ类和Ⅴ类放射源、低水平放射性废物、放射性药品等释放到环境后对人体健康和环境产生较小辐射影响的放射性物品。

放射性物品的具体分类和名录，由国务院核安全监管部门会同国务院公安、卫生、海关、交通运输、铁路、民航、核工业行业主管部门制定。

第四条　国务院核安全监管部门对放射性物品运输的核与辐射安全实施监督管理。

国务院公安、交通运输、铁路、民航等有关主管部门依照本条例规定和各自的职责，负责放射性物品运输安全的有关监督管理工作。

县级以上地方人民政府环境保护主管部门和公安、交通运输等有关主管部门，依照本条例规定和各自的职责，负责本行政区域放射性物品运输安全的有关监督管理工作。

第五条　运输放射性物品，应当使用专用的放射性物品运输包装容器（以下简称运输容器）。

放射性物品的运输和放射性物品运输容器的设计、制造，应当符合国家放射性物品运输安全标准。

国家放射性物品运输安全标准，由国务院核安全监管部门制定，由国务院核安全监管部门和国务院标准化主管部门联合发布。国务院核安全监管部门制定国家放射性物品运输安全标准，应当征求国务院公安、卫生、交通运输、铁路、民航、核工业行业主管部门的意见。

第六条　放射性物品运输容器的设计、制造单位应当建立健全责任制度，加强质量管理，并对所从事的放射性物品运输容器的设计、制造活动负责。

放射性物品的托运人（以下简称托运人）应当制定核与辐射事故应急方案，在放射性物品运输中采取有效的辐射防护和安全保卫措施，并对放射性物品运输中的核与辐射安全负责。

第七条　任何单位和个人对违反本条例规定的行为，有权向国务院核安全监管部门或者其他依法履行放射性物品运输安全监督管理职责的部门举报。

接到举报的部门应当依法调查处理，并为举报人保密。

第二章　放射性物品运输容器的设计

第八条　放射性物品运输容器设计单位应当建立健全和有效实施质量保证体系，按照国家放射性物品运输安全标准进行设计，并通过试验验证或者分析论证等方式，对设计的放射性物品运输容器的安全性能进行评价。

第九条　放射性物品运输容器设计单位应当建立健全档案制度，按照质量保证体系的要求，如实记录放射性物品运输容器的设计和安全性能评价过程。

进行一类放射性物品运输容器设计，应当编制设计安全评价报告书；进行二类放射性物品运输容器设计，应当编制设计安全评价报告表。

第十条　一类放射性物品运输容器的设计，应当在首次用于制造前报国务院核安全监管部门审查批准。

申请批准一类放射性物品运输容器的设计，设计单位应当向国务院核安全监管部门提出书面申请，并提交下列材料：

（一）设计总图及其设计说明书；

（二）设计安全评价报告书；

（三）质量保证大纲。

第十一条　国务院核安全监管部门应当自受理申请之日起 45 个工作日内完成审查，对符合国家放射性物品运输安全标准的，颁发一类放射性物品运输容器设计批准书，并公告批准文号；对不符合国家放射性物品运输安全标准的，书面通知申请单位并说明理由。

第十二条　设计单位修改已批准的一类放射性物品运输容器设计中有关安全内容的，应当按照原申请程序向国务院核安全监管部门重新申请领取一类放射性物品运输容器设计批准书。

第十三条　二类放射性物品运输容器的设计，设计单位应当在首次用于制造前，将设计总图及其设计说明书、设计安全评价报告表报国务院核安全监管部门备案。

第十四条　三类放射性物品运输容器的设计，设计单位应当编制设计符合国家放射性物品运输安全标准的证明文件并存档备查。

第三章　放射性物品运输容器的制造与使用

第十五条　放射性物品运输容器制造单位，应当按照设计要求和国家放射性物品运输安全标准，对制造的放射性物品运输容器进行质量检验，编制质量检验报告。

未经质量检验或者经检验不合格的放射性物品运输容器，不得交付使用。

第十六条　从事一类放射性物品运输容器制造活动的单位，应当具备下列条件：

（一）有与所从事的制造活动相适应的专业技术人员；

（二）有与所从事的制造活动相适应的生产条件和检测手段；

（三）有健全的管理制度和完善的质量保证体系。

第十七条　从事一类放射性物品运输容器制造活动的单位，应当申请领取一类放射性物品运输容器制造许可证（以下简称制造许可证）。

申请领取制造许可证的单位，应当向国务院核安全监管部门提出书面申请，并提交其符合本条例第十六条规定条件的证明材料和申请制造的运输容器型号。

禁止无制造许可证或者超出制造许可证规定的范围从事一类放射性物品运输容器的制造活动。

第十八条　国务院核安全监管部门应当自受理申请之日起 45 个工作日内完成审查，对符合条件的，颁发制造许可证，并予以公告；对不符合条件的，书面通知申请单位并说明理由。

第十九条　制造许可证应当载明下列内容：

（一）制造单位名称、住所和法定代表人；

（二）许可制造的运输容器的型号；

（三）有效期限；

（四）发证机关、发证日期和证书编号。

第二十条　一类放射性物品运输容器制造单位变更单位名称、住所或者法定代表人的，应当自工商变更登记之日起 20 日内，向国务院核安全监管部门办理制造许可证变更手续。

一类放射性物品运输容器制造单位变更制造的运输容器型号的，应当按照原申请程序向国务院核安全监管部门重新申请领取制造许可证。

第二十一条　制造许可证有效期为 5 年。

制造许可证有效期届满，需要延续的，一类放射性物品运输容器制造单位应当于制造许可证有效期届满 6 个月前，向国务院核安全监管部门提出延续申请。

国务院核安全监管部门应当在制造许可证有效期届满前作出是否准予延续的决定。

第二十二条　从事二类放射性物品运输容器制造活动的单位，应当在首次制造活动开始30 日前，将其具备与所从事的制造活动相适应的专业技术人员、生产条件、检测手段，以及具有健全的管理制度和完善的质量保证体系的证明材料，报国务院核安全监管部门备案。

第二十三条　一类、二类放射性物品运输容器制造单位，应当按照国务院核安全监管部门制定的编码规则，对其制造的一类、二类放射性物品运输容器统一编码，并于每年 1 月 31日前将上一年度的运输容器编码清单报国务院核安全监管部门备案。

第二十四条　从事三类放射性物品运输容器制造活动的单位，应当于每年 1 月 31 日前将上一年度制造的运输容器的型号和数量报国务院核安全监管部门备案。

第二十五条　放射性物品运输容器使用单位应当对其使用的放射性物品运输容器定期进行保养和维护，并建立保养和维护档案；放射性物品运输容器达到设计使用年限，或者发现放射性物品运输容器存在安全隐患的，应当停止使用，进行处理。

一类放射性物品运输容器使用单位还应当对其使用的一类放射性物品运输容器每两年进行一次安全性能评价，并将评价结果报国务院核安全监管部门备案。

第二十六条　使用境外单位制造的一类放射性物品运输容器的，应当在首次使用前报国务院核安全监管部门审查批准。

申请使用境外单位制造的一类放射性物品运输容器的单位，应当向国务院核安全监管部门提出书面申请，并提交下列材料：

（一）设计单位所在国核安全监管部门颁发的设计批准文件的复印件；

（二）设计安全评价报告书；

（三）制造单位相关业绩的证明材料；

（四）质量合格证明；

（五）符合中华人民共和国法律、行政法规规定，以及国家放射性物品运输安全标准或者经国务院核安全监管部门认可的标准的说明材料。

国务院核安全监管部门应当自受理申请之日起 45 个工作日内完成审查，对符合国家放射性物品运输安全标准的，颁发使用批准书；对不符合国家放射性物品运输安全标准的，书面通知申请单位并说明理由。

第二十七条　使用境外单位制造的二类放射性物品运输容器的，应当在首次使用前将运输容器质量合格证明和符合中华人民共和国法律、行政法规规定，以及国家放射性物品运输安全标准或者经国务院核安全监管部门认可的标准的说明材料，报国务院核安全监管部门备案。

第二十八条　国务院核安全监管部门办理使用境外单位制造的一类、二类放射性物品运输容器审查批准和备案手续，应当同时为运输容器确定编码。

第四章　放射性物品的运输

第二十九条　托运放射性物品的，托运人应当持有生产、销售、使用或者处置放射性物品的有效证明，使用与所托运的放射性物品类别相适应的运输容器进行包装，配备必要的辐射监测设备、防护用品和防盗、防破坏设备，并编制运输说明书、核与辐射事故应急响应指南、装卸作业方法、安全防护指南。

运输说明书应当包括放射性物品的品名、数量、物理化学形态、危害风险等内容。

第三十条　托运一类放射性物品的，托运人应当委托有资质的辐射监测机构对其表面污染和辐射水平实施监测，辐射监测机构应当出具辐射监测报告。

托运二类、三类放射性物品的，托运人应当对其表面污染和辐射水平实施监测，并编制辐射监测报告。

监测结果不符合国家放射性物品运输安全标准的，不得托运。

第三十一条　承运放射性物品应当取得国家规定的运输资质。承运人的资质管理，依照有关法律、行政法规和国务院交通运输、铁路、民航、邮政主管部门的规定执行。

第三十二条　托运人和承运人应当对直接从事放射性物品运输的工作人员进行运输安全和应急响应知识的培训，并进行考核；考核不合格的，不得从事相关工作。

托运人和承运人应当按照国家放射性物品运输安全标准和国家有关规定，在放射性物品运输容器和运输工具上设置警示标志。

国家利用卫星定位系统对一类、二类放射性物品运输工具的运输过程实行在线监控。具体办法由国务院核安全监管部门会同国务院有关部门制定。

第三十三条　托运人和承运人应当按照国家职业病防治的有关规定，对直接从事放射性物品运输的工作人员进行个人剂量监测，建立个人剂量档案和职业健康监护档案。

第三十四条　托运人应当向承运人提交运输说明书、辐射监测报告、核与辐射事故应急响应指南、装卸作业方法、安全防护指南，承运人应当查验、收存。托运人提交文件不齐全的，承运人不得承运。

第三十五条　托运一类放射性物品的，托运人应当编制放射性物品运输的核与辐射安全分析报告书，报国务院核安全监管部门审查批准。

放射性物品运输的核与辐射安全分析报告书应当包括放射性物品的品名、数量、运输容器型号、运输方式、辐射防护措施、应急措施等内容。

国务院核安全监管部门应当自受理申请之日起 45 个工作日内完成审查，对符合国家放射性物品运输安全标准的，颁发核与辐射安全分析报告批准书；对不符合国家放射性物品运输安全标准的，书面通知申请单位并说明理由。

第三十六条　放射性物品运输的核与辐射安全分析报告批准书应当载明下列主要内容：

（一）托运人的名称、地址、法定代表人；

（二）运输放射性物品的品名、数量；

（三）运输放射性物品的运输容器型号和运输方式；

（四）批准日期和有效期限。

第三十七条　一类放射性物品启运前，托运人应当将放射性物品运输的核与辐射安全分析报告批准书、辐射监测报告，报启运地的省、自治区、直辖市人民政府环境保护主管部门备案。

收到备案材料的环境保护主管部门应当及时将有关情况通报放射性物品运输的途经地和抵达地的省、自治区、直辖市人民政府环境保护主管部门。

第三十八条　通过道路运输放射性物品的，应当经公安机关批准，按照指定的时间、路线、速度行驶，并悬挂警示标志，配备押运人员，使放射性物品处于押运人员的监管之下。

通过道路运输核反应堆乏燃料的，托运人应当报国务院公安部门批准。通过道路运输其他放射性物品的，托运人应当报启运地县级以上人民政府公安机关批准。具体办法由国务院公安部门商国务院核安全监管部门制定。

第三十九条　通过水路运输放射性物品的，按照水路危险货物运输的法律、行政法规和规章的有关规定执行。

通过铁路、航空运输放射性物品的，按照国务院铁路、民航主管部门的有关规定执行。

禁止邮寄一类、二类放射性物品。邮寄三类放射性物品的，按照国务院邮政管理部门的有关规定执行。

第四十条　生产、销售、使用或者处置放射性物品的单位，可以依照《中华人民共和国道路运输条例》的规定，向设区的市级人民政府道路运输管理机构申请非营业性道路危险货物运输资质，运输本单位的放射性物品，并承担本条例规定的托运人和承运人的义务。

申请放射性物品非营业性道路危险货物运输资质的单位，应当具备下列条件：

（一）持有生产、销售、使用或者处置放射性物品的有效证明；

（二）有符合本条例规定要求的放射性物品运输容器；

（三）有具备辐射防护与安全防护知识的专业技术人员和经考试合格的驾驶人员；

（四）有符合放射性物品运输安全防护要求，并经检测合格的运输工具、设施和设备；

（五）配备必要的防护用品和依法经定期检定合格的监测仪器；

（六）有运输安全和辐射防护管理规章制度以及核与辐射事故应急措施。

放射性物品非营业性道路危险货物运输资质的具体条件，由国务院交通运输主管部门会同国务院核安全监管部门制定。

第四十一条　一类放射性物品从境外运抵中华人民共和国境内，或者途经中华人民共和国境内运输的，托运人应当编制放射性物品运输的核与辐射安全分析报告书，报国务院核安全监管部门审查批准。审查批准程序依照本条例第三十五条第三款的规定执行。

二类、三类放射性物品从境外运抵中华人民共和国境内，或者途经中华人民共和国境内运输的，托运人应当编制放射性物品运输的辐射监测报告，报国务院核安全监管部门备案。

托运人、承运人或者其代理人向海关办理有关手续，应当提交国务院核安全监管部门颁发的放射性物品运输的核与辐射安全分析报告批准书或者放射性物品运输的辐射监测报告备案证明。

第四十二条　县级以上人民政府组织编制的突发环境事件应急预案，应当包括放射性物品运输中可能发生的核与辐射事故应急响应的内容。

第四十三条　放射性物品运输中发生核与辐射事故的，承运人、托运人应当按照核与辐射事故应急响应指南的要求，做好事故应急工作，并立即报告事故发生地的县级以上人民政府环境保护主管部门。接到报告的环境保护主管部门应当立即派人赶赴现场，进行现场调查，采取有效措施控制事故影响，并及时向本级人民政府报告，通报同级公安、卫生、交通运输等有关主管部门。

接到报告的县级以上人民政府及其有关主管部门应当按照应急预案做好应急工作，并按照国家突发事件分级报告的规定及时上报核与辐射事故信息。

核反应堆乏燃料运输的核事故应急准备与响应，还应当遵守国家核应急的有关规定。

第五章　监督检查

第四十四条　国务院核安全监管部门和其他依法履行放射性物品运输安全监督管理职责的部门，应当依据各自职责对放射性物品运输安全实施监督检查。

国务院核安全监管部门应当将其已批准或者备案的一类、二类、三类放射性物品运输容器的设计、制造情况和放射性物品运输情况通报设计、制造单位所在地和运输途经地的省、自治区、直辖市人民政府环境保护主管部门。省、自治区、直辖市人民政府环境保护主管部门应当加强对本行政区域放射性物品运输安全的监督检查和监督性监测。

被检查单位应当予以配合，如实反映情况，提供必要的资料，不得拒绝和阻碍。

第四十五条　国务院核安全监管部门和省、自治区、直辖市人民政府环境保护主管部门以及其他依法履行放射性物品运输安全监督管理职责的部门进行监督检查，监督检查人员不得少于 2 人，并应当出示有效的行政执法证件。

国务院核安全监管部门和省、自治区、直辖市人民政府环境保护主管部门以及其他依法履行放射性物品运输安全监督管理职责的部门的工作人员，对监督检查中知悉的商业秘密负有保密义务。

第四十六条　监督检查中发现经批准的一类放射性物品运输容器设计确有重大设计安全缺陷的，由国务院核安全监管部门责令停止该型号运输容器的制造或者使用，撤销一类放射性物品运输容器设计批准书。

第四十七条 监督检查中发现放射性物品运输活动有不符合国家放射性物品运输安全标准情形的，或者一类放射性物品运输容器制造单位有不符合制造许可证规定条件情形的，应当责令限期整改；发现放射性物品运输活动可能对人体健康和环境造成核与辐射危害的，应当责令停止运输。

第四十八条 国务院核安全监管部门和省、自治区、直辖市人民政府环境保护主管部门以及其他依法履行放射性物品运输安全监督管理职责的部门，对放射性物品运输活动实施监测，不得收取监测费用。

国务院核安全监管部门和省、自治区、直辖市人民政府环境保护主管部门以及其他依法履行放射性物品运输安全监督管理职责的部门，应当加强对监督管理人员辐射防护与安全防护知识的培训。

第六章   法律责任

第四十九条 国务院核安全监管部门和省、自治区、直辖市人民政府环境保护主管部门或者其他依法履行放射性物品运输安全监督管理职责的部门有下列行为之一的，对直接负责的主管人员和其他直接责任人员依法给予处分；直接负责的主管人员和其他直接责任人员构成犯罪的，依法追究刑事责任：

（一）未依照本条例规定作出行政许可或者办理批准文件的；

（二）发现违反本条例规定的行为不予查处，或者接到举报不依法处理的；

（三）未依法履行放射性物品运输核与辐射事故应急职责的；

（四）对放射性物品运输活动实施监测收取监测费用的；

（五）其他不依法履行监督管理职责的行为。

第五十条 放射性物品运输容器设计、制造单位有下列行为之一的，由国务院核安全监管部门责令停止违法行为，处 50 万元以上 100 万元以下的罚款；有违法所得的，没收违法所得：

（一）将未取得设计批准书的一类放射性物品运输容器设计用于制造的；

（二）修改已批准的一类放射性物品运输容器设计中有关安全内容，未重新取得设计批准书即用于制造的。

第五十一条 放射性物品运输容器设计、制造单位有下列行为之一的，由国务院核安全监管部门责令停止违法行为，处 5 万元以上 10 万元以下的罚款；有违法所得的，没收违法所得：

（一）将不符合国家放射性物品运输安全标准的二类、三类放射性物品运输容器设计用于制造的；

（二）将未备案的二类放射性物品运输容器设计用于制造的。

第五十二条 放射性物品运输容器设计单位有下列行为之一的，由国务院核安全监管部门责令限期改正；逾期不改正的，处 1 万元以上 5 万元以下的罚款：

（一）未对二类、三类放射性物品运输容器的设计进行安全性能评价的；

（二）未如实记录二类、三类放射性物品运输容器设计和安全性能评价过程的；

（三）未编制三类放射性物品运输容器设计符合国家放射性物品运输安全标准的证明文

件并存档备查的。

第五十三条　放射性物品运输容器制造单位有下列行为之一的，由国务院核安全监管部门责令停止违法行为，处 50 万元以上 100 万元以下的罚款；有违法所得的，没收违法所得：

（一）未取得制造许可证从事一类放射性物品运输容器制造活动的；

（二）制造许可证有效期届满，未按照规定办理延续手续，继续从事一类放射性物品运输容器制造活动的；

（三）超出制造许可证规定的范围从事一类放射性物品运输容器制造活动的；

（四）变更制造的一类放射性物品运输容器型号，未按照规定重新领取制造许可证的；

（五）将未经质量检验或者经检验不合格的一类放射性物品运输容器交付使用的。

有前款第（三）项、第（四）项和第（五）项行为之一，情节严重的，吊销制造许可证。

第五十四条　一类放射性物品运输容器制造单位变更单位名称、住所或者法定代表人，未依法办理制造许可证变更手续的，由国务院核安全监管部门责令限期改正；逾期不改正的，处 2 万元的罚款。

第五十五条　放射性物品运输容器制造单位有下列行为之一的，由国务院核安全监管部门责令停止违法行为，处 5 万元以上 10 万元以下的罚款；有违法所得的，没收违法所得：

（一）在二类放射性物品运输容器首次制造活动开始前，未按照规定将有关证明材料报国务院核安全监管部门备案的；

（二）将未经质量检验或者经检验不合格的二类、三类放射性物品运输容器交付使用的。

第五十六条　放射性物品运输容器制造单位有下列行为之一的，由国务院核安全监管部门责令限期改正；逾期不改正的，处 1 万元以上 5 万元以下的罚款：

（一）未按照规定对制造的一类、二类放射性物品运输容器统一编码的；

（二）未按照规定将制造的一类、二类放射性物品运输容器编码清单报国务院核安全监管部门备案的；

（三）未按照规定将制造的三类放射性物品运输容器的型号和数量报国务院核安全监管部门备案的。

第五十七条　放射性物品运输容器使用单位未按照规定对使用的一类放射性物品运输容器进行安全性能评价，或者未将评价结果报国务院核安全监管部门备案的，由国务院核安全监管部门责令限期改正；逾期不改正的，处 1 万元以上 5 万元以下的罚款。

第五十八条　未按照规定取得使用批准书使用境外单位制造的一类放射性物品运输容器的，由国务院核安全监管部门责令停止违法行为，处 50 万元以上 100 万元以下的罚款。

未按照规定办理备案手续使用境外单位制造的二类放射性物品运输容器的，由国务院核安全监管部门责令停止违法行为，处 5 万元以上 10 万元以下的罚款。

第五十九条　托运人未按照规定编制放射性物品运输说明书、核与辐射事故应急响应指南、装卸作业方法、安全防护指南的，由国务院核安全监管部门责令限期改正；逾期不改正的，处 1 万元以上 5 万元以下的罚款。

托运人未按照规定将放射性物品运输的核与辐射安全分析报告批准书、辐射监测报告备案的，由启运地的省、自治区、直辖市人民政府环境保护主管部门责令限期改正；逾期不改正的，处 1 万元以上 5 万元以下的罚款。

第六十条　托运人或者承运人在放射性物品运输活动中，有违反有关法律、行政法规关于危险货物运输管理规定行为的，由交通运输、铁路、民航等有关主管部门依法予以处罚。

违反有关法律、行政法规规定邮寄放射性物品的，由公安机关和邮政管理部门依法予以处罚。在邮寄进境物品中发现放射性物品的，由海关依照有关法律、行政法规的规定处理。

第六十一条 托运人未取得放射性物品运输的核与辐射安全分析报告批准书托运一类放射性物品的，由国务院核安全监管部门责令停止违法行为，处 50 万元以上 100 万元以下的罚款。

第六十二条 通过道路运输放射性物品，有下列行为之一的，由公安机关责令限期改正，处 2 万元以上 10 万元以下的罚款；构成犯罪的，依法追究刑事责任：

（一）未经公安机关批准通过道路运输放射性物品的；

（二）运输车辆未按照指定的时间、路线、速度行驶或者未悬挂警示标志的；

（三）未配备押运人员或者放射性物品脱离押运人员监管的。

第六十三条 托运人有下列行为之一的，由启运地的省、自治区、直辖市人民政府环境保护主管部门责令停止违法行为，处 5 万元以上 20 万元以下的罚款：

（一）未按照规定对托运的放射性物品表面污染和辐射水平实施监测的；

（二）将经监测不符合国家放射性物品运输安全标准的放射性物品交付托运的；

（三）出具虚假辐射监测报告的。

第六十四条 未取得放射性物品运输的核与辐射安全分析报告批准书或者放射性物品运输的辐射监测报告备案证明，将境外的放射性物品运抵中华人民共和国境内，或者途经中华人民共和国境内运输的，由海关责令托运人退运该放射性物品，并依照海关法律、行政法规给予处罚；构成犯罪的，依法追究刑事责任。托运人不明的，由承运人承担退运该放射性物品的责任，或者承担该放射性物品的处置费用。

第六十五条 违反本条例规定，在放射性物品运输中造成核与辐射事故的，由县级以上地方人民政府环境保护主管部门处以罚款，罚款数额按照核与辐射事故造成的直接损失的 20%计算；构成犯罪的，依法追究刑事责任。

托运人、承运人未按照核与辐射事故应急响应指南的要求，做好事故应急工作并报告事故的，由县级以上地方人民政府环境保护主管部门处 5 万元以上 20 万元以下的罚款。

因核与辐射事故造成他人损害的，依法承担民事责任。

第六十六条 拒绝、阻碍国务院核安全监管部门或者其他依法履行放射性物品运输安全监督管理职责的部门进行监督检查，或者在接受监督检查时弄虚作假的，由监督检查部门责令改正，处 1 万元以上 2 万元以下的罚款；构成违反治安管理行为的，由公安机关依法给予治安管理处罚；构成犯罪的，依法追究刑事责任。

第七章 附 则

第六十七条 军用放射性物品运输安全的监督管理，依照《中华人民共和国放射性污染防治法》第六十条的规定执行。

第六十八条 本条例自 2010 年 1 月 1 日起施行。

五、危险废弃物的相关法规

1.《废弃危险化学品污染环境防治办法》

国家环境保护总局令

第 27 号

《废弃危险化学品污染环境防治办法》已于 2005 年 8 月 18 日由国家环境保护总局 2005 年第十四次局务会议通过，现予公布，自 2005 年 10 月 1 日起施行。

局 长 解振华

二〇〇五年八月三十日

废弃危险化学品污染环境防治办法

第一条 为了防治废弃危险化学品污染环境，根据《固体废物污染环境防治法》、《危险化学品安全管理条例》和有关法律、法规，制定本办法。

第二条 本办法所称废弃危险化学品，是指未经使用而被所有人抛弃或者放弃的危险化学品，淘汰、伪劣、过期、失效的危险化学品，由公安、海关、质检、工商、农业、安全监管、环保等主管部门在行政管理活动中依法收缴的危险化学品以及接收的公众上交的危险化学品。

废弃危险化学品属于危险废物，列入国家危险废物名录。

第三条 本办法适用于中华人民共和国境内废弃危险化学品的产生、收集、运输、贮存、利用、处置活动污染环境的防治。

实验室产生的废弃试剂、药品污染环境的防治，也适用本办法。

盛装废弃危险化学品的容器和受废弃危险化学品污染的包装物，按照危险废物进行管理。

本办法未作规定的，适用有关法律、行政法规的规定。

第四条 废弃危险化学品污染环境的防治，实行减少废弃危险化学品的产生量、安全合理利用废弃危险化学品和无害化处置废弃危险化学品的原则。

第五条 国家鼓励、支持采取有利于废弃危险化学品回收利用活动的经济、技术政策和措施，对废弃危险化学品实行充分回收和安全合理利用。

国家鼓励、支持集中处置废弃危险化学品，促进废弃危险化学品污染防治产业化发展。

第六条 国务院环境保护部门对全国废弃危险化学品污染环境的防治工作实施统一监督管理。

县级以上地方环境保护部门对本行政区域内废弃危险化学品污染环境的防治工作实施监督管理。

第七条 禁止任何单位或者个人随意弃置废弃危险化学品。

第八条 危险化学品生产者、进口者、销售者、使用者对废弃危险化学品承担污染防治责任。

危险化学品生产者应当合理安排生产项目和规模，遵守国家有关产业政策和环境政策，尽量减少废弃危险化学品的产生量。

危险化学品生产者负责自行或者委托有相应经营类别和经营规模的持有危险废物经营许可证的单位，对废弃危险化学品进行回收、利用、处置。

危险化学品进口者、销售者、使用者负责委托有相应经营类别和经营规模的持有危险废物经营许可证的单位，对废弃危险化学品进行回收、利用、处置。

危险化学品生产者、进口者、销售者负责向使用者和公众提供废弃危险化学品回收、利用、处置单位和回收、利用、处置方法的信息。

第九条 产生废弃危险化学品的单位，应当建立危险化学品报废管理制度，制定废弃危险化学品管理计划并依法报环境保护部门备案，建立废弃危险化学品的信息登记档案。

产生废弃危险化学品的单位应当依法向所在地县级以上地方环境保护部门申报废弃危险化学品的种类、品名、成份或组成、特性、产生量、流向、贮存、利用、处置情况、化学品安全技术说明书等信息。

前款事项发生重大改变的，应当及时进行变更申报。

第十条 省级环境保护部门应当建立废弃危险化学品信息交换平台，促进废弃危险化学品的回收和安全合理利用。

第十一条 从事收集、贮存、利用、处置废弃危险化学品经营活动的单位，应当按照国家有关规定向所在地省级以上环境保护部门申领危险废物经营许可证。

危险化学品生产单位回收利用、处置与其产品同种的废弃危险化学品的，应当向所在地省级以上环境保护部门申领危险废物经营许可证，并提供符合下列条件的证明材料：

（一）具备相应的生产能力和完善的管理制度；

（二）具备回收利用、处置该种危险化学品的设施、技术和工艺；

（三）具备国家或者地方环境保护标准和安全要求的配套污染防治设施和事故应急救援措施。

禁止无危险废物经营许可证或者不按照经营许可证规定从事废弃危险化学品收集、贮存、利用、处置的经营活动。

第十二条 回收、利用废弃危险化学品的单位，必须保证回收、利用废弃危险化学品的设施、设备和场所符合国家环境保护有关法律法规及标准的要求，防止产生二次污染；对不能利用的废弃危险化学品，应当按照国家有关规定进行无害化处置或者承担处置费用。

第十三条 产生废弃危险化学品的单位委托持有危险废物经营许可证的单位收集、贮存、利用、处置废弃危险化学品的，应当向其提供废弃危险化学品的品名、数量、成分或组成、特性、化学品安全技术说明书等技术资料。

接收单位应当对接收的废弃危险化学品进行核实；未经核实的，不得处置；经核实不符的，应当在确定其品种、成分、特性后再进行处置。

禁止将废弃危险化学品提供或者委托给无危险废物经营许可证的单位从事收集、贮存、利用、处置等经营活动。

第十四条 危险化学品的生产、储存、使用单位转产、停产、停业或者解散的，应当按照《危险化学品安全管理条例》有关规定对危险化学品的生产或者储存设备、库存产品及生产原料进行妥善处置，并按照国家有关环境保护标准和规范，对厂区的土壤和地下水进行检测，编制环境风险评估报告，报县级以上环境保护部门备案。

对场地造成污染的，应当将环境恢复方案报经县级以上环境保护部门同意后，在环境保护部门规定的期限内对污染场地进行环境恢复。对污染场地完成环境恢复后，应当委托环境保护检测机构对恢复后的场地进行检测，并将检测报告报县级以上环境保护部门备案。

第十五条 对废弃危险化学品的容器和包装物以及收集、贮存、运输、处置废弃危险化学品的设施、场所，必须设置危险废物识别标志。

第十六条 转移废弃危险化学品的，应当按照国家有关规定填报危险废物转移联单；跨设区的市级以上行政区域转移的，并应当依法报经移出地设区的市级以上环境保护部门批准后方可转移。

第十七条 公安、海关、质检、工商、农业、安全监管、环保等主管部门在行政管理活动中依法收缴或者接收的废弃危险化学品，应当委托有相应经营类别和经营规模的持有危险废物经营许可证的单位进行回收、利用、处置。

对收缴的废弃危险化学品有明确责任人的，处置费用由责任人承担，由收缴的行政管理部门负责追缴；对收缴的废弃危险化学品无明确责任人或者责任人无能力承担处置费用的，以及接收的公众上交的废弃危险化学品，由收缴的行政管理部门负责向本级财政申请处置费用。

第十八条 产生、收集、贮存、运输、利用、处置废弃危险化学品的单位，其主要负责人必须保证本单位废弃危险化学品的管理符合有关法律、法规、规章的规定和国家标准的要求，并对本单位废弃危险化学品的环境安全负责。

从事废弃危险化学品收集、贮存、运输、利用、处置活动的人员，必须接受有关环境保护法律法规、专业技术和应急救援等方面的培训，方可从事该项工作。

第十九条 产生、收集、贮存、运输、利用、处置废弃危险化学品的单位，应当制定废弃危险化学品突发环境事件应急预案报县级以上环境保护部门备案，建设或配备必要的环境应急设施和设备，并定期进行演练。

发生废弃危险化学品事故时，事故责任单位应当立即采取措施消除或者减轻对环境的污染危害，及时通报可能受到污染危害的单位和居民，并按照国家有关事故报告程序的规定，向所在地县级以上环境保护部门和有关部门报告，接受调查处理。

第二十条 县级以上环境保护部门有权对本行政区域内产生、收集、贮存、运输、利用、处置废弃危险化学品的单位进行监督检查，发现有违反本办法行为的，应当责令其限期整改。检查情况和处理结果应当予以记录，并由检查人员签字后归档。

被检查单位应当接受检查机关依法实施的监督检查，如实反映情况，提供必要的资料，不得拒绝、阻挠。

第二十一条 县级以上环境保护部门违反本办法规定，不依法履行监督管理职责的，由本级人民政府或者上一级环境保护部门依据《固体废物污染环境防治法》第六十七条规定，责令改正，对负有责任的主管人员和其他直接责任人员依法给予行政处分；构成犯罪的，依法追究刑事责任。

第二十二条 违反本办法规定，有下列行为之一的，由县级以上环境保护部门依据《固体废物污染环境防治法》第七十五条规定予以处罚：

（一）随意弃置废弃危险化学品的；

（二）不按规定申报登记废弃危险化学品，或者在申报登记时弄虚作假的；

（三）将废弃危险化学品提供或者委托给无危险废物经营许可证的单位从事收集、贮存、利用、处置经营活动的；

（四）不按照国家有关规定填写危险废物转移联单或未经批准擅自转移废弃危险化学品的；

（五）未设置危险废物识别标志的；

（六）未制定废弃危险化学品突发环境事件应急预案的。

第二十三条　违反本办法规定的，不处置其产生的废弃危险化学品或者不承担处置费用的，由县级以上环境保护部门依据《固体废物污染环境防治法》第七十六条规定予以处罚。

第二十四条　违反本办法规定，无危险废物经营许可证或者不按危险废物经营许可证从事废弃危险化学品收集、贮存、利用和处置经营活动的，由县级以上环境保护部门依据《固体废物污染环境防治法》第七十七条规定予以处罚。

第二十五条　危险化学品的生产、储存、使用单位在转产、停产、停业或者解散时，违反本办法规定，有下列行为之一的，由县级以上环境保护部门责令限期改正，处以 1 万元以上 3 万元以下罚款：

（一）未按照国家有关环境保护标准和规范对厂区的土壤和地下水进行检测的；

（二）未编制环境风险评估报告并报县级以上环境保护部门备案的；

（三）未将环境恢复方案报经县级以上环境保护部门同意进行环境恢复的；

（四）未将环境恢复后的检测报告报县级以上环境保护部门备案的。

第二十六条　违反本办法规定，造成废弃危险化学品严重污染环境的，由县级以上环境保护部门依据《固体废物污染环境防治法》第八十一条规定决定限期治理，逾期未完成治理任务的，由本级人民政府决定停业或者关闭。

造成环境污染事故的，依据《固体废物污染环境防治法》第八十二条规定予以处罚；构成犯罪的，依法追究刑事责任。

第二十七条　违反本办法规定，拒绝、阻挠环境保护部门现场检查的，由执行现场检查的部门责令限期改正；拒不改正或者在检查时弄虚作假的，由县级以上环境保护部门依据《固体废物污染环境防治法》第七十条规定予以处罚。

第二十八条　当事人逾期不履行行政处罚决定的，作出行政处罚决定的环境保护部门可以采取下列措施：

（一）到期不缴纳罚款的，每日按罚款数额的 3%加处罚款；

（二）申请人民法院强制执行。

第二十九条　本办法自 2005 年 10 月 1 日起施行。

2.《危险废物经营许可证管理办法》

中华人民共和国国务院令

第 408 号

《危险废物经营许可证管理办法》已经 2004 年 5 月 19 日国务院第 50 次常务会议通过，现予公布，自 2004 年 7 月 1 日起施行。

总　理　温家宝

二〇〇四年五月三十日

危险废物经营许可证管理办法

第一章　总　则

第一条　为了加强对危险废物收集、贮存和处置经营活动的监督管理，防治危险废物污染环境，根据《中华人民共和国固体废物污染环境防治法》，制定本办法。

第二条　在中华人民共和国境内从事危险废物收集、贮存、处置经营活动的单位，应当依照本办法的规定，领取危险废物经营许可证。

第三条　危险废物经营许可证按照经营方式，分为危险废物收集、贮存、处置综合经营许可证和危险废物收集经营许可证。

领取危险废物综合经营许可证的单位，可以从事各类别危险废物的收集、贮存、处置经营活动；领取危险废物收集经营许可证的单位，只能从事机动车维修活动中产生的废矿物油和居民日常生活中产生的废镉镍电池的危险废物收集经营活动。

第四条　县级以上人民政府环境保护主管部门依照本办法的规定，负责危险废物经营许可证的审批颁发与监督管理工作。

第二章　申请领取危险废物经营许可证的条件

第五条　申请领取危险废物收集、贮存、处置综合经营许可证，应当具备下列条件：

（一）有 3 名以上环境工程专业或者相关专业中级以上职称，并有 3 年以上固体废物污染治理经历的技术人员；

（二）有符合国务院交通主管部门有关危险货物运输安全要求的运输工具；

（三）有符合国家或者地方环境保护标准和安全要求的包装工具，中转和临时存放设施、设备以及经验收合格的贮存设施、设备；

（四）有符合国家或者省、自治区、直辖市危险废物处置设施建设规划，符合国家或者地方环境保护标准和安全要求的处置设施、设备和配套的污染防治设施；其中，医疗废物集中处置设施，还应当符合国家有关医疗废物处置的卫生标准和要求；

（五）有与所经营的危险废物类别相适应的处置技术和工艺；

（六）有保证危险废物经营安全的规章制度、污染防治措施和事故应急救援措施；

（七）以填埋方式处置危险废物的，应当依法取得填埋场所的土地使用权。

第六条　申请领取危险废物收集经营许可证，应当具备下列条件：

（一）有防雨、防渗的运输工具；

（二）有符合国家或者地方环境保护标准和安全要求的包装工具，中转和临时存放设施、设备；

（三）有保证危险废物经营安全的规章制度、污染防治措施和事故应急救援措施。

第三章　申请领取危险废物经营许可证的程序

第七条　国家对危险废物经营许可证实行分级审批颁发。

下列单位的危险废物经营许可证，由国务院环境保护主管部门审批颁发：

（一）年焚烧 1 万吨以上危险废物的；

（二）处置含多氯联苯、汞等对环境和人体健康威胁极大的危险废物的；

（三）利用列入国家危险废物处置设施建设规划的综合性集中处置设施处置危险废物的。

医疗废物集中处置单位的危险废物经营许可证，由医疗废物集中处置设施所在地设区的市级人民政府环境保护主管部门审批颁发。

危险废物收集经营许可证，由县级人民政府环境保护主管部门审批颁发。

本条第二款、第三款、第四款规定之外的危险废物经营许可证，由省、自治区、直辖市人民政府环境保护主管部门审批颁发。

第八条　申请领取危险废物经营许可证的单位，应当在从事危险废物经营活动前向发证机关提出申请，并附具本办法第五条或者第六条规定条件的证明材料。

第九条　发证机关应当自受理申请之日起 20 个工作日内，对申请单位提交的证明材料进行审查，并对申请单位的经营设施进行现场核查。符合条件的，颁发危险废物经营许可证，并予以公告；不符合条件的，书面通知申请单位并说明理由。

发证机关在颁发危险废物经营许可证前，可以根据实际需要征求卫生、城乡规划等有关主管部门和专家的意见。

申请单位凭危险废物经营许可证向工商管理部门办理登记注册手续。

第十条　危险废物经营许可证包括下列主要内容：

（一）法人名称、法定代表人、住所；

（二）危险废物经营方式；

（三）危险废物类别；

（四）年经营规模；

（五）有效期限；

（六）发证日期和证书编号。

危险废物综合经营许可证的内容，还应当包括贮存、处置设施的地址。

第十一条　危险废物经营单位变更法人名称、法定代表人和住所的，应当自工商变更登记之日起 15 个工作日内，向原发证机关申请办理危险废物经营许可证变更手续。

第十二条　有下列情形之一的，危险废物经营单位应当按照原申请程序，重新申请领取危险废物经营许可证：

（一）改变危险废物经营方式的；

（二）增加危险废物类别的；

（三）新建或者改建、扩建原有危险废物经营设施的；

（四）经营危险废物超过原批准年经营规模 20%以上的。

第十三条　危险废物综合经营许可证有效期为 5 年；危险废物收集经营许可证有效期为 3 年。

危险废物经营许可证有效期届满，危险废物经营单位继续从事危险废物经营活动的，应当于危险废物经营许可证有效期届满 30 个工作日前向原发证机关提出换证申请。原发证机关应当自受理换证申请之日起 20 个工作日内进行审查，符合条件的，予以换证；不符合条件的，书面通知申请单位并说明理由。

第十四条　危险废物经营单位终止从事收集、贮存、处置危险废物经营活动的，应当对经营设施、场所采取污染防治措施，并对未处置的危险废物作出妥善处理。

危险废物经营单位应当在采取前款规定措施之日起 20 个工作日内向原发证机关提出注销申请，由原发证机关进行现场核查合格后注销危险废物经营许可证。

第十五条　禁止无经营许可证或者不按照经营许可证规定从事危险废物收集、贮存、处置经营活动。

禁止从中华人民共和国境外进口或者经中华人民共和国过境转移电子类危险废物。

禁止将危险废物提供或者委托给无经营许可证的单位从事收集、贮存、处置经营活动。

禁止伪造、变造、转让危险废物经营许可证。

第四章　监督管理

第十六条　县级以上地方人民政府环境保护主管部门应当于每年 3 月 31 日前将上一年度危险废物经营许可证颁发情况报上一级人民政府环境保护主管部门备案。

上级环境保护主管部门应当加强对下级环境保护主管部门审批颁发危险废物经营许可证情况的监督检查，及时纠正下级环境保护主管部门审批颁发危险废物经营许可证过程中的违法行为。

第十七条　县级以上人民政府环境保护主管部门应当通过书面核查和实地检查等方式，加强对危险废物经营单位的监督检查，并将监督检查情况和处理结果予以记录，由监督检查人员签字后归档。

公众有权查阅县级以上人民政府环境保护主管部门的监督检查记录。

县级以上人民政府环境保护主管部门发现危险废物经营单位在经营活动中有不符合原发证条件的情形的，应当责令其限期整改。

第十八条　县级以上人民政府环境保护主管部门有权要求危险废物经营单位定期报告危险废物经营活动情况。危险废物经营单位应当建立危险废物经营情况记录簿，如实记载收集、贮存、处置危险废物的类别、来源、去向和有无事故等事项。

危险废物经营单位应当将危险废物经营情况记录簿保存 10 年以上，以填埋方式处置危险废物的经营情况记录簿应当永久保存。终止经营活动的，应当将危险废物经营情况记录簿移交所在地县级以上地方人民政府环境保护主管部门存档管理。

第十九条　县级以上人民政府环境保护主管部门应当建立、健全危险废物经营许可证的档案管理制度，并定期向社会公布审批颁发危险废物经营许可证的情况。

第二十条　领取危险废物收集经营许可证的单位，应当与处置单位签订接收合同，并将收集的废矿物油和废镉镍电池在 90 个工作日内提供或者委托给处置单位进行处置。

第二十一条　危险废物的经营设施在废弃或者改作其他用途前，应当进行无害化处理。

填埋危险废物的经营设施服役期届满后，危险废物经营单位应当按照有关规定对填埋过危险废物的土地采取封闭措施，并在划定的封闭区域设置永久性标记。

第五章　法律责任

第二十二条　违反本办法第十一条规定的，由县级以上地方人民政府环境保护主管部门责令限期改正，给予警告；逾期不改正的，由原发证机关暂扣危险废物经营许可证。

第二十三条　违反本办法第十二条、第十三条第二款规定的，由县级以上地方人民政府环境保护主管部门责令停止违法行为；有违法所得的，没收违法所得；违法所得超过 10 万元的，并处违法所得 1 倍以上 2 倍以下的罚款；没有违法所得或者违法所得不足 10 万元的，处 5 万元以上 10 万元以下的罚款。

第二十四条　违反本办法第十四条第一款、第二十一条规定的，由县级以上地方人民政府环境保护主管部门责令限期改正；逾期不改正的，处 5 万元以上 10 万元以下的罚款；造成污染事故，构成犯罪的，依法追究刑事责任。

第二十五条　违反本办法第十五条第一款、第二款、第三款规定的，依照《中华人民共和国固体废物污染环境防治法》的规定予以处罚。

违反本办法第十五条第四款规定的，由县级以上地方人民政府环境保护主管部门收缴危险废物经营许可证或者由原发证机关吊销危险废物经营许可证，并处 5 万元以上 10 万元以下的罚款；构成犯罪的，依法追究刑事责任。

第二十六条　违反本办法第十八条规定的，由县级以上地方人民政府环境保护主管部门责令限期改正，给予警告；逾期不改正的，由原发证机关暂扣或者吊销危险废物经营许可证。

第二十七条　违反本办法第二十条规定的，由县级以上地方人民政府环境保护主管部门责令限期改正，给予警告；逾期不改正的，处 1 万元以上 5 万元以下的罚款，并可以由原发证机关暂扣或者吊销危险废物经营许可证。

第二十八条　危险废物经营单位被责令限期整改，逾期不整改或者经整改仍不符合原发证条件的，由原发证机关暂扣或者吊销危险废物经营许可证。

第二十九条　环境保护主管部门依照本办法规定作出吊销或者收缴危险废物经营许可证的同时，应当通知工商管理部门，由工商管理部门依法吊销营业执照。

被依法吊销或者收缴危险废物经营许可证的单位，5 年内不得再申请领取危险废物经营许可证。

第三十条　县级以上人民政府环境保护主管部门的工作人员，有下列行为之一的，依法给予行政处分；构成犯罪的，依法追究刑事责任：

（一）向不符合本办法规定条件的单位颁发危险废物经营许可证的；

（二）发现未依法取得危险废物经营许可证的单位和个人擅自从事危险废物经营活动不予查处或者接到举报后不依法处理的；

（三）对依法取得危险废物经营许可证的单位不履行监督管理职责或者发现违反本办法规定的行为不予查处的；

（四）在危险废物经营许可证管理工作中有其他渎职行为的。

第六章　附　则

第三十一条　本办法下列用语的含义：

（一）危险废物，是指列入国家危险废物名录或者根据国家规定的危险废物鉴别标准和鉴别方法认定的具有危险性的废物。

（二）收集，是指危险废物经营单位将分散的危险废物进行集中的活动。

（三）贮存，是指危险废物经营单位在危险废物处置前，将其放置在符合环境保护标准的场所或者设施中，以及为了将分散的危险废物进行集中，在自备的临时设施或者场所每批置放重量超过 5000 千克或者置放时间超过 90 个工作日的活动。

（四）处置，是指危险废物经营单位将危险废物焚烧、煅烧、熔融、烧结、裂解、中和、消毒、蒸馏、萃取、沉淀、过滤、拆解以及用其他改变危险废物物理、化学、生物特性的方法，达到减少危险废物数量、缩小危险废物体积、减少或者消除其危险成分的活动，或者将危险废物最终置于符合环境保护规定要求的场所或者设施并不再回取的活动。

第三十二条 本办法施行前，依照地方性法规、规章或者其他文件的规定已经取得危险废物经营许可证的单位，应当在原危险废物经营许可证有效期届满 30 个工作日前，依照本办法的规定重新申请领取危险废物经营许可证。逾期不办理的，不得继续从事危险废物经营活动。

第三十三条 本办法自 2004 年 7 月 1 日起施行。

3.《放射性废物安全管理条例》

中华人民共和国国务院令
第 612 号

《放射性废物安全管理条例》已经 2011 年 11 月 30 日国务院第 183 次常务会议通过，现予公布，自 2012 年 3 月 1 日起施行。

总　理　温家宝
二〇一一年十二月二十日

放射性废物安全管理条例

第一章　总　则

第一条 为了加强对放射性废物的安全管理，保护环境，保障人体健康，根据《中华人民共和国放射性污染防治法》，制定本条例。

第二条 本条例所称放射性废物，是指含有放射性核素或者被放射性核素污染，其放射性核素浓度或者比活度大于国家确定的清洁解控水平，预期不再使用的废弃物。

第三条 放射性废物的处理、贮存和处置及其监督管理等活动，适用本条例。

本条例所称处理，是指为了能够安全和经济地运输、贮存、处置放射性废物，通过净化、浓缩、固化、压缩和包装等手段，改变放射性废物的属性、形态和体积的活动。

本条例所称贮存，是指将废旧放射源和其他放射性固体废物临时放置于专门建造的设施内进行保管的活动。

本条例所称处置，是指将废旧放射源和其他放射性固体废物最终放置于专门建造的设施内并不再回取的活动。

第四条 放射性废物的安全管理，应当坚持减量化、无害化和妥善处置、永久安全的原则。

第五条 国务院环境保护主管部门统一负责全国放射性废物的安全监督管理工作。

国务院核工业行业主管部门和其他有关部门，依照本条例的规定和各自的职责负责放射性废物的有关管理工作。

县级以上地方人民政府环境保护主管部门和其他有关部门依照本条例的规定和各自的职责负责本行政区域放射性废物的有关管理工作。

第六条　国家对放射性废物实行分类管理。

根据放射性废物的特性及其对人体健康和环境的潜在危害程度，将放射性废物分为高水平放射性废物、中水平放射性废物和低水平放射性废物。

第七条　放射性废物的处理、贮存和处置活动，应当遵守国家有关放射性污染防治标准和国务院环境保护主管部门的规定。

第八条　国务院环境保护主管部门会同国务院核工业行业主管部门和其他有关部门建立全国放射性废物管理信息系统，实现信息共享。

国家鼓励、支持放射性废物安全管理的科学研究和技术开发利用，推广先进的放射性废物安全管理技术。

第九条　任何单位和个人对违反本条例规定的行为，有权向县级以上人民政府环境保护主管部门或者其他有关部门举报。接到举报的部门应当及时调查处理，并为举报人保密；经调查情况属实的，对举报人给予奖励。

<h3 style="text-align:center">第二章　放射性废物的处理和贮存</h3>

第十条　核设施营运单位应当将其产生的不能回收利用并不能返回原生产单位或者出口方的废旧放射源（以下简称废旧放射源），送交取得相应许可证的放射性固体废物贮存单位集中贮存，或者直接送交取得相应许可证的放射性固体废物处置单位处置。

核设施营运单位应当对其产生的除废旧放射源以外的放射性固体废物和不能经净化排放的放射性废液进行处理，使其转变为稳定的、标准化的固体废物后自行贮存，并及时送交取得相应许可证的放射性固体废物处置单位处置。

第十一条　核技术利用单位应当对其产生的不能经净化排放的放射性废液进行处理，转变为放射性固体废物。

核技术利用单位应当及时将其产生的废旧放射源和其他放射性固体废物，送交取得相应许可证的放射性固体废物贮存单位集中贮存，或者直接送交取得相应许可证的放射性固体废物处置单位处置。

第十二条　专门从事放射性固体废物贮存活动的单位，应当符合下列条件，并依照本条例的规定申请领取放射性固体废物贮存许可证：

（一）有法人资格；

（二）有能保证贮存设施安全运行的组织机构和 3 名以上放射性废物管理、辐射防护、环境监测方面的专业技术人员，其中至少有 1 名注册核安全工程师；

（三）有符合国家有关放射性污染防治标准和国务院环境保护主管部门规定的放射性固体废物接收、贮存设施和场所，以及放射性检测、辐射防护与环境监测设备；

（四）有健全的管理制度以及符合核安全监督管理要求的质量保证体系，包括质量保证大纲、贮存设施运行监测计划、辐射环境监测计划和应急方案等。

核设施营运单位利用与核设施配套建设的贮存设施，贮存本单位产生的放射性固体废物的，不需要申请领取贮存许可证；贮存其他单位产生的放射性固体废物的，应当依照本条例的规定申请领取贮存许可证。

第十三条　申请领取放射性固体废物贮存许可证的单位，应当向国务院环境保护主管部门提出书面申请，并提交其符合本条例第十二条规定条件的证明材料。

　　国务院环境保护主管部门应当自受理申请之日起 20 个工作日内完成审查,对符合条件的颁发许可证,予以公告;对不符合条件的,书面通知申请单位并说明理由。

　　国务院环境保护主管部门在审查过程中,应当组织专家进行技术评审,并征求国务院其他有关部门的意见。技术评审所需时间应当书面告知申请单位。

　　第十四条　放射性固体废物贮存许可证应当载明下列内容:

　　(一)单位的名称、地址和法定代表人;

　　(二)准予从事的活动种类、范围和规模;

　　(三)有效期限;

　　(四)发证机关、发证日期和证书编号。

　　第十五条　放射性固体废物贮存单位变更单位名称、地址、法定代表人的,应当自变更登记之日起 20 日内,向国务院环境保护主管部门申请办理许可证变更手续。

　　放射性固体废物贮存单位需要变更许可证规定的活动种类、范围和规模的,应当按照原申请程序向国务院环境保护主管部门重新申请领取许可证。

　　第十六条　放射性固体废物贮存许可证的有效期为 10 年。

　　许可证有效期届满,放射性固体废物贮存单位需要继续从事贮存活动的,应当于许可证有效期届满 90 日前,向国务院环境保护主管部门提出延续申请。

　　国务院环境保护主管部门应当在许可证有效期届满前完成审查,对符合条件的准予延续;对不符合条件的,书面通知申请单位并说明理由。

　　第十七条　放射性固体废物贮存单位应当按照国家有关放射性污染防治标准和国务院环境保护主管部门的规定,对其接收的废旧放射源和其他放射性固体废物进行分类存放和清理,及时予以清洁解控或者送交取得相应许可证的放射性固体废物处置单位处置。

　　放射性固体废物贮存单位应当建立放射性固体废物贮存情况记录档案,如实完整地记录贮存的放射性固体废物的来源、数量、特征、贮存位置、清洁解控、送交处置等与贮存活动有关的事项。

　　放射性固体废物贮存单位应当根据贮存设施的自然环境和放射性固体废物特性采取必要的防护措施,保证在规定的贮存期限内贮存设施、容器的完好和放射性固体废物的安全,并确保放射性固体废物能够安全回取。

　　第十八条　放射性固体废物贮存单位应当根据贮存设施运行监测计划和辐射环境监测计划,对贮存设施进行安全性检查,并对贮存设施周围的地下水、地表水、土壤和空气进行放射性监测。

　　放射性固体废物贮存单位应当如实记录监测数据,发现安全隐患或者周围环境中放射性核素超过国家规定的标准的,应当立即查找原因,采取相应的防范措施,并向所在地省、自治区、直辖市人民政府环境保护主管部门报告。构成辐射事故的,应当立即启动本单位的应急方案,并依照《中华人民共和国放射性污染防治法》、《放射性同位素与射线装置安全和防护条例》的规定进行报告,开展有关事故应急工作。

　　第十九条　将废旧放射源和其他放射性固体废物送交放射性固体废物贮存、处置单位贮存、处置时,送交方应当一并提供放射性固体废物的种类、数量、活度等资料和废旧放射源的原始档案,并按照规定承担贮存、处置的费用。

第三章　放射性废物的处置

第二十条　国务院核工业行业主管部门会同国务院环境保护主管部门根据地质、环境、社会经济条件和放射性固体废物处置的需要，在征求国务院有关部门意见并进行环境影响评价的基础上编制放射性固体废物处置场所选址规划，报国务院批准后实施。

有关地方人民政府应当根据放射性固体废物处置场所选址规划，提供放射性固体废物处置场所的建设用地，并采取有效措施支持放射性固体废物的处置。

第二十一条　建造放射性固体废物处置设施，应当按照放射性固体废物处置场所选址技术导则和标准的要求，与居住区、水源保护区、交通干道、工厂和企业等场所保持严格的安全防护距离，并对场址的地质构造、水文地质等自然条件以及社会经济条件进行充分研究论证。

第二十二条　建造放射性固体废物处置设施，应当符合放射性固体废物处置场所选址规划，并依法办理选址批准手续和建造许可证。不符合选址规划或者选址技术导则、标准的，不得批准选址或者建造。

高水平放射性固体废物和α放射性固体废物深地质处置设施的工程和安全技术研究、地下实验、选址和建造，由国务院核工业行业主管部门组织实施。

第二十三条　专门从事放射性固体废物处置活动的单位，应当符合下列条件，并依照本条例的规定申请领取放射性固体废物处置许可证：

（一）有国有或者国有控股的企业法人资格。

（二）有能保证处置设施安全运行的组织机构和专业技术人员。低、中水平放射性固体废物处置单位应当具有 10 名以上放射性废物管理、辐射防护、环境监测方面的专业技术人员，其中至少有 3 名注册核安全工程师；高水平放射性固体废物和α放射性固体废物处置单位应当具有 20 名以上放射性废物管理、辐射防护、环境监测方面的专业技术人员，其中至少有 5 名注册核安全工程师。

（三）有符合国家有关放射性污染防治标准和国务院环境保护主管部门规定的放射性固体废物接收、处置设施和场所，以及放射性检测、辐射防护与环境监测设备。低、中水平放射性固体废物处置设施关闭后应满足 300 年以上的安全隔离要求；高水平放射性固体废物和α放射性固体废物深地质处置设施关闭后应满足 1 万年以上的安全隔离要求。

（四）有相应数额的注册资金。低、中水平放射性固体废物处置单位的注册资金应不少于 3000 万元；高水平放射性固体废物和α放射性固体废物处置单位的注册资金应不少于 1 亿元。

（五）有能保证其处置活动持续进行直至安全监护期满的财务担保。

（六）有健全的管理制度以及符合核安全监督管理要求的质量保证体系，包括质量保证大纲、处置设施运行监测计划、辐射环境监测计划和应急方案等。

第二十四条　放射性固体废物处置许可证的申请、变更、延续的审批权限和程序，以及许可证的内容、有效期限，依照本条例第十三条至第十六条的规定执行。

第二十五条　放射性固体废物处置单位应当按照国家有关放射性污染防治标准和国务院环境保护主管部门的规定，对其接收的放射性固体废物进行处置。

放射性固体废物处置单位应当建立放射性固体废物处置情况记录档案，如实记录处置的放射性固体废物的来源、数量、特征、存放位置等与处置活动有关的事项。放射性固体废物处置情况记录档案应当永久保存。

第二十六条 放射性固体废物处置单位应当根据处置设施运行监测计划和辐射环境监测计划,对处置设施进行安全性检查,并对处置设施周围的地下水、地表水、土壤和空气进行放射性监测。

放射性固体废物处置单位应当如实记录监测数据,发现安全隐患或者周围环境中放射性核素超过国家规定的标准的,应当立即查找原因,采取相应的防范措施,并向国务院环境保护主管部门和核工业行业主管部门报告。构成辐射事故的,应当立即启动本单位的应急方案,并依照《中华人民共和国放射性污染防治法》、《放射性同位素与射线装置安全和防护条例》的规定进行报告,开展有关事故应急工作。

第二十七条 放射性固体废物处置设施设计服役期届满,或者处置的放射性固体废物已达到该设施的设计容量,或者所在地区的地质构造或者水文地质等条件发生重大变化导致处置设施不适宜继续处置放射性固体废物的,应当依法办理关闭手续,并在划定的区域设置永久性标记。

关闭放射性固体废物处置设施的,处置单位应当编制处置设施安全监护计划,报国务院环境保护主管部门批准。

放射性固体废物处置设施依法关闭后,处置单位应当按照经批准的安全监护计划,对关闭后的处置设施进行安全监护。放射性固体废物处置单位因破产、吊销许可证等原因终止的,处置设施关闭和安全监护所需费用由提供财务担保的单位承担。

第四章　监督管理

第二十八条 县级以上人民政府环境保护主管部门和其他有关部门,依照《中华人民共和国放射性污染防治法》和本条例的规定,对放射性废物处理、贮存和处置等活动的安全性进行监督检查。

第二十九条 县级以上人民政府环境保护主管部门和其他有关部门进行监督检查时,有权采取下列措施:

(一)向被检查单位的法定代表人和其他有关人员调查、了解情况;

(二)进入被检查单位进行现场监测、检查或者核查;

(三)查阅、复制相关文件、记录以及其他有关资料;

(四)要求被检查单位提交有关情况说明或者后续处理报告。

被检查单位应当予以配合,如实反映情况,提供必要的资料,不得拒绝和阻碍。

县级以上人民政府环境保护主管部门和其他有关部门的监督检查人员依法进行监督检查时,应当出示证件,并为被检查单位保守技术秘密和业务秘密。

第三十条 核设施营运单位、核技术利用单位和放射性固体废物贮存、处置单位,应当按照放射性废物危害的大小,建立健全相应级别的安全保卫制度,采取相应的技术防范措施和人员防范措施,并适时开展放射性废物污染事故应急演练。

第三十一条 核设施营运单位、核技术利用单位和放射性固体废物贮存、处置单位,应当对其直接从事放射性废物处理、贮存和处置活动的工作人员进行核与辐射安全知识以及专业操作技术的培训,并进行考核;考核合格的,方可从事该项工作。

第三十二条 核设施营运单位、核技术利用单位和放射性固体废物贮存单位应当按照国务院环境保护主管部门的规定定期如实报告放射性废物产生、排放、处理、贮存、清洁解控和送交处置等情况。

放射性固体废物处置单位应当于每年 3 月 31 日前,向国务院环境保护主管部门和核工业行业主管部门如实报告上一年度放射性固体废物接收、处置和设施运行等情况。

第三十三条 禁止将废旧放射源和其他放射性固体废物送交无相应许可证的单位贮存、处置或者擅自处置。

禁止无许可证或者不按照许可证规定的活动种类、范围、规模和期限从事放射性固体废物贮存、处置活动。

第三十四条 禁止将放射性废物和被放射性污染的物品输入中华人民共和国境内或者经中华人民共和国境内转移。具体办法由国务院环境保护主管部门会同国务院商务主管部门、海关总署、国家出入境检验检疫主管部门制定。

第五章　法律责任

第三十五条 负有放射性废物安全监督管理职责的部门及其工作人员违反本条例规定,有下列行为之一的,对直接负责的主管人员和其他直接责任人员,依法给予处分;直接负责的主管人员和其他直接责任人员构成犯罪的,依法追究刑事责任:

(一)违反本条例规定核发放射性固体废物贮存、处置许可证的;

(二)违反本条例规定批准不符合选址规划或者选址技术导则、标准的处置设施选址或者建造的;

(三)对发现的违反本条例的行为不依法查处的;

(四)在办理放射性固体废物贮存、处置许可证以及实施监督检查过程中,索取、收受他人财物或者谋取其他利益的;

(五)其他徇私舞弊、滥用职权、玩忽职守行为。

第三十六条 违反本条例规定,核设施营运单位、核技术利用单位有下列行为之一的,由审批该单位立项环境影响评价文件的环境保护主管部门责令停止违法行为,限期改正;逾期不改正的,指定有相应许可证的单位代为贮存或者处置,所需费用由核设施营运单位、核技术利用单位承担,可以处 20 万元以下的罚款;构成犯罪的,依法追究刑事责任:

(一)核设施营运单位未按照规定,将其产生的废旧放射源送交贮存、处置,或者将其产生的其他放射性固体废物送交处置的;

(二)核技术利用单位未按照规定,将其产生的废旧放射源或者其他放射性固体废物送交贮存、处置的。

第三十七条 违反本条例规定,有下列行为之一的,由县级以上人民政府环境保护主管部门责令停止违法行为,限期改正,处 10 万元以上 20 万元以下的罚款;造成环境污染的,责令限期采取治理措施消除污染,逾期不采取治理措施,经催告仍不治理的,可以指定有治理能力的单位代为治理,所需费用由违法者承担;构成犯罪的,依法追究刑事责任:

(一)核设施营运单位将废旧放射源送交无相应许可证的单位贮存、处置,或者将其他放射性固体废物送交无相应许可证的单位处置,或者擅自处置的;

(二)核技术利用单位将废旧放射源或者其他放射性固体废物送交无相应许可证的单位贮存、处置,或者擅自处置的;

(三)放射性固体废物贮存单位将废旧放射源或者其他放射性固体废物送交无相应许可

证的单位处置，或者擅自处置的。

第三十八条　违反本条例规定，有下列行为之一的，由省级以上人民政府环境保护主管部门责令停产停业或者吊销许可证；有违法所得的，没收违法所得；违法所得 10 万元以上的，并处违法所得 1 倍以上 5 倍以下的罚款；没有违法所得或者违法所得不足 10 万元的，并处 5 万元以上 10 万元以下的罚款；造成环境污染的，责令限期采取治理措施消除污染，逾期不采取治理措施，经催告仍不治理的，可以指定有治理能力的单位代为治理，所需费用由违法者承担；构成犯罪的，依法追究刑事责任：

（一）未经许可，擅自从事废旧放射源或者其他放射性固体废物的贮存、处置活动的；

（二）放射性固体废物贮存、处置单位未按照许可证规定的活动种类、范围、规模、期限从事废旧放射源或者其他放射性固体废物的贮存、处置活动的；

（三）放射性固体废物贮存、处置单位未按照国家有关放射性污染防治标准和国务院环境保护主管部门的规定贮存、处置废旧放射源或者其他放射性固体废物的。

第三十九条　放射性固体废物贮存、处置单位未按照规定建立情况记录档案，或者未按照规定进行如实记录的，由省级以上人民政府环境保护主管部门责令限期改正，处 1 万元以上 5 万元以下的罚款；逾期不改正的，处 5 万元以上 10 万元以下的罚款。

第四十条　核设施营运单位、核技术利用单位或者放射性固体废物贮存、处置单位未按照本条例第三十二条的规定如实报告有关情况的，由县级以上人民政府环境保护主管部门责令限期改正，处 1 万元以上 5 万元以下的罚款；逾期不改正的，处 5 万元以上 10 万元以下的罚款。

第四十一条　违反本条例规定，拒绝、阻碍环境保护主管部门或者其他有关部门的监督检查，或者在接受监督检查时弄虚作假的，由监督检查部门责令改正，处 2 万元以下的罚款；构成违反治安管理行为的，由公安机关依法给予治安管理处罚；构成犯罪的，依法追究刑事责任。

第四十二条　核设施营运单位、核技术利用单位或者放射性固体废物贮存、处置单位未按照规定对有关工作人员进行技术培训和考核的，由县级以上人民政府环境保护主管部门责令限期改正，处 1 万元以上 5 万元以下的罚款；逾期不改正的，处 5 万元以上 10 万元以下的罚款。

第四十三条　违反本条例规定，向中华人民共和国境内输入放射性废物或者被放射性污染的物品，或者经中华人民共和国境内转移放射性废物或者被放射性污染的物品的，由海关责令退运该放射性废物或者被放射性污染的物品，并处 50 万元以上 100 万元以下的罚款；构成犯罪的，依法追究刑事责任。

第六章　附　则

第四十四条　军用设施、装备所产生的放射性废物的安全管理，依照《中华人民共和国放射性污染防治法》第六十条的规定执行。

第四十五条　放射性废物运输的安全管理、放射性废物造成污染事故的应急处理，以及劳动者在职业活动中接触放射性废物造成的职业病防治，依照有关法律、行政法规的规定执行。

第四十六条　本条例自 2012 年 3 月 1 日起施行。

六、劳动保护与职业病相关的法规

1.《工业场所安全使用化学品规定》

劳动部文件

劳部发〔1996〕423 号

关于颁发《工作场所安全使用化学品规定》的通知

各省、自治区、直辖市及计划单列市劳动（劳动人事）厅（局）、化工（石化）厅（局）。国务院有关部委、直属机构，总后勤部生产管理部、新疆生产建设兵团：

为了更好地实施第八届全国人民代表大会常备委员会第十次会议审议批准的《作业场所安全使用化学品公约》，有效控制危险化学危险化学品事故发生，保障劳动者的安全与健康，根据《劳动法》和有关法规，制定了《工作场所安全使用化学规定》，现予颁布，请认真贯彻执行。

工作场所安全使用化学品规定

第一章 总 则

第一条 为保障工作场安全使用化学品，保护劳动者的安全与健康，根据《劳动法》和有关法规，制定本规定。

第二条 本规定适用于生产、经营、运输、贮存和使用化学品的单位和人员。

第三条 本规定所称工作场所合用化学品，是指工作人员因工作而接触化学品的作业活动；

本规定所称化学品，是指各类化学单质、化合物或混合物；

本规定所称危险化学品，是指按国家标准 GB13690 分类的常用危险化学品。

第四条 生产、经营、运输、贮存和使用危险化学品的单位应向周围单位和居民宣传有关危险化学品的防护知识及发生化学品事故的急救方法

第五条 县级以上各级人民政府劳动行政部门对本行政区域内的工作场所安全使用化学品的情况进行监督检查。

第二章 生产单位的职责

第六条 生产单位应执行《化工企业安全管理制度》及国家有关法规和标准，并到化工行政部门朝廷危险化学品登记注册。

第七条 生产单位应对所生产的化学品进行危险性鉴别，并对其进行标识。

第八条 生产单位应对所生产的危险化学品挂贴"危险化学品安全标签"（以下简称安全标签），填写"危险化学品安全技术说明书"（以下简称安全技术说明书）。

第九条 生产单位应在危险化学品作业点，利用"安全周知卡"或"安全标志"等方式，标明其危险性。

第十条 生产单位生产危险化学品，在填写安全技术说明书时，若涉及商业秘密，经化学品登记部门批准后，可不填写有关内容，但必须列出该种危险化学品的主要危害特性。

第十一条 安全技术说明书每五年更换一次。在此期间若发现新的危害特性，在有关停息发布后半年内，生产单位必须相应修改安全技术说明书，关提供给经营、运输、贮存和使用单位。

第三章 使用单位的职责

第十二条 使用单位使用的化学品应有标识，危险化学品应有安全标签，并向操作人员提供安全技术说明书。

第十三条 使用单位购进危险化学品时，必须核对包装（或容器）上的安全标签。安全标签若脱落或损坏，经检查确认后应补贴。

第十四条 使用单位购进的化学品需要转移或分装到其他时，应标明其内容。对危险化学品，在转移或化装后容器上应贴安全标签；

盛装危险化学品的容器在末净化处理前，不得更换原安全标签。

第十五条 使用单位对工作场所使用的危险化学品产生的危害应定期进行检测和证估，对检测和评估结果应建立档案。作业人员接触的危险化学了品浓度不得高于国家规定的标准；暂没有规定的，使用单位应在保证安全作业的情况下使用。

第十六条 使用单位应通过下列方法，消除、减少和控制工作场所危险化学品产生的危害：

（一）选用无毒或低毒的化学替代品；

（二）选用可将危害消除或减少到最低程度的技术；

（三）采用能消除或降低危害的工程控制措施（如隔离、密闭等）；

（四）采用能减少或消除危害的作业制度和作业时间；

（五）采取其他的劳动安全卫生措施。

第十七条 使用单位在危险化学品工作场所应设有急救设施，并提供应急处理的方法。

第十八条 使用单位应按国家有关规定清除化学废料和清洗盛装危险化学品的废旧容器。

第十九条 使用单位应对盛装、输送、贮存危险化学品的设备，彩颜色、标牌、标签等形式，标明其危险性。

第二十条 使用单位应将危险化学品的有关安全卫生资料向职工公开，教育职工识别安全标签、了解安全技术说明书、掌握必要的应急处理方法和自救措施，并经常对职工进行工作场所安全使用化学品的教育和培训。

第四章 经营、运输和贮存单位的责任

第二十一条 经营单位经营的化学品应有标识。经营的危险化学品具有安全标签和安全技术说明书。

进品危险化学品时，应有符合本规定要求的中文安全技术说明书，并在包装上加贴中文安全标签。

出口危险化学品时，应向外方提供安全技术说明书。对于我国禁用，而外方需要的危险化学品，应将禁用的事项及原因向外方说明。

第二十二条 运输单位必须执行《危险货物运输包装通用技术条件》和《危险货物包装标志》等国家标准和有关规定，有权要求托运方提供危险化学品安全技术说明书。

第二十三条　危险化学品的贮存必须符合《常用化学危险品贮存通则》国家标准和有关规定。

第五章　职工的义务和权利

第二十四条　职工应遵守劳动安全卫生规章制度和安全操作规程，并应及时报告积可能造成危害和自己无法处理的情况。

第二十五条　职工应采取合理方法，消除或减少工作场所不安全因素。

第二十六条　职工对违章指挥或强令冒险作业，有权拒绝执行；对危害人身安全健康的行为，有权检举和控告。

第二十七条　职工有权获得：

（一）工作场使用化学品的特性、有害成份、安全标签以及安全技术说明书等资料；

（二）在其工作过程中危险化学品可能导致危害安全与健康的资料；

（三）安全技术的培训，包括预防、控制、及防止危险方法的培训和紧急情况处理和应急措施的培训；

（四）符合国家规定的劳动防护用品；

（五）法律、法规赋予的其他权利。

第六章　罚　则

第二十八条　生产危险化学品的单位没有到指定单位进行登记注册的，由县级以上人民政府劳动行政部门责令有关单位限期改正；逾期不改的，可处以一万元以下罚款。

第二十九条　生产单位生产的危险化学品未填写"安全技术说明书"和没有"安全标签"的，由县级以上人民政府劳动行政部门责令有关单位限期改正；逾期不改的，可处以一万均以下罚款。

第三十条　经营单位经营没有安全技术说明书和安全标签危险化学品的，由县级以上人民政府劳动行政部门责令有关单位限期改正；逾期不改的，可处以一万元以下罚款。

第三十一条　对隐瞒危险化学品特性，而未执行本规定的，由县级以上人民政府劳动行政部门就地扣押封存产品，并处以一万元以下罚款；构成犯罪的，由司法机关依法追究有关人员的刑事责任。

第三十二条　危险化学品工作场所没有急救设施和应急处理方法的，由县级以上人民政府劳动行政部门责令有关单位限期改正，并可处以一千元以下罚款；逾期不改的，可处以一万元以下罚款。

第三十三条　危险化学品的贮存不符合《常用化学危险品贮存通则》国家标准的，由县级以上人民政府劳动行政部门责令有关单位限期改正，并可处以一千元以下罚款。

第七章　附　则

第三十四条　本规定自一九九七年一月一日施行。

2.《使用有毒物品作业场所劳动保护条例》

中华人民共和国国务院令

第 352 号

2002 年 4 月 30 日国务院第 57 次常务会议通过。

使用有毒物品作业场所劳动保护条例

第一章　总　则

第一条　为了保证作业场所安全使用有毒物品，预防、控制和消除职业中毒危害，保护劳动者的生命安全、身体健康及其相关权益，根据职业病防治法和其他有关法律、行政法规的规定，制定本条例。

第二条　作业场所使用有毒物品可能产生职业中毒危害的劳动保护，适用本条例。

第三条　按照有毒物品产生的职业中毒危害程度，有毒物品分为一般有毒物品和高毒物品。国家对作业场所使用高毒物品实行特殊管理。

一般有毒物品目录、高毒物品目录由国务院卫生行政部门会同有关部门依据国家标准制定、调整并公布。

第四条　从事使用有毒物品作业的用人单位（以下简称用人单位）应当使用符合国家标准的有毒物品，不得在作业场所使用国家明令禁止使用的有毒物品或者使用不符合国家标准的有毒物品。

用人单位应当尽可能使用无毒物品；需要使用有毒物品的，应当优先选择使用低毒物品。

第五条　用人单位应当依照本条例和其他有关法律、行政法规的规定，采取有效的防护措施，预防职业中毒事故的发生，依法参加工伤保险，保障劳动者的生命安全和身体健康。

第六条　国家鼓励研制、开发、推广、应用有利于预防、控制、消除职业中毒危害和保护劳动者健康的新技术、新工艺、新材料；限制使用或者淘汰有关职业中毒危害严重的技术、工艺、材料；加强对有关职业病的机理和发生规律的基础研究，提高有关职业病防治科学技术水平。

第七条　禁止使用童工。

用人单位不得安排未成年人和孕期、哺乳期的女职工从事使用有毒物品的作业。

第八条　工会组织应当督促并协助用人单位开展职业卫生宣传教育和培训，对用人单位的职业卫生工作提出意见和建议，与用人单位就劳动者反映的职业病防治问题进行协调并督促解决。

工会组织对用人单位违反法律、法规，侵犯劳动者合法权益的行为，有权要求纠正；产生严重职业中毒危害时，有权要求用人单位采取防护措施，或者向政府有关部门建议采取强制性措施；发生职业中毒事故时，有权参与事故调查处理；发现危及劳动者生命、健康的情形时，有权建议用人单位组织劳动者撤离危险现场，用人单位应当立即作出处理。

第九条　县级以上人民政府卫生行政部门及其他有关行政部门应当依据各自的职责，监督用人单位严格遵守本条例和其他有关法律、法规的规定，加强作业场所使用有毒物品的劳动保护，防止职业中毒事故发生，确保劳动者依法享有的权利。

第十条　各级人民政府应当加强对使用有毒物品作业场所职业卫生安全及相关劳动保

护工作的领导，督促、支持卫生行政部门及其他有关行政部门依法履行监督检查职责，及时协调、解决有关重大问题；在发生职业中毒事故时，应当采取有效措施，控制事故危害的蔓延并消除事故危害，并妥善处理有关善后工作。

第二章　作业场所的预防措施

第十一条　用人单位的设立，应当符合有关法律、行政法规规定的设立条件，并依法办理有关手续，取得营业执照。

用人单位的使用有毒物品作业场所，除应当符合职业病防治法规定的职业卫生要求外，还必须符合下列要求：

（一）作业场所与生活场所分开，作业场所不得住人；

（二）有害作业与无害作业分开，高毒作业场所与其他作业场所隔离；

（三）设置有效的通风装置；可能突然泄漏大量有毒物品或者易造成急性中毒的作业场所，设置自动报警装置和事故通风设施；

（四）高毒作业场所设置应急撤离通道和必要的泄险区。

用人单位及其作业场所符合前两款规定的，由卫生行政部门发给职业卫生安全许可证，方可从事使用有毒物品的作业。

第十二条　使用有毒物品作业场所应当设置黄色区域警示线、警示标识和中文警示说明。警示说明应当载明产生职业中毒危害的种类、后果、预防以及应急救治措施等内容。

高毒作业场所应当设置红色区域警示线、警示标识和中文警示说明，并设置通讯报警设备。

第十三条　新建、扩建、改建的建设项目和技术改造、技术引进项目（以下统称建设项目），可能产生职业中毒危害的，应当依照职业病防治法的规定进行职业中毒危害预评价，并经卫生行政部门审核同意；可能产生职业中毒危害的建设项目的职业中毒危害防护设施应当与主体工程同时设计，同时施工，同时投入生产和使用；建设项目竣工，应当进行职业中毒危害控制效果评价，并经卫生行政部门验收合格。

存在高毒作业的建设项目的职业中毒危害防护设施设计，应当经卫生行政部门进行卫生审查；经审查，符合国家职业卫生标准和卫生要求的，方可施工。

第十四条　用人单位应当按照国务院卫生行政部门的规定，向卫生行政部门及时、如实申报存在职业中毒危害项目。

从事使用高毒物品作业的用人单位，在申报使用高毒物品作业项目时，应当向卫生行政部门提交下列有关资料：

（一）职业中毒危害控制效果评价报告；

（二）职业卫生管理制度和操作规程等材料；

（三）职业中毒事故应急救援预案。

从事使用高毒物品作业的用人单位变更所使用的高毒物品品种的，应当依照前款规定向原受理申报的卫生行政部门重新申报。

第十五条　用人单位变更名称、法定代表人或者负责人的，应当向原受理申报的卫生行政部门备案。

第十六条　从事使用高毒物品作业的用人单位，应当配备应急救援人员和必要的应急救援器材、设备，制定事故应急救援预案，并根据实际情况变化对应急救援预案适时进行修订，定期组织演练。事故应急救援预案和演练记录应当报当地卫生行政部门、安全生产监督管理部门和公安部门备案。

第三章　劳动过程的防护

第十七条　用人单位应当依照职业病防治法的有关规定，采取有效的职业卫生防护管理措施，加强劳动过程中的防护与管理。

从事使用高毒物品作业的用人单位，应当配备专职的或者兼职的职业卫生医师和护士；不具备配备专职的或者兼职的职业卫生医师和护士条件的，应当与依法取得资质认证的职业卫生技术服务机构签订合同，由其提供职业卫生服务。

第十八条　用人单位应当与劳动者订立劳动合同，将工作过程中可能产生的职业中毒危害及其后果、职业中毒危害防护措施和待遇等如实告知劳动者，并在劳动合同中写明，不得隐瞒或者欺骗。

劳动者在已订立劳动合同期间因工作岗位或者工作内容变更，从事劳动合同中未告知的存在职业中毒危害的作业时，用人单位应当依照前款规定，如实告知劳动者，并协商变更原劳动合同有关条款。

用人单位违反前两款规定的，劳动者有权拒绝从事存在职业中毒危害的作业，用人单位不得因此单方面解除或者终止与劳动者所订立的劳动合同。

第十九条　用人单位有关管理人员应当熟悉有关职业病防治的法律、法规以及确保劳动者安全使用有毒物品作业的知识。

用人单位应当对劳动者进行上岗前的职业卫生培训和在岗期间的定期职业卫生培训，普及有关职业卫生知识，督促劳动者遵守有关法律、法规和操作规程，指导劳动者正确使用职业中毒危害防护设备和个人使用的职业中毒危害防护用品。

劳动者经培训考核合格，方可上岗作业。

第二十条　用人单位应当确保职业中毒危害防护设备、应急救援设施、通讯报警装置处于正常适用状态，不得擅自拆除或者停止运行。

用人单位应当对前款所列设施进行经常性的维护、检修，定期检测其性能和效果，确保其处于良好运行状态。

职业中毒危害防护设备、应急救援设施和通讯报警装置处于不正常状态时，用人单位应当立即停止使用有毒物品作业；恢复正常状态后，方可重新作业。

第二十一条　用人单位应当为从事使用有毒物品作业的劳动者提供符合国家职业卫生标准的防护用品，并确保劳动者正确使用。

第二十二条　有毒物品必须附具说明书，如实载明产品特性、主要成分、存在的职业中毒危害因素、可能产生的危害后果、安全使用注意事项、职业中毒危害防护以及应急救治措施等内容；没有说明书或者说明书不符合要求的，不得向用人单位销售。用人单位有权向生产、经营有毒物品的单位索取说明书。

第二十三条　有毒物品的包装应当符合国家标准，并以易于劳动者理解的方式加贴或者拴挂有毒物品安全标签。有毒物品的包装必须有醒目的警示标识和中文警示说明。

经营、使用有毒物品的单位，不得经营、使用没有安全标签、警示标识和中文警示说明的有毒物品。

第二十四条　用人单位维护、检修存在高毒物品的生产装置，必须事先制订维护、检修方案，明确职业中毒危害防护措施，确保维护、检修人员的生命安全和身体健康。

维护、检修存在高毒物品的生产装置，必须严格按照维护、检修方案和操作规程进行。维护、检修现场应当有专人监护，并设置警示标志。

第二十五条　需要进入存在高毒物品的设备、容器或者狭窄封闭场所作业时，用人单位应当事先采取下列措施：

（一）保持作业场所良好的通风状态，确保作业场所职业中毒危害因素浓度符合国家职业卫生标准；

（二）为劳动者配备符合国家职业卫生标准的防护用品；

（三）设置现场监护人员和现场救援设备。

未采取前款规定措施或者采取的措施不符合要求的，用人单位不得安排劳动者进入存在高毒物品的设备、容器或者狭窄封闭场所作业。

第二十六条　用人单位应当按照国务院卫生行政部门的规定，定期对使用有毒物品作业场所职业中毒危害因素进行检测、评价。检测、评价结果存入用人单位职业卫生档案，定期向所在地卫生行政部门报告并向劳动者公布。

从事使用高毒物品作业的用人单位应当至少每一个月对高毒作业场所进行一次职业中毒危害因素检测；至少每半年进行一次职业中毒危害控制效果评价。

高毒作业场所职业中毒危害因素不符合国家职业卫生标准和卫生要求时，用人单位必须立即停止高毒作业，并采取相应的治理措施；经治理，职业中毒危害因素符合国家职业卫生标准和卫生要求的，方可重新作业。

第二十七条　从事使用高毒物品作业的用人单位应当设置淋浴间和更衣室，并设置清洗、存放或者处理从事使用高毒物品作业劳动者的工作服、工作鞋帽等物品的专用间。

劳动者结束作业时，其使用的工作服、工作鞋帽等物品必须存放在高毒作业区域内，不得穿戴到非高毒作业区域。

第二十八条　用人单位应当按照规定对从事使用高毒物品作业的劳动者进行岗位轮换。用人单位应当为从事使用高毒物品作业的劳动者提供岗位津贴。

第二十九条　用人单位转产、停产、停业或者解散、破产的，应当采取有效措施，妥善处理留存或者残留有毒物品的设备、包装物和容器。

第三十条　用人单位应当对本单位执行本条例规定的情况进行经常性的监督检查；发现问题，应当及时依照本条例规定的要求进行处理。

第四章　职业健康监护

第三十一条　用人单位应当组织从事使用有毒物品作业的劳动者进行上岗前职业健康检查。

用人单位不得安排未经上岗前职业健康检查的劳动者从事使用有毒物品的作业，不得安排有职业禁忌的劳动者从事其所禁忌的作业。

第三十二条　用人单位应当对从事使用有毒物品作业的劳动者进行定期职业健康检查。用人单位发现有职业禁忌或者有与所从事职业相关的健康损害的劳动者，应当将其及时调离原工作岗位，并妥善安置。

用人单位对需要复查和医学观察的劳动者，应当按照体检机构的要求安排其复查和医学观察。

第三十三条　用人单位应当对从事使用有毒物品作业的劳动者进行离岗时的职业健康检查；对离岗时未进行职业健康检查的劳动者，不得解除或者终止与其订立的劳动合同。

用人单位发生分立、合并、解散、破产等情形的，应当对从事使用有毒物品作业的劳动者进行健康检查，并按照国家有关规定妥善安置职业病病人。

第三十四条　用人单位对受到或者可能受到急性职业中毒危害的劳动者，应当及时组织进行健康检查和医学观察。

第三十五条　劳动者职业健康检查和医学观察的费用，由用人单位承担。

第三十六条　用人单位应当建立职业健康监护档案。

职业健康监护档案应当包括下列内容：

（一）劳动者的职业史和职业中毒危害接触史；

（二）相应作业场所职业中毒危害因素监测结果；

（三）职业健康检查结果及处理情况；

（四）职业病诊疗等劳动者健康资料。

第五章　劳动者的权利与义务

第三十七条　从事使用有毒物品作业的劳动者在存在威胁生命安全或者身体健康危险的情况下，有权通知用人单位并从使用有毒物品造成的危险现场撤离。

用人单位不得因劳动者依据前款规定行使权利，而取消或者减少劳动者在正常工作时享有的工资、福利待遇。

第三十八条　劳动者享有下列职业卫生保护权利：

（一）获得职业卫生教育、培训；

（二）获得职业健康检查、职业病诊疗、康复等职业病防治服务；

（三）了解工作场所产生或者可能产生的职业中毒危害因素、危害后果和应当采取的职业中毒危害防护措施；

（四）要求用人单位提供符合防治职业病要求的职业中毒危害防护设施和个人使用的职业中毒危害防护用品，改善工作条件；

（五）对违反职业病防治法律、法规，危及生命、健康的行为提出批评、检举和控告；

（六）拒绝违章指挥和强令进行没有职业中毒危害防护措施的作业；

（七）参与用人单位职业卫生工作的民主管理，对职业病防治工作提出意见和建议。　用人单位应当保障劳动者行使前款所列权利。禁止因劳动者依法行使正当权利而降低其工资、福利等待遇或者解除、终止与其订立的劳动合同。

第三十九条　劳动者有权在正式上岗前从用人单位获得下列资料：

（一）作业场所使用的有毒物品的特性、有害成分、预防措施、教育和培训资料；

（二）有毒物品的标签、标识及有关资料；

（三）有毒物品安全使用说明书；

（四）可能影响安全使用有毒物品的其他有关资料。

第四十条　劳动者有权查阅、复印其本人职业健康监护档案。

劳动者离开用人单位时，有权索取本人健康监护档案复印件；用人单位应当如实、无偿提供，并在所提供的复印件上签章。

第四十一条　用人单位按照国家规定参加工伤保险的，患职业病的劳动者有权按照国家有关工伤保险的规定，享受下列工伤保险待遇：

（一）医疗费：因患职业病进行诊疗所需费用，由工伤保险基金按照规定标准支付；

（二）住院伙食补助费：由用人单位按照当地因公出差伙食标准的一定比例支付；

（三）康复费：由工伤保险基金按照规定标准支付；

（四）残疾用具费：因残疾需要配置辅助器具的，所需费用由工伤保险基金按照普及型辅助器具标准支付；

（五）停工留薪期待遇：原工资、福利待遇不变，由用人单位支付；

（六）生活护理补助费：经评残并确认需要生活护理的，生活护理补助费由工伤保险基金按照规定标准支付；

（七）一次性伤残补助金：经鉴定为十级至一级伤残的，按照伤残等级享受相当于 6 个月至 24 个月的本人工资的一次性伤残补助金，由工伤保险基金支付；

（八）伤残津贴：经鉴定为四级至一级伤残的，按照规定享受相当于本人工资 75%至 90%的伤残津贴，由工伤保险基金支付；

（九）死亡补助金：因职业中毒死亡的，由工伤保险基金按照不低于 48 个月的统筹地区上年度职工月平均工资的标准一次支付；

（十）丧葬补助金：因职业中毒死亡的，由工伤保险基金按照 6 个月的统筹地区上年度职工月平均工资的标准一次支付；

（十一）供养亲属抚恤金：因职业中毒死亡的，对由死者生前提供主要生活来源的亲属由工伤保险基金支付抚恤金：对其配偶每月按照统筹地区上年度职工月平均工资的 40%发给，对其生前供养的直系亲属每人每月按照统筹地区上年度职工月平均工资的 30%发给；

（十二）国家规定的其他工伤保险待遇。本条例施行后，国家对工伤保险待遇的项目和标准作出调整时，从其规定。

第四十二条　用人单位未参加工伤保险的，其劳动者从事有毒物品作业患职业病的，用人单位应当按照国家有关工伤保险规定的项目和标准，保证劳动者享受工伤待遇。

第四十三条　用人单位无营业执照以及被依法吊销营业执照，其劳动者从事使用有毒物品作业患职业病的，应当按照国家有关工伤保险规定的项目和标准，给予劳动者一次性赔偿。

第四十四条　用人单位分立、合并的，承继单位应当承担由原用人单位对患职业病的劳动者承担的补偿责任。

用人单位解散、破产的，应当依法从其清算财产中优先支付患职业病的劳动者的补偿费用。

第四十五条　劳动者除依法享有工伤保险外，依照有关民事法律的规定，尚有获得赔偿的权利的，有权向用人单位提出赔偿要求。

第四十六条　劳动者应当学习和掌握相关职业卫生知识，遵守有关劳动保护的法律、法规和操作规程，正确使用和维护职业中毒危害防护设施及其用品；发现职业中毒事故隐患时，应当及时报告。

作业场所出现使用有毒物品产生的危险时，劳动者应当采取必要措施，按照规定正确使用防护设施，将危险加以消除或者减少到最低限度。

第六章 监督管理

第四十七条 县级以上人民政府卫生行政部门应当依照本条例的规定和国家有关职业卫生要求，依据职责划分，对作业场所使用有毒物品作业及职业中毒危害检测、评价活动进行监督检查。

卫生行政部门实施监督检查，不得收取费用，不得接受用人单位的财物或者其他利益。

第四十八条 卫生行政部门应当建立、健全监督制度，核查反映用人单位有关劳动保护的材料，履行监督责任。

用人单位应当向卫生行政部门如实、具体提供反映有关劳动保护的材料；必要时，卫生行政部门可以查阅或者要求用人单位报送有关材料。

第四十九条 卫生行政部门应当监督用人单位严格执行有关职业卫生规范。

卫生行政部门应当依照本条例的规定对使用有毒物品作业场所的职业卫生防护设备、设施的防护性能进行定期检验和不定期的抽查；发现职业卫生防护设备、设施存在隐患时，应当责令用人单位立即消除隐患；消除隐患期间，应当责令其停止作业。

第五十条 卫生行政部门应当采取措施，鼓励对用人单位的违法行为进行举报、投诉、检举和控告。

卫生行政部门对举报、投诉、检举和控告应当及时核实，依法作出处理，并将处理结果予以公布。

卫生行政部门对举报人、投诉人、检举人和控告人负有保密的义务。

第五十一条 卫生行政部门执法人员依法执行职务时，应当出示执法证件。

卫生行政部门执法人员应当忠于职守，秉公执法；涉及用人单位秘密的，应当为其保密。

第五十二条 卫生行政部门依法实施罚款的行政处罚，应当依照有关法律、行政法规的规定，实施罚款决定与罚款收缴分离；收缴的罚款以及依法没收的经营所得，必须全部上缴国库。

第五十三条 卫生行政部门履行监督检查职责时，有权采取下列措施：

（一）进入用人单位和使用有毒物品作业场所现场，了解情况，调查取证，进行抽样检查、检测、检验，进行实地检查；

（二）查阅或者复制与违反本条例行为有关的资料，采集样品；

（三）责令违反本条例规定的单位和个人停止违法行为。

第五十四条 发生职业中毒事故或者有证据证明职业中毒危害状态可能导致事故发生时，卫生行政部门有权采取下列临时控制措施：

（一）责令暂停导致职业中毒事故的作业；

（二）封存造成职业中毒事故或者可能导致事故发生的物品；

（三）组织控制职业中毒事故现场。

在职业中毒事故或者危害状态得到有效控制后，卫生行政部门应当及时解除控制措施。

第五十五条 卫生行政部门执法人员依法执行职务时，被检查单位应当接受检查并予以支持、配合，不得拒绝和阻碍。

第五十六条　卫生行政部门应当加强队伍建设，提高执法人员的政治、业务素质，依照本条例的规定，建立、健全内部监督制度，对执法人员执行法律、法规和遵守纪律的情况进行监督检查。

第七章　罚　则

第五十七条　卫生行政部门的工作人员有下列行为之一，导致职业中毒事故发生的，依照刑法关于滥用职权罪、玩忽职守罪或者其他罪的规定，依法追究刑事责任；造成职业中毒危害但尚未导致职业中毒事故发生，不够刑事处罚的，根据不同情节，依法给予降级、撤职或者开除的行政处分：

（一）对不符合本条例规定条件的涉及使用有毒物品作业事项，予以批准的；

（二）发现用人单位擅自从事使用有毒物品作业，不予取缔的；

（三）对依法取得批准的用人单位不履行监督检查职责，发现其不再具备本条例规定的条件而不撤销原批准或者发现违反本条例的其他行为不予查处的；

（四）发现用人单位存在职业中毒危害，可能造成职业中毒事故，不及时依法采取控制措施的。

第五十八条　用人单位违反本条例的规定，有下列情形之一的，由卫生行政部门给予警告，责令限期改正，处 10 万元以上 50 万元以下的罚款；逾期不改正的，提请有关人民政府按照国务院规定的权限责令停建、予以关闭；造成严重职业中毒危害或者导致职业中毒事故发生的，对负有责任的主管人员和其他直接责任人员依照刑法关于重大劳动安全事故罪或者其他罪的规定，依法追究刑事责任：

（一）可能产生职业中毒危害的建设项目，未依照职业病防治法的规定进行职业中毒危害预评价，或者预评价未经卫生行政部门审核同意，擅自开工的；

（二）职业卫生防护设施未与主体工程同时设计，同时施工，同时投入生产和使用的；

（三）建设项目竣工，未进行职业中毒危害控制效果评价，或者未经卫生行政部门验收或者验收不合格，擅自投入使用的；

（四）存在高毒作业的建设项目的防护设施设计未经卫生行政部门审查同意，擅自施工的。

第五十九条　用人单位违反本条例的规定，有下列情形之一的，由卫生行政部门给予警告，责令限期改正，处 5 万元以上 20 万元以下的罚款；逾期不改正的，提请有关人民政府按照国务院规定的权限予以关闭；造成严重职业中毒危害或者导致职业中毒事故发生的，对负有责任的主管人员和其他直接责任人员依照刑法关于重大劳动安全事故罪或者其他罪的规定，依法追究刑事责任：

（一）使用有毒物品作业场所未按照规定设置警示标识和中文警示说明的；

（二）未对职业卫生防护设备、应急救援设施、通讯报警装置进行维护、检修和定期检测，导致上述设施处于不正常状态的；

（三）未依照本条例的规定进行职业中毒危害因素检测和职业中毒危害控制效果评价的；

（四）高毒作业场所未按照规定设置撤离通道和泄险区的；

（五）高毒作业场所未按照规定设置警示线的；

（六）未向从事使用有毒物品作业的劳动者提供符合国家职业卫生标准的防护用品，或者未保证劳动者正确使用的。

第六十条 用人单位违反本条例的规定，有下列情形之一的，由卫生行政部门给予警告，责令限期改正，处 5 万元以上 30 万元以下的罚款；逾期不改正的，提请有关人民政府按照国务院规定的权限予以关闭；造成严重职业中毒危害或者导致职业中毒事故发生的，对负有责任的主管人员和其他直接责任人员依照刑法关于重大责任事故罪、重大劳动安全事故罪或者其他罪的规定，依法追究刑事责任：

（一）使用有毒物品作业场所未设置有效通风装置的，或者可能突然泄漏大量有毒物品或者易造成急性中毒的作业场所未设置自动报警装置或者事故通风设施的；

（二）职业卫生防护设备、应急救援设施、通讯报警装置处于不正常状态而不停止作业，或者擅自拆除或者停止运行职业卫生防护设备、应急救援设施、通讯报警装置的。

第六十一条 从事使用高毒物品作业的用人单位违反本条例的规定，有下列行为之一的，由卫生行政部门给予警告，责令限期改正，处 5 万元以上 20 万元以下的罚款；逾期不改正的，提请有关人民政府按照国务院规定的权限予以关闭；造成严重职业中毒危害或者导致职业中毒事故发生的，对负有责任的主管人员和其他直接责任人员依照刑法关于重大责任事故罪或者其他罪的规定，依法追究刑事责任：

（一）作业场所职业中毒危害因素不符合国家职业卫生标准和卫生要求而不立即停止高毒作业并采取相应的治理措施的，或者职业中毒危害因素治理不符合国家职业卫生标准和卫生要求重新作业的；

（二）未依照本条例的规定维护、检修存在高毒物品的生产装置的；

（三）未采取本条例规定的措施，安排劳动者进入存在高毒物品的设备、容器或者狭窄封闭场所作业的。

第六十二条 在作业场所使用国家明令禁止使用的有毒物品或者使用不符合国家标准的有毒物品的，由卫生行政部门责令立即停止使用，处 5 万元以上 30 万元以下的罚款；情节严重的，责令停止使用有毒物品作业，或者提请有关人民政府按照国务院规定的权限予以关闭；造成严重职业中毒危害或者导致职业中毒事故发生的，对负有责任的主管人员和其他直接责任人员依照刑法关于危险物品肇事罪、重大责任事故罪或者其他罪的规定，依法追究刑事责任。

第六十三条 用人单位违反本条例的规定，有下列行为之一的，由卫生行政部门给予警告，责令限期改正；逾期不改正的，处 5 万元以上 30 万元以下的罚款；造成严重职业中毒危害或者导致职业中毒事故发生的，对负有责任的主管人员和其他直接责任人员依照刑法关于重大责任事故罪或者其他罪的规定，依法追究刑事责任：

（一）使用未经培训考核合格的劳动者从事高毒作业的；

（二）安排有职业禁忌的劳动者从事所禁忌的作业的；

（三）发现有职业禁忌或者有与所从事职业相关的健康损害的劳动者，未及时调离原工作岗位，并妥善安置的；

（四）安排未成年人或者孕期、哺乳期的女职工从事使用有毒物品作业的；

（五）使用童工的。

第六十四条 违反本条例的规定，未经许可，擅自从事使用有毒物品作业的，由工商行政管理部门、卫生行政部门依据各自职权予以取缔；造成职业中毒事故的，依照刑法关于危险物品肇事罪或者其他罪的规定，依法追究刑事责任；尚不够刑事处罚的，由卫生行政部门没收经营所得，并处经营所得 3 倍以上 5 倍以下的罚款；对劳动者造成人身伤害的，依法承担赔偿责任。

第六十五条　从事使用有毒物品作业的用人单位违反本条例的规定，在转产、停产、停业或者解散、破产时未采取有效措施，妥善处理留存或者残留高毒物品的设备、包装物和容器的，由卫生行政部门责令改正，处 2 万元以上 10 万元以下的罚款；触犯刑律的，对负有责任的主管人员和其他直接责任人员依照刑法关于重大环境污染事故罪、危险物品肇事罪或者其他罪的规定，依法追究刑事责任。

第六十六条　用人单位违反本条例的规定，有下列情形之一的，由卫生行政部门给予警告，责令限期改正，处 5000 元以上 2 万元以下的罚款；逾期不改正的，责令停止使用有毒物品作业，或者提请有关人民政府按照国务院规定的权限予以关闭；造成严重职业中毒危害或者导致职业中毒事故发生的，对负有责任的主管人员和其他直接责任人员依照刑法关于重大劳动安全事故罪、危险物品肇事罪或者其他罪的规定，依法追究刑事责任：

（一）使用有毒物品作业场所未与生活场所分开或者在作业场所住人的；

（二）未将有害作业与无害作业分开的；

（三）高毒作业场所未与其他作业场所有效隔离的；

（四）从事高毒作业未按照规定配备应急救援设施或者制定事故应急救援预案的。

第六十七条　用人单位违反本条例的规定，有下列情形之一的，由卫生行政部门给予警告，责令限期改正，处 2 万元以上 5 万元以下的罚款；逾期不改正的，提请有关人民政府按照国务院规定的权限予以关闭：

（一）未按照规定向卫生行政部门申报高毒作业项目的；

（二）变更使用高毒物品品种，未按照规定向原受理申报的卫生行政部门重新申报，或者申报不及时、有虚假的。

第六十八条　用人单位违反本条例的规定，有下列行为之一的，由卫生行政部门给予警告，责令限期改正，处 2 万元以上 5 万元以下的罚款；逾期不改正的，责令停止使用有毒物品作业，或者提请有关人民政府按照国务院规定的权限予以关闭：

（一）未组织从事使用有毒物品作业的劳动者进行上岗前职业健康检查，安排未经上岗前职业健康检查的劳动者从事使用有毒物品作业的；

（二）未组织从事使用有毒物品作业的劳动者进行定期职业健康检查的；

（三）未组织从事使用有毒物品作业的劳动者进行离岗职业健康检查的；

（四）对未进行离岗职业健康检查的劳动者，解除或者终止与其订立的劳动合同的；

（五）发生分立、合并、解散、破产情形，未对从事使用有毒物品作业的劳动者进行健康检查，并按照国家有关规定妥善安置职业病病人的；

（六）对受到或者可能受到急性职业中毒危害的劳动者，未及时组织进行健康检查和医学观察的；

（七）未建立职业健康监护档案的；

（八）劳动者离开用人单位时，用人单位未如实、无偿提供职业健康监护档案的；

（九）未依照职业病防治法和本条例的规定将工作过程中可能产生的职业中毒危害及其后果、有关职业卫生防护措施和待遇等如实告知劳动者并在劳动合同中写明的；

（十）劳动者在存在威胁生命、健康危险的情况下，从危险现场中撤离，而被取消或者减少应当享有的待遇的。

第六十九条　用人单位违反本条例的规定，有下列行为之一的，由卫生行政部门给予警告，责令限期改正，处 5000 元以上 2 万元以下的罚款；逾期不改正的，责令停止使用有毒物品作业，或者提请有关人民政府按照国务院规定的权限予以关闭：

（一）未按照规定配备或者聘请职业卫生医师和护士的；

（二）未为从事使用高毒物品作业的劳动者设置淋浴间、更衣室或者未设置清洗、存放和处理工作服、工作鞋帽等物品的专用间，或者不能正常使用的；

（三）未安排从事使用高毒物品作业一定年限的劳动者进行岗位轮换的。

第八章　附　则

第七十条　涉及作业场所使用有毒物品可能产生职业中毒危害的劳动保护的有关事项，本条例未作规定的，依照职业病防治法和其他有关法律、行政法规的规定执行。

有毒物品的生产、经营、储存、运输、使用和废弃处置的安全管理，依照危险化学品安全管理条例执行。

第七十一条　本条例自公布之日起施行。

3.《中华人民共和国尘肺病防治条例》

中华人民共和国尘肺病防治条例

（1987 年 12 月 3 日国务院发布）

第一章　总　则

第一条　为保护职工健康，消除粉尘危害，防止发生尘肺病，促进生产发展，制定本条例。

第二条　本条例适用于所有有粉尘作业的企业、事业单位。

第三条　尘肺病系指在生产活动中吸入粉尘而发生的肺组织纤维化为主的疾病。

第四条　地方各级人民政府要加强对尘肺病防治工作的领导。在制定本地区国民经挤和社会发展计划时，要统筹安排尘肺病防治工作。

第五条　企业、事业单位的主管部门应当根据国家卫生等有关标准，结合实际情况，制定所属企业的尘肺病防治规划，并督促其施行。

乡镇企业主管部门，必须指定专人负责乡镇企业尘肺病的防治工作，建立监督检查制度，交指导乡镇企业对尘肺病的防治工作。

第六条　企业、事业单位的负责人，对本单位的尘肺病防治工作负有直接责任，应采取有效措施使本单位的粉尘作业场所达到国家卫生标准。

第二章　防　尘

第七条　凡有粉尘作业的企业、事业单位应采取综合防尘措施和无尘或低尘的新技术、新工艺、新设备，使作业场所粉尘浓度不超过国家卫生标准。

第八条　尘肺病诊断标准由卫生行政部门制定，粉尘浓度卫生标准由卫生行政部门会同劳动等有关部门联合制定。

第九条　防尘设施的鉴定和定型制度，由劳动部门会同卫生行政部门制定。任何企业、事业单位除特殊情况外，未经上级主管部门批准，不得停止运行或者拆除防尘设施。

第十条　防尘经费应当纳入基本建设和技术改造经费计划，专款专用，不得挪用。

第十一条　严禁任何企业、事业单位将粉尘作业转嫁、外包或以联营的形式给没有防尘设施的乡镇、街道企业或个体工商户。

中、小学校各类校办的实习工厂或车间，禁止从事有粉尘的作业。

第十二条　职工使用的防止粉尘危害的防护用品，必须符合国家的有关标准。企业、事业单位应当建立严格的管理制度，并教育职工按规定和要求使用。

对初次从事粉尘作业的职工，由其所在单位进行防尘知识教育和考核，考试合格后方可从事粉尘作业。

不满十八周岁的未成年人，禁止从事粉尘作业。

第十三条　新建、改建、扩建、续建有粉尘作业的工程项目，防尘设施必须与主体工程同时设计、同时施工、同时投产。设计任务书，必须经当地卫生行政部门、劳动部门和工会组织审查同意后，方可施工，竣工验收，应由当地卫生行政部门、劳动部门和工会组织参加，凡不符合要求的，不得投产。

第十四条　作业场所的粉尘浓度超过国家卫生标准，又未积极治理，严重影响职工安全健康时，职工有权拒绝操作。

第三章　监督和监测

第十五条　卫生行政部门、劳动部门和工会组织分工协作，互相配合，对企业、事业单位的尘肺病防治工作进行监督。

第十六条　卫生行政部门负责卫生标准的监测；劳动部门负责劳动卫生工程技术标准的监测。

工会组织负责组织职工群众对本单位的尘肺病防治工作进行监督，并教育职工遵守操作规程与防尘制度。

第十七条　凡有粉尘作业的企业、事业单位，必须定期测定作业场所的粉尘浓度。测尘结果必须向主管部门和当地卫生行政部门、劳动部门和工会组织报告，并定期向职工公布。

从事粉尘作业的单位必须建立测尘资料档案。

第十八条　卫生行政部门和劳动部门，要对从事粉尘作业的企业、事业单位的测尘机构加强业务指导，并对测尘人员加强业务指导和技术培训。

第四章　健康管理

第十九条　各企业、事业单位对新从事粉尘作业的职工，必须进行健康检查。对在职和离职的从事粉尘作业的职工，必须定期进行健康检查。检查的内容、期限和尘肺病诊断标准，按卫生行政部门有关职业病管理的规定执行。

第二十条　各企业、事业单位必须贯彻执行职业病报告制度，按期向当地卫生行政部门、劳动部门、工会组织和本单位的主管部门报告职工尘肺病发生和死亡情况。

第二十一条　各企业、事业单位对已确诊为尘肺病的职工，必须调离粉尘作业岗位，并给予治疗或疗养。尘肺病患者的社会保险待遇，按国家有关规定办理。

第五章　奖励和处罚

第二十二条　对在尘肺病防治工作中做出显著成绩的单位和个人，由其上级主管部门给予奖励。

第二十三条　凡违反本条例规定，有下列行为之一的，卫生行政部门和劳动部门，可视其情节轻重，给予警告、限期治理、罚款和停业整顿的处罚。但停业整顿的处罚，需经当地人民政府同意。

（一）作业场所粉尘浓度超过国家卫生标准，逾期不采取措施的；

（二）任意拆除防尘设施，致使粉尘危害严重的；

（三）挪用防尘措施经费的；

（四）工程设计和竣工验收未经卫生行政部门、劳动部门和工会组织审查同意，擅自施工、投产的；

（五）将粉尘作业转嫁、外包或以联营的形式给没有防尘设施的乡镇、街道企业或个体工商户的；

（六）不执行健康检查制度和测尘制度的；

（七）强令尘肺病患者继续从事粉尘作业的；

（八）假报测尘结果或尘肺病诊断结果的；

（九）安排未成年人从事粉尘作业的。

第二十四条　当事人对处罚不服的，可在接到处罚通知之日起十五日内，向作出处理的部门的上级机关申请复议。但是，对停业整顿的决定应当立即执行。上级机关应当在接到申请之日起三十日内作出答复。对答复不服的，可以在接到答复之日起十五日内，向人民法院起诉。

第二十五条　企业、事业单位负责人和监督、监测人员玩忽职守，致使公共财产、国家和人民利益遭受损失，情节轻微的，由其主管部门给予行政处分；造成重大损失，构成犯罪的，由司法机关依法追究直接责任人员的刑事责任。

第六章　附　则

第二十六条　本条例由国务院卫生行政部门和劳动部门联合进行解释。

第二十七条　各省、自治区、直辖市人民政府应当结合当地实际情况，制定本条例的实施办法。

4.《女职工劳动保护特别规定》

中华人民共和国国务院令

第 619 号

《女职工劳动保护特别规定》已经 2012 年 4 月 18 日国务院第 200 次常务会议通过，现予公布，自公布之日起施行。

总　理　温家宝

二〇一二年四月二十八日

女职工劳动保护特别规定

第一条   为了减少和解决女职工在劳动中因生理特点造成的特殊困难，保护女职工健康，制定本规定。

第二条   中华人民共和国境内的国家机关、企业、事业单位、社会团体、个体经济组织以及其他社会组织等用人单位及其女职工，适用本规定。

第三条   用人单位应当加强女职工劳动保护，采取措施改善女职工劳动安全卫生条件，对女职工进行劳动安全卫生知识培训。

第四条   用人单位应当遵守女职工禁忌从事的劳动范围的规定。用人单位应当将本单位属于女职工禁忌从事的劳动范围的岗位书面告知女职工。

女职工禁忌从事的劳动范围由本规定附录列示。国务院安全生产监督管理部门会同国务院人力资源社会保障行政部门、国务院卫生行政部门根据经济社会发展情况，对女职工禁忌从事的劳动范围进行调整。

第五条   用人单位不得因女职工怀孕、生育、哺乳降低其工资、予以辞退、与其解除劳动或者聘用合同。

第六条   女职工在孕期不能适应原劳动的，用人单位应当根据医疗机构的证明，予以减轻劳动量或者安排其他能够适应的劳动。

对怀孕 7 个月以上的女职工，用人单位不得延长劳动时间或者安排夜班劳动，并应当在劳动时间内安排一定的休息时间。

怀孕女职工在劳动时间内进行产前检查，所需时间计入劳动时间。

第七条   女职工生育享受 98 天产假，其中产前可以休假 15 天；难产的，增加产假 15 天；生育多胞胎的，每多生育 1 个婴儿，增加产假 15 天。

女职工怀孕未满 4 个月流产的，享受 15 天产假；怀孕满 4 个月流产的，享受 42 天产假。

第八条   女职工产假期间的生育津贴，对已经参加生育保险的，按照用人单位上年度职工月平均工资的标准由生育保险基金支付；对未参加生育保险的，按照女职工产假前工资的标准由用人单位支付。

女职工生育或者流产的医疗费用，按照生育保险规定的项目和标准，对已经参加生育保险的，由生育保险基金支付；对未参加生育保险的，由用人单位支付。

第九条   对哺乳未满 1 周岁婴儿的女职工，用人单位不得延长劳动时间或者安排夜班劳动。

用人单位应当在每天的劳动时间内为哺乳期女职工安排 1 小时哺乳时间；女职工生育多胞胎的，每多哺乳 1 个婴儿每天增加 1 小时哺乳时间。

第十条   女职工比较多的用人单位应当根据女职工的需要，建立女职工卫生室、孕妇休息室、哺乳室等设施，妥善解决女职工在生理卫生、哺乳方面的困难。

第十一条   在劳动场所，用人单位应当预防和制止对女职工的性骚扰。

第十二条   县级以上人民政府人力资源社会保障行政部门、安全生产监督管理部门按照各自职责负责对用人单位遵守本规定的情况进行监督检查。

工会、妇女组织依法对用人单位遵守本规定的情况进行监督。

第十三条   用人单位违反本规定第六条第二款、第七条、第九条第一款规定的，由县级以上人民政府人力资源社会保障行政部门责令限期改正,按照受侵害女职工每人 1000 元以上 5000 元以下的标准计算,处以罚款。

用人单位违反本规定附录第一条、第二条规定的,由县级以上人民政府安全生产监督管理部门责令限期改正,按照受侵害女职工每人 1000 元以上 5000 元以下的标准计算,处以罚款。用人单位违反本规定附录第三条、第四条规定的,由县级以上人民政府安全生产监督管理部门责令限期治理,处 5 万元以上 30 万元以下的罚款;情节严重的,责令停止有关作业,或者提请有关人民政府按照国务院规定的权限责令关闭。

第十四条　用人单位违反本规定,侵害女职工合法权益的,女职工可以依法投诉、举报、申诉,依法向劳动人事争议调解仲裁机构申请调解仲裁,对仲裁裁决不服的,依法向人民法院提起诉讼。

第十五条　用人单位违反本规定,侵害女职工合法权益,造成女职工损害的,依法给予赔偿;用人单位及其直接负责的主管人员和其他直接责任人员构成犯罪的,依法追究刑事责任。

第十六条　本规定自公布之日起施行。1988 年 7 月 21 日国务院发布的《女职工劳动保护规定》同时废止。

附录

女职工禁忌从事的劳动范围

一、女职工禁忌从事的劳动范围

(一)矿山井下作业;

(二)体力劳动强度分级标准中规定的第四级体力劳动强度的作业;

(三)每小时负重 6 次以上、每次负重超过 20 公斤的作业,或者间断负重、每次负重超过 25 公斤的作业。

二、女职工在经期禁忌从事的劳动范围

(一)冷水作业分级标准中规定的第二级、第三级、第四级冷水作业;

(二)低温作业分级标准中规定的第二级、第三级、第四级低温作业;

(三)体力劳动强度分级标准中规定的第三级、第四级体力劳动强度的作业;

(四)高处作业分级标准中规定的第三级、第四级高处作业。

三、女职工在孕期禁忌从事的劳动范围

(一)作业场所空气中铅及其化合物、汞及其化合物、苯、镉、铍、砷、氰化物、氮氧化物、一氧化碳、二硫化碳、氯、己内酰胺、氯丁二烯、氯乙烯、环氧乙烷、苯胺、甲醛等有毒物质浓度超过国家职业卫生标准的作业;

(二)从事抗癌药物、己烯雌酚生产,接触麻醉剂气体等的作业;

(三)非密封源放射性物质的操作,核事故与放射事故的应急处置;

(四)高处作业分级标准中规定的高处作业;

(五)冷水作业分级标准中规定的冷水作业;

(六)低温作业分级标准中规定的低温作业;

(七)高温作业分级标准中规定的第三级、第四级的作业;

（八）噪声作业分级标准中规定的第三级、第四级的作业；

（九）体力劳动强度分级标准中规定的第三级、第四级体力劳动强度的作业；

（十）在密闭空间、高压室作业或者潜水作业，伴有强烈振动的作业，或者需要频繁弯腰、攀高、下蹲的作业。

四、女职工在哺乳期禁忌从事的劳动范围

（一）孕期禁忌从事的劳动范围的第一项、第三项、第九项；

（二）作业场所空气中锰、氟、溴、甲醇、有机磷化合物、有机氯化合物等有毒物质浓度超过国家职业卫生标准的作业。

5.《工伤保险条例》

中华人民共和国国务院令

第 586 号

《国务院关于修改〈工伤保险条例〉的决定》已经 2010 年 12 月 8 日国务院第 136 次常务会议通过，现予公布，自 2011 年 1 月 1 日起施行。

总　理　温家宝

二〇一〇年十二月二十日

工伤保险条例

（2003 年 4 月 27 日中华人民共和国国务院令第 375 号公布，根据 2010 年 12 月 20 日《国务院关于修改〈工伤保险条例〉的决定》修订）

第一章　总　则

第一条　为了保障因工作遭受事故伤害或者患职业病的职工获得医疗救治和经济补偿，促进工伤预防和职业康复，分散用人单位的工伤风险，制定本条例。

第二条　中华人民共和国境内的企业、事业单位、社会团体、民办非企业单位、基金会、律师事务所、会计师事务所等组织和有雇工的个体工商户（以下称用人单位）应当依照本条例规定参加工伤保险，为本单位全部职工或者雇工（以下称职工）缴纳工伤保险费。

中华人民共和国境内的企业、事业单位、社会团体、民办非企业单位、基金会、律师事务所、会计师事务所等组织的职工和个体工商户的雇工，均有依照本条例的规定享受工伤保险待遇的权利。

第三条　工伤保险费的征缴按照《社会保险费征缴暂行条例》关于基本养老保险费、基本医疗保险费、失业保险费的征缴规定执行。

第四条　用人单位应当将参加工伤保险的有关情况在本单位内公示。

用人单位和职工应当遵守有关安全生产和职业病防治的法律法规，执行安全卫生规程和标准，预防工伤事故发生，避免和减少职业病危害。

职工发生工伤时，用人单位应当采取措施使工伤职工得到及时救治。

第五条　国务院社会保险行政部门负责全国的工伤保险工作。

县级以上地方各级人民政府社会保险行政部门负责本行政区域内的工伤保险工作。

社会保险行政部门按照国务院有关规定设立的社会保险经办机构（以下称经办机构）具体承办工伤保险事务。

第六条 社会保险行政部门等部门制定工伤保险的政策、标准，应当征求工会组织、用人单位代表的意见。

第二章 工伤保险基金

第七条 工伤保险基金由用人单位缴纳的工伤保险费、工伤保险基金的利息和依法纳入工伤保险基金的其他资金构成。

第八条 工伤保险费根据以支定收、收支平衡的原则，确定费率。

国家根据不同行业的工伤风险程度确定行业的差别费率，并根据工伤保险费使用、工伤发生率等情况在每个行业内确定若干费率档次。行业差别费率及行业内费率档次由国务院社会保险行政部门制定，报国务院批准后公布施行。

统筹地区经办机构根据用人单位工伤保险费使用、工伤发生率等情况，适用所属行业内相应的费率档次确定单位缴费费率。

第九条 国务院社会保险行政部门应当定期了解全国各统筹地区工伤保险基金收支情况，及时提出调整行业差别费率及行业内费率档次的方案，报国务院批准后公布施行。

第十条 用人单位应当按时缴纳工伤保险费。职工个人不缴纳工伤保险费。

用人单位缴纳工伤保险费的数额为本单位职工工资总额乘以单位缴费费率之积。

对难以按照工资总额缴纳工伤保险费的行业，其缴纳工伤保险费的具体方式，由国务院社会保险行政部门规定。

第十一条 工伤保险基金逐步实行省级统筹。

跨地区、生产流动性较大的行业，可以采取相对集中的方式异地参加统筹地区的工伤保险。具体办法由国务院社会保险行政部门会同有关行业的主管部门制定。

第十二条 工伤保险基金存入社会保障基金财政专户，用于本条例规定的工伤保险待遇，劳动能力鉴定，工伤预防的宣传、培训等费用，以及法律、法规规定的用于工伤保险的其他费用的支付。

工伤预防费用的提取比例、使用和管理的具体办法，由国务院社会保险行政部门会同国务院财政、卫生行政、安全生产监督管理等部门规定。

任何单位或者个人不得将工伤保险基金用于投资运营、兴建或者改建办公场所、发放奖金，或者挪作其他用途。

第十三条 工伤保险基金应当留有一定比例的储备金，用于统筹地区重大事故的工伤保险待遇支付；储备金不足支付的，由统筹地区的人民政府垫付。储备金占基金总额的具体比例和储备金的使用办法，由省、自治区、直辖市人民政府规定。

第三章 工伤认定

第十四条 职工有下列情形之一的，应当认定为工伤：

（一）在工作时间和工作场所内，因工作原因受到事故伤害的；

（二）工作时间前后在工作场所内，从事与工作有关的预备性或者收尾性工作受到事故伤害的；

（三）在工作时间和工作场所内，因履行工作职责受到暴力等意外伤害的；

（四）患职业病的；

（五）因工外出期间，由于工作原因受到伤害或者发生事故下落不明的；

（六）在上下班途中，受到非本人主要责任的交通事故或者城市轨道交通、客运轮渡、火车事故伤害的；

（七）法律、行政法规规定应当认定为工伤的其他情形。

第十五条　职工有下列情形之一的，视同工伤：

（一）在工作时间和工作岗位，突发疾病死亡或者在 48 小时之内经抢救无效死亡的；

（二）在抢险救灾等维护国家利益、公共利益活动中受到伤害的；

（三）职工原在军队服役，因战、因公负伤致残，已取得革命伤残军人证，到用人单位后旧伤复发的。

职工有前款第（一）项、第（二）项情形的，按照本条例的有关规定享受工伤保险待遇；职工有前款第（三）项情形的，按照本条例的有关规定享受除一次性伤残补助金以外的工伤保险待遇。

第十六条　职工符合本条例第十四条、第十五条的规定，但是有下列情形之一的，不得认定为工伤或者视同工伤：

（一）故意犯罪的；

（二）醉酒或者吸毒的；

（三）自残或者自杀的。

第十七条　职工发生事故伤害或者按照职业病防治法规定被诊断、鉴定为职业病，所在单位应当自事故伤害发生之日或者被诊断、鉴定为职业病之日起 30 日内，向统筹地区社会保险行政部门提出工伤认定申请。遇有特殊情况，经报社会保险行政部门同意，申请时限可以适当延长。

用人单位未按前款规定提出工伤认定申请的，工伤职工或者其近亲属、工会组织在事故伤害发生之日或者被诊断、鉴定为职业病之日起 1 年内，可以直接向用人单位所在地统筹地区社会保险行政部门提出工伤认定申请。

按照本条第一款规定应当由省级社会保险行政部门进行工伤认定的事项，根据属地原则由用人单位所在地的设区的市级社会保险行政部门办理。

用人单位未在本条第一款规定的时限内提交工伤认定申请，在此期间发生符合本条例规定的工伤待遇等有关费用由该用人单位负担。

第十八条　提出工伤认定申请应当提交下列材料：

（一）工伤认定申请表；

（二）与用人单位存在劳动关系（包括事实劳动关系）的证明材料；

（三）医疗诊断证明或者职业病诊断证明书（或者职业病诊断鉴定书）。

工伤认定申请表应当包括事故发生的时间、地点、原因以及职工伤害程度等基本情况。

工伤认定申请人提供材料不完整的，社会保险行政部门应当一次性书面告知工伤认定申请人需要补正的全部材料。申请人按照书面告知要求补正材料后，社会保险行政部门应当受理。

第十九条　社会保险行政部门受理工伤认定申请后，根据审核需要可以对事故伤害进行调查核实，用人单位、职工、工会组织、医疗机构以及有关部门应当予以协助。职业病诊断和诊断争议的鉴定，依照职业病防治法的有关规定执行。对依法取得职业病诊断证明书或者职业病诊断鉴定书的，社会保险行政部门不再进行调查核实。

职工或者其近亲属认为是工伤，用人单位不认为是工伤的，由用人单位承担举证责任。

第二十条　社会保险行政部门应当自受理工伤认定申请之日起 60 日内作出工伤认定的决定，并书面通知申请工伤认定的职工或者其近亲属和该职工所在单位。

社会保险行政部门对受理的事实清楚、权利义务明确的工伤认定申请，应当在 15 日内作出工伤认定的决定。

作出工伤认定决定需要以司法机关或者有关行政主管部门的结论为依据的，在司法机关或者有关行政主管部门尚未作出结论期间，作出工伤认定决定的时限中止。

社会保险行政部门工作人员与工伤认定申请人有利害关系的，应当回避。

第四章　劳动能力鉴定

第二十一条　职工发生工伤，经治疗伤情相对稳定后存在残疾、影响劳动能力的，应当进行劳动能力鉴定。

第二十二条　劳动能力鉴定是指劳动功能障碍程度和生活自理障碍程度的等级鉴定。

劳动功能障碍分为十个伤残等级，最重的为一级，最轻的为十级。

生活自理障碍分为三个等级：生活完全不能自理、生活大部分不能自理和生活部分不能自理。

劳动能力鉴定标准由国务院社会保险行政部门会同国务院卫生行政部门等部门制定。

第二十三条　劳动能力鉴定由用人单位、工伤职工或者其近亲属向设区的市级劳动能力鉴定委员会提出申请，并提供工伤认定决定和职工工伤医疗的有关资料。

第二十四条　省、自治区、直辖市劳动能力鉴定委员会和设区的市级劳动能力鉴定委员会分别由省、自治区、直辖市和设区的市级社会保险行政部门、卫生行政部门、工会组织、经办机构代表以及用人单位代表组成。

劳动能力鉴定委员会建立医疗卫生专家库。列入专家库的医疗卫生专业技术人员应当具备下列条件：

（一）具有医疗卫生高级专业技术职务任职资格；

（二）掌握劳动能力鉴定的相关知识；

（三）具有良好的职业品德。

第二十五条　设区的市级劳动能力鉴定委员会收到劳动能力鉴定申请后，应当从其建立的医疗卫生专家库中随机抽取 3 名或者 5 名相关专家组成专家组，由专家组提出鉴定意见。设区的市级劳动能力鉴定委员会根据专家组的鉴定意见作出工伤职工劳动能力鉴定结论；必要时，可以委托具备资格的医疗机构协助进行有关的诊断。

设区的市级劳动能力鉴定委员会应当自收到劳动能力鉴定申请之日起 60 日内作出劳动能力鉴定结论，必要时，作出劳动能力鉴定结论的期限可以延长 30 日。劳动能力鉴定结论应当及时送达申请鉴定的单位和个人。

第二十六条　申请鉴定的单位或者个人对设区的市级劳动能力鉴定委员会作出的鉴定结论不服的，可以在收到该鉴定结论之日起 15 日内向省、自治区、直辖市劳动能力鉴定委员会提出再次鉴定申请。省、自治区、直辖市劳动能力鉴定委员会作出的劳动能力鉴定结论为最终结论。

第二十七条　劳动能力鉴定工作应当客观、公正。劳动能力鉴定委员会组成人员或者参加鉴定的专家与当事人有利害关系的，应当回避。

第二十八条　自劳动能力鉴定结论作出之日起1年后，工伤职工或者其近亲属、所在单位或者经办机构认为伤残情况发生变化的，可以申请劳动能力复查鉴定。

第二十九条　劳动能力鉴定委员会依照本条例第二十六条和第二十八条的规定进行再次鉴定和复查鉴定的期限，依照本条例第二十五条第二款的规定执行。

<h2 style="text-align:center">第五章　工伤保险待遇</h2>

第三十条　职工因工作遭受事故伤害或者患职业病进行治疗，享受工伤医疗待遇。

职工治疗工伤应当在签订服务协议的医疗机构就医，情况紧急时可以先到就近的医疗机构急救。

治疗工伤所需费用符合工伤保险诊疗项目目录、工伤保险药品目录、工伤保险住院服务标准的，从工伤保险基金支付。工伤保险诊疗项目目录、工伤保险药品目录、工伤保险住院服务标准，由国务院社会保险行政部门会同国务院卫生行政部门、食品药品监督管理部门等部门规定。

职工住院治疗工伤的伙食补助费，以及经医疗机构出具证明，报经办机构同意，工伤职工到统筹地区以外就医所需的交通、食宿费用从工伤保险基金支付，基金支付的具体标准由统筹地区人民政府规定。

工伤职工治疗非工伤引发的疾病，不享受工伤医疗待遇，按照基本医疗保险办法处理。

工伤职工到签订服务协议的医疗机构进行工伤康复的费用，符合规定的，从工伤保险基金支付。

第三十一条　社会保险行政部门作出认定为工伤的决定后发生行政复议、行政诉讼的，行政复议和行政诉讼期间不停止支付工伤职工治疗工伤的医疗费用。

第三十二条　工伤职工因日常生活或者就业需要，经劳动能力鉴定委员会确认，可以安装假肢、矫形器、假眼、假牙和配置轮椅等辅助器具，所需费用按照国家规定的标准从工伤保险基金支付。

第三十三条　职工因工作遭受事故伤害或者患职业病需要暂停工作接受工伤医疗的，在停工留薪期内，原工资福利待遇不变，由所在单位按月支付。

停工留薪期一般不超过12个月。伤情严重或者情况特殊，经设区的市级劳动能力鉴定委员会确认，可以适当延长，但延长不得超过12个月。工伤职工评定伤残等级后，停发原待遇，按照本章的有关规定享受伤残待遇。工伤职工在停工留薪期满后仍需治疗的，继续享受工伤医疗待遇。

生活不能自理的工伤职工在停工留薪期需要护理的，由所在单位负责。

第三十四条　工伤职工已经评定伤残等级并经劳动能力鉴定委员会确认需要生活护理的，从工伤保险基金按月支付生活护理费。

生活护理费按照生活完全不能自理、生活大部分不能自理或者生活部分不能自理3个不同等级支付，其标准分别为统筹地区上年度职工月平均工资的50%、40%或者30%。

第三十五条　职工因工致残被鉴定为一级至四级伤残的，保留劳动关系，退出工作岗位，享受以下待遇：

（一）从工伤保险基金按伤残等级支付一次性伤残补助金，标准为：一级伤残为 27 个月的本人工资，二级伤残为 25 个月的本人工资，三级伤残为 23 个月的本人工资，四级伤残为 21 个月的本人工资；

（二）从工伤保险基金按月支付伤残津贴，标准为：一级伤残为本人工资的 90%，二级伤残为本人工资的 85%，三级伤残为本人工资的 80%，四级伤残为本人工资的 75%。伤残津贴实际金额低于当地最低工资标准的，由工伤保险基金补足差额；

（三）工伤职工达到退休年龄并办理退休手续后，停发伤残津贴，按照国家有关规定享受基本养老保险待遇。基本养老保险待遇低于伤残津贴的，由工伤保险基金补足差额。

职工因工致残被鉴定为一级至四级伤残的，由用人单位和职工个人以伤残津贴为基数，缴纳基本医疗保险费。

第三十六条　职工因工致残被鉴定为五级、六级伤残的，享受以下待遇：

（一）从工伤保险基金按伤残等级支付一次性伤残补助金，标准为：五级伤残为 18 个月的本人工资，六级伤残为 16 个月的本人工资；

（二）保留与用人单位的劳动关系，由用人单位安排适当工作。难以安排工作的，由用人单位按月发给伤残津贴，标准为：五级伤残为本人工资的 70%，六级伤残为本人工资的 60%，并由用人单位按照规定为其缴纳应缴纳的各项社会保险费。伤残津贴实际金额低于当地最低工资标准的，由用人单位补足差额。

经工伤职工本人提出，该职工可以与用人单位解除或者终止劳动关系，由工伤保险基金支付一次性工伤医疗补助金，由用人单位支付一次性伤残就业补助金。一次性工伤医疗补助金和一次性伤残就业补助金的具体标准由省、自治区、直辖市人民政府规定。

第三十七条　职工因工致残被鉴定为七级至十级伤残的，享受以下待遇：

（一）从工伤保险基金按伤残等级支付一次性伤残补助金，标准为：七级伤残为 13 个月的本人工资，八级伤残为 11 个月的本人工资，九级伤残为 9 个月的本人工资，十级伤残为 7 个月的本人工资；

（二）劳动、聘用合同期满终止，或者职工本人提出解除劳动、聘用合同的，由工伤保险基金支付一次性工伤医疗补助金，由用人单位支付一次性伤残就业补助金。一次性工伤医疗补助金和一次性伤残就业补助金的具体标准由省、自治区、直辖市人民政府规定。

第三十八条　工伤职工工伤复发，确认需要治疗的，享受本条例第三十条、第三十二条和第三十三条规定的工伤待遇。

第三十九条　职工因工死亡，其近亲属按照下列规定从工伤保险基金领取丧葬补助金、供养亲属抚恤金和一次性工亡补助金：

（一）丧葬补助金为 6 个月的统筹地区上年度职工月平均工资；

（二）供养亲属抚恤金按照职工本人工资的一定比例发给由因工死亡职工生前提供主要生活来源、无劳动能力的亲属。标准为：配偶每月 40%，其他亲属每人每月 30%，孤寡老人或者孤儿每人每月在上述标准的基础上增加 10%。核定的各供养亲属的抚恤金之和不应高于因工死亡职工生前的工资。供养亲属的具体范围由国务院社会保险行政部门规定；

（三）一次性工亡补助金标准为上一年度全国城镇居民人均可支配收入的 20 倍。

伤残职工在停工留薪期内因工伤导致死亡的，其近亲属享受本条第一款规定的待遇。

一级至四级伤残职工在停工留薪期满后死亡的，其近亲属可以享受本条第一款第（一）项、第（二）项规定的待遇。

第四十条 伤残津贴、供养亲属抚恤金、生活护理费由统筹地区社会保险行政部门根据职工平均工资和生活费用变化等情况适时调整。调整办法由省、自治区、直辖市人民政府规定。

第四十一条 职工因工外出期间发生事故或者在抢险救灾中下落不明的，从事故发生当月起3个月内照发工资，从第4个月起停发工资，由工伤保险基金向其供养亲属按月支付供养亲属抚恤金。生活有困难的，可以预支一次性工亡补助金的50%。职工被人民法院宣告死亡的，按照本条例第三十九条职工因工死亡的规定处理。

第四十二条 工伤职工有下列情形之一的，停止享受工伤保险待遇：

（一）丧失享受待遇条件的；

（二）拒不接受劳动能力鉴定的；

（三）拒绝治疗的。

第四十三条 用人单位分立、合并、转让的，承继单位应当承担原用人单位的工伤保险责任；原用人单位已经参加工伤保险的，承继单位应当到当地经办机构办理工伤保险变更登记。

用人单位实行承包经营的，工伤保险责任由职工劳动关系所在单位承担。

职工被借调期间受到工伤事故伤害的，由原用人单位承担工伤保险责任，但原用人单位与借调单位可以约定补偿办法。

企业破产的，在破产清算时依法拨付应当由单位支付的工伤保险待遇费用。

第四十四条 职工被派遣出境工作，依据前往国家或者地区的法律应当参加当地工伤保险的，参加当地工伤保险，其国内工伤保险关系中止；不能参加当地工伤保险的，其国内工伤保险关系不中止。

第四十五条 职工再次发生工伤，根据规定应当享受伤残津贴的，按照新认定的伤残等级享受伤残津贴待遇。

第六章 监督管理

第四十六条 经办机构具体承办工伤保险事务，履行下列职责：

（一）根据省、自治区、直辖市人民政府规定，征收工伤保险费；

（二）核查用人单位的工资总额和职工人数，办理工伤保险登记，并负责保存用人单位缴费和职工享受工伤保险待遇情况的记录；

（三）进行工伤保险的调查、统计；

（四）按照规定管理工伤保险基金的支出；

（五）按照规定核定工伤保险待遇；

（六）为工伤职工或者其近亲属免费提供咨询服务。

第四十七条 经办机构与医疗机构、辅助器具配置机构在平等协商的基础上签订服务协议，并公布签订服务协议的医疗机构、辅助器具配置机构的名单。具体办法由国务院社会保险行政部门分别会同国务院卫生行政部门、民政部门等部门制定。

第四十八条　经办机构按照协议和国家有关目录、标准对工伤职工医疗费用、康复费用、辅助器具费用的使用情况进行核查，并按时足额结算费用。

第四十九条　经办机构应当定期公布工伤保险基金的收支情况，及时向社会保险行政部门提出调整费率的建议。

第五十条　社会保险行政部门、经办机构应当定期听取工伤职工、医疗机构、辅助器具配置机构以及社会各界对改进工伤保险工作的意见。

第五十一条　社会保险行政部门依法对工伤保险费的征缴和工伤保险基金的支付情况进行监督检查。

财政部门和审计机关依法对工伤保险基金的收支、管理情况进行监督。

第五十二条　任何组织和个人对有关工伤保险的违法行为，有权举报。社会保险行政部门对举报应当及时调查，按照规定处理，并为举报人保密。

第五十三条　工会组织依法维护工伤职工的合法权益，对用人单位的工伤保险工作实行监督。

第五十四条　职工与用人单位发生工伤待遇方面的争议，按照处理劳动争议的有关规定处理。

第五十五条　有下列情形之一的，有关单位或者个人可以依法申请行政复议，也可以依法向人民法院提起行政诉讼：

（一）申请工伤认定的职工或者其近亲属、该职工所在单位对工伤认定申请不予受理的决定不服的；

（二）申请工伤认定的职工或者其近亲属、该职工所在单位对工伤认定结论不服的；

（三）用人单位对经办机构确定的单位缴费费率不服的；

（四）签订服务协议的医疗机构、辅助器具配置机构认为经办机构未履行有关协议或者规定的；

（五）工伤职工或者其近亲属对经办机构核定的工伤保险待遇有异议的。

第七章　法律责任

第五十六条　单位或者个人违反本条例第十二条规定挪用工伤保险基金，构成犯罪的，依法追究刑事责任；尚不构成犯罪的，依法给予处分或者纪律处分。被挪用的基金由社会保险行政部门追回，并入工伤保险基金；没收的违法所得依法上缴国库。

第五十七条　社会保险行政部门工作人员有下列情形之一的，依法给予处分；情节严重，构成犯罪的，依法追究刑事责任：

（一）无正当理由不受理工伤认定申请，或者弄虚作假将不符合工伤条件的人员认定为工伤职工的；

（二）未妥善保管申请工伤认定的证据材料，致使有关证据灭失的；

（三）收受当事人财物的。

第五十八条　经办机构有下列行为之一的，由社会保险行政部门责令改正，对直接负责的主管人员和其他责任人员依法给予纪律处分；情节严重，构成犯罪的，依法追究刑事责任；造成当事人经济损失的，由经办机构依法承担赔偿责任：

（一）未按规定保存用人单位缴费和职工享受工伤保险待遇情况记录的；

（二）不按规定核定工伤保险待遇的；

（三）收受当事人财物的。

第五十九条　医疗机构、辅助器具配置机构不按服务协议提供服务的，经办机构可以解除服务协议。

经办机构不按时足额结算费用的，由社会保险行政部门责令改正；医疗机构、辅助器具配置机构可以解除服务协议。

第六十条　用人单位、工伤职工或者其近亲属骗取工伤保险待遇，医疗机构、辅助器具配置机构骗取工伤保险基金支出的，由社会保险行政部门责令退还，处骗取金额 2 倍以上 5 倍以下的罚款；情节严重，构成犯罪的，依法追究刑事责任。

第六十一条　从事劳动能力鉴定的组织或者个人有下列情形之一的，由社会保险行政部门责令改正，处 2000 元以上 1 万元以下的罚款；情节严重，构成犯罪的，依法追究刑事责任：

（一）提供虚假鉴定意见的；

（二）提供虚假诊断证明的；

（三）收受当事人财物的。

第六十二条　用人单位依照本条例规定应当参加工伤保险而未参加的，由社会保险行政部门责令限期参加，补缴应当缴纳的工伤保险费，并自欠缴之日起，按日加收万分之五的滞纳金；逾期仍不缴纳的，处欠缴数额 1 倍以上 3 倍以下的罚款。

依照本条例规定应当参加工伤保险而未参加工伤保险的用人单位职工发生工伤的，由该用人单位按照本条例规定的工伤保险待遇项目和标准支付费用。

用人单位参加工伤保险并补缴应当缴纳的工伤保险费、滞纳金后，由工伤保险基金和用人单位依照本条例的规定支付新发生的费用。

第六十三条　用人单位违反本条例第十九条的规定，拒不协助社会保险行政部门对事故进行调查核实的，由社会保险行政部门责令改正，处 2000 元以上 2 万元以下的罚款。

第八章　附　则

第六十四条　本条例所称工资总额，是指用人单位直接支付给本单位全部职工的劳动报酬总额。

本条例所称本人工资，是指工伤职工因工作遭受事故伤害或者患职业病前 12 个月平均月缴费工资。本人工资高于统筹地区职工平均工资 300%的，按照统筹地区职工平均工资的 300%计算；本人工资低于统筹地区职工平均工资 60%的，按照统筹地区职工平均工资的 60%计算。

第六十五条　公务员和参照公务员法管理的事业单位、社会团体的工作人员因工作遭受事故伤害或者患职业病的，由所在单位支付费用。具体办法由国务院社会保险行政部门会同国务院财政部门规定。

第六十六条　无营业执照或者未经依法登记、备案的单位以及被依法吊销营业执照或者撤销登记、备案的单位的职工受到事故伤害或者患职业病的，由该单位向伤残职工或者死亡职工的近亲属给予一次性赔偿，赔偿标准不得低于本条例规定的工伤保险待遇；用人单位不得使用童工，用人单位使用童工造成童工伤残、死亡的，由该单位向童工或者童工的近亲属给予一次性赔偿，赔偿标准不得低于本条例规定的工伤保险待遇。具体办法由国务院社会保险行政部门规定。

前款规定的伤残职工或者死亡职工的近亲属就赔偿数额与单位发生争议的，以及前款规定的童工或者童工的近亲属就赔偿数额与单位发生争议的，按照处理劳动争议的有关规定处理。

第六十七条 本条例自 2004 年 1 月 1 日起施行。本条例施行前已受到事故伤害或者患职业病的职工尚未完成工伤认定的，按照本条例的规定执行。

6.《放射工作人员职业健康管理办法》

中华人民共和国卫生部令

第 55 号

《放射工作人员职业健康管理办法》已于 2007 年 3 月 23 日经卫生部部务会议讨论通过，现予以发布，自 2007 年 11 月 1 日起施行。

二〇〇七年六月三日

放射工作人员职业健康管理办法

第一章 总 则

第一条 为了保障放射工作人员的职业健康与安全，根据《中华人民共和国职业病防治法》（以下简称《职业病防治法》）和《放射性同位素与射线装置安全和防护条例》，制定本办法。

第二条 中华人民共和国境内的放射工作单位及其放射工作人员，应当遵守本办法。

本办法所称放射工作单位，是指开展下列活动的企业、事业单位和个体经济组织：

（一）放射性同位素（非密封放射性物质和放射源）的生产、使用、运输、贮存和废弃处理；

（二）射线装置的生产、使用和维修；

（三）核燃料循环中的铀矿开采、铀矿水冶、铀的浓缩和转化、燃料制造、反应堆运行、燃料后处理和核燃料循环中的研究活动；

（四）放射性同位素、射线装置和放射工作场所的辐射监测；

（五）卫生部规定的与电离辐射有关的其他活动。

本办法所称放射工作人员，是指在放射工作单位从事放射职业活动中受到电离辐射照射的人员。

第三条 卫生部主管全国放射工作人员职业健康的监督管理工作。

县级以上地方人民政府卫生行政部门负责本行政区域内放射工作人员职业健康的监督管理。

第四条 放射工作单位应当采取有效措施，使本单位放射工作人员职业健康的管理符合本办法和有关标准及规范的要求。

第二章 从业条件与培训

第五条 放射工作人员应当具备下列基本条件：

（一）年满 18 周岁；

（二）经职业健康检查，符合放射工作人员的职业健康要求；

（三）放射防护和有关法律知识培训考核合格；

（四）遵守放射防护法规和规章制度，接受职业健康监护和个人剂量监测管理；

（五）持有《放射工作人员证》。

第六条　放射工作人员上岗前，放射工作单位负责向所在地县级以上地方人民政府卫生行政部门为其申请办理《放射工作人员证》。

开展放射诊疗工作的医疗机构，向为其发放《放射诊疗许可证》的卫生行政部门申请办理《放射工作人员证》。

开展本办法第二条第二款第（三）项所列活动以及非医用加速器运行、辐照加工、射线探伤和油田测井等活动的放射工作单位，向所在地省级卫生行政部门申请办理《放射工作人员证》。

其他放射工作单位办理《放射工作人员证》的规定，由所在地省级卫生行政部门结合本地区实际情况确定。

《放射工作人员证》的格式由卫生部统一制定。

第七条　放射工作人员上岗前应当接受放射防护和有关法律知识培训，考核合格方可参加相应的工作。培训时间不少于 4 天。

第八条　放射工作单位应当定期组织本单位的放射工作人员接受放射防护和有关法律知识培训。放射工作人员两次培训的时间间隔不超过 2 年，每次培训时间不少于 2 天。

第九条　放射工作单位应当建立并按照规定的期限妥善保存培训档案。培训档案应当包括每次培训的课程名称、培训时间、考试或考核成绩等资料。

第十条　放射防护及有关法律知识培训应当由符合省级卫生行政部门规定条件的单位承担，培训单位可会同放射工作单位共同制定培训计划，并按照培训计划和有关规范或标准实施和考核。

放射工作单位应当将每次培训的情况及时记录在《放射工作人员证》中。

第三章　个人剂量监测管理

第十一条　放射工作单位应当按照本办法和国家有关标准、规范的要求，安排本单位的放射工作人员接受个人剂量监测，并遵守下列规定：

（一）外照射个人剂量监测周期一般为 30 天，最长不应超过 90 天；内照射个人剂量监测周期按照有关标准执行；

（二）建立并终生保存个人剂量监测档案；

（三）允许放射工作人员查阅、复印本人的个人剂量监测档案。

第十二条　个人剂量监测档案应当包括：

（一）常规监测的方法和结果等相关资料；

（二）应急或者事故中受到照射的剂量和调查报告等相关资料。

放射工作单位应当将个人剂量监测结果及时记录在《放射工作人员证》中。

第十三条　放射工作人员进入放射工作场所，应当遵守下列规定：

（一）正确佩戴个人剂量计；

（二）操作结束离开非密封放射性物质工作场所时，按要求进行个人体表、衣物及防护用品的放射性表面污染监测，发现污染要及时处理，做好记录并存档；

（三）进入辐照装置、工业探伤、放射治疗等强辐射工作场所时，除佩戴常规个人剂量计外，还应当携带报警式剂量计。

第十四条　个人剂量监测工作应当由具备资质的个人剂量监测技术服务机构承担。个人剂量监测技术服务机构的资质审定由中国疾病预防控制中心协助卫生部组织实施。

个人剂量监测技术服务机构的资质审定按照《职业病防治法》、《职业卫生技术服务机构管理办法》和卫生部有关规定执行。

第十五条　个人剂量监测技术服务机构应当严格按照国家职业卫生标准、技术规范开展监测工作，参加质量控制和技术培训。

个人剂量监测报告应当在每个监测周期结束后1个月内送达放射工作单位，同时报告当地卫生行政部门。

第十六条　县级以上地方卫生行政部门按规定时间和格式，将本行政区域内的放射工作人员个人剂量监测数据逐级上报到卫生部。

第十七条　中国疾病预防控制中心协助卫生部拟定个人剂量监测技术服务机构的资质审定程序和标准，组织实施全国个人剂量监测的质量控制和技术培训，汇总分析全国个人剂量监测数据。

第四章　职业健康管理

第十八条　放射工作人员上岗前，应当进行上岗前的职业健康检查，符合放射工作人员健康标准的，方可参加相应的放射工作。

放射工作单位不得安排未经职业健康检查或者不符合放射工作人员职业健康标准的人员从事放射工作。

第十九条　放射工作单位应当组织上岗后的放射工作人员定期进行职业健康检查，两次检查的时间间隔不应超过2年，必要时可增加临时性检查。

第二十条　放射工作人员脱离放射工作岗位时，放射工作单位应当对其进行离岗前的职业健康检查.

第二十一条　对参加应急处理或者受到事故照射的放射工作人员，放射工作单位应当及时组织健康检查或者医疗救治，按照国家有关标准进行医学随访观察。

第二十二条　从事放射工作人员职业健康检查的医疗机构（以下简称职业健康检查机构）应当经省级卫生行政部门批准。

第二十三条　职业健康检查机构应当自体检工作结束之日起1个月内，将职业健康检查报告送达放射工作单位。

职业健康检查机构出具的职业健康检查报告应当客观、真实，并对职业健康检查报告负责。

第二十四条　职业健康检查机构发现有可能因放射性因素导致健康损害的，应当通知放射工作单位，并及时告知放射工作人员本人。

职业健康检查机构发现疑似职业性放射性疾病病人应当通知放射工作人员及其所在放射工作单位，并按规定向放射工作单位所在地卫生行政部门报告。

第二十五条　放射工作单位应当在收到职业健康检查报告的 7 日内，如实告知放射工作人员，并将检查结论记录在《放射工作人员证》中。

放射工作单位对职业健康检查中发现不宜继续从事放射工作的人员，应当及时调离放射工作岗位，并妥善安置；对需要复查和医学随访观察的放射工作人员，应当及时予以安排。

第二十六条　放射工作单位不得安排怀孕的妇女参与应急处理和有可能造成职业性内照射的工作。哺乳期妇女在其哺乳期间应避免接受职业性内照射。

第二十七条　放射工作单位应当为放射工作人员建立并终生保存职业健康监护档案。职业健康监护档案应包括以下内容：

（一）职业史、既往病史和职业照射接触史；

（二）历次职业健康检查结果及评价处理意见；

（三）职业性放射性疾病诊疗、医学随访观察等健康资料。

第二十八条　放射工作人员有权查阅、复印本人的职业健康监护档案。放射工作单位应当如实、无偿提供。

第二十九条　放射工作人员职业健康检查、职业性放射性疾病的诊断、鉴定、医疗救治和医学随访观察的费用，由其所在单位承担。

第三十条　职业性放射性疾病的诊断鉴定工作按照《职业病诊断与鉴定管理办法》和国家有关标准执行。

第三十一条　放射工作人员的保健津贴按照国家有关规定执行。

第三十二条　在国家统一规定的休假外，放射工作人员每年可以享受保健休假 2～4 周。享受寒、暑假的放射工作人员不再享受保健休假。从事放射工作满 20 年的在岗放射工作人员，可以由所在单位利用休假时间安排健康疗养。

第五章　监督检查

第三十三条　县级以上地方人民政府卫生行政部门应当定期对本行政区域内放射工作单位的放射工作人员职业健康管理进行监督检查。检查内容包括：

（一）有关法规和标准执行情况；

（二）放射防护措施落实情况；

（三）人员培训、职业健康检查、个人剂量监测及其档案管理情况；

（四）《放射工作人员证》持证及相关信息记录情况；

（五）放射工作人员其他职业健康权益保障情况。

第三十四条　卫生行政执法人员依法进行监督检查时，应当出示证件。被检查的单位应当予以配合，如实反映情况，提供必要的资料，不得拒绝、阻碍、隐瞒。

第三十五条　卫生行政执法人员依法检查时，应当保守被检查单位的技术秘密和业务秘密。

第三十六条　卫生行政部门接到对违反本办法行为的举报后应当及时核实、处理。

第六章　法律责任

第三十七条　放射工作单位违反本办法，有下列行为之一的，按照《职业病防治法》第六十三条处罚：

（一）未按照规定组织放射工作人员培训的；

（二）未建立个人剂量监测档案的；

（三）拒绝放射工作人员查阅、复印其个人剂量监测档案和职业健康监护档案的。

第三十八条 放射工作单位违反本办法，未按照规定组织职业健康检查、未建立职业健康监护档案或者未将检查结果如实告知劳动者的，按照《职业病防治法》第六十四条处罚。

第三十九条 放射工作单位违反本办法，未给从事放射工作的人员办理《放射工作人员证》的，由卫生行政部门责令限期改正，给予警告，并可处 3 万元以下的罚款。

第四十条 放射工作单位违反本办法，有下列行为之一的，按照《职业病防治法》第六十五条处罚：

（一）未按照规定进行个人剂量监测的；

（二）个人剂量监测或者职业健康检查发现异常，未采取相应措施的。

第四十一条 放射工作单位违反本办法，有下列行为之一的，按照《职业病防治法》第六十八条处罚：

（一）安排未经职业健康检查的劳动者从事放射工作的；

（二）安排未满 18 周岁的人员从事放射工作的；

（三）安排怀孕的妇女参加应急处理或者有可能造成内照射的工作的，或者安排哺乳期的妇女接受职业性内照射的；

（四）安排不符合职业健康标准要求的人员从事放射工作的；

（五）对因职业健康原因调离放射工作岗位的放射工作人员、疑似职业性放射性疾病的病人未做安排的。

第四十二条 技术服务机构未取得资质擅自从事个人剂量监测技术服务的，或者医疗机构未经批准擅自从事放射工作人员职业健康检查的，按照《职业病防治法》第七十二条处罚。

第四十三条 开展个人剂量监测的职业卫生技术服务机构和承担放射工作人员职业健康检查的医疗机构违反本办法，有下列行为之一的，按照《职业病防治法》第七十三条处罚：

（一）超出资质范围从事个人剂量监测技术服务的，或者超出批准范围从事放射工作人员职业健康检查的；

（二）未按《职业病防治法》和本办法规定履行法定职责的；

（三）出具虚假证明文件的。

第四十四条 卫生行政部门及其工作人员违反本办法，不履行法定职责，造成严重后果的，对直接负责的主管人员和其他直接责任人员，依法给予行政处分；情节严重，构成犯罪的，依法追究刑事责任。

第七章 附 则

第四十五条 放射工作人员职业健康检查项目及职业健康检查表由卫生部制定。

第四十六条 本办法自 2007 年 11 月 1 日起施行。1997 年 6 月 5 日卫生部发布的《放射工作人员健康管理规定》同时废止。

附件 1

放射工作人员证的格式

放射工作人员证

中华人民共和国卫生部制

```
┌─────────────┐
│      2      │
│      寸      │
│      照      │
│      片      │
└─────────────┘
```

发证机关（盖章）

编号：

发证日期：   年 月 日

姓名：

性别：

出生：   年 月 日

身份证号： □□□□□□□□□□□□□□□□□□

工作单位：

工作岗位：
(部门/科室/车间/工种等)

职业照射种类代码：

单位地址：

邮编： □□□□□□

联系电话： （   ）—

放射工作经历记录

年　月～ 年　月	工作单位	工作岗位	职业照射 种类代码	卫生行政部门 验讫章*

*当工作单位变更时，应及时向新工作单位属地的卫生行政部门申请放射工作人员证的核验。

放射防护知识培训及考核记录

日　　期	培训及考核机构	考核结果	登记人签章

上岗前职业健康检查情况

结论

省级卫生行政部门批准的医疗机构签章：

日期：　　　年　　月　　日

在岗期间职业健康检查情况

年　月　日	职业健康检查结论	职业健康检查机构	登记人签章

外照射个人受照剂量记录

起至年月	个人剂量结果（mSv · a^{-1}）			监测机构	登记人签章
	Hp(10)	Hp(3)	Hp(0.07)		

内照射监测记录

监测日期	监测方法	待积剂量（mSv）	监测机构	登记人盖章

超剂量限值照射调查情况

（注明受照日期、原因、剂量估算及调查结果）

	记录者签章： 记录日期：　　年　　月　　日
	记录者签章： 记录日期：　　年　　月　　日
	记录者签章： 记录日期：　　年　　月　　日

应急或事故受照记录

（注明受照日期、原因、剂量估算及调查结果）

	记录者签章： 记录日期：　　年　　月　　日
	记录者签章： 记录日期：　　年　　月　　日
	记录者签章： 记录日期：　　年　　月　　日

事故或应急健康检查情况

结论

医疗机构签章：

日期：　　年　　月　　日

离岗时职业健康检查情况

结论
省级卫生行政部门批准的医疗机构签章:
日期: 年   月   日

监督检查记录

年 月 日	监督记录	监督人签章

表：职业照射种类代码

照射源	职业分类及其代码
1. 核燃料循环	铀矿开采 1A 铀矿水冶 1B 铀的浓缩和转化 1C 燃料制造 1D 反应堆运行 1E 燃料后处理 1F 核燃料循环研究 1G
2. 医学应用	诊断放射学 2A 牙科放射学 2B 核医学 2C 放射治疗 2D 介入放射学 2E 其它 2F
3. 工业应用	工业辐照 3A 工业探伤 3B 发光涂料工业 3C 放射性同位素生产 3D 测井 3E 加速器运行 3F 其它 3G
4. 天然源	民用航空 4A 煤矿开采 4B 其它矿藏开采 4C 石油和天然气工业 4D 矿物和矿石处理 4E 其它 4F
5. 其它	教育 5A 兽医学 5B 科学研究 5C 其它 5D

说明

1. 依据《放射工作人员职业健康管理办法》（卫生部令第 55 号），特制发此证。

2. 此证全国通用。

3. 放射工作人员上岗时必须携带此证。

4. 放射工作人员调离放射工作岗位、退休或离职时，应将此证交回属地卫生行政部门。

5. 此证不得转让，涂改无效。

6. 此证遗失作废。

附件 2

放射工作人员职业健康检查项目

上岗前检查项目	在岗期间检查项目	离岗前检查项目	应急/事故照射检查项目
1、必检项目 医学史、职业史调查；内科、皮肤科常规检查；眼科检查（色觉、视力、晶体裂隙灯检查、玻璃体、眼底）；血常规和白细胞分类；尿常规；肝功能；肾功能检查；外周血淋巴细胞染色体畸变分析；胸部 X 线检查；心电图；腹部 B 超。 2、选检项目 a) 耳鼻喉科、视野（核电厂放射工作人员）；心理测试（核电厂操纵员和高级操纵员）；甲状腺功能；肺功能（放射性矿山工作人员，接受内照射、需要穿戴呼吸防护装置的人员）；	1、 必检项目 医学史、职业史调查；内科、皮肤科常规检查；眼科检查（色觉、视力、晶体裂隙灯检查、玻璃体、眼底）；血常规和白细胞分类；尿常规；肝功能；肾功能检查；外周血淋巴细胞微核试验；胸部 X 线检查 2、选检项目 a) 心电图；腹部 B 超；甲状腺功能；血清睾丸酮；外周血淋巴细胞染色体畸变分析；痰细胞学检查和/或肺功能检查（放射性矿山工作人员，接受内照射、需要穿戴呼吸防护装置的人员）；使用全身计数器进行体内放射性核素滞留量的检测（从事非密封源操作的人员）	1、必检项目 医学史、职业史调查；内科、皮肤科常规检查；眼科检查（色觉、视力、晶体裂隙灯检查、玻璃体、眼底）；血常规和白细胞分类；尿常规；肝功能；肾功能检查；外周血淋巴细胞染色体畸变分析；胸部 X 线检查；心电图；腹部 B 超。 2、选检项目 a) 耳鼻喉科、视野（核电厂放射工作人员）；心理测试（核电厂操纵员和高级操纵员）；甲状腺功能；肺功能（放射性矿山工作人员，接受内照射、需要穿戴呼吸防护装置的人员）；使用全身计数器进行体内放射性核素滞留量的检测（从事非密封源操作的人员）	1、必检项目 应急/事故照射史、医学史、职业史调查；详细的内科、外科、眼科、皮肤科、神经科检查；血常规和白细胞分类（连续取样）；尿常规；外周血淋巴细胞染色体畸变分析；外周血淋巴细胞微核试验；胸部 X 线摄影（在留取细胞遗传学检查所需血样后）；心电图。 2、选检项目 a) 根据受照和损伤的具体情况，参照 GB 18196—2000、GB/T 18199—2000 、GBZ112—2002、GBZ104—2002、GBZ96—2002、GBZ/T 151—2002 、GBZ113—2002 GBZ106—2002 等有关标准进行必要的检查和医学处理。

注:

a)   根据职业受照的性质、类型和工作人员健康损害状况选检。

附件3

编号：_____

类别： 上岗前 （ ）

在岗期间（ ）

离岗时 （ ）

应急照射 （ ）

事故照射 （ ）

放射工作人员职业健康检查表

姓 名：_____

工作单位：_____

单位电话：_____

体检单位：_____

检查日期：_____

中华人民共和国卫生部印制

单位地址：_____

邮政编码：□□□□□□　联系人：_____　电话：_____

（个人基本资料）

姓　名：_____　　性　别：_____　出生日期：_____年___月___日

出生地：_____　　民　族：_____　职务/职称：_____

居民身份证号码：□□□□□□□□□□□□□□□□□□

家庭地址：_____邮政编码：□□□□□□

个人联系电话：_____

文化程度：_____　01 小学　　02 初中　　　03 技校　　04 职高
　　　　　　　　　　　05 高中　　06 中专　07 大专　　08 大学　09 研究生以上

职业照射种类：_____

照射源	职业分类及其代号
1 核燃料循环	铀矿开采1A　　铀矿水冶1B　　铀的浓缩和转化1C　　燃料制造1D 反应堆运行1E　　燃料后处理1F　　核燃料循环研究1G
2 医学应用	诊断放射学2A　　牙科放射学2B　　核医学2C　　放射治疗2D 介入放射学2E　　其它2F
3 工业应用	工业辐照3A　　工业探伤3B　　发光涂料工业3C　　放射性同位素生产3D 测井3E　　加速器运行3F　　其它 3G
4 天然源	民用航空4A　　煤矿开采4B　　其它矿藏开采4C　　石油和天然气工业4D 矿物和矿石处理4E　　其它4F
5 其它	教育5A　　兽医学5B　科学研究5C　其它5D

非放射工作职业史

起止年月	工 作 单 位	部 门	工 种	有害因素种类、名称	防 护 措 施

放射工作职业史

项　目	年　月～　　年　月	年　月～　　年　月	年　月～　　年　月
工作单位			
部门			
工种			
放射线种类			
每日工作时数或工作量			
累积受照剂量			
过量照射史			
备注			

既往患病史（包括职业病史）

编号	疾 病 名 称	诊断日期	诊断单位	治 疗 经 过	转 归

月经史

初潮（岁）——经期（天）/周期（天）——末次月经或停经年龄：_____

婚姻史

结婚日期：____年__月___日　配偶接触放射线情况：_____

配偶职业及健康状况：_____

生育史

孕次：___，活产：___次，早产：___次，死产：___次，自然流产：___次，

畸胎：___次，多胎：___次，异位妊娠：___次，不孕不育原因：_____

现有男孩___人，出生日期：____年__月；女孩___人，出生日期：____年__月

子女健康情况：_____

个人生活史（长期生活地区，饮食习惯，有无地方病流行地区或疫区生活史、药物滥用情况及烟酒嗜好等）

不吸烟___偶尔吸烟___经常吸烟___, ___支/天, 共_____年, 戒烟____年

不饮酒___偶尔饮酒___经常饮酒___, 共____年

家族史（家族中有无遗传性疾病、血液病、糖尿病、高血压病，神经精神性疾病，肿瘤，结核病等）

_____

_____

其它_____

_____

_____

自觉症状

症　　状	程　　度	出　现　时　间

（症状程度：偶有以"±"，较轻以"+"，中等以"++"，明显以"+++"表示。）

体 格 检 查

项 目		检 查 结 果	项 目		检 查 结 果
	发育	正力型、无力型、超力型		脱发、脱毛	（部位）
	营养	良好、中等、差		出血紫癜	（部位）
	身高	cm		皮疹	（部位）
	体重	kg		干燥	（部位）
	血压（坐位）	mmHg		脱屑	（部位）
内	淋巴结		皮肤及其附属器	皲裂	（部位）
				色素沉着	（部位）
				色素减退	（部位）
	甲状腺			过度角化	（部位）
				多汗	（部位）
				疣状物	（部位）
				皮肤萎缩	（部位）
	肺脏			溃疡	（部位）
				指甲	
				其它	
	心脏	心率	次/分	医师签字：	
		心律		耳鼻喉科*	听力	
		心音			嗅觉	
					其它	
	肝脏			医师签字：	
	脾脏		妇科*		
				医师签字：	
科	肾脏		心理测试#		
	脊柱				
	四肢				
	神经系统			医师签字：	
	其它		其它临床检查*		
	医师签字：		医师签字：		

（注：*根据具体情况选查；#特殊岗位人员，例如核反应堆操纵员、高级操纵员等应增加心理测试）

眼科检查

项　　目	检　查　结　果			
色觉				
眼别	右		左	
视力 裸眼	远视力	近视力	远视力	近视力
矫正	远视力	近视力	远视力	近视力
眼前部				
晶体裂隙灯检查所见				
晶体环面及正面图				
玻璃体				
眼底				
视野*				
医师签字:				

注1：*必要时检查

注2：眼部检查的要求：

　　①使用国际标准视力表检查远近视力，远视力不足1.0者，需查矫正视力。40岁以上不查近视力。

　　②按照解剖顺序，依次检查外眼，借助裂隙灯检查角膜、前房、虹膜及晶体。

　　③指触法检查眼压及未散瞳检查眼底，注意视乳头凹陷，以除外青光眼。再以托品酰胺或其它快速散瞳剂充分散瞳，用检眼镜检查屈光间质及眼底，然后用裂隙灯检查晶体，记录病变特征，并绘示意图。

实验室检查

项 目		化验结果	项 目		化验结果
血常规	血红蛋白（g/L）		内分泌	T$_3$（nmol/L）*	
	红细胞（×10^{12}/L）			T$_4$（nmol/L）*	
	血小板（×10^9/L）			TSH（mU/L）*	
	白细胞（×10^9/L）			睾丸酮（nmol/L）*	
	白细胞分类　中性杆状核粒细胞（%）			其它*	
	中性分叶核粒细胞（%）				
	淋巴细胞（%）				
	单核细胞（%）		外周血淋巴细胞遗传学	染色体畸变分析#　分析中期分裂细胞数（个）	
	嗜酸性粒细胞（%）			染色体畸变率（%）	
	嗜碱性粒细胞（%）			畸变类型	该类型畸变数量
	其它必要项目*				
尿常规	外观				
	葡萄糖				
	蛋白			微核※　方法：①常规培养法.　②CB 微核法	
	镜检*			分析细胞数量（个）	
	其它必要项目*			微核淋巴细胞率（‰）	
血液生物化学检查	肝功能　丙氨酸氨基转移酶（u/L）			淋巴细胞微核率（‰）	
	血清总胆红素（μmol/L）			其它*	
	其它*		其它化验检查	痰细胞学检查*	
	肾功能　血清肌酐（μmol/L）			精液常规检查*	
				全身计数器检查*	
	血清尿素氮（mmol/L）				
	其它*				
	血糖（mmol/L）*				
	其它必要项目*				

（*选检项目；　#上岗前、离岗、应急/事故检查时必检，在岗期间定期检查为选检；※在岗期间定期检查为必检，其它情况选检）

器 械 检 查

项　　目	检 查 结 果	检查医师
胸部 X 线摄影 （X 线号：＿＿＿＿＿）		
心电图		
腹部 B 超		
肺功能*		
心功能*		
电测听*		
脑电图*		

（*必要时检查）

特殊检查及化验报告粘贴单

备注页

医师（签字）：

职业健康检查结果及处理意见

检查日期	检查结果	处理意见
主检医师（签字）： 日期：___年__月__日		检查单位（公章） 日期：___年__月__日

复查日期	复查项目	复查结果	处理意见
主检医师（签字）： 日期：___年__月__日			检查单位（公章） 日期：___年__月__日

注："处理意见"栏中填写对受检者从事放射工作的适任性意见或建议复查的必要项目或诊疗建议。主检医师应根据《放射工作人员健康标准》（GBZ 98）提出对受检者放射工作的适任性意见。

上岗前放射工作的适任性意见可提出：①可以从事放射工作；②或不应（或不宜）从事放射工作。

上岗后放射工作的适应任性意见可提出：①可继续原放射工作；②或暂时脱离放射工作；③或不宜再做放射工作而调整做其它非放射工作。

7.《工作场所职业卫生监督管理规定》

国家安全生产监督管理总局令

第 47 号

《工作场所职业卫生监督管理规定》已经 2012 年 3 月 6 日国家安全生产监督管理总局局长办公会议审议通过，现予公布，自 2012 年 6 月 1 日起施行。国家安全生产监督管理总局 2009 年 7 月 1 日公布的《作业场所职业健康监督管理暂行规定》同时废止。

国家安全生产监督管理总局局长　骆　琳

二〇一二年四月二十七日

工作场所职业卫生监督管理规定

第一章　总　则

第一条　为了加强职业卫生监督管理工作，强化用人单位职业病防治的主体责任，预防、控制职业病危害，保障劳动者健康和相关权益，根据《中华人民共和国职业病防治法》等法律、行政法规，制定本规定。

第二条　用人单位的职业病防治和安全生产监督管理部门对其实施监督管理，适用本规定。

第三条　用人单位应当加强职业病防治工作，为劳动者提供符合法律、法规、规章、国家职业卫生标准和卫生要求的工作环境和条件，并采取有效措施保障劳动者的职业健康。

第四条　用人单位是职业病防治的责任主体，并对本单位产生的职业病危害承担责任。用人单位的主要负责人对本单位的职业病防治工作全面负责。

第五条　国家安全生产监督管理总局依照《中华人民共和国职业病防治法》和国务院规定的职责，负责全国用人单位职业卫生的监督管理工作。

县级以上地方人民政府安全生产监督管理部门依照《中华人民共和国职业病防治法》和本级人民政府规定的职责，负责本行政区域内用人单位职业卫生的监督管理工作。

第六条　为职业病防治提供技术服务的职业卫生技术服务机构，应当依照《职业卫生技术服务机构监督管理暂行办法》和有关标准、规范、执业准则的要求，为用人单位提供技术服务。

第七条　任何单位和个人均有权向安全生产监督管理部门举报用人单位违反本规定的行为和职业病危害事故。

第二章　用人单位的职责

第八条　职业病危害严重的用人单位，应当设置或者指定职业卫生管理机构或者组织，配备专职职业卫生管理人员。

其他存在职业病危害的用人单位，劳动者超过 100 人的，应当设置或者指定职业卫生管理机构或者组织，配备专职职业卫生管理人员；劳动者在 100 人以下的，应当配备专职或者兼职的职业卫生管理人员，负责本单位的职业病防治工作。

第九条　用人单位的主要负责人和职业卫生管理人员应当具备与本单位所从事的生产

经营活动相适应的职业卫生知识和管理能力，并接受职业卫生培训。

用人单位主要负责人、职业卫生管理人员的职业卫生培训，应当包括下列主要内容：

（一）职业卫生相关法律、法规、规章和国家职业卫生标准；

（二）职业病危害预防和控制的基本知识；

（三）职业卫生管理相关知识；

（四）国家安全生产监督管理总局规定的其他内容。

第十条　用人单位应当对劳动者进行上岗前的职业卫生培训和在岗期间的定期职业卫生培训，普及职业卫生知识，督促劳动者遵守职业病防治的法律、法规、规章、国家职业卫生标准和操作规程。

用人单位应当对职业病危害严重的岗位的劳动者，进行专门的职业卫生培训，经培训合格后方可上岗作业。

因变更工艺、技术、设备、材料，或者岗位调整导致劳动者接触的职业病危害因素发生变化的，用人单位应当重新对劳动者进行上岗前的职业卫生培训。

第十一条　存在职业病危害的用人单位应当制定职业病危害防治计划和实施方案，建立、健全下列职业卫生管理制度和操作规程：

（一）职业病危害防治责任制度；

（二）职业病危害警示与告知制度；

（三）职业病危害项目申报制度；

（四）职业病防治宣传教育培训制度；

（五）职业病防护设施维护检修制度；

（六）职业病防护用品管理制度；

（七）职业病危害监测及评价管理制度；

（八）建设项目职业卫生"三同时"管理制度；

（九）劳动者职业健康监护及其档案管理制度；

（十）职业病危害事故处置与报告制度；

（十一）职业病危害应急救援与管理制度；

（十二）岗位职业卫生操作规程；

（十三）法律、法规、规章规定的其他职业病防治制度。

第十二条　产生职业病危害的用人单位的工作场所应当符合下列基本要求：

（一）生产布局合理，有害作业与无害作业分开；

（二）工作场所与生活场所分开，工作场所不得住人；

（三）有与职业病防治工作相适应的有效防护设施；

（四）职业病危害因素的强度或者浓度符合国家职业卫生标准；

（五）有配套的更衣间、洗浴间、孕妇休息间等卫生设施；

（六）设备、工具、用具等设施符合保护劳动者生理、心理健康的要求；

（七）法律、法规、规章和国家职业卫生标准的其他规定。

第十三条　用人单位工作场所存在职业病目录所列职业病的危害因素的，应当按照《职业病危害项目申报办法》的规定，及时、如实向所在地安全生产监督管理部门申报职业病危害项目，并接受安全生产监督管理部门的监督检查。

第十四条　新建、改建、扩建的工程建设项目和技术改造、技术引进项目（以下统称建设项目）可能产生职业病危害的，建设单位应当按照《建设项目职业卫生"三同时"监督管理暂行办法》的规定，向安全生产监督管理部门申请备案、审核、审查和竣工验收。

第十五条　产生职业病危害的用人单位，应当在醒目位置设置公告栏，公布有关职业病防治的规章制度、操作规程、职业病危害事故应急救援措施和工作场所职业病危害因素检测结果。

存在或者产生职业病危害的工作场所、作业岗位、设备、设施，应当按照《工作场所职业病危害警示标识》（GBZ158）的规定，在醒目位置设置图形、警示线、警示语句等警示标识和中文警示说明。警示说明应当载明产生职业病危害的种类、后果、预防和应急处置措施等内容。

存在或产生高毒物品的作业岗位，应当按照《高毒物品作业岗位职业病危害告知规范》（GBZ/T203）的规定，在醒目位置设置高毒物品告知卡，告知卡应当载明高毒物品的名称、理化特性、健康危害、防护措施及应急处理等告知内容与警示标识。

第十六条　用人单位应当为劳动者提供符合国家职业卫生标准的职业病防护用品，并督促、指导劳动者按照使用规则正确佩戴、使用，不得发放钱物替代发放职业病防护用品。

用人单位应当对职业病防护用品进行经常性的维护、保养，确保防护用品有效，不得使用不符合国家职业卫生标准或者已经失效的职业病防护用品。

第十七条　在可能发生急性职业损伤的有毒、有害工作场所，用人单位应当设置报警装置，配置现场急救用品、冲洗设备、应急撤离通道和必要的泄险区。

现场急救用品、冲洗设备等应当设在可能发生急性职业损伤的工作场所或者临近地点，并在醒目位置设置清晰的标识。

在可能突然泄漏或者逸出大量有害物质的密闭或者半密闭工作场所，除遵守本条第一款、第二款规定外，用人单位还应当安装事故通风装置以及与事故排风系统相连锁的泄漏报警装置。

生产、销售、使用、贮存放射性同位素和射线装置的场所，应当按照国家有关规定设置明显的放射性标志，其入口处应当按照国家有关安全和防护标准的要求，设置安全和防护设施以及必要的防护安全联锁、报警装置或者工作信号。放射性装置的生产调试和使用场所，应当具有防止误操作、防止工作人员受到意外照射的安全措施。用人单位必须配备与辐射类型和辐射水平相适应的防护用品和监测仪器，包括个人剂量测量报警、固定式和便携式辐射监测、表面污染监测、流出物监测等设备，并保证可能接触放射线的工作人员佩戴个人剂量计。

第十八条　用人单位应当对职业病防护设备、应急救援设施进行经常性的维护、检修和保养，定期检测其性能和效果，确保其处于正常状态，不得擅自拆除或者停止使用。

第十九条　存在职业病危害的用人单位，应当实施由专人负责的工作场所职业病危害因素日常监测，确保监测系统处于正常工作状态。

第二十条　存在职业病危害的用人单位，应当委托具有相应资质的职业卫生技术服务机构，每年至少进行一次职业病危害因素检测。

职业病危害严重的用人单位，除遵守前款规定外，应当委托具有相应资质的职业卫生技术服务机构，每三年至少进行一次职业病危害现状评价。

检测、评价结果应当存入本单位职业卫生档案，并向安全生产监督管理部门报告和劳动者公布。

第二十一条　存在职业病危害的用人单位，有下述情形之一的，应当及时委托具有相应资质的职业卫生技术服务机构进行职业病危害现状评价：

（一）初次申请职业卫生安全许可证，或者职业卫生安全许可证有效期届满申请换证的；

（二）发生职业病危害事故的；

（三）国家安全生产监督管理总局规定的其他情形。

用人单位应当落实职业病危害现状评价报告中提出的建议和措施，并将职业病危害现状评价结果及整改情况存入本单位职业卫生档案。

第二十二条　用人单位在日常的职业病危害监测或者定期检测、现状评价过程中，发现工作场所职业病危害因素不符合国家职业卫生标准和卫生要求时，应当立即采取相应治理措施，确保其符合职业卫生环境和条件的要求；仍然达不到国家职业卫生标准和卫生要求的，必须停止存在职业病危害因素的作业；职业病危害因素经治理后，符合国家职业卫生标准和卫生要求的，方可重新作业。

第二十三条　向用人单位提供可能产生职业病危害的设备的，应当提供中文说明书，并在设备的醒目位置设置警示标识和中文警示说明。警示说明应当载明设备性能、可能产生的职业病危害、安全操作和维护注意事项、职业病防护措施等内容。

用人单位应当检查前款规定的事项，不得使用不符合要求的设备。

第二十四条　向用人单位提供可能产生职业病危害的化学品、放射性同位素和含有放射性物质的材料的，应当提供中文说明书。说明书应当载明产品特性、主要成份、存在的有害因素、可能产生的危害后果、安全使用注意事项、职业病防护和应急救治措施等内容。产品包装应当有醒目的警示标识和中文警示说明。贮存上述材料的场所应当在规定的部位设置危险物品标识或者放射性警示标识。

用人单位应当检查前款规定的事项，不得使用不符合要求的材料。

第二十五条　任何用人单位不得使用国家明令禁止使用的可能产生职业病危害的设备或者材料。

第二十六条　任何单位和个人不得将产生职业病危害的作业转移给不具备职业病防护条件的单位和个人。不具备职业病防护条件的单位和个人不得接受产生职业病危害的作业。

第二十七条　用人单位应当优先采用有利于防治职业病危害和保护劳动者健康的新技术、新工艺、新材料、新设备，逐步替代产生职业病危害的技术、工艺、材料、设备。

第二十八条　用人单位对采用的技术、工艺、材料、设备，应当知悉其可能产生的职业病危害，并采取相应的防护措施。对有职业病危害的技术、工艺、设备、材料，故意隐瞒其危害而采用的，用人单位对其所造成的职业病危害后果承担责任。

第二十九条　用人单位与劳动者订立劳动合同（含聘用合同，下同）时，应当将工作过程中可能产生的职业病危害及其后果、职业病防护措施和待遇等如实告知劳动者，并在劳动合同中写明，不得隐瞒或者欺骗。

劳动者在履行劳动合同期间因工作岗位或者工作内容变更，从事与所订立劳动合同中未告知的存在职业病危害的作业时，用人单位应当依照前款规定，向劳动者履行如实告知的义务，并协商变更原劳动合同相关条款。

用人单位违反本条规定的，劳动者有权拒绝从事存在职业病危害的作业，用人单位不得因此解除与劳动者所订立的劳动合同。

第三十条　对从事接触职业病危害因素作业的劳动者，用人单位应当按照《用人单位职业健康监护监督管理办法》、《放射工作人员职业健康管理办法》、《职业健康监护技术规范》（GBZ188）、《放射工作人员职业健康监护技术规范》（GBZ235）等有关规定组织上岗前、在岗期间、离岗时的职业健康检查，并将检查结果书面如实告知劳动者。

职业健康检查费用由用人单位承担。

第三十一条　用人单位应当按照《用人单位职业健康监护监督管理办法》的规定，为劳动者建立职业健康监护档案，并按照规定的期限妥善保存。

职业健康监护档案应当包括劳动者的职业史、职业病危害接触史、职业健康检查结果、处理结果和职业病诊疗等有关个人健康资料。

劳动者离开用人单位时，有权索取本人职业健康监护档案复印件，用人单位应当如实、无偿提供，并在所提供的复印件上签章。

第三十二条　劳动者健康出现损害需要进行职业病诊断、鉴定的，用人单位应当如实提供职业病诊断、鉴定所需的劳动者职业史和职业病危害接触史、工作场所职业病危害因素检测结果和放射工作人员个人剂量监测结果等资料。

第三十三条　用人单位不得安排未成年工从事接触职业病危害的作业，不得安排有职业禁忌的劳动者从事其所禁忌的作业，不得安排孕期、哺乳期女职工从事对本人和胎儿、婴儿有危害的作业。

第三十四条　用人单位应当建立健全下列职业卫生档案资料：

（一）职业病防治责任制文件；

（二）职业卫生管理规章制度、操作规程；

（三）工作场所职业病危害因素种类清单、岗位分布以及作业人员接触情况等资料；

（四）职业病防护设施、应急救援设施基本信息，以及其配置、使用、维护、检修与更换等记录；

（五）工作场所职业病危害因素检测、评价报告与记录；

（六）职业病防护用品配备、发放、维护与更换等记录；

（七）主要负责人、职业卫生管理人员和职业病危害严重工作岗位的劳动者等相关人员职业卫生培训资料；

（八）职业病危害事故报告与应急处置记录；

（九）劳动者职业健康检查结果汇总资料，存在职业禁忌证、职业健康损害或者职业病的劳动者处理和安置情况记录；

（十）建设项目职业卫生"三同时"有关技术资料，以及其备案、审核、审查或者验收等有关回执或者批复文件；

（十一）职业卫生安全许可证申领、职业病危害项目申报等有关回执或者批复文件；

（十二）其他有关职业卫生管理的资料或者文件。

第三十五条　用人单位发生职业病危害事故，应当及时向所在地安全生产监督管理部门和有关部门报告，并采取有效措施，减少或者消除职业病危害因素，防止事故扩大。对遭受或者可能遭受急性职业病危害的劳动者，用人单位应当及时组织救治、进行健康检查和医学观察，并承担所需费用。

用人单位不得故意破坏事故现场、毁灭有关证据，不得迟报、漏报、谎报或者瞒报职业病危害事故。

第三十六条　用人单位发现职业病病人或者疑似职业病病人时，应当按照国家规定及时向所在地安全生产监督管理部门和有关部门报告。

第三十七条　工作场所使用有毒物品的用人单位，应当按照有关规定向安全生产监督管理部门申请办理职业卫生安全许可证。

第三十八条　用人单位在安全生产监督管理部门行政执法人员依法履行监督检查职责时，应当予以配合，不得拒绝、阻挠。

第三章　监督管理

第三十九条　安全生产监督管理部门应当依法对用人单位执行有关职业病防治的法律、法规、规章和国家职业卫生标准的情况进行监督检查，重点监督检查下列内容：

（一）设置或者指定职业卫生管理机构或者组织，配备专职或者兼职的职业卫生管理人员情况；

（二）职业卫生管理制度和操作规程的建立、落实及公布情况；

（三）主要负责人、职业卫生管理人员和职业病危害严重的工作岗位的劳动者职业卫生培训情况；

（四）建设项目职业卫生"三同时"制度落实情况；

（五）工作场所职业病危害项目申报情况；

（六）工作场所职业病危害因素监测、检测、评价及结果报告和公布情况；

（七）职业病防护设施、应急救援设施的配置、维护、保养情况，以及职业病防护用品的发放、管理及劳动者佩戴使用情况；

（八）职业病危害因素及危害后果警示、告知情况；

（九）劳动者职业健康监护、放射工作人员个人剂量监测情况；

（十）职业病危害事故报告情况；

（十一）提供劳动者健康损害与职业史、职业病危害接触关系等相关资料的情况；

（十二）依法应当监督检查的其他情况。

第四十条　安全生产监督管理部门应当建立健全职业卫生监督检查制度，加强行政执法人员职业卫生知识的培训，提高行政执法人员的业务素质。

第四十一条　安全生产监督管理部门应当加强建设项目职业卫生"三同时"的监督管理，建立健全相关资料的档案管理制度。

第四十二条　安全生产监督管理部门应当加强职业卫生技术服务机构的资质认可管理和技术服务工作的监督检查，督促职业卫生技术服务机构公平、公正、客观、科学地开展职业卫生技术服务。

第四十三条　安全生产监督管理部门应当建立健全职业病危害防治信息统计分析制度，加强对用人单位职业病危害因素检测、评价结果、劳动者职业健康监护信息以及职业卫生监督检查信息等资料的统计、汇总和分析。

第四十四条　安全生产监督管理部门应当按照有关规定，支持、配合有关部门和机构开展职业病的诊断、鉴定工作。

第四十五条　安全生产监督管理部门行政执法人员依法履行监督检查职责时，应当出示有效的执法证件。

行政执法人员应当忠于职守，秉公执法，严格遵守执法规范；涉及被检查单位的技术秘密、业务秘密以及个人隐私的，应当为其保密。

第四十六条　安全生产监督管理部门履行监督检查职责时，有权采取下列措施：

（一）进入被检查单位及工作场所，进行职业病危害检测，了解情况，调查取证；

（二）查阅、复制被检查单位有关职业病危害防治的文件、资料，采集有关样品；

（三）责令违反职业病防治法律、法规的单位和个人停止违法行为；

（四）责令暂停导致职业病危害事故的作业，封存造成职业病危害事故或者可能导致职业病危害事故发生的材料和设备；

（五）组织控制职业病危害事故现场。

在职业病危害事故或者危害状态得到有效控制后，安全生产监督管理部门应当及时解除前款第四项、第五项规定的控制措施。

第四十七条　发生职业病危害事故，安全生产监督管理部门应当依照国家有关规定报告事故和组织事故的调查处理。

第四章　法律责任

第四十八条　用人单位有下列情形之一的，给予警告，责令限期改正，可以并处5千元以上2万元以下的罚款：

（一）未按照规定实行有害作业与无害作业分开、工作场所与生活场所分开的；

（二）用人单位的主要负责人、职业卫生管理人员未接受职业卫生培训的。

第四十九条　用人单位有下列情形之一的，给予警告，责令限期改正；逾期未改正的，处10万元以下的罚款：

（一）未按照规定制定职业病防治计划和实施方案的；

（二）未按照规定设置或者指定职业卫生管理机构或者组织，或者未配备专职或者兼职的职业卫生管理人员的；

（三）未按照规定建立、健全职业卫生管理制度和操作规程的；

（四）未按照规定建立、健全职业卫生档案和劳动者健康监护档案的；

（五）未建立、健全工作场所职业病危害因素监测及评价制度的；

（六）未按照规定公布有关职业病防治的规章制度、操作规程、职业病危害事故应急救援措施的；

（七）未按照规定组织劳动者进行职业卫生培训，或者未对劳动者个体防护采取有效的指导、督促措施的；

（八）工作场所职业病危害因素检测、评价结果未按照规定存档、上报和公布的。

第五十条　用人单位有下列情形之一的，责令限期改正，给予警告，可以并处5万元以上10万元以下的罚款：

（一）未按照规定及时、如实申报产生职业病危害的项目的；

（二）未实施由专人负责职业病危害因素日常监测，或者监测系统不能正常监测的；

（三）订立或者变更劳动合同时，未告知劳动者职业病危害真实情况的；

（四）未按照规定组织劳动者进行职业健康检查、建立职业健康监护档案或者未将检查结果书面告知劳动者的；

（五）未按照规定在劳动者离开用人单位时提供职业健康监护档案复印件的。

第五十一条　用人单位有下列情形之一的，给予警告，责令限期改正；逾期未改正的，处 5 万元以上 20 万元以下的罚款；情节严重的，责令停止产生职业病危害的作业，或者提请有关人民政府按照国务院规定的权限责令关闭：

（一）工作场所职业病危害因素的强度或者浓度超过国家职业卫生标准的；

（二）未提供职业病防护设施和劳动者使用的职业病防护用品，或者提供的职业病防护设施和劳动者使用的职业病防护用品不符合国家职业卫生标准和卫生要求的；

（三）未按照规定对职业病防护设备、应急救援设施和劳动者职业病防护用品进行维护、检修、检测，或者不能保持正常运行、使用状态的；

（四）未按照规定对工作场所职业病危害因素进行检测、现状评价的；

（五）工作场所职业病危害因素经治理仍然达不到国家职业卫生标准和卫生要求时，未停止存在职业病危害因素的作业的；

（六）发生或者可能发生急性职业病危害事故，未立即采取应急救援和控制措施或者未按照规定及时报告的；

（七）未按照规定在产生严重职业病危害的作业岗位醒目位置设置警示标识和中文警示说明的；

（八）拒绝安全生产监督管理部门监督检查的；

（九）隐瞒、伪造、篡改、毁损职业健康监护档案、工作场所职业病危害因素检测评价结果等相关资料，或者不提供职业病诊断、鉴定所需要资料的；

（十）未按照规定承担职业病诊断、鉴定费用和职业病病人的医疗、生活保障费用的。

第五十二条　用人单位有下列情形之一的，责令限期改正，并处 5 万元以上 30 万元以下的罚款；情节严重的，责令停止产生职业病危害的作业，或者提请有关人民政府按照国务院规定的权限责令关闭：

（一）隐瞒技术、工艺、设备、材料所产生的职业病危害而采用的；

（二）隐瞒本单位职业卫生真实情况的；

（三）可能发生急性职业损伤的有毒、有害工作场所或者放射工作场所不符合本规定第十七条规定的；

（四）使用国家明令禁止使用的可能产生职业病危害的设备或者材料的；

（五）将产生职业病危害的作业转移给没有职业病防护条件的单位和个人，或者没有职业病防护条件的单位和个人接受产生职业病危害的作业的；

（六）擅自拆除、停止使用职业病防护设备或者应急救援设施的；

（七）安排未经职业健康检查的劳动者、有职业禁忌的劳动者、未成年工或者孕期、哺乳期女职工从事接触产生职业病危害的作业或者禁忌作业的。

（八）违章指挥和强令劳动者进行没有职业病防护措施的作业的。

第五十三条　用人单位违反《中华人民共和国职业病防治法》的规定，已经对劳动者生命健康造成严重损害的，责令停止产生职业病危害的作业，或者提请有关人民政府按照国务院规定的权限责令关闭，并处 10 万元以上 50 万元以下的罚款。

造成重大职业病危害事故或者其他严重后果，构成犯罪的，对直接负责的主管人员和其他直接责任人员，依法追究刑事责任。

第五十四条   向用人单位提供可能产生职业病危害的设备或者材料，未按照规定提供中文说明书或者设置警示标识和中文警示说明的，责令限期改正，给予警告，并处 5 万元以上20 万元以下的罚款。

第五十五条   用人单位未按照规定报告职业病、疑似职业病的，责令限期改正，给予警告，可以并处 1 万元以下的罚款；弄虚作假的，并处 2 万元以上 5 万元以下的罚款。

第五十六条   安全生产监督管理部门及其行政执法人员未按照规定报告职业病危害事故的，依照有关规定给予处理；构成犯罪的，依法追究刑事责任。

第五十七条   本规定所规定的行政处罚，由县级以上安全生产监督管理部门决定。法律、行政法规和国务院有关规定对行政处罚决定机关另有规定的，依照其规定。

第五章   附   则

第五十八条   本规定下列用语的含义：

（一）工作场所，是指劳动者进行职业活动的所有地点，包括建设单位施工场所；

（二）职业病危害严重的用人单位，是指建设项目职业病危害分类管理目录中所列职业病危害严重行业的用人单位。

建设项目职业病危害分类管理目录由国家安全生产监督管理总局公布。各省级安全生产监督管理部门可以根据本地区实际情况，对分类目录作出补充规定。

第五十九条   本规定未规定的其他有关职业病防治事项，依照《中华人民共和国职业病防治法》和其他有关法律、法规、规章的规定执行。

第六十条   煤矿的职业病防治和煤矿安全监察机构对其实施监察，依照本规定和国家安全生产监督管理总局的其他有关规定执行。

第六十一条   本规定自 2012 年 6 月 1 日起施行。2009 年 7 月 1 日国家安全生产监督管理总局公布的《作业场所职业健康监督管理暂行规定》同时废止。

8.《用人单位职业健康监护监督管理办法》

国家安全生产监督管理总局令

第 49 号

《用人单位职业健康监护监督管理办法》已经 2012 年 3 月 6 日国家安全生产监督管理总局局长办公会议审议通过，现予公布，自 2012 年 6 月 1 日起施行。

国家安全生产监督管理总局局长   骆   琳
二〇一二年四月二十七日

用人单位职业健康监护监督管理办法

第一章   总   则

第一条   为了规范用人单位职业健康监护工作，加强职业健康监护的监督管理，保护劳动者健康及其相关权益，根据《中华人民共和国职业病防治法》，制定本办法。

第二条　用人单位从事接触职业病危害作业的劳动者（以下简称劳动者）的职业健康监护和安全生产监督管理部门对其实施监督管理，适用本办法。

第三条　本办法所称职业健康监护，是指劳动者上岗前、在岗期间、离岗时、应急的职业健康检查和职业健康监护档案管理。

第四条　用人单位应当建立、健全劳动者职业健康监护制度，依法落实职业健康监护工作。

第五条　用人单位应当接受安全生产监督管理部门依法对其职业健康监护工作的监督检查，并提供有关文件和资料。

第六条　对用人单位违反本办法的行为，任何单位和个人均有权向安全生产监督管理部门举报或者报告。

第二章　用人单位的职责

第七条　用人单位是职业健康监护工作的责任主体，其主要负责人对本单位职业健康监护工作全面负责。

用人单位应当依照本办法以及《职业健康监护技术规范》（GBZ188）、《放射工作人员职业健康监护技术规范》（GBZ235）等国家职业卫生标准的要求，制定、落实本单位职业健康检查年度计划，并保证所需要的专项经费。

第八条　用人单位应当组织劳动者进行职业健康检查，并承担职业健康检查费用。

劳动者接受职业健康检查应当视同正常出勤。

第九条　用人单位应当选择由省级以上人民政府卫生行政部门批准的医疗卫生机构承担职业健康检查工作，并确保参加职业健康检查的劳动者身份的真实性。

第十条　用人单位在委托职业健康检查机构对从事接触职业病危害作业的劳动者进行职业健康检查时，应当如实提供下列文件、资料：

（一）用人单位的基本情况；

（二）工作场所职业病危害因素种类及其接触人员名册；

（三）职业病危害因素定期检测、评价结果。

第十一条　用人单位应当对下列劳动者进行上岗前的职业健康检查：

（一）拟从事接触职业病危害作业的新录用劳动者，包括转岗到该作业岗位的劳动者；

（二）拟从事有特殊健康要求作业的劳动者。

第十二条　用人单位不得安排未经上岗前职业健康检查的劳动者从事接触职业病危害的作业，不得安排有职业禁忌的劳动者从事其所禁忌的作业。

用人单位不得安排未成年工从事接触职业病危害的作业，不得安排孕期、哺乳期的女职工从事对本人和胎儿、婴儿有危害的作业。

第十三条　用人单位应当根据劳动者所接触的职业病危害因素，定期安排劳动者进行在岗期间的职业健康检查。

对在岗期间的职业健康检查，用人单位应当按照《职业健康监护技术规范》（GBZ188）等国家职业卫生标准的规定和要求，确定接触职业病危害的劳动者的检查项目和检查周期。需要复查的，应当根据复查要求增加相应的检查项目。

第十四条　出现下列情况之一的，用人单位应当立即组织有关劳动者进行应急职业健康检查：

（一）接触职业病危害因素的劳动者在作业过程中出现与所接触职业病危害因素相关的不适症状的；

（二）劳动者受到急性职业中毒危害或者出现职业中毒症状的。

第十五条　对准备脱离所从事的职业病危害作业或者岗位的劳动者，用人单位应当在劳动者离岗前30日内组织劳动者进行离岗时的职业健康检查。劳动者离岗前90日内的在岗期间的职业健康检查可以视为离岗时的职业健康检查。

用人单位对未进行离岗时职业健康检查的劳动者，不得解除或者终止与其订立的劳动合同。

第十六条　用人单位应当及时将职业健康检查结果及职业健康检查机构的建议以书面形式如实告知劳动者。

第十七条　用人单位应当根据职业健康检查报告，采取下列措施：

（一）对有职业禁忌的劳动者，调离或者暂时脱离原工作岗位；

（二）对健康损害可能与所从事的职业相关的劳动者，进行妥善安置；

（三）对需要复查的劳动者，按照职业健康检查机构要求的时间安排复查和医学观察；

（四）对疑似职业病病人，按照职业健康检查机构的建议安排其进行医学观察或者职业病诊断；

（五）对存在职业病危害的岗位，立即改善劳动条件，完善职业病防护设施，为劳动者配备符合国家标准的职业病危害防护用品。

第十八条　职业健康监护中出现新发生职业病（职业中毒）或者两例以上疑似职业病（职业中毒）的，用人单位应当及时向所在地安全生产监督管理部门报告。

第十九条　用人单位应当为劳动者个人建立职业健康监护档案，并按照有关规定妥善保存。职业健康监护档案包括下列内容：

（一）劳动者姓名、性别、年龄、籍贯、婚姻、文化程度、嗜好等情况；

（二）劳动者职业史、既往病史和职业病危害接触史；

（三）历次职业健康检查结果及处理情况；

（四）职业病诊疗资料；

（五）需要存入职业健康监护档案的其他有关资料。

第二十条　安全生产行政执法人员、劳动者或者其近亲属、劳动者委托的代理人有权查阅、复印劳动者的职业健康监护档案。

劳动者离开用人单位时，有权索取本人职业健康监护档案复印件，用人单位应当如实、无偿提供，并在所提供的复印件上签章。

第二十一条　用人单位发生分立、合并、解散、破产等情形时，应当对劳动者进行职业健康检查，并依照国家有关规定妥善安置职业病病人；其职业健康监护档案应当依照国家有关规定实施移交保管。

第三章　监督管理

第二十二条　安全生产监督管理部门应当依法对用人单位落实有关职业健康监护的法

律、法规、规章和标准的情况进行监督检查，重点监督检查下列内容：

（一）职业健康监护制度建立情况；

（二）职业健康监护计划制定和专项经费落实情况；

（三）如实提供职业健康检查所需资料情况；

（四）劳动者上岗前、在岗期间、离岗时、应急职业健康检查情况；

（五）对职业健康检查结果及建议，向劳动者履行告知义务情况；

（六）针对职业健康检查报告采取措施情况；

（七）报告职业病、疑似职业病情况；

（八）劳动者职业健康监护档案建立及管理情况；

（九）为离开用人单位的劳动者如实、无偿提供本人职业健康监护档案复印件情况；

（十）依法应当监督检查的其他情况。

第二十三条　安全生产监督管理部门应当加强行政执法人员职业健康知识培训，提高行政执法人员的业务素质。

第二十四条　安全生产行政执法人员依法履行监督检查职责时，应当出示有效的执法证件。

安全生产行政执法人员应当忠于职守，秉公执法，严格遵守执法规范；涉及被检查单位技术秘密、业务秘密以及个人隐私的，应当为其保密。

第二十五条　安全生产监督管理部门履行监督检查职责时，有权进入被检查单位，查阅、复制被检查单位有关职业健康监护的文件、资料。

第四章　法律责任

第二十六条　用人单位有下列行为之一的，给予警告，责令限期改正，可以并处 3 万元以下的罚款：

（一）未建立或者落实职业健康监护制度的；

（二）未按照规定制定职业健康监护计划和落实专项经费的；

（三）弄虚作假，指使他人冒名顶替参加职业健康检查的；

（四）未如实提供职业健康检查所需要的文件、资料的；

（五）未根据职业健康检查情况采取相应措施的；

（六）不承担职业健康检查费用的。

第二十七条　用人单位有下列行为之一的，责令限期改正，给予警告，可以并处 5 万元以上 10 万元以下的罚款：

（一）未按照规定组织职业健康检查、建立职业健康监护档案或者未将检查结果如实告知劳动者的；

（二）未按照规定在劳动者离开用人单位时提供职业健康监护档案复印件的。

第二十八条　用人单位有下列情形之一的，给予警告，责令限期改正，逾期不改正的，处 5 万元以上 20 万元以下的罚款；情节严重的，责令停止产生职业病危害的作业，或者提请有关人民政府按照国务院规定的权限责令关闭：

（一）未按照规定安排职业病病人、疑似职业病病人进行诊治的；

（二）隐瞒、伪造、篡改、损毁职业健康监护档案等相关资料，或者拒不提供职业病诊断、鉴定所需资料的。

第二十九条　用人单位有下列情形之一的,责令限期治理,并处 5 万元以上 30 万元以下的罚款;情节严重的,责令停止产生职业病危害的作业,或者提请有关人民政府按照国务院规定的权限责令关闭:

(一)安排未经职业健康检查的劳动者从事接触职业病危害的作业的;

(二)安排未成年工从事接触职业病危害的作业的;

(三)安排孕期、哺乳期女职工从事对本人和胎儿、婴儿有危害的作业的;

(四)安排有职业禁忌的劳动者从事所禁忌的作业的。

第三十条　用人单位违反本办法规定,未报告职业病、疑似职业病的,由安全生产监督管理部门责令限期改正,给予警告,可以并处 1 万元以下的罚款;弄虚作假的,并处 2 万元以上 5 万元以下的罚款。

第五章　附　则

第三十一条　煤矿安全监察机构依照本办法负责煤矿劳动者职业健康监护的监察工作。

第三十二条　本办法自 2012 年 6 月 1 日起施行。

9.《建设项目职业卫生"三同时"监督管理暂行办法》

国家安全生产监督管理总局令

第 51 号

《建设项目职业卫生"三同时"监督管理暂行办法》已经 2012 年 3 月 6 日国家安全生产监督管理总局局长办公会议审议通过,现予公布,自 2012 年 6 月 1 日起施行。

国家安全生产监督管理总局局长　骆　琳

二○一二年四月二十七日

建设项目职业卫生"三同时"监督管理暂行办法

第一章　总　则

第一条　为了预防、控制和消除建设项目可能产生的职业病危害,加强和规范建设项目职业病防护设施建设的监督管理,根据《中华人民共和国职业病防治法》,制定本办法。

第二条　在中华人民共和国领域内可能产生职业病危害的新建、改建、扩建和技术改造、技术引进建设项目(以下统称建设项目)职业病防护设施建设及其监督管理,适用本办法。

本办法所称的可能产生职业病危害的建设项目,是指存在或者产生《职业病危害因素分类目录》所列职业病危害因素的建设项目。

本办法所称的职业病防护设施,是指消除或者降低工作场所的职业病危害因素的浓度或者强度,预防和减少职业病危害因素对劳动者健康的损害或者影响,保护劳动者健康的设备、设施、装置、构(建)筑物等的总称。

第三条　建设单位是建设项目职业病防护设施建设的责任主体。

建设项目职业病防护设施必须与主体工程同时设计、同时施工、同时投入生产和使用(以下简称职业卫生"三同时")。职业病防护设施所需费用应当纳入建设项目工程预算。

第四条　建设单位对可能产生职业病危害的建设项目，应当依照本办法向安全生产监督管理部门申请职业卫生"三同时"的备案、审核、审查和竣工验收。

建设项目职业卫生"三同时"工作可以与安全设施"三同时"工作一并进行。

第五条　国家安全生产监督管理总局对全国建设项目职业卫生"三同时"实施监督管理，并在国务院规定的职责范围内承担国务院及其有关主管部门审批、核准或者备案的建设项目职业卫生"三同时"的监督管理。

县级以上地方各级人民政府安全生产监督管理部门对本行政区域内的建设项目职业卫生"三同时"实施监督管理，具体办法由省级安全生产监督管理部门制定，并报国家安全生产监督管理总局备案。

上一级人民政府安全生产监督管理部门根据工作需要，可以将其负责的建设项目职业卫生"三同时"监督管理工作委托下一级人民政府安全生产监督管理部门实施。

第六条　国家根据建设项目可能产生职业病危害的风险程度，按照下列规定对其实行分类监督管理：

（一）职业病危害一般的建设项目，其职业病危害预评价报告应当向安全生产监督管理部门备案，职业病防护设施由建设单位自行组织竣工验收，并将验收情况报安全生产监督管理部门备案；

（二）职业病危害较重的建设项目，其职业病危害预评价报告应当报安全生产监督管理部门审核；职业病防护设施竣工后，由安全生产监督管理部门组织验收；

（三）职业病危害严重的建设项目，其职业病危害预评价报告应当报安全生产监督管理部门审核，职业病防护设施设计应当报安全生产监督管理部门审查，职业病防护设施竣工后，由安全生产监督管理部门组织验收。

建设项目职业病危害分类管理目录由国家安全生产监督管理总局制定并公布。省级安全生产监督管理部门可以根据本地区实际情况，对建设项目职业病危害分类管理目录作出补充规定。

第七条　安全生产监督管理部门应当建立职业卫生专家库（以下简称专家库），聘请专家库专家参与建设项目职业卫生"三同时"的审核、审查和竣工验收工作。

专家库专家应当熟悉职业病危害防治的有关法律法规，具有较高的专业技术水平、实践经验和有关业务背景及良好的职业道德，按照客观、公正的原则，对所参与的项目提出审查意见，并对该意见负责。

第八条　安全生产监督管理部门进行职业病危害预评价报告审核、职业病防护设施设计审查以及建设项目职业病防护设施竣工验收，应当从专家库中随机抽取专家参与审核、审查及竣工验收。每项工作从专家库随机抽取的专家不得少于 3 人。

专家库专家实行回避制度，建设单位及参加建设单位有关工作的专家，不得参与该建设项目职业卫生"三同时"的审核、审查及竣工验收等相应工作。

第九条　建设项目职业病危害预评价和职业病危害控制效果评价，应当由依法取得相应资质的职业卫生技术服务机构承担。

职业卫生技术服务机构应当依照国家法律、行政法规、标准和《职业卫生技术服务机构监督管理暂行办法》的规定，开展职业卫生技术服务工作，保证技术服务结果客观、真实、准确，并对作出的结论承担法律责任。

第二章 职业病危害预评价

第十条 对可能产生职业病危害的建设项目，建设单位应当在建设项目可行性论证阶段委托具有相应资质的职业卫生技术服务机构进行职业病危害预评价，编制预评价报告。

建设项目职业病危害预评价报告应当包括下列主要内容：

（一）建设项目概况；

（二）建设项目可能产生的职业病危害因素及其对劳动者健康危害程度的分析和评价；

（三）建设项目职业病危害的类型分析；

（四）对建设项目拟采取的职业病防护设施的技术分析和评价；

（五）职业卫生管理机构设置和职业卫生管理人员配置及有关制度建设的建议；

（六）对建设项目职业病防护措施的建议；

（七）职业病危害预评价的结论。

第十一条 职业病危害预评价报告编制完成后，建设单位应当组织有关职业卫生专家，对职业病危害预评价报告进行评审。

建设单位对职业病危害预评价报告的真实性、合法性负责。

第十二条 建设单位应当按照本办法第五条、第六条的规定向安全生产监督管理部门申请职业病危害预评价备案或者审核，并提交下列文件、资料：

（一）建设项目职业病危害预评价备案或者审核申请书；

（二）建设项目职业病危害预评价报告；

（三）建设单位对预评价报告的评审意见；

（四）职业卫生专家对预评价报告的审查意见；

（五）职业病危害预评价机构的资质证明（影印件）；

（六）法律、行政法规、规章规定的其他文件、资料。

涉及放射性职业病危害因素的建设项目，建设单位需提交建设项目放射防护预评价报告。

安全生产监督管理部门在收到职业病危害预评价报告备案或者审核申请后，应当对申请文件、资料是否齐全进行核对，并自收到申请之日起 5 个工作日内作出是否受理的决定或者出具补正通知书。

第十三条 对已经受理的建设项目职业病危害预评价备案申请，安全生产监督管理部门应当对申请文件、资料进行形式审查。符合要求的，自受理之日起 20 个工作日内予以备案，并向申请人出具备案通知书；不符合要求的，不予备案，书面告知申请人并说明理由。

对已经受理的建设项目职业病危害预评价报告审核申请，安全生产监督管理部门应当对申请文件、资料的合法性进行审核；审核同意的，自受理之日起 20 个工作日内予以批复；审核不同意的，书面告知建设单位并说明理由。因情况复杂，20 个工作日不能作出批复的，经本部门负责人批准，可以延长 10 个工作日，并将延长期限的理由书面告知申请人。

第十四条 建设项目职业病危害预评价报告经安全生产监督管理部门备案或者审核同意后，建设项目的选址、生产规模、工艺或者职业病危害因素的种类、职业病防护设施等发生重大变更的，建设单位应当对变更内容重新进行职业病危害预评价，办理相应的备案或者审核手续。

第十五条　建设单位未提交建设项目职业病危害预评价报告或者建设项目职业病危害预评价报告未经安全生产监督管理部门备案、审核同意的，有关部门不得批准该建设项目。

第三章　职业病防护设施设计

第十六条　存在职业病危害的建设项目，建设单位应当委托具有相应资质的设计单位编制职业病防护设施设计专篇。

设计单位、设计人应当对其编制的职业病防护设施设计专篇的真实性、合法性和实用性负责。

第十七条　设计单位应当按照国家有关职业卫生法律法规和标准的要求，编制建设项目职业病防护设施设计专篇。

建设项目职业病防护设施设计专篇应当包括下列内容：

（一）设计的依据；

（二）建设项目概述；

（三）建设项目产生或者可能产生的职业病危害因素的种类、来源、理化性质、毒理特征、浓度、强度、分布、接触人数及水平、潜在危害性和发生职业病的危险程度分析；

（四）职业病防护设施和有关防控措施及其控制性能；

（五）辅助用室及卫生设施的设置情况；

（六）职业病防治管理措施；

（七）对预评价报告中职业病危害控制措施、防治对策及建议采纳情况的说明；

（八）职业病防护设施投资预算；

（九）可能出现的职业病危害事故的预防及应急措施；

（十）可以达到的预期效果及评价。

第十八条　建设单位在职业病防护设施设计专篇编制完成后，应当组织有关职业卫生专家，对职业病防护设施设计专篇进行评审。

建设单位应当会同设计单位对职业病防护设施设计专篇进行完善，并对其真实性、合法性和实用性负责。

第十九条　对职业病危害一般和职业病危害较重的建设项目，建设单位应当在完成职业病防护设施设计专篇评审后，按照有关规定组织职业病防护设施的施工。

第二十条　对职业病危害严重的建设项目，建设单位在完成职业病防护设施设计专篇评审后，应当按照本办法第五条、第六条的规定向安全生产监督管理部门提出建设项目职业病防护设施设计审查的申请，并提交下列文件、资料：

（一）建设项目职业病防护设施设计审查申请书；

（二）建设项目立项审批文件（复印件）；

（三）建设项目职业病防护设施设计专篇；

（四）建设单位对职业病防护设施设计专篇的评审意见；

（五）建设项目职业病防护设施设计单位的资质证明（影印件）；

（六）建设项目职业病危害预评价报告审核的批复文件（复印件）；

（七）法律、行政法规、规章规定的其他文件、资料。

安全生产监督管理部门收到职业病防护设施设计审查申请后，应当对申请文件、资料是否齐全进行核对，并自收到申请之日起 5 个工作日内作出是否受理的决定或者出具补正通知书。

第二十一条 对已经受理的职业病危害严重的建设项目职业病防护设施设计审查申请，安全生产监督管理部门应当对申请文件、资料的合法性进行审查。审查同意的，自受理之日起 20 个工作日内予以批复；审查不同意的，书面通知建设单位并说明理由。因情况复杂，20 个工作日不能作出批复的，经本部门负责人批准，可以延长 10 个工作日，并将延长期限的理由书面告知申请人。

职业病危害严重的建设项目，其职业病防护设施设计未经审查同意的，建设单位不得进行施工，应当进行整改后重新申请审查。

第二十二条 建设项目职业病防护设施设计经审查同意后，建设项目的生产规模、工艺或者职业病危害因素的种类等发生重大变更的，建设单位应当根据变更的内容，重新进行职业病防护设施设计，并在变更之日起 30 日内按照本办法规定办理相应的审查手续。

第四章　职业病危害控制效果评价与防护设施竣工验收

第二十三条 建设项目职业病防护设施应当由取得相应资质的施工单位负责施工，并与建设项目主体工程同时进行。

施工单位应当按照职业病防护设施设计和有关施工技术标准、规范进行施工，并对职业病防护设施的工程质量负责。

工程监理单位、监理人员应当按照法律法规和工程建设强制性标准，对职业病防护设施施工工程实施监理，并对职业病防护设施的工程质量承担监理责任。

第二十四条 建设项目职业病防护设施建设期间，建设单位应当对其进行经常性的检查，对发现的问题及时进行整改。

第二十五条 建设项目完工后，需要进行试运行的，其配套建设的职业病防护设施必须与主体工程同时投入试运行。

试运行时间应当不少于 30 日，最长不得超过 180 日，国家有关部门另有规定或者特殊要求的行业除外。

第二十六条 建设项目试运行期间，建设单位应当对职业病防护设施运行的情况和工作场所的职业病危害因素进行监测，并委托具有相应资质的职业卫生技术服务机构进行职业病危害控制效果评价。

建设项目没有进行试运行的，应当在其完工后委托具有相应资质的职业卫生技术服务机构进行职业病危害控制效果评价。

建设单位应当为评价活动提供符合检测、评价标准和要求的受检场所、设备和设施。

第二十七条 建设单位在职业病危害控制效果评价报告编制完成后，应当组织有关职业卫生专家对职业病危害控制效果评价报告进行评审。

建设单位对职业病危害控制效果评价报告的真实性和合法性负责。

第二十八条 职业病危害一般的建设项目竣工验收时，由建设单位自行组织职业病防护设施的竣工验收，并自验收完成之日起 30 日内按照本办法第五条、第六条的规定向安全生产监督管理部门申请职业病防护设施竣工备案，提交下列文件、资料：

（一）建设项目职业病防护设施竣工备案申请书；

（二）建设项目职业病危害预评价报告备案通知书（复印件）；

（三）建设项目立项审批文件（复印件）；

（四）建设项目职业病防护设施设计专篇；

（五）建设项目职业病危害控制效果评价机构的资质证明（影印件）；

（六）建设项目职业病危害控制效果评价报告；

（七）职业卫生专家对职业病危害控制效果评价报告的评审意见；

（八）建设单位对职业病危害控制效果评价报告的评审意见；

（九）建设项目职业病防护设施竣工自行验收情况报告；

（十）法律、行政法规、规章规定的其他文件、资料。

第二十九条 职业病危害较重的建设项目竣工验收时，建设单位应当按照本办法第五条、第六条的规定向安全生产监督管理部门申请建设项目职业病防护设施竣工验收，并提交下列文件、资料：

（一）建设项目职业病防护设施竣工验收申请书；

（二）建设项目职业病危害预评价报告审核批复文件；

（三）建设项目职业病危害控制效果评价机构资质证明（影印件）；

（四）建设项目立项审批文件（复印件）；

（五）建设项目职业病防护设施设计专篇；

（六）建设项目职业病危害控制效果评价报告；

（七）职业卫生专家对职业病危害控制效果评价报告的审查意见；

（八）建设单位对职业病危害控制效果评价报告的评审意见；

（九）建设项目职业病防护设施施工单位和监理单位资质证明（影印件）；

（十）法律、行政法规、规章规定的其他文件、资料。

第三十条 职业病危害严重的建设项目竣工验收时，建设单位应当按照本办法第五条、第六条的规定向安全生产监督管理部门申请建设项目职业病防护设施竣工验收，并提交下列文件、资料：

（一）建设项目职业病防护设施竣工验收申请书；

（二）建设项目职业病防护设施设计审查批复文件（复印件）；

（三）建设项目职业病危害控制效果评价机构资质证明（影印件）；

（四）建设项目职业病危害控制效果评价报告；

（五）职业卫生专家对职业病危害控制效果评价报告的审查意见；

（六）建设单位对职业病危害控制效果评价报告的评审意见；

（七）建设项目职业病防护设施施工单位和监理单位资质证明（影印件）；

（八）法律、行政法规、规章规定的其他文件、资料。

第三十一条 安全生产监督管理部门收到建设项目职业病防护设施竣工备案或者竣工验收申请后，应当对申请文件、资料是否齐全进行核对，并自收到申请之日起5个工作日内作出是否受理的决定或者出具补正通知书。

对已经受理的备案申请，安全生产监督管理部门应当自受理之日起20个工作日内对申请文件、资料的合法性进行审查。符合要求的，予以备案，出具备案通知书；不符合要求的，不予备案，书面通知建设单位说明理由。

对已经受理的竣工验收申请，安全生产监督管理部门应当对建设项目职业病危害控制效果评价报告等申请文件、资料进行合法性审查，对建设项目职业病防护设施进行现场验收，并自受理之日起 20 个工作日内作出是否通过验收的决定。通过验收的，予以批复；未通过验收的，书面告知建设单位并说明理由。因情况复杂，20 个工作日不能作出批复的，经本部门负责人批准，可以延长 10 个工作日，并将延长期限的理由书面告知申请人。

第三十二条 分期建设、分期投入生产或者使用的建设项目，其配套的职业病防护设施应当分期与建设项目同步进行验收。

第三十三条 建设项目职业病防护设施竣工后未经安全生产监督管理部门备案同意或者验收合格的，不得投入生产或者使用。

第五章 法律责任

第三十四条 建设单位有下列行为之一的，由安全生产监督管理部门给予警告，责令限期改正；逾期不改正的，处 10 万元以上 50 万元以下的罚款；情节严重的，责令停止产生职业病危害的作业，或者提请有关人民政府按照国务院规定的权限责令停建、关闭：

（一）未按照规定进行职业病危害预评价或者未提交职业病危害预评价报告，或者职业病危害预评价报告未经安全生产监督管理部门备案或者审核同意，开工建设的；

（二）建设项目的职业病防护设施未按照规定与主体工程同时投入生产和使用的；

（三）职业病危害严重的建设项目，其职业病防护设施设计未经安全生产监督管理部门审查，或者不符合国家职业卫生标准和卫生要求，进行施工的；

（四）未按照规定对职业病防护设施进行职业病危害控制效果评价、未经安全生产监督管理部门验收或者验收不合格，擅自投入使用的。

第三十五条 建设单位有下列行为之一的，由安全生产监督管理部门给予警告，责令限期改正；逾期不改正的，处 3 万元以下的罚款：

（一）未按照本办法规定，对职业病危害预评价报告、职业病防护设施设计、职业病危害控制效果评价报告进行评审的；

（二）建设项目的选址、生产规模、工艺、职业病危害因素的种类、职业病防护设施发生重大变更时，未对变更内容重新进行职业病危害预评价或者未重新进行职业病防护设施设计并办理有关手续，进行施工的；

（三）需要试运行的职业病防护设施未与主体工程同时试运行的。

第三十六条 建设单位在职业病危害预评价报告、职业病防护设施设计、职业病危害控制效果评价报告评审以及职业病防护设施验收中弄虚作假的，责令改正，并处 5 千元以上 3 万元以下的罚款。

第三十七条 违反本办法规定的其他行为，依照《中华人民共和国职业病防治法》有关规定给予处理。

第六章 附 则

第三十八条 煤矿安全监察机构依照本办法负责煤矿建设项目职业卫生"三同时"的监察工作。

第三十九条 本办法自 2012 年 6 月 1 日起施行。

10.《职业病危害项目申报办法》

国家安全生产监督管理总局令

第 48 号

《职业病危害项目申报办法》已经 2012 年 3 月 6 日国家安全生产监督管理总局局长办公会议审议通过，现予公布，自 2012 年 6 月 1 日起施行。国家安全生产监督管理总局 2009 年 9 月 8 日公布的《作业场所职业危害申报管理办法》同时废止。

国家安全生产监督管理总局局长　骆　琳

二〇一二年四月二十七日

职业病危害项目申报办法

第一条　为了规范职业病危害项目的申报工作，加强对用人单位职业卫生工作的监督管理，根据《中华人民共和国职业病防治法》，制定本办法。

第二条　用人单位（煤矿除外）工作场所存在职业病目录所列职业病的危害因素的，应当及时、如实向所在地安全生产监督管理部门申报危害项目，并接受安全生产监督管理部门的监督管理。

煤矿职业病危害项目申报办法另行规定。

第三条　本办法所称职业病危害项目，是指存在职业病危害因素的项目。

职业病危害因素按照《职业病危害因素分类目录》确定。

第四条　职业病危害项目申报工作实行属地分级管理的原则。

中央企业、省属企业及其所属用人单位的职业病危害项目，向其所在地设区的市级人民政府安全生产监督管理部门申报。

前款规定以外的其他用人单位的职业病危害项目，向其所在地县级人民政府安全生产监督管理部门申报。

第五条　用人单位申报职业病危害项目时，应当提交《职业病危害项目申报表》和下列文件、资料：

（一）用人单位的基本情况；

（二）工作场所职业病危害因素种类、分布情况以及接触人数；

（三）法律、法规和规章规定的其他文件、资料。

第六条　职业病危害项目申报同时采取电子数据和纸质文本两种方式。

用人单位应当首先通过"职业病危害项目申报系统"进行电子数据申报，同时将《职业病危害项目申报表》加盖公章并由本单位主要负责人签字后，按照本办法第四条和第五条的规定，连同有关文件、资料一并上报所在地设区的市级、县级安全生产监督管理部门。

受理申报的安全生产监督管理部门应当自收到申报文件、资料之日起 5 个工作日内，出具《职业病危害项目申报回执》。

第七条　职业病危害项目申报不得收取任何费用。

第八条　用人单位有下列情形之一的，应当按照本条规定向原申报机关申报变更职业病危害项目内容：

（一）进行新建、改建、扩建、技术改造或者技术引进建设项目的，自建设项目竣工验收之日起 30 日内进行申报；

（二）因技术、工艺、设备或者材料等发生变化导致原申报的职业病危害因素及其相关内容发生重大变化的，自发生变化之日起 15 日内进行申报；

（三）用人单位工作场所、名称、法定代表人或者主要负责人发生变化的，自发生变化之日起 15 日内进行申报；

（四）经过职业病危害因素检测、评价，发现原申报内容发生变化的，自收到有关检测、评价结果之日起 15 日内进行申报。

第九条　用人单位终止生产经营活动的，应当自生产经营活动终止之日起 15 日内向原申报机关报告并办理注销手续。

第十条　受理申报的安全生产监督管理部门应当建立职业病危害项目管理档案。职业病危害项目管理档案应当包括辖区内存在职业病危害因素的用人单位数量、职业病危害因素种类、行业及地区分布、接触人数等内容。

第十一条　安全生产监督管理部门应当依法对用人单位职业病危害项目申报情况进行抽查，并对职业病危害项目实施监督检查。

第十二条　安全生产监督管理部门及其工作人员应当保守用人单位商业秘密和技术秘密。违反有关保密义务的，应当承担相应的法律责任。

第十三条　安全生产监督管理部门应当建立健全举报制度，依法受理和查处有关用人单位违反本办法行为的举报。

任何单位和个人均有权向安全生产监督管理部门举报用人单位违反本办法的行为。

第十四条　用人单位未按照本办法规定及时、如实地申报职业病危害项目的，责令限期改正，给予警告，可以并处 5 万元以上 10 万元以下的罚款。

第十五条　用人单位有关事项发生重大变化，未按照本办法的规定申报变更职业病危害项目内容的，责令限期改正，可以并处 5 千元以上 3 万元以下的罚款。

第十六条　《职业病危害项目申报表》、《职业病危害项目申报回执》的式样由国家安全生产监督管理总局规定。

第十七条　本办法自 2012 年 6 月 1 日起施行。国家安全生产监督管理总局 2009 年 9 月 8 日公布的《作业场所职业危害申报管理办法》同时废止。

致　谢

感谢佟家栋副校长于百忙之中，仍以研究生院院长身份指教后学，特为拙作撰写小序；

感谢原校党委副书记吴本湘、原天津市化学会秘书长郑书良、原化工专业主任解涛等三位教学课程组内的老教授的指导；

感谢化学学院副院长李伟教授的培养与支持；

感谢天津市安全生产监督管理局的专家吴琛提出的"化学、管理、法律（化管法）复合型人才"的新理念，这是本书及后续系列书出版的动力。

本书在编写及出版的过程中，还得到了南开大学研究生院专业学位办公室主任刘军、教材中心主任刘丽珍、化学学院王立新、亓丽萍老师的帮助以及南开大学出版社张燕主任、李冰老师等细致入微的校阅，在此深表谢意。

本书的出版得到了 2015 年南开大学研究生创新教育计划（68150003）的部分资助，特此鸣谢研究生院。